JOÃO BERTOLDO DE OLIVEIRA

PEDOLOGIA APLICADA

João Bertoldo de Oliveira

Pesquisador voluntário do Centro de Solos e Recursos Agroambientais
do Instituto Agronômico de Campinas.
Professor do curso de pós-graduação do Instituto Agronômico.
Membro do Comitê Assessor do Sistema Brasileiro de Classificação de Solos.

PEDOLOGIA APLICADA

4ª edição

FEALQ

© FUNDAÇÃO DE ESTUDOS AGRÁRIOS
LUIZ DE QUEIROZ – FEALQ
Av. Centenário, 1080
13416-000 Piracicaba, SP, Brasil
Fone: 19-3417-6609
Fax: 19-3422-2755
fealq.org.br
livros@fealq.org.br

Dados Internacionais de Catalogação na Publicação
DIVISÃO DE BIBLIOTECA – ESALQ/USP

Oliveira, João Bertoldo de
Pedologia aplicada / João Bertoldo de Oliveira. — 4. ed. — Piracicaba: FEALQ, 2011.
592 p. : il.

Bibliografia.
ISBN: 978-85-7133-064-1

1. Pedologia I. Título

CDD 631.4
O48p

ISBN 978-85-7133-064-1

Ilustração da capa: Detalhe do Levantamento Pedológico Semidetalhado do Estado de São Paulo: Quadrícula de Araras, SP, J. B. de Oliveira et al., Boletim do Instituto Agronômico, 1982. Governo do Estado de São Paulo. Secretaria de Agricultura e Abastecimento.

Sumário

PREFÁCIO

Esta edição do livro *Pedologia Aplicada* está inteiramente revisada no sentido de adequá-lo às modificações inseridas no Sistema Brasileiro de Classificação de Solos (SiBCS) versão 2006.

AGRADECIMENTOS

O autor agradece aos professores:

Maurits van den Berg (Universidade de Wageningen),
Nestor Kämpf (Universidade Federal do Rio Grande do Sul),
Mateus Rosas Ribeiro (Universidade Federal Rural de Pernambuco),
Lúcia Helena Cunha dos Anjos (Universidade Rural Federal do Rio de Janeiro),
Hugo Alberto Ruiz (Universidade Federal de Viçosa),
Valmiqui Costa Lima (Universidade Federal do Paraná)

e aos pesquisadores:

Otavio Camargo, Ricardo Coelho, Márcio Rossi,
Izabella Clereci de Maria e Roseli B. Torres
(Instituto Agronômico de Campinas),

Humberto Gonçalves dos Santos, Idarê Azevedo Gomes, Doracy Pessoa Ramos e
Maurício R. Coelho (Embrapa-Solos),

Francisco Roberto Bezerra Leite (Funceme),
pelas inúmeras sugestões, críticas positivas, indicações bibliográficas e fotografias.

A João Roberto Ferreira Menk e Márcio Rogério C. Costa,
pelo constante apoio na informática,
e a Robison Orsini (Unicamp), pelos desenhos.

AVISO AO LEITOR

No Congresso Brasileiro de Ciência do Solo realizado em Brasília em 1999 foi lançado oficialmente o Sistema Brasileiro de Classificação de Solos (SiBCS). Este sistema, como outros sistemas de classificação de solos, o Soil Taxonomy, por exemplo, é um retrato do conhecimento atual sobre os solos, sujeito, portanto, a modificações e aprimoramentos ao longo do tempo. Aquela versão foi revisada e, em 2006, a Embrapa editou a 2ª edição do Sistema Brasileiro de Classificação de Solos. A presente edição do *Pedologia Aplicada* está totalmente revisada de forma a incluir os novos atributos e horizontes de diagnóstico nela definidos, assim como as alterações inseridas em definições de atributos e horizontes diagnósticos já existentes e na taxonomia das classes.

INTRODUÇÃO

O solo é um corpo tridimensional da paisagem, resultante da ação combinada de vários processos pedogenéticos (adição, perdas, transformações...) e dependente da intensidade de manifestação dos fatores de formação — clima, relevo e organismos — sobre o material de origem durante certo período de tempo. As inúmeras combinações de intensidades de manifestação desses fatores condicionam a formação de uma imensidade de tipos de solos que apresentam natureza, composição e comportamento diferenciados.

Os pedólogos, através dos levantamentos de solos, aí compreendidos os mapas e os boletins descritivos, informam a distribuição espacial desses volumes na paisagem. Esses documentos constituem, portanto, peças vitais a todos aqueles que utilizam a terra e, por conseguinte, os solos nela compreendidos, sob o ponto de vista agrícola ou não, como, por exemplo, para fins de engenharia civil, engenharia sanitária, engenharia do meio ambiente etc.

Os solos apresentados nesses mapas são denominados de acordo com os sistemas de classificação existentes, os quais são estruturados com base em atributos e horizontes elegidos como diagnósticos, que constituem os "tijolos" desses sistemas. Toda classe de solo apresenta, portanto, certos horizontes e atributos diagnósticos que, conjugados, determinam solos com comportamentos variados. A legenda desses mapas é, contudo, sintética, e os boletins, na sua maioria, não especificam as qualidades e/ou limitações dos horizontes e atributos diagnósticos determinantes das diferentes classes de solos.

Neste livro, para cada um dos atributos e horizontes diagnósticos utilizados no Sistema Brasileiro de Classificação de Solos (Embrapa, 2006), são apresentadas sua definição, considerações sobre seu emprego no SiBCS, comparações com o sistema norte-americano de classificação de solos (Soil Taxonomy) e com a legenda da FAO, apreciações gerais sobre seu comportamento e considerações sobre sua importância agronômica e não-agronômica, esta última denominada genericamente, ao longo do texto, de "geotécnica". Além dos atributos e horizontes diagnósticos, são apresentados outros atributos, com significativa importância no comportamento dos solos. No apêndice é dada a correspondência da atual nomenclatura dos solos estabelecida pelo SiBCS no nível de ordem e as denominações anteriores. As denominações de solos apresentadas ao longo do texto, em itálico e entre parênteses, correspondem àquelas empregadas anteriormente.

As abordagens referentes a aspectos químicos, físicos e mineralógicos contidas neste livro são apenas aquelas julgadas necessárias para o leitor ter uma idéia geral de sua importância no comportamento dos solos. Os interessados em abordagens mais específicas e aprofundadas devem recorrer à extensa bibliografia existente.

Pretende-se, com este livro, fornecer aos usuários de mapas pedológicos e aos próprios pedólogos que os produzem, assim como a professores de pedologia, estudiosos de classificação de solos, alunos de agronomia, geografia e outros cursos que abordam o tema solo, planejadores do uso da terra, entre outros, informações necessárias para que, conhecendo melhor o significado taxonômico dos atributos e horizontes diagnósticos, bem como seus comportamentos agrícolas e geotécnicos, possam produzir mapas de melhor qualidade e/ou desempenhar melhor suas funções. As imagens coloridas aparecem reunidas em Anexo no final do livro.

Na leitura deste livro, é necessário considerar que, ao longo do tempo, aconteceram mudanças de metodologias de análises laboratoriais nos vários organismos que efetuam levantamento de solos no Brasil e também que há algumas diferenças entre os métodos analíticos por eles empregados. Assim, nem todos os dados analíticos dos perfis apresentados são perfeitamente equiparáveis entre si. As bibliografias relacionadas permitem ao interessado se reportar às metodologias utilizadas.

1

FATORES E PROCESSOS DE FORMAÇÃO DO SOLO

A superfície da Terra apresenta uma enorme quantidade de solos diferentes com relação a cor, espessura, textura, constituição química e mineralógica, comportamento..., porém cada um deles é resultante, em última análise, de um conjunto de ações a que esteve submetido determinado material de origem. É a partir de um material de origem que se inicia a história de formação do solo tal como o vemos na atualidade. A partir de um " tempo zero" (recente ou extremamente antigo), esse material fica sujeito à ação de vários outros fatores de formação — clima, relevo, organismos —, que em conjunto atuarão ao longo de sua história, promovendo ou acentuando fenômenos físicos e químicos, resultando em diferentes solos que recobrirão a superfície da Terra.

São cinco os fatores de formação do solo: clima, relevo, seres vivos, material de origem e tempo (Jenny, 1941). É imperioso considerar que o solo é resultante da ação conjunta de todos os fatores de formação, os quais, contudo, para efeito de compreensão e facilidade de exposição, serão tratados individualmente.

As reações químicas e físicas que ocorrem ao longo da história do solo determinam uma série de processos de formação. Buol et al. (1973) definem um processo de formação do solo como um complexo ou uma seqüência de eventos, incluindo tanto complicadas reações como simples rearranjamentos de material que afetam intimamente o solo sobre o qual estão atuando. Vários eventos podem acontecer ao mesmo tempo, reforçando ou retardando mutuamente suas ações (Simonson, 1959). Os pedólogos têm dado nome a alguns desses eventos — lixiviação, salinização, podzolização, humificação etc. —, porém todos são, em última análise, resultantes de cinco processos gerais: adições, perdas, transformações, transportes no interior do perfil e remanejamentos mecânicos (Simonson, 1959).

Esses processos acontecem simultaneamente, porém, em geral, dependendo das condições locais de pedogênese, alguns são mais atuantes do que outros. A resultante da ação conjunta desses processos é também muito variada e dependente daquelas condições. Por exemplo, nas regiões secas, os processos de adição, devido à presença de vegetação relativamente escassa, são bastante limitados. São também limitados os processos de perdas, transformações e transportes no interior do perfil em decorrência da pouca umidade, diferentemente das regiões igualmente quentes, porém úmidas. O balanço entre processos individuais em determinada combinação de processos é a chave da natureza do solo (Simonson, 1959).

Inúmeros trabalhos enfocando os fatores e o processo de formação do solo são encontrados na literatura e permitem aos interessados aprofundar-se no tema. Neste livro, são oferecidas as informações consideradas necessárias e suficientes para o entendimento geral do assunto.

1.1. Material de origem. Intemperismo

Os solos como atualmente se apresentam e que recobrem a superfície da Terra são, em última análise, resultantes de uma fonte primária: as rochas existentes na litosfera. São elas que, ao se decompor, fornecem o material do qual os solos se originarão. Ao se examinar um barranco de estrada, o solo que se vê pode ter sido formado diretamente do substrato rochoso a ele subjacente ou não e, naquele caso, pode-se dizer que a rocha subjacente constitui o material de origem desse solo. Outro caso, muito comum nas regiões tropicais, ocorre quando um solo anteriormente formado em determinado local é removido e depositado em outro (próximo ou distante da fonte inicial). Nessa condição, o solo que observamos se desenvolveu sobre diferentes materiais de origem, havendo, portanto, uma discordância litológica. É importante assinalar, contudo, que diferentes materiais de origem de um solo podem ter uma mesma rocha como fonte primária. Esse fato aparece ilustrado na Figura 1.1.1. Trata-se de um Latossolo Vermelho Eutroférrico (*Latossolo Roxo*); a linha de seixos indica a ocorrência de descontinuidade litológica, porém tanto o material acima como abaixo dela foi formado pela alteração de basalto; o material abaixo da linha de seixos é resultante do intemperismo do basalto subjacente; o material acima dela também é oriundo de basalto, porém foi formado em outro local e dele removido. O material acima da linha de seixos é considerado, portanto, material retrabalhado, e o perfil é poligenético. É importante ressaltar que, em perfis poligenéticos, os materiais de origem de suas seções podem ser, diferentemente do

Figura 1.1.1. A presença de linha de seixos no perfil é indicadora de retrabalhamento e, portanto, de descontinuidade litológica. A seção do perfil abaixo da linha de seixos foi formada a partir de material de origem resultante do intemperismo do basalto subjacente, assim como aquela situada acima da linha de seixos, porém, neste caso, o material foi intemperizado em outro local e posteriormente removido. Município de Ribeirão Preto, SP. Foto: J. B. de Oliveira.

exemplo anterior, originários de rochas de litologias bastante distintas. Nem sempre os solos com litologias diferentes apresentam linha de seixos. Tal fato ocorre com freqüência nos Neossolos Flúvicos (*Solos Aluviais*), em que os vários extratos presentes nem sempre estão acompanhados de linha de seixos entre eles (Figura 1.1.2.).

O material de origem é definido por Jenny (1941) como o estágio inicial do sistema solo, evitando assim fazer referência ao substrato abaixo do solo, que pode ou não constituir seu material de origem.

A compreensão do material de origem como fator de formação do solo requer algumas considerações iniciais sobre o intemperismo das rochas, pois, para termos um solo, é necessário que elas se alterem e se desagreguem. A litologia é tão importante na gênese dos solos que muitas de suas classificações foram nela baseadas. Entre outras, pode-se citar a de Setzer (1949), que identificava os solos com base na natureza petrográfica do substrato rochoso: Solos do Arenito Bauru, Solos do

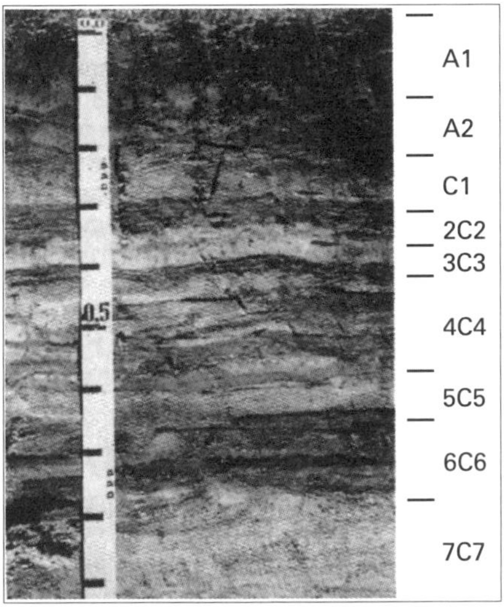

Figura 1.1.2. Cada um dos extratos deste Neossolo Flúvico possui material de origem distinto dos outros. Os números que antecedem a notação do horizonte C indicam a presença de descontinuidade litológica: 2C2, 3C3, 4C4, 5C5, 6C6, 7C7. Neste perfil não foi registrada nenhuma linha de seixos. Foto: P. K. T. Jacomine (Oliveira et al., 1992).

Arenito Botucatu etc. É importante, contudo, ter em mente que o solo que vemos na atualidade e que estudamos deve suas propriedades: 1) à composição da camada superficial presente quando o conjunto de fatores do meio ambiente iniciou seus efeitos e 2) às modificações resultantes dos efeitos combinados desses fatores do meio ambiente ao longo do tempo (Buol et al., 1973).

A litosfera, crosta superficial da Terra, é formada basicamente por três grandes grupos de rochas, segundo sua gênese: magmáticas, metamórficas e sedimentares. As rochas magmáticas (que podem transformar-se em metamórficas) constituem cerca de 95% do volume total da crosta, mas ocupam apenas 25% de sua superfície, enquanto as sedimentares e as metassedimentares contribuem com apenas 5% do volume, mas cobrem 75% da superfície da crosta (Leinz & Amaral, 1985). Ao pedólogo interessa particularmente conhecer a constituição mineralógica das rochas e os processos de intemperismo aos quais elas estão ou estiveram sujeitas. A bibliografia sobre o assunto é vasta, e os interessados em maiores detalhes devem recorrer a ela. Neste texto, abordaremos o essencial para que o leitor entenda o papel do material de origem como agente de formação do solo.

Apesar da enorme variedade de diferentes rochas sedimentares, metamórficas e ígneas que compõem a litosfera, esta, em termos de composição elementar, é muito simples, pois cerca de 99% (em volume) de seus materiais são constituídos por apenas oito elementos, que apresentam a seguinte abundância relativa de átomos (em massa): oxigênio, 62,6%; silício, 21,2%; alumínio, 6,5%; ferro, 1,9%; magnésio, 1,8%; cálcio, 1,9%; sódio, 2,6%; e potássio, 1,4% (Masson, 1952, citado por Paton, 1978). As estruturas cristalinas, para serem estáveis, requerem neutralidade de carga. Na relação acima observa-se que os íons oxigênio e silício são os mais abundantes na litosfera, o que determina a predominância dos silicatos na crosta da Terra, sendo por isso o grupo de minerais mais importante do ponto de vista pedológico.

A edificação das estruturas dos silicatos e sua constituição dependem de alguns fatores: tamanho dos íons (raio iônico); modo como as estruturas iniciais (tetraedros e octaedros) se arranjam em estruturas mais complexas; quantidade de cargas dos íons envolvidos. Resultam dessa combinação de fatores silicatos com estruturas, composições e resistência ao intemperismo diferenciadas.

Os mineralogistas classificam os silicatos em seis grupos: nesossilicatos, sorossilicatos, ciclossilicatos, inossilicatos (de cadeia simples e de cadeia dupla), filossilicatos e tectossilicatos. A olivina exemplifica os nesossilicatos; o epídoto, os sorossilicatos; a turmalina, os ciclossilicatos; os piroxênios e os anfibólios, respectivamente, os inossilicatos de cadeia simples e dupla; os minerais de argila (caulinita, esmectita, vermiculita, entre outros) exemplificam os filossilicatos; e os feldspatos e o quartzo, os tectossilicatos.

A organização estrutural desses silicatos é da mais alta importância do ponto de vista pedológico, pois dela depende sua maior ou menor resistência ao intemperismo e, conseqüentemente, na formação do solo. Uma das propriedades mais importantes na determinação da resistência relativa dos minerais a alteração é a força de atração dos átomos ou íons, em relação a seus vizinhos, na estrutura cristalina. É razoável assumir que minerais com ligações entre íons e átomos de maior energia são os mais resistentes ao intemperismo. Paton (1978) assinala a crescente resistência ao intemperismo à medida que passamos dos nesossilicatos (energia total de ligação de 78.550 kg cal mol^{-1}) para os tectossilicatos (energia total de ligação de 155.550 kg cal mol^{-1}). Esse autor assinala ainda que, dentro de um mesmo grupo de silicatos, há variações da energia total de ligação. Por exemplo, os feldspatos e o quartzo são tectossilicatos, porém os feldspatos apresentam menor energia total de ligação devido à presença de íons (K^+, Na^+, Ca^{2+}) em sua estrutura com energia de ligação mais fraca do que a dos íons Si^{+4} e Al^{3+} do quartzo, além de possuírem estrutura menos compacta. Resulta, portanto, que os feldspatos apresentam menor resistência ao intemperismo que o quartzo. Este mineral, devido à alta resistência ao intemperismo, é usado, assim como o zircônio e a turmalina, como componente estável em estudos de uniformidade/descontinuidade litológica. O mesmo acontece com a biotita e a muscovita. Apesar de ambas serem filossilicatos, a biotita é mais suscetível ao intemperismo, provavelmente devido ao fato de o Fe^{2+} ser facilmente oxidado para Fe^{3+}. Essa mudança da valência rompe a neutralidade elétrica do mineral, o que facilita a saída de íons, enfraquecendo a estrutura dele (Birkland, 1984).

As rochas, quando próximas ou à superfície da Terra, ficam expostas a um ambiente completamente distinto daquele onde se formaram e sujeitas a uma série de agressões ambientais que pouco a pouco vão desmantelando-as e transformando-as em materiais mais e mais alterados até chegar ao solo. Entre a rocha sã e o solo há todo um espectro de materiais (rocha cada vez mais alterada e solo cada vez mais evoluído), sendo difícil ou mesmo impossível estabelecer o limite entre cada um dos estágios de alteração.

Ao conjunto de processos decorrentes da atividade climática e biológica sobre as rochas, alterando sua estrutura e composição, dá-se o nome de intemperismo, que pode ser de natureza física ou química. Em geral, as duas modalidades atuam concomitantemente, mas, dependendo das condições climáticas, pode predominar uma ou outra.

Em geral, nas regiões áridas predomina o intemperismo físico, devido à escassez de água, imprescindível para que o intemperismo químico se manifeste. Entre os vários fatores determinantes desse intemperismo, tem papel importante a capacidade de expansão e contração das rochas devida às diferenças de temperatura. As rochas escuras são as que atingem maior temperatura em sua parte superficial, podendo chegar a 79°C, e as ondas de calor podem atingir mais de um metro de profundidade, com gradiente de temperatura de até 1°C cm^{-1} (Peel, 1974; Roth, 1965, ambos citados por Selby, 1993). A baixa transferência de calor cria um gradiente entre a superfície da rocha e seu interior, com conseqüente expansão e contração de diferentes partes da rocha, resultando em fraturas, fissuras etc., levando-a a se desintegrar em volumes menores (Figura 1.1.3.).

Figura 1.1.3. Em geral, nas regiões áridas predomina o intemperismo físico, devido à escassez de água, imprescindível para que o intemperismo químico se manifeste. O calor específico de cada um dos minerais constitutivos da rocha faz com que tensões diferenciadas (expansão, contração) nela se manifestem, devido às variações climáticas diurnas, por vezes bastante acentuadas, e que se traduzem em fraturas, fissuras etc., levando a rocha a se desintegrar em volumes menores (Kaufman, 2002).

No intemperismo físico não ocorrem mudanças significativas na constituição química e mineralógica das rochas. Os organismos (veja 1.4. Organismos) podem ter ação marcante na ruptura mecânica das rochas, desagregando-as e esfoliando-as, através do esforço desenvolvido pelas raízes que penetram por suas fissuras e fendas (Figura 1.1.4.), assim como pela expansão de sais provenientes de atividades biológicas (veja 1.4. Organismos). Como nas regiões secas o intemperismo físico é o predominante, é comum a presença de solos muito pedregosos (Figura 1.1.5.), pouco profundos e pouco alterados quimicamente.

O intemperismo químico, por sua vez, ocorre devido ao fato de as rochas e os minerais estarem em desequilíbrio com as novas condições ambientais (água, temperatura e pressão) a que estão expostos, diferentes das que existiam nas maiores profundidades onde se formaram. Ele atua sobre os constituintes primários das rochas, alterando a composição química e mineralógica delas e produzindo materiais de constituição e arranjamento entre constituintes completamente diversos. Nesse pro-

Figura 1.1.4. Além de atuar no intemperismo químico, as raízes das plantas têm importante papel no intemperismo físico, desenvolvendo esforços mecânicos que auxiliam na desintegração da rocha (Kaufman, 2002).

Figura 1.1.5. Em geral, nas regiões áridas predomina o intemperismo físico, devido à escassez de água, imprescindível para que o intemperismo químico se manifeste. Nessas regiões é comum a presença de solos muito pedregosos, pouco profundos e pouco alterados quimicamente. Valência, Espanha. Foto: J. B. de Oliveira.

cesso, elementos são liberados das estruturas cristalinas originais, dando origem a novos compostos, os quais, por sua vez, têm determinante importância na formação dos solos e no comportamento agronômico e geotécnico deles.

Entre os vários processos relacionados ao intemperismo das rochas, a hidrólise é o mais importante, sendo a presença da água fundamental. O desbalanceamento de cargas na interface entre as moléculas de água e as dos silicatos permite a penetração de íons hidrogênio (de pequeníssimo raio iônico) no interior da estrutura do silicato e a substituição de íons aí existentes, K^+, Ca^{2+}, Na^+ etc. (de raio iônico muito maior), fragilizando a estrutura cristalina e abrindo caminho para sua completa intemperização. Nessa substituição dos íons K^+, Ca^{2+}, Na^+ pelo H^+, esses elementos são liberados, ficando mais disponíveis para a absorção pelas plantas ou para migrarem no interior do solo ou mesmo serem exportados para fora dele (lixiviação). A temperatura é importante nesse processo, pois, quanto maior a dissociação da água, maior a concentração de hidrogênio. É por essa razão que solos das regiões quentes e úmidas são, em igualdade de condições, mais evoluídos que os das regiões temperadas (veja 1.2. Clima).

Uma reação típica de hidrólise é a que se passa com os feldspatos (Birkland, 1984):

$$\underset{\text{albita}}{2NaAlSi_3O_8} + 2H^+ + 9H_2O \rightarrow \underset{\text{caulinita}}{Al_2Si_2O_5(OH)_4} + 2Na^+ + 4H_4SiO_4$$

Além da hidrólise, outros processos também atuam na intemperização das rochas, destacando-se a oxidação, a complexação, a hidratação e a desidratação, a cristalização e a troca de íons na estrutura cristalina.

A oxidação é particularmente atuante nos minerais que contêm Fe^{2+}. A passagem do Fe^{2+} para Fe^{3+} rompe a estabilidade química do cristal, determinando a saída de outros íons da estrutura cristalina para que a neutralidade seja mantida e determinando, com isso, o colapso da estrutura ou deixando o mineral mais suscetível ao ataque de outros processos de intemperismo. A alteração da biotita para vermiculita é um exemplo de intemperismo devido à oxidação. A transformação biotita-vermiculita é de particular importância porque a expansão que se processa (o espaçamento d_{001} passa de 1,0 nm para 1,4 nm) age mecanicamente, enfraquecendo a rocha e produzindo microfraturas que se prolongam por vários metros ao longo da massa dela, oferecendo condições para que a água nelas se infiltre, favorecendo o incremento do intemperismo químico (Graham et al., 1994). Esse fato é comum em granitos, os quais, em adição ao intemperismo químico, apresentam condições propícias ao intemperismo mecânico, o que auxilia na formação de espessos saprólitos, fato menos comum em basaltos e diabásio, rochas nas quais a biotita é ausente (Birkland, 1984).

A complexação pode ser vista como o único processo ligado ao intemperismo químico de origem exclusivamente orgânica. Nesse processo, os liquens têm destacada atuação nos estágios iniciais de intemperismo das rochas (veja 1.4. Organismos).

A hidratação e a desidratação, processos pelos quais as moléculas de água são adicionadas ou removidas de um mineral, resultando na formação de um novo mineral, são também relacionadas ao intemperismo químico. Um exemplo é a formação de gesso e anidrita, respectivamente, pela adição ou remoção de água:

$$CaSO_4 . 2H_2O \text{ (gesso)} \Leftrightarrow CaSO_4 \text{ (anidrita)} + 2H_2O$$

Correns (1939), citado por Millot (1964), assinala que essa transformação se processa com aumento de volume e o desenvolvimento de uma pressão da ordem de 1.100 atm.

A cristalização de um sal a partir de soluções saturadas pode produzir pressões consideráveis. Millot (1964) assinala ensaios de laboratório feitos por vários autores que mostraram que a desagregação devida à cristalização é dez a cem vezes superior à da hidratação-desidratação.

A troca de íons entre a solução do solo e a superfície do mineral é bastante comum nos filossilicatos. A estrutura básica do mineral não se altera, mas o espaçamento entre camadas pode variar nos filossilicatos expansíveis de acordo com o cátion envolvido, o que pode, em alguns casos, determinar maior ou menor fragilidade ao mineral, como a transformação da vermiculita em illita pela "fixação" de K^+ ou NH_4^+ nas entrecamadas.

A intensa esfoliação do basalto mostrada na Figura 1.1.6. retrata a ação de intemperismo físico e químico. As escamas mais superficiais apresentam-se bastante intemperizadas, sendo por isso bastante friáveis, enquanto as mais internas, menos intemperizadas, mostram-se progressivamente mais coesas. O núcleo também apresenta sinais de

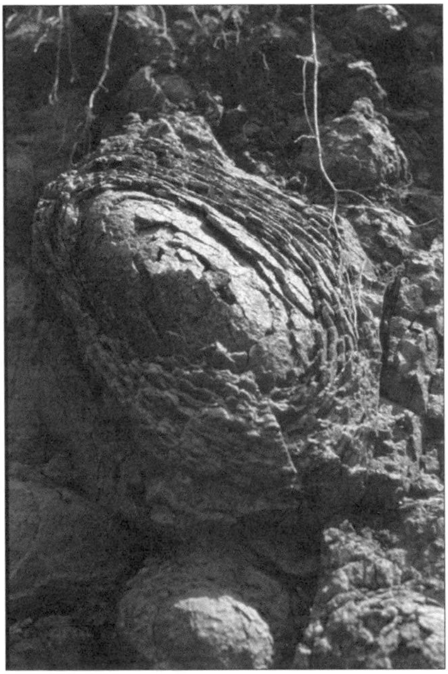

Figura 1.1.6. A intensa esfoliação do basalto retrata a ação de intemperismo físico e químico. As escamas mais superficiais apresentam-se bastante intemperizadas, sendo por isso bastante friáveis, o que permite quebrá-las com os dedos, enquanto as mais internas, menos intemperizadas, vão ficando progressivamente mais coesas. O núcleo também apresenta sinais de intemperismo, mas é necessário martelo para quebrá-lo. Foto: J. B. de Oliveira.

intemperismo, contudo, é necessário o emprego de martelo para quebrá-lo. A Figura 1.1.7., por sua vez, mostra estágio relativamente avançado de intemperismo químico de uma biotita-gneiss situada a 5 m de profundidade. As estrias avermelhadas (escuras na figura) contrastam com a massa esbranquiçada, assinalando estágios de intemperismo diversos na mesma rocha. As estrias vermelhas provavelmente se relacionam às regiões contíguas às diáclases, onde os fenômenos de hidrólise e oxidação se manifestam com maior facilidade. Essa rocha intemperizada já pode ser considerada um saprólito (veja 3.20. Saprólito) e pode ser quebrada com relativa facilidade.

Figura 1.1.7. Biotita-gneiss situada a 5 m de profundidade, mostrando estágio relativamente avançado de intemperismo. As estrias provavelmente se relacionam às regiões contíguas às diáclases, onde os fenômenos de hidrólise e oxidação se manifestam com maior facilidade. Município de Campos do Jordão, SP. Foto: J. B. de Oliveira.

O material de origem, qualquer que seja sua fonte, tem primordial importância em muitos dos atributos dos solos, entre os quais se destacam a textura e a composição química e mineralógica, determinantes do comportamento agronômico e geotécnico deles. A cor, por sua vez, estreitamente relacionada com o material de origem, é importante critério taxonômico.

A composição granulométrica (veja 4.2. Composição granulométrica) dos constituintes sólidos inorgânicos que constituem os solos depende diretamente da granulometria e da constituição mineralógica do material de origem. Os arenitos e as coberturas superficiais arenoquartzosas, por exemplo, em qualquer condição climática produzirão necessariamente solos de textura arenosa[1]. Tais solos, especialmente os que são constituídos predominantemente de areia grossa, apresentam em geral elevada macroporosidade, baixa capacidade de retenção de umidade e baixíssima fertilidade. Por outro lado, solos oriundos de basaltos e diabásios em condições de clima quente e úmido e em terrenos de relevo suave são, em geral, muito profundos, de textura argilosa a muito argilosa, e apresentam variada composição química e mineralógica.

O tamanho dos minerais constitutivos das rochas também tem efeito na taxa de intemperismo delas. De maneira geral, as rochas compostas de grãos grandes (fenocristais) intemperizam mais rapidamente do que aquelas formadas de grãos finos. Assim, em igualdade de condições, é esperada uma intemperização mais rápida entre os migmatitos do que entre os gnaisses.

É importante ressaltar que uma mesma rocha, dependendo das condições de pedogênese a que estiver submetida pelo conjunto dos outros fatores de formação (relevo, organismos, clima, tempo), pode produzir diferentes materiais de origem e, conseqüentemente, solos diferentes. Esse fato pode acontecer mesmo a curta distância. Por exemplo, Queiroz & Klamt (1982), estudando solos desenvolvidos de basalto e que ocorrem associados em uma mesma paisagem, mostram a presença de solos significativamente distintos entre si, quer na morfologia (cor, estrutura, cerosidade), quer nos dados analíticos, a ponto de serem classificados em ordens diferentes: Chernossolos (*Brunizéns Avermelhados*) e Nitossolos (*Lateríticos Bruno-Avermelhados*). No Quadro 1.1.1. são apresentados alguns dados de espessura e analíticos de tais solos. Ressalte-se que os dados de CTC indicam também importantes variações mineralógicas entre eles. De maneira geral, contudo, materiais bem providos em cálcio, potássio, ferro, magnésio e outros elementos têm condições de formar solos

1. Arenitos arcoseanos, devido à significativa quantidade de feldspatos, têm capacidade de originar solos de textura menos grosseira.

Quadro 1.1.1. Dados de perfil de dois solos associados em uma mesma paisagem. (Adaptado de Queiroz & Klamt, 1982).

Horizonte	Profundidade (cm)	C (%)	Soma bases ($cmol_c/kg$)	CTC ($cmol_c/kg$)	Saturação por bases (%)
Chernossolo (*Brunizém Avermelhado*) perfil 1					
Ap	0-20	1,67	23,7	28,4	83
B2	70-117/125	0,90	18,2	21,0	87
C	140-170	0,46	20,9	23,6	89
Nitossolo (*Laterítico Bruno-Avermelhado*) perfil 1					
Ap	0-20	1,09	2,5	6,2	40
B21	42-97/112	0,69	4,8	10,5	46
C	152-182	0,27	3,9	11,3	34

também ricos nesses elementos. Porém, como assinalado anteriormente, dependendo das condições de pedogênese atuantes, podem resultar solos muito pobres quimicamente, ainda que a contribuição daqueles elementos para o ciclo de nutrientes seja influenciada por fatores como clima, declividade, vegetação e fauna do solo (Hamdam & Burnham, 1996).

Contudo, solos derivados de materiais de origem pobres, como os quartzitos, serão necessariamente pobres, a menos que tenham recebido elementos veiculados pelo vento. Drees et al. (1993), por exemplo, assinalam que o teor de nutrientes das areias de origem eólica que atingem o Oeste da África é significativamente superior ao dos solos nativos, podendo servir como fonte renovadora de nutrientes.

A influência do material de origem é maior nas regiões secas e no estágio inicial de desenvolvimento do solo do que nas regiões mais úmidas, pois, com o tempo, outros fatores podem ofuscar sua influência (Birkland, 1984). Assim, nos solos das regiões secas e áridas, é comum a presença, em sua fração areia e silte, de elevados teores de minerais alteráveis, remanescentes das rochas, enquanto nos solos das regiões úmidas e quentes eles são virtualmente ausentes ou se encontram em pequenas quantidades.

A natureza dos minerais de argila que se formam no solo está intimamente relacionada às condições de pedogênese reinantes ao longo de sua formação, sendo determinantes, contudo, os elementos liberados pelo material de origem. As esmectitas, por exemplo, requerem ambiente rico em Mg^{2+} e Ca^{2+} para sua formação. Elas, portanto, serão encontradas em solos originados de rochas cujos minerais apresentam esses íons em sua estrutura, fato que não ocorrerá em solos derivados de quartzitos.

Um mesmo tipo de rocha pode apresentar importantes diferenças na taxa de intemperismo. Allen (2002), estudando o intemperismo de xistos, encontrou solos tanto mais profundos quanto mais vertical era a xistosidade.

A cor dos solos está estreitamente relacionada com o material de origem, quer diretamente, quer através dos compostos neoformados dele derivados. Os óxidos de ferro, como a hematita, imprimem cores vermelhas a avermelhadas, enquanto a goetita imprime cores brunadas e amareladas. Já o óxido de manganês (pirolusita) imprime cor preta e o carbonato de cálcio (veja Figura 5.14.2.), cores esbranquiçadas. A matéria orgânica é determinante na coloração preta ou nas cores de tonalidades escuras do horizonte superficial, mais afeto às adições superficiais de produtos de origem vegetal e animal, e também do horizonte subsuperficial espódico: Bh (veja 5.8. Horizonte B espódico).

É claro que as manifestações de cor se relacionam diretamente com a quantidade de pigmento e com a textura do solo. Para uma mesma quantidade de material, os de textura arenosa necessitarão de menor quantidade de pigmento para apresentar determinada cor do que os de textura mais fina, pois nos primeiros a superfície específica total da massa do solo é muito menor do que nos segundos. Neossolos Quartzarênicos (*Areias Quartzosas*) de cor semelhante (3,0YR 3/4) à dos Latossolos Vermelhos (*Latossolos Roxos*) e contendo apenas 2% de Fe_2O_3 foram registrados na região de Ribeirão Preto, SP (Arquivos do Centro de Pesquisa e Desenvolvimento de Solos e Recursos Ambientais do IAC).

Caso particular de intemperismo ocorre com os calcários, os quais se intemperizam por dissolução do carbonato, sendo então muito importantes na natureza do material resultante a quantidade e o tipo das impurezas nele contidas.

Mesmo o mineral de argila que se forma pelo intemperismo das rochas pode não ser um produto final estável, pois ele também pode sofrer mudanças subseqüentes, dando origem a outros produtos e alterando, conseqüentemente, as condições do solo. Devido à enorme variação de ambientes pedogenéticos possíveis, praticamente qualquer mineral de argila pode ser formado.

No Quadro 1.1.2. é apresentada a relação entre a taxa de intemperismo e os fatores condicionantes. Nele aparece sintetizado o que foi explanado anteriormente.

Quadro 1.1.2. Taxa de intemperismo e alguns de seus fatores condicionantes (Kaufman, 2002).

Propriedade	**Taxa de intemperismo** **Lenta** ———	———	——— **Rápida**
Resistência dos minerais ao intemperismo químico	Alta (exemplo: quartzo)	Intermediária (exemplo: mica, feldspato)	Baixa (exemplo: olivina)
Freqüência de diáclases	Poucas (afastadas mais de 1 metro)	Intermediária (afastadas de 0,5 a 1,0 metro)	Muitas (centímetros)
Declividade do relevo	Declivoso	Moderada	Pouco declivoso
Profundidade regolito	Zero	Raso	Profundo
Vegetação	Esparsa (exemplo: caatinga)	Moderadamente densa	Densa (exemplo: floresta tropical)
Temperatura	Fria (média cerca 5°C)	Temperada (média cerca de 15°C)	Quente (média 25°C)
Chuva	Rara (menos de 40 cm ano^{-1})	Intermediária (40-130 cm ano^{-1})	Elevada (mais de 130 cm ano^{-1})
Macrofauna (macroporos)	Raros	Freqüentes	Abundantes

Bibliografia

ALLEN, C. E. **The influence of schistocity on soil weathering on large boulder tops.** Kärkevagge, Sweden. Catena 2002, v. 49 (1-2): 157-159.

BIRKLAND, P. W. **Soils and geomorphology**. Oxford. Univ. Press. 1984. 372p.

BUOL, S. W., HOLE, F. D. & McCRAKEN, R. J. **Soil genesis and classification.** Iowa Univ. Press. 1973. 360p.

DREES, L. R., MANU, A. & WILDING, L. P. **Characteristics of aeolian dusts in Niger, West Africa.** Geoderma, 1993 (59): 213-233.

GRAHAM, R. C., TICE, K. R. & GUERTAL, W. R. The pedologic natures of weathered rocks. In: Whole Regolith Pedology. **SSS Special Publication** n. 34, 1994, pp. 21-40.

HAMDAN, J. & BURNHAM, C. P. The contribution of nutrients from parent material in three deeply weathered soils of Peninsular Malaysia. **Geoderma,** 1996 (74): 219-233.

JENNY, H. **Factors of soil formation. A system of quantitative pedology.** New York, McGraw-Hill, 1941. 281p.

LEINZ, V. & AMARAL, S. E. **Geologia geral.** 9. ed. São Paulo, Editora Nacional, 1985.

KAUFMAN, A. J. University of Mariland. Dept. of Geology. Factors that influence weathering. http://www.geol.umd.edu/~kaufman/ppt/chapter7/sld008.htm. Obtido em 16/10/2002.

MILLOT, G. **Géologie des argiles. Altérations, sédimentologie, géochimie.** Masson, Paris. 1964. 499p.

OLIVEIRA, J. B., JACOMINE, P. K. T. & CAMARGO, M. N. **Classes gerais de solos do Brasil. Guia auxiliar para seu conhecimento.** Jaboticabal, São Paulo, Funep, 1992. 102p.

PATON, T. R. **The formation of soil material.** Londres, George Allen & Unwin. 1978. 143p.

QUEIROZ, S. B. & KLAMT, E. Variabilidade das características morfológicas, físicas e químicas de Brunizém Avermelhado e Terra Roxa Estruturada Similar na encosta inferior nordeste do Rio Grande do Sul. **Rev. Bras. Ci. Solo** 1982 (6): 136-145.

SELBY, M. J. **Hillslope materials and process.** 2. ed. Oxford University. 1993. 451p.

SETZER, J. **Os solos do Estado de São Paulo.** Rio de Janeiro, IBGE. 1949. 397p. (Publicação Geográfica Brasileira, Série A, livro 6).

SIMONSON, R. W. Modern concepts of soil genesis. A symposium outline of a generalized theory of soil genesis. **Proc. Soil Sci. Am.** 23: 152-156, 1959.

1.2. Clima

O clima é considerado, por muitos autores, o fator mais importante na determinação das propriedades da maioria dos solos (Birkland, 1984).

De seus elementos, destacam-se, em nosso país, pela ação direta na formação e constituição dos solos, a temperatura e a precipitação pluvial. A precipitação pluvial fornece a água que, por sua vez, está presente na maior parte dos fenômenos físicos, químicos e bioquímicos que se processam no solo. A temperatura, por outro lado, tem influência marcante na velocidade e intensidade com que aqueles fenômenos atuam. Segundo a lei de Vant'Hoff, a cada 10°C de aumento da temperatura, dobra a velocidade das reações químicas. É por esse motivo que os solos das regiões tropicais quentes e úmidas estão entre os mais intemperizados do mundo, como por exemplo os dois perfis selecionados no Soil Taxonomy (Estados Unidos, 1975) para exemplificar os Acrortox (solos muito intemperizados) coletados no Estado do Amazonas e em Porto Rico, locais com regime térmico isoipertérmico (temperatura média anual do solo igual ou superior a 22°C) e elevado índice pluviométrico.

A temperatura do solo está diretamente relacionada com a quantidade de irradiação que o atinge, a qual, por sua vez, depende da constante solar, da transparência da atmosfera, da duração do período de luz solar diário e do ângulo de incidência dos raios solares (Critchfield, 1966). Quanto mais próximo do ângulo de 90°C em relação à superfície da Terra, maior a incidência dos raios solares, pois menor será a distância Terra-Sol. A latitude influi diretamente, portanto, nos regimes térmicos regionais. Nas regiões sulinas brasileiras, no inverno, mesmo ao meio-dia, o ângulo de radiação é baixo, enquanto na região equatorial ele é bem mais alto. Os raios oblíquos das latitudes mais elevadas são distribuídos por uma superfície maior do que os verticais e, conseqüentemente, produzem menos calor por unidade de superfície (Critchfield, 1966). O Brasil, pelo fato de estender-se desde a latitude de 1°N até aproximadamente 30°S, oferece condições muito variadas de recebimento da radiação solar. Além disso, o relevo e a cobertura vegetal têm também marcante influência sobre a quantidade de irradiação que atinge o solo (veja 1.3. Relevo e 1.4. Organismos).

Como a principal fonte de aquecimento do solo é a radiação solar, a qual se processa a partir de sua superfície, é em sua porção mais superficial onde ocorrem as maiores variações de temperatura, quer ao longo do dia, quer estacional. À medida que se afasta da superfície, as variações da temperatura diurna e estacional do solo se tornam cada vez menores, atingindo o ponto de isotermia em torno de 50 a 100 cm na região intertropical e a profundidades maiores nas regiões de maiores latitudes. Na Figura 1.2.1. são apresentadas as temperaturas do solo medidas em três horários distintos (7, 14 e 21 horas) a várias profundidades, sendo uma representativa do verão (31 de janeiro) e outra do inverno (21 de junho). Observa-se que, em ambos os casos, a cerca de 45 cm de profundidade, as três medidas diárias, tanto as do verão como as do inverno, são semelhantes, havendo contudo uma ligeira variação da temperatura, nesse ponto, entre as medidas obtidas no verão (cerca de 30°C) e no inverno (cerca de 20°C).

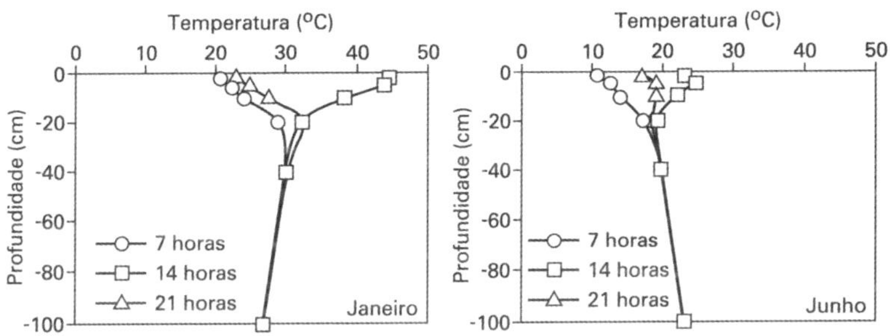

Figura 1.2.1. Temperatura do solo obtida em várias profundidades às 7, 14 e 21 horas, nos dias 23 de janeiro e 21 de junho de 1993, respectivamente. Arquivos do Centro de Pesquisa e Desenvolvimento de Ecofisiologia e Biofísica do Instituto Agronômico de Campinas.

Além de implicar diretamente na velocidade das reações químicas, a temperatura do solo tem também influência indireta sobre vários de seus atributos. As cores vermelhas, por exemplo, são mais comuns em solos de regiões tropicais do que nos de baixas temperaturas. Uma das impressões mais fortes que um pedólogo brasileiro tem ao percorrer países europeus (excluindo a região mediterrânica) é a presença generalizada de solos de coloração amarelada e a ausência de solos vermelhos e avermelhados.

O efeito anti-hematítico que condiciona a presença de solos bicromáticos (veja 1.4. Organismos e 3.12. Cor do solo), tão comuns nos planaltos altimontanos do Brasil meridional, é, em parte, decorrente da ação climática (temperatura) reinante nessas regiões (Kämpf & Schwertmann, 1983). Nas Figuras 1.2.2a. e 1.2.2b. são mostradas as relações entre 1) a razão Hm/Gt + Hm nos horizontes A e B e a temperatura média anual do ar e 2) a relação entre a razão Gt/Gt + Hm e o teor de carbono. A primeira figura mostra que, a temperatura inferior ou igual a 15°C, a goetita foi o único óxido de ferro encontrado e a segunda mostra que, entre 2 e 3% de carbono orgânico, a razão Gt/Gt + Hm aumenta acentuadamente, sendo que acima de 3% de carbono a formação da hematita fica muito reduzida. As temperaturas mais amenas dessas regiões em relação ao resto do Brasil também têm marcante influência na concentração de carbono e na espessura do horizonte A dos solos. O perfil de Cambissolo Húmico (Embrapa, 1981) coletado a 2.130 m de altitude no Município de Itamonte, MG (Figura 1.2.3., p. 571), apresenta nos horizontes O1, O2, A1, A2 e A3, respectivamente, as seguintes percentagens de carbono orgânico: 22,9, 13,7, 8,0, 4,1 e 2,5.

A precipitação pluvial é, em nosso país, elemento tão destacado quanto a temperatura no desenvolvimento de nossos solos. É de primordial importância considerar a quantidade de água das chuvas que atinge a superfície do solo, que nele penetra, transita e se mantém. O regime hí-

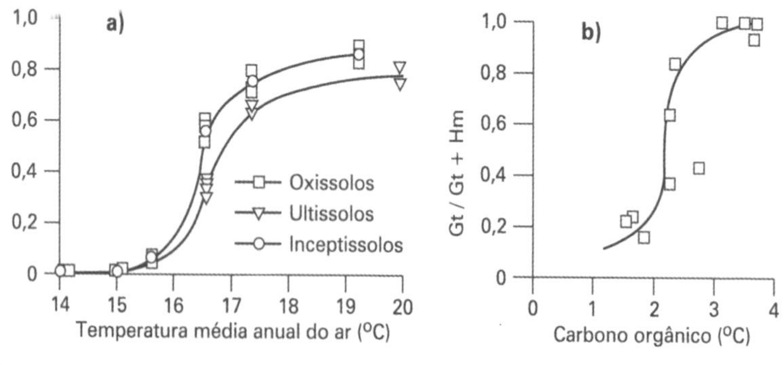

Figura 1.2.2. a) Relação entre a razão Hm/Gt + Hm e a temperatura média anual do ar. b) Relação entre a razão Gt/Gt + Hm e o teor de carbono (Kämpf & Schwertmann, 1983).

drico do solo de certa forma dá indicações sobre esses aspectos. Entre as várias proposições existentes na bibliografia, destaca-se, pelo seu amplo emprego na pedologia, o balanço hídrico estimado segundo metodologia proposta por Thornthwaite & Mather (1957), na qual são considerados os ganhos — precipitação pluvial — e as perdas — evapotranspiração potencial[2]. O Soil Taxonomy (Estados Unidos, 1975) utiliza o balanço hídrico segundo essa metodologia para identificar o regime hídrico dos solos, chegando a considerá-lo uma de suas propriedades, fato não aceito, contudo, por todos os pedólogos.

Como os balanços hídricos ilustram condições de pedogênese e são bastante difundidos nos levantamentos pedológicos, é apresentado nas Figuras 1.2.4., 1.2.5. e 1.2.6. o balanço hídrico de três localidades representativas de algumas das distintas regiões climáticas brasileiras. O balanço hídrico considera o solo como um reservatório e, nos cálculos, em geral é considerado um volume de solo capaz de reter 100 mm de água (podem ser outros os valores). Acompanhemos, através da Figura 1.2.4., os vários estágios do balanço hídrico de um solo de uma região de verão chuvoso e inverno seco, como a que ocorre em grande parte do Brasil. Observa-se inicialmente que há dois períodos bem distintos: um deles, dito período chuvoso, inicia-se em meados do mês de setembro e se estende até meados de março, e nele a precipitação pluvial é superior à evapotranspiração potencial; no outro, dito período seco, a evapotranspiração potencial é superior à precipitação. Quando começa o período chuvoso, a água que penetra no solo encontra-o em seu estado mais seco (o reservatório está vazio) e vai pouco a pouco completando seu volume. Esse período de reposição perdura até que o reservatório fique cheio, iniciando-se então o período de excedente hídrico. É nesse período que o fenômeno de lixiviação atua em sua plenitude e que as enxurradas atingem maior expressão. Estende-se até quando a precipitação torna-se inferior à evapotranspiração potencial (início de abril na figura), quando então se inicia um período dito de consumo, no qual a água contida no

2. Evapotranspiração potencial: retorno da umidade da terra e das superfícies líquidas pela evaporação e pela transpiração das plantas em determinado regime de temperatura (Rumney, 1968).

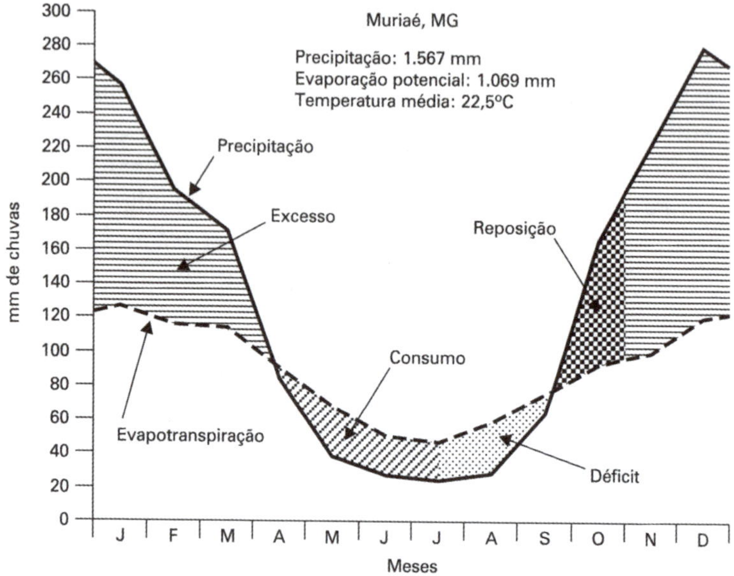

Figura 1.2.4. Balanço hídrico segundo Thornthwaite & Mather, 1955 (125 mm). Município de Muriaé, MG (Embrapa, 1978). Arquivos do Centro de Pesquisa e Desenvolvimento de Ecofisiologia e Biofísica do Instituto Agronômico de Campinas.

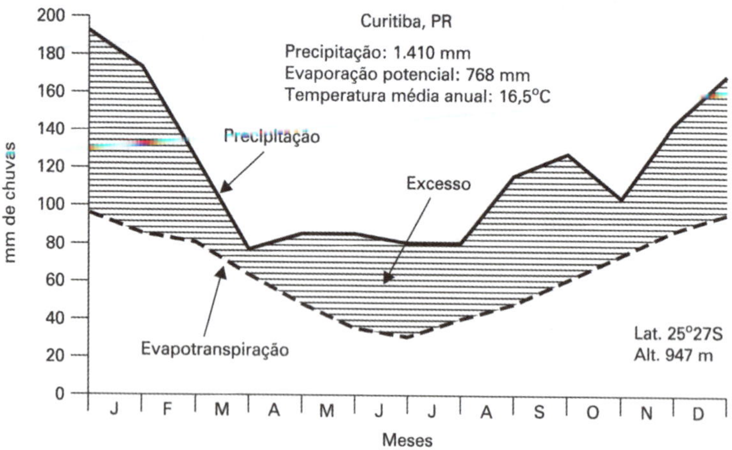

Figura 1.2.5. Balanço hídrico segundo Thornthwaite & Mather, 1955 (125 mm). Município de Curitiba, PR (Embrapa, 1978). Arquivos do Centro de Pesquisa e Desenvolvimento de Ecofisiologia e Biofísica do Instituto Agronômico de Campinas.

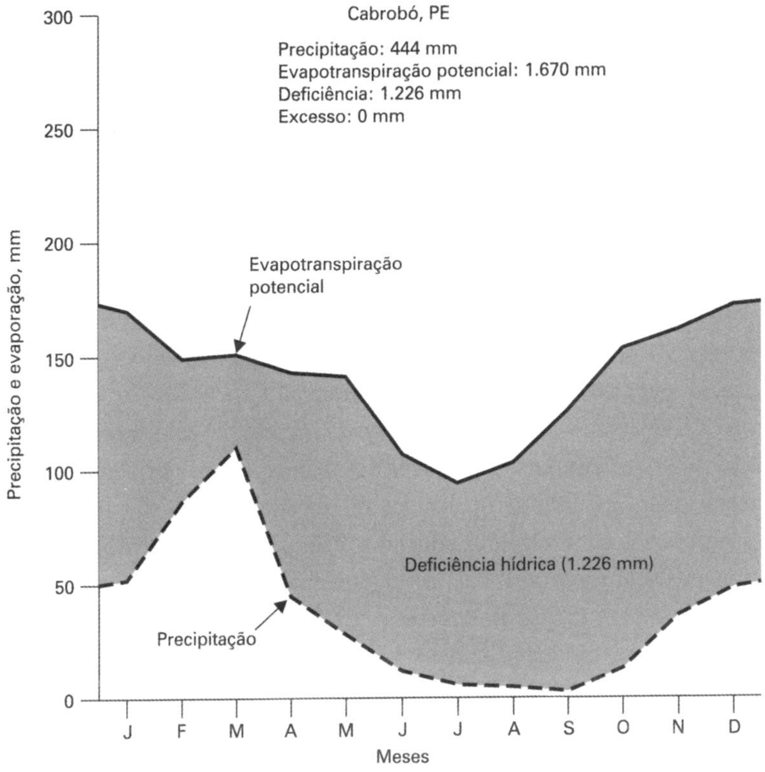

Figura 1.2.6. Balanço hídrico segundo Thornthwaite & Mather, 1955 (100 mm). Cabrobó, PE (Embrapa, 1978). Arquivos do Centro de Pesquisa e Desenvolvimento de Ecofisiologia e Biofísica do Instituto Agronômico de Campinas.

reservatório vai diminuindo pouco a pouco, em decorrência da evaporação da água através da superfície do solo e da transpiração pelas plantas, até se esgotar. Começa então um período de deficiência hídrica, o qual se prolonga até o início das chuvas, completando o ciclo. No solo não há uma passagem abrupta entre os vários períodos, como assinalado nas figuras. A água do solo vai se esgotando pouco a pouco até chegar a um ponto em que ela é retida a tensão tão elevada que as plantas (mesofíticas) não conseguem mais absorvê-la (ponto de murcha permanente).

As duas outras figuras retratam regimes hídricos completamente distintos do anterior. O balanço hídrico de Curitiba (Figura 1.2.5.) retrata condições reinantes nos planaltos altimontanos do Brasil Meridional, onde a precipitação pode ser de mesma grandeza da encontrada em Muriaé, porém a temperatura mais amena promove menor evapotranspiração potencial, a qual se mantém inferior à precipitação pluvial ao longo do ano, resultando em excedente hídrico no decorrer desse período. O inverso se passa na região do semi-árido nordestino, como retratado pelo balanço hídrico de Cabrobó (Figura 1.2.6.). Neste, a evapotranspiração potencial é superior à precipitação pluvial ao longo do ano, resultando em um período único de deficiência hídrica.

Na região do semi-árido não há água suficiente no solo para provocar lixiviação dos compostos químicos, resultando, em conseqüência, solos relativamente pouco intemperizados, quimicamente ricos, rasos ou pouco profundos, com muitos minerais primários facilmente intemperizáveis, minerais de argila com elevada atividade coloidal (argilas 2:1) e até acumulação de sais e de carbonatos. A escassez de água tem reflexos na vegetação pouco densa e decídua (caatinga), a qual adiciona pouca matéria orgânica ao solo, resultando em horizonte superficial pouco espesso e pobre em carbono orgânico. São exemplos de solos dessa condição climática os Luvissolos Crômicos Órticos, anteriormente denominados de Brunos Não-Cálcicos, os Planossolos Nátricos, anteriormente denominados de Solonetz-Solodizados, entre outros. No Quadro 1.2.1., são apresentados dados químicos de perfil típico dessa condição pedoclimática. Observa-se que o solo apresenta horizonte A com apenas 18 cm de espessura e

Quadro 1.2.1. Dados químicos de perfil de Luvissolo Crômico Órtico (Congresso Brasileiro de Ciência do Solo, Recife, 1989).

Horizonte	Profundidade (cm)	C (%)	Soma de bases (S) $cmol_c$/100 g solo	Saturação por bases (%)
A	0-18	0,62	9,7	100
Bt	18-45	0,49	20,1	93
BC	45-55	0,52	18,8	93
Cr	55-80	0,33	13,8	100

com baixo teor de carbono (0,6%), elevada saturação por bases ao longo do perfil (V% ≥ 93), virtual ausência de Al^{3+} e horizonte Cr iniciando a apenas 55 cm de profundidade.

Nos planaltos altimontanos sulinos, por sua vez, o elevado excedente hídrico e a temperatura amena promovem condições adequadas para o acúmulo e a manutenção da matéria orgânica e a ocorrência de solos com espessa camada superficial escura (veja 5.4. Horizonte A húmico e Figura 1.2.3.). O enorme volume de água que percola ano após ano através dos solos promove a hidratação de seus constituintes, favorecendo a remoção dos cátions liberados dos minerais pela hidrólise, acelerando as transformações e, conseqüentemente, seu processo evolutivo. Resultam solos quimicamente muito pobres, vários deles com elevadas concentrações de Al^{3+}, como, por exemplo, os Nitossolos Vermelhos Alíticos Húmicos, anteriormente denominados de Rubrozéns. No Quadro 1.2.2., são apresentados dados químicos de perfil desses solos.

Quadro 1.2.2. Dados químicos de perfil de Nitossolo Vermelho Alítico Húmico (Embrapa, 1984).

Horizonte	Profundidade (cm)	C (%)	Soma de bases (S) $cmol_c$/100 g solo	Saturação por bases (%)
A1	0-24	5,2	4,3	17
B1t	37-56	1,5	1,9	10
IIB22t	71-95	0,4	5,6	24
IIC1	107-136	0,1	11,2	42

O clima tem marcado efeito condicionador na distribuição dos seres vivos, particularmente no tocante à vegetação primária. Assim, as formações vegetais naturais guardam relações de dependência com as condições climáticas, incluída a influência do regime de umidade dos solos. Exemplos marcantes são, entre outros, as florestas equatoriais ombrófilas (úmidas) densas no médio Amazonas; as florestas tropicais mesófilas (matas secas) e savanas do Brasil Central; as florestas subtropicais mistas de pinheiro (mata úmida) nos planaltos sulinos e as caatingas no semi-árido do Nordeste (Oliveira et al., 1992). Esse fato levou à adoção do tipo de vegetação primária como critério de fases de unidade de mapeamento em levantamentos pedológicos de pequena escala executados no Brasil a partir de 1962 (Camargo et al., 1987).

É preciso ressaltar que há distinção entre clima atmosférico e clima do solo, não obstante exista estreita relação entre ambos. Em uma área fisiográfica, no entanto, podem ocorrer condições particulares que determinam variação do clima do solo, às vezes a curta distância. Como exemplo, pode-se citar os solos rasos (Neossolos Litólicos e Neossolos Regolíticos) da região de Godinhos, Município de Piracicaba, SP, onde, apesar de a precipitação pluviométrica ser da ordem de 1.250 mm anuais, a vegetação natural é de mata decídua, com plantas tipicamente xerofíticas, como o mandacaru (*Cereus* sp.) (Figura 1.2.7.).

A precipitação pluvial também tem importante participação na modelagem da paisagem, especialmente aquelas concentradas e com

Figura 1.2.7. Mata caducifólia completamente desfolhada sobre solos rasos (Neossolos Litólicos e Neossolos Regolíticos lépticos), lembrando a vegetação da caatinga nordestina. A pequena profundidade efetiva desses solos determina, localmente, baixa reserva hídrica. Nesse bosque foram encontradas plantas tipicamente xerófitas, como o mandacaru (*Cereus* sp.), apesar de a precipitação ser da ordem de 1.250 mm anuais. Foto tirada no mês de julho. Bairro de Godinhos, Município de Piracicaba, SP. Foto: J. B. de Oliveira.

elevada erosividade[3]. Apesar de as enxurradas poderem ser observadas com facilidade em dias de chuvas torrenciais, que por vezes provocam catástrofes, com fenômenos mais ou menos localizados, como os escorregamentos nas encostas, a modelagem da paisagem regional requer um período de tempo muito extenso (milhares de anos). Em qualquer caso, contudo, há sempre dois processos principais: a retirada de material das áreas mais elevadas — zonas de ablação — e sua deposição nas áreas baixas — zona de sedimentação (veja 1.3. Relevo).

A ação climática, devida ao vento, na formação dos solos brasileiros parece ser de pequena importância e aparentemente localizada à orla marítima, tendo aí marcante influência na formação de dunas. Em algumas regiões do mundo, contudo, os ventos podem representar papel bem mais importante na pedogênese. McTainsh et al. (1997), por exemplo, citam taxa de deposição diária de 2,5 a 28,6 t km^{-2} em Mali. Prospero et al. (1981) registraram em Caiena o aporte de areia presumivelmente originária do Norte da África.

O vento tem ação indireta na formação das ondas marinhas, as quais têm ação direta na morfogênese litorânea: as praias, restingas, falésias são alguns dos elementos da paisagem litorânea resultantes da ação das vagas. Estas podem ainda agir catastroficamente, como nos maremotos, tão comuns em países asiáticos. Os tornados, igualmente comuns na Região Centro-Oeste norte-americana, também são agentes climáticos importantes no processo de erosão eólica e de aporte de sedimentos. Nas regiões subtropicais, o vento é o principal responsável pelo manto de *loess*, importante material de origem de solos dessas regiões. Pecsi (1968), citado por Dress et al. (1993), estima que cerca de 10% da cobertura da superfície da Terra seja representada por esse material. Esses últimos autores, citando Pewe (1981) e Schutz (1980), assinalam que os sedimentos carreados dos desertos da Terra variam de 5×10^{11} kg . ano^{-1} a 5×10^{12} kg . ano^{-1}, sendo o deserto de Saara o seu mais expressivo contribuinte. Dress et al. (1993) assinalam que as areias

3. Erosividade: poder intrínseco do solo de provocar erosão, que depende da intensidade, freqüência e duração das chuvas. Difere de erodibilidade: qualidade que o solo apresenta de resistir mais ou menos à erosão.

estudadas em suas pesquisas apresentaram apreciáveis quantidades de cátions trocáveis solúveis em água, constituindo, portanto, importantes fontes de nutrientes para as plantas.

Bibliografia

BIRKLAND, P. W. **Soils and geomorphology**. Oxford Univ. Press. 1984, 372p.

CAMARGO, M. N., KLAMT, E. & KAUFFMAN, J. H. Classificação de solos usada em levantamento pedológico no Brasil. **Boletim Informativo da Sociedade Brasileira de Ciência do Solo**, Campinas, 12 (1): 11-33, 1987.

CONGRESSO BRASILEIRO DE CIÊNCIA DO SOLO, 22., 1989, Recife, PE. Guia de excursão 29/30 julho de 1989. Recife: Sociedade Brasileira de Ciência do Solo/ Embrapa-SNLCS, 1989. 72p. Mimeografado. Editores: Paulo Klinger T. Jacomine, Luiz Bezerra de Oliveira, Antônio Cabral Cavalcanti.

CRITCHFIELD, H. J. **General climatology**. 2. ed. New Jersey, Prentice-Hall, Inc., 1966. 420p.

DRESS, L. R., MANU, A. & WILDING, L. P. Characteristics of aeolian dusts in Niger, West Africa. **Geoderma**, 1993 (59): 213-233.

EMPRESA BRASILEIRA DE PESQUISA AGROPECUÁRIA. Serviço Nacional de Levantamento e Conservação de Solos. Mapa de Solos do Brasil, coordenado e planejado por M. N. Camargo. 1981. Escala 1:5.000.000.

EMPRESA BRASILEIRA DE PESQUISA AGROPECUÁRIA. Serviço Nacional de Levantamento e Conservação do Solo. Rio de Janeiro, RJ. First International Soil Classification Workshop. Rio de Janeiro, 1978. 375p.

EMPRESA BRASILEIRA DE PESQUISA AGROPECUÁRIA. Serviço Nacional de Levantamento e Conservação do Solo. Rio de Janeiro, RJ. Levantamento e reconhecimento dos solos do Estado do Paraná. Londrina, Sudesul, Embrapa/Gov. Est. Paraná/Iapar. 1984. Tomo I e II. 791p. (Embrapa/SNLCS. Boletim de Pesquisa, 27 Iapar, Boletim Técnico, 16).

ESTADOS UNIDOS. United States Department of Agriculture. Soil Taxonomy. A basic system of soil classification for making and interpreting soil survey. 1975. Agriculture Handbook 436. 754p.

KÄMPF, N. & SCHWERTMANN, U. Relations between iron oxides and soil colour in kaolinitic soils of southern Brazil. **Rev. Bras. Ci. Solo**, 7:27-31, 1983.

McTAINSH, G. H., NICKLING, W. G. & LYNCH, A. W. Dust deposition and particle size in mali, West Africa. **Catena**, 1997, v. 29 (3-4): 307-322.

OLIVEIRA, J. B., JACOMINE, P. K. T. & CAMARGO, M. N. **Classes gerais de solos do Brasil. Guia auxiliar para seu conhecimento**. Jaboticabal, São Paulo, Funep, 1992. 102p.

PROSPERO, J. M., GALCCUM, R. A. & NEES, R. T. Atmospheric transport of soil dust from Africa to South America. **Nature**, 1981 (289): 570-572.

RUMNEY, G. R. **Climatology and the world's climates.** New York, McMillan Co. 1968. 656p.

THORNTHWAITE, C. W. & MATHER, J. R. Instructions and tables for computing potential evapotranspiration and water balance: Drexel Inst. Tech., Lab. of Climatology, Publis. **Climatology**, v. 10, n. 3, 1957, 311p.

1.3. Relevo

O termo "relevo" refere-se às formas do terreno que compõem a paisagem. Sua ação reflete-se diretamente sobre o clima do solo e sobre a dinâmica da água, tanto a superficial como a que transita no interior do solo. A ação sobre o clima do solo se dá diretamente, através da incidência diferenciada da radiação solar, segundo a inclinação e a posição das vertentes, e do decréscimo da temperatura com o aumento da altitude, e indiretamente, sobre os seres vivos, especialmente os tipos de vegetação natural, que são dependentes das condições climáticas locais. Parte da água que atinge o solo, por sua vez, nele se infiltra e parte escorre sobre a superfície, na forma de enxurrada. A parte que se infiltra percola através do solo quer em sentido vertical, quer oblíquo, em seu interior, neste último caso especialmente nos terrenos inclinados.

Talvez o principal elemento do relevo que influencie a formação dos solos seja a topografia, pois ela tem ação direta sobre a quantidade de água que penetra no solo ou escorre na superfície, atuando, portanto, decisivamente, no condicionamento dos dois importantes fenômenos de modelagem da paisagem: rejuvenescimento (ablação) e transporte e acúmulo (sedimentação). Essa ação se passa em todas as escalas da paisagem, desde a macro como a micro, evidentemente com menor expressão na microescala. Em termos regionais, os grandes maciços montanhosos constituem áreas permanentes de ablação, e as baixadas e planícies dos vales, áreas de sedimentação. Um exemplo espetacular dessa condição é a cordilheira dos Andes como fonte dos sedimentos que formaram a planície amazônica. Em microescala pode-se relacionar o assoreamento de tanques e barragens em pequenas bacias de captação.

O relevo regula os movimentos da água ao longo da vertente, tanto na superfície como no interior do solo, agindo sobre seu regime hídrico e, conseqüentemente, sobre os fenômenos de percolação interna e ações correlatas — lixiviação de solutos, transporte de partículas coloidais em suspensão no meio líquido — e ainda naqueles fenômenos em que a presença da água é imprescindível — hidrólise, hidratação, dissolução.

São muitos os exemplos encontrados na literatura internacional e nacional sobre a influência do relevo na hidrologia e translocação vertical e oblíqua de componentes do solo e, conseqüentemente, na pedogênese. Exemplos antológicos são os descritos por D'Hoore (1954) e Maignien (1966) na África, na formação das bancadas lateríticas. Na Figura 1.3.1. é apresentado um esquema de variação de solos desenvolvidos sobre o mesmo material de origem (basalto) e de alguns de seus atributos em uma toposseqüência na região de Guaíra, SP (Oliveira et al., 1991), e na Figura 1.3.2. aparecem diagramas de raios X de solos de duas toposseqüências similares às da figura anterior. Os autores atribuem ao movimento interno lateral da solução do solo ao longo da vertente as variações de cor, do teor de Fe_2O_3 e da relação Fe_2O_3/TiO_2. Os solos vermelhos (2,5YR) são encontrados nas partes mais elevadas, seguidos pelos solos brunados (7,5YR 5/6 — 5YR 4/3) e, finalmente, pelos solos acinzentados (2Y 5/1 — 10YR 6/1) nas partes mais baixas. O teor de Fe_2O_3, elevado (> 20%) nas partes mais altas, diminui progressivamente à jusante, chegando a valores de apenas 6,1 e 4,9% na parte mais baixa. O titânio é mais resistente à redução do que o ferro (Sherman, 1952), sendo por isso proporcionalmente menos eliminado do perfil do que o ferro; a razão Fe_2O_3/TiO_2 torna-se, portanto,

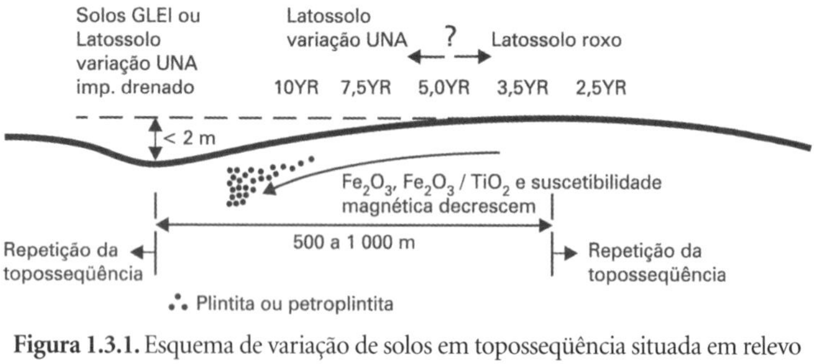

Figura 1.3.1. Esquema de variação de solos em toposseqüência situada em relevo suave ondulado a aplainado na região de Guaíra, SP (Oliveira et al., 1991).

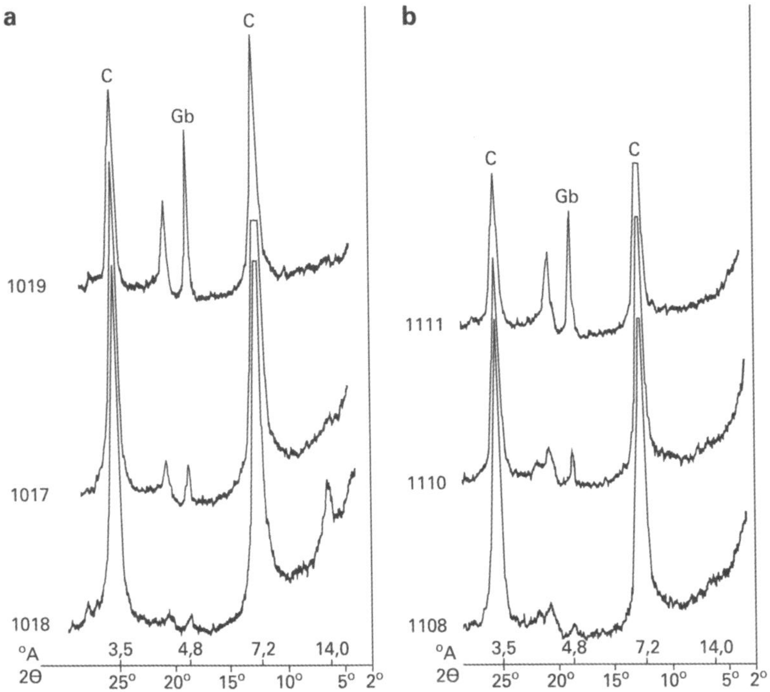

Figura 1.3.2. Difratogramas de raios X da fração argila desferrificada e orientada de solos de duas toposseqüências da região de Guaíra, SP. C = caulinita; Gb = gibbsita (Oliveira et al., 1991).

progressivamente menor à medida que se passa dos solos vermelhos (mais oxidados) para os cinzentos (mais reduzidos).

A plintita encontrada na região inferior da vertente foi em parte formada pela concentração absoluta de ferro oriundo das partes mais altas do relevo. Os diagramas de raios X mostram processo de dessilicatização nas partes mais altas, com conseqüente maior taxa de gibbsita/caulinita e valor de ki mais baixo; o inverso ocorre nas partes mais baixas. Trabalhos semelhantes foram efetuados no Brasil por Curi & Franzmeier (1984), entre outros.

Outro exemplo muito comum e facilmente visível da movimentação lateral interna da água ao longo dos solos de uma vertente são as áreas de surgência, em geral encontradas em terrenos com solos que apresentam horizonte B textural. Nesse caso, a baixa condutividade hidráulica do topo desse horizonte forma um "assoalho", favorecendo o escorrimento lateral da água e seu surgimento em algum ponto da vertente.

O relevo, especialmente o microrrelevo em regiões aplainadas, representado por discretas variações de altitude (alguns centímetros ou poucos metros), tem importante implicação na profundidade em que se encontra o lençol freático, no condicionamento da taxa de saturação em sais ou sódio e, conseqüentemente, na vegetação. Na Figura 1.3.3. são mostradas duas condições de microrrelevo em um mesmo material de origem e sua influência no tipo de vegetação decorrente, devida especialmente à maior ou menor espessura do solo até o lençol freático.

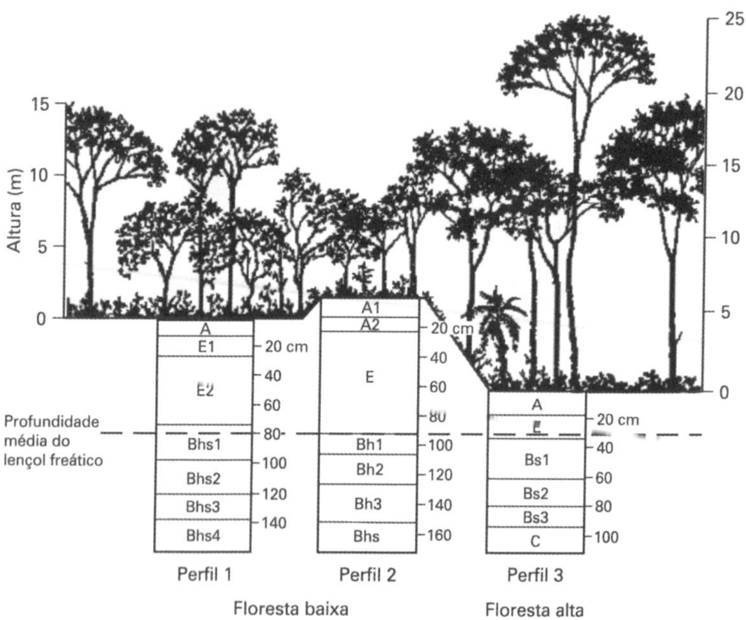

Figura 1.3.3. Em regiões aplainadas ou de relevo suave ondulado, discretas variações na altitude têm importantes implicações na profundidade em que se encontra o lençol freático e, naturalmente, no "tipo" de vegetação. Trabalho realizado na Ilha do Mel, PR (Britez et al., 1997).

Uma feição típica formada por pequenas elevações e depressões é a do relevo conhecido como "gilgai", encontrada em áreas de Vertissolos (veja 5.20. Horizonte vértico). Apesar de a diferença de cota ser de apenas algumas dezenas de centímetros entre a crista e o fundo das depressões, há diferenças importantes na morfologia e nos atributos físico-químicos dos solos (Florinsky & Arlashina, 1998).

Quanto mais íngreme for o terreno, menor a possibilidade de infiltração da água no solo e, conseqüentemente, do fluxo interno dela, e maior a quantidade de água que escorre na superfície (enxurrada) e a energia cinética produzida, possibilitando erosão mais acentuada. Solos situados em relevo íngreme em geral são, por isso, menos profundos e mais secos que outros situados em uma mesma condição climática, porém em declive menos acentuado. Exemplo típico dessa situação é o da sucessão de solos encontrados nas colinas basálticas da região de Ribeirão Preto, SP. Na Figura 1.3.4. é apresentado um esboço muito empregado pelos geomorfólogos para identificar os elementos constituintes de uma vertente. Transpondo esses elementos para a região de Ribeirão Preto, tem-se a seguinte sucessão de solos: na superfície de cimeira, solos muito profundos, representados pelos Latossolos Vermelhos Férricos (*Latossolos Roxos*); na ombreira, solos rasos como os Neossolos Litólicos (*Solos Litólicos*); na meia-encosta, solos profundos a moderadamente profundos, como os Nitossolos Vermelhos Férricos (*Terras Roxas Estruturadas*); e no sopé, novamente os Latossolos Vermelhos Férricos.

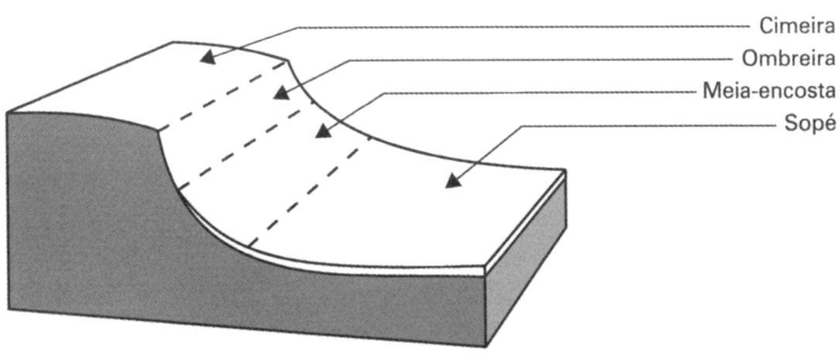

Figura 1.3.4. Elementos de uma vertente. Adaptado de Hall & Olson (1991).

Por outro lado, nas áreas deprimidas, além da água de precipitação pluvial que incide sobre elas diretamente, há contribuição tanto da água proveniente das enxurradas como da que se movimenta lateralmente e internamente no solo das vertentes contíguas a elas. Essas áreas apresentam condições ideais para a manifestação dos fenômenos de redução, resultando solos de coloração acinzentada, esverdeada ou azulada e geralmente apresentando mosqueados (veja 5.15. Horizonte glei).

Além desses elementos da vertente, outro fator importante do relevo na pedogênese é a morfologia das vertentes, ou seja, sua concavidade e convexidade no sentido da longitude e da latitude. As formas côncava ou convexa têm implicações diretas na convergência ou dispersão das águas de enxurrada e na movimentação interna ao longo das vertentes e, conseqüentemente, na erosão e modelagem do relevo e na formação e variabilidade espacial dos solos. Na Figura 1.3.5. são apresentadas as quatro formas básicas de vertentes e as respectivas linhas de fluxo de água segundo Huggett (1975).

As ilustrações mostram que as enxurradas convergem quando o relevo apresenta contorno côncavo (Figuras 1.3.5a. e 1.3.5b.) e divergem quando

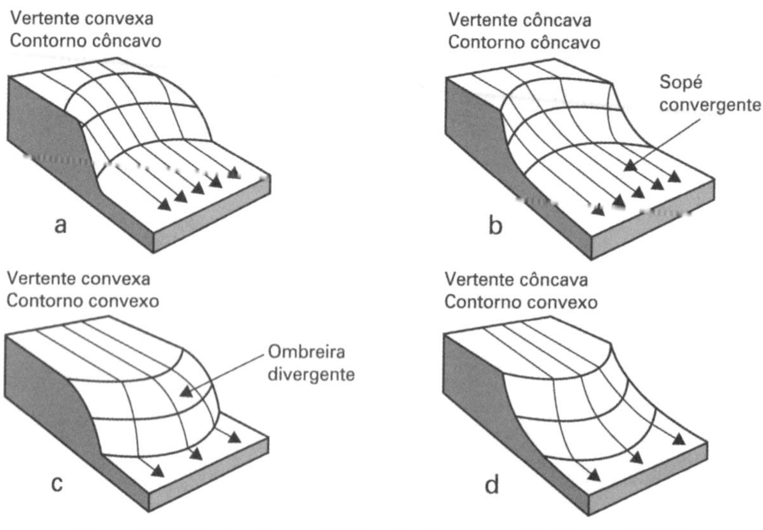

Figura 1.3.5. Quatro formas básicas de relevo segundo Huggett (1975).

ele é convexo (Figuras 1.3.5.c. e 1.3.5d.). A concavidade ou convexidade da vertente modifica o poder erosivo das enxurradas e influencia a direção do movimento da água no interior do solo. Em igualdade de condições climáticas e de cobertura vegetal, os solos nas posições côncavas, devido à convergência dos fluxos de água, são mais úmidos do que os das posições convexas. A Figura 1.3.5b. mostra associação de declive e curvatura da encosta côncavas, portanto, convergentes. Essa é a condição ideal para que haja a maior quantidade de água disponível para o desenvolvimento pedogenético. Ela ocorre na posição de sopé, onde, além da concentração de água, também é menor a velocidade de escoamento da enxurrada. O inverso ocorre na posição de ombreira (Figura 1.3.5c.), onde a associação de declive e curvatura da vertente divergentes favorece a dispersão do fluxo de água, o que, aliado à sua maior velocidade de escoamento (declive mais acentuado), resulta em áreas com menor disponibilidade de umidade. Pennock et al. (1987), citados por Hall & Olson (1991), assinalam a seguinte relação entre o conteúdo de umidade e os elementos da vertente: ombreira < meia-encosta < sopé.

Oka-Fiori & Soares (1976), citados por Ponçano & Prandini (1987), mostram a relação entre tipo de encosta e sua extensão e boçorocas no Estado de São Paulo. Segundo esses autores, 95% das boçorocas se desenvolveram em encostas convexas coletoras e dispersoras (Quadro 1.3.1.).

A quantificação da umidade do solo em situação de concavidade e convexidade é demonstrada por Sinai et al. (1981). Enquanto nas partes

Quadro 1.3.1. Relação de boçorocas com o tipo de encosta e extensão, segundo Oka-Fiori & Soares (1976), citados por Ponçano e Prandini (1987).

Estágio	I			II			III			IV			
Extensão*/tipo de encosta	1	2	3	1	2	3	1	2	3	1	2	3	Total
Convexa coletora	137	0	0	3	10	11	0	2	4	0	0	0	167
Convexa dispersora	115	1	0	1	3	0	0	0	0	0	0	0	120
Côncava coletora	8	0	0	0	0	0	0	0	0	0	0	0	8
Côncava dispersora	3	0	0	0	0	0	0	0	0	0	0	0	3
Total	263	1	0	4	13	11	0	2	4	0	0	0	298

* 1: < 250 m; 2: 250-500 m; 3: > 500 m.

côncavas a umidade do solo a 20 cm de profundidade variou de 8,2 a 9,7%, nas partes convexas ela variou de 4,5 a 5,1% (Figura 1.3.6.). Esses autores mostram ainda a diferença das duas situações na produção de grãos. Enquanto nas partes côncavas houve uma produção média de 1.906 kg ha^{-1}, nas convexas ela foi de apenas 503 kg ha^{-1}, ou seja, nas partes côncavas a produção foi 379% maior do que nas convexas.

Em terrenos aplainados, a eliminação da água pelo escorrimento superficial é diminuta, oferecendo, portanto, condições ideais para que a água

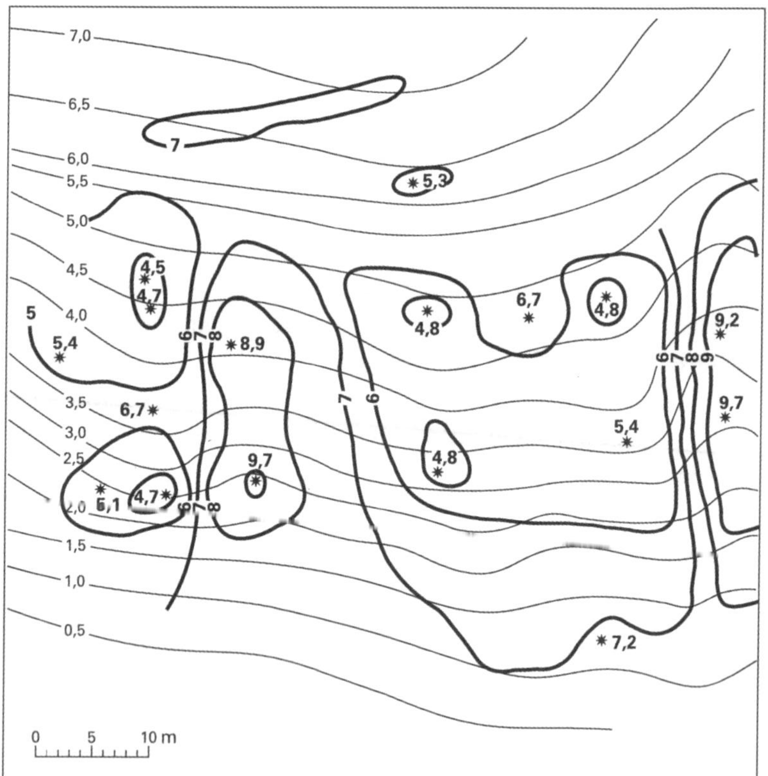

Figura 1.3.6. Isolinhas de umidade em relação às formas de relevo côncavo (valores mais elevados) e convexo (valores mais baixos). Curvas de nível espaçadas de 0,5 m. Isolinhas: g água/g de solo (Sinai et al., 1981).

que cai sobre o terreno se infiltre e percole através do perfil, favorecendo a lixiviação. Quando as condições intrínsecas dos solos favorecem o fluxo interno da água ao longo do perfil, nesses terrenos eles apresentam-se em geral mais cromados, avermelhados ou vermelho-amarelados do que os solos que possuem alguma restrição interna que diminua o fluxo da água. São exemplos dessa última condição os Argissolos Acinzentados das áreas aplainadas de tabuleiros do Ceará e Alagoas (Brasil, 1973; Embrapa, 1975) e da primeira, os Latossolos Vermelho-Amarelos, Latossolos Vermelhos, entre outros, situados em relevos planos e registrados em muitos levantamentos de solos executados no Brasil.

Os terrenos de relevo subaplainado ou deprimido apresentam ambiente ideal para a manifestação dos fenômenos de hidromorfismo. Nesses terrenos, quando o encharcamento é prolongado, cria-se oportunidade para que o oxigênio contido na água seja inteiramente consumido pelos microorganismos, instalando-se condições de redução que resultam em solos com matriz de coloração acinzentada, azulada ou esverdeada, acompanhada ou não de mosqueados (veja 5.15. Horizonte glei). Em condições extremas de ambiente redutor, dá-se o acúmulo acentuado de matéria orgânica, podendo resultar na formação de solos denominados de Organossolos. Em nosso país, a maior parte desses solos é formada em relevos planos das planícies aluviais. A presença de Organossolos em outros relevos só ocorre nas regiões onde as condições climáticas (temperatura mais baixa e menor evapotranspiração) permitem acúmulo de matéria orgânica em condições de drenagem livre. Essas condições, em nosso país, estão praticamente restritas às regiões altimontanas dos Estados sulinos.

Na avaliação da maior ou menor facilidade de infiltração da água no solo de uma vertente, é necessário levar em conta, além da forma da vertente, seu comprimento, a rugosidade e a cobertura vegetal do terreno, além de fatores intrínsecos do solo.

Outra implicação importante do relevo é sobre a taxa de radiação e, conseqüentemente, sobre o clima do solo em diferentes situações de exposição dos terrenos à ação solar. Em regiões montanhosas, por exemplo, dependendo da orientação das encostas, a variação de incidência da radiação solar é significativa. Nas vertentes mais sombreadas (face sudeste, em nosso hemisfério), as temperaturas dos solos são menores, assim como a evapotranspiração, condicionando ambientes mais úmidos, em comparação com as vertentes voltadas para noroeste, mais ensolaradas à tarde (encostas soalheiras). Resultam dessas condições solos com morfologia e composição diferenciadas segundo as posições das encostas. Em função do relevo, constituem exemplos bem expressivos desse condicionamento climático as encostas do Espinhaço, na Bahia, voltadas para leste e sudeste, manifestadamente úmidas, em contraposição à vertente são-franciscana, faceando o oeste, integrante de ambiente marcadamente mais seco, tendente a semi-árido; em escala local, os maciços da Pedra Branca e do Medanha, na Baixada de Santa Cruz (Municípios do Rio de Janeiro, Itaguaí e Nova Iguaçu), expõem, ao sudeste-sul, encostas nitidamente mais úmidas, em oposição ao ambiente mais seco das exposições soalheiras defrontando a noroeste. A sudeste prevalecem solos mais intemperizados, lixiviados, bastante ácidos; a noroeste, solos menos intemperizados, com menor efeito de lixiviação e menos ácidos (Oliveira et al., 1992).

A influência da posição da encosta no microclima e na gênese dos solos é mostrada por Cooper (1960), entre outros, em trabalho feito no hemisfério Norte. Nas Figuras 1.3.7. e 1.3.8. são apresentadas, respectivamente, as temperaturas médias e a umidade do solo em determinado período nas profundidades de 2 e 20 cm, situado nas faces norte e sul. Observa-se que os solos situados na face sul (mais ensolarada) apresentam, ao longo do período, temperaturas mais elevadas e, naturalmente, devido à maior evapotranspiração, menor quantidade de umidade; no hemisfério Sul, a situação seria invertida. Resultados semelhantes foram obtidos também no hemisfério Norte, por Franzmeier et al. (1960) e Rech et al. (2001). Esses autores mostram estágio mais avançado de desenvolvimento dos solos situados na face sul, onde a temperatura média anual do solo chega a ser aproximadamente 2°C superior à registrada na face norte, e sugerem que o intemperismo mais agressivo verificado na face sul é resultante das temperaturas mais elevadas e da maior diferença entre os ciclos úmidos e secos.

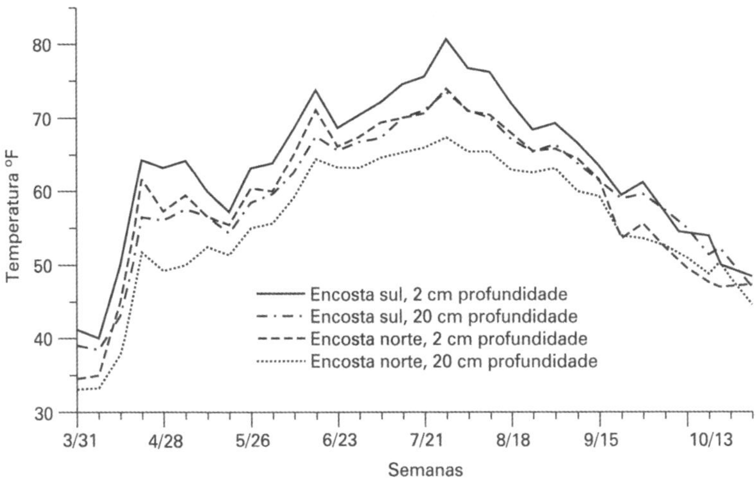

Figura 1.3.7. Influência da topografia no microclima. Temperatura média (° F) durante o período março-outubro em encosta norte e sul em Michigan, EUA (Cooper, 1960).

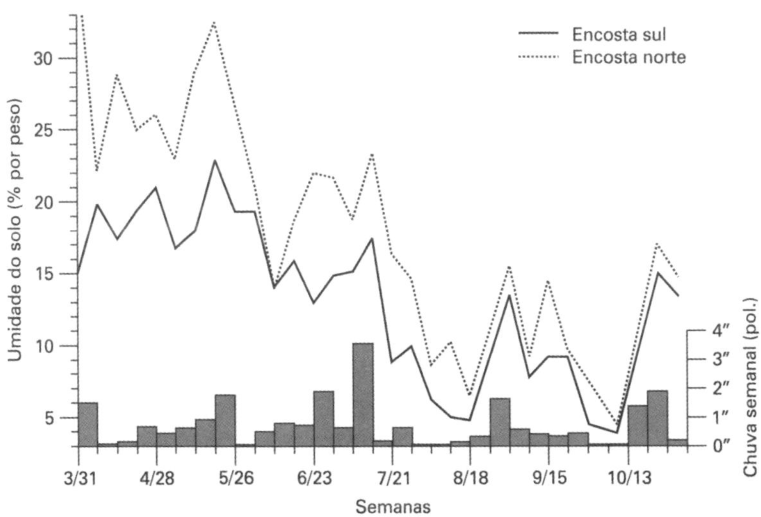

Figura 1.3.8. Influência da topografia no microclima. Umidade do solo (% por peso) durante o período março-outubro em encosta norte e sul em Michigan, EUA (Cooper, 1960).

Oliveira et al. (1992) assinalam também a ação indireta do relevo, exercendo condicionamento modificador no clima, como por exemplo a "zonação altitudinal". Esses autores assinalam como bons exemplos as regiões montanhosas de Campos do Jordão, São Paulo, e de Minas Gerais (500-2.000 m de altitude), Itatiaia, no Rio de Janeiro, Minas Gerais e São Paulo (450-2.800 m), Caparaó, no Espírito Santo e Minas Gerais (700-2.800 m), Aparados da Serra, em Santa Catarina e Rio Grande do Sul (300-1.500 m), Bocaina, em São Paulo (450-2.000 m). Assinalam ainda que nessas áreas de gradiente altitudinal, de importância na ambiência, obviamente as temperaturas decrescem com a altitude, constatando-se a diminuição de 0,5°C nas temperaturas médias (média das médias) anuais para incremento de cada 100 m de altitude. As manifestações mais notórias nos solos são decorrentes do aumento das condições de umidade, com suas conseqüências no contexto mineraloquímico, e do abaixamento das temperaturas, favorecendo a acumulação de matéria orgânica, exibida pela espessura e cor dos horizontes superficiais dos solos altimontanos (Figura 1.2.3.). Essa zonação altitudinal tem importância na distribuição dos tipos de vegetação natural em nosso país. Exemplo dessa zonação verificada a curta distância (< 20 km) e quase na mesma latitude é a ocorrência da mata latifoliada (angiosperma) nas colinas da zona litorânea catarinense e a mata de coníferas (gimnosperma) no planalto de São Joaquim, situado a mais de 1.000 m de altitude.

Buol et al. (1973) relacionam à influência do relevo os seguintes atributos do solo: 1) profundidade, 2) espessura e conteúdo de matéria orgânica do horizonte superficial, 3) umidade relativa do perfil, 4) cor do perfil, 5) grau de diferenciação de horizontes, 6) reação do solo, 7) conteúdo de sais solúveis, 8) espécie e grau de desenvolvimento de horizontes adensados ("pan"), 9) temperatura, 10) caráter do material inicial.

Bibliografia

BRASIL. Ministério da Agricultura. Divisão de Pesquisa Pedológica, DNPEA. Levantamento exploratório – reconhecimento de solos do Estado do Ceará. Recife. Convênios MA/DNPEA – Sudene/DRN, MA/Contap/Usaid/ETA, 1973, v. 1 e 2. 502p. (Boletim Técnico 28).

BRITEZ, R. M., SANTOS FILHO, A., REISSMANN, C. B., SILVA, S. M., ATHAYDE, S. E., LIMA, R. X. & QUADROS, R. M. B. Nutrientes no solo de duas florestas da planície litorânea da Ilha do Mel, PR. **Rev. Bras. Ci. Solo.** Viçosa, 1997 (21): 625-634.

BUOL, S. W., HOLE, F. D. & McCRAKEN, R. J. **Soil genesis and classification.** Iowa Univ. Press. 1973. 360p.

COOPER, A. W. An example of the role of microclimate in soil genesis. **Soil Sci.** 1960 (90): 109-120.

CURI, N. & FRANZMEIER, D. P. Topossequence of Oxisols from the Central Plateau of Brazil. **Soil Sci. Soc. Am. J.**, Madison, 48: 341-346, 1984.

D'HOORE, J. **L'accumulation des sesquioxydes libres dans les sols tropicaux.** Bruxelles, Publ. Ineac, 1954. 132p. (Ser. Sci., 62).

EMPRESA BRASILEIRA DE PESQUISA AGROPECUÁRIA. Centro de Pesquisas Pedológicas. Levantamento exploratório – reconhecimento dos solos do Estado de Alagoas. Recife, 1975. 531p. Embrapa/CPP, Boletim Técnico 35 – Sudene/DRN – Série Recursos de Solos, 5.

FRANZMEIER, D. P., PEDERSON, E. J., LONGWELL, T. L., BYRNE, J. G. & LOSCHE, C. J. Properties of some soils in the Cumberland Plateau as related to slope, aspect, and position. **Soil Sci. Soc. Am. Proc.** 1960 (33): 755-761.

FLORINSKY, I. V. & ARLASHINA, A. Quantitative topographic analysis of gilgai soil morphology. **Geoderma** 1998 (82): 359-380.

HALL, G. H. & OLSON, C. G. Predicting variability of soils from landscape models. In: **Spacial variabilities of soils and landforms.** SSSA Special Publication Number 28. (Ed. Mausbach, M. J. & Wilding, L. P.) Madison, Wis. 1991. p. 9-24.

HUGGETT, R. J. Soil landscape system: a model of soil genesis. 1975. **Geoderma** (13): 1-22.

MAIGNIEN, R. **Compte redue de recherches sur les laterites.** Paris, Unesco, 1966.155p. (Recherches sur les resources naturelles, IV).

OLIVEIRA, J. B., JACOMINE, P. K. T. & CAMARGO, M. N. **Classes gerais de solos do Brasil. Guia auxiliar para seu reconhecimento.** Jaboticabal, Funep. 1992. 201p.

OLIVEIRA, J. B., RESENDE, M. & CURI, N. Caracterização e classificação de Latossolos variação Una e de solos afins da Região de Guaíra, SP. **Rev. Bras. Ci. Solo,** Campinas, 15(2): 207-218, 1991.

PONÇANO, W. L. & PRANDINI, F. L. Boçorocas no Estado de São Paulo: uma revisão. In: 4º Simpósio Nacional de Controle de Erosão. **Anais.** Marília, 1987. São Paulo, ABGE/DAEE, 1987. p. 149-177.

RECH, J. A., REEVES, R. W. & HENDRICKS, D. M. The influence of slope aspect on soil weathering process in the Springerville volcanic field, Arizona. **Catena,** 2001 v. 43 (1): 49-62.

SHERMAN, G. D. The titaniun content of Hawaian soils and its significance. **Soil Sci. Soc. Amer. Proc.**, Madison, 1952 (16): 15-18.

SINAI, G., ZASLAVSKY, D. & GOLANY, P. The effect of soil surface curvature on moisture and yeld. Beersheba observatio. **Soil Survey**, 1981 (132): 367-375.

1.4. Organismos

O termo "organismo" compreende a microflora, a microfauna, a macroflora e a macrofauna. Este conjunto de seres vivos tem ação direta nos processos de formação do solo, agindo tanto em sua superfície como em seu interior. O homem também faz parte desse contexto, podendo ter ação marcante como fator pedogenético.

A macroflora, representada pela cobertura vegetal, tem duas ações básicas na formação dos solos: uma mais passiva, protetora, age como atenuante da agressividade climática, especialmente em relação à precipitação pluvial e à incidência da radiação solar, e outra, mais ativa, age através de processos fisiológicos (absorção de água e dos compostos nela dissolvidos, transpiração, exsudação etc.) e pela adição na superfície do terreno de galhos, folhas, ramos, sementes, e de raízes e tubérculos no interior do solo.

A ação protetora da cobertura vegetal está diretamente relacionada com a densidade de ocupação do terreno e sua estrutura e tipo, que, por sua vez, tem grande dependência das condições climáticas locais. Nas regiões suficientemente quentes e úmidas para abrigar matas perenifólias, seu dossel denso e quase contínuo intercepta e abranda a energia da chuva e a incidência da radiação solar, minimizando a erosividade da chuva e a evaporação superficial (Figura 1.4.1.). O contrário se dá nas regiões secas e quentes, nas quais as condições climáticas propiciam a formação de cobertura vegetal pouco densa, xerófila, caducifólia (Figura 1.4.2.), a qual, conseqüentemente, tem ação protetora pouco eficiente quer sobre a precipitação pluvial, quer sobre a radiação solar.

Outra ação destacada da vegetação em conjugação com o clima é sobre o processo de adição, quer em superfície, quer no interior do solo. A quantidade e a forma de adição da matéria orgânica (predominantemente em superfície ou no interior do solo) tem influência nos tipos

Figura 1.4.1. O dossel denso e quase contínuo das matas perenifólias intercepta e abranda a energia da chuva e a incidência da radiação solar, minimizando a erosividade da chuva e a evaporação superficial. Município de Campinas, SP. Foto: J. B. de Oliveira.

Figura 1.4.2. Nas regiões secas e quentes, a cobertura vegetal pouco densa, xerófita, caducifólia tem ação protetora pouco eficiente quer sobre a precipitação pluvial, quer sobre a radiação solar. Caatinga hiperxerófita. Pernambuco. Foto: J. B. de Oliveira.

de horizonte superficial que se formam. As florestas das regiões quentes e úmidas têm condições de adicionar uma considerável quantidade de folhas, galhos e troncos na superfície do terreno. Devido ao fato de a decomposição desses materiais ser relativamente rápida e a contribuição das raízes no processo de adição no interior do solo ser pequena em relação à fornecida pela parte aérea, resultam solos que, mesmo sob floresta, apresentam horizonte A em geral relativamente pouco espesso, com modesto conteúdo de carbono (Quadro 1.4.1.). Segundo Sanches (1976), as raízes de uma floresta tropical representam apenas 15 a 20% da biomassa total. O horizonte denominado de A moderado (veja 5.5. Horizonte A moderado) é o predominante nos solos dessas regiões. Por outro lado, a vegetação graminóide tem grande efetividade na quantidade de material orgânico adicionado no interior do solo, originando horizontes de coloração escura relativamente espessos. É típico dessa condição o horizonte A chernozêmico (epipedom mólico do Soil Taxonomy), formado nas extensas estepes da região central dos Estados Unidos e da Europa, e entre nós o horizonte A proeminente, encontrado em solos de vegetação graminóide de regiões altimontanas dos Estados de Minas Gerais, São Paulo e do Sul (Figura 1.4.3., p. 572). Nessas regiões, além da vegetação, o clima mais ameno (temperatura mais baixa, menor evapotranspiração

Quadro 1.4.1. Teor de carbono e espessura do horizonte A em solos sob mata na Amazônia (Brasil, 1978).

Perfil	Horizonte	Espessura (cm)	Teor de carbono (%)	Tipo de floresta
23	A1	0-15	1,73	Aberta
	A3	15-25	1,11	
65	A1	0-8	1,83	Densa
	A3	8-36	0,81	
90	A1	0-20	0,88	Aberta
	A3	20-35	0,68	
184	A1	0-15	1,37	Densa
	A3	15-35	0,55	
101	A1	0-10	1,86	Densa
	A3	10-30	0,84	
168	A1	0-10	1,07	Densa
	A3	10-20	0,82	

potencial) contribui para uma maior concentração de matéria orgânica nesses solos. Condições diferentes ocorrem nas regiões semi-áridas do Nordeste brasileiro. Nelas, as condições climáticas (temperatura elevada, baixa precipitação pluvial) condicionam a formação de vegetação caducifólia (caatinga) pouco densa, agregando, portanto, pouco material ao solo. São típicos dessa situação os horizontes denominados A fraco e A moderado (veja 5.3. Horizonte A fraco e 5.5. Horizonte A moderado) (Figura 1.4.4.). Lepsch et al. (1994), estudando a reserva de carbono de solos do Estado de São Paulo, assinalam os seguintes valores de carbono para a camada de 0-20 cm: 2,8% ± 0,5 em florestas perenifólias, 1,9% ± 0,6 em cerradão e 1,3% ± 0,5 em cerrado.

A vegetação tem participação ativa nos processos de troca catiônica com o material do solo, através do contato direto das raízes com as superfícies coloidais (interceptação radicular), além de relevante participação

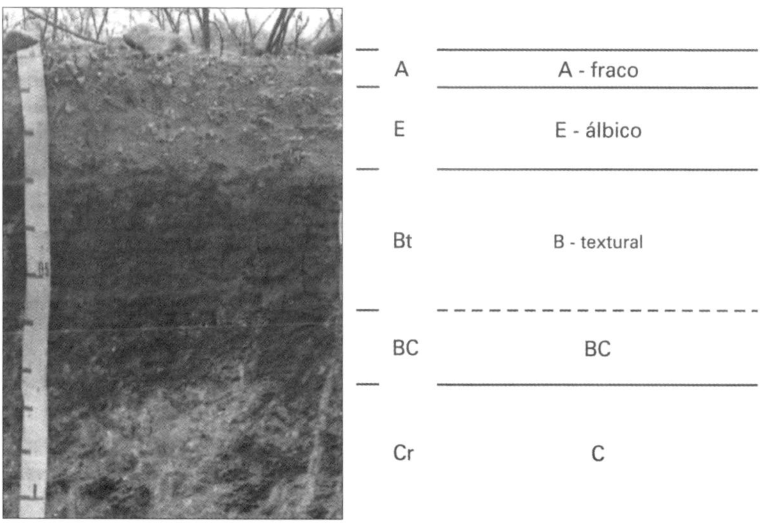

Figura 1.4.4. Nas regiões secas do semi-árido brasileiro, a pequena concentração vegetal, devido às condições climáticas de temperatura elevada e baixa pluviosidade, favorece a formação de solos com horizonte superficial claro, pobre em matéria orgânica, denominado pelos pedólogos de A fraco. Luvissolo Crômico (Bruno Não-Cálcico). Município de Irauçuba, CE. Foto: L. G. O. Carvalho (Oliveira et al., 1992).

na estocagem de nutrientes no interior de seus tecidos, pela absorção dos cátions da solução do solo (fluxo de massa e difusão), os quais retornam ao solo pela adição dos resíduos vegetais ou dele são exportados pelas colheitas agrícolas e explorações florestais. É importante, no processo de interceptação radicular, a presença de micorrizas (associação simbiótica de raízes e fungos), especialmente em solos pobres, pelo extraordinário aumento de superfície de absorção por elas produzido (Tisdale et al., 1993). Esse conjunto de fenômenos promove um verdadeiro ciclo de nutrientes entre o solo e a planta (Figura 1.4.5.), cujos efeitos são bastante pronunciados em matas. Esses transportes seletivos efetuados pelas soluções vasculares das plantas são independentes das forças de

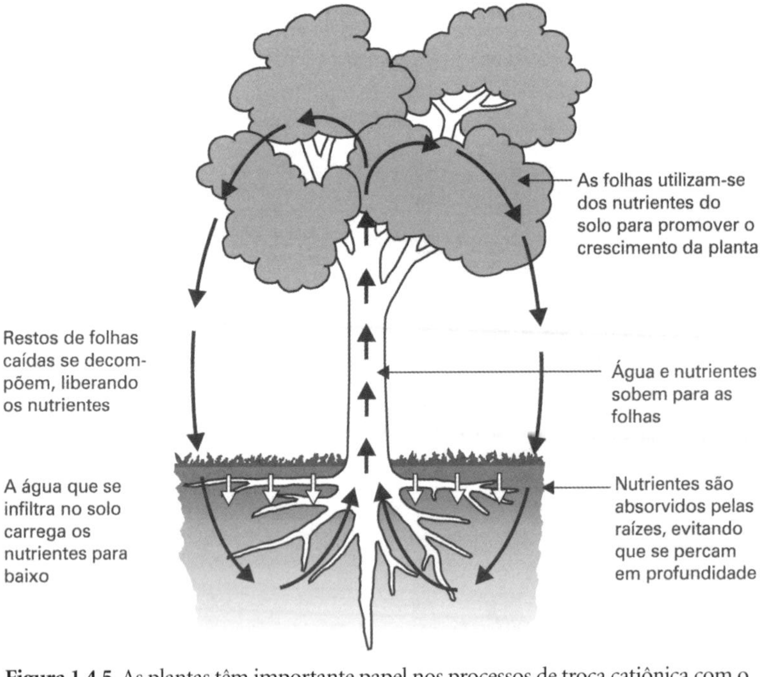

Figura 1.4.5. As plantas têm importante papel nos processos de troca catiônica com o material do solo através do contato direto das raízes com as superfícies coloidais, além de importante participação na estocagem de nutrientes no interior de seus tecidos, os quais retornam ao solo pela adição de resíduos vegetais ou deles são exportados pelas colheitas agrícolas e explorações florestais (Lepsch, 1976).

gravidade e constituem fatores importantes na diferenciação dos horizontes dos solos. No Quadro 1.4.2. são mostrados dados de um perfil de Latossolo Vermelho Acriférrico coletado sob mata no Município de Guaíra, SP (Oliveira, 1995). Observa-se a concentração de carbono, de bases trocáveis, e o elevado valor de saturação por bases na serrapilheira, respectivamente, 6,8%, 23,8 $cmol_c$/100 g TFSA e 82%, e valores ainda relativamente elevados para esses atributos no horizonte A, respectivamente, 2,9%, 7,8 $cmol_c$/100 g TFSA e 76%, e a acentuada queda dos mesmos em profundidade: 1,0%, 0,8 $cmol_c$/100 g e 12%.

Outra ação importante das plantas na formação dos solos é no processo de fixação de materiais arenosos, pouco coesos, como as dunas (Figura 1.4.6.). A exsudação de compostos agregantes pelo sistema radicular e a própria estrutura da rizosfera têm papel importante no fenômeno de coesão e na manutenção e melhoria da integridade desses materiais soltos, evitando ou minimizando seu deslocamento. O deslocamento de dunas tem levado povoados inteiros da região costeira nordestina brasileira a serem soterrados pela migração das areias. Exemplo histórico foi o soterramento, em 1897, do povoado de Almofala, no Município de Itarema, CE. A manutenção das dunas permite que toda uma sucessão de comunidades vegetais progressivamente mais evoluídas nelas se instale e se desenvolva, com conseqüente reflexo na organização e constituição dos solos.

As plantas têm destacada participação no processo de intemperismo e, portanto, na formação dos solos. Sua atividade fisiológica aumenta a concentração de íons hidrogênio, permitindo que o fenômeno de hidrólise se manifeste com mais intensidade e, conseqüentemente, que

Quadro 1.4.2. Distribuição do carbono, soma de bases e saturação por bases em perfil de Latossolo Vermelho Acriférrico sob mata no Município de Guaíra, SP (Oliveira, 1995).

Horizonte	Profundidade (cm)	C (%)	Soma de bases $cmol_c$/100 g TFSA	Saturação por bases (V%)
Serrapilheira	3-0	6,8	23,8	82
A	0-20	2,9	7,8	76
Bw	80-100	1,0	0,8	12

Figura 1.4.6. As plantas, entre elas o cajueiro, têm importante papel na fixação de dunas. Natal, RN. Foto: J. B. de Oliveira.

o intemperismo se processe a maior velocidade. A ação mecânica de suas raízes, por sua vez, tem importância na desagregação das rochas (Figura 1.1.2.). Outro fenômeno que se deve destacar, inclusive por ser específico dos organismos vegetais, é o da complexação, o qual contribui sobretudo nos processos de intemperismo e de transporte seletivo de íons, notadamente o Fe^{3+} e o Al^{3+}, no interior do solo. O horizonte B espódico (veja 5.8. Horizonte B espódico) é resultante desse processo.

Oliveira et al. (1992) assinalam a ação exercida pelas florestas, através da respiração e da transpiração das plantas, particularmente notável nas regiões equatoriais de alta densidade vegetal, como a amazônica. Essa participação é relevante tanto na composição gasosa da atmosfera como também por intervir no ciclo da água, retirando-a dos solos e transferindo-a no estado gasoso à atmosfera. Bem ilustrativo é o fato de os terrenos se apresentarem, por algum tempo, mais úmidos logo após as derrubadas naqueles ambientes florestais equatoriais úmidos e superúmidos.

Em terrenos com solos muito sujeitos a mudanças de volumes (Vertissolos, Organossolos) não é recomendável o plantio de árvores com grande capacidade de transpiração muito próximas das casas, pois a retirada excessiva de água pode implicar em pequenas acomodações internas do solo (subsidência, contrações e expansões), interferindo no alicerce das construções e, conseqüentemente, em sua estrutura (Subsidence Management Ltd. http://www. subsidence.org.uk/contact.asp, obtido em 3/10/2002).

A abundância de carbono orgânico nos solos, que por sua vez está diretamente relacionada com as condições climáticas, tem implicações diretas no teor de hematita e goetita neles e, em decorrência, em sua cor (veja 1.2. Clima). As substâncias húmicas e os ácidos orgânicos também têm ação marcante na complexação de metais, como o Al^{3+} e o Fe^{3+}, fenômeno de primordial importância na gênese dos Espodossolos (Righi, 1992) e no processo de lixiviação, presente em maior ou menor intensidade em todos os solos.

As plantas divergem bastante em suas ações pedogenéticas. As coníferas, por exemplo, agem mais intensamente na dissolução de minerais (feldspatos, filossilicatos) do que plantas de lenho duro sob as mesmas condições (Augusto et al., 2000). Certini et al. (1998) e Augusto et al. (2000), entre outros, assinalam o efeito acidificante do *pinus* sobre a água que escorre ao longo de seu tronco e, em conseqüência, sobre o solo que o rodeia, de tal modo que esse solo apresenta sinais de pedogênese diversos daquele que se encontra ligeiramente mais afastado. Exemplo marcante da ação das folhas e cascas de árvore na pedogênese é dado por Bloomfield (1953), estudando o efeito da conífera "kauri" (*Agathis australis*) na podzolização de solos australianos. Calvo de Anta (1996) assinala o poder acidificante de distintas espécies arbóreas: carvalho-da-europa (*Quercus robus*), pinheiro (*Pinus radiata*) e eucalipto (*Eucaliptus globulus*). A autora aponta ainda o fato de que a água da chuva sofre uma notória acidificação quando passa pela cobertura vegetal, indo desde o valor de pH próximo de 6,0 a níveis de 5,6, 5,1 e 4,4 em carvalho-da-europa, pinheiro e eucalipto, respectivamente, e que o processo é ainda mais forte ao se analisar a água que escorre pelo tronco dessas espécies, chegando, no caso mais acidificante, a valores médios de 3,8.

A macrofauna tem importância sobretudo como agente homogeneizador dos solos e na abertura de galerias, influindo decisivamente no fluxo interno de ar e água. Nesse particular, são muito citados na bibliografia os efeitos das minhocas, térmitas, formigas, tatus e muitos roedores. Alguns invertebrados, sobretudo minhocas, têm destacado papel na agregação do solo. Barros et al. (2001), em trabalho efetuado na Amazônia, assinalam que, em pasto de Brachiaria com quinze anos de formação, foi verificada, apenas com a espécie de minhoca *Pontoscolex corethrurus*, uma população de 400 indivíduos . m^{-2}. Esse invertebrado causa a formação de uma camada compacta e contínua, com cerca de 20 cm de espessura, impermeável à água. O efeito de sua compactação é, segundo Chauvel (1999), citado pelos autores acima mencionados, maior do que o causado por um *bulldozer*! As térmitas, em algumas regiões africanas, chegam a representar a maior parte da macrofauna (Lee & Wood, 1971, citados por Léonard & Rajot, 2001). Estes últimos autores assinalam a importância das térmitas e formigas na construção de densa rede de galerias subterrâneas conectadas com a superfície por orifícios através dos quais a água pode penetrar, aumentando dessa forma a reserva de água no solo e diminuindo seu escorrimento em superfície. Cer (2001) relaciona a microestrutura do horizonte B dos latossolos com a atividade desses insetos.

A microflora e a microfauna têm destacada ação nos estágios iniciais do intemperismo químico e físico das rochas. Chen et al. (2000) assinalam, por exemplo, a importância dos liquens nesses processos. As hifas penetram através das fissuras das rochas, e a expansão e contração dos seus talos e a expansão de sais provenientes de suas atividades agem na ruptura mecânica das rochas, desagregando-as e exfoliando-as. Por outro lado, os liquens excretam vários ácidos orgânicos, particularmente o ácido oxálico, os quais têm o poder de dissolver os minerais e complexar cátions metálicos. Blum et al. (2002) assinalam a capacidade das micorrizas de extrair íons diretamente de rochas sem passar pela solução do solo. As bactérias, por sua vez, têm ação marcante na decomposição dos compostos orgânicos e na fixação de nitrogênio. Juntamente com os fungos, elas também têm importante papel na oxidação de compostos de Fe e Mn, com importantes reflexos na morfologia e composição dos solos (McKenzie, 1989). Por outro lado, os fungos dos gêneros Aspergillus e Penicillium estão entre os mais citados na literatura como microorganismos solubilizadores de fosfatos que incrementam o fósforo adsorvido, promovendo o crescimento das plantas (Alves et al., 2002). Este fato, apesar de pouco estudado em nosso meio, é bastante interessante, pois o fósforo, elemento essencial para as plantas, encontra-se em geral em baixa disponibilidade em nossos solos (Raij, 1991) e, quando aplicado ao solo como fertilizante, grande parte dele torna-se indisponível ou, como é o caso das apatitas, apresenta em condições naturais baixa solubilidade (Braga et al., 1991).

Oliveira et al. (1992) chamam a atenção para a ação relevante da microfauna, microflora e mesmo da macroflora na composição do ar dos solos. A função respiratória dos seres vivos e as transformações inerentes ao metabolismo alimentar afetam reações de oxidação, de redução, de carbonatação, condicionando a solubilização de minerais das rochas, de compostos químicos inorgânicos delas derivados, tornando-os mobilizáveis ou não nas águas que transitam nos solos.

A participação do homem na formação dos solos também merece destaque. Ao interferir na natureza, de forma agressiva ou branda, ele perturba o equilíbrio existente na natureza, determinando transformações na paisagem e nos solos nela contidos, com reflexo na constituição e no arranjo de suas camadas, ou determinando novos direcionamentos da pedogênese.

Na região do D'Ouro, em Portugal, por exemplo, grande parte dos vinhedos está em terraços construídos manualmente ao longo de muitos anos (Figura 1.4.7.). Saramago[4] descreve de forma poética o esforço colossal empreendido pelo homem, destorroando a rocha branda (xistos) na feitura de sítio adequado para o crescimento das vinhas. Terraços tão espetaculares quanto esses são também comuns no Sudeste asiático, com cultura de arroz.

O nivelamento de áreas para plantio de arroz inundado é exemplo da ação do homem modificando intensamente a organização original do solo e imprimindo novo direcionamento à pedogênese, ao criar con-

4. "Depois veio o homem e pôs-se a fabricar a terra. Desmontou, bateu e tornou a bater, fez como se esfarelasse as pedras entre as palmas grossas das mãos, usou o malho e o alvião, empilhou, fez os muros, quilômetros de muros..." (José Saramago. *Viagem a Portugal.* 2ª reimp. São Paulo, Companhia das Letras, 1992. 395p.)

Figura 1.4.7. Vinhedos na região do D'Ouro, Portugal, com seus terraços construídos manualmente ao longo de muitos anos.

dições para que fenômenos de redução antes discretos ou inexistentes se manifestem com maior intensidade. A irrigação de solos em zonas com deficiência hídrica cria também ambiente diverso do natural, levando-os a novos direcionamentos pedogenéticos. Exemplo gritante da ação do homem na modificação de paisagens áridas, e naturalmente dos solos nelas contidos, é mostrado na Figura 1.4.8. Pode-se acrescentar ainda, entre muitas outras atuações do homem, o efeito da substituição de plantas nativas de sistema radicular profundo por culturas anuais de enraizamento superficial em zonas semi-áridas. Tal procedimento tem provocado a ascensão do lençol freático e o desenvolvimento de salinidade secundária, com sérias repercussões no meio ambiente e na produtividade das culturas (Barrett-Lennard, 2002).

Entre inúmeros outros exemplos que a ação do homem imprime na paisagem e nos solos, pode-se citar os desmatamentos e reflorestamentos,

Figura 1.4.8. O homem tem marcante ação sobre a formação do solo, imprimindo por vezes novos direcionamentos na pedogênese. Perímetros irrigados em solos de zonas áridas. Coleção ISRIC. Wageningen, Holanda.

a abertura de estradas, os aplainamentos, as escavações, as aplicações de resíduos industriais e urbanos, a morte da vegetação pela ação das chuvas ácidas favorecidas pelas emanações de fumaças industriais, a construção de pôlderes, além das práticas agrícolas de aração e gradagem, aplicação de corretivos, fertilizantes e herbicidas, irrigação e drenagem. No Quadro 1.4.3. são apresentados dados analíticos de amostras de solos da região de Guaíra, SP (bastante pobres em condições naturais), coletadas em áreas contíguas sob vegetação natural e sob cultivo. Observam-se os significativos aumentos nos valores de soma de bases e saturação por bases da camada superficial das amostras coletadas sob vegetação natural e sob cultivo, chegando, em certos casos, a modificar a classificação dos solos. Camargo et al. (1987) assinalam o processo de eutroficação em várias camadas de solo devido à aplicação de doses elevadas de vinhaça. Grande parte das atuações antrópicas, além de implicações pedogenéticas, tem desastrosas conseqüências para o ecossistema como um todo. As

Quadro 1.4.3. Características analíticas de amostras das camadas 0-20 cm e 80-100 cm de solos contíguos sob vegetação natural e sob cultivo no Município de Guaíra, SP (Oliveira, 1995).

Horizonte	Profundidade (cm)	Soma de bases $cmol_c$/100 g TFSA	Saturação por bases (V%)
	Pontos 3094 e 3095 Latossolo Vermelho Acriférrico		
Cerradão	0-20	1,2	17
	80-100	0,2	9
Cana	0-20	2,5	41
	80-100	0,5	22
	Pontos 3196 e 3197 Latossolo Vermelho Acriférrico		
Cerradão	0-20	5,7	49
	80-100	0,3	14
Sorgo	0-20	2,0	31
	80-100	2,2	69
	Pontos 4 e 5 Latossolo Vermelho Acriférrico		
Mata	0-20	0,5	8
	80-100	0,1	6
	0-20	3,5	52
	80-100	1,0	33
	Pontos 26 e 27 Latossolo Vermelho Distroférrico		
Cerradão	0-20	1,3	16
	80-100	0,9	19
Milho	0-20	5,8	73
	80-100	1,1	28

chuvas ácidas, por exemplo, têm causado o declínio de muitas espécies florestais, promovendo redução em seu crescimento e elevadas taxas de mortalidade (Driscoll et al., 2001; Kuylenstierna et al., 1995). As conseqüências da derrubada da mata e do estabelecimento de pastagens ou culturas nas propriedades morfológicas, físicas e químicas dos solos foram estudadas por muitos autores. Sanchez et al. (1983) e Moraes et al. (1996), por exemplo, assinalam o significativo aumento do pH e de bases trocáveis devido à queima das árvores, efeitos muito benéficos para a nutrição das plantas. Moraes et al. (1996) assinalam que os valores de pH, apesar de declinarem com o tempo, ainda permaneciam superiores aos da mata após cinco anos de instalação das pastagens.

Várias referências da ação de nossos ancestrais na formação do solo têm sido reportadas em diferentes partes do mundo, a ponto de os sistemas de classificação de solos terem incorporado, entre os horizontes diagnósticos, aquele resultante de atuação antrópica: *epipedon plaggen* (Figura 1.4.9.) do Soil Taxonomy (Estados Unidos, 1975), horizonte fímico (*fimic A horizon*) da legenda da FAO (FAO, 1994) e horizonte antrópico do Sistema Brasileiro de Classificação de Solos (Embrapa, 1999) (veja 5.1. Horizonte A antrópico). Entre nós, especialmente na Amazônia, há vários registros de solos antropogênicos, ocupando áreas de 2 a 3 ha, com horizonte A com 40 a 60 cm de profundidade, em média, de cor escura e altos teores de fósforo e cálcio, contendo artefatos cerâmicos e líticos, restos de carvão etc., os quais são vulgarmente chamadas de Terra Preta de Índio. Esse horizonte antrópico tem sido encontrado no Brasil sobre os mais diversos tipos de solos: Latossolos, Espodossolos (*Podzóis*),

Figura 1.4.9. Nossos ancestrais deixaram marcas significativas de sua atuação na formação de solos. O solo com *epipedon plaggen* mostrado na foto é um exemplo dessa atuação. Note-se a diferença de altura do solo com *epipedon plaggen* à esquerda e o solo à direita, sem esse horizonte. Wageningen, Holanda. Foto: J. B. de Oliveira.

Argissolos (*Podzólicos Vermelho-Amarelos*) e Nitossolos (*Terras Roxas Estruturadas*) (Sombroek, 1966; Smith, 1980; Kern & Kämpf, 1989). No Quadro 1.4.4. são apresentadas algumas características químicas de perfil de solo antropogênico e de Latossolo Amarelo contíguo a ele, na região de Oriximiná, PA. Observa-se a enorme diferença dos valores de soma de bases, saturação por bases e de P_2O_5 (ácido cítrico) entre os dois solos resultantes da ação antrópica.

Quadro 1.4.4. Características químicas de perfil de solo antropogênico e de Latossolo Amarelo na região de Oriximiná, PA. (Adaptado de Kern & Kämpf, 1989).

Horizonte	Espessura (cm)	Soma de bases $cmol_c$/100 gr solo	Saturação por bases (V%)	P_2O_5 (ácido cítrico) ppm
		Solo antropogênico		
A&p	0-7	23,0	60	223
A&1	7-28	12,6	48	321
A&2	28-44	9,8	55	277
A&3	44-53	7,3	54	139
A/B	53-90/130	8,0	69	86
B1	90/130-148	7,3	72	74
		Latossolo Amarelo		
A1	0-9	1,3	8	66
A2	9-22	0,0	0	55
A3	22-32	0,0	0	0
AB	32-46/53	0,0	0	0
BA	46/73-70	0,0	0	0

Bibliografia

ALVES, L.; MENDONZA, E. A. & SILVA FILHO, G. N. Microorganismos solubilizadores de fosfatos e o crescimento de Pinus e Eucaliptos. **R. Bras. Ci. Solo**, 26: 939-947, 2002.

AUGUSTO, L., TURPAULT, M.-P. & RANGER, J. Impact of forest tree species on feldspar weathering rates. **Geoderma**, 2000, v. 96(3): 215-237.

BARRET-LENNARD, E. G. Restoration of saline land through revegetation. **Agricultural Water Management**, 2002, v. 53 (1-3): 213-226.

BARROS, E., CURMI, P., HALLAIRE, V., CHAUVEL, A. & LAVELLE, P. The role of macrofauna in the transformation and reversibility of soil structure of an oxisol in the process of forest to pasture conversion. **Geoderma**, 2001, 100(1-2): 193-213.

BLOOMFIELD, C. A study of podzolization. Part II. The mobilization of iron and aluminum by leaves and bark of *Agathis australis* (kauri). **J. Soil Science**, 1953 (4): 17-23.

BLUM, J. D., KLAUE, A., NEZAT, C. A., DRISCOLL, C. T., JOHNSON, C. E., SICCAMA, T. G., EAGAR, C., FAHEY, T. J. & LIKENS, G. E. Micorrhyzal weathering of apatite as an important calcium source in base-poor forest ecosystems. **Nature**, 417 (6890): 729-731, 2002.

BRAGA, N. R., MASCARENHAS, H. A. A., BULISANI, E. A., RAIJ, B. van, FEITOSA, C. T & HIROCE, R. Eficiência agronômica de nove fosfatos em quatro cultivos consecutivos de soja. **R. Bras. Ci. Solo**, 153: 315-319, 1991.

BRASIL. Ministério das Minas e Energia. Departamento Nacional da Produção Mineral. Projeto RadamBrasil. Folha SC. 20. Porto Velho. Geologia, geomorfologia, pedologia, vegetação e uso potencial da terra. Rio de Janeiro, 1978. 663p. (Levantamento de Recursos Naturais, 16).

CALVO DE ANTA, R. Manejo de suelos en cultivos de eucalipto. Un ejemplo de estudio de la influencia de la vegetación sobre las propriedades del suelo. In: **Evaluación y manejo de suelos.** Ed. J. A. Ruiz, A. M. Raya, A. R. Roca. Universidad de Granada, 1996, p. 181-193.

CAMARGO, O. A., VALADARES, J. M. A. S., BERTON, R. S., TEÓFILO SOBRINHO, J., MENK, J. R. F. **Alteração de características químicas de um Latossolo Vermelho-Escuro distrófico pela aplicação de vinhaça.** Campinas, Instituto Agronômico, 1987. 23p. (Boletim Científico, 9).

CER, S. Brazilian latosols and their B horizon microstructure as long-term biotic constructs. **Australian Journal of Soil Research.** 39(5): 909-926, 2001.

CERTINI, G., UGOLINI, F. C., CORTE, G. & AGNELLI, A. Early stages of podzolization under Corsican pine (*Pinus nigra* Arn. ssp. *laricio*). **Geoderma**, 1998, v. 83 (1-2): 103-125.

CHEN, J., BLUME, H. P. & BEYER, L. Weathering of rocks by lichen colonization – a review. **Catena** 2000 (39): 121-146. Issue 2.

DRISCOLL, C. T., LAWRENCE, G. B., BULGER, J., BUTLER, T. J., CRONAN, C. S., EAGAR, C., LAMBERT, K. F., LIKENS, G. E., STODDARD, J. L. & WEATHERS, K. C. **Acid Rain Revisited: advances in scientific understanding since the passage of the 1970 and 1990 Clean Air Act Amendments.** Hubbard Brook Research Foundation. Science Links Publication. 2001, v. 1, n. 1.

ESTADOS UNIDOS. United States Department of Agriculture. **Soil taxonomy: a basic system of soil classification for making and interpreting soil survey.** Washington, D.C., 1975. 330p.

FAO, FAO/UNESCO. **Soil map of the world. Revised Legend with corrections.** Rome, FAO, 1988 (World Resources Report, 60). Wageningen, ISRIC (Technical Paper, 20) 1994.

KERN, D. C. & KÄMPF, N. Antigos assentamentos indígenas na formação de solos com Terra Preta Arqueológica na região de Oriximiná, Pará. **Rev. Bras. Ci. Solo,** 13: 219-225, 1989.

KUYLENSTIERNA, J. C. I., CAMBRIDGE, H., CINBERBY, S. & CHADWICK, M. J. Terrestrial ecosystem sensitivity to acid deposition in develoing countries. **Water, Air and Soil Pollution** 1995 (85): 2319-2324.

LÉONARD, J. & RAJOT, J. L. Influence of termites on runoff and infiltration: quantification and analysis. **Geoderma,** 2001 (104): 17-40.

LEPSCH, I. F. **Solos – Formação e conservação.** São Paulo, Melhoramentos. Série Prisma-Brasil. 1976. 160p.

LEPSCH, I. F., MENK, J. R. F. & OLIVEIRA, J. B. Carbon storage and other properties of soils under agriculture and natural vegetation in São Paulo State, Brazil. **Soil Use and Management** 1994 (10): 34-42.

McKENZIE, R. M. Manganese oxides and hydroxides. In: **Minerals in soil environments.** SSSA. 2th ed. 1989. p. 439-465.

MORAES, J. F. L., VOLKOFF, B., CERRI, C. C. & BERNOUX, M. Soil properties under Amazon forest and changes due to pasture installation in Rondônia, Brazil. **Geoderma** 1996 (70): 63-81.

OLIVEIRA, J. B. **Solos da Folha e Município de Guaíra.** Campinas, Instituto Agronômico, 1995. 126p. (Boletim Científico, 33).

OLIVEIRA, J. B., JACOMINE, P. K. T. & CAMARGO, M. N. **Classes gerais de solos do Brasil. Guia auxiliar para seu reconhecimento.** São Paulo, Jaboticabal, Funep, 1992, 201p.

RAIJ, B. van. **Fertilidade do solo e adubação.** São Paulo, Ceres, 1991. 343p.

RANZANI, G., KINJO, T. & FREIRE, O. Ocorrência de *plaggen epipedom* no Brasil. **Notícias geomorfológicas,** Campinas, 10: 55-62, 1972.

RIGHI, D. Podzosols. In: **Réferentiel Pédologique: principaux sols d'Europe.** Inra/ Afes. Paris, 1992. p. 161-166.

SANCHEZ, P. A. **Properties and management of soils in the tropics.** New York, Wiley, 1976. 619p.

SANCHEZ, P. A., VILLACHICA, J. H. & BANDY, D. E. Soil fertility dynamics after clearing a tropical rainforest in Peru. **Soil Sci. Soc. Am. J.** 1983 (47): 1171-1178.

SMITH, N. J. H. Anthrosols and human carring capacity in Amazonia. **Annals Assoc. Am. Geographers,** 70: 553-560, 1980.

SOMBROEK, W. G. **Amazon soils. A reconnaissance of the soils of Brazilian Amazon region.** Wageningen, Centre for Agricultural Publication and Documentation, 1966. 292p.

TISDALE, S. L., NELSON, W. L., BEATON, J. D. & HAVLIN, J. **Soil fertility and fertilizers.** 5th ed. New York. MacMillan Publishing Company. 1993. 634p.

1.5. Tempo

O tempo é considerado o mais passivo dos fatores de formação do solo, pois ele não adiciona nem exporta material e não contribui nos fenômenos de intemperismo mecânico e químico, necessários à formação de um solo. Contudo, como os outros fatores variam ao longo do tempo, em si mesmos e em suas relações mútuas, ele condiciona o resultado final dessas interações. Assim, pode-se dizer que fatores e processos pedogenéticos não podem, realisticamente, ser dissociados da dimensão temporal (Paton, 1977). Quanto mais longo o período ocorrido a partir de determinado momento, mais tempo determinado material de origem ficará sujeito à ação conjunta dos fatores e processos pedogenéticos.

Todos os solos tiveram início a partir de um imaginário tempo zero, começado em um passado mais ou menos remoto. A partir desse referencial, os materiais que deram origem ao solo, seja a rocha sã ou produtos já meteorizados e remanejados, como as coberturas provenientes de retrabalhamentos, começaram a sofrer uma série continuada de transformações, as quais foram tanto mais intensas e rápidas quanto mais agressivas foram as ações pedogenéticas atuantes. O entendimento da duração do período de gestação dos solos é, contudo, muito complexo, e poucos são os estudos que estabeleceram com segurança a dependência temporal dos fenômenos relacionados à pedogênese, pois é muito difícil estabelecer uma escala absoluta de tempo suficientemente longa, em relação à velocidade em que aqueles fenômenos operam, para que se possa evidenciar sua atuação.

Não há um ponto determinado que possa sugerir o exato início da formação de um solo. No tempo zero de formação, o material de origem e o solo se confundem. Matematicamente falando, pode-se dizer que o material de origem começa a se tornar solo após um tempo infinitamente muito pequeno, Δt. Essa idéia leva-nos a uma simples e precisa definição de material de origem: ele é simplesmente o estágio do sistema solo no tempo de formação zero (Jenny, 1941).

Como saber se o equilíbrio foi atingido? Jenny (1941) postula que um solo, ou mais especificamente determinada característica, *s*, está em equilíbrio com o meio quando não varia mais com o tempo. O componente do sistema está então estabilizado. Matematicamente, pode-se dizer que $\Delta s/\Delta t = 0$, isto é, em determinado intervalo de tempo, a característica *s* não apresentou mudança. É necessário, contudo, levar em conta que nem todos os componentes do solo chegam à maturidade ao mesmo tempo.

Aplicando o critério anterior, compreende-se que o equilíbrio será atingido quando a curva de maturidade (de uma característica) permanecer relativamente plana, uma indicação de que a taxa de mudança daquela propriedade índice ao longo do tempo é praticamente zero (Figura 1.5.1.)

Um complicador no estudo evolutivo dos solos são as mudanças paleoclimáticas que porventura possam ter ocorrido ao longo de sua história, manifestadamente muito diferentes das condições climáticas contemporâneas. Segundo Tricart & Cailleux (1965), somente nos últimos vinte mil anos o clima da Terra sofreu profundas modificações: glaciações e fenômenos periglaciais em latitudes médias, regime chuvoso em regiões áridas, manifestações áridas em zonas marginais intertropicais. Eles acrescentam que a maior parte das zonas climáticas apresentou, por diversas vezes, durante o Quaternário, condições bastante diferentes das

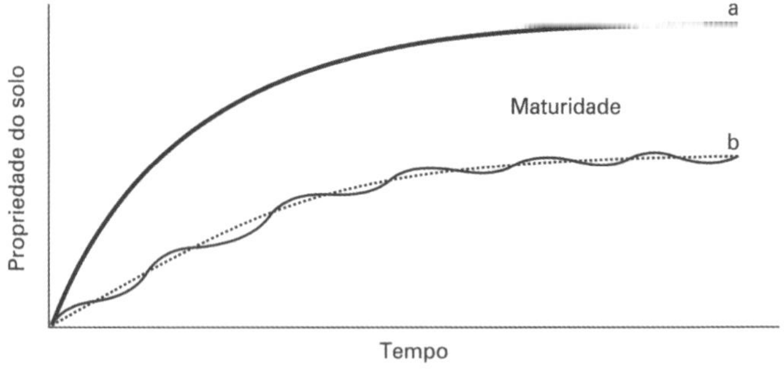

Figura 1.5.1. Ilustração esquemática da variação de uma propriedade do solo com o tempo. A curva **b** representa uma propriedade do solo que esteve submetida a períodos de flutuação, tais como variações estacionais (Jenny, 1941).

atuais, promovendo a mudança completa dos sistemas morfoclimáticos, como, por exemplo, as glaciações continentais e fenômenos periglaciais em latitudes médias, já assinaladas anteriormente. Segundo esses autores, raras são as regiões do globo que conheceram, depois do Terciário, condições morfoclimáticas estáveis e que, portanto, estiveram sob a ação de um único sistema morfoclimático. A presença de horizonte A espesso (veja 5.4. Horizonte A húmico), às vezes com mais de 2 m de espessura, em solos do Estado de São Paulo e de Minas Gerais, parece ser, segundo Lepsch & Buol (1988), relíquia de condições climáticas pretéritas, sendo, portanto, exemplo de atributos do solo em desacordo com as condições climáticas atuais. O mesmo pode ser dito dos solos afetados com Na^+ e mostrando estrutura colunar sob condição tropical úmida (> 1.200 mm de precipitação anual), como os da bacia do Perimé/Paricarama, Rondônia (Schaefer & Dalrymple, 1996), para ficar apenas em exemplos nacionais.

A geomorfologia menciona que, no Brasil, é possível encontrar-se desde materiais de origem recente até aqueles que se situam entre os mais velhos de que se tem notícia na Terra. Entre os primeiros, estão os sedimentos periodicamente adicionados às planícies aluviais e, entre os últimos, as coberturas das velhas superfícies de aplainamento, como as do Planalto Central Brasileiro, cujos materiais têm a mais longa história entre nossos solos e mesmo no contexto geográfico mundial. Entre esses casos extremos, há toda uma gama de materiais dos quais resultam solos de cronologias as mais variadas, apresentando, igualmente, variados estágios de evolução (maturidade).

É interessante fazer a distinção entre idade (cronologia) e maturidade (evolução) dos solos. Alguns podem apresentar idade absoluta relativamente pequena e ser bem mais maduros (evoluídos) que outros com idade absoluta bem maior. A idade absoluta de um solo é a medida dos anos transcorridos desde seu início até determinado momento, enquanto a maturidade é expressa pela evolução por ele sofrida, manifestada por seus atributos, em dado momento de sua existência (Oliveira et al., 1992). Um Neossolo Quartzarênico (Areia Quartzosa), por exemplo, pode ser um solo cronologicamente muito velho, contudo, seu material de origem (arenitos, quartzitos — rochas constituídas predominantemente por quartzo), muito resistente ao intemperismo, não permite ou retarda consideravemente sua evolução pedogenética. Nikiforoff (1949) descreve o solo como um produto estabilizado de seu material de origem em equilíbrio com as condições do meio ambiente. Segundo ele, o fator tempo perde significância depois que o solo alcança a maturidade.

Marbut (1935), citado por Jenny (1941), define solo maduro como aquele cujas feições do perfil são bem desenvolvidas. É uma definição estritamente morfológica e pode ser aplicada diretamente no campo. Jenny assinala que outros pedólogos definem solo maduro como aquele que está em equilíbrio com o meio ambiente. Nesse caso, ele aponta que foi usado critério dinâmico, em vez de morfológico, pois a ênfase recai nos processos pedogenéticos e não na descrição morfológica do perfil. Os critérios dinâmico e morfológico, segundo ele, estão em harmonia quando solos de igual histórico de clima, organismo e relevo são considerados. As incertezas surgem quando solos de origens diferentes ou de regiões de climas diferentes são comparados, pois os critérios de maturidade e morfológicos podem estar em contradição. Ainda segundo Jenny (1941), os solos podem estar em equilíbrio com o meio ambiente sem que o perfil apresente marcantes feições de amadurecimento e vice-versa, isto é, podem apresentar perfil bem desenvolvido sem estar em equilíbrio com o meio ambiente. O primeiro caso pode ser exemplificado pelos Neossolos Quartzarênicos (Areias Quartzosas), citados anteriormente, e o segundo por solos situados em regiões com agressividade pedogenética moderada e que apresentam, ainda, condições apropriadas para significativo desenvolvimento, como, por exemplo, certos Argissolos Eutróficos câmbicos.

A estimativa relativa do grau de maturidade dos solos é universalmente baseada na diferenciação de horizontes, sendo na prática admitido que, quanto maior o número de horizontes e maior sua espessura e diferenciação com relação aos outros horizontes, mais maduro é o solo (Jenny, 1941). Esta afirmação nem sempre é confirmada em regiões tropicais úmidas e quentes, nas quais se encontram os solos mais evoluídos do globo (Latossolos), os quais, no entanto, em geral apresentam discretas diferenciações de horizontes, não obstante sejam espessos.

É preciso enfatizar que ninguém jamais testemunhou a formação de um solo maduro, portanto, nossas idéias sobre a sua gênese, como revelado pelos critérios observados no perfil, são inferências, teorias, não fatos, o que tem resultado em opiniões desencontradas sobre o grau de maturidade dos solos. Portanto, a menos que tenhamos dados precisos que se estendam por séculos e milênios, nunca estaremos seguros de estar lidando com verdadeiro equilíbrio ou apenas com mudanças imperceptíveis (Jenny, 1941).

Os sistemas de classificação de solos de certa forma estabelecem certa diferenciação de solos com respeito a sua maturidade. Os Neossolos, por exemplo, são considerados solos pouco evoluídos, quer porque seu material de origem (essencialmente quartzoso) dificulta o intemperismo e, conseqüentemente, sua evolução, como nos Neossolos Quartzarênicos (*Areais Quartzosas*), quer porque continuadamente são adicionados novos materiais de origem, como nos Neossolos Flúvicos (*Solos Aluviais*). Os Cambissolos, por sua vez, são considerados solos em processo intermediário de evolução, e os Latossolos, solos muito evoluídos. Mesmo entre solos de uma mesma classe há os menos e os mais maduros. Um Latossolo Vermelho Acriférrico (*Latossolo Roxo Ácrico*), por exemplo, pode ser considerado mais maduro que um Latossolo Vermelho Eutroférrico (*Latossolo Roxo Eutrófico*). A classificação de Thorp & Smith (1949) separava os solos, no primeiro nível categórico, em Azonais, Intrazonais e Zonais. Os Solos Zonais eram considerados aqueles que apresentavam características bem desenvolvidas e que refletiam a influência dos fatores ativos da formação do solo: clima e organismos, especialmente a vegetação, os quais tiveram tempo suficiente para imprimir nele suas ações. Os Azonais eram considerados solos pouco evoluídos, quer devido a sua juventude (Solos Aluviais), quer porque estavam em relevo muito acidentado (Litossolos) ou porque o material de origem, muito resistente, resistia ao intemperismo (Regosols). Os Solos Intrazonais eram considerados solos de desenvolvimento intermediário.

O teor de silte no solo foi considerado por Van Wambeke (1959) um indicador de seu grau de intemperismo. Solos apresentando relação silte/argila acentuada indicariam estágio de intemperismo menos avançado do que aqueles que apresentam essa relação mais estreita ou inferior a 1. Esse referencial é utilizado no Sistema Brasileiro de Classificação de Solos, na identificação do horizonte B latossólico, horizonte diagnóstico de solos bastante evoluídos.

Para Paton (1977), nenhum processo de formação do solo pode ser dissociado da dimensão temporal. Contudo, o número de exemplos em que o fator tempo foi estabelecido é pequeno. Alguns trabalhos ou observações foram realizados em edifícios ou túmulos, relatando a desintegração de determinado tipo de rocha. Tais trabalhos, porém, não passam de medidas relativas de desintegração de algum tipo particular de rocha dentro de certa região ou condições de laboratório em determinado período.

Eventos catastróficos ou obras feitas pelo homem também têm sido usados como escala de tempo para balizar o início de processos pedogenéticos. Neste caso, as erupções vulcânicas são de particular importância, tendo em vista a credibilidade de suas cronologias. Entre outros, mencionam-se os trabalhos efetuados por Van Baren (1931), citado por Paton (1977), a partir das cinzas vulcânicas da erupção do Krakatoa, em 1883. Entre obras do homem que serviram para balizar estudos de evolução pedológica temporal, destacam-se a construção de diques (pôlderes), notadamente na Holanda, alguns com registros de mais de trezentos anos. Datações com C14, estudos estratigráficos, contagem de anéis do córtex de árvores centenárias também são importantes auxiliares na estimativa da idade dos solos.

Bibliografia

JENNY, H. **Factors of soil formation. A system of quantitative pedology.** New York, McGraw-Hill. 1941. 281p.

LEPSCH, I. F. & BUOL, S. Oxisol-landscape relationships in Brazil. In: **Proceedings of the Eigth International Soil Classification Workshop. Classification, Characterization and Utilization of Oxisols.** Part 1: Papers. p. 174-189. Embrapa/SMSS/AID/UPR. 1988.

NIKIFOROFF, C. C. Weathering and soil evolution. **Soil Sci.** 1949 (67): 219-230.

OLIVEIRA, J. B., JACOMINE, P. K. T. & CAMARGO, M. N. **Classes gerais de solos do Brasil. Guia auxiliar para seu reconhecimento.** São Paulo, Jaboticabal, Funep, 1992, 201p.

PATON, T. R. **The formation of soil material**. George Allen & Unwin, London, 1977. 143p.

SCHAEFER, C. E. R. & DALRYMPLE, J. Pedogenesis and relict properties of soils with columnar structure from Roraima, north Amazonia. **Geoderma** 1996 (7): 1-17.

VAN WAMBEKE, A. R. Le rapport limon/argile, mesure approximative du stade d'alteration des materiaux originels des sols tropicaux. In: Conf. Inter. Sols. Dalaba, 3ème, 1959. p. 161-167.

THORP, J. & SMITH, G. D. Higher categories of soil classification: order, suborder, and great groups. **Soil Sci.** 1949 (67): 117-126.

TRICART, J. & CAILLEUX, A. **Introduction a la geomorphologie climatique.** Societé d'Édition d'Enseignements Supérieur, Paris. 1965. 306p.

2

O SOLO

2.1. Perfil do solo

O solo é a coleção de corpos naturais na superfície da Terra, constituído de "matéria mineral e/ou orgânica inconsolidada na superfície da Terra que serve como meio natural para o crescimento e desenvolvimento de plantas terrestres" (Curi, 1993). Ele é resultante, como vimos no capítulo anterior, da ação combinada dos fatores de formação: clima, relevo, material de origem, tempo, organismos (Jenny, 1941) e dos processos pedogenéticos: adição, perda, transportes seletivos, transformações (Simonson, 1959), e representado por um contínuo na paisagem interrompido apenas por afloramentos rochosos, águas espessas e geleiras. Esse contínuo da paisagem, denominado por alguns pedólogos de cobertura pedológica (Baize et al., 1990), apresenta uma quantidade enorme de volumes que se diferenciam entre si por sua organização, constituição e comportamento. Esses volumes, contudo, não constituem corpos discretos da paisagem, como um bloco de rocha, uma árvore, um animal. Pelo contrário, há entre eles uma progressiva gradação, algumas vezes mais evidente, outras menos. A interface entre esses volumes e a atmosfera é nítida, porém o mesmo não se dá com o embasamento rochoso subjacente. Entre a rocha sã, não pertencente ao conceito de solo, e as seções mais profundas e menos intemperizadas dele, há um verdadeiro espectro, sendo difícil separar com segurança, no campo, o que é rocha e o que é parte do solo ainda relativamente pouco afetada pelos processos de intemperismo. As variações laterais a partir de determinado ponto da superfície do terreno também são progressivas e descontínuas. Assim, certas seções (horizontes/camadas) do volume desaparecem gradativa ou bruscamente, enquanto outras vão surgindo também gradativa ou bruscamente. Essas seções constituem volumes parciais integrantes do volume total representado pela cobertura (Girard, 1984) (Figura 2.1.1.). Tais variações de volumes são particularmente evidenciadas em estudos de análise estrutural ou de transeções (Figura 2.1.2.) (Scatolin & Moniz, 1992). Percebe-se, portanto, que não há um indivíduo solo, isto é, uma entidade discreta, mas sim um contínuo na paisagem.

Como é impraticável ao homem estudar esse contínuo como um todo, ele o faz por meio de observações pontuais acuradamente selecio-

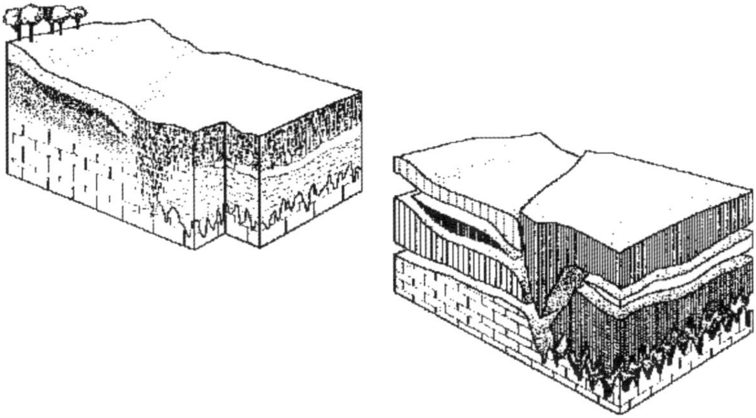

Figura 2.1.1. Cobertura pedológica concebida como um conjunto de compartimentos. Os horizontes ou camadas do solo constituem volumes parciais integrantes do volume total representado pela cobertura pedológica (Girard, 1984).

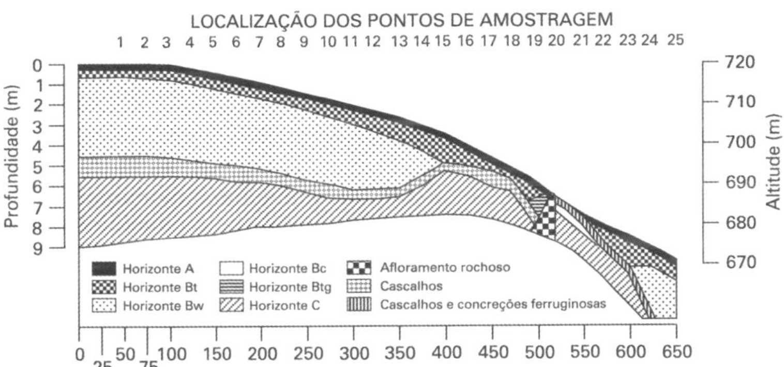

Figura 2.1.2. Corte longitudinal mostrando a distribuição espacial de seus elementos constituintes (Scatolin & Moniz, 1992). Os volumes constituintes da cobertura pedológica são particularmente evidenciados em estudos de análise estrutural.

nadas, representadas por trincheiras ou barrancos de estrada (perfis de solo; *pedons*) relativamente estreitos (alguns decímetros a alguns metros) ou extensas trincheiras com muitas dezenas de metros, como as empregadas em estudos de análise estrutural. Observações com trado também são bastante utilizadas, como complementares àquelas em trabalhos de levantamentos de solos. Nesses locais, o pedólogo descreve o solo, coleta amostras para análise de laboratório e para posterior identificação e classificação. É importante ressaltar que o solo que o homem observa, do qual coleta material e que analisa no laboratório é um corpo real, que utiliza das mais variadas formas (agricultura, pecuária, reflorestamento, uso urbano, material de construção etc.), enquanto os horizontes de diagnóstico e as referências utilizadas para classificá-los são conceitos estabelecidos pela mente do homem (Figura 2.1.3.).

Esses cortes de estrada ou trincheiras constituem a face de um volume natural e real. A essa seção vertical, englobando a sucessão de horizontes ou camadas, desde o manto superficial de resíduos orgânicos até o material mineral subjacente pouco ou nada transformado pelos processos

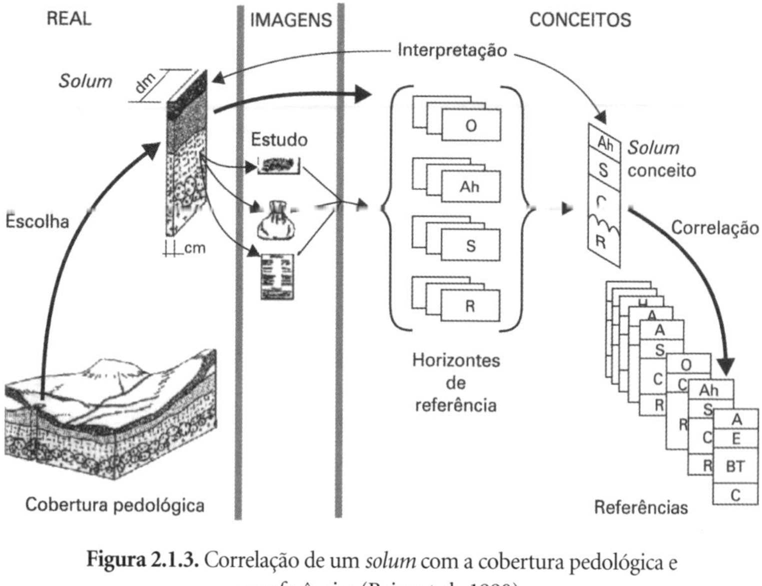

Figura 2.1.3. Correlação de um *solum* com a cobertura pedológica e as referências (Baize et al., 1990).

pedogenéticos, dá-se o nome de perfil de solo. Apesar de o perfil a rigor representar um plano ortogonal à superfície do terreno, na prática as observações são feitas em três dimensões, em geral adentrando alguns decímetros. O termo "perfil", apesar de incorreto, é amplamente utilizado. O conceito de *pedon* (Estados Unidos, 1960) representando um volume é, porém, mais adequado do que o de perfil de solo. Nesse conceito é abrigada a tridimensionalidade dos horizontes e estabelecido um volume mínimo de observação que permita a expressão da variabilidade lateral dos atributos de cada horizonte.

Com base em aspectos morfológicos (cor, textura, estrutura, consistência etc.), o pedólogo, ao analisar e descrever um perfil, separa seções mais ou menos paralelas à superfície do terreno, denominadas horizontes ou camadas, dependendo se elas guardam ou não relações genéticas entre si (veja 2.3. Horizontes e camadas principais). Nesse processo, é feita uma divisão de um corpo natural (o volume de solo estudado) por critérios exclusivamente artificiais, em geral subjetivos, estabelecidos pela mente do homem. A subjetividade é minimizada pelo uso de referenciais que ofereçam critérios consistentes de identificação dos vários atributos utilizados na identificação de horizontes e camadas. No Brasil, o referencial utilizado é o da Embrapa, "Critérios para distinção de classes de solos e fases de unidades de mapeamento" (Embrapa, 1988).

No campo, o pedólogo identifica as várias seções componentes do perfil, atribuindo a cada uma delas uma notação correspondente. Esta, posteriormente, poderá sofrer modificações diante das informações resultantes das análises laboratoriais executadas. Por exemplo, no campo, a cor escura e a espessura da seção superficial do perfil podem sugerir presença de horizonte A proeminente ou A chernozêmico; contudo, a segura distinção entre ambos só poderá ser feita após conhecer-se o valor da saturação por bases, obtido em laboratório.

A identificação dos horizontes e camadas componentes de um perfil é imprescindível para a classificação dele em determinado sistema de classificação de solo. O Sistema Brasileiro de Classificação de Solos (SiBCS), publicado pela Embrapa (1999), constitui o primeiro sistema taxonômico de classificação dos solos brasileiros. Até então, a classificação era baseada em referenciais, dos quais o de Camargo et al. (1987) foi o mais utilizado.

Cada solo pertencente a determinada classe se diferencia de outros pela sua organização (presença, seqüência dos horizontes e camadas), configuração (espessura dos horizontes e do solo e grau de expressão dos atributos morfológicas em cada seção), constituição qualitativa e quantitativa (teor de carbono, soma de bases, granulometria etc. de cada seção), o que lhe confere determinado comportamento agrícola e não-agrícola.

Bibliografia

BAIZE, D., GIRARD, M. C., BOULAINE, J., CHEVERRY, C. L. & RUELLAN, A. **Um referencial pedológico. Por quê?** In: Présentation du Referenciel Pedologique au Congres International de Science du Sol. Afes.1990. p. 45-57.

CAMARGO, M. N., KLAMT, E. & KAUFFMAN, J. H. Classificação de solos usada em levantamentos pedológicos no Brasil. **Boletim Informativo da Sociedade Brasileira de Ciência do Solo**, Campinas, 12(1): 11-33, 1987.

CURI, N. (coord.). **Vocabulário de Ciência do Solo.** Com colaboração de J. O. I. Larrach, N. Kämpf, A. C. Moniz e L. E. F. Fontes. Sociedade Brasileira de Ciência do Solo, Campinas, 1993. 90p.

EMPRESA BRASILEIRA DE PESQUISA AGROPECUÁRIA. Serviço Nacional de Levantamento e Conservação do Solo. Rio de Janeiro, RJ. **Critérios para distinção de classes de solos e de fases de unidades de mapeamento; normas em uso pelo SNLCS.** Rio de Janeiro, 1988. 67p. (Documento 11).

EMPRESA BRASILEIRA DE PESQUISA AGROPECUÁRIA. **Sistema Brasileiro de Classificação de Solos.** Rio de Janeiro, 1999. 412p.

ESTADOS UNIDOS. Department of Agriculture. **Soil classification: a comprehensive system.** 7th approximation. Washington, D.C., 1960. 264p.

GIRARD, M. C. Analyse spaciale de la couverture pedologique. In: **Livre jubilaire du cinquantenaire Afes.** p. 153-166. Association Française pour l'Étude du Sol. 1984.

JENNY, H. **Factors of soil formation.** New York. MacGraw-Hill, 1941. 281p.

SIMONSON, R. W. Modern concepts of soils. Genesis. A symposium outline of a generalized theory of soil genesis. **Proc. Soil Sci. Am.** 23: 152-156, 1959.

SCATOLIN, F. M. & MONIZ, A. C. Influência do material de origem, do lençol freático surgente e da posição topográfica nos solos de uma encosta em Mococa (SP). **Revista Brasileira de Ciência do Solo,** Campinas, 16: 379-388, 1992.

2.2. Horizontes pedogenéticos e diagnósticos

É necessário fazer a distinção entre horizonte pedogenético e horizonte diagnóstico. Às vezes, tais distinções são sutis, porém, absolutamente necessárias para evitar problemas de identificação de horizontes e de classificação de solos.

O horizonte pedogenético, como mencionado anteriormente, corresponde a cada uma das seções do solo resultante dos processos de pedogênese, as quais, por isso, guardam relações genéticas entre si. Cada uma dessas seções está separada da que lhe é suprajacente e subjacente por variações significativas em algum aspecto morfológico (cor, estrutura, consistência, textura...) ou em sua constituição. Neste último caso, nem sempre há relação entre a presença de determinado componente ou propriedade do solo e as manifestações morfológicas perceptíveis. Por exemplo, a presença de carbonato de cálcio, quando abundante, pode ser visualizada no campo pela presença de manchas esbranquiçadas, as quais apresentam violenta reação com HCl diluído, provocando efervescência, com formação de bolhas e espuma, porém, quando em pequena quantidade e especialmente quando predomina o carbonato de magnésio, esse teste pode ser inócuo. Por outro lado, um acréscimo brusco e acentuado no teor de alumínio em alguma parte do perfil aparentemente não é acompanhado por nenhuma manifestação morfológica que lhe seja específica.

O pedólogo, no campo, baseia-se na morfologia e na intensidade de suas manifestações para separar e identificar os horizontes e camadas, atribuindo a cada uma das seções individualizadas do perfil determinado símbolo: Bt, Bw, Cna, Cg, Ap etc. Ora, a colocação de tal símbolo implica, portanto, em inferências feitas pelo pedólogo que está descrevendo o solo sobre a intensidade e a natureza dos fatores e processos pedogenéticos que atuaram sobre ele. No escritório, frente aos dados analíticos disponíveis, ele pode suprimir ou substituir alguns dos símbolos que porventura forem considerados incorretamente assinalados no campo. Por exemplo, um horizonte identificado no campo pela sua morfologia como Bw, isto é, horizonte intensamente intemperizado, pode ser na realidade um Bi, isto é, horizonte relativamente pouco intemperizado, devido ao fato de os teores de minerais primários facilmente intemperizáveis (nem sempre visíveis e quantificáveis no campo), determinados no laboratório mediante análise mineralógica, serem suficientemente elevados para identificar o horizonte como tal.

O uso de determinadas designações em uma descrição de perfil não aponta necessariamente a presença de horizonte diagnóstico; apenas indica uma inferência qualitativa de uma pedogênese ou a presença de uma modificação natural ou antrópica sofrida por um horizonte, como por exemplo o símbolo **b**, usado para indicar solo soterrado, ou o símbolo **p**, usado juntamente com o A (Ap) para designar horizonte superficial que sofreu aração. A simples indicação, na descrição de um perfil, da presença de um horizonte Bi, por exemplo, não permite ao leitor saber se se trata de horizonte pedogenético B pouco intemperizado ou de horizonte diagnóstico B incipiente (veja 2.4. Designação e características dos horizontes e camadas subordinadas).

O horizonte diagnóstico, por sua vez, como o nome indica, corresponde a uma seção do solo que apresenta determinados atributos selecionados cuja amplitude de manifestação é determinada arbitrariamente, havendo, por isso, sensíveis diferenças de critério entre os vários sistemas de classificação existentes. Assim, para citar apenas um exemplo, no SiBCS, entre os critérios identificadores do horizonte diagnóstico B latossólico, consta a relação silte/argila, a qual deve ser inferior a 0,6 ou 0,7, dependendo da textura do solo, enquanto na legenda da FAO (FAO, 1994) tal relação no horizonte ferrálico (*ferralic B horizon*), semelhante ao nosso horizonte B latossólico, deve ser de 0,2 ou menor.

Devido ao fato de as manifestações antrópicas serem menos acentuadas em profundidade do que na superfície dos terrenos, os pedólogos utilizam preferencialmente, na diagnose das classes de solos em alto nível hierárquico, os horizontes diagnósticos de subsuperfície. Fazem exceção o horizonte A chernozêmico, o qual é diagnóstico no primeiro nível categórico (Ordem) da classe dos CHERNOSSOLOS, e o horizonte hístico, o qual, quando com espessura contínua de 40 cm ou mais, é diagnóstico dos ORGANOSSOLOS. O horizonte A húmico é diagnóstico no segundo nível categórico dos CAMBISSOLOS HÚMICOS, enquanto o A chernozêmico, A proeminente, A húmico e horizonte hístico são diagnósticos no segundo nível categórico dos GLEISSOLOS MELÂNICOS. Em outras ordens, no quarto nível categórico, o horizonte A chernozêmico é empregado, em conjunto com outros atributos, como diagnóstico de classes de solos intermediárias com os CHERNOSSOLOS, como, por exemplo, os ARGISSOLOS VERMELHOS eutróficos chernossólicos. É provável que, em níveis categóricos mais baixos (ainda não estruturados no SiBCS), os horizontes diagnósticos de superfície não utilizados em níveis mais altos sejam empregados como tal.

Os horizontes diagnósticos de superfície empregados pelo SiBCS são os seguintes: horizonte hístico e os horizontes A chernozêmico, A proeminente, A húmico, A antrópico, A fraco e A moderado. Os de subsuperfície são: B textural, B latossólico, B incipiente, B espódico, B plânico, B nítico, plíntico, litoplíntico, concrecionário, glei, E álbico, cálcico, petrocálcico, sulfúrico, vértico, e ainda o fragipã e o duripã.

A definição dos horizontes empregados neste texto segue as apresentadas no Sistema Brasileiro de Classificação de Solos (Embrapa, 2006). A definição de alguns desses horizontes é relativamente extensa e minuciosa; nesses casos, será apresentada uma definição simplificada, suficiente para o leitor ter idéia do conceito principal de tais horizontes, devendo se reportar àquele sistema se tiver interesse na definição integral.

Bibliografia

EMPRESA BRASILEIRA DE PESQUISA AGROPECUÁRIA. **Sistema Brasileiro de Classificação de Solos.** Rio de Janeiro, 1999. 412p.

FAO, FAO/UNESCO. **Soil Map of the World. Revised legend with corrections.** Rome, FAO, 1988 (World Resources Report, 60). Wageningen, ISRIC (Technical Paper, 20) 1994.

2.3. Horizontes e camadas principais[5]

Praticamente todo o processo de identificação e classificação dos solos inicia-se no campo, através de cuidadoso exame morfológico do

5. Figuras coloridas de perfis com as respectivas designações dos horizontes podem ser visualizadas em: OLIVEIRA, J. B., JACOMINE, P. K. T. & CAMARGO, M. N. **Classes gerais de solos do Brasil: Guia auxiliar para seu reconhecimento.** Jaboticabal, São Paulo, Funep, 1992.

perfil. Na descrição deste, em geral são observados os seguintes itens: granulometria (textura), cor (úmida e seca), estrutura, consistência (seca, úmida, molhada), cerosidade, espessura e transição entre horizontes, concreções, nódulos, plintita, petroplintita, porosidade (macro), linha de seixos, minerais primários (lupa), presença de carbonatos (HCl), presença de sais (eflorescência, percepção gustativa), sulfetos (jarosita, odor), pH de campo, coloração de indicadores químicos (α, α-dipiridil ou ferricianeto de potássio). Alguns dos itens anteriores (granulometria, concreções, plintita...) são também quantificados (estimativa).

Com base na presença ou ausência e no grau de expressão dos itens acima, o pedólogo, no campo, separa as várias seções (horizontes/camadas) componentes do perfil do solo, coletando amostras para análises laboratoriais (Figura 2.1.3.). Estas são imprescindíveis quer para quantificar com precisão vários atributos do solo importantes para sua correta classificação, quer para permitir uma avaliação mais precisa de seu comportamento agrícola e não-agrícola e, ainda, para expressar a presença de atributos não observáveis no campo. Entre estes, além da saturação por bases já referida anteriormente, há a saturação por alumínio, a correta quantificação das frações granulométricas, o teor relativo de matéria orgânica e de minerais primários facilmente intemperizáveis etc.

A conceituação e designação de horizontes e camadas principais apresentada a seguir foi em grande parte baseada no texto: Definição e notação de horizontes e camadas do solo (Embrapa, 1988), constituindo uma síntese dele, apresentando-se o que foi considerado essencial para o entendimento da matéria, acrescentando-se comentários quando considerados necessários.

São oito os horizontes e/ou camadas de solo: O, H, A, E, B, C, F, R. A rigor, a camada R não faz parte do solo, pois constitui o material subjacente a ele, ainda não modificado pelo intemperismo.

O: horizonte ou camada superficial de constituição orgânica pouco ou nada decomposta, formado em condições de drenagem livre, mas superúmidas, de determinados solos minerais ou orgânicos de regiões altimontanas, sendo por isso mais comum nas regiões serranas dos Estados sulinos.

H: horizonte ou camada superficial ou não, de constituição orgânica, composta de resíduos orgânicos acumulados ou em acumulação sob condições de prolongada estagnação de água. Constitui material em vários estágios de decomposição, podendo incluir material pouco ou não decomposto até material bem decomposto. Esse horizonte é comum nas planícies aluviais.

A: horizonte mineral, superficial ou em seqüência ao horizonte O ou H, resultante de atividade biológica relativamente intensa, apresentando concentração de matéria orgânica decomposta e perda ou decomposição de componentes minerais. Presente em todos os solos, a menos que tenha sido eliminado pela erosão.

E: horizonte mineral subjacente ao horizonte A (a menos que este horizonte tenha sido erodido). Apresenta como característica principal a concentração relativa de areia e silte, com conseqüente descoloramento, devido à perda de argila, óxidos de ferro, óxidos de alumínio e matéria orgânica. Esse horizonte é comum em solos das classes dos ESPODOSSOLOS, ARGISSOLOS VERMELHO-AMARELOS abruptos, PLANOSSOLOS e LUVISSOLOS.
Quando o horizonte E é também álbico (veja 5.16. Horizonte E álbico), é comum relacionar-se com a presença de mudança textural abrupta (veja 3.16. Mudança textural abrupta).

B: horizonte mineral subjacente ao horizonte A, E ou H, comparativamente bastante afetado por transformações pedogenéticas, em que pouco ou nada resta da estrutura da rocha original e, mesmo quando remanescentes dessa estrutura estejam bem evidentes, prevalece expressão de alteração do material parental, com conseqüente neoformação de argilas silicatadas e produção de óxidos; desenvolvimento de novas cores; formação de estrutura em conjugação ou não com acumulação iluvial de argila silicatada, óxidos, hidróxidos e oxi-hidróxidos de alumínio e ferro, matéria orgânica, de per si ou em combinações.
Com exceção dos solos das classes dos NEOSSOLOS[6] (*Areias Quartzosas, Solos Litólicos, Regossolos, Solos Aluviais*), ORGA-

6. Esses solos podem apresentar horizonte genético Bi, de pequena espessura, de maneira que, nesses casos, não se enquadram na definição de horizonte diagnóstico B incipiente.

NOSSOLOS (*Solos Orgânicos*), CHERNOSSOLOS RÊNDZICOS (*Rendzinas*), VERTISSOLOS[7], parte dos GLEISSOLOS e dos PLINTOSSOLOS, todos os solos das outras classes apresentam horizonte B.

C: horizonte ou camada mineral sob o *solum*[8], relativamente pouco afetado pelos processos pedogenéticos a partir dos quais o *solum* pode ou não ter se formado e sem ou com pouca expressão de propriedades identificadoras dos horizontes anteriormente citados.

Solos formados *in situ*, isto é, originados da rocha subjacente, são denominados autóctones. Nas regiões tropicais, inclusive no Brasil, são bastante comuns os solos alóctones, isto é, aqueles que apresentam parte de seu perfil desenvolvido em material distinto da rocha subjacente, provenientes de retrabalhamentos de curta ou longa distância. A presença de linhas de seixos no perfil é um indicador da presença de tais solos (Figura 1.1.1.).

Com exceção de alguns NEOSSOLOS LITÓLICOS (*Solos Litólicos*), CHERNOSSOLOS RÊNDZICOS (*Rendzinas*) e ORGANOSSOLOS FÓLICOS líticos (*Solos Litólicos com A turfoso*), todos os solos apresentam horizonte C. Devido à grande espessura que os solos das regiões tropicais quentes e úmidas podem atingir, é comum não aparecerem nas descrições de tais solos as seções mais profundas, entre as quais se inclui o horizonte C.

F: horizonte ou camada de material mineral consolidado sob os horizontes A, E ou B, rico em óxidos de ferro e/ou alumínio e pobre em matéria orgânica, proveniente do endurecimento irreversível da plintita (veja 3.17. Plintita e petroplintita) ou tendo outras origens. Exclui-se a acumulação iluvial de complexos organossesquioxídicos amorfos dispersíveis ("ortstein") (veja 5.8. Horizonte B espódico). Corresponde ao horizonte litoplíntico (veja 5.18. Horizonte plíntico, concrecionário e litoplíntico).

---

7. Atualmente, certos autores identificam os Vertissolos como solos de seqüência de horizontes A-B-C (Driessen & Dudal, 1989).

8. *Solum*: parte superior e pressupostamente mais intemperizada do perfil do solo, compreendendo os horizontes A e B (Curi, coord., 1993).

R: rocha sã; camada mineral de material consolidado, de tal modo coeso que, quando úmido, não pode ser cortado com uma pá e constitui substrato rochoso contínuo ou praticamente contínuo, a não ser pelas poucas e estreitas fendas que pode apresentar. A rigor, essa camada não faz parte do solo, pois constitui o substrato rochoso praticamente não-intemperizado.

Bibliografia

DRIESSEN, P. M. & DUDAL, R. **Lectures notes on geography, formation, properties and use of the major soils of the world.** Agricultural University Wageningen/ Katholieke Universiteit Leuven. 1989. 206p.

EMPRESA BRASILEIRA DE PESQUISA AGROPECUÁRIA. Serviço Nacional de Levantamento e Conservação do Solo. Rio de Janeiro, RJ. **Definição e notação de horizontes e camadas do solo.** 2. ed. rev. e atual. Rio de Janeiro, 1988. 54p. (Documentos SNLCS n. 3).

2.4. Designação e características dos horizontes e camadas subordinadas[9]

Os horizontes principais vistos anteriormente apresentam variações mais ou menos acentuadas em sua constituição e composição, resultantes de atuação diferenciada dos fatores e processos pedogenéticos, permitindo diferenciar vários tipos de horizontes A, E, B e C.

São usadas para isso notações específicas para cada caso, representadas por uma ou mais letras minúsculas. Assim, as notações Bi, Bt, Bw indicam três tipos diferentes de horizonte B. Nessas notações são empregados também sufixos numerais antecedendo a letra maiúscula que designa o horizonte principal. Os sufixos numerais após a designação do horizonte principal são empregados para especificar divisões efetuadas dentro de um mesmo horizonte. Assim, as notações Bi1, Bi2 designam subdivisões do horizonte Bi em um perfil de solo. Os numerais empregados antes

9. Figuras coloridas de perfis com as respectivas designações dos horizontes podem ser visualizadas em: OLIVEIRA, J. B., JACOMINE, P. K. T. & CAMARGO, M. N. **Classes gerais de solos do Brasil: Guia auxiliar para seu reconhecimento.** Jaboticabal, São Paulo, Funep, 1992.

da notação do horizonte principal indicam descontinuidade do material originário. As notações Bw-2Bw1-2Bw2 indicam, portanto, descontinuidade litológica entre o horizonte Bw e o horizonte 2Bw1.

As notações de horizontes e camadas auxiliam o leitor no conhecimento de determinado solo, posto que tais símbolos indicam as manifestações de determinadas ações pedogenéticas no perfil ou em parte dele. Visto que grande parte dessas notações implica em comportamento diferenciado do solo do ponto de vista agrícola e não-agrícola, elas indicam também em que profundidade do solo ocorrem tais manifestações. Por exemplo, na descrição de um perfil, a notação Btx assinalada para uma seção compreendida entre 30 e 45 cm indica presença de fragipã iniciando a 30 cm de profundidade.

É importante ressaltar que as notações em pauta indicam apenas a presença da manifestação de determinada pedogênese (material muito alterado, pouco alterado, presença de sais etc.), mas não necessariamente se tal seção corresponde a um horizonte diagnóstico ou a um horizonte pedogenético. Este aspecto é muito importante ao se classificar o solo. Alguns exemplos:

- Em um solo raso, um horizonte B delgado (menos de 10 cm de espessura) e pouco desenvolvido receberá a notação Bi. Contudo, esse horizonte, devido à insuficiência de espessura, não poderá ser identificado como horizonte diagnóstico B incipiente, o qual, igualmente, recebe a notação Bi. Tal solo, portanto, não será um CAMBISSOLO, mas sim um NEOSSOLO LITÓLICO, apesar de apresentar um horizonte Bi pedogenético (porém não diagnóstico).
- A notação **n** indica simplesmente presença significativa de Na^+, sem precisar se se trata de caráter solódico (saturação por Na^+ entre 6 e 15%), de caráter sódico (saturação por $Na^+ > 15\%$) ou de horizonte diagnóstico plânico com caráter sódico (anteriormente denominado horizonte nátrico). A classificação de tal solo requer outras informações adicionais além daquela indicada pela notação **n**.
- Caso polêmico é o relacionado à notação **w** indicativa de material intensamente alterado e usada para identificar o horizonte

diagnóstico B latossólico. Para ser considerado como tal, a seção constituída por esse material necessita ter pelo menos 50 cm de espessura. Então, um solo apresentando imediatamente abaixo do horizonte A material bastante intemperizado, e com todos os requisitos exigidos pelo horizonte diagnóstico B latossólico (veja 5.10. Horizonte B latossólico), exceto a espessura (nesse exemplo, inferior a 50 cm), não será classificado como LATOSSOLO, apesar de apresentar um horizonte identificado como Bw. Este horizonte pedogenético, Bw, não satisfaz todas as condições para ser identificado como horizonte diagnóstico B latossólico, também simbolizado pela notação Bw. O solo com seqüência A-Bw1... será identificado, de acordo com os critérios estabelecidos pelo SiBCS, como CAMBISSOLO. Exemplo dessa situação é dado pelo perfil Furnas-17 (Brasil, 1962). Esse solo, identificado na época como Solo Bruno Ácido (ainda não era usado o conceito de Cambissolo), apresenta um horizonte B de apenas 35 cm, com os atributos a seguir relacionados, todos identificadores de Bw: argila dispersa em água: 0; ki: 1,52; CTC: 9,4 $cmol_c$(+)/100 g argila; estrutura maciça porosa e fraca subangular; friável; não há indicação de presença de minerais primários facilmente alteráveis. O único fator discordante é a relação silte/argila: 0,7, em vez de 0,6. Contudo, pode-se admitir que a metodologia atualmente preconizada na análise granulométrica (calgon + NaOH) é mais eficiente na dispersão do que a empregada naquele trabalho (NaOH). Consideramos a presença de estágio tão avançado de intemperismo em um horizonte relativamente pouco espesso como esse um sinal de processos agressivos de pedogênese, contrário portanto ao conceito de horizonte B incipiente. Esse horizonte não deveria, por isso, a nosso ver, ser identificado como B incipiente apenas por apresentar espessura inferior a 50 cm, como preconiza o SiBCS.

Curiosamente, a maioria dos levantamentos de solos executados no Brasil não emprega a simbologia indicativa de horizonte subordinado, com exceção dos símbolos **g**, **pl**, **t**, **x**, geralmente presentes nas descrições de solos.

Alguns horizontes que apresentam nítida manifestação de vários processos diagnósticos podem receber mais de um símbolo em sua notação. Exemplos dessa notação são comuns em levantamentos de solos executados no Brasil: Bt1pl (B textural associado com presença de plintita em ARGISSOLOS plínticos); Bt2g (B textural associado com gleização em ARGISSOLOS gleicos); Bt1n (B textural associado com presença de caráter sódico ou solódico em PLANOSSOLOS NÁTRICOS ou em LUVISSOLOS solódicos); C2gz (horizonte C associado com caráter sálico ou salino em GLEISSOLOS SÁLICOS). Referências a mais de três símbolos são raras. Oliveira et al. (1992, Figura 46) assinalam a notação 2Cgjz em um GLEISSOLO TIOMÓRFICO húmico sálico solódico[10]. A rigor, nesse solo caberia também o símbolo **n**, devido à presença de caráter solódico, sendo então exemplo do emprego de quatro símbolos na notação do horizonte.

A conceituação e designação de horizontes e camadas subordinadas apresentada a seguir foi em grande parte baseada no texto: Definição e notação de horizontes e camadas do solo (Embrapa, 1988), constituindo uma síntese dele, apresentando-se o que foi considerado essencial para o entendimento da matéria, acrescido de comentários pertinentes quando necessários.

As designações de horizontes e camadas sofreram algumas modificações em 1988. No Quadro 2.4.1. é apresentada a simbologia anterior e a empregada atualmente para designar horizontes subordinados (Embrapa, 1988a).

a *Propriedades ândicas*

Usado com os horizontes A, B, C para designar material com dominância de material amorfo, de natureza mineral, oriundo de transformações de materiais vulcanoclásticos.

Apesar de esse sufixo constar dos símbolos para designar horizontes (Embrapa, 1988), os trabalhos até o momento efetuados em solos bra-

10. Trata-se do perfil RJ-16 (Embrapa, 1978) descrito e coletado no Município de Cabo Frio, RJ.

Quadro 2.4.1. Simbologia anterior e atual empregada para designação de horizontes subordinados (Embrapa, 1988a).

Anterior	Atual
—	a – propriedades ândicas
b	b – horizonte enterrado
cm	c – concreções ou nódulos endurecidos
—	d – acentuada decomposição de material orgânico
—	e – escurecimento da parte externa dos agregados por matéria orgânica não associada a sesquióxidos
pl	f – material laterítico e/ou bauxítico brando (plintita)
g	g – glei
h	h – acumulação iluvial de matéria orgânica
—	i – incipiente desenvolvimento do horizonte B
—	j – tiomorfismo
—	k – presença de carbonatos
ca	$\bar{k}$ – acumulação de carbonato secundário
m	m– extremamente cimentado
—	n – acumulação de sódio trocável
—	o – material orgânico mal ou não decomposto
p	p – aração ou outras pedoturbações
si	q – acumulação de sílica
—	r – rocha branda ou saprólito
ir	s – acumulação iluvial de sesquióxidos com matéria orgânica
t	t – acumulação de argila
—	u – modificações e acumulações antropogênicas
—	v – características vérticas
—	w– intensa alteração com inexpressiva acumulação de argila, com ou sem concentração de sesquióxidos
x	x – cimentação reversível (fragipã)
cs	y – acumulação de sulfato de cálcio
sa	z – acumulação de sais mais solúveis em água fria que sulfato de cálcio

sileiros supostamente apresentando propriedades ândicas (Gama et al., 1992; Kern & Resende, 1990) não atenderam a todos os critérios exigidos para tal. Assim sendo, até prova em contrário, considera-se não existir material com dominância de material amorfo no Brasil.

[b] *Horizonte enterrado*

Usado com os horizontes H, A, E, B, F para designar horizonte enterrado, se suas características pedogenéticas principais puderem ser identificadas como tendo sido desenvolvidas antes de o horizonte ser enterrado.

A condição de solo enterrado é pouco comum e não tem sido registrada nos boletins de levantamentos efetuados em escala média ou menor (1: 50.000 ou menor) no Brasil. Os casos de ocorrência de tais solos de nosso conhecimento se restringem a áreas de pouca expressão espacial. Um dos raros exemplos de identificação de horizonte enterrado é o do horizonte IIAb do perfil GB-41 (Embrapa, 1980).

c Concreções ou nódulos endurecidos

Usado com os horizontes A, E, B, C para designar acumulação significativa de concreções ou nódulos não-concrecionários (solidificação variável), cimentados por ferro, alumínio, manganês ou titânio. Exclui-se cimentação por sílica. Exemplo: perfil Brasília-12 (Embrapa, 1983a), no qual todos os seus horizontes apresentam concreções. Esse solo, anteriormente denominado Latossolo Petroplíntico, corresponde, segundo o SiBCS, aos PLINTOSSOLOS PÉTRICOS concrecionários devido à grande quantidade (> 50%) de concreções endurecidas de petroplintita nos 40 cm superficiais.

d Acentuada decomposição de material orgânico

Usado com os horizontes O, H para designar decomposição muito intensa ou avançado estágio de decomposição do material orgânico, do qual pouco ou nada resta de reconhecível da estrutura dos resíduos de plantas acumulados.

Corresponde aproximadamente aos estágios de decomposição h6-h10 da escala de Van Post (veja 3.1. Material orgânico. Material mineral). Exemplo: perfil 3 (Ghani, 1966).

e Escurecimento da parte externa dos agregados por matéria orgânica não associada a sesquióxidos

Usado com o horizonte B e parte inferior de horizontes A espessos para designar horizontes mais escuros que os contíguos, podendo ou não ter teores mais elevados de matéria orgânica, não associada com sesquióxidos, do que o horizonte sobrejacente. Equivale à feição morfológica que vem sendo denominada *foncé*[11].

Essa feição é incomum em solos brasileiros. Há poucos registros de sua ocorrência e eles parecem se restringir a áreas diminutas, em regiões montanhosas e de clima ameno, impossíveis de serem cartografadas em mapas de escala inferior a 1:20.000. Exemplo: perfil IAC-1.185 descrito em Campos do Jordão, SP, na altitude de 1.850 m (Oliveira et al., 1975).

f *Material laterítico e/ou bauxítico brando (plintita)*

Usado com os horizontes A, B, C para designar concentração localizada (segregação) de constituintes secundários minerais ricos em ferro e/ou alumínio, em mistura com argila e quartzo, pobre em matéria orgânica. Exemplo: perfil MA-87 (Embrapa, 1986).

g *Glei*

Usado com os horizontes A, E, B, C para designar desenvolvimento de cores cinzentas, azuladas, esverdeadas ou mosqueamento bem expresso dessas cores, decorrente da redução do ferro, com ou sem segregação. O símbolo **g** somente é usado no caso de materiais pobres em argila e sem sinais evidentes de mosqueamento, se tais materiais, ao serem expostos ao ar, mudam de cor por oxidação.

Esse símbolo é obrigatório em horizonte glei e em horizontes que apresentem sinais evidentes de ambiente redutor. Exemplo: perfil GB-45 (Embrapa, 1980).

h *Acumulação iluvial de matéria orgânica*

Usado exclusivamente com o horizonte B para designar relevante acumulação iluvial, essencialmente de matéria orgânica ou de complexos organossesquioxídicos amorfos dispersíveis, se o componente sesquioxídico é dominado pelo alumínio e está presente somente em quantidades muito pequenas em proporção à matéria orgânica. O símbolo **h** também é usado em combinação com o símbolo **s**, como Bsh, quando a quantidade dos componentees sesquioxídicos é significante, mas o valor e o croma do horizonte estão próximos ou abaixo de 3.

11. Do francês, "escurecido".

Essa notação é identificadora do horizonte diagnóstico B espódico. Exemplo: perfil GB-43 (Embrapa, 1980).

i **Incipiente desenvolvimento de horizonte B**

Usado exclusivamente com o horizonte B para designar transformações pedogenéticas relativamente pouco acentuadas. Essa notação é identificadora do horizonte diagnóstico B incipiente. Exemplo: perfil GB-33 (Embrapa, 1980). É importante lembrar, contudo, que para ser diagnóstico esse horizonte precisa ter no mínimo 10 cm de espessura, caso contrário, apesar do símbolo Bi, não será identificado como tal (veja 2.2. Horizontes pedogenéticos e diagnósticos e 5.9. Horizonte B incipiente).

j **Tiomorfismo**

Usado com os horizontes H, A, B, C para designar material palustre, permanente ou periodicamente alagado, de natureza mineral ou orgânica, rico em sulfetos. Tais materiais, por oxidação resultante de drenagem, desenvolvem acidez muito forte (pH em água inferior a 3,5) devido à produção de ácido sulfúrico. Ocasionalmente há formação de jarosita, sulfato básico de potássio e ferro [$(KFe_3 (SO_4)_2 (OH)_6$]. Esse símbolo relaciona-se, portanto, com a presença do horizonte sulfúrico e de material sulfídrico (veja 5.19. Horizonte sulfúrico e 3.15. Materiais sulfídricos), ambos empregados no SiBCS como diagnósticos.

Exemplo: perfil RJ-16 IRCC (Embrapa, 1978). Apesar de não aparecer o símbolo j na descrição morfológica desse perfil, os horizontes C1g e C2g apresentam os atributos requeridos para identificação de tiomorfismo. Oliveira et al. (1992) apresentam fotografia desse mesmo perfil, na qual aparecem bem evidenciadas as manchas amareladas de concentração de jarosita. Esses autores empregaram o símbolo j para assinalar presença de tiomorfismos.

k **Presença de carbonatos**

Usado com os horizontes A, B, C para designar presença de carbonatos alcalinoterrosos, remanescentes do material originário. O carbonato de cálcio é o mais freqüente. Exemplo: horizonte Ck do perfil RJ-10, IRCC (Embrapa, 1978).

$\bar{k}$ ***Acumulação de carbonato de cálcio secundário (notação anterior: ca)***

Usado com os horizontes A, B, C para designar horizonte com enriquecimento de carbonato de cálcio secundário.

A presença de carbonato de cálcio secundário em solos desenvolvidos de calcário pode ser constatada no campo pela presença de manchas esbranquiçadas na forma de pseudomicélios e veios ou de nódulos, os quais reagem (efervescência) com HCl diluído ou, no laboratório, mediante determinação do teor de carbonato de cálcio equivalente. Valores deste significativamente superiores ao do material de origem indicam a presença de carbonato secundário.

Em solos desenvolvidos sobre calcário, como os CHERNOSSOLOS RÊNDZICOS (*Rendzinas*), é possível a coexistência de carbonatos remanescentes do material originário e de carbonatos secundários. Em tais casos, determinados perfis podem receber ambos os símbolos, **k** e **$\bar{k}$**. Exemplo: perfil RJ-10, IRCC (Embrapa, 1978). Na época, era usada a notação **ca** para designar presença de carbonato, independente de ser remanescente do material de origem ou secundário.

m ***Extremamente cimentado***

Usado com os horizontes B, C para designar cimentação pedogenética extraordinária e irreversível (mesmo sob prolongada imersão na água), contínua ou quase contínua, em horizontes cimentados em mais de 90% de seu volume, embora possam apresentar fendas ou cavidades. A natureza do material cimentante deve ser especificada pela designação da letra símbolo conotativa anteposta à notação **m**. Exemplo: qm, sm, respectivamente, para cimentação por sílica e sesquióxidos. Exemplo: perfil 3, VRCC (Embrapa, 1998).

n ***Acumulação de sódio trocável***

Usado com os horizontes H, A, B, C para designar acumulação de sódio trocável, expresso por $100 \cdot Na/CTC \geq 6\%$, acompanhada ou não de acumulação de magnésio trocável.

Esse símbolo identifica solos que apresentam caráter solódico ou sódico (veja 3.10. Caráter sódico e caráter solódico) ou ainda horizonte diagnóstico B plânico com caráter sódico (B nátrico) (veja 5.12. Horizonte B plânico. Horizonte plânico com caráter sódico). Exemplo: perfil 7 do XXII Congresso Brasileiro de Ciência do Solo (Congresso..., 1989).

o ***Material orgânico mal ou não decomposto***

Usado com os horizontes O, H para designar nula ou incipiente decomposição do material orgânico, no qual resta ainda muito de reconhecível da estrutura das plantas.

Esse estágio de decomposição corresponde aproximadamente aos níveis h1-h3 da escala de humificação de Van Post (veja 3.1. Material orgânico. Material mineral). No Brasil tem sido identificado especialmente em algumas áreas altimontanas, como no perfil IIRCC-5 MG, situado a 2.120 m de altitude (Embrapa, 1983). Nas publicações anteriores a 1988, o horizonte orgânico com tal estágio de decomposição recebia a notação O1, como no perfil acima, ou, mais anteriormente ainda, Aoo, como no perfil Furnas-6 (Brasil, 1962).

p ***Aração ou outras pedoturbações antrópicas***

Usado com os horizontes H ou A para indicar modificações da camada superficial pelo cultivo, pastoreio ou outras pedoturbações. Um horizonte mineral à superfície modificado por pedoturbações, mesmo que perceptível sua condição anterior de E, B ou C, passa a ser reconhecido como Ap. Exemplo: perfil 2, V-RCC (Embrapa, 1998). Até o presente não se conhece, no Brasil, presença de solo apresentando horizonte O que tenha sofrido aração ou perturbação antrópica para receber o símbolo **p**. Esses solos estão restritos a reduzidas áreas altimontanas do Brasil Meridional e situados em relevo montanhoso, o que os tem preservado da ação do homem. Há que se considerar ainda que, por serem solos rasos e muito frágeis, qualquer uso agrícola lhes seria altamente danoso.

q *Acumulação de sílica*

Usado com os horizontes B ou C para designar acumulação de sílica secundária (opala e outras formas de sílica). Quando há cimentação contínua ou quase contínua com sílica, usa-se a notação **qm**.

r *Rocha branda ou saprólito*

Usado exclusivamente com o horizonte C para designar camada de rocha subjacente, intensamente ou pouco alterada, desde que branda ou semibranda, em qualquer caso permanecendo bastante preservadas as características morfológicas macroscópicas inerentes à rocha original. O material pode ser cortado com a pá.

Essa notação identifica a presença de saprólito. Exemplo: perfil 11, V-RCC (Embrapa, 1998).

s *Acumulação iluvial de sesquióxidos com matéria orgânica*

Usado exclusivamente com horizonte B para indicar relevante acumulação iluvial ou de translocação lateral interna no solo de complexos organossesquioxídicos amorfos dispersíveis, desde que tanto a matéria orgânica como os sesquióxidos sejam significantes e o valor e o croma do horizonte sejam maiores que 3. Em alguns casos, o símbolo s é usado em combinação com **h**, isto é, Bhs, se tanto a matéria orgânica como os sesquióxidos constituírem acumulação significativa, com valor e croma do horizonte de 3 ou menos, em contrapartida ao caso de horizonte Bs.

Essa notação identifica o horizonte diagnóstico B espódico, sendo exclusiva da classe dos ESPODOSSOLOS. Exemplo: perfil GB-50 (Embrapa, 1980).

t *Acumulação de argila*

Usado exclusivamente com o horizonte B para designar relevante acumulação ou concentração de argila (fração < 0,002 mm), que tanto pode ter sido translocada por iluviação como ter sido formada no próprio horizonte, por concentração relativa, devido à destruição ou perda de argila do horizonte A ou E. Essa notação identifica a presença dos horizontes diagnósticos B textural (veja 5.13. Horizonte B textural), B nítico (veja 5.11. Horizonte B nítico) e B plânico (veja 5.12. Horizonte B plânico. Horizonte plânico com caráter sódico). Exemplo: perfil 2, V-RCC (Embrapa, 1998).

u *Modificações e acumulações antropogênicas*

Usado exclusivamente com A ou H para designar horizonte formado ou modificado pelo uso prolongado do solo como local de residência ou de cultivo por períodos relativamente longos, com adição de material orgânico, material mineral (ossos, conchas, cacos de cerâmica etc.), em mistura ou não com o material original.

Essa notação identifica presença do horizonte diagnóstico de superfície A antrópico.

Exemplos: perfis TPA-1 e TPA-2 (Kern & Kämpf, 1989). Neste trabalho, os autores usaram o símbolo &, em vez do símbolo **u**, para designar o horizonte antrópico.

v *Características vérticas*

Usado com os horizontes B, C para designar material mineral expressivamente afetado por propriedades e comportamento mecânico dos constituintes argilosos, resultando em pronunciadas mudanças em volume e movimentação do material. Essas mudanças de volume se manifestam pela presença de fendas, superfícies de fricção (*slickensides*), estrutura cuneiforme e paralelepipédica, inclinação das unidades estruturais, em material submetido a períodos de seca e de umidade.

Esse símbolo indica tanto a presença de horizonte vértico (veja 5.20. Horizonte vértico) como a de características vérticas. Exemplo do primeiro caso: perfil 11, Va. RCC (Embrapa, 1998) e do segundo: perfil 13, Va. RCC (Embrapa, 1998).

w *Intensa alteração com inexpressiva acumulação de argila, com ou sem concentração de sesquióxidos*

Usado exclusivamente com o horizonte B para indicar presença de material em estágio bem avançado de intemperização, expressa por alteração completa ou quase completa dos constituintes que lhe deram origem.

Esse símbolo indica presença de horizonte constituído por material altamente intemperizado e também de horizonte diagnóstico B latossólico (veja 5.10. Horizonte B latossólico). Exemplo: perfil MG-1, III RCC (Embrapa, 1988b).

O horizonte Bw pode ocorrer subjacente aos horizontes B nítico e B textural, como nos perfis IAC-1370 (Oliveira, 1999) e RJ-14 (Embrapa, 1978), respectivamente, de NITOSSOLO VERMELHO e ARGISSOLO AMARELO. Neste último, na descrição do perfil, não foi usado o símbolo **w**, porém Oliveira et al. (1992) apresentam figura na qual ele está assinalado.

x ***Cimentação aparente, reversível***

Usado com os horizontes B, C e às vezes com o E para designar desenvolvimento de seção subsuperficial relativamente compacta, que se apresenta adensada, dura a extremamente dura e aparentemente cimentada quando seca, constituída em sua maior parte por quartzo e argilas silicatadas. A aparente cimentação se desfaz por inteiro quando o material é umedecido. Firmeza, quebradicidade, alta densidade aparente, ou uma combinação destas, são atributos típicos dessa modalidade de horizonte. O material acima é denominado fragipã (veja 5.21. Fragipã). Exemplo: perfil 2, 5a. RCC (Embrapa, 1998).

y ***Acumulação de sulfato de cálcio***

Usado com B ou C para indicar acumulação de sulfato de cálcio. Desconhecemos a presença de tal horizonte nos solos brasileiros descritos até o presente.

z ***Acumulação de sais mais solúveis em água fria que sulfato de cálcio***

Usado com os horizontes H, A, B, C para indicar acumulação de sais mais solúveis em água que sulfato de cálcio.

Esse símbolo identifica a presença de caráter sálico (condutividade elétrica $\geq$ 7 dS/m a 25°C) ou de caráter salino (condutividade elétrica $\geq$ 4 dS/m e menor que 7dS/m a 25°C). Exemplo: perfil 4 do XXII Congresso Brasileiro de Ciência do Solo (Congresso..., 1989). Esse GLEISSOLO SÁLICO (identificado naquele trabalho como Solonchak sódico) apresenta caráter sálico desde a superfície. Na descrição desse perfil, não foi usado o símbolo **z**, porém Oliveira et al. (1992) apresentam figura na qual ele está assinalado.

Bibliografia

BRASIL. Ministério da Agricultura. Centro Nacional de Ensino e Pesquisas Agronômicas. Comissão de Solos. Levantamento de reconhecimento de solos da região sob influência do reservatório de Furnas. Rio de Janeiro, Serviço Nacional de Pesquisas Agronômicas, 1962. 462p. (SNPA, Boletim 13).

CONGRESSO BRASILEIRO DE CIÊNCIA DO SOLO, 22., 1989. Recife. Guia de excursão, 29-30 de julho de 1989. Recife, Sociedade Brasileira de Ciência do Solo, 1989. 72 fls. (Mimeografado).

EMPRESA BRASILEIRA DE PESQUISA AGROPECUÁRIA. Serviço Nacional de Levantamento e Conservação do Solo. Rio de Janeiro, RJ. I Reunião de Classificação, Correlação e Interpretação de Aptidão Agrícola de Solos. Guia de excursão de estudos de solos no Estado do Rio de Janeiro. Rio de Janeiro, 1978, 122p. (Mimeografado).

EMPRESA BRASILEIRA DE PESQUISA AGROPECUÁRIA. Serviço Nacional de Levantamento e Conservação do Solo. Rio de Janeiro, RJ. Levantamento Semidetalhado e Aptidão Agrícola dos Solos do Município do Rio de Janeiro. Rio de Janeiro, 1980. 389p. (Boletim Técnico, 66).

EMPRESA BRASILEIRA DE PESQUISA AGROPECUÁRIA. Serviço Nacional de Levantamento e Conservação do Solo. Anais da II Reunião de Classificação, Correlação de Solos e Interpretação de Aptidão Agrícola, Rio de Janeiro, Embrapa/SNLCS-SBCS, 1983. 183p. (Embrapa/SNLCS, Documentos, 5).

EMPRESA BRASILEIRA DE PESQUISA AGROPECUÁRIA. Serviço Nacional de Levantamento e Conservação do Solo. Rio de Janeiro, RJ. Levantamento de reconhecimento de baixa intensidade dos solos e aptidão agrícola das terras de parte da região geoeconômica de Brasília. Rio de Janeiro. (Boletim de Pesquisa, 24). 1983a, 515p.

EMPRESA BRASILEIRA DE PESQUISA AGROPECUÁRIA. Serviço Nacional de Levantamento e Conservação do Solo. Levantamento exploratório – reconhecimento de solos do Estado do Maranhão. Rio de Janeiro, Embrapa-SNLCS/Sudene-DRN, 1986. 964p. (Embrapa-SNLCS. Boletim de Pesquisa, 35-Brasil. Sudene/DRN. Série Recursos de Solos, 17).

EMPRESA BRASILEIRA DE PESQUISA AGROPECUÁRIA. Serviço Nacional de Levantamento e Conservação do Solo. Rio de Janeiro, RJ. Definição e notação de horizontes e camadas do solo. 2ª ed. rev. e atual. Rio de Janeiro, 1988. 54p. (Documentos SNLCS n. 3).

EMPRESA BRASILEIRA DE PESQUISA AGROPECUÁRIA. Serviço Nacional de Levantamento e Conservação do Solo. Rio de Janeiro, RJ. Critérios para distinção de classes de solos e de fases de unidades de mapeamento; normas em uso pelo SNLCS. Rio de Janeiro, 1988a. 67p. (Documentos SNLCS 11).

EMPRESA BRASILEIRA DE PESQUISA AGROPECUÁRIA. Serviço Nacional de Levantamento e Conservação de Solos. Anais da III Reunião de Classificação, Correlação e Interpretação de Aptidão Agrícola. Rio de Janeiro, 1988b. (Documentos SNLCS n. 12).

EMPRESA BRASILEIRA DE PESQUISA AGROPECUÁRIA. Centro Nacional de Pesquisa de Solos. V Reunião de Classificação, Correlação e Aplicação de Levantamento de Solos. Guia de excursão de estudos de solos nos Estados de Pernambuco, Paraíba, Rio Grande do Norte, Ceará e Bahia. Recife. 1998. 124p.

GAMA, J. R. N. F., KUSABA, T., OTA, T. & AMANO, Y. Influência de material vulcânico em alguns solos do Estado do Acre. **Rev. Bras. Ci. Solo**, Campinas, 16: 103-106, 1992.

GHANI, N. L. B. Caracterização morfológica, física, química, mineralógica, gênese e classificação de solos altimontanos derivados de riolito e migmatito da Serra do Mar, PR, Curitiba, Universidade Estadual do Paraná, 1996. Ata p. 102, 1966, 174p. (Tese de Mestrado).

KER, J. C. & RESENDE, M. Caracterização química e mineralógica de Solos Brunos Subtropicais do Brasil. **Rev. Bras. Ci. Solo**, Campinas, 14: 215-225, 1990.

KERN, D. C. & KÄMPF, N. Antigos assentamentos indígenas na formação de solos com Terra Preta Arqueológica na região de Oriximiná, Pará. **Rev. Bras. Ci. Solo**, 13: 219-1125, 1989.

OLIVEIRA, J. B. **Solos da Folha de Piracicaba**. Campinas, Instituto Agronômico, 1999. 173p. (Boletim Científico, 48).

OLIVEIRA, J. B., JACOMINE, P. K. T. & CAMARGO, M. N. **Classes gerais de solos do Brasil. Guia auxiliar para seu reconhecimento**. Jaboticabal, São Paulo, Funep, 1992. 102p.

OLIVEIRA, J. B., MENK, J. R. F. & ROTTA, C. L. Solos do Parque Estadual de Campos do Jordão. **Silvicultura em São Paulo**, 9: 115-156, 1975.

3

ATRIBUTOS DIAGNÓSTICOS

3.1. Material orgânico. Material mineral

Definição. Material orgânico é aquele constituído por compostos orgânicos, podendo comportar proporções variáveis de material mineral.

O material do solo é considerado orgânico quando o teor de carbono é igual ou maior que 80 g/kg, avaliado na TFSA.

Material mineral é todo aquele que não preenche os requisitos de material orgânico.

Taxonomia. O SiBCS emprega a definição de material orgânico como exposto acima na identificação de horizonte hístico e da ordem dos ORGANOSSOLOS.

É conveniente lembrar que os ORGANOSSOLOS devem apresentar material orgânico com espessura igual ou superior a 40 cm (> 20 cm quando estiver assente sobre rocha), quer em seção única ou cumulativamente, dentro de 80 cm da superfície.

Equivalência com outros sistemas de classificação. Devido a diferenças metodológicas, os valores de carbono exigidos pelo SiBCS e pelo Soil Taxonomy (Estados Unidos, 1994) e FAO (FAO, 1994) na definição de material orgânico são diferentes. No Quadro 3.1.1. é apresentada a relação entre os valores de carbono obtidos pelo método Embrapa-Solos e os do Departamento de Agricultura dos Estados Unidos. A legenda da FAO usa a mesma metodologia do Soil Taxonomy.

O conceito de material orgânico do SiBCS é semelhante ao do Soil Taxonomy (Estados Unidos, 1994), e FAO (FAO, 1994).

Quadro 3.1.1. Relação entre valores de carbono orgânico determinados pela Embrapa-Solos e o Departamento de Agricultura dos Estados Unidos (USDA) (Embrapa, 1999).

Carbono orgânico %	
Embrapa-Solos	USDA
5,3	8
8	12
10	15
10,5	16
12	18

Antes do estabelecimento dessas relações, os valores de carbono para material orgânico utilizados no Brasil eram idênticos aos do Soil Taxonomy, isto é: 18% para solos com 60% de argila, 12% para solos que não contivessem argila, valores proporcionais de carbono orgânico entre 12 e 18% para solos com teor de argila entre zero e 60%.

Considerações gerais. Todos os solos são constituídos por certa porção de material orgânico e mineral. Não se conhece exemplo de solos (ou de horizontes) que sejam inteiramente constituídos por material orgânico ou por material mineral. As condições de pedogênese, porém, determinam que alguns solos ou horizontes sejam mais ricos em um ou em outro desses materiais. Há duas situações propícias ao acúmulo de material orgânico nos solos. A primeira são ambientes mal drenados, redutores, onde a decomposição dos vegetais se dá em ambiente palustre. Esses ambientes são predominantes na formação de materiais orgânicos no Brasil. A outra condição é decorrente de ambiente de drenagem livre, porém, com condições climáticas (temperatura e regime hídrico) que favoreçam o acúmulo de material orgânico. Essa condição é, em nosso país, mais comum nas regiões altimontanas dos Estados sulinos.

O material orgânico formado em condições de redução recebe o símbolo H, enquanto aquele formado em condições de drenagem livre recebe o símbolo O. Aliás, esses são os símbolos dados ao horizonte hístico, dependendo da natureza de sua gênese (veja 5.7. Horizonte hístico). Esse horizonte, quando apresenta espessura superior a 40 cm (ou maior que 30 cm sobre rocha), quer em seção única ou cumulativamente dentro de 80 cm da superfície, constitui um ORGANOSSOLO.

É importante considerar que, em solos ricos em matéria orgânica, a análise granulométrica deve ser feita após a secagem do material na estufa, descontando então a água higroscópica para o cálculo do carbono. Esse cuidado parece não ter sido observado em muitos dos levantamentos de solos executados no Brasil, posto que nos quadros dos resultados analíticos não consta a determinação da água higroscópica. No exemplo a seguir é mostrado, com dados extraídos de Sakai & Lepsch (1987), exemplo do cálculo a ser efetuado em solos orgânicos para determinar o teor de carbono. Horizonte Hdo1: carbono % = 15,6; água higroscópica = 8%.

100% de material – 8% de água higroscópica = 92% de material (efetivamente analisado)

92% de material — 15,6% de carbono
100% de material — x
x = 16,9% de carbono

O teor de carbono do horizonte Hdo1 do perfil IAC 1341 deve ser considerado, portanto, como 16,9%, em vez de 15,6%.

Nos resultados de carbono referidos ao volume de solos minerais, os laboratórios em geral calibram a densidade aparente como igual a 1 kg dm^{-3}.

O material orgânico apresenta-se em variados graus de decomposição no solo, tendo sido estipulados, para fins de classificação, três estágios: muito pouco decomposto, medianamente decomposto e bem decomposto, os quais receberam, respectivamente, as denominações fíbrico, hêmico e sáprico (veja 3.13. Grau de decomposição do material orgânico).

O teor de matéria orgânica afeta significativamente a densidade do solo, a qual decresce exponencialmente com seu aumento (Figura 3.1.1.) (Kämpf & Schneider, 1989). Quanto mais avançado o estágio de decomposição do material orgânico, mais elevada a densidade do solo e menor a capacidade de reter água e a taxa de subsidência. O material orgânico apresenta porosidade total bastante elevada, e quanto menos decomposto, maior a predominância de macroporos. A retenção de água no material fíbrico é da ordem de 850 a 3.000% de seu peso (peso seco), no material hêmico, de 450 a 850%, e, no material sáprico, inferior a 450% (Everett, 1983). Por outro lado, quanto maior o estágio de decomposição do material orgânico, mais elevada a força com que a água é retida, devido à diminuição do diâmetro dos vazios.

Um dos atributos mais importantes dos materiais orgânicos é sua capacidade de reduzir o volume em conseqüência da perda de água, fenômeno também conhecido como subsidência. A causa mais séria e contínua da subsidência é a oxidação da matéria orgânica, causada pela ação de bactérias aeróbicas que, na presença de oxigênio, a convertem em dióxido de carbono. Esses organismos são ativos somente na zona aerada, conseqüentemente, a taxa de subsidência sofrida pelo solo de-

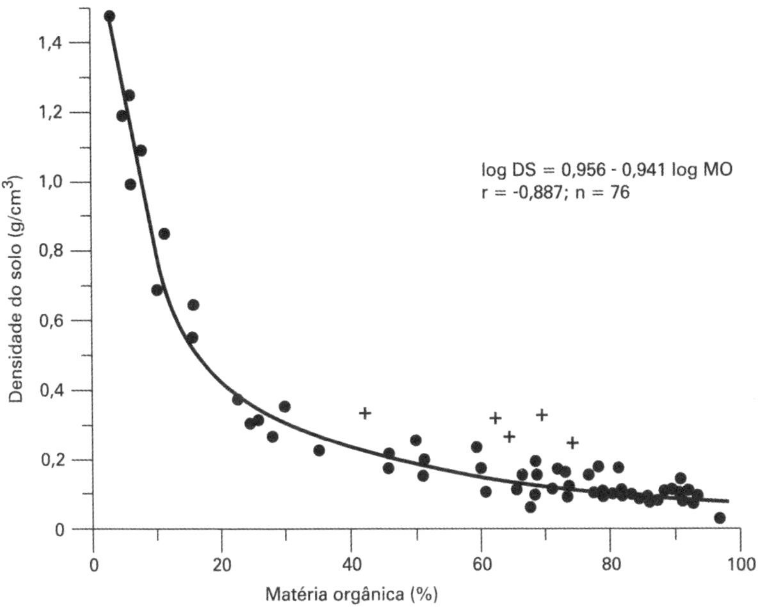

Figura 3.1.1. Relação entre o conteúdo de matéria orgânica e a densidade global do solo (Kämpf & Schneider, 1989).

pende da profundidade do lençol freático. Portanto, quanto mais alto o lençol freático, menor a perda (Stephens & Johnson, 1951) (Figura 3.1.2.). Observa-se na figura que, quando a profundidade média do lençol freático é de 1 pé, a subsidência média anual é próxima de 0,06 pé, subindo para 0,12 pé ao ano quando a profundidade média do lençol desce para 2 pés.

A subsidência do material orgânico se dá em duas etapas (Everett, 1983; Stephens & Johnson, 1951). A primeira envolve principalmente a perda da resistência hidrodinâmica promovida pela água que preenche os poros e a conseqüente compactação da coluna orgânica, devido a seu próprio peso. Segundo Wösten et al. (1997), a redução da resistência hidrodinâmica devido ao abaixamento do nível do lençol freático resulta em um incremento de carga da camada suprajacente da ordem de 0,01 kPa por cada centímetro de abaixamento da altura do lençol freático.

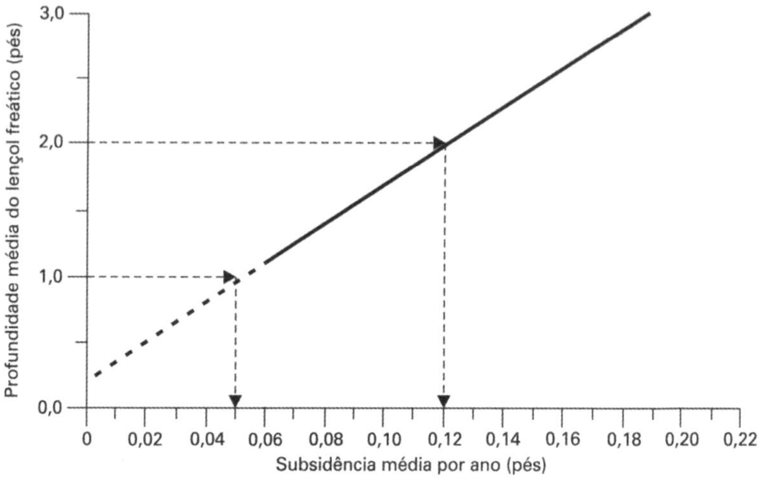

Figura 3.1.2. A taxa de subsidência sofrida pelo solo depende da profundidade do lençol freático. Quanto mais alto estiver o lençol freático, menor a subsidência (Stephens & Johnson, 1951).

Essa fase é relativamente rápida, perdurando cerca de quatro a dez anos após a drenagem, e a taxa de subsidência é elevada.

Da compactação resultam mudanças na densidade aparente, no conteúdo de água, no espaço poral e na condutividade hidráulica. A segunda fase acontece simultaneamente à primeira, porém é lenta e, dependendo do clima local, da espessura do solo, da profundidade dos drenos e do manejo dos solos, pode perdurar, após a primeira fase ter cessado, por décadas e até séculos (Everett, 1983). Essas duas etapas estão bem assinaladas na Figura 3.1.3. Observa-se na figura que a subsidência é bastante significativa nos primeiros anos, diminuindo depois gradualmente. Após 28 anos da drenagem inicial, o terreno foi submetido a nova drenagem, a qual incrementou de novo a taxa de subsidência. Em 28 anos houve uma subsidência de 5 pés, e em sete anos após a nova drenagem, de 1,4 pés. No Quadro 3.1.2. são apresentadas taxas de subsidência sofrida por vários solos orgânicos em diferentes períodos de tempo.

O grau de subsidência do material orgânico varia bastante e depende de vários fatores, tais como tipo de material, taxa de decomposição, den-

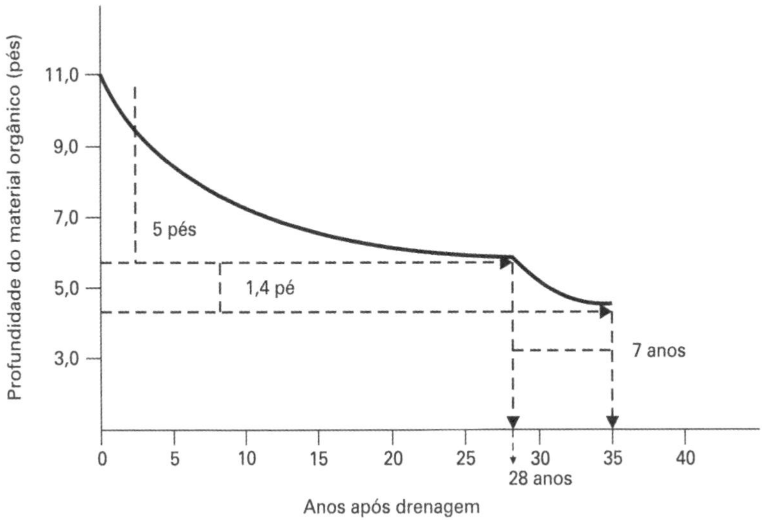

Figura 3.1.3. A subsidência se dá em duas etapas, sendo a primeira relativamente rápida e a segunda, lenta.

Quadro 3.1.2. Taxas de subsidência para vários solos orgânicos (Everett, 1984).

Localização	Subsidência (cm ano^{-1})	Tempo decorrido entre medidas (anos)
Holmes Marsh	4,3	100
England	1,5	100
Indiana	1,5	6
Flórida	0,4	50
Califórnia	7,6*	16
Ohio	0,4	86

* Valores para subsidência primária.

sidade, espessura, drenagem, clima, uso da terra e histórico (Schothorst, 1977). Não há, evidentemente, uma equação que determine de maneira universal a taxa de subsidência de um material orgânico. Entre as várias fórmulas existentes, a de Wösten et al. (1997) é uma das mais adaptadas às regiões quentes do Brasil, pois, segundo os autores, ela baseia-se em modelo empírico originalmente estabelecido para a Flórida, EUA (Stephens & Steward, 1976, citados por Wösten, 1997), porém adaptado para a Malásia.

A equação tem a seguinte forma:

$$\text{Grau de subsidência (cm/ano)} = (0{,}093 + 0{,}00524 \times GL) \times 2^{(T-5)/10}$$

onde: GL = nível do lençol freático (cm); T = temperatura do solo (°C) a 10 cm de profundidade.

A Figura 3.1.4. (p. 572) mostra intensa subsidência em ORGANOSSOLO no Rio Grande do Sul.

Os ORGANOSSOLOS não ocupam grandes extensões contínuas no Brasil, sendo raras as áreas suficientemente grandes para poderem ser registradas em mapas pedológicos com escala menor que 1:100.000. Esses solos encontram-se em geral associados aos GLEISSOLOS. As ocorrências mais extensas desses solos estão situadas no Município de Mogi das Cruzes, no Estado de São Paulo, e no Vale do Paraíba, no trecho compreendido entre Jacareí, SP, e Resende, RJ. Tais solos, contudo, são muito importantes em países de clima frio, como Finlândia, Suécia, Canadá, Escócia, entre outros.

Importância agronômica e geotécnica. Diferentemente dos solos minerais, a condutividade hidráulica nos solos orgânicos sofre sensível diminuição à medida que se tornam mais drenados. Isso em grande parte é devido à compressão sofrida pelo material após a eliminação da água. Esse efeito pode ser bastante apreciável nos horizontes mais profundos. Os efeitos da compressão, quer pelo peso natural, quer artificial (peso de estruturas), podem ser dramáticos, como mostram os dados de Hanrahan (1954) (Quadro 3.1.3.). Observa-se que, mesmo sob carga moderada, a mudança da condutividade hidráulica pode ser significativa. Devido às mudanças de condições físicas, com crescente diminuição

Quadro 3.1.3. Efeito do peso sobre o volume de poros e condutividade hidráulica (K) em materiais orgânicos (Hanrahan et al., 1954).

Peso (kg cm^{-2})	Duração (dias)	Poros*	K (cm s^{-1})
–	Antes do teste	12 (inicial)	4×10^{-4}
0,56	2	6,75	2×10^{-4}
0,56	210	4,5	8×10^{-9}

* Volume de poros/volume de sólidos do solo.

da condutividade hidráulica e perda de volume ao longo do tempo, é comum, em solos orgânicos, que o sistema de drenagem inicial tenha que ser redimensionado após alguns anos.

A taxa de oxidação é diretamente relacionada à quantidade de movimento de ar dentro da zona drenada. Assim, se solos orgânicos virgens forem drenados mas não agricultados, não serão compactados (ausência de uso de máquinas, por exemplo). Tais solos sofrerão mais subsidência que solos de áreas contíguas nas quais houve certa compactação devido a operações mecânicas. Esse fato determina que os solos orgânicos, uma vez drenados, devem ser colocados em uso o mais cedo possível, para obter-se o máximo potencial e benefícios (Stephens & Johnson, 1951). Outra opção é drenar o mínimo possível. Na Holanda, por exemplo, nesses solos, é proibido abaixar o lençol freático para mais de 50 cm da superfície do terreno[12].

Devido ao fato de o cobre ser fortemente retido pelos compostos orgânicos, os ORGANOSSOLOS em geral apresentam maior deficiência desse elemento que os solos minerais. Como o cobre diminui a atividade das enzimas que causam a subsidência, sua aplicação nesses solos, além de debelar sua deficiência, ajuda na redução da taxa de subsidência (Management of Organic Soils. In: http://www/gov.on.ca/OMAFRA/english/cropss/facts/98-077.htm. Obtido em 21/11/2001).

Os materiais orgânicos apresentam elevada capacidade de troca de cátions: 300-450 $cmol_c/kg$ a pH igual a 7. A grande quantidade de cargas negativas desenvolvida pela matéria orgânica à medida que o pH sobe tem enorme importância em solos muito intemperizados com alto teor de óxidos de ferro e de alumínio, como os ácricos (veja 3.3. Caráter ácrico), pois desloca o ponto de carga zero para valores mais baixos, evitando que as cargas positivas desenvolvidas por aqueles óxidos superem as negativas.

O poder tampão do material orgânico é bastante alto; quando ácido, requer doses elevadas de corretivos. Lepsch et al. (1990), em cultivo de abobrinha, encontraram resposta positiva após aplicação de 24 t/ha de

12. Professor Maurits van den Berg, comunicação pessoal.

calcário em ORGANOSSOLO. A deficiência em cobre nesses materiais é comum.

A capacidade de suporte dos materiais orgânicos é muito baixa, especialmente naqueles em estágio inicial de decomposição, o que dificulta ou impede a entrada de veículos, tornando difícil o manejo inicial de solos orgânicos.

O material orgânico nos solos pode estar representado por apenas alguns poucos centímetros, como no caso da serrapilheira de solos minerais de áreas de mata, até camadas de vários metros, como as do perfil IAC-1341, as quais constituem uma seção contínua de 3,9 m (Sakai & Lepsch, 1987) distribuída por vários estratos. É claro que, quanto mais espessa a camada de material orgânico, maiores as implicações do ponto de vista agrícola e geotécnico. Outro aspecto a ser considerado em conjunto com a espessura do material orgânico é a natureza do material subjacente. Este fato é particularmente importante do ponto de vista de drenagem do solo. Por exemplo, os ORGANOSSOLOS perfis BA-278 (Embrapa, 1977-79 e DF-37, Embrapa, 1978) apresentam material orgânico de espessura semelhante, respectivamente, de 95 cm e 105 cm, porém no primeiro o material orgânico repousa sobre material mineral de textura arenosa (86% de areia e 6% de argila), enquanto no segundo repousa sobre material de textura argilosa (26% de areia e 51% de argila). A variação da espessura e do material subjacente é bastante grande entre os ORGANOSSOLOS.

Os ORGANOSSOLOS TIOMÓRFICOS apresentam material sulfídrico ou horizonte sulfúrico em alguma parte dentro dos 100 cm da superfície do solo. Uma vez drenados, tais solos sofrerão o fenômeno de subsidência, diminuindo gradativamente a espessura da camada suprajacente ao material sulfídrico e/ou horizonte sulfúrico. Em decorrência, dependendo da taxa de subsidência e da profundidade em que se encontram, em tempo relativamente curto o solo pode adicionar a suas limitações a presença de tiomorfismo a pequena profundidade.

Muitos dos problemas de engenharia encontrados em solos orgânicos são basicamente resultantes de características do terreno e do material: lençol freático elevado, elevada compressibilidade no estado natural e baixa capacidade de suporte (MacFarlane & Williams, 1974). Devido a sua alta compressibilidade, reduções significativas podem ocorrer mesmo sob pequena carga (Quadro 3.1.3.).

Nos últimos anos, têm sido construídas na Holanda estradas sobre placas de isopor de mais ou menos 1 m de espessura que assentam no lençol freático. Assim, a estrada fica boiando sobre o solo[13].

A corrosão de metais em ambiente de solo orgânico é devida à ação eletroquímica. Segundo MacFarlane & Williams (1974), o tipo e a taxa de corrosão dependem das propriedades do metal, assim como das condições do solo e da água. Fatores como as propriedades físicas do solo, sais dissolvidos, pH, acidez total, resistividade, aeração e presença de bactérias anaeróbicas influenciam a corrosão. Um indicador prático do potencial corrosivo do solo é sua resistividade, a qual depende do conteúdo de água do solo e da quantidade de sais dissolvidos (veja 3.9. Caráter salino e caráter sálico). Solos orgânicos em estado natural geralmente apresentam apenas moderada corrosividade, devido à grande quantidade de água e conteúdo de sais relativamente baixo.

Bibliografia

EMPRESA BRASILEIRA DE PESQUISA AGROPECUÁRIA. Serviço Nacional de Levantamento e Conservação do Solo. Rio de Janeiro, RJ. Levantamento exploratório – reconhecimento de solos da margem direita do Rio São Francisco, Estado da Bahia. Recife, Convênios Embrapa/SNLCS/Sudene/DRN, MA/Usaid/ETA, 1977 e 1979. v. 1 e 2. 1.296p. (Boletim Técnico, 52).

EMPRESA BRASILEIRA DE PESQUISA AGROPECUÁRIA. Serviço Nacional de Levantamento e Conservação do Solo. Rio de Janeiro, RJ. Levantamento de reconhecimento dos Solos do Distrito Federal. Rio de Janeiro, 1978, 455p.

EMPRESA BRASILEIRA DE PESQUISA AGROPECUÁRIA. Sistema Brasileiro de Classificação de Solos. Rio de Janeiro, 1999. 412p.

ESTADOS UNIDOS. United States Department of Agriculture. **Soil Conservation Service.** Keys to Soil Taxonomy. 6th ed., 1994, 306p.

EVERETT, K. R. Histosols. In: **Pedogenesis and soil taxonomy. II. The Soil Orders.** Ed. L. P. Wilding, N. E. Smeck e G. F. Hall, Essevier, 2nd impression, 1983, p. 1-51.

HANRAHAM, E. T. An investigation of some physical properties of peat. **Geotechnique** 4(3): 108-123, 1954.

13. Professor Maurits van den Berg, comunicação pessoal.

KÄMPF, N. & SCHNEIDER, P. Caracterização de solos orgânicos do Rio Grande do Sul: propriedades morfológicas e físicas como subsídio à classificação. **Rev. Bras. Ci. Solo** 1989 (13): 227-236.

LEPSCH, I. F., QUAGGIO, V. A., SAKAI, E., CAMARGO, O. A. & VALADARES, J. M. A. **Caracterização, classificação e manejo agrícola de solos orgânicos do Vale do Ribeira do Iguape.** Campinas, Instituto Agronômico, 1990. 58p. (Boletim Técnico, 131).

MacFARLANE, I. C. & WILLIAMS, G. P. Some engineering aspects of peat soils (Capítulo 7). In: **Histosols. Their characteristics, classification and use.** SSSA Special Publication Series. Madison, 1974. p. 79-93.

SAKAI, E. & LEPSCH, I. F. **Levantamento pedológico detalhado e distribuição espacial de características dos solos do pôlder Registro-I, SP.** Campinas, Instituto Agronômico, 1987, 56p. (Boletim Científico n. 10).

SCHOTHORST, C. J. Subsidence of low moor peat soils in Western Netherlands. **Geoderma**, 17: 265-291, 1977.

STEPHENS, J. C. & JOHNSON, L. **Subsidence of organic soils in the Upper Everglades Region of Florida.** The Soil Science Society of Florida. v. XI: 191-237, 1951.

WÖSTEN, J. H. M., ISMAIL, A. B. & VAN WIJK, A. L. M. Peat subsidence and its practical implications: a case study in Malaysia. **Geoderma**, 78: 25-36, 1997.

3.2. Atividade da fração argila

Definição. Refere-se à capacidade de troca de cátions (CTC) correspondente à fração argila, calculada pela expressão: CTC × 100%/% de argila. O SiBCS utiliza esse atributo na identificação de solos de várias ordens, considerando a atividade da fração argila do horizonte B ou do C, quando não existe B, como nos NEOSSOLOS FLÚVICOS.

Taxonomia. A atividade da fração argila é utilizada no SiBCS com três valores distintos: 1) na identificação do horizonte B latossólico (CTC < 17 $cmol_c$/kg argila) e na do horizonte B incipiente quando este se assemelha ao B latossólico; 2) na identificação dos ARGISSOLOS Alíticos e NITOSSOLOS Alíticos (CTC ≥ 20 $cmol_c$/kg argila); 3) na identificação de algumas ordens: CHERNOSSOLOS, LUVISSOLOS, NITOSSOLOS, ou grandes grupos: CAMBISSOLOS HÁPLICOS Ta, CAMBISSOLOS HÁPLICOS Tb; GLEISSOLOS Ta, GLEISSOLOS Tb; NEOSSOLOS FLÚVICOS Ta, NEOSSOLOS FLÚVICOS Tb, sendo que nesses casos Ta indica atividade da argila igual ou superior a 27 $cmol_c$/kg argila e Tb, valores inferiores a esse.

O atributo diagnóstico atividade da fração argila, utilizado no Brasil anteriormente ao SiBCS, considerava o valor da capacidade de troca de cátions apenas da fração mineral, descontando empiricamente a atividade devida à fração orgânica. Por causa da subjetividade existente nessa estimativa, o SiBCS abandonou esse critério.

Assim, o valor de 24 $cmol_c$/kg argila após o desconto devido à matéria orgânica anteriormente utilizado para discriminar solos com argila de atividade alta (Ta) de solos com argila de atividade baixa (Tb) passou para 27 $cmol_c$/kg argila, e o valor 13 $cmol_c$(+)/kg argila após o desconto da matéria orgânica, utilizado na identificação do horizonte B latossólico, passou para 17 $cmol_c$/kg argila.

Como a CTC da fração argila é estimada por cálculo a partir dos teores de argila e da CTC do solo, o erro geralmente embutido em tal procedimento é grande. Por essa razão, o SiBCS não utiliza esse atributo em solos de textura areia e areia franca, como os NEOSSOLOS QUARTZARÊNICOS e NEOSSOLOS FLÚVICOS Psamíticos.

Equivalência com outros sistemas de classificação. Tanto o Soil Taxonomy (Estados Unidos, 1994) como a legenda da FAO (FAO, 1994) utilizam a capacidade de troca de cátions como critério diagnóstico na identificação de horizontes diagnósticos, propriedades diagnósticas ou na distinção de classes em vários níveis categóricos. Devido a ligeiras diferenças metodológicas, há algumas divergências entre os valores da capacidade de troca de cátions obtidos pela metodologia da Embrapa-Solos e os do Soil Conservation Service (Quadro 3.2.1.). A metodologia empregada no Soil Taxonomy é equivalente àquela adotada pela FAO. Ao fazer a correlação entre solos classificados pelo SiBCS e pelo Soil

Quadro 3.2.1. Relação entre os valores de capacidade de troca de cátions ($cmol_c$/kg argila) determinados na Embrapa-Solos e no Soil Conservation Service (Olmos & Paolinelli, 1981). Valores.

Método Embrapa-Solos (pH 7)	Método USDA-SCS (pH 7)
10	16
17	24
20	32
27	42

Taxonomy ou FAO e vice-versa, é necessário levar em conta as divergências de métodos, procedimento nem sempre seguido nos trabalhos de correlação. A legenda da FAO assinala que, para solos com argila de atividade baixa, é desejável deduzir a participação da matéria orgânica da CTC do solo.

Considerações gerais. Talvez a propriedade química mais importante dos solos seja sua habilidade para reter e trocar íons positivamente carregados na superfície coloidal (Bohn et al., 1979).

A atividade dos solos está praticamente concentrada em suas frações mais finas, especialmente na fração argila (∅ < 0,002 mm), por serem elas as que apresentam as condições físico-químicas mais adequadas para que ocorram os fenômenos de retenção de cátions e ânions. A atividade da fração limo é diminuta e a das frações maiores, virtualmente inexistente. Por isso, em pedologia, é considerada, para fins práticos, apenas a atividade da fração argila.

A maneira universalmente utilizada para se conhecer a atividade da fração argila do solo é através da determinação da capacidade de troca de cátions (CTC) em certa quantidade de terra fina seca ao ar (TFSA = fração < 2,0 mm), ou seja, a determinação da quantidade de íons positivos necessários para neutralizar as cargas negativas de determinada quantidade de material. Como a CTC depende do pH do meio, sua determinação foi padronizada a pH igual a 7. Ela inclui todas as cargas permanentes e dependentes de pH.

A CTC de um solo depende da quantidade e da natureza dos constituintes de sua fração argila. Esta fração é constituída por partículas de diversas naturezas: minerais de argila (caulinita, haloisita, montemorilonita, vermiculita etc.); óxidos de ferro e de alumínio (hematita, goetita, gibbsita etc.); materiais amorfos, compostos orgânicos e, em menor quantidade, outros minerais (carbonatos, silicatos, fosfatos etc.). No Quadro 3.2.2. são apresentados valores da CTC e listadas algumas outras propriedades selecionadas de componentes da fase sólida do solo (Bohn et al., 1979), ressaltando a grande diferença entre os minerais de argila 1:1, 1:2 e a matéria orgânica.

A maior parte dos componentes da fração argila apresenta caráter anfótero. Isto quer dizer que, dependendo do pH do meio, eles terão carga negativa ou positiva. Como a fração argila dos solos é constituída por uma gama variada de componentes, resulta que sua carga líquida é decorrente da soma da atividade individual de cada componente e das condições de pH do meio. A constituição mineralógica, o conteúdo de matéria orgânica e o pH do meio são, portanto, determinantes. Em geral, solos com predominância de minerais de argila do grupo das esmectitas (2:1) apresentam elevada carga líquida negativa, enquanto em solos predominantemente cauliníticos (1:1) ela é baixa (Quadro 3.2.2.). Nos solos argilosos, muito intemperizados, ricos em óxidos de ferro e de alumínio, é comum a ocorrência de carga líquida positiva nos horizontes subsuperficiais pobres em matéria orgânica (veja 3.3. Caráter ácrico).

Quadro 3.2.2. Sumário de propriedades selecionadas de componentes da fase sólida do solo. (Adaptado de Bohn et al., 1979).

Componente	Tipo de mineral	CTC $cmol_c/kg$	Superfície específica m^2/g	Atividade coloidal	Expansibilidade	Carga pH-dependente
Caulinita	1:1	1-10	10-20	baixa	não	expressiva
Montemorilonita	2:1	80-120	600-800	muito alta	sim	inexpressiva
Vermiculita	2:1	120-150	600-800	alta	sim	inexpressiva
Mica	2:1	20-40	70-120	média	não	média
Matéria orgânica	–	100-300	800-900	média	–	expressiva

Desenvolvimento da carga nos solos

As duas propriedades que mais contribuem para a reatividade dos solos são a superfície específica e a carga de superfície. A superfície específica está diretamente relacionada com a forma e o tamanho da partícula. As cargas das partículas do solo ocorrem como resultado de dois mecanismos: as substituições isomórficas e a ionização de grupos funcionais existentes na superfície dos sólidos.

Cargas permanentes. Substituição isomórfica refere-se à substituição de um íon por outro de tamanho similar dentro da rede cristalina dos minerais de argila, sem mudança da estrutura do cristal. A substituição isomórfica ocorre entre íons de mesma carga ou de carga diferente, de valor superior ou inferior, desde que apresentem tamanho (raio iônico) semelhante. As substituições isomórficas podem ocorrer nos tetraedros ou octaedros dos minerais de argila; as mais comuns são as de Al^{3+} por Si^{4+} nos tetraedros, e Mg^{2+}, Fe^{2+} ou Fe^{3+} por Al^{3+} nos octaedros. A substituição entre íons de carga desigual determina excesso de carga negativa ou positiva dentro do cristal, e a neutralidade é mantida pelos íons da solução imediatamente adjacente à superfície das partículas, os quais são atraídos por forças eletrostáticas.

Quando um cátion de valência mais baixa substitui outro de valência maior, como Mg^{2+} por Al^{3+} ou Al^{3+} por Si^{4+}, por exemplo, há um desbalanceamento das cargas do mineral, resultando carga líquida negativa. Cargas positivas também podem ocorrer devido à substituição de cátions de maior valência por outros de menor valência, como a substituição de ferro trivalente por titânio ou manganês tetravalente (Summer, 1963; Tessens & Zauyah, 1982), porém a produção de cargas negativas é a que predomina nos solos.

Essas cargas decorrentes de substituições isomórficas são independentes do meio, sendo, por isso, denominadas de cargas permanentes. As substituições isomórficas são a principal fonte das cargas negativas nos minerais de argila do tipo 2:1 e 2:1:1, mas têm pouca importância nos minerais 1:1 (Bohn et al., 1979).

Cargas dependentes do pH. A fonte primária de carga pH-dependente são os ganhos ou perdas do H^+ de grupos funcionais na superfície dos colóides. Esses grupos incluem hidroxila [–OH], carboxila [–COOH], fenólico [$-C_6H_4OH$] e amina [$-NH_2$]. A carga desenvolvida por esses grupos funcionais depende grandemente do pH da solução, o qual regula o grau de pronotação ou depronotação do grupo funcional, daí serem conhecidas como cargas pH-dependentes. As partículas do solo que contêm grupos capazes de desenvolver cargas pH-dependentes incluem minerais de argila, óxidos e hidróxidos, além de alofanas e, ainda, a matéria orgânica (Bohn et al., 1979).

A contribuição dos grupos funcionais de bordadura existentes nos minerais de argila e nos óxidos e hidróxidos de ferro e alumínio no desenvolvimento de cargas dependentes de pH está relacionada à acidez do meio e, nos minerais de argila, à relação entre a superfície da bordadura e a superfície basal. Para minerais 2:1, tais como a montemorilonita, os grupos funcionais são aparentemente pouco ácidos e se dissociam somente a pH alto. Em adição, a relação entre a superfície das bordaduras e a superfície basal é pequena. As dimensões dessas partículas no plano horizontal (eixos a-b) são dez a vinte vezes maiores do que as dimensões no plano vertical (eixo c). Por outro lado, as caulinitas (minerais 1:1) tendem a se empilhar no eixo c, aumentando a área relativa das bordaduras em relação à area basal planar (Bohn et al., 1979). Segundo estes autores, é por essas razões que as cargas pH-dependentes são muito mais importantes nas caulinitas do que nas montemorilonitas e vermiculitas. Eles ressaltam ainda que, regra geral, apenas 5 a 10% das cargas negativas nos minerais 2:1 são pH-dependentes, enquanto nos minerais de argila 1:1 elas correspondem a mais de 50%. Nos solos altamente intemperizados, abundantes em óxidos de ferro e de alumínio, como nos LATOSSOLOS ácricos (veja 3.3. Caráter ácrico), as cargas pH-dependentes atingem sua maior expressividade.

As cargas da fração orgânica dos solos são devidas à dissociação do H^+ de certos grupos funcionais, particularmente o carboxílico e o fenólico. É estimado que 85 a 90% das cargas negativas do húmus são devidas a esses dois grupos. Adicionalmente, os grupos enol [–COH=CH] e imida [$-NH_2$] contribuem para as cargas negativas dos materiais orgânicos. Toda a carga da matéria orgânica é pH-dependente, não tendo sido ainda encontrada fração de matéria orgânica com carga positiva nos valores de pH normalmente presentes nos solos (Bohn et al., 1979; Coleman, & Mehlich, 1957). A ionização da matéria orgânica é bastante acentuada a partir de pH igual a 4 e cresce linearmente à medida que ele aumenta (Figura 3.2.1.) (Coleman & Mehlich, 1957). Os dados apresentados por Helling et al. (1964) (Quadro 3.2.3.) mostram também claramente a dependência da carga da matéria orgânica pelo pH do solo, mesmo quando este apresenta valores baixos, e o aumento progressivo da CTC da matéria orgânica e dos minerais de argila com o aumento do pH. Observa-se ainda que o aumento da CTC da matéria orgânica é muito maior do que o dos minerais de argila. Esse fato é de particular importância para a maioria

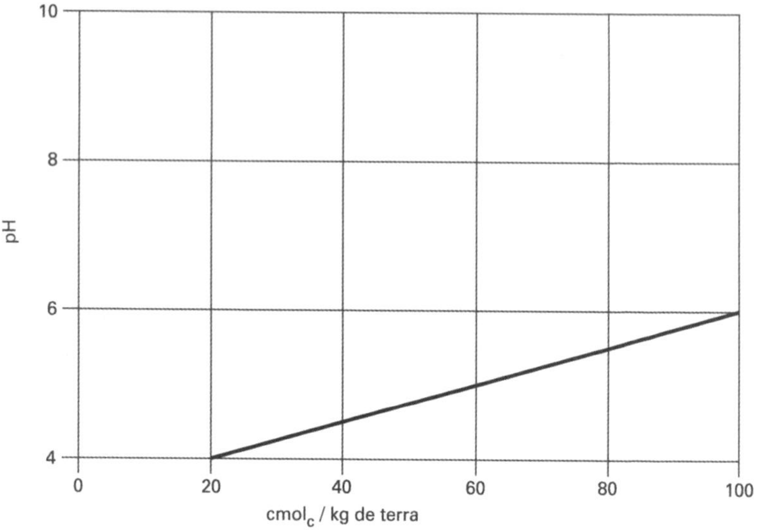

Figura 3.2.1. A ionização da matéria orgânica é bem acentuada a partir de pH igual a 4 e cresce linearmente à medida que ele aumenta (Adaptado de Coleman & Mehlich, 1957).

Quadro 3.2.3. Efeito do pH na capacidade de troca de cátions (CTC) de 60 solos de Wisconsin (Helling et al., 1964).

	CTC $cmol_c$/kg (média de 60 solos)		
pH	**Matéria orgânica**	**Mineral de argila**	**Solo**
2,5	36	38	5,8
3,5	73	46	7,5
5,0	127	54	9,7
6,0	131	56	10,8
7,0	163	60	12,3
8,0	213	64	14,8

dos solos brasileiros, posto que apresentam predominantemente argilas de baixa atividade, e o aumento significativo da atividade do solo, através do aumento de seu pH (com a aplicação de calcário), depende bastante do teor de matéria orgânica existente.

Importância agronômica e geotécnica. A atividade da fração argila é um dos atributos diagnósticos do solo de maior importância tanto do ponto de vista agronômico como geotécnico, devido a sua estreita relação com várias de suas propriedades. A retenção de nutrientes e de água, a coesão e adesão e, conseqüentemente, a consistência nos variados estágios de umedecimento, a presença de superfície de compressão (*slickensides*), a formação de fendas, o tipo e grau de desenvolvimento da estrutura são atributos do solo estreitamente relacionados com a quantidade e atividade da fração argila.

Alguns solos sempre apresentam (por definição) a fração argila com atividade alta (Ta), como, por exemplo, os das ordens LUVISSOLO e CHERNOSSOLO; outros são sempre de atividade baixa (Tb), como os da ordem LATOSSOLO. Os VERTISSOLOS também apresentam (por conceituação) argila de atividade alta. Os dos grandes grupos ARGISSOLOS Alíticos e NITOSSOLOS Alíticos apresentam argila de atividade alta ou próxima a ela, pois é admitido valor de até 20 $cmol_c$/kg argila. Os ORGANOSSOLOS, devido aos elevados teores de matéria orgânica, também costumam apresentar elevada atividade (pelo menos nos horizontes com predominância de material orgânico sobre o mineral), porém, a atividade da fração argila não é utilizada como critério diagnóstico na classificação de tais solos. Nas outras ordens, tanto podem ocorrer classes de solos com predominância de argila de atividade alta (Ta) como de atividade baixa (Tb), sendo que, em várias delas, a atividade da fração argila é empregada como atributo diagnóstico, como nos CAMBISSOLOS (CAMBISSOLOS HÁPLICOS Ta, Tb), nos GLEISSOLOS (GLEISSOLOS HÁPLICOS Ta, Tb), nos NEOSSOLOS (NEOSSOLOS FLÚVICOS Ta, Tb).

A atividade da fração argila tem papel preponderante na coesão do solo e, conseqüentemente, nas práticas de preparo dele para o plantio (veja 4.1. Consistência). Solos com argila de atividade alta, argilosos e com pouca matéria orgânica, como os VERTISSOLOS (com exceção dos que apresentam horizonte A com estrutura granular forte), apresentam elevada coesão e adesão, sendo difícil prepará-los para o plantio, pois requerem grande esforço para serem revolvidos e para destorroar os grande blocos que se formam pela aração. O inverso ocorre em solos igualmente argilosos, porém com predominância de argila de baixa atividade, como os LATOSSOLOS ácricos. A enorme diferença de força de tração requerida para o preparo para o plantio entre solos argilosos com argila de atividade alta e baixa determina que sejam arbitrados graus de limitação diferentes entre eles, especialmente quando for considerado o nível de manejo B (pouco capital e tecnologia; tração animal), visto que, nesse caso, essa diferença se torna mais expressiva.

As manifestações da consistência, além da natureza mineralógica dos componentes da fração argila, estão intimamente relacionadas com o teor de carbono e especialmente com a textura do horizonte considerado. Assim, em solos de textura areia ou areia franca, mesmo que apresentem a fração argila com elevada CTC, a consistência mais comum da amostra seca é a dura (ou menos pronunciada), a da amostra úmida é a friável e a da amostra molhada é a plástica (ou menos pronunciada) e a pegajosa (ou menos pronunciada). É importante, por isso, nos trabalhos de interpretação de mapas pedológicos, levar em conta não apenas a atividade da fração argila do horizonte B (ou horizonte C, na ausência daquele), usado como critério diagnóstico na classificação do solo, mas também a espessura e a textura do horizonte A. Esse fato é particularmente importante nos solos que apresentam expressiva diferença de textura entre o horizonte A e o horizonte B, como os LUVISSOLOS. No Quadro 3.2.4.

Quadro 3.2.4. Dados analíticos e morfológicos de dois perfis de LUVISSOLO.

Horizonte	Espessura (cm)	Carbono (%)	Argila (%)	CTC argila ($cmol_c/kg$)	Consistência
			Perfil PE-54 (Brasil, 1972)		
A1	0-30	1,71	17	86,4	ligeiramente duro, friável, ligeiramente plástico e ligeiramente pegajoso
2Bt1	30-45	0,70	59	42,7	extremamente duro, firme, muito plástico e pegajoso
			Perfil PB-33 (Brasil, 1972a)		
A1	0-10	0,20	8	82,5	ligeiramente duro, friável, não-plástico e não-pegajoso
2Bt	10-36	0,31	34	90,5	extremanente duro, firme, muito plástico e pegajoso

são apresentados alguns dados morfológicos e analíticos de dois perfis de solos com argila de atividade alta. Observa-se que apesar de a CTC da fração argila do horizonte A ser elevada (e até maior que a do horizonte B), a consistência do horizonte A de textura mais grosseira e com maior quantidade de matéria orgânica é apenas ligeiramente dura, friável, não-plástica ou ligeiramente plástica e ligeiramente pegajosa ou não-pegajosa, passando para extremamente dura, firme, muito plástica e pegajosa no horizonte B, de textura mais fina e com menor teor de matéria orgânica. Enquanto no perfil PE-54 (Brasil, 1972) o horizonte B inicia a 30 cm de profundidade, no perfil PB-33 (Brasil, 1972a) ele inicia a apenas 10 cm. Neste último caso, os trabalhos de preparo do solo (aração, gradagem) exigirão maior esforço que o outro solo, posto que parte do horizonte B (com maior coesão e adesão) estará sendo atingida. Há que ser considerado ainda o nível de manejo, pois, no último caso, em nível de manejo C (tração motomecanizada), as limitações são menores do que para o nível de manejo B (tração animal).

Como mencionado anteriormente, o SiBCS utiliza o critério atividade da fração argila referente ao horizonte B, ou ao horizonte C quando aquele não existe (como nos NEOSSOLOS FLÚVICOS, por exemplo), para discriminar solos. Assim, há casos de solos classificados como de atividade baixa, mas que podem apresentar, em decorrência de teores elevados de matéria orgânica, CTC relativamente elevada no horizonte A. Inclui-se entre estes o LATOSSOLO BRUNO, representado pelo perfil RS-27 (Brasil, 1973), o qual apresenta, no horizonte A1, CTC de 37,8 $cmol_c$/kg argila. Esse horizonte requer tanto calcário para neutralizar sua acidez como os solos com caráter alítico (veja 3.22. Caráter alítico) que, por definição, apresentam argila de atividade alta ou relativamente alta. Nos trabalhos de interpretação de mapas pedológicos é necessário, portanto, considerar esse aspecto e não apenas o critério diagnóstico relativo à CTC, pois esta, como assinalado, refere-se à atividade da argila do horizonte B ou, na ausência deste, do horizonte C.

Com relação à consistência da amostra molhada do horizonte superficial, os solos de argila de atividade alta e argilosos apresentam, em geral, maior limitação quanto à trafegabilidade do que outros de igual atividade, porém de textura mais grosseira ou de igual textura, mas com argila de baixa atividade. Naqueles solos, devido à elevada pegajosidade, o preparo do terreno feito em solo úmido e com tração animal é particularmente penoso, pois o operador precisa, freqüentemente, interromper a aração para retirar do arado a terra nele aderida.

A atividade da fração argila do solo também se relaciona diretamente com o poder tampão dele. Assim, solos com elevada atividade e com caráter eutrófico (veja 3.19. Saturação por bases), como os LUVISSOLOS, apresentam uma enorme reserva em nutrientes disponíveis para as plantas e requerem maior tempo para apresentar sinais de "esgotamento" do que solos igualmente eutróficos, mas com argila de atividade baixa. O inverso também acontece: solos alíticos, por apresentarem atividade elevada, requerem maior quantidade de corretivos do que outros com saturação por alumínio elevada, mas com argila de atividade baixa.

A textura e a natureza da fração argila são fatores importantes nos fenômenos de contração e expansão e na estruturação dos solos. É comum solos com argila de atividade alta, como os CHERNOSSOLOS e LUVISSOLOS, quando argilosos, apresentarem horizonte B com estrutura composta prismática (Figura 3.2.2.) ou em blocos fortemente desenvolvidos, mas é entre os VERTISSOLOS que a presença de argilas de atividade alta se manifesta com maior intensidade nos atributos morfológicos. Esses solos apresentam significativas mudanças em suas condições físicas entre o estado seco e o molhado: no período seco apresentam forte contração, desenvolvendo-se fendas largas e profundas que podem atingir mais de 20 cm de largura e algumas dezenas de centímetros de profundidade, as quais praticamente desaparecem no período úmido devido à expansão das unidades estruturais. Há uma acentuada diferença entre os valores da condutividade hidráulica inicial e saturada em tais solos. Donahue et al. (1977), citados por Unger (1982), encontraram valores de condutividade hidráulica inicial e saturada em Vertissolos respectivamente de 96 e 2 mm h^{-1}. A irrigação em tais solos deve, portanto, ser intensa e por curto período, aproveitando a elevada condutividade hidráulica existente no início da irrigação.

Esse fenômeno de expansão e contração tem grande importância geotécnica, posto que influi marcadamente na estabilidade dos pisos de

Figura 3.2.2. Estrutura composta fortemente desenvolvida: prismática grande que se desfaz em angular grande e média. Estrutura como essa é comum em solos de textura argilosa, com argila de atividade alta, como os ARGISSOLOS Alíticos, CHERNOSSOLOS e LUVISSOLOS. Perfil de ARGISSOLO VERMELHO Alítico (*Rubrozém*). Imediações da cidade de Curitiba. Foto: J. B. de Oliveira.

estrada, nos calçamentos e nas estruturas de casas e pequenas edificações. Assim, solos com baixa atividade coloidal, como os Latossolos, são considerados excelentes pisos para estrada, enquanto os Vertissolos e solos apresentando características vérticas apresentam limitações importantes para esse uso. A inclinação das unidades estruturais e a formação de superfície de compressão (*slickensides*) são outros aspectos morfológicos ligados aos VERTISSOLOS ou solos com propriedades vérticas (veja Figura 5.20.1.), fato que tem implicações no enraizamento de plantas e na permeabilidade interna (veja 5.20. Horizonte vértico).

A atividade da fração argila também tem importância na movimentação de metais pesados no solo. Segundo Kabata-Pendias & Pendias (1992) e Kish & Hassan (1973), citados por Salam & Helmke (1998), a razão para o decréscimo da solubilidade de certos metais pesados com o aumento do pH do solo é que a capacidade de adsorção dos solos, particularmente aqueles dominados por cargas pH-dependentes, aumenta com a elevação do pH deles, teoricamente em razão da deprotonação do H nos sítios de troca.

Bibliografia

BOHN, H. L., McNEAL, B. L. & O'CONNOR, G. A. **Soil Chemistry**. New York, John Wiley & Sons. 1979, 329p.

BRASIL. Ministério da Agricultura. Divisão de Pesquisa Pedológica, DNPEA. **Levantamento exploratório – reconhecimento de solos do Estado de Pernambuco.** Recife, Convênios MA/DNPEA-Sudene/DRN, MA/Contap/Usaid/ETA, 1972. vol. II, 534p. (Boletim Técnico, 26).

BRASIL. Ministério da Agricultura. Divisão de Pesquisa Pedológica, DNPEA. **Levantamento exploratório – reconhecimento de solos do Estado da Paraíba.** Recife, Convênios MA/EPE-Sudene/DRN, MA/Contap/Usaid/Brasil, 1972a, 683p. (Boletim Técnico, 15).

BRASIL. Ministério da Agricultura. Divisão de Pesquisa Pedológica, DNPEA. **Levantamento exploratório – reconhecimento de solos do Estado do Rio Grande do Sul.** Recife, 1973. 431p. (Boletim Técnico, 30).

COLEMAN, N. T. & MEHLICH, A. The Chemistry of soil pH. In: **The yearbook of agriculture.** United States Department of Agriculture. Washington, DC. 1957. p. 72-79.

EMPRESA BRASILEIRA DE PESQUISA AGROPECUÁRIA. Centro Nacional de Pesquisa de Solos. **Sistema Brasileiro de Classificação de Solos.** Rio de Janeiro, 1999. 412p.

ESTADOS UNIDOS. United States Department of Agriculture. **Soil Conservation Service.** Keys to Soil Taxonomy. 6th ed., 1994, 306p.

FAO, FAO/UNESCO. **Soil Map of the World. Revised Legend with corrections.** Rome, FAO, 1988 (World Resources Report, 60). Wageningen, ISRIC (Technical Paper, 20). 1994.

HELLING, C. S., CHERSTER, G. & COREY, R. B. Construction of organic matter and clay to soil cation-exchange capacity as affected by the pH of the saturing solution. **Soil Sci. Soc. Am. Proc.** 28: 517-520, 1964.

OLMOS, I. L. J. & PAOLINELLI, G. P. **Capacidade de troca de cátions, soma de bases e saturação de bases: correlação de resultados procedentes do SCS-USDA e SNLS-Embrapa e implicações conexas.** In: CONGRESSO BRASILEIRO DE

CIÊNCIA DO SOLO, 18, Salvador, 1981. Resumos. Salvador, Sociedade Brasileira de Ciência do Solo, 1981. p. 25.

SALAM, A. K. & HELMKE, P. A. The pH dependence of free ionic activities and total dissolved concentration of copper and cadmium in soil solution. **Geoderma** 83 (1998), 281-291.

SUMMER, M. E. The effect of iron oxides on positive and negative charges in clays and soils. **Clay Mineral Bull.** v. 5, p. 218-226, 1963.

TESSENS, E. & ZAUYAH, S. Positive permanent charge in Oxisols. **Soil Science Society American Journal**, v. 46, p. 1103-1106, 1982.

UNGER, P. W. Management of crops on clay soil in the tropics. **Trop. Agric.** v. 59, n. 2: 110-122, 1982.

3.3. Caráter ácrico

Definição. O termo ácrico refere-se a materiais de solos contendo capacidade efetiva de troca de cátions (CETC)[14] igual ou menor que 1,5 $cmol_c$/kg de argila e que preencham uma das seguintes condições:

- pH KCl igual ou superior a 5 ou
- Δ pH positivo ou nulo.

Mekaru & Uehara (1972) definem o Δ pH como a diferença entre o pH em KCl e o pH em água. Valores de Δ pH positivo e negativo indicam, respectivamente, presença de carga líquida positiva ou negativa nos colóides. As determinações de pH em água e em KCl, por serem rápidas e de baixo custo, são muito úteis na identificação preliminar da presença do caráter ácrico, a qual atinge elevado grau de certeza quando o Δ pH é positivo.

Taxonomia. O caráter ácrico foi recentemente incorporado ao SiBCS. O Instituto Agronômico de Campinas, contudo, já utiliza critério semelhante em seus levantamentos desde 1987 (Oliveira & Prado, 1987; Oliveira, 1995).

O SiBCS emprega o caráter ácrico para discriminar LATOSSOLOS, no nível de grande grupo, que se apresentam dentro de 150 cm da superfície do solo, como os LATOSSOLOS AMARELOS Ácricos, LATOSSOLOS

14. CETC: capacidade efetiva de troca de cátions, ou seja, a soma de bases trocáveis (Ca^{2+}, Mg^{2+}, K^+ e Na^+) mais Al^{3+} extraível por KCl 1N, expresso em $cmol_c$/kg de argila.

BRUNOS Ácricos, LATOSSOLOS VERMELHOS Acriférricos, entre outros.

Há registro de ocorrência de caráter ácrico em certos ARGISSOLOS, como aquele representado pelo perfil IAC-1184 (Oliveira et al., 1975), contudo, esse atributo, até o presente, é empregado no SiBCS como diagnóstico apenas na ordem dos LATOSSOLOS.

Equivalência com outros sistemas de classificação. O caráter ácrico corresponde à propriedade gérica (*geric properties*) da legenda da FAO (1994), diferindo apenas no que concerne ao valor de Δ pH. Enquanto no SiBCS ele deve ser positivo ou nulo, na legenda da FAO deve ser de +0,1 ou maior. O caráter ácrico, no Soil Taxonomy, é identificado de duas formas. Na ordem dos Oxissolos (Oxisols) requer uma capacidade efetiva de troca de cátions inferior a 1,5 $cmol_c$/kg argila e valor de pH em KCl de 5 ou maior. Na ordem dos Ultissolos (Ultisols) é requerido apenas que a capacidade efetiva de troca de cátions seja inferior a 1,5 $cmol_c$/kg argila (Quadro 3.3.1.). O Soil Taxonomy identifica também na ordem dos Andissolos (Andisols) o subgrupo "acr" por outros critérios não assinalados no quadro devido ao fato de não ocorrerem solos equivalentes a essa ordem no SiBCS.

Considerações gerais. A ocorrência de solos com caráter ácrico está intimamente ligada à presença de materiais bastante intemperizados, apresentando apreciáveis quantidades de óxidos e hidróxidos de ferro (hematita, goetita) e de alumínio (gibbsita) e caulinita.

Quadro 3.3.1. Comparação entre os critérios empregados no SiBCS para identificar o caráter ácrico com os do Soil Taxonomy utilizados para identificar o subgrupo "acr" das ordens dos Oxissolos e Ultissolos (Estados Unidos, 1994) e com os da legenda da FAO para identificar a propriedade gérica (1994).

Atributo	SiBCS	Soil Taxonomy		FAO
		Oxissolos	Ultissolos	
Capacidade efetiva de troca de cátions ($cmol_c$(+)/kg argila)	< 1,5 e uma ou mais das seguintes condições:	< 1,5 –	< 1,5 –	< 1,5 e uma ou mais das seguintes condições:
pH em KCl	≥ 5	≥ 5	–	≥ 5
Δ pH	positivo ou nulo	–	–	+0,1

Essas condições se manifestam com maior freqüência nos solos de textura argilosa, derivados de rochas básicas. Contudo, na região de Guaíra, SP, Oliveira (1995) assinalou a presença desse atributo em Latossolos de textura média.

Os solos com caráter ácrico geralmente ocorrem em áreas de relevo aplainado a suave ondulado. Esse tipo de relevo, associado à presença de horizonte B com elevada friabilidade (quase solto), apesar da textura argilosa ou muito argilosa, e aos valores de densidade aparente relativamente baixos (em torno de 0,9), é indício de provável ocorrência de material ácrico.

As maiores extensões contínuas de solos com caráter ácrico mapeadas em São Paulo se encontram na região nordeste, em solos derivados de basaltos (Oliveira et al., 1999). Tais solos correspondem aos LATOSSOLOS VERMELHOS Acriférricos e LATOSSOLOS AMARELOS Acriférricos, anteriormente denominados, respectivamente, de Latossolos Roxos ácricos e Latossolos variação Una ácricos. Solos com esse caráter também devem ser comuns em outras áreas do Brasil, especialmente aqueles bastante intemperizados derivados de rochas básicas, porém, como na legenda dos mapas até então realizados no Brasil não constavam tais solos, não é possível estabelecer a extensão de ocorrência deles.

O comportamento físico-químico do material ácrico nos solos das regiões tropicais foi ressaltado a partir dos trabalhos de Parks & Bruyn (1962), Raij & Peech (1972), Keng & Uehara (1973), Fey & Le Roux (1976), Parfitt (1980), entre outros.

Sanchez (1976) apresenta de forma simplificada as reações que determinam a natureza do Δ pH. Nos minerais de argila, ele é sempre negativo.

$$-\left]H^+ + H_2O \Leftrightarrow -\right]H^+ + H_2O$$

$$-\left]H^+ + KCl \Leftrightarrow -\right]K^+ + Cl^- + H$$

Já nos óxidos o Δ pH pode ser negativo ou positivo, dependendo do pH existente no solo. A seguinte reação ocorre quando o sistema tem carga líquida positiva.

$$+]OH^- + H_2O \Leftrightarrow +]OH^- + H_2O$$

$$+]OH^- + KCl \Leftrightarrow +]Cl^- + K^+ + OH^-$$

O caráter isoelétrico dos óxidos de ferro e de alumínio e o elevado ponto de carga zero (PCZ[15]) 7-9 para a hematita e a goetita sintéticas (Parks & Bruyn, 1962), 7,5-9,5 para a gibbsita (Parfitt, 1980) —, em contraposição aos baixos valores da caulinita — 3,5 (Parks, 1962) — e da matéria orgânica, permitem que solos ricos nesses óxidos apresentem, nos horizontes inferiores, onde a influência da matéria orgânica é menor, e nos valores de pH < 5,5, carga líquida negativa muito baixa e até mesmo positiva. Essa característica confere a tais materiais comportamento bastante peculiar e bastante distinto daqueles em que o predomínio de cargas negativas sobre as positivas é expressivamente maior. Nessas condições, tais materiais se comportam preferencialmente como trocadores de ânions, em vez de cátions.

A Figura 3.3.1. mostra, em três solos, a participação das cargas permanentes, das dependentes do pH e a carga líquida resultante para vários níveis de pH do solo. As cargas permanentes, resultantes de substituições isomórficas na rede cristalina dos minerais de argila, especialmente nas do grupo das esmectitas, mantêm-se inalteradas em toda a escala de pH (eixo x nos diagramas). Tais cargas são exclusivamente negativas e são abundantes no solo 1, o qual pode ser relacionado a um CHERNOSSOLO (Brunizém Avermelhado). Por outro lado, no solo 2, essas cargas já são menos abundantes. Este solo pode se relacionar a um NITOSSOLO VERMELHO (Terra Roxa Estruturada). Finalmente, no solo 3, que representa um típico LATOSSOLO ácrico, as cargas permanentes são praticamente inexistentes. Suas cargas negativas provêm quase exclusivamente da matéria orgânica e da caulinita porventura existente. Diferentemente das cargas negativas resultantes das substituições isomórficas, as cargas negativas provenientes da dissociação do H^+ da matéria orgânica e das

15. O ponto de carga zero (PCZ) é definido como o valor de pH no qual a carga líquida resultante da soma das cargas negativas e positivas oriundas de todas as fontes é igual a zero.

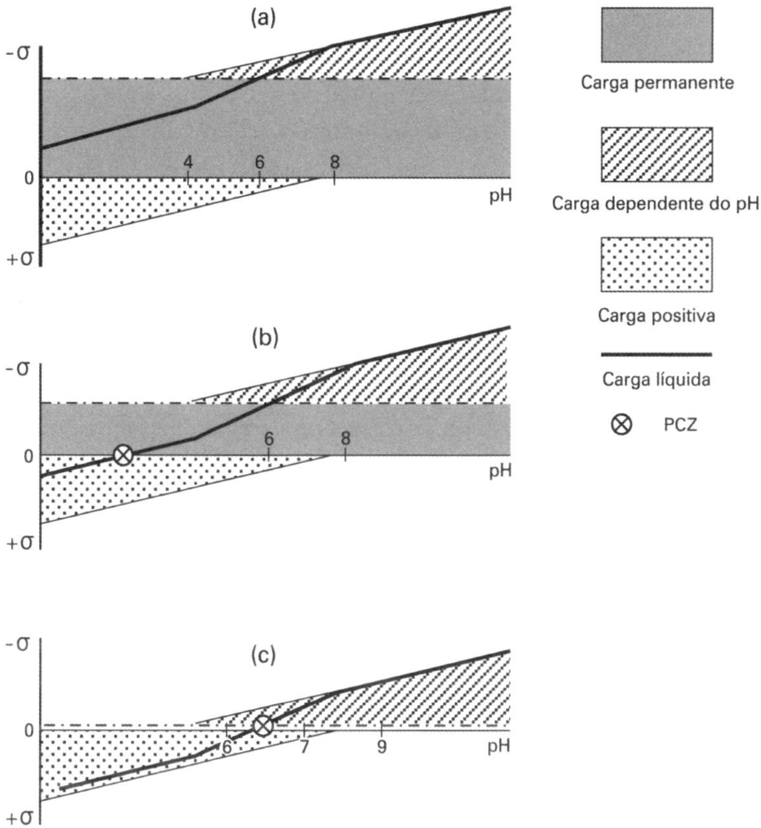

Figura 3.3.1. Participação das cargas permanentes e das cargas dependentes de pH na carga líquida para vários níveis de pH em três solos (Adaptado de Wambeke, 1974).

cargas de bordadura nos minerais de argila, especialmente da caulinita, são dependentes do pH. No caso das cargas positivas, elas são tanto mais abundantes quanto menores os valores de pH e, inversamente, as cargas negativas dependentes do pH são tanto mais abundantes quanto mais elevado o pH, especialmente a partir de pH igual a 4. Sendo a carga líquida (representada pela linha contínua na figura) resultante da soma aritmética das cargas negativas e positivas, resulta que no solo 1, mesmo a pH muito baixo, a carga líquida é negativa. No solo 2 há ocorrência de carga líquida positiva, porém a pH muito baixo; seu ponto de carga zero (quando as cargas positivas e negativas se equivalem) está em torno de pH igual a 3, indicando que no pH usual do solo a carga líquida é ainda negativa. No solo 3, devido à virtual inexistência de cargas permanentes, o ponto de carga zero situa-se a pH bem mais elevado, em torno de 6,5, indicando que abaixo desse valor a carga líquida é positiva.

É interessante assinalar que alguns Latossolos, notadamente LATOSSOLOS AMARELOS, apresentam horizonte Bw com baixos valores de capacidade efetiva de troca de cátions, porém o pH em KCl inferior a 5 e os valores negativos de Δ pH excluem o caráter ácrico deles. Os valores de ki relativamente altos, próximos a 2, incompatíveis com a baixíssima capacidade de troca de cátions, sugerem uma mineralogia diferenciada de tais solos em relação aos outros Latossolos. Os perfis MA-8, MA-16 e MA-17 (Embrapa, 1986) são exemplos desses Latossolos. Os valores de ki e de CTC do horizonte Bw desses solos são, respectivamente: perfil MA-8: 1,85 e 1,6 $cmol_c$/kg; perfil MA-16: 1,85 e 1,4 $cmol_c$/kg; perfil MA-17: 2,05 e 0,6 $cmol_c$/kg.

Os Latossolos, de maneira geral, apresentam grande uniformidade morfológica ao longo de seu espesso horizonte B. Não são poucos os relatos de perfis, especialmente nos anteriormente denominados Latossolos Roxos, em que a semelhança morfológica chega a se manifestar desde a superfície, sendo muito sutil a diferença entre o horizonte Ap e o horizonte Bw. Em tais solos, a cor do horizonte Ap, com valor apenas 0,5 mais escuro que o do horizonte B, e o tipo de estrutura constituem, no campo, as únicas diferenças morfológicas entre ambos os horizontes. Nesses casos, é importante estabelecer separações arbitrárias entre sub-horizontes do horizonte B (a cada 40-50 cm) a fim de evitar amostrar uma seção muito espessa na presunção de que constitua um único sub-horizonte. Esse procedimento evita que fique "mascarada" a presença de secção com teores de argila dispersa em água inferiores a 20%, como requer a definição de horizonte B latossólico, evitando assim classificar-se o solo erroneamente. O aparecimento de valores relativamente altos de argila dispersa em água em tais secções se deve ao fenômeno de reversão de cargas, comum em solos com caráter ácrico. Esta ocorre a partir de certa profundidade, quando a influência da matéria orgânica no balanço de cargas torna-se pouco expressiva, permitindo que as cargas positivas, então predominantes, atuem no processo de dispersão dos colóides. Os dados de argila dispersa em água do perfil 1350 (Quadro 3.3.2.) exemplificam bem esse fenômeno. Observa-se que os valores de argila dispersa em água são da ordem de 30% nos três horizontes superficiais, passando para 0 (zero) no horizonte Bw1 e subindo para 12 e 37% nos dois horizontes subseqüentes. Por outro lado, o caráter ácrico se manifesta a partir de 15 cm e a carga líquida positiva ocorre a partir de 58 cm de profundidade, apesar de os valores de carbono serem ainda da ordem de 1%. É ainda interessante ressaltar os valores excepcionalmente baixos de ki (< 0,3), sugerindo a presença de teores expressivos de gibbsita, fato corroborado pelo difratograma de raios X de amostra do horizonte Bw1 (Figura 3.3.2.). Aliás, o valor de ki de 0,26 do horizonte Bw2 desse perfil é dos mais baixos de que se tem conhecimento no Brasil.

Importância agronômica e geotécnica. Solos com carater ácrico apresentam necessariamente baixíssima quantidade de bases trocáveis (Ca^{2+}, Mg^{2+}, K^{+}) e reduzidos teores de alumínio trocável. A manutenção da matéria orgânica da camada superficial nesses solos é muito importante, pois é ela praticamente a única responsável por sua capacidade de troca de cátions.

Quadro 3.3.2. Dados analíticos selecionados do perfil de LATOSSOLO VERMELHO ACRIFÉRRICO, IAC-1350 (Oliveira & Prado, 1987).

Horizonte	Profundidade (cm)	Δ pH	Argila (%)	Argila dispersa em água (%)	Soma de bases ($cmol_c$/kg terra)	Al^{3+} ($cmol_c$/kg terra)	CTC ($cmol_c$/kg terra)	ki
Ap1	0-15	–0,5	49	30	3,5	0,0	6,1	0,23
Ap2	15-34	–0,2	48	33	0,6	0,0	4,0	0,26
BA	34-58	–0,1	51	34	0,5	0,0	3,5	0,28
Bw1	58-100	0,6	52	0	0,0	0,0	1,9	0,26
Bw2	100-146	1,0	51	12	0,2	0,0	1,6	0,21
BCcn?	146-185	1,0	51	37	0,0	0,0	1,4	0,22

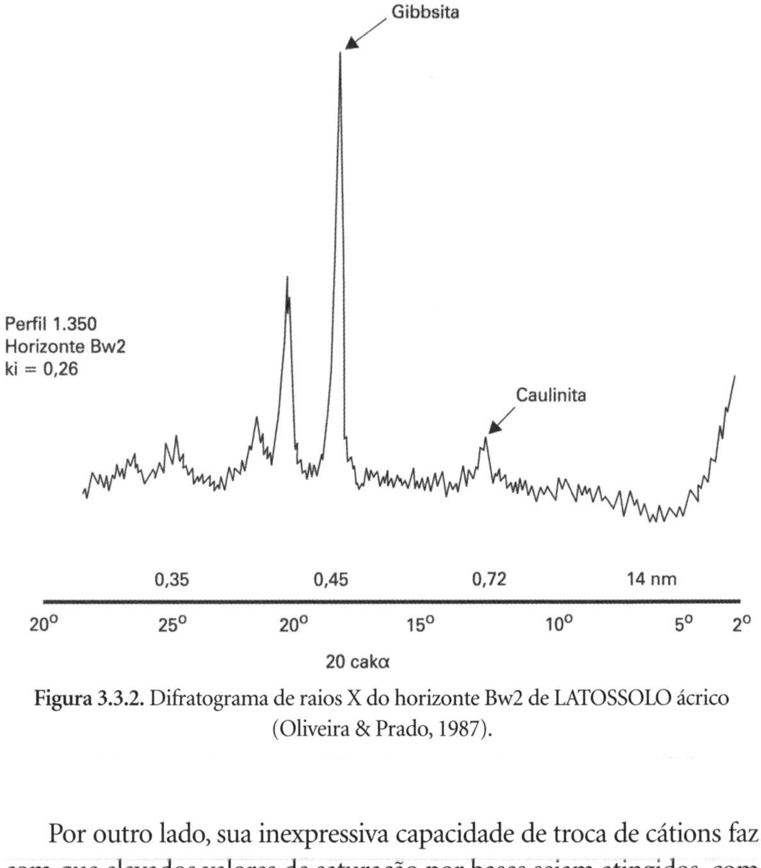

Figura 3.3.2. Difratograma de raios X do horizonte Bw2 de LATOSSOLO ácrico (Oliveira & Prado, 1987).

Por outro lado, sua inexpressiva capacidade de troca de cátions faz com que elevados valores de saturação por bases sejam atingidos, com relativas pequenas quantidades de insumos. Devido a sua constituição mineralógica essencialmente oxídica e caulinítica, apresentam baixa coesão, de tal forma que, apesar de serem solos argilosos e até muito argilosos, são de fácil preparo para o plantio e podem ser cultivados com relativa facilidade mesmo com tração animal.

Os solos ácricos apresentam severa limitação ao uso agrícola quando manejados inadequadamente, sobretudo devido a sua baixíssima fertilidade, porém são solos com elevado potencial produtivo, atingindo expressivas produções quando manejados com elevada tecnologia. Na interpretação de tais solos, quanto à aptidão agrícola, é importante considerar o conceito de potencial produtivo do solo (Laker, 1977), segundo o qual, dentro de uma mesma região agroclimática e com o mesmo nível de manejo, o fator responsável pela produtividade é a qualidade inerente do solo. Laker exemplifica suas idéias com interessante figura, da qual é feita uma adaptação para nossos solos (Figura 3.3.3.). Os solos ácricos se relacionam bem com a curva do solo B da figura, isto é, solos praticamente improdutivos em baixo nível de manejo (nível A) e elevada produtividade em nível de manejo avançado (nível C). A Figura 3.3.4. mostra intensa utilização de solos ácricos no Município de Guaíra, SP.

Com exceção dos LATOSSOLOS VERMELHOS Perférricos (Latossolos Ferríferos), cujo material de origem são itabiritos, e alguns LATOSSOLOS VERMELHO-ESCUROS derivados de argilitos, a grande maioria dos LATOSSOLOS "ácricos" encontrada no Brasil é proveniente de rochas básicas (basalto e diabásio), apresentando, por essa razão, apreciáveis teores em micronutrientes (Valadares, 1975; Valadares & Catani, 1975; Valadares & Camargo, 1983).

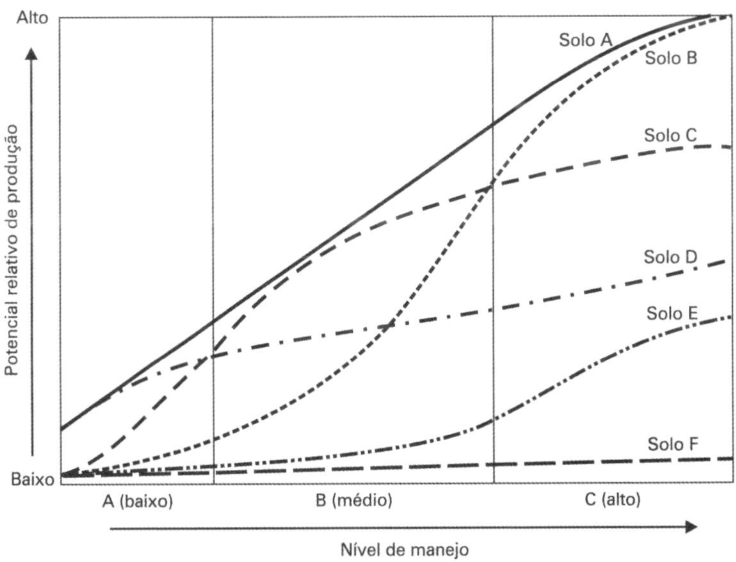

Figura 3.3.3. Relação entre níveis de manejo e potencial produtivo de uma cultura relacionados a diferentes solos. Adaptado de Laker (1977).

Figura 3.3.4. Solos ácricos bem manejados dão excelentes produções. Cultura anual em Latossolo Vermelho Acriférrico. Guaíra, SP. Foto: J. B. de Oliveira.

São solos com baixíssima CTC, sendo por isso inadequado considerar como eutróficos, na acepção do termo, aqueles com saturação por bases elevada (V% ≥ 50), pois a disponibilidade de nutrientes é sempre muito pequena. Tais solos se esgotam muito rapidamente quando agricultados. Por outro lado, como apresentam um poder tampão muito reduzido, requerem pequenas doses de fertilizantes para repor suas necessidades em nutrientes, sendo recomendável seu parcelamento.

Solos com ΔpH positivo, por apresentarem CTC muito baixa, respondem de maneira geral muito bem à aplicação de gesso. Em tais solos, esse corretivo se desloca com facilidade para camadas mais profundas, aumentando seus baixíssimos níveis de cálcio. As raízes das plantas podem, assim, neles penetrar mais profundamente e dispor de maior volume de água, fator importante nas áreas que apresentam veranicos ou períodos de expressiva deficiência de umidade.

O conceito de conservação de solo, nos LATOSSOLOS ácricos, está intimamente relacionado com a manutenção da matéria orgânica da camada superficial, pois deve-se praticamente a ela a capacidade de retenção de cátions desses solos (Figura 3.3.1c.).

Do ponto de vista geotécnico, o caráter ácrico indica presença de material com baixíssima atividade coloidal: reduzida expansibilidade e contractibilidade. É, por conseguinte, excelente material para piso de estrada e aterros. Mesmo quando muito argilosos, esses solos apresentam elevada porosidade e boa condutividade hidráulica, porém, geralmente, sua presença está relacionada a solos com vários metros de espessura, o que lhes confere uma avantajada zona de aeração.

Bibliografia

EMPRESA BRASILEIRA DE PESQUISA AGROPECUÁRIA. Serviço Nacional de Levantamento e Conservação de Solos. Levantamento exploratório — reconhecimento de solos do Estado do Maranhão. Rio de Janeiro. Embrapa/SNLCS/Sudene-DRN. 1986. 964p. (Embrapa/SNLCS. Boletim de Pesquisa, 35. Brasil Sudene/DRN. Série Recursos de Solos, 17).

EMPRESA BRASILEIRA DE PESQUISA AGROPECUÁRIA. **Sistema Brasileiro de Classificação de Solos**. Rio de Janeiro, 1994. 412p.

ESTADOS UNIDOS. United States Department of Agriculture. **Soil Conservation Service. Keys to Soil Taxonomy**. 6th ed., 1994, 306p.

FAO, FAO/UNESCO. **Soil Map of the World. Revised Legend with corrections**. Rome, FAO, 1988 (World Resources Report, 60). Wageningen, ISRIC (Technical Paper, 20), 1994.

FEY, M. V. & LE ROUX, J. Electric charges on sesquioxidic soil clays. **Soil Science of America Journal**, 40 (3): 359-364, 1976.

LAKER, M. C. Relationships between potential and soil properties. In: **Soil Resource Inventories, Proceedings of a Workshop**. Ithaca, Cornell University, Agronomy, mimeo, p. 325-335. 1977.

KENG, J. K. C. & UEHARA, G. Chemistry, mineralogy and taxonomy of Oxisols and Ultisols. **Soil and Crop Science Society of Florida Proceedings**, 33: 119-126, 1973.

MEKARU, T. & UEHARA, G. Anion adsorption in ferruginous tropical soils. **Soil Science Society of America Proceedings**, Madison. Wisc. 36: 296-300, 1072.

OLIVEIRA, J. B. **Solos da Folha e Município de Guaíra**. Campinas, Instituto Agronômico, 1995. 126p. (Boletim Científico, 33).

OLIVEIRA, J. B., MEUK, J. R. F. & ROTTA, C. L. Solos do Parque Estadual de Campos do Jordão. **Silvicultura em São Paulo**, 9: 115-156, 1975.

OLIVEIRA, J. B. & PRADO, H. **Levantamento pedológico semidetalhado do Estado de São Paulo: Quadrícula de Ribeirão Preto. II Memorial Descritivo**. Campinas, Instituto Agronômico. 1987 (Boletim Científico, 7).

OLIVEIRA, J. B., CAMARGO, M. N., ROSSI, M. & CALDERANO FILHO, B. Mapa pedológico do Estado de São Paulo. Escala 1:500.000. IAC/Embrapa. 1999 (Mapa).

PARKS, G. A. & BRUYN, P. L. The zero point of charge of oxides. **Journal Physical Chemistry**, 66: 962-973. 1962.

PARFITT, R. L. Chemical properties of variable charge soils. In: THENG, B. K. G. (ed.). **Soils with variable charge.** New Zealand Society of Soil Science, 1980. cap. 10, p. 167-194.

RAIJ, B. van & PEECH, M. Eletrochemical properties of some Oxisols and Alfisols of the tropics. **Soil Science Society of America Proceedings**, 36(4): 587-593, 1972.

SANCHEZ, P. A. **Properties and managements of soils in the tropics.** New York, Wiley & Sons, 1976, 618p.

VALADARES, J. M. A. S. Cobre nos solos do Estado de São Paulo. **Bragantia**, Campinas, 34(4): 125-132, 1975.

VALADARES, J. M. A. S. & CAMARGO, O. A. O manganês em solos do Estado de São Paulo. **Rev. Bras. Ci. Solo**, Campinas, 7(2): 123-130, 1983.

VALADARES, J. M. A. S. & CATANI, R. A. Zinco em solos do Estado de São Paulo. **Bragantia**, Campinas, 34(5): 133-139, 1975.

WAMBEKE, A. van. **Management properties of Ferralsols.** FAO. Roma, 1974. 129p. (Soils Bulletin, 23).

3.4. Caráter alumínico (caráter álico)

Definição. A designação "caráter alumínico" refere-se à condição em que o solo se encontra em estado dessaturado e caracterizado por teor de alumínio extraível $\geq$ 4 $cmol_c$/kg de solo, além de apresentar atividade da fração argila $\geq$ 20 $cmol_c$/kg, saturação por alumínio $\geq$ 50% e/ou saturação por bases < 50%.

Para a distinção de solos mediante esse critério é considerado o teor de alumínio extraível no horizonte B.

Taxonomia. O caráter alumínico é empregado pelo SiBCS como diagnóstico no terceiro nível (grande grupo), na distinção de solos de várias ordens, como: ARGISSOLOS VERMELHO-AMARELOS Alumínicos (perfil RS-156, Brasil, 1973), LATOSSOLOS BRUNOS Alumínicos (perfil RS-27, Brasil, 1973), CAMBISSOLOS Húmicos Alumínicos (perfil RS-48, Brasil, 1973), NITOSSOLOS HÁPLICOS Alumínicos (perfil PR-56, Embrapa, 1984).

É interessante ressaltar que todos os solos anteriormente identificados como álicos e apresentando ainda CTC da fração argila com valor inferior a 20 $cmol_c$/kg argila (exceto os solos com caráter alumínico), ou superior a este, porém sem caráter alumínico, são identificados como distróficos no SiBCS.

A designação "caráter álico" tem sido utilizada no Brasil para identificar solos que apresentam elevada saturação por alumínio. Baseia-se na relação estabelecida por Kamprath (1967):

$$m = 100 \,.\, Al^{3+}/Al^{3+} + S$$

onde: $S = (Ca^{2+} + Mg^{2+} + K^{+} + Na^{+})$.

É considerado álico o solo que apresenta valor **m** superior a 50% no horizonte B ou no C, quando não existe o B, ou no horizonte A no caso de Solos Litólicos (Embrapa, 1988).

Não há critérios morfológicos que permitam, com segurança, especialmente em solos com argila de baixa atividade, diferenciar, no campo, solos álicos ($m > 50\%$ e $V\% < 50$) de solos distróficos ($V\% < 50\%$). Esse fato se evidencia em levantamentos pedológicos semidetalhados, nos quais solos distróficos e álicos têm sido incluídos em uma mesma classe, como, entre outros, os das unidades Laranja Azeda (Latossolos Vermelho-Amarelos distróficos ou álicos) ou os da unidade Limeira (Latossolos Vermelho-Escuros distróficos ou álicos) (Oliveira e Prado, 1984).

Por outro lado, a presença do carácter alumínico apresenta certa zonalidade, a qual se manifesta com maior espressividade nas zonas serranas do Sul do Brasil, onde em geral ocorre em solos situados em cotas superiores a 500 m e que apresentam horizonte A proeminente ou húmico. Esses fatos, aliados a outros, como o material de origem, permitem ao pedólogo demarcar com certa segurança possíveis áreas de solos com caráter alumínico.

Em vista do exposto, o SiBCS não utiliza mais o caráter álico como critério diagnóstico até o nível de subgrupo. Deverá, contudo, aparecer em nível categórico inferior, provavelmente família (ainda não estruturado), em levantamentos pedológicos mais detalhados, nos quais o maior controle dos solos através de análises de laboratório e o maior detalhamento das relações solo-paisagem tornam mais exeqüível a distinção dos solos álicos daqueles apenas distróficos.

Equivalência com outros sistemas de classificação. O Soil Taxonomy (Estados Unidos, 1994) utiliza como critério a presença de mais de 2 $cmol_c$/kg solo de Al^{3+} (pelo 1N KCl) para identificar os subgrupos "Alic" entre os Andissolos e os Vertissolos. Nem na ordem dos Oxissolos ou dos Ultissolos são empregados critérios diagnósticos relacionados com o teor absoluto de Al^{3+} ou de sua saturação. A FAO (FAO, 1994) não utiliza diretamente valores de Al^{3+} trocável como critério diagnóstico. Contudo, a classe dos Alissolos apresenta semelhança com a dos ARGISSOLOS e NITOSSOLOS Alíticos do SiBCS, já que aqueles devem apresentar, além de horizonte B árgico (*argic B horizon*), que se assemelha ao horizonte B textural do SiBCS, argila de atividade alta e saturação por bases inferior a 50%.

Considerações gerais. Segundo Segalen (1973), desde 1904, pelos trabalhos de Veitch, é conhecida a propriedade do alumínio de se fixar sob forma iônica no complexo absorvente dos ácidos e a possibilidade de extraí-lo com sais neutros. Seu emprego como critério diagnóstico em classificação de solos, contudo, só aconteceu após ficarem demonstrados, através de extensa bibliografia, seus efeitos prejudiciais para as plantas e microorganismos, sua capacidade de retrogradar o fósforo dos adubos fosfatados e de liberar, quando na solução do solo, íons hidrogênio.

Nas regiões intertropicais quentes e úmidas, onde os processos de lixiviação são intensos e constantes, a presença de solos com teores apreciáveis de alumínio trocável é muito comum. Silva (1976) avalia que 50% da superfície do Brasil apresenta solos com níveis de alumínio trocável não aceitáveis para a maioria das plantas cultivadas, e Melfi & Pedro (1977) assinalam que mais de 80% dos solos brasileiros são fortemente dessaturados e marcados pela presença de alumínio em seu complexo de troca. Esses fatos ressaltam a importância que tal atributo diagnóstico tem na classificação dos solos brasileiros e em sua utilização agrícola. Cochran et al. (1985), por sua vez, mostram que a saturação por alumínio em níveis tóxicos é preponderante nos solos da América do Sul, tanto na camada superficial como na subsuperficial (Quadro 3.4.1.).

Quadro 3.4.1. Saturação por alumínio na camada superficial e subsuperficial de solos da América do Sul (Cochran et al., 1985).

Saturação Al (%)	Camada superficial (0-20 cm)		Camada subsuperficial (21-50 cm)	
	Área (milhão ha)	% do total	Área (milhão ha)	% do total
0-10	221,5	27,1	243,6	29,8
10-40	95,5	11,7	91,3	11,2
40-70	141,4	17,3	100,0	12,3
> 70 (tóxico)	358,6	43,9	382,0	46,8

Importância agronômica e geotécnica. A maioria das plantas cultivadas apresenta dificuldade de crescimento em solos ácidos, fato que se deve principalmente à presença de alumínio solúvel em níveis tóxicos. O alumínio trocável (Al^{3+}) é precipitado a pH aproximado de 5,2; em conseqüência, pouco ou virtualmente nenhum alumínio trocável é encontrado no solo a valores de pH mais elevados (Figura 3.4.1.). A presença de Al trocável, portanto, se restringe a solos ácidos. Solos com argila de atividade alta, como os ARGISSOLOS e NITOSSOLOS Alíticos, podem, contudo, apresentar Al^{3+} e valores de saturação por bases bem acima de 50% (Raij, 1991).

A presença de alumínio em níveis tóxicos na solução do solo tem efeito direto sobre o sistema radicular das plantas, as quais se tornam grossas e curtas e apresentam partes necrosadas, além de impedir a absorção e translocação do cálcio e do fósforo para a parte aérea, podendo então

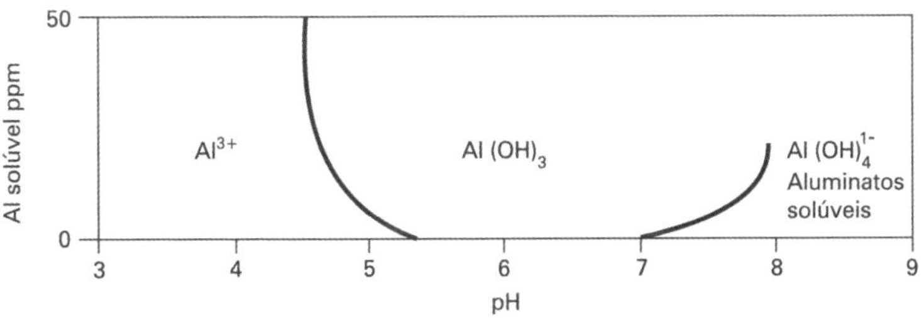

Figura 3.4.1. Relação entre o pH e o Al solúvel das soluções (Pratt, 1966, citado por Wutke, 1972).

produzir acentuada deficiência desses elementos na planta (Sanchez, 1976). É comum também a ocorrência de deficiência em cálcio em solos com caráter alumínico, pois estes são necessariamente ácidos e, conseqüentemente, apresentam teores em cálcio relativamente baixos. Nessas condições, e especialmente em solos com drenagem deficiente, onde o Mn^{2+}, bem mais solúvel que o Mn^{3+}, prevalece, é comum ainda a ocorrência de toxicidade por esse elemento.

Em geral, o homem tem se preocupado com a presença de alumínio tóxico na camada arável do solo, onde geralmente é possível corrigi-lo. Contudo, Olmos et al. (1976) verificaram que solos com elevados teores de saturação por alumínio (m > 50%) no horizonte B tinham produções e respostas às adubações tanto mais baixas quanto mais elevada era a saturação desse horizonte por alumínio (Figura 3.4.2.).

Não obstante o Al trocável seja o cátion dominante associado à acidez do solo, os pedólogos têm usado a porcentagem da saturação da capacidade efetiva da troca de cátions por alumínio (valor **m**) como critério diagnóstico. Segundo Olmos & Camargo (1976), o valor m =

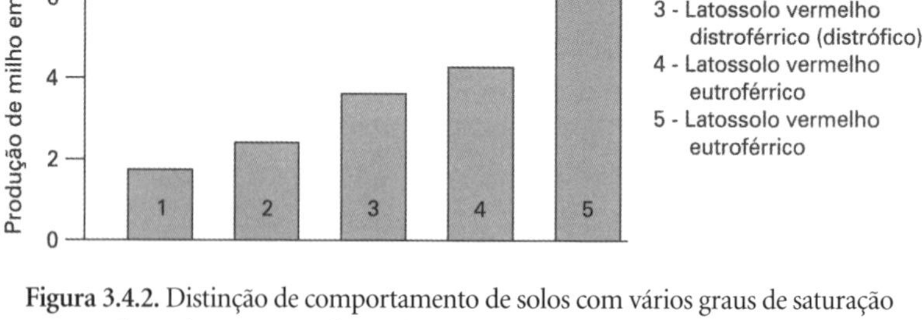

Figura 3.4.2. Distinção de comportamento de solos com vários graus de saturação por alumínio expresso pela produção de milho (Olmos & Camargo, 1976). As classes de solos foram correlacionadas com as classes do SiBCS.

10% representa o limite inferior abaixo do qual praticamente não há perigo de toxicidade por alumínio.

Oliveira & Berg (1985) utilizam o índice **m** juntamente com o valor da CTC para estimar as classes de toxicidade por alumínio nos solos, pois consideram que, apesar de a relação ser a mesma, solos com CTC mais elevada apresentarão, para um mesmo valor de **m**, maior reserva de alumínio trocável, exigindo, portanto, maior quantidade de corretivo para diminuir a concentração de alumínio. Oliveira & Sosa (1995) usaram critério semelhante, acrescentando, contudo, naquela estimativa, o valor da CTC do horizonte subsuperficial, dando para os solos que apresentam a conjugação de valor **m** e de CTC elevado na camada subsuperficial maior limitação do que para aqueles que possuem tais condições apenas na camada superficial. Acreditam esses autores que, no nível de manejo B (baixa tecnologia), os solos com limitações devido à presença de Al^{3+} e de CTC elevados em subsuperfície devem ser mais penalizados do que no nível de manejo C (alta tecnologia), por admitirem que, nesse caso, a maior disponibilidade de capital e de tecnologia permite menor relação custo/benefício.

Essa forma de interpretar a limitação do solo quanto à toxicidade pelo alumínio dá indicações mais concretas sobre a intensidade da limitação quanto à toxicidade pelo alumínio e permite uma melhor discriminação de unidades de manejo do que o uso isolado do valor **m**.

A classe dos ARGISSOLOS e NITOSSOLOS Alíticos é por definição aquela que apresenta os maiores teores de alumínio trocável no *solum*, pois eles aliam os requisitos de apresentar $Al^{3+} \geq 4$ $cmol_c$/kg terra e atividade da fração argila relativamente alta (CTC ≥ 20 $cmol_c$/kg argila). Os teores de Al^{3+} são particularmente elevados nos NITOSSOLOS VERMELHOS Alíticos (*Rubrozéns*), nos quais são comuns valores superiores a 10 $cmol_c$/kg terra, como no perfil 71-PR (Embrapa, 1984), com valor de até 14,8 $cmol_c$/kg terra.

O caráter alumínico ocorre também em outras classes de solos, como os ARGISSOLOS VERMELHO-AMARELOS Alumínicos (perfil RS-150, Brasil, 1973), os LATOSSOLOS BRUNOS Alumínicos (perfil RS-27, Brasil, 1973), os CAMBISSOLOS HÚMICOS Alumínicos (perfil RS-48,

Embrapa, 1973), os NITOSSOLOS HÁPLICOS Alumínicos (perfil PR-56, Embrapa, 1984), todos situados no Brasil meridional, em climas mais amenos e relacionados à presença de horizonte A húmico ou horizonte hístico. A ocorrência de solos com caráter alumínico em outras regiões mais quentes e com A moderado é incomum. Por exemplo, o perfil BA-72, de ARGISSOLO VERMELHO-AMARELO Alumínico, situado na zona caucaueira da Bahia e apresentando A moderado (Embrapa, 1977-79), e os ARGISSOLOS formados em materiais da formação Solimões no Norte do Brasil.

Enquanto nos solos úmidos altamente intemperizados o teor de calcário necessário para neutralizar os solos ácidos é relativamente modesto (< 5 Mg ha^{-1}), nos ácidos das regiões subúmidas, menos intemperizados, a reserva de acidez potencial no subsolo pode requerer quantidade tal de calcário que torna antieconômico o cultivo da maioria das culturas (Farina, 1997). Aliás, o cálculo de necessidade de calcário requerido por um solo para corrigir sua acidez leva também em conta o seu "poder tampão":

$$NC = \frac{CTC\ (V2 - V1)}{10\ PRNT}$$

onde: NC = necessidade de calcário (t/ha), CTC = capacidade de troca de cátions do solo expressa em $mmol_c/dm^3$, PRNT = poder relativo de neutralização total (adotar valor médio de 67% para calcário moído quando o PRNT não foi determinado) (Raij et al., 1996).

No Quadro 3.4.2. é apresentada a quantidade de calcário exigida (NC) para atingir o nível de saturação por bases de 80% em solos com baixa CTC (LATOSSOLO VERMELHO-ESCURO álico) e com alta CTC (NITOSSOLO VERMELHO Alítico). Foi considerado o mesmo valor de PRNT para os dois casos. Observa-se que os solos com caráter alítico (NITOSSOLOS VERMELHOS Alíticos) requerem doses bem mais elevadas de calcário do que solos com valor m > 50%, porém apresentando baixa CTC.

É interessante assinalar que os LATOSSOLOS Alumínicos com horizonte A húmico, devido ao fato de apresentarem apreciáveis teores de matéria orgânica no horizonte superficial, podem chegar a necessitar

Quadro 3.4.2. Necessidade de calcário (NC) para atingir o nível de 80% de saturação por bases da camada superficial de solos com baixa (LATOSSOLOS) e alta capacidade de troca de cátions (ARGISSOLOS Alíticos).

Solo/perfil	CTC cmol$_c$(+)/kg solo	V2	V1	NC t/ha
		%	%	
ARGISSOLO ALÍTICO Perfil 7-PR*	7,2	80	18	6
ALISSOLO (Rubrozém) Perfil 71-PR*	24,9	80	17	23

* Embrapa, 1984.
Adotado valor médio de 67% para o PRNT do calcário moído.

de quantidades de corretivos tão elevadas para a correção da acidez dessa camada quanto as requeridas pelos ARGISSOLOS e NITOSSOLOS Alíticos. Um exemplo dessa condição é apresentado pelo LATOSSOLO BRUNO Alumínico perfil RS-27 (Brasil, 1973). O horizonte A húmico apresenta nos 40 cm iniciais: Al^{3+} = 6,4 cmol$_c$/kg solo; CTC = 21,6 cmol$_c$/kg solo; saturação por bases = 3%. A quantidade de calcário requerida para atingir o nível de saturação por bases de 80% dessa camada é semelhante à requerida pelo NITOSSOLO VERMELHO Alítico (Quadro 3.4.2.): 24 t/ha.

A limitação ao enraizamento das plantas devido à presença de alumínio no subsolo tem sido citada como um dos fatores limitantes à produtividade delas. O gesso, devido ao fato de ter maior solubilidade que o calcário, tem sido empregado como melhorador do sistema radicular em solos ácidos (Summer, 1992), especialmente naqueles de baixa atividade coloidal. Em solos com elevada CTC, como os solos com caráter alítico (veja 3.22. Caráter alítico), contudo, o uso do gesso ainda não é indicado e depende de mais pesquisas (Demattê, 1992). Nesses solos, devido à dificuldade de controlar a toxicidade do alumínio nas camadas subsuperficiais, o melhoramento genético das plantas é de capital importância. Muitos avanços têm sido obtidos no Brasil nessa área, destacando-se os relacionados à cultura do trigo, em estudo desde 1925 (Silva, 1976).

Algumas plantas, como abacaxi, café, chá, borracha e mandioca, toleram altos valores de alumínio trocável. É importante assinalar, contudo, que variedades de plantas de uma mesma espécie apresentam graus de tolerância ao alumínio completamente diversos.

Com respeito à geotecnia, níveis tóxicos de alumínio no solo aparentemente não têm importância, a não ser que tal situação possa dificultar a vegetação de taludes de cortes de estradas e da cobertura final de aterros sanitários.

Bibliografia

COCHRAN, T. T., SANCHEZ, L. G., AZEVEDO, L. G., PORROS, J. A. & GARVER, C. L. **Land in Tropical America.** CIAT, Cali, Colômbia e Embrapa-CPAC, Planaltina, DF, Brazil 1: 95-104, 1985.

BRASIL. Ministério da Agricultura. Divisão de Pesquisa Pedológica, DNPEA. **Levantamento exploratório – reconhecimento de solos do Estado do Rio Grande do Sul.** Recife, 1973. 431p. (Boletim Técnico, 30).

DEMATTÊ, J. L. I. **Aptidão agrícola dos solos e o uso do gesso.** In: II Seminário sobre o Uso do Gesso na Agricultura. Instituto Brasileiro do Fosfato – Ibrafos. Uberaba, 1992. p. 307-324.

EMPRESA BRASILEIRA DE PESQUISA AGROPECUÁRIA. Serviço Nacional de Levantamento e Conservação do Solo. Rio de Janeiro, RJ. **Levantamento exploratório – reconhecimento de solos da margem direita do rio São Francisco, Estado da Bahia.** Recife, Convênios Embrapa/SNLCS-Sudene/DRN, MA/Usaid/ETA, 1977 e 1979. v. 1 e 2. 1.296p. (Boletim Técnico, 52).

EMPRESA BRASILEIRA DE PESQUISA AGROPECUÁRIA. Serviço Nacional de Levantamento e Conservação do Solo. Rio de Janeiro, RJ. **Levantamento de reconhecimento dos solos do Estado do Paraná.** Londrina, Sudesul, Embrapa/Gov. Est. Paraná/Iapar. 1984. Tomo I e II. 791p. (Embrapa/SNLCS. Boletim de Pesquisa, 27-Iapar, Boletim Técnico, 16).

EMPRESA BRASILEIRA DE PESQUISA AGROPECUÁRIA. Serviço Nacional de Levantamento e Conservação do Solo. Rio de Janeiro, RJ. **Critérios para distinção de classes de solos e de fases de unidades de mapeamento; normas em uso pelo SNLCS.** Rio de Janeiro, 1988. 67p. (Documento 11).

ESTADOS UNIDOS. United States Department of Agriculture. **Soil Conservation Service.** Keys to Soil Taxonomy. 6th ed., 1994, 306p.

FAO, FAO/UNESCO. **Soil Map of the World. Revised Legend with corrections.** Rome, FAO, 1988 (World Resources Report, 60). Wageningen, ISRIC (Technical Paper, 20), 1994.

FARINA, M. P. W. Management of subsoil acidity in environments outside the humid tropic. In: MONIZ, A. C. et al. (ed.). **Plant-Soil International at Low pH.** p. 179-190, 1997.

KAMPRATH, E. J. **Soil acidity and response to liming**. Int. Soil Testing Program Tech. Bull. 4. North Carolina State Univ. Agr. Exp. Sta. Raleigth. 1967. sp.

MELFI, J. A. & PEDRO, G. Estudo geoquímico dos solos e formações superficiais do Brasil. **Revista Brasileira de Geociências** 1977 (v. 7): 271-285.

OLIVEIRA, J. B. & BERG, M. van der. **Aptidão agrícola das terras do Estado de São Paulo: Quadrícula de Araras. II Memorial Descritivo.** Campinas, Instituto Agronômico. 1985. 60p. (Boletim Técnico n. 102).

OLIVEIRA, J. B., MENK, J. R. F., BARBIERI, J. L., ROTTA, C. L. & TREMOCOLDI, W. **Levantamento pedológico semidetalhado do Estado de São Paulo: Quadrículas de Araras.** Campinas, Instituto Agronômico. 1982. 180p. (Boletim Técnico, 71).

OLIVEIRA, J. B. & PRADO, H. **Levantamento pedológico semidetalhado do Estado de São Paulo: Quadrícula de São Carlos. II Memorial Descritivo.** Campinas, Instituto Agronômico. 1984. 188p. (Boletim Técnico n. 98).

OLIVEIRA, J. B. & SOSA, S. M. B. **Sistema de classification de la aptitud agroecologica de la tierra (SCAAT) para la Region Oriental del Paraguay.** (1ra Aproximación). Universidad Nacional de Asunción, Facultad de Ciencias Agrarias/Carrera de Ingeneria Forestal. Asunción, 1995. 77p.

OLMOS, J. I. L. & CAMARGO, M. N. Ocorrência de alumínio tóxico nos solos do Brasil, sua caracterização e distribuição. **Ciência e Cultura**, 28 (2): 171-180, 1976.

RAIJ, B. van. **Fertilidade do solo e adubação**. Piracicaba. Ceres – Potafos. 1991. 343p.

RAIJ, B. van, CANTARELLA, H., QUAGGIO, J. A. & FURLANI, A. M. (eds.). **Recomendações de adubação e calagem para o Estado de São Paulo.** 2. ed. Campinas, Instituto Agronômico & Fundação IAC, 1996. 285p.

SANCHEZ, P. A. **Properties and management of soil in the tropics.** Wiley & Sons, N.Y. 1976, 618p.

SEGALEN, P. **L'aluminium dans les sols.** ORSTOM. Initiations-Documentations Techniques n. 22. Paris, 1973. 281p.

SILVA, A. D. Melhoramento genético para resistência à toxicidade de alumínio e manganês no Brasil: antecedentes, necessidades e possibilidades. **Tópicos para discussão e pesquisa. Ciência e Cultura.** São Paulo, 28(2): 147-149. 1976.

SUMMER, M. E. **Uso atual do gesso no mundo em solos ácidos.** In: II Seminário sobre o Uso do Gesso na Agricultura, p. 7-40. Instituto Brasileiro do Fosfato – Ibrafos. Uberaba, 1992.

WUTKE, A. C. P. Acidez. In: MONIZ, A. C. (ed.). **Elementos de pedologia.** Editora Polígono/Ed. da Universidade de São Paulo. 1972, p. 149-168.

3.5. Caráter carbonático e caráter com carbonato

Definição. Caráter carbonático: propriedade referente à presença de 15% ou mais de $CaCO_3$ equivalente (% por peso), sob qualquer forma de segregação, inclusive concreções. Caráter com carbonato: propriedade referente à presença de $CaCO_3$ equivalente (% por peso), sob qualquer forma de segregação, inclusive concreções, igual ou superior a 5% e inferior a 15%.

Taxonomia. O caráter carbonático é empregado no SiBCS para discriminar solos de várias ordens no terceiro nível categórico (grande grupo), por exemplo, os CAMBISSOLOS HÁPLICOS Carbonáticos (perfil BA-234, Embrapa, 1977-1979), os LUVISSOLOS CRÔMICOS Carbonáticos (perfil BA-178, Embrapa, 1977-1979), os VERTISSOLOS HÁPLICOS Carbonáticos (perfil BA-257, Embrapa, 1977-1979), e ainda no quarto nível (subgrupo), como os NEOSSOLOS FLÚVICOS Ta Eutróficos carbonáticos.

O termo "carbonático" identifica indistintamente solos com caráter carbonático ou com horizonte cálcico dentro da seção de controle. A propriedade "com carbonato", por sua vez, é empregada apenas no quarto nível (subgrupo), com a denominação calcárico, como nos CAMBISSOLOS HÁPLICOS Ta Eutróficos lépticos com carbonato (perfil BA-237, Embrapa 1977-79 v2) e nos NEOSSOLOS FLÚVICOS Ta Eutróficos com carbonato.

Equivalência com outros sistemas de classificação. O termo "calcário" (*calcareous*) é usado no Soil Taxonomy (Estados Unidos, 1994) para indicar efervescência do material terroso com HCl, sendo empregado como diagnóstico no nível de família. Na legenda da FAO (FAO, 1994), o termo "calcário" é aplicado para material que apresenta igualmente forte efervescência com HCl ou que contém mais de 2% de $CaCO_3$ equivalente. Solos que atendem a esses requisitos são qualificados como calcáricos (*calcaric*).

Considerações gerais. A presença de solos com caráter carbonático ou com carbonato é comum nas regiões com significativo déficit de umidade, porém, em geral, mais brando do que naquelas de solos com horizonte cálcico. A presença de uma fonte rica em carbonato de cálcio é, porém, da mesma forma que na gênese daquele horizonte (veja 5.14. Horizonte cálcico e horizonte petrocálcico), imprescindível para a ocorrência de tais solos.

O carbonato de cálcio no solo é detectado pela presença de manchas esbranquiçadas na forma de pseudomicélios e veios ou de nódulos, os quais reagem com HCl diluído (10%). No Quadro 3.5.1. são indicadas as classes de efervescência (Estados Unidos, 1993) estabelecidas empiricamente segundo observação visual.

Quadro 3.5.1. Classes de efervescência de materiais com $CaCO_3$. Teste com HCl (Estados Unidos, 1993).

Efervescência muito fraca	poucas bolhas
Efervescência ligeira	bolhas facilmente observáveis
Efervescência forte	bolhas com alguma espuma
Efervescência violenta	espuma espessa e formada rapidamente

A efervescência nem sempre é observável em solos arenosos, e a dolomita ($MgCO_3$) reage fracamente a frio, sendo necessário, além de triturar, aquecer ou usar ácido mais concentrado. No campo, o aquecimento pode ser feito deixando certo tempo o material triturado em cima do motor do veículo.

O caráter com carbonato ou o caráter carbonático podem coexistir em um mesmo solo com horizonte cálcico, porém este encontra-se normalmente abaixo dos horizontes que apresentam aqueles atributos.

Os atributos "com carbonato" e "carbonático" ocorrem em regiões com acentuado déficit de umidade, como no Nordeste semi-árido e na Campanha Rio-grandense.

Importância agronômica e geotécnica. A presença do caráter carbonático ou com carbonato no solo por si só não tem implicações físicas em seu comportamento agronômico ou geotécnico, posto que não oferece restrição física ao aprofundamento do sistema radicular. Quando tais atributos estão representados por concreções, estas podem ter implicações no volume de solo disponível às raízes e, conseqüentemente, na disponibilidade de água e de nutrientes. Contudo, a quantidade de tais concreções é, em geral, pequena nos solos brasileiros.

Do ponto de vista da fertilidade, os solos com caráter carbonático ou com carbonato possuem normalmente elevados teores de bases trocáveis e saturação por bases elevada, com valores de V% iguais ou próximos a 100, apresentando, portanto, elevado potencial nutricional. O pH em água dos horizontes com expressivos teores de carbonato de cálcio é, contudo, em geral, elevado devido à hidrólise do carbonato de cálcio, com produção de base forte (hidróxido de cálcio) e ácido fraco (ácido carbônico), determinando baixa solubilidade de alguns micronutrientes (veja 5.14. Horizonte cálcico e horizonte petrocálcico), notadamente ferro e zinco.

Bibliografia

EMPRESA BRASILEIRA DE PESQUISA AGROPECUÁRIA. Serviço Nacional de Levantamento e Conservação do Solo. Rio de Janeiro, RJ. **Levantamento exploratório – reconhecimento de solos da margem direita do rio São Francisco, Estado da Bahia.** Recife, Convênios Embrapa/SNLCS-Sudene/DRN, MA/Usaid/ETA, 1977 e 1979. v. 1 e 2. 1.296p. (Boletim Técnico, 52).

ESTADOS UNIDOS. United States Department of Agriculture. Soil Survey Division Staff. **Soil Survey Manual.** Washington, D.C. 1993. 437p. (Handbook n. 18).

ESTADOS UNIDOS. United States Department of Agriculture. Soil Conservation Service. **Keys to Soil Taxonomy.** 6th ed. 1994, 306p.

FAO, FAO/UNESCO. **Soil Map of the World. Revised legend with corrections.** Rome, FAO, 1988 (World Resources Report, 60). Wageningen, ISRIC (Technical Paper, 20) 1994.

3.6. Caráter crômico

Definição. O termo "crômico" é usado para caracterizar as modalidades de solos que apresentam, na maior parte do horizonte B, excluído o BC, predominância de cores (amostra úmida) conforme definido a seguir:

- matiz 7,5 YR ou mais amarelo com valor superior a 3 e croma superior a 4; ou
- matiz mais vermelho que 7,5 YR com croma maior que 4.

Taxonomia. O caráter crômico é utilizado como atributo diagnóstico no segundo nível categórico (subordem) nas ordens dos LUVISSOLOS, discriminando os LUVISSOLOS CRÔMICOS (perfil 4, Embrapa, 1998).

Equivalência com outros sistemas de classificação. O atributo crômico não é adotado pelo Soil Taxonomy (Estados Unidos, 1994). O termo "crômico" (*chromic*), empregado ao nível de subgrupo no Soil Taxonomy em algumas ordens (Chromic Vertic Albaqualfs, Chromic Epiaquerts...), tem outra conotação. Ele é utilizado para o horizonte superficial ou horizontes dentro dos 30 cm superficiais e os critérios de cor são distintos dos empregados no SiBCS. O termo "crômico" empregado na legenda da FAO (FAO, 1994) tem semelhança com o empregado no SiBCS e discrimina, entre os Luvisols, os Chromic Luvisols.

Considerações gerais. O conceito de crômico foi estabelecido pelo SiBCS como critério distintivo para discriminar, entre os solos agrupados nas ordens dos LUVISSOLOS, os mais cromados dos menos cromados. Estes últimos correspondem, em grande parte, aos anteriormente denominados Podzólicos Bruno-Acinzentados Eutróficos, os quais estão, em sua maior parte, restritos às regiões altimontanas do Brasil meridional, de clima subtropical.

Importância agronômica e geotécnica. Aparentemente não há relação direta entre o caráter crômico e o hipocrômico, com implicações agronômicas ou geotécnicas. Contudo, há certa relação entre a conjugação de matiz, valor e croma empregados na distinção dos solos crômicos dos hipocrômicos com ambiente pedogenético. Assim, os crômicos estariam refletindo condições de ambiente pedogenético mais quente e/ou seco do que aqueles, porém, do ponto de vista prático, essas diferenças não se manifestam em comportamentos agronômicos ou geotécnicos diferenciados.

Bibliografia

EMPRESA BRASILEIRA DE PESQUISA AGROPECUÁRIA. Centro de Pesquisas Pedológicas. **Levantamento exploratório – reconhecimento de solos do Estado de Alagoas.** Recife, 1975. 532p. (Embrapa-CPP. Boletim Técnico, 35; Sudene, Série Recursos de Solos, 5).

EMPRESA BRASILEIRA DE PESQUISA AGROPECUÁRIA. Serviço Nacional de Levantamento e Conservação do Solo. Rio de Janeiro, RJ. **Levantamento de reconhecimento dos solos do Estado do Paraná.** Londrina, Sudesul, Embrapa/Gov. Est. Paraná-Iapar. 1984. Tomo I e II. 791p. (Embrapa/SNLCS. Boletim de Pesquisa, 27-Iapar, Boletim Técnico, 16).

EMPRESA BRASILEIRA DE PESQUISA AGROPECUÁRIA. Centro Nacional de Pesquisa de Solos. V Reunião de Classificação, Correlação e Aplicação de Levantamento de Solos. **Guia de excursão de estudos de solos nos Estados de Pernambuco, Paraíba, Rio Grande do Norte, Ceará e Bahia.** Recife. 1998. 124p.

ESTADOS UNIDOS. United States Department of Agriculture. Soil Conservation Service. **Keys to Soil Taxonomy.** 6th ed., 1994, 306p.

FAO, FAO/UNESCO. **Soil Map of the World. Revised Legend with corrections.** Rome, FAO, 1988 (World Resources Report, 60). Wageningen, ISRIC (Technical Paper, 20), 1994.

SUDESUL (Porto Alegre). **Levantamento de reconhecimento dos solos do Estado de Santa Catarina.** Santa Maria. Universidade Federal de Santa Maria/[Florianópolis]: Secretaria da Agricultura do Estado de Santa Catarina, 1973. 2v.

3.7. Caráter ebânico

Definição. Termo utilizado para individualizar solos de coloração escura, na maior parte dos horizontes diagnósticos subsuperficiais: B incipiente, B textural, B nítico e horizonte vértico, que apresentam predominância das seguintes cores:

- para matiz 7,5 YR ou mais amarelo: cor úmida, croma < 3 e valor < 4; cor seca, valor < 6;
- para matiz mais vermelho que 7,5 YR: cor úmida, preto ou cinzento muito escuro, segundo tabela Munsell; cor seca, valor < 5.

Taxonomia. O caráter ebânico é utilizado como atributo diagnóstico no nível de subordem nas ordens dos VERTISSOLOS e CHERNOSSOLOS, discriminando, respectivamente, os VERTISSOLOS EBÂNICOS (exemplo: perfil MT-111, Brasil, 1971) e os CHERNOSSOLOS EBÂNICOS (exemplo: perfil RS-148, Brasil, 1973).

Equivalência com outros sistemas de classificação. Este atributo não é empregado no Soil Taxonomy (Estados Unidos, 1994) ou na legenda da FAO (FAO, 1994).

Considerações gerais. O caráter ebânico foi introduzido no SiBCS com o propósito de diferenciar os VERTISSOLOS e CHERNOSSOLOS de coloração escura, praticamente restritos às regiões subtropicais, dos outros, predominantes em regiões de clima mais quente. Contudo, além das condições de zonalidade relacionadas a esse atributo, deve-se considerar as condições de drenagem, teor de matéria orgânica e até a mineralogia, as quais, em conjunto ou em separado, podem ter influência na gênese de tais solos[16].

Apesar de os solos ebânicos serem predominantes nas regiões de clima subtropical, eles ocorrem também, em caráter mais restrito, em regiões mais quentes, como o perfil MT-111 (Brasil, 1971), localizado no Estado de Mato Grosso, e o perfil BA-261 (Embrapa, 1977-1979), situado no Estado da Bahia.

Diferenças na coloração de Vertissolos têm sido relacionadas com diferenças fisiográficas. Borchardt (1977) relaciona os Vertissolos pretos (ebânicos) da Austrália às partes mais baixas da paisagem, situados em condições de má drenagem, e os vermelhos (não-ebânicos) às partes mais altas. Büchmann & Schoeman (1995) relacionam os Vertissolos vermelhos à maior proporção de caulinita, que pode estar presente quer como fase discreta associada à esmectita, quer em forma de interestratificação caulinita/esmectita ou ainda a um maior conteúdo de ferro extraível pelo CDB (citrato-ditionito-bicarbonato). Por outro lado, Dudal & Eswaran (1988), citados por Buchmann & Schoeman (1995), relacionam a ausência da cor preta à menor quantidade de montemorilonita, maior quantidade de compostos de ferro, melhor drenagem, ou a uma combinação deles.

Importância agronômica e geotécnica. Aparentemente não há relação direta do caráter ebânico com implicações agronômicas ou geotécnicas. Entre os Chernossolos, contudo, esse caráter relaciona-se intimamente com solos de regiões mais temperadas, sobretudo os da região da Campanha Rio-grandense. Tais solos correspondem aos anteriormente denominados Brunizéns. Os CHERNOSSOLOS EBÂNICOS apresentam mineralogia mais esmectítica que os menos escuros (mais cromados). Não se conhecem, entretanto, resultados de pesquisa comparando o comportamento agronômico e geotécnico desses solos. Acredita-se, contudo, que uma maior participação de minerais de argila menos ativos não possa imprimir, em solos com predominância de argilas de atividade alta, como são os Chernossolos e os Vertissolos, e especialmente nos de textura argilosa, mudanças substanciais em seu comportamento.

16. Professor Nestor Kämpf, comunicação pessoal.

Bibliografia

BRASIL. Ministério da Agricultura. Divisão de Pesquisa Pedológica, DNPEA. **Levantamento de reconhecimento dos solos do sul do Estado do Mato Grosso.** Rio de Janeiro, 1971. 839p. (Boletim Técnico, 18).

BRASIL. Ministério da Agricultura. Divisão de Pesquisa Pedológica, DNPEA. **Levantamento exploratório – reconhecimento de solos do Estado do Rio Grande do Sul.** Recife, 1973. 431p. (Boletim Técnico, 30).

BORCHARDT, G. A. Montmorillonite and other smectite minerals. In: DIXON, J. B. & WEDD, S. R. (ed.). **Minerals in soil environments.** SSSA, Madison, Wi. p. 293-330, 1977.

BÜCHMANN, C. & SCHOEMAN, J. L. A mineralogical characterization of vertisols from the northern regions of the Republic of South Africa. **Geoderma,** 1995 (66): 239-257.

EMPRESA BRASILEIRA DE PESQUISA AGROPECUÁRIA. Serviço Nacional de Levantamento e Conservação do Solo. Rio de Janeiro, RJ. **Levantamento exploratório – reconhecimento de solos da margem direita do rio São Francisco, Estado da Bahia.** Recife, Convênios Embrapa/SNLCS-Sudene/DRN, MA/Usaid/ETA, 1977 e 1979. v. 1 e 2. 1.296p. (Boletim Técnico, 52).

ESTADOS UNIDOS. United States Department of Agriculture. Soil Conservation Service. **Keys to Soil Taxonomy.** 6th ed., 1994, 306p.

FAO, FAO/UNESCO. **Soil Map of the World. Revised Legend with corrections.** Rome, FAO, 1988 (World Resources Report, 60). Wageningen, ISRIC (Technical Paper, 20) 1994.

3.8. Caráter epiáquico

Definição. O termo "epiáquico" é empregado para identificar condições de saturação temporária com água em seções superiores do perfil por um período suficientemente longo (dias, semanas) para que se manifestem sinais evidentes de condições de redução expressos pela presença de mosqueados no mínimo comuns e distintos nas superfícies dos elementos estruturais (ou na matriz do solo), com os seguintes indícios:

- mais claros (uma unidade ou mais no valor na escala Munsell) do que a matriz; ou
- mais pálidos (uma unidade ou menos em croma na escala Munsell) e o interior dos elementos estruturais (ou partes da matriz do solo) mais vermelho (uma unidade ou mais de matiz) e mais claro (uma unidade ou mais em croma) do que a matriz do solo.

Taxonomia. O caráter epiáquico é empregado no SiBCS para identificar solos no quarto nível categórico (subgrupo), por exemplo, os ARGISSOLOS VERMELHOS Alíticos epiáquicos, os ARGISSOLOS AMARELOS Distróficos epiáquicos, entre outros.

Equivalência com outros sistemas de classificação. O Soil Taxonomy (Estados Unidos, 1994) desenvolveu uma série de critérios relacionados à presença de condições de redução mais ou menos pronunciadas nos solos. Entre esses critérios estão o de "epissaturação", empregado na identificação do grande grupo "Epi" (Epiaquents, Epiaquults etc.), e feições "redoximórficas" (redoxconcentração e redoxdepleção), empregadas na identificação de subgrupos "aquic" (Aquic Glossudalfs, Aquic Kandihumults etc.), ambos relacionados com o conceito de caráter epiáquico do SiBCS. Na legenda da FAO, por sua vez (FAO, 1994), o conceito de propriedade estâgnica (*stagnic properties*) é semelhante ao de caráter epiáquico. Ele é empregado para diferenciar solos no segundo nível, como os Stagnic Luvisols e Stagnic Alisols. A diferença entre esses solos e os Planossolos (segundo a legenda da FAO) é apenas a presença, nestes, de mudança textural abrupta, ausente naqueles.

Considerações gerais. A permeabilidade interna dos solos é controlada pelo horizonte que apresenta a menor condutividade hidráulica. Esta condição é observada com freqüência no horizonte B textural quando de textura contrastante em relação ao horizonte suprajacente, também nos fragipãs e sempre no horizonte B plânico. Os duripãs e o horizonte litoplíntico são também reconhecidamente horizontes de impedimento à percolação da água em profundidade. Essa restrição à percolação interna da água provoca o aparecimento de condições de hidromorfismo mais ou menos intensas no topo do horizonte de impedimento, podendo se prolongar pelo horizonte ou pelos horizontes suprajacentes. O processo de saturação por água pode ser de tal ordem que chega a se formar um "lençol suspenso" temporário. Considera-se, contudo, que o caráter epiáquico identifique solos que apresentam certa limitação à percolação interna, porém, em geral, menos intensa do que a determinada pelo horizonte plânico (veja 5.12. Horizonte B plânico. Horizonte plânico com caráter sódico). A presença de mosqueado (com as cores e a expressão assinaladas anteriormente) no topo do horizonte B e/ou no horizonte suprajacente é o atributo morfológico empregado para identificar o caráter epiáquico. O horizonte 2Bt1 do perfil BA-92 (Embrapa, 1977-79), com muito mosqueado grande e proeminente, com valor e croma superiores aos da matriz, é exemplo da presença desse caráter. É provável que a presença de mosqueados abundantes e bem expressos (distintos ou proeminentes), aliados à presença de mudança textural abrupta, sem contudo atender às cores requeridas pela definição do caráter epiáquico, seja também sinal evidente da redução da permeabilidade interna. É exemplo dessa situação o perfil AL-27 (Embrapa, 1975) de ARGISSOLO AMARELO Alítico abrúptico. Neste solo há acentuado e abrupto acréscimo de argila do horizonte A3 (25%) para o Bt (61%) e a presença de mosqueados abundantes e proeminentes nesse horizonte. Nesses casos, tal solo, a nosso ver, deve ser colocado no mesmo grau de limitação quanto à permeabilidade interna que os solos com caráter epiáquico.

Em geral, os solos com caráter epiáquico apresentam textura grosseira em superfície: areia, areia franca ou franco-arenosa seguida de mudança textural abrupta ou de textura contrastante. Assim, muitas das observações feitas no Capítulo 3, item 3.16. Mudança textural abrupta, podem ser aplicadas aos solos com caráter epiáquico.

Importância agronômica e geotécnica. O caráter epiáquico reflete a ocorrência no solo de horizonte pouco permeável e a presença de uma zona que se mantém molhada durante boa parte do ano. Esta condição de baixa aeração, quando persiste por extenso período (período chuvoso longo), pode afetar o desenvolvimento das plantas e favorecer o aparecimento de doenças bacterianas. Em período de veranico, contudo, essa limitação à permeabilidade interna pode representar fator positivo para as plantas que encontram, na zona contígua ao horizonte menos permeável, certa reserva de água.

Tanto os solos com caráter epiáquico quanto aqueles com horizonte plânico refletem condições de limitação à drenagem interna. Não se tem dados comparativos entre o comportamento agronômico de solos que apresentam caráter epiáquico e aqueles com horizonte plânico, contudo, como os critérios identificadores desse horizonte são mais restritivos do que os do caráter epiáquico (cores que indicam condições mais acentuadas do fenômeno de redução), é pertinente, nos trabalhos de interpretação de mapas pedológicos, dar-se aos solos com caráter epiáquico menor limitação devida ao excesso de água do que àqueles com horizonte plânico, mantidas as mesmas condições climáticas e de profundidade de ocorrência da limitação. É provável também que, do ponto de vista da erodibilidade, os solos com horizonte plânico apresentem, para iguais condições de relevo e de clima, maior limitação do que os solos com caráter epiáquico.

Bibliografia

EMPRESA BRASILEIRA DE PESQUISA AGROPECUÁRIA. Centro de Pesquisas Pedológicas. **Levantamento exploratório – reconhecimento de solos do Estado de Alagoas.** Recife, 1975. 532p. (Embrapa-CPP. Boletim Técnico, 35; Sudene, Série Recursos de Solos, 5).

EMPRESA BRASILEIRA DE PESQUISA AGROPECUÁRIA. Serviço Nacional de Levantamento e Conservação do Solo. Rio de Janeiro, RJ. **Levantamento exploratório – reconhecimento de solos da margem direita do rio São Francisco, Estado da Bahia.** Recife, Convênios Embrapa/SNLCS-Sudene/DRN, MA/Usaid/ETA, 1977 e 1979. v. 1 e 2. 1.296p. (Boletim Técnico, 52).

ESTADOS UNIDOS. United States Department of Agriculture. Soil Conservation Service. **Keys to Soil Taxonomy.** 6th ed., 1994, 306p.

FAO, FAO/UNESCO. **Soil Map of the World. Revised Legend with corrections.** Rome, FAO, 1988 (World Resources Report, 60). Wageningen, ISRIC (Technical Paper, 20) 1994.

3.9. Caráter salino e caráter sálico

Definição. Os termos "caráter salino" e "caráter sálico" referem-se à presença no solo de sais mais solúveis em água fria do que o sulfato de cálcio, em quantidade que interfere no desenvolvimento da maioria das culturas, expressa por condutividade elétrica do extrato de saturação (a 25 graus centígrados). Condutividade elétrica igual ou superior a 4 e menor que 7 dS/m^{-1} identifica o caráter salino, e igual ou superior a 7 dS/m^{-1}, o caráter sálico.

É interessante ressaltar que somente a condutividade elétrica não é suficiente para determinar a presença ou não do caráter sálico e do salino.

Há necessidade de analisar os sais solúveis presentes, pois o horizonte sulfúrico pode apresentar valores 3,5 e 4,0 dS m^{-1} provocados pela presença do H_2SO_4 ($H^+ + SO^{-4}$) (Embrapa, 1999).

Taxonomia. O SiBCS utiliza o caráter sálico em vários níveis categóricos, como no segundo nível (subordem): GLEISSOLOS SÁLICOS (perfil GB-45, Embrapa, 1980); no terceiro nível (grande grupo): PLANOSSOLOS HÁPLICOS Sálicos (perfil AL-53, Embrapa, 1975), NEOSSOLOS FLÚVICOS Sálicos, VERTISSOLOS HIDROMÓRFICOS Sálicos; e ainda no quarto nível (subgrupo): ORGANOSSOLOS HÁPLICOS Sápricos sálicos. O caráter salino, por sua vez, é utilizado apenas no quarto nível (subgrupo), como, por exemplo, VERTISSOLOS HIDROMÓRFICOS Sódicos salinos (perfil 261, Embrapa, 1977-1979), entre outros.

Equivalência com outros sistemas de classificação. Os critérios empregados pela FAO na conceituação da propriedade sálica divergem em parte dos empregados no SiBCS. Naquele, a propriedade sálica é identificada pela condutividade elétrica > 15 dS m^{-1}, dentro de 30 cm da superfície, ou > 4 dS m^{-1}, dentro de 30 cm da superfície, se o pH (H_2O) exceder 8,5. Solos com condutividade elétrica > 4 dS m^{-1} (porém com pH em água < 8,5) são identificados como fase sálica. A concentração de sais no solo é registrada no Soil Taxonomy pela presença do horizonte sálico (tal horizonte inexiste na legenda da FAO e no SiBCS). Ele requer uma condutividade elétrica de 30 dS m^{-1} e que o produto da condutividade elétrica, pela sua espessura (em cm), seja igual ou superior a 900.

Considerações gerais. Os solos salinos serão aqui considerados como todos aqueles que apresentam salinização expressa pelo caráter salino ou sálico.

A salinização é comum em regiões áridas e semi-áridas, onde a precipitação não é suficientemente expressiva para manter uma lavagem efetiva dos sais que se acumulam no solo, ou ainda em zonas costeiras, ainda que bastante úmidas, devido à influência das marés, como nas áreas de mangues.

Os sais ocorrem como cristais no solo, na solução do solo ou do lençol freático (Buring, 1970). Os sais solúveis que efetivamente contribuem para a salinidade são constituídos principalmente pelos cátions — cálcio, magnésio e sódio — e pelos ânions — cloreto, sulfato, bicarbonato e algumas vezes carbonato. O potássio ocorre em menor quantidade que aqueles cátions, e o bicarbonato e o carbonato, em menor quantidade que os cloretos e sulfatos. Solos com pH superior a 9 são indicativos da presença de carbonatos (Allison, 1964).

A acumulação de sais também pode ser de origem antrópica, decorrente de irrigação com volume excessivo de água, provocando a elevação do lençol freático e/ou uso de água com grande concentração de sais. Considerando que a água utilizada para irrigação sempre contém sais solúveis, o aparecimento do problema da salinidade é apenas uma questão de tempo, a menos que sejam tomadas medidas preventivas (Medeiros & Gheyi, 1993). Segundo Pizarro (1978), citado por Medeiros e Gheyi (1993) e Bohn et al. (1979), os solos irão paulatinamente salinizando-se em áreas onde predominam os fatores salinizantes (evapotranspiração) sobre os de lavagem. Por essa razão, a maior parte das áreas salinas está situada em regiões semi-áridas e áridas. No Quadro 3.9.1. são mostrados valores médios de pH e de condutividade elétrica do estrato de saturação e a porcentagem de sódio trocável em perfis de solos irrigados e não-irrigados na zona semi-árida do Nordeste brasileiro (Medeiros & Gheyi, 1993). Como a amostragem foi feita no período seco (novem-

Quadro 3.9.1. Valores médios do pH e da condutividade elétrica obtidos na pasta de saturação e porcentagem de sódio trocável de perfis (0-60 cm) de solos irrigados e não-irrigados. (Adaptado de Medeiros & Gheyi, 1993).

Número da propriedade	Parcela Ni*/Ir*	pH	CE (dS m^{-1})	PST (%)
1	Ni	6,22	0,62	5,33
	Ir	6,94	4,46	3,38
4	Ni	5,88	0,39	0,68
	Ir	6,93	2,83	4,59
9	Ni	6,41	0,22	0,39
	Ir	6,91	2,18	3,89
13	Ni	5,77	0,27	0,53
	Ir	6,25	2,05	3,45
19	Ni	7,67	0,82	3,55
	Ir	7,59	8,67	15,31

*Ni = não-irrigada, Ir = irrigada.

bro), é provável que os níveis de salinidade possam ser mais reduzidos durante o período chuvoso. Pode-se observar o enorme acréscimo da condutividade elétrica e da porcentagem de saturação por sódio nas glebas irrigadas. No ponto 19, por exemplo, a condutividade elétrica, de apenas 0,82 dS m^{-1}, e a porcentagem de saturação por sódio de 3,55%, na condição de não-irrigado, passaram, respectivamente, a 8,67 dS m^{-1} e 15,31% na condição de irrigado, chegando inclusive a apresentar caráter sálico e sódico.

As principais fontes da salinidade natural dos solos são o intemperismo químico, a precipitação atmosférica e os sais fósseis remanescentes de ambientes marinhos e lacustres. Dessas, o intemperismo químico dos minerais primários das rochas é a principal fonte de todos os sais encontrados nos solos (Bohn et al., 1979; Allison, 1964).

O avanço das áreas salinizadas em todo o mundo é evidente. Segundo Szabolcs (1989), metade de todas as áreas irrigadas existentes no mundo está afetada por processos de salinização. Goes (1978) assinala que, nos perímetros irrigados do Nordeste do Brasil, embora seja utilizada água com baixo teor de sais, cerca de 25 a 30% dos solos estão por eles afetados. A maior concentração de solos com caráter salino e/ou sálico no Brasil situa-se no Nordeste. Cordeiro (1988) assinala uma área de 85.931 km^2 de solos com esses atributos em sete Estados nordestinos.

No Brasil, os solos salinos ocorrem em relevos planos de várzeas e esporadicamente em terraços, principalmente nas regiões semi-áridas nordestinas, no Pantanal Mato-grossense e nas áreas litorâneas relacionadas com vegetação de mangue.

A presença de espécies halófitas típicas como o bredo, o perrexiu, gramíneas halófitas e do próprio mangue é usada como indicadora de solos salinos. A gustação também pode funcionar como teste simples e grosseiro de campo para indicar a presença de tais solos. Para Buring (1970), amostras umedecidas de solos fortemente salinos (> 15 dS m^{-1}) apresentam gosto de sal; as de solos moderadamente salinos (8-15 dS m^{-1}) em geral não apresentam gosto salino, porém, quando secas, mostram sais na superfície. Nas áreas com salinidade elevada é comum a presença de sais na superfície do terreno (eflorescência). Em geral, essas áreas apresentam "reboleiras" sem vegetação ou com vegetação halófita rasteira (Figura 3.9.1.).

É comum os solos salinos apresentarem também significativos teores de sódio trocável e até horizonte plânico com caráter sódico (horizonte nátrico).

Com base na presença significativa de salinidade e de concentração de sódio trocável, o Laboratório de Salinidade dos Estados Unidos (Richards, 1954) estabeleceu uma classificação geral dos solos (Quadro 3.9.2.).

Figura 3.9.1. Em áreas com salinidade elevada é comum a presença de sais na superfície do terreno (eflorescência). Em geral, tais áreas apresentam "reboleiras" sem vegetação ou com vegetação halófita rasteira. Foto: ISRIC Wageningen, Holanda.

Quadro 3.9.2. Classificação dos solos segundo o Laboratório de Salinidade dos Estados Unidos (Richards, 1954).

Solo	Condutividade elétrica (dS m^{-1})	Saturação por sódio (%)	pH
Salino – Não-sódico	> 4	> 15	> 8,5
Salino sódico	> 4	> 15	> 8,5
Não-salino – Sódico	< 4	< 15	8,5-10
Não-salino – Não-sódico	< 4	< 15	< 7

Importância agronômica e geotécnica. O crescimento das plantas em solos salinos é afetado de duas maneiras:

- O aumento da pressão osmótica da solução do solo inibe a capacidade fisiológica da planta de absorver água, pois a osmose move a água de uma área de concentração mais baixa em sais (mais água) para outra de maior concentração (menos água). A concentração de sais nas células de uma planta mesofítica é da ordem de 1,5% e, nestas condições, em solos não-salinos, a água se move do solo para as plantas (as raízes absorvem água). Nos solos salinos, a concentração em sais é maior que 1,5%, impedindo a planta de absorver água. Os solos salinos "seguram" a água osmoticamente, tornando-a indisponível para as plantas. Nestas condições, as plantas menos adaptadas podem morrer de "seca" devido à incapacidade de absorver a água, mesmo que as condições hídricas do solo sejam satisfatórias (Buring, 1970; Hayward & Wadleigh, 1949; Internet; interative.usask.ca/skinteractive/modules/agriculture/soils/soil_sal.html-19k, obtido em 24/09/2001). Tais condições são encontradas nos solos da ordem dos Aquisalids do Soil Taxonomy (Estados Unidos, 1999) e em Gleissolos Sálicos do SiBCS (Embrapa, 1999).

  Muitas das plantas que vivem em solos salinos combatem o problema ajustando seu potencial de água através de acumulação de solutos em seus tecidos.
- A solução de solos concentrada com sais solúveis pode provocar nas plantas tanto a acumulação de quantidades tóxicas de vários íons, notadamente boro, como distúrbios no balanço dos íons (Buring, 1970; Hayward & Wadleigh, 1949).

No Quadro 3.9.3. são apresentados os níveis de condutividade elétrica, as classes de condutividade e os efeitos observados nas plantas (Dijkerman, 1981).

A tolerância das culturas à salinidade é bastante variada, dependendo, entre outros fatores, da espécie, variedade e estágio fenológico. Szabolcs (1989) assinala entre as plantas altamente tolerantes (CE: 8-16 dS m^{-1}): tâmara, beterraba, algodão, alfafa, espinafre; entre as moderadamente

Quadro 3.9.3. Classes de salinidade e respectivos efeitos nas plantas (Dijkerman, 1981).

Classes de salinidade		
Condutividade elétrica (dS m^{-1})	**Classe**	**Efeitos nas plantas**
0-2	Não-salino	Efeitos negligenciáveis
2-4	Ligeiramente salino	Produtividade das culturas muito sensíveis pode ser afetada
4-8	Moderadamente salino	Produtividade de muitas culturas restringida
8-16	Altamente salino	Somente culturas tolerantes produzem
>16	Extremamente salino	Somente poucas culturas muito tolerantes produzem satisfatoriamente

resistentes (CE: 4-8 dS m^{-1}): figo, oliveira, sorgo, trigo, tomate, arroz, milho, beterraba, cebola; e entre as sensíveis (CE: 4-2 dS m^{-1}): pêra, maçã, laranja, pêssego, cana-de-açúcar, feijão. Apesar de a linha divisória entre solos salinos e não-salinos ser o valor de condutividade elétrica de 4 dS m^{-1} (Quadro 3.9.2.), os dados acima mostram que, para algumas plantas bastante sensíveis, esse limite já é excessivo. O mesmo autor assinala também que o milho, na fase de germinação, é ligeiramente afetado pela salinidade, mas depois torna-se extremamente sensível.

O sucesso da agricultura em solos salinos e alcalinos requer, portanto, o uso de culturas capazes de produzir satisfatoriamente em condições de moderada intensidade de acumulação de sais e álcalis (Hayward & Wadleigh, 1949).

Na Figura 3.9.2. é mostrada a tolerância de algumas culturas mais comuns na região nordestina brasileira (Valdivieso, 1983), destacando-se entre as mais tolerantes o algodão e o sorgo, e no Quadro 3.9.4., a influência da salinidade na produtividade de cultura de cana-de-açúcar na Jamaica (Shaw, 1982). Observa-se que houve uma redução de aproximadamente 25% na produção de cana-de-açúcar entre os Vertissolos não-salinos e os salinos.

A recuperação de um terreno cujo único defeito é a elevada concentração em sais neutros é, em teoria, simples, sendo necessário apenas administrar água suficiente (acima da necessidade de transpiração da

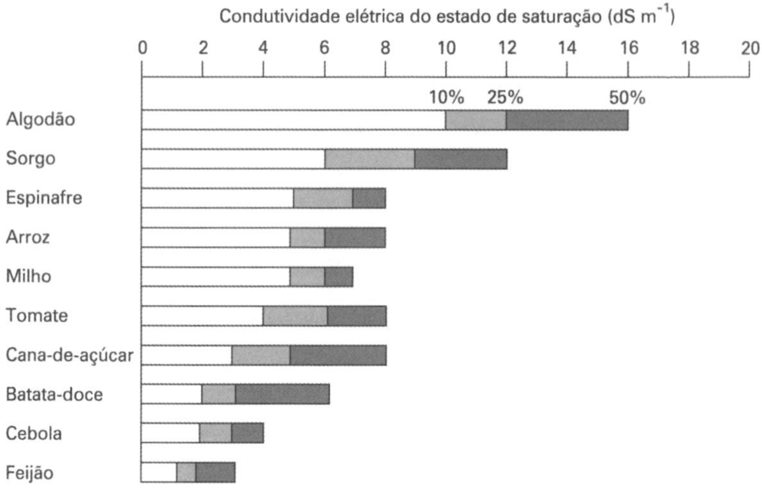

Figura 3.9.2. Tolerância aos sais de algumas culturas (Valdivieso, 1983).

Quadro 3.9.4. Produção de cana-de-açúcar em Vertissolos da Jamaica. Média dos anos 1965-79 (Shaw, 1982).

Classe de salinidade	Toneladas/ha/mês
Não-salino (< 2 dS m^{-1})	5,54
Baixa salinidade (2-3 dS m^{-1})	4,98
Média salinidade (3-4 dS m^{-1})	4,82
Alta salinidade (> 4 dS m^{-1})	4,17

cultura) para lavar os sais do solo. Porém, isso só será possível se o solo for permeável, se o lençol freático estiver ou puder ser rebaixado por drenagem bem abaixo da zona de enraizamento e se não houver entrada descontrolada de novos sais (Wild, 1992).

A recuperação de solos salinos se dá comumente através de sua lavagem, que consiste em fazer passar pelo solo uma quantidade suficiente de água de boa qualidade, cuja função será a de dissolver e transportar os excessos de sais solúveis para as camadas mais profundas (lixiviação), com conseqüente eliminação por drenagem, geralmente artificial, mantendo o lençol freático a profundidades que não permitam a ressalinização

(Cordeiro, 1988). Este autor assinala ainda que depois das lavagens iniciais deve-se tentar introduzir culturas tolerantes (arroz, algodão), de tal modo que permitam um retorno mínimo, para compensar o investimento de recuperação. O método mais utilizado é o da inundação, embora alguns autores façam menção à maior efetividade com aspersão (Valdivieso, 1983). A literatura assinala que, para solos argilosos com abundância de microporos, a lavagem através da inundação por longos períodos é menos eficiente do que quando são feitas inundações periódicas, em que o solo é inundado por certo período de tempo e a seguir deixado secando. Esse processo tende a promover uma melhoria na estrutura do solo, com melhoria na condutividade hidráulica, aumentando a eficiência da lixiviação pelo fato de que, à medida que o solo seca, os microporos, que em condição de saturação não estavam conduzindo água, passam a fazê-lo. Dessa forma, a água salina dos microporos é substituída e os sais gradativamente carreados (http://www.mma.gov.br/port/srh/ACERVO/publica/doc/drena/cap04.pdf, obtido em 16/08/2002).

Segundo Bohn et al. (1979), a passagem de um metro de água na profundidade de um metro de solo remove aproximadamente 80% dos sais solúveis dos solos. Uma lavagem do solo com água de boa qualidade pode promover acentuada redução da salinidade, como mostra a Figura 3.9.3. (Cordeiro, 1988). Observa-se que a condutividade elétrica de 170 dS m^{-1} no estado inicial baixou para cerca de 30 dS m^{-1} após a lavagem preliminar, porém o nível de 10 dS m^{-1} só foi alcançado após o terceiro cultivo com arroz.

No Quadro 3.9.5. é apresentada a classificação da água para irrigação estabelecida pelo Laboratório de Salinidade dos Estados Unidos (Richards, 1954). Segundo Mello et al. (1967), a água utilizada nos perímetros irrigados do Nordeste é proveniente em quase a sua totalidade de reservatórios superficiais (com exceção dos perímetros irrigados da Codevasp), armazenada durante a estação chuvosa, e apresenta, com algumas exceções, valores de CE de 0,75 dS m^{-1} e, para o porcentual de sódio, valores abaixo de 60%, sendo, portanto, considerada água de boa qualidade (Classe 2, segundo o Quadro 3.9.5.). Cordeiro (1988) assinala que a água do São Francisco, também importante fonte para a irrigação,

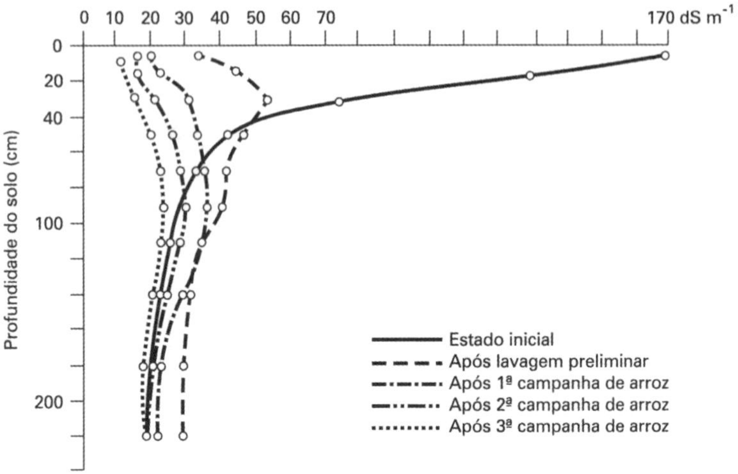

Figura 3.9.3. Processo de dessalinização por lavagem em solo salino (Cordeiro, 1988).

contém baixos teores de sais, sendo classificada como C1. O Quadro 3.9.5. assinala que, quanto maior a concentração de sais na água de irrigação, mais permeável deve ser o solo, a fim de permitir lixiviação adequada dos sais. Solos como os das classes dos VERTISSOLOS, PLANOSSOLOS e LUVISSOLOS planossólicos apresentam problemas de drenagem interna. Assim, o LUVISSOLO CRÔMICO Órtico vértico salino, perfil AL-45 (Embrapa, 1975), ou o VERTISSOLO HIDROMÓRFICO Sálico, perfil RN-38 (Brasil, 1971), são exemplos de solos com expressiva concentração de sais e que devem apresentar sérios problemas de drenagem interna.

A grande maioria dos solos brasileiros com caráter sálico ou salino são solos de planícies aluviais imperfeitamente a mal drenados, com lençol freático acima de 120 cm de profundidade (GLEISSOLOS SÁLICOS — Solonchacks) ou solos relacionados a áreas de mangue (GLEISSOLOS TIOMÓRFICOS — Solonchaks, Gleis Tiomórficos) e, ainda, solos com horizonte B nátrico (PLANOSSOLOS NÁTRICOS Sálicos — Solonetz-Solodizados salinos) e VERTISSOLOS sálicos. Esses solos apresentam sérios problemas de recuperação devido à presença de lençol freático elevado, especialmente no caso dos solos das regiões de mangue, ou à baixa permeabilidade, no caso dos solos com horizonte B plânico com

Quadro 3.9.5. Classes de água para irrigação segundo o Laboratório de Salinidade dos Estados Unidos (Richards, 1954).

Classificação da água. Concentração de sais g/L (aproximadamente)	Condutividade elétrica dS m^{-1}
C1 — salinidade baixa: 0,2. Pode ser usada para a maioria das culturas na maioria dos solos com poucos problemas. Necessidade de alguma lixiviação, promovida por práticas normais de irrigação, exceto em solos com permeabilidade muito baixa.	< 0,25
C2 — salinidade média: 0,2-0,5. Pode ser usada se houver lixiviação moderada. A maior parte das plantas com moderada tolerância aos sais pode crescer sem práticas especiais de controle da salinidade.	0,25-0,75
C3 — salinidade elevada: 0,5-1,5. Não pode ser usada em solos com restrição de drenagem. Mesmo com drenagem adequada, requerem manejo especial para controle da salinidade, devendo ser selecionadas plantas com boa tolerância aos sais.	0,75-2,25
C4 — salinidade muito elevada: 1,5-3. Não é adequada para irrigação sob condições ordinárias, podendo, contudo, ser ocasionalmente utilizada sob condições muito especiais. Os solos devem ser permeáveis, a drenagem deve ser adequada, a água de irrigação deve ser aplicada em excesso para promover considerável lixiviação e devem ser selecionadas plantas muito tolerantes aos sais.	> 2,25

caráter sódico (B nátrico) e dos VERTISSOLOS. Por outro lado, os CAMBISSOLOS HÁPLICOS Sálicos, os CAMBISSOLOS HÁPLICOS Sódicos salinos, os NEOSSOLOS FLÚVICOS Sálicos são exemplo de solos salinos situados também em planícies aluviais, porém, apresentando melhores condições de drenagem do que os anteriormente mencionados, sendo por isso menos suscetíveis ao processo de salinização através da ascensão capilar. Tais solos são normalmente considerados menos limitantes do que aqueles no que tange à salinidade.

A recuperação de solos salinos é em geral onerosa, sendo necessário, portanto, fazer um balanço adequado da relação custo/benefício para decidir se vale a pena o emprego de capital. Agricultura e pastagens extensivas têm sido, por essa razão, os usos mais comuns em áreas com tais solos no Brasil.

Segundo Allison (1964), quando o lençol freático está a 130-160 cm de profundidade, o movimento ascendente da água salina combinado com a evaporação da água aplicada para irrigação pode resultar na salinização dos solos. Esse autor acrescenta que os solos salinos, devido ao fato de estarem em geral floculados, são facilmente cultivados e apresentam permeabilidade freqüentemente igual ou melhor do que a de solos não-salinos. Se a drenagem é adequada e o excesso de sais é removido por lixiviação, os solos salinos tornam-se normais.

No processo de ascensão da água do lençol freático por capilaridade, a textura do solo é de capital importância, sendo muito mais expressiva nos solos argilosos do que nos arenosos. No Quadro 3.9.6. são apresentadas relações entre a textura e a altura e velocidade da ascensão capilar (Dijkerman, 1981). Observa-se que, quanto mais grosseira a textura, mais rápida é a ascensão capilar e menor a altura alcançada. O inverso se dá nos solos argilosos.

Assim, em solos de textura relativamente uniforme, pode-se estimar que, nos de textura grosseira, além de a percolação ser em geral boa, o lençol freático pode estar mais elevado do que nos de textura argilosa. É importante assinalar, contudo, que devido ao fato de os solos com problemas de sais ocorrerem predominantemente em planícies aluviais, é comum a presença de solos com camadas de textura bastante diferenciada, nos quais as relações apresentadas podem não se aplicar.

Quadro 3.9.6. Relação entre a textura e a altura e velocidade da ascensão capilar (Dijkerman, 1981).

Textura	Altura (cm)	Velocidade
Arenosa (areia grossa)	20	Muito rápida
Arenosa (areia média)	40-60	Rápida
Arenosa (areia fina)	70-100	Moderadamente rápida
Franca (barro)	100-200	Lenta
Argilosa	–	Muito lenta

A Figura 3.9.4. mostra um exemplo de distribuição de sais decorrente da capilaridade, acima de lençol freático situado a 90 cm de profundidade (Bohn et al., 1979).

Quanto maior a salinidade do solo, menos água pode extrair um cultivo antes de começar a sofrer escassez de água, de maneira que os solos irrigados, cuja água de irrigação contenha apreciável conteúdo de sais, necessitam de regas mais freqüentes do que os solos não-salinos (Shalhe-vet, 1983, citado por Wild, 1992).

Como a água é fator imprescindível na recuperação dos solos salinos, é importante que seja de boa qualidade, pois boa parte da água aplicada ao terreno será absorvida pelos cultivos e transpirada e, se a sua concentração de sais for alta, a maioria deles permanecerá no solo, salinizando-o.

Segundo Leprun, citado por Suassuma (1998), a qualidade das águas superficiais no Nordeste brasileiro (composição química e nível de concentração dos sais) se relaciona especificamente com o tipo de rocha e de solo, bem como com o tipo de fonte hídrica. O Quadro 3.9.7. mostra como varia a condutividade elétrica média da água escoada superficialmente, em

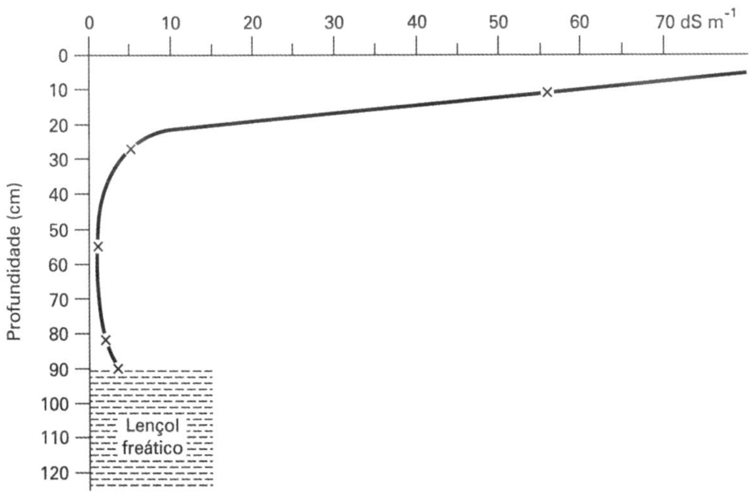

Figura 3.9.4. Distribuição de sais em solo com lençol freático elevado (Auers & Westcot, citados por Bohn et al., 1979).

Quadro 3.9.7. Salinidade média da água escoada segundo o tipo de solo no Nordeste brasileiro (Leprun, citado por Suassuma, 1998).

Tipo de solo	Condutividade média (microssiemens/cm)
Areia Quartzosa	98
Latossolos	188
Podzólicos	226
Regossolos	–
Podzólicos Eutróficos	–
Brunos Não-cálcicos	329
Vertissolos	484
Litólicos Eutróficos	621
Solonetz	2.817
Planossolos	4.596

função dos principais tipos de solos encontrados no Nordeste brasileiro, permitindo ordená-los e compará-los para estabelecer qual deles torna a água mais salina. Observa-se a enorme diferença entre a condutividade elétrica dos Solonetz e dos Planossolos, com 2.817 e 4.596 microssiemens/cm, respectivamente, e os outros solos, todos com valores inferiores a 650 microssiemens/cm. Esses dados mostram como é importante conhecer a dinâmica dos mananciais a serem utilizados em futuras irrigações. No caso de pequenos açudes, a qualidade da água a ser distribuída depende da forma como ela é recebida. Se nos períodos de chuva o açude é abastecido por escorrimentos superficiais, a água represada apresenta baixos teores salinos; se é abastecida pela drenagem natural do solo, a água, depois de passar pelas camadas mais profundas do substrato, provavelmente carreia maior quantidade de sais (Figura 3.9.4.).

Esse mesmo autor apresenta ainda interessante quadro no qual mostra os efeitos da evaporação da água em pequenos açudes e o progressivo aumento da concentração salina (Quadro 3.9.8.).

A concentração e a composição química da água não são estáticas, variando continuamente e sendo particularmente influenciadas pelo clima: precipitação e evaporação na área. Shaw (1982) demonstra a variação da salinidade, expressa pela condutividade elétrica, em Cambissolos, antes e após a chuva (Quadro 3.9.9.).

Quadro 3.9.8. Efeito da evaporação da água, em pequeno açude, no aumento progressivo da concentração salina (Suassuma, 1998).

Período em meses	3	6	9	12
Caso 1 (espessura inicial da lâmina d'água = 10 m)	9,5	9,0	8,5	8,0
Fator de concentração	1,05	1,11	1,18	1,25
Aumento da concentração (%)	5	11	18	25
Caso 2 (espessura inicial da lâmina d'água = 2,5 m)	2,0	1,5	1,0	0,5
Fator de concentração	1,25	1,67	2,50	5,00
Aumento da concentração (%)	25	67	150	400
Caso 3 (espessura inicial da lâmina d'água =1,6)	1,10	0,60	0,10	seco
Fator de concentração	1,45	2,67	16,00	–
Aumento da concentração (%)	45	167	1.500	–

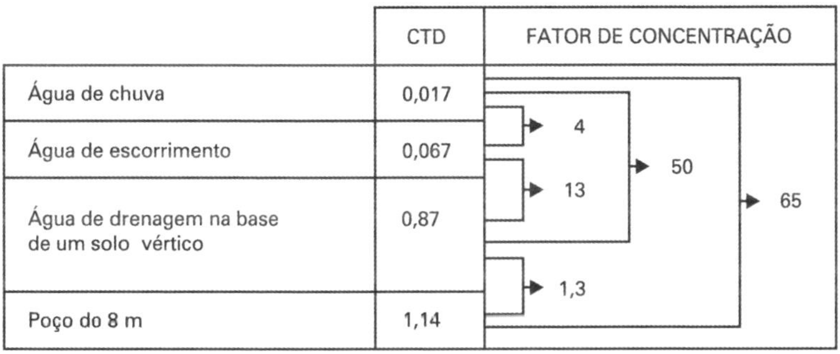

Observação: CTD = carga total dissolvida em g/kg
Fator de concentração = em ordem de grandeza

Figura 3.9.5. Concentração salina de água de chuva após passar por diversos níveis de solo (Suassuma, 1998).

Devido ao fato de a salinidade do solo variar ao longo do ano, dependendo das condições climáticas é importante que, na descrição do perfil, seja assinalada a data de coleta da amostra e as condições pluviométricas recentes. Como os sais não se acumulam necessariamente de acordo com horizontes, a coleta pode ser feita a cada 20 a 30 cm, além da amostra superficial.

A concentração de sais nos solos salinos facilita os processos de corrosão em estruturas metálicas enterradas. Além disso, a má aeração presente em muitos solos brasileiros com caráter sálico (GLEISSOLOS SÁLICOS, a maior parte dos GLEISSOLOS TIOMÓRFICOS, ORGANOSSOLOS HÁPLICOS Sálicos, entre outros) é fator adicional no processo de corrosão.

No Quadro 3.9.10. são apresentadas as classes de corrosividade do solo segundo Kendrew (1978). Em geral, os dados relativos à corrosividade dos solos são apresentados em resistividade (ohm), a qual é o inverso da condutividade. Assim, quanto menor a resistividade (maior condutividade), mais corrosivo será o solo. Os boletins dos levantamentos pedológicos, contudo, expressam a salinidade do solo em condutividade

Quadro 3.9.9. Níveis de salinidade antes e após período chuvoso (1965 e 1978), em Fluvaquent Ustropept (Shaw, 1982).

Área	Antes e após chuva	CE (dS m^{-1})	
		1965	1978
A	Antes	3,06	3,84
	Após	2,00	3,29
B	Antes	2,25	3,00
	Após	1,60	2,31
C e D	Antes	3,12	3,38
	Após	2,50	2,70
E1 e E2	Antes	3,22	4,62
	Após	2,30	3,03

Quadro 3.9.10. Classes de resistividade e condutividade e classificação da corrosividade do solo (Adaptado de Kendrew, 1978).

Resistividade (ohm cm^{-1})	Condutividade (dS m^{-1})	Classificação da corrosividade
0-500	> 2,0	Muito corrosivo
500-1.000	1,0-2,0	Moderadamente corrosivo
1.000-5.000	0,2-1,0	Corrosivo
5.000-10.000	0,1- 0,2	Ligeiramente corrosivo
> 10.000	< 0,1	Não-corrosivo

elétrica (dS m^{-1}), sendo portanto necessário fazer a conversão desta para resistividade.

Pelo fato de os solos salinos se situarem principalmente em planícies aluviais, grande parte deles, com lençol freático elevado, apresenta uma série de limitações para usos não-agrícolas, sendo portanto inadequados como área para recepção de efluentes, aterros sanitários, áreas para camping, cemitérios etc.

A presença de eletrólitos no solo tem marcada implicação com sistemas de transmissão de energia elétrica e de telecomunicações. Esses sistemas requerem, por questões operacionais e de segurança, que sejam feitas conexões com a terra (aterramento) ao longo de sua linha. Nesse processo, é de fundamental importância a resistividade do solo. Solos com maior resistividade (menor condutividade) requerem maior número de pontos de aterramento e/ou maior extensão de eletrodos enterrados em cada ponto, o que acarreta, em conseqüência, maior custo na implantação da linha de transmissão. Na região nordestina brasileira, onde há a presença tanto de solos com elevada resistividade (solos sem caráter salino ou sálico) como de solos com baixa resistividade (solos com caráter salino ou sálico), esse fato pode ter implicações significativas no projeto e na implantação das linhas de transmissão de energia elétrica e de telecomunicações[17].

É comum a presença, em solos salinos situados nas regiões litorâneas, de caráter sódico ou solódico ou de tiomorfismos (material sulfídrico ou horizonte sulfúrico) e até a presença simultânea de caráter sódico ou solódico e tiomorfismo. O perfil GB-45 de GLEISSOLO SÁLICO Órtico solódico (Embrapa, 1980) é exemplo da conjunção do caráter sálico e do solódico, enquanto o perfil GB-44 de GLEISSOLO SÁLICO Solódico tiônico (Embrapa, 1980) é exemplo da conjunção em um mesmo solo do caráter sálico, do caráter solódico e da presença de tiomorfismo.

Em solos salinos-sódicos, Bernstein (1974) assinala que as más condições físicas determinadas pelo caráter sódico às vezes são atenuadas pela salinidade, devido à alta concentração de eletrólitos, que tendem

17. Informação pessoal do dr. Célio Fonseca Barbosa, engenheiro eletricista, Fundação CPqD.

a refrear o efeito dispersivo do sódio trocável. Os solos salinos-sódicos requerem manejo diferenciado dos que são apenas sódicos (ou solódicos) ou sálicos (ou salinos).

Bibliografia

ALLISON, L. E. **Salinity in relation to irrigation. Advances in Agronomy**. 140-180. v. 19, 1964.

BERNSTEIN, L. Crop growth and salinity. In: J. V. Schilfgaarde (ed.). **Drainage for agriculture.** American Soc. of Agronomy. Agronomy, 17. 1974, p. 39-53.

BOHN, H. L., McNEAL, B. L. & O'CONNOR, G. A. **Soil Chemistry**. New York. John Wiley & Sons. 1979, 329p.

BRASIL. Ministério da Agricultura. Divisão de Pesquisa Pedológica, DNPEA. **Levantamento de reconhecimento dos solos do Estado do Rio Grande do Norte**. Recife, Convênio MA/DNPEA-Sudene/DRN, MA/Usaid/Brasil, 1971. 683p. (Boletim Técnico, 15).

BURING, P. **Introduction to the study of soils in tropical and subtropical regions**. Pudoc. Wageningen, 1970. 99p.

CORDEIRO, G. G. **Aspectos gerais sobre salinidade em áreas irrigadas: origem, diagnóstico e recuperação.** Embrapa. Centro de Pesquisa Agropecuária do Trópico Semi-árido. Documentos n. 50. 1988, 16p.

DIJKERMAN, J. C. **Agricultural evaluation of soils.** MSc-Course in Soil Science and Water Management. Agricultural University Wageningen. 1981. 62p. (Mimeografado).

EMPRESA BRASILEIRA DE PESQUISA AGROPECUÁRIA. Centro de Pesquisas Pedológicas. **Levantamento exploratório – reconhecimento de solos do Estado de Alagoas.** Recife, 1975. 532p. (Embrapa-CPP. Boletim Técnico, 35; Sudene, Série Recursos de Solos, 5).

EMPRESA BRASILEIRA DE PESQUISA AGROPECUÁRIA. Serviço Nacional de Levantamento e Conservação do Solo. Rio de Janeiro, RJ. **Levantamento exploratório – reconhecimento de solos da margem direita do rio São Francisco, Estado da Bahia.** Recife, Convênios Embrapa/SNLCS-Sudene/DRN, MA/Usaid/ETA, 1977 e 1979. v. 1 e 2. 1.296p. (Boletim Técnico, 52).

EMPRESA BRASILEIRA DE PESQUISA AGROPECUÁRIA. Serviço Nacional de Levantamento e Conservação do Solo. Rio de Janeiro, RJ. **Levantamento semidetalhado e aptidão agrícola dos solos do Município do Rio de Janeiro**. Rio de Janeiro, 1980. 389p. (Boletim Técnico, 66).

EMPRESA BRASILEIRA DE PESQUISA AGROPECUÁRIA. **Sistema Brasileiro de Classificação de Solos**. Rio de Janeiro, 1999. 412p.

ESTADOS UNIDOS. United States Department of Agriculture. Natural Resources Conservation Service. Soil Taxonomy. **A basic system of soil classification for making and interpreting soil surveys.** Agriculture Handbook Number 436. 1999. 869p.

GOES, E. S. de. **O problema de salinidade e drenagem em projetos de irrigação do Nordeste e ação da pesquisa com vista ao seu equacionamento.** Recife: Sudene, 1978. 20p. (Mimeografado).

HAYWARD, H. E. & WADLEIGH. **Plant growth on saline and alkali soils. Advances in Agronomy**, v. 1-35. 1949.

KENDREW, T. J. **Design system to reduce corrosion.** Eletrical World. 1978. 57-58.

MEDEIROS, J. F. & GHEYI, H. R. **Evolução da salinidade em pequenas áreas irrigadas na zona semi-árida do Nordeste.** In: Anais do XXII Congresso Brasileiro de Engenharia Agrícola, Ilhéus, 1993, v. 5. 2.943-2.955.

MELLO, F. E. S., BEZERRA, G. E. & GURGEL, E. A. **Estudo de solos nos vales do Nordeste para fins de irrigação.** Departamento Nacional de Obras contra Secas, Recife, Pernambuco, 25(1): 7-54, mar. 1967.

RICHARDS, L. A. (ed.). **Diagnosis and improvement of saline and alkali soils.** Washington, United States Salinity Laboratory, 1954. 160p (USDA. Agriculture Handbook, 60).

SHAW, M. E. A. Aspects of the management of salinity on swelling clay soils in Jamaica. **Trop. Agric.** v. 59, n. 2, 167-172, 1982.

SUASSUMA, J. **A pequena irrigação no Nordeste: algumas preocupações.** http://apicucos.fundaj.gov.br/docs/tropico/desat/ciench.html. Obtido em 1998.

SZABOLCS, I. **Salt-Affected Soils.** CRC Press, Florida, 1989. 274p.

VALDIVIESO, S. C. R. **Solos salinos: diagnóstico e recuperação.** Petrolina, PE, Embrapa-CPTSA, 1983. Documento interno preparado para o II Curso sobre Métodos de Pesquisa a Nível de Produtor, Petrolina, PE, 1983.

WILD, A. **Condiciones del suelo y desarrollo de las plantas segun Russell.** Madri, 1992. 1.045p. (Versão espanhola).

3.10. Caráter sódico e caráter solódico

Definição. Os termos "caráter sódico" e "caráter solódico" são usados para designar horizonte ou camada com porcentagem de saturação por sódio[18] (PSS) igual ou superior a 15% no caso do caráter sódico, ou entre 6 e inferior a 15% no caso do caráter solódico, presente, em ambos os casos,

18. PSS = 100 . Na^+ trocável (cml_c/kg)/Capacidade troca cátions ($cmol_c$/kg).

em alguma parte da seção de controle dentro de 120 cm profundidade, a contar da superfície do solo.

Taxonomia. O caráter sódico é diagnóstico de várias classes no terceiro nível categórico (grande grupo): CAMBISSOLOS HÁPLICOS Sódicos, NEOSSOLOS FLÚVICOS Sódicos (perfil SE-71, Embrapa, 1975), GLEISSOLOS SÁLICOS Sódicos (perfil GB-57, Embrapa, 1980). O caráter sódico, assim como o caráter solódico, é ainda empregado como diagnóstico no quarto nível categórico (subgrupo): GLEISSOLOS TIOMÓRFICOS Órticos sódicos, ORGANOSSOLOS HÁPLICOS Sápricos sódicos, CHERNOSSOLOS ARGILÚVICOS Órticos solódicos, GLEISSOLOS HÁPLICOS Tb Eutróficos solódicos (perfil GB-32, Embrapa, 1980), ORGANOSSOLOS HÁPLICOS Sápricos solódicos (perfil GB-48, Embrapa, 1980), entre outros.

Equivalência com outros sistemas de classificação. Tanto o Soil Taxonomy (Estados Unidos, 1994) como a legenda da FAO (FAO, 1994) não utilizam a PSS < 15% como critério diagnóstico, isto é, não empregam o caráter solódico como tal. Quanto à PSS ≥ 15%, a legenda da FAO a utiliza, porém admitindo também como "propriedade sódica" a presença de 50% ou mais de sódio + magnésio trocáveis. No Soil Taxonomy, no nível de subgrupo, o termo "Natric" identifica solos que apresentam PSS ≥ 15% ou relação de saturação por sódio[19] (RSS) de 13 ou mais.

Considerações gerais. Neste texto, o termo "solos sódicos" será usado para designar o conjunto de solos que apresentam caráter sódico ou solódico e ainda horizonte plânico com caráter sódico (horizonte nátrico), e o termo "alcalinização" (solos alcalinos) para designar o processo que determinou a concentração de sódio no solo.

Os solos sódicos, assim como os salinos, são predominantemente de regiões semi-áridas, de ambiente endorréico, como aquelas do Nordeste brasileiro, ou menos secas, como as do Pantanal Mato-grossense, ou ainda de climas úmidos, porém situados em planícies costeiras influen-

19. $$RSS = \frac{Na^+}{\sqrt{\frac{Ca^{2+} + Mg^{2+}}{2}}}$$

ciadas pelas marés. Há registro de solos sódicos na região de Paricarana, Roraima, em condições climáticas tropicais (precipitação pluviométrica anual > 1.200 mm) (Brasil, 1975; Schaefer & Dalrymple, 1996). Tais solos, situados em compartimento com geomorfologia, vegetação e clima diversos daqueles típicos dos solos sódicos, foram considerados como possíveis solos relíquia, refletindo condições climáticas pretéritas. Schaefer & Dalrymple (1996), citando Yaalon (1971), lembram que o horizonte nátrico (veja 5.12. Horizonte B plânico. Horizonte plânico com caráter sódico) é muito persistente, sendo um indicador potencial de condições paleopedogenéticas. Os solos sódicos e salinos podem ainda ocorrer em climas úmidos, em conformidade com o clima atual. Neste caso, porém, situam-se em planícies costeiras influenciadas pelas marés.

A presença da carnaúba (*Copernicia cerifera*) no Nordeste (Figura 3.10.1.) e do carandá (*Copernicia australis*) nas planícies aluviais do Pantanal é indício da presença de solos com significativos teores de sódio. Pereira (1983) relaciona área superior a 9,1 milhões de ha do Nordeste afetada por sódio, acrescentando que, na maioria dos perímetros irri-

Figura 3.10.1. A presença da carnaúba (*Copernicia cerifera*) é indício de ocorrência de solos com expressiva saturação por sódio. Área de PLANOSSOLO NÁTRICO. Maranhão. Foto: J. B. de Oliveira.

gados, o uso inadequado da água, associado à falta de drenagem, tem provocado elevação do lençol freático e, conseqüentemente, problemas de salinidade e/ou sodicidade.

O valor de 15% de saturação por sódio usado para discriminar solos sódicos e sódico-salinos relaciona-se com o nível crítico a partir do qual o Na^+ interfere no crescimento das plantas e na degradação acentuada da estrutura do solo (Allison, 1964; Wild, 1992). Kemper & Koch (1966), citados por Singer et al. (1982), estudando 516 solos com níveis de saturação por sódio acima de 5 e abaixo de 25%, encontraram estabilidade de agregados próxima a zero para valores superiores a 20%. Outros autores assinalam valores ainda mais baixos para a deterioração da estrutura: 8 a 10% (Gardner, 1945, e Martin & Richards, 1959, citados por McNeal & Coleman, 1966). O emprego do caráter solódico (saturação por sódio entre 6 e 15%) como critério diagnóstico no SiBCS é, portanto, justificável.

Nos solos com caráter sódico, o sódio é o cátion predominante porque, a pH elevado e na presença de íon carbonato, o cálcio e o magnésio precipitam como carbonatos. Os ânions presentes consistem predominantemente de cloreto, sulfato e bicarbonato, com pequena a moderada quantidade de carbonato, dependendo do pH do solo (Allison, 1964). A presença de carbonato ou de bicarbonato de sódio eleva o pH a valores acima de 8,5, freqüentemente 9 a 10 (Buring, 1970). Valores de pH iguais a 9 ou mais elevados são incomuns entre os PLANOSSOLOS NÁTRICOS (Solonetz-Solodizados) encontrados no Brasil. O perfil BA-34 (Embrapa, 1976) com valor de 9,9 é um dos raros exemplos.

Não é somente o conteúdo de sódio na solução do solo que é importante, mas também a concentração de outros íons, particularmente os divalentes, que são preferencialmente adsorvidos no complexo de troca. Uma medida da composição da solução do solo e sua relevância em relação à adsorção do Na^+ no complexo de troca é a relação de adsorção de sódio (SAR), definida como:

$$SAR + Na^{2+} / [(Ca^{2+} + Mg^{2+})/2]^{0,5}$$

onde: Na^{2+}, Ca^{2+} e Mg^{2+} são expressos em $cmol_c(+)$ litro de solução (Driessen & Dudal, 1989).

O SAR dá uma indicação da chance de que um alto valor de PSS se desenvolva quando o solo estiver em contato com um lençol freático particular ou água de irrigação. O "perigo de sódio" (*sodium hazard*) será baixo se o SAR for inferior a 10, médio se entre 10 e 18, alto se entre 18 e 26 e muito alto se for superior a 26.

Solos com predominância de esmectitas já mostram séria deterioração da estrutura quando o SAR excede 9; solos ilíticos e vermiculíticos degradam com SAR maior que 16 e solos mais estáveis (solos cauliníticos e ricos em sesquióxidos) deterioram somente se o SAR excede 26 na ausência de salinidade. Há fortes indícios de que elevada percentagem de magnésio trocável afeta a estrutura do solo de maneira similar à presença de SAR elevado (Driessen & Dudal, 1989).

Importância agronômica e geotécnica. Os solos com caráter sódico e, com menor expressão, aqueles com caráter solódico apresentam distúrbios nutricionais, pois o sódio interfere no crescimento das plantas porque inibe a absorção de cálcio e magnésio. Para a maioria das culturas, o cálcio começa a se tornar indisponível quando a saturação por sódio se aproxima de 50% (Hayward & Wadleigh, 1949). Estes autores relacionam o tomate, a alface e o capim-bermuda entre as plantas tolerantes ao sódio. Segundo Toogood & Cairns (1973), teores elevados de sódio dificultam a absorção do nitrogênio, sendo então necessária a adição desse elemento mesmo em solos bem supridos dele.

A recuperação dos solos sódicos e solódicos requer a substituição do sódio por outro cátion, em geral cálcio, e a remoção do sódio contido na solução do solo por irrigação. O sucesso do empreendimento depende, portanto, da permeabilidade do solo. Em alguns solos, como os VERTISSOLOS HIDROMÓRFICOS Sódicos, a condutividade hidráulica é nula, sendo impossível o processo de lavagem; devido a esse fato, tem sido recomendado que a irrigação de tais solos seja feita de forma a atingir apenas os seus 30 a 40 cm superficiais[20]. De maneira geral, a presença do horizonte plânico com caráter sódico (horizonte nátrico) nos PLANOSSOLOS NÁTRICOS constitui sério impedimento à permeabilidade interna, dificultando igualmente o processo de saneamento de tais solos.

20. Informação verbal do professor Mateus Rosas Ribeiro.

Esse horizonte constitui também impedimento ao aprofundamento do sistema radicular das plantas (veja 5.12. Horizonte B plânico. Horizonte plânico com caráter sódico).

É bastante conhecido o fato de que a taxa de transmissão de água através dos solos sódicos depende marcadamente da concentração de eletrólitos nela. Quando os solos sódicos são lavados com água de baixo conteúdo de sais, a permeabilidade pode decrescer a valores que praticamente impedem sua recuperação, porém, com o aumento da concentração de eletrólitos, a taxa de transmissão pode ser sensivelmente melhorada (Reeve & Bower, 1960). É necessário, portanto, manter um conteúdo de sais suficientemente alto no processo de lavagem.

Vários autores se referem também ao efeito deletério da presença excessiva do íon Mg^{2+} intensificando marcadamente o efeito do Na na dispersão do solo e, conseqüentemente, na condutividade hidráulica (So & Aylmore, 1993; Alperovitch et al., 1981; Abder-Rahman & Rowell, 1979). O SiBCS (Embrapa, 1999) não discrimina solos pelo teor de Mg^{2+} (nem o Soil Taxonomy ou a legenda da FAO), contudo, é interessante ressaltar que, entre os PLANOSSOLOS NÁTRICOS descritos no Brasil, há registro desde teores inexpressivos de Mg^{2+} (0,4 $cmol_c$/solo) no horizonte B plânico com caráter sódico, como no perfil BA-34 (Embrapa, 1976), até valores elevados (12 $cmol_c$/solo), como no perfil AL-58 (Embrapa, 1975). So & Aylmore (1993) assinalam que, apesar de os efeitos danosos do Mg serem bem evidenciados no laboratório, o mesmo não se dá no campo.

A nomenclatura dos solos constante nas legendas dos mapas pedológicos dá idéia da gravidade de sua limitação. Assim, as limitações decorrentes da presença do Na^+ são, de maneira geral, maiores em solos com caráter sódico do que naqueles com caráter solódico. Nas avaliações dos solos alcalinos deve ser considerada a profundidade de ocorrência da restrição por Na^+, pois a seção de controle considerada para identificação do caráter sódico e solódico é 120 cm a partir da superfície. Por exemplo, é igualmente denominado de CAMBISSOLO HÁPLICO Sódico tanto um solo com caráter sódico a 30 cm de profundidade como outro que apresente esse atributo a 100 cm de profundidade, apesar de se poder esperar importantes diferenças de comportamento entre eles. Tais distinções podem ser feitas em levantamentos detalhados, discriminando tais solos em níveis categóricos mais baixos (família, série).

Geralmente, os solos sódicos estão situados em relevo pouco declivoso. Contudo, mesmo nessa situação a erodibilidade pode ser significativa, em decorrência da baixa permeabilidade. As perdas por enxurrada podem ser, portanto, expressivas. Dessa forma, Singer et al. (1982) consideram prudente usar nas estimativas de erodibilidade um valor de K mais elevado para solos que apresentem saturação por sódio superior a 2%.

Na recuperação dos solos afetados por sódio, são usados vários tipos de corretivos, tais como: gesso, enxofre, sulfato de alumínio, cloreto de cálcio, ácido sulfúrico e outros. Entretanto, o gesso é o produto mais usado, devido a seu baixo custo, sendo encontrado em grande quantidade nos Estados nordestinos, especialmente em Pernambuco e no Ceará. Vários autores têm estudado os efeitos do gesso na recuperação de solos sódicos. Segundo Frenkel et al. (1989) e Baumhardt et al. (1992), a aplicação do gesso aumenta a permeabilidade; por outro lado, Chartres et al. (1985) apontam o aumento da floculação e da macroporosidade.

O processo de lixiviação do Na^+ (e de sais) através do perfil pode ser aumentado pelo plantio de culturas com sistema radicular vigoroso e profundo de plantas tolerantes à presença de sódio e sais, como alfafa, kudzu e capim-batatais (*Paspalum notatum*) (Ilyas et al., 1997). Estes autores assinalam que a lixiviação pode ser aumentada com o uso conjugado da aplicação de gesso e culturas com sistema radicular profundo. Tal procedimento é particularmente indicado para solos que apresentem baixa permeabilidade, devido a condições físicas inadequadas.

Cordeiro (1988) apresenta a seguinte fórmula para calcular a necessidade de gesso, baseada na capacidade de troca de cátions (CTC) e na porcentagem de sódio trocável (PST):

$$NG = \left(\frac{PSTi - PSTf}{100}\right) CTC \times Z \times b \times 86{,}1$$

onde:

NG = gesso requerido em kg/ha

PSTi = porcentagem de sódio trocável inicial

PSTf = porcentagem de sódio trocável final
CTC = capacidade de troca de cátions meq/100 g
Z = profundidade do solo
b = densidade aparente g/cm^3
86,1 = peso equivalente do gesso

O uso agrícola adequado dos solos sódicos e dos salinos depende do entendimento de uma série de fatores interligados: estabilidade estrutural, condutividade hidráulica, presença de eletrólitos, forças de coesão, entre outros, requerendo, portanto, práticas complexas de manejo.

Bibliografia

ABDER-RAHMAN, W. & ROWELL, D. L. The influence of Mg in saline and sodic soils: a specific effect or a problem of cation exchange. **Journal of Soil Science** 30: 535-546, 1979.

ALLISON, L. E. **Salinity in relation to irrigation. Advances in Agronomy**. 140-180. v. 19, 1964.

ALPEROVITCH, N., SHAIBERG, I. & KEREN, R. Specific effect of magnesium on the hydraulic condutivity of sodic soils. **J. Soil Sci.**, 32: 542-554, 1981.

BAUMHARDT, R. L., WENDT, C. W. & MOORE, J. Infiltration in response to water quality, tillage and gypsum. **Soil Sci. Soc. Am. J.** 1992, (56): 261-266.

BRASIL. Ministério das Minas e Energia. Projeto RadamBrasil. Folha NA 20 Boa Vista e parte das folhas NA 21 Tumucumaque, NB 20 Roraima e NB 21. Rio de Janeiro, 1975, 428p.

BURING, P. **Introduction to the study of soils in tropical and subtropical regions.** Pudoc. Wageningen, 1970. 99p.

CHARTRES, C. J., GREENE, R. S., FORD, G. W. & RENGASAMY, P. The effect of gypsum on macroporosity and crusting of two red duplex soils. **Aust. J. Soil Res.** 1985, (23): 467-479.

CORDEIRO, G. G. **Aspectos gerais sobre salinidade em áreas irrigadas: origem, diagnóstico e recuperação.** Embrapa. CPATSA. Doc. 50. p. 1-16, 1988. Petrolina (Mimeografado).

DRIESSEN, P. M. & DUDAL, R. **Lectures notes on geography, formation, properties and use of the the major soils of the world.** Agricultural University Wageningen/ Katholieke Universiteit Leuven. 1989. 206p.

EMPRESA BRASILEIRA DE PESQUISA AGROPECUÁRIA. Centro de Pesquisas Pedológicas. **Levantamento exploratório – reconhecimento de solos do Estado**

de Alagoas. Recife, 1975. 532p. (Embrapa-CPP. Boletim Técnico, 35; Sudene, Série Recursos de Solos, 5).

EMPRESA BRASILEIRA DE PESQUISA AGROPECUÁRIA. Centro de Pesquisas Pedológicas. **Levantamento exploratório – reconhecimento de solos do Estado de Sergipe.** Recife, 1975. 506p. (Embrapa-CPP. Boletim Técnico, 36; Sudene, Série Recursos de Solos, 6).

EMPRESA BRASILEIRA DE PESQUISA AGROPECUÁRIA. Serviço Nacional de Levantamento e Conservação do Solo. Rio de Janeiro, RJ. **Levantamento exploratório – reconhecimento de solos da margem esquerda do rio São Francisco, Estado da Bahia.** Recife, 1976. 404p. (Boletim Técnico, 38; Sudene. Divisão de Recursos Renováveis, Série Recursos de Solos, 7).

EMPRESA BRASILEIRA DE PESQUISA AGROPECUÁRIA. Serviço Nacional de Levantamento e Conservação do Solo. Rio de Janeiro, RJ. 1ª Reunião de Classificação, Correlação e Interpretação de Aptidão Agrícola de Solos. **Guia de excursão de estudos de solos no Estado do Rio de Janeiro.** Rio de Janeiro, 1978b, 122p. (Mimeografado).

EMPRESA BRASILEIRA DE PESQUISA AGROPECUÁRIA. Serviço Nacional de Levantamento e Conservação do Solo. Rio de Janeiro, RJ. **Levantamento semidetalhado e aptidão agrícola dos solos do Município do Rio de Janeiro.** Rio de Janeiro, 1980. 389p. (Boletim Técnico, 66).

EMPRESA BRASILEIRA DE PESQUISA AGROPECUÁRIA. Centro Nacional de Pesquisa de Solos. **Sistema Brasileiro de Classificação de Solos.** Rio de Janeiro, 1999. 412p.

ESTADOS UNIDOS. United States Department of Agriculture. Soil Conservation Service. **Keys to Soil Taxonomy.** 6th ed., 1994, 306p.

FAO, FAO/UNESCO. **Soil Map of the World. Revised Legend with corrections.** Rome, FAO, 1988 (World Resources Report, 60). Wageningen, ISRIC (Technical Paper, 20), 1994.

FRENKEL, H., GERSTLE, Z. & ALPEROVITH, N. Exchange-induced dissolution of gypsum and the reclamation of sodic soils. **J. Soil Science**, 1989 (40): 599-611.

HAYWARD, H. E. & WADLEIGH, C. H. **Plant growth on saline and alkali soils.** Advances in Agronomy, v. 1-35, 1949.

ILYAS, M., QURESHI, R. H. & QADIR, M. A. Chemical changes in a saline-sodic soil after gypsum application and cropping. **Soil Technology**, 1997, (10): 247-260.

McNEAL, B. L. & COLEMAN, N. T. Effects of solution composition on soil hydraulic condutivity. **Soil Sci. Soc.** Proc. 30: 308-312, 1966.

PEREIRA, J. R. Solos salinos sódicos. In: Reunião Brasileira de Fertilidade do Solo, 15, Campinas, SP, 1983. Anais da 15ª Reunião Brasileira de Fertilidade do Solo e Simpósio sobre Acidez e Calagem no Brasil. Campinas, SBCS, 1983. p. 127-43.

REEVE, R. C. & BOWER, C. A. Use of high-salt waters as a flocculant and source of divalent cations for reclaiming sodic soils. **Soil Sci.** 90: 139-144. 1960.

SCHAEFER, C. E. R. & DALRYMPLE, J. Pedogenesis and relict properties of soils with columnar structure from Roraima, north Amazonia. **Geoderma** 1996 (7): 1-17.

SINGER, M. J., JANITZKY, P. & BLACKARD, J. The influence of exchangeable sodium percentage on soil erodibility. **Soil Sci. Soc. Am. Proc.** 46: 117-121, 1982.

SO, H. B. & AYLMORE, L. A. How do sodic soils behave? The effects of sodicity on soil physical behavior. **Aust. J. Res.**, 1993, 31: 761-777.

TOOGOOD, J. A. & CAIRNS, R. R. **Solonetzic soils technology and management.** University of Alberta & Agriculture Canada Research Branch. Bulletin B-73-1, 93p. 1973.

WILD, A. **Condiciones del suelo y desarrollo de las plantas segun Russell.** Madri, 1992. 1.045p. (versão espanhola).

3.11. Contato lítico. Contato lítico fragmentário.

Definição. O termo "contato lítico" é empregado para designar material mineral extremamente resistente subjacente ao solo (exclusive horizonte petrocálcico, horizonte litoplíntico, duripã e fragipã). Sua consistência é de tal ordem coesa que mesmo quando úmido torna impraticável ou muito difícil a escavação com a pá reta e impede o livre crescimento do sistema radicular, o qual fica limitado às fendas que porventura ocorram. Tais materiais são representados pela rocha sã e por rochas sedimentares consolidadas, tais como arenito, siltito, marga, folhelhos ou ardósia (R), ou ainda por rochas muito pouco alteradas (RCr) (veja 3.20. Saprólito) (veja Figura 6.2.2.).

O contato lítico fragmentário foi incorporado no SiBCS, versão 2006, para identificar um tipo de contato lítico em que o material endurecido subjacente ao solo encontra-se bastante fragmentado, possibilitando a penetração do sistema radicular das plantas nas fendas aí existentes (Figura 3.11.1, p. 573).

Taxonomia. A presença de contato lítico dentro de 50 cm da superfície do solo é usada no SiBCS como atributo diagnóstico em diversos níveis categóricos. No segundo nível (subordem) discrimina, entre os NEOSSOLOS, os LITÓLICOS, como o NEOSSOLO LITÓLICO Distrófico (perfil RS-78, Brasil, 1973), e no terceiro nível (grande grupo) discrimina, entre os CHERNOSSOLOS RÊNDZICOS, os Líticos, pouco comuns no Brasil. No quarto nível (subgrupo) são empregados tanto o critério presença de contato lítico dentro de 50 cm de profundidade como presença de contato lítico entre 50 e 100 cm de profundidade, recebendo a classe, nesse último caso, a designação de léptico. São exemplos do primeiro caso os CAMBISSOLOS HÁPLICOS Ta Eutróficos líticos e os LUVISSOLOS CRÔMICOS Órticos líticos, e do segundo, os CAMBISSOLOS HÁPLICOS Sálicos lépticos (perfil BA-235, Embrapa, 1977-1979) e os CHERNOSSOLOS ARGILÚVICOS Órticos lépticos, entre outros.

O contato lítico fragmentário, por sua vez, é empregado no quarto nível categórico (subgrupo). Exemplos: NEOSSOLOS LITÓLICOS Carbonáticos fragmentários, NEOSSOLOS LITÓLICOS Chernossólicos fragmentários.

Equivalência com outros sistemas de classificação. O conceito de contato lítico empregado no SiBCS advém dos conceitos de contato lítico e litóide do Soil Taxonomy (Estados Unidos, 1975), os quais foram estabelecidos com o propósito de diferenciar materiais que podiam ser removidos com uma retroescavadeira (*bulldozer*) ou com dinamite (Smith, 1986). Os critérios usados pelo Soil Taxonomy para identificar os contatos lítico e litóide baseiam-se em testes de laboratório e observações de campo: dureza (estimada pela escala de Mohs), dispersão, penetrabilidade (teste da pá), fraturamento e enraizamento. Estudos realizados com alguns solos do Estado de São Paulo (Machado, 1997) indicaram a dificuldade e inconsistência no uso dos critérios do Soil Taxonomy e o fato de o material subjacente ao contato litóide, constatado por um desses critérios, não se apresentar sempre como uma camada de impedimento ao enraizamento.

A escala de Mohs, indicada para materiais constituídos por um único mineral, dificilmente se aplica a nossos solos, pois eles são, em geral, originados de materiais constituídos por mais de um mineral (aliás, não se tem conhecimento do emprego desse critério em trabalhos de levantamento de solos até agora efetuados no Brasil). O teste da pá tem sido o mais utilizado pelos pedólogos brasileiros, porém, faltam critérios para sua aplicação. Quanto ao fraturamento e enraizamento, é comum algumas rochas, como os folhelhos, apresentarem intenso fraturamento (diaclases com espaçamento inferior a 2-3 cm), sendo as fendas preenchidas por material dos horizontes superiores, permitindo o enraizamento das plantas e comprometendo a estabilidade mecânica desse conjunto de materiais e, por conseguinte, tornando impraticável o teste da pá. Ora, tal material rochoso é altamente coerente, não dispersa com a solução de hexametafosfato de sódio, porém apresenta fendas menos espaçadas que 10 cm. Devido a esses aspectos, o SiBCS adotou critério simplificado, baseado no teste da pá, sem levar em conta o espaçamento das fendas para identificar o contato lítico.

A legenda da FAO (FAO, 1994), por sua vez, utiliza apenas o critério "presença de rocha dura contínua a menos de 50 cm de profundidade" na identificação dos Leptosols (similares aos anteriormente denominados Solos Litólicos e Litossolos no Brasil) e a fase " lítica" (*lithic phase*) para a presença de rocha dura contínua ocorrendo a mais de 50 cm da superfície.

Observações gerais. O critério de contato lítico é importante na identificação de solos que apresentem restrições ao sistema radicular das plantas, posto que as raízes não penetram no material subjacente a tal contato a não ser nas fendas. Tem sido comum, nos levantamentos pedológicos executados no Brasil, a inclusão, entre os anteriormente denominados Solos Litólicos, de solos que apresentam, dentro dos 50 cm iniciais, presença de saprólito independente de seu grau de coesão, de intensidade de fraturamento e de alteração e de sua permissividade ao enraizamento das plantas. Entre muitos exemplos de solos identificados incorretamente como Solos Litólicos, apresentando saprólito com expressivo estágio de alteração iniciando a 50 cm ou menos de profundidade (o que por definição os exclui da classe dos Solos Litólicos), citam-se os perfis SP-76 (Brasil, 1960), CE-110 (Brasil, 1973a), DF-12 (Embrapa, 1978) e RGS-153 (Brasil, 1973), mostrados no Quadro 3.11.1. Esse fato é particularmente importante na interpretação de levantamentos pedológicos para fins agronômicos e geotécnicos e atenta para a necessidade de consultar, no caso desses solos, além do mapa pedológico, o boletim técnico correspondente para obter informação mais precisa sobre a profundidade efetiva dos solos cartografados. Todos os solos exemplificados

Quadro 3.11.1. Exemplos de perfis de solos identificados como Solos Litólicos apresentando saprólito com expressivo estágio de alteração a 50 cm ou menos de profundidade.

Horizonte	Espessura	Descrição
		Perfil SP-76 (SNPA, 1960)
A1	0-30	
(B)	30-35	
R	35-200+	rocha em decomposição*
		Perfil CE-110 (Brasil, 1973a)
A1	0-20	
C1	20-50	
C2	50-70+	rocha em decomposição*
		Perfil DF-12 (Embrapa, 1978)
A1	0-12	
C	12-75+	rocha semi-intemperizada; branco (N/8); franco-siltoso
		Perfil RGS-153 (Embrapa, 1973)
A11	0-25	
A12	25-50	
C	50-300	basalto intemperizado guardando a estrutura da rocha

* Observação: como foi coletado material para análise de laboratório, supõe-se tratar-se de material brando.

no Quadro 3.11.1. apresentam profundidade efetiva bastante superior àquela preconizada para a classe dos Solos Litólicos e, conseqüentemente, comportamento agrícola e geotécnico bastante distinto deles.

Por outro lado, é muito comum, nos levantamentos de solos executados no Brasil, o símbolo R, restrito à rocha consolidada (Embrapa, 1988), ser empregado para rocha semidecomposta, para cujo material os símbolos Cr ou CrR, indicadores de saprólito, seriam os mais adequados.

A condição de contato lítico fragmentário confere aos solos melhores condições de fornecimento de água e nutrientes, quando comparada à dos solos com contato lítico (não fragmentário), considerando igual profundidade de ocorrência desses contatos.

É importante considerar que NEOSSOLOS LITÓLICOS fragmentários, apesar de o contato lítico ser o fragmentário, apresentam enormes limitações ao uso, não sendo adequados ao emprego agrícola e mesmo não-agrícola, pois são muito rasos. A possível melhor disponibilidade de água e nutrientes é, portanto, limitada em tais solos, e mesmo a "ancoragem" das plantas, não tendo sentido o confronto entre NEOSSOLOS LITÓLICOS típicos e NEOSSOLOS LITÓLICOS fragmentários quanto ao uso agrícola ou não-agrícola. Ambos devem ser preservados de uso agrícola, especialmente quando em relevo acidentado. Quando em relevo plano, os NEOSSOLOS LITÓLICOS têm sido utilizados para pastagem, como, por exemplo, os da Unidade Pedregal, no Rio Grande do Sul, porém tal condição não é a comum para esses solos. Contudo, a presença de contato lítico fragmentário em solos lépticos (ocorrência do contato lítico abaixo de 50 cm) tem significativa importância agrícola. Tais solos, por serem mais profundos, permitem melhor ancoragem das plantas, melhor disponibilidade de água e de nutrientes por unidade de volume do que os solos com contato lítico não fragmentário.

Importância agronômica e geotécnica. A presença de contato lítico implica em séria limitação ao sistema radicular das plantas, reduzindo a profundidade efetiva do solo e, conseqüentemente, o volume de "ancoragem" das plantas, a quantidade de água e de nutrientes disponíveis. A Figura 1.2.7. assinala a marcante influência da presença de solo com contato lítico a pouca profundidade com a fitofisionomia. Obtida na região de Godinhos, no Município de Piracicaba, no mês de julho, ela retrata a absoluta predominância de plantas caducifólias, lembrando paisagem de fisionomia xerofítica. Nesse local ocorrem inclusive cactáceas como o mandacaru (*Cereus* sp.), típica da região de caatinga. Solos como os NEOSSOLOS LITÓLICOS, que apresentam contato lítico a 50 cm ou menos de profundidade, oferecem pequeno volume para o aprofundamento do sistema radicular das plantas, sendo portanto inadequados para uso com essências florestais e outras plantas permanentes de sistema radicular pivotante, a menos que o material subjacente a ele apresente intenso fraturamento. Os solos identificados em nível categórico mais baixo (subgrupo) como lépticos também podem apresentar sérias limitações, dependendo da profundidade em que aparece o contato lítico. Em geral, solos com contato lítico pouco profundo situam-se em relevo acidentado, o que limita ainda mais sua utilização, quer pelas dificuldades de trafegabilidade, quer pela sua maior erodibilidade.

Do ponto de vista geotécnico, os NEOSSOLOS LITÓLICOS e os solos lépticos são inadequados para uso como depósito de efluentes, aterro sanitário e cemitérios. A localização desses solos nos mapas pedológicos, aliada a informações sobre o substrato rochoso, dá indicações úteis para a construção de estradas e sobre a estabilidade de vertentes.

Bibliografia

BRASIL. Ministério da Agricultura. Centro Nacional de Ensino e Pesquisas Agronômicas. Comissão de Solos. **Levantamento de reconhecimento de solos do Estado de São Paulo.** Rio de Janeiro, Serviço Nacional de Pesquisas Agronômicas, 1960. 634p. (SNPA, Boletim 12).

BRASIL. Ministério da Agricultura. Divisão de Pesquisa Pedológica, DNPEA. **Levantamento exploratório – reconhecimento de solos do Estado do Rio Grande do Sul.** Recife, 1973. 431p. (Boletim Técnico, 30).

BRASIL. Ministério da Agricultura. Divisão de Pesquisa Pedológica, DNPEA. **Levantamento exploratório – reconhecimento de solos do Estado do Ceará.** Recife, Convênios MA/DNPEA-Sudene/DRN, MA/Contap/ETA, 1973a, v. 1 e 2. 502p. (Boletim Técnico, 28).

EMPRESA BRASILEIRA DE PESQUISA AGROPECUÁRIA. Serviço Nacional de Levantamento e Conservação do Solo. Rio de Janeiro, RJ. **Levantamento de reconhecimento dos solos do Distrito Federal.** Rio de Janeiro, 1978. 455p. (Boletim Técnico, 53).

EMPRESA BRASILEIRA DE PESQUISA AGROPECUÁRIA. Serviço Nacional de Levantamento e Conservação do Solo. Rio de Janeiro, RJ. **Levantamento exploratório – reconhecimento de solos da margem direita do rio São Francisco, Estado da Bahia.** Recife, Convênios Embrapa/SNLCS/-Sudene/DRN, MA/Usaid/ETA, 1977 e 1979. v. 1 e 2. 1.296p. (Boletim Técnico, 52).

EMPRESA BRASILEIRA DE PESQUISA AGROPECUÁRIA. Serviço Nacional de Levantamento e Conservação do Solo. Rio de Janeiro, RJ. **Critérios para distinção de classes de solos e de fases de unidades de mapeamento; normas em uso pelo SNLCS.** Rio de Janeiro, 1988. 67p. (Documento 11).

ESTADOS UNIDOS. United States Department of Agriculture. Soil Taxonomy. A basic system of soil classification for making and interpreting Soil Survey. 1975. **Agriculture Handbook** 436. 754p.

MACHADO, S. R. V. **Caracterização química, física e mineralógica de saprólitos do Estado de São Paulo e suas implicações na taxonomia e uso agrícola.** Unicamp. 1997. 95p. (Dissertação de Mestrado).

SMITH, G. D. **The Guy Smith Interviews: rationale for concepts in Soil Taxonomy.** SMSS Technical monograph, n. 11, Cornell University, 1986, 257p.

3.12. Cor do solo

A cor é a impressão que a luz refletida pelos corpos produz no órgão de visão. Devido a sua fácil visualização, é empregada pelo homem desde a antigüidade para diferenciar solos. Marbut, já nos idos de 1935, distinguia, entre outros, os Solos Brunos, os Brunos Escuros, os Cinzentos, os Amarelos, os Vermelhos (Cline, 1979).

A cor, apesar de facilmente perceptível, é muito difícil de ser univocamente denominada, por isso foram criadas algumas escalas, sendo a Escala Munsell de Cores para Solos (Munsell Soil Color Charts, 1954) a mais empregada pelos pedólogos.

No SiBCS, a cor é usada como critério diagnóstico de duas formas: notação Munsell completa (matiz, valor e croma) ou apenas matiz.

A notação Munsell completa é empregada na identificação de horizontes diagnósticos, como os vários tipos de horizonte A, do horizonte E álbico, do horizonte glei, na definição do caráter crômico, do ebânico e ainda como atributo diagnóstico da classe dos ARGISSOLOS BRUNO-ACINZENTADOS e dos ARGISSOLOS ACINZENTADOS (Podzólicos Acinzentados).

Apenas o matiz, por sua vez, é empregado no estabelecimento das classes de cor — amarelo, vermelho e vermelho-amarelo — e na distinção dos LATOSSOLOS BRUNOS. Essas três classes de cor são assim definidas:

- Classe de solos amarelos: matiz mais amarelo que 5 YR. Relaciona-se à razão $Hm/Hm + Gt < 0,2$, onde Hm = hematita e Gt = goetita.
- Classe de solos vermelho-amarelos: matiz 5 YR ou mais vermelho e mais amarelo que 2,5 YR. Relaciona-se à razão Hm/Hm + Gt de 0,6 a 0,2.
- Classe de solos vermelhos: com matiz 2,5 YR ou mais vermelho. Relaciona-se à razão $Hm/Hm + Gt > 0,6$.

Essas três classes de cor são empregadas no SiBCS para diferenciar classes de solos no segundo nível categórico (subordem), por exemplo, os ARGISSOLOS AMARELOS (perfil BA-119, Embrapa, 1977-1979), os LATOSSOLOS VERMELHO-AMARELOS (perfil extra BA-56, Embrapa, 1977-1979) e os NITOSSOLOS VERMELHOS (SP-31, Brasil, 1960), entre outros.

O matiz, associado a outros critérios morfológicos (espessura e teor de carbono do horizonte A, textura e fendilhamento do horizonte B resultante de sua elevada capacidade de retração), é critério utilizado na identificação dos LATOSSOLOS BRUNOS (Embrapa, 1999).

Equivalência com outros sistemas de classificação. A cor também é utilizada por outros sistemas de classificação na identificação de horizontes diagnósticos e classes de solos, contudo, por vezes, com outros critérios e importância taxonômica.

Considerações gerais. A cor sempre foi amplamente utilizada pelos pedólogos brasileiros como critério diagnóstico para distinção de classes de solos, como os Latossolos Roxos, Latossolos Brunos, Latossolos Amarelos, Podzólicos Vermelho-Amarelos, Podzólicos Vermelho-Escuros, Podzólicos Bruno-Acinzentados, Podzólicos Acinzentados, Brunizéns Avermelhados, as Terras Brunas Estruturadas, entre outros. A cor, acrescida do teor de óxidos de ferro, era critério diagnóstico empregado na diferenciação desses solos, contudo, na ausência de estudos específicos, mostrou-se inconsistente. Os limites das classes de cor de solos vermelhos, amarelos e vermelho-amarelos propostos pelo SiBCS foram estabelecidos com base nos estudos de Kämpf et al. (1988), Ker (1995) e Dick (1986), nos quais é relacionado o matiz com a razão hematita/hematita + goetita (H/H + G), trazendo maior consistência à diferenciação de classes de solos.

Uma série de fatores ambientais influenciam a relação goetita/hematita nos solos. Schwertmann & Taylor (1989) relacionam os seguintes: temperatura do solo (Figura 1.2.2a.) umidade do solo, conteúdo de matéria orgânica (Figura 1.2.2.b.), pH e ferro total. Kämpf & Schwertmann (1983) testaram essas condições em solos brasileiros e verificaram que aquela relação aumentou com 1) o decréscimo da temperatura média anual da atmosfera, 2) o aumento do excesso de umidade (precipitação menos evapotranspiração), 3) o aumento da matéria orgânica e 4) o decréscimo de pH.

Especificamente com relação à umidade do solo, vários estudos em topossequências foram feitos no Brasil, mostrando a ocorrência de solos avermelhados (hematíticos) nas superfícies de cimeira e um progressivo amarelecimento (solos mais goetíticos) na direção de jusante (Curi & Frazmeier, 1984; Santana, 1984; Oliveira et al., 1991).

Os solos "bicromáticos" comuns nos planaltos altimontanos do Brasil meridional, onde as condições climáticas favorecem o acúmulo da matéria orgânica, são exemplo da ação anti-hematítica dela, provocando o aparecimento de cores brunadas no topo do horizonte B e progressivo avermelhamento em profundidade. O perfil PR-36 (Embrapa, 1984) de LATOSSOLO BRUNO, situado a 1.150 m de altitude, no Estado do Paraná, é um exemplo dessa condição. No Quadro 3.12.1. são apresentadas as cores de alguns de seus horizontes, o teor de carbono e de argila. Observa-se que, à medida que diminui o teor de matéria orgânica, o solo vai avermelhando progressivamente, chegando à cor vermelha 1YR 3/6 a partir do horizonte Bw2.

Quadro 3.12.1. Teor de carbono, argila e cor de vários horizontes do perfil PR-36 de LATOSSOLO BRUNO (Embrapa, 1984).

Horizonte	Profundidade (cm)	Cor (úmida)	C %	Argila %
A1	0-4	7,5YR 3/2	9,23	48
AB3	55-80	6YR 3,5/6	1,67	75
BA	80-110	4YR 3,5/6	1,42	75
Bw1	110-150	2,5YR 3,5/6	0,72	77
Bw2	150-195	1YR 3,5/6	0,36	76

Importância agronômica e geotécnica. A cor em si não tem praticamente nenhuma implicação com o comportamento do solo, porém, relaciona-se com atributos físicos, químicos e mineralógicos, com alguns dos constituintes do solo e até com condições climáticas. Os pedólogos usam-na para diferenciar e delimitar horizontes de perfis de solos, para diferenciar classes de solos, assim como para inferir sobre a natureza e/ou o estado de constituintes do solo e o condicionamento a que ele está ou esteve sujeito.

A coloração vermelho-escura, usada no Soil Taxonomy (Estados Unidos, 1994) na identificação de grandes grupos (Rhodudults, Rhodudalfs...) e de subgrupos (Rhodic Acroperox, Rhodic Kandiustalfs...) e na legenda da FAO (Rhodic Ferralsols, Rhodic Nitisols...), provém da experiência pragmática de campo nos Estados Unidos, onde os problemas de estrutura de solo resultantes do cultivo eram, naqueles de coloração vermelho-escura, eliminados com maior facilidade do que nos outros solos (Smith, 1986). O termo "Rhod-Rhodic" se relaciona também, segundo o mesmo autor, à presença de solos desenvolvidos de rochas básicas e, por conseqüência, mais ricos em fósforo, e ainda a solos nos quais as cargas dependentes de pH assumem papel muito importante. A riqueza em fósforo em solos vermelhos desenvolvidos de rochas básicas foi também confirmada em solos brasileiros por Curi & Franzmeier (1987). No Brasil, os LATOSSOLOS VERMELHOS, os NITOSSOLOS VERMELHOS e os ARGISSOLOS VERMELHOS são discriminados pela cor vermelha que apresentam. Historicamente, a cor vermelho-escura (2,5 YR 3/4, 3/5; 10 R 3/4, 3/5) discrimina solos desenvolvidos de rochas ricas em ferro, com predomínio de basaltos e diabásios, os quais em geral correspondem a solos de boa fertilidade e apresentam, em termos regionais, melhor comportamento agrícola que os outros a eles associados geograficamente. Vários autores (Valadares, 1975; Valadares & Catani, 1975; Valadares & Camargo, 1983) mostraram que solos desenvolvidos de basaltos e diabásios apresentavam teores bem mais elevados de micronutrientes — Zn, Cu, Mn — que outros desenvolvidos de rochas ácidas, os quais possuíam, em geral, coloração amarelada ou brunada.

Devido ao fato de os solos vermelhos apresentarem em geral apreciável quantidade de óxidos de ferro, os que possuem conjuntamente textura argilosa e argila de baixa atividade constituem materiais muito apropriados para piso de estradas. A coloração vermelha/vermelha-escura está associada também a solos bem drenados.

As cores acinzentadas (croma ≤ 2) e matizes de 2,5Y e 5Y estão associadas à presença de horizonte glei (veja 5.15. Horizonte glei) e desenvolvidas em ambientes mal drenados de planícies aluviais, com lençol freático elevado (GLEISSOLOS e solos do subgrupo gleissólico, como os CAMBISSOLOS FLÚVICOS Alumínicos gleissólicos), ou em solos que apresentam drástica diminuição da condutividade hidráulica, devido à baixa macroporosidade do horizonte B, como nos da classe dos PLANOSSOLOS, ou ainda devido à presença de fragipã ou outros horizontes de impedimento ao fluxo interno da água. Enquanto nos

GLEISSOLOS e nos solos gleissólicos a cor predominante do horizonte diagnóstico é a cinzenta (ou cores oliváceas, esverdeadas ou azuladas), nos que apresentam algum horizonte de impedimento ao fluxo vertical da água, as cores acinzentadas se manifestam como parte dos mosqueados ou da coloração variegada. É exemplo desse caso o perfil BA-102 (Embrapa, 1977-1979) de ARGISSOLO AMARELO Distrófico arênico fragipânico. A cor variegada de seu horizonte 2Btx está composta pelas cores bruno (10YR 5/3), bruno-forte (7,5YR 5/8) e cinzento (N6/0).

Solos com cores acinzentadas apresentam limitações variáveis quanto ao excesso de água, dependendo da intensidade das manifestações de hidromorfismo e da profundidade de sua ocorrência. Quanto mais intensas as manifestações e mais próximas à superfície, maiores as limitações.

As cores escuras ou pretas geralmente ocorrem no horizonte superficial. Elas são indicativas de boa estruturação e de teores de matéria orgânica e capacidade de troca de cátions bem mais elevados que no horizonte superficial de solos de coloração mais clara e de mesma textura. Quando eutrófico, esse horizonte indica presença de solos com elevado potencial agrícola, como são os da classe dos CHERNOSSOLOS (Brunizéns e Brunizéns Avermelhados).

Cores escuras ou pretas podem ocorrer também ao longo ou em grande parte do perfil, como nos VERTISSOLOS EBÂNICOS. É exemplo desse caso o perfil MT-111 (Brasil, 1971), no qual as cores preto (N2/0) e cinzento muito escuro (N3/0) se estendem desde a superfície até a profundidade de 125 cm. É interessante notar que a cor escura dos Vertissolos não se correlaciona necessariamente com teores elevados de matéria orgânica, mas sim com a íntima associação desta com a fração muito fina (Inra, 1995). O horizonte C2 do perfil acima, por exemplo, tem apenas 0,97% de carbono, apesar de sua cor preta, N2/0.

Manchas ou concreções de cor preta em ambiente redutor geralmente indicam presença de compostos tóxicos de manganês (a formação de borbulhas com aplicação de água oxigenada diluída indica, no campo, a presença de tais compostos).

Cores amareladas (7,5YR ou mais amarela) estão associadas à presença de solos nos quais os óxidos de ferro, como a goetita, constituem importantes componentes da fração argila. Tais solos são muito comuns em regiões de clima subtropical úmido. Curi & Franzmeier (1984), trabalhando com oxissolos (latossolos) brasileiros, ressaltam que, mantidas outras condições semelhantes, os solos amarelados fixam mais fósforo do que os vermelhos. Esses autores condicionam tal comportamento à maior superfície específica encontrada nos solos amarelos. Não se conhecem, contudo, dados práticos que associem esse fato com aspectos agronômicos, tais como necessidade diferenciada de aplicação de fósforo nos solos amarelados (goetíticos) em relação aos solos avermelhados (hematíticos), com similaridade quanto à textura e porcentagem de óxidos de ferro.

Solos amarelados (a jusante) coexistindo em uma mesma topossequência com solos avermelhados (a montante) podem indicar a presença de condições hídricas atuais (ou pretéritas) diferenciadas, sendo esses solos em geral mais úmidos que os avermelhados (Curi & Franzmeier, 1984; Oliveira et al., 1991). Tal fato tem importância em áreas que apresentem períodos significativos de veranico. Essa situação é confirmada por agricultores como os da região de Guaíra, SP. Segundo eles, nos solos amarelados, as plantas sentem menos os períodos de seca do que nos solos avermelhados situados em ascenso em uma mesma topossequência.

Do ponto de vista geotécnico, a coloração amarelada não se correlaciona com nenhum comportamento distinto dos solos que mereça maiores considerações.

Manchas de coloração esbranquiçada estão em geral associadas à presença de carbonato de cálcio. Tais ocorrências são freqüentes em solos das regiões áridas ou semi-áridas. A efervescência devida à reação do carbonato com ácido clorídrico diluído comprova a presença daquele composto.

Bibliografia

BRASIL. Ministério da Agricultura. Centro Nacional de Ensino e Pesquisas Agronômicas. Comissão de Solos. **Levantamento de reconhecimento de solos do Estado de São Paulo.** Rio de Janeiro, Serviço Nacional de Pesquisas Agronômicas, 1960. 634p. (SNPA, Boletim, 12).

BRASIL. Ministério da Agricultura. Divisão de Pesquisa Pedológica, DNPEA. **Levantamento de reconhecimento dos solos do sul do Estado do Mato Grosso.** Rio de Janeiro, 1971. 839p. (Boletim Técnico, 18).

CLINE, M. G. **Soil classification in the United States.** Cornell University. Agronomy Mimeo n. 79-12, 1979. 207p.

CURI, N. & FRANZMEIER, D. P. Toposequence of Oxisols from the central plateau of Brazil. **Soil Sci. Soc. Amer. J.**, Madison, 48: 341-346, 1984.

CURI, N. & FRANZMEIER, D. P. Effect of parent rocks on chemical and mineralogical properties of some Oxisols in Brazil. **Soil Sci. Soc. Amer. J.**, Madison, 51: 152-158, 1987.

DICK, D. P. **Caracterização de óxidos de ferro e absorção de fósforo na fração argila de horizontes B latossólicos.** Porto Alegre. UFRGS, 1986. 196p. (Dissertação de mestrado).

EMPRESA BRASILEIRA DE PESQUISA AGROPECUÁRIA. Serviço Nacional de Levantamento e Conservação do Solo. Rio de Janeiro, RJ. **Levantamento exploratório – reconhecimento de solos da margem direita do rio São Francisco, Estado da Bahia.** Recife, Convênios Embrapa/SNLCS-Sudene/DRN, MA/Usaid/ETA, 1977 e 1979. v. 1 e 2. 1.296p. (Boletim Técnico, 52).

EMPRESA BRASILEIRA DE PESQUISA AGROPECUÁRIA. Serviço Nacional de Levantamento e Conservação do Solo. Rio de Janeiro, RJ. **Levantamento de reconhecimento dos solos do Estado do Paraná.** Londrina, Sudesul, Embrapa/Gov. Est. Paraná Iapar. 1984. Tomo I e II. 791p. (Embrapa/SNLCS. Boletim de Pesquisa, 27-Iapar, Boletim Técnico, 16).

EMBRAPA. **Sistema Brasileiro de Classificação de Solos.** Rio de Janeiro, 1999. 412p.

ESTADOS UNIDOS. United States Department of Agriculture. **Soil Conservation Service. Keys to Soil Taxonomy.** 6th ed., 1994, 306p.

FAO, FAO/UNESCO. **Soil Map of the World. Revised Legend with corrections.** Rome, FAO, 1988 (World Resources Report, 60). Wageningen, ISRIC (Technical Paper, 20), 1994.

INSTITUT NATIONAL DE LA RECHERCHE AGRONOMIQUE. **Référentiel Pédologique.** AFES. 1995. 332p.

KÄMPF, N. & SCHWERTMANN, U. Relations between iron oxides and soil colour in kaolinitic soils of southern Brazil. **Rev. Bras. Ci. Solo** 7: 27-31, 1983.

KÄMPF, N. & SCHWERTMANN, U. Goethite and hematite in a climossequence in Southern Brazil and their application in classification of kaolinitic soils. **Geoderma** 29: 27-39, 1983.

KÄMPF, N., KLANT, E. & SCHENEIDER, P. Óxidos de ferro em Latossolos do Brasil Sudeste e Sul. In: Reunião de Classificação e Correlação de Solos e Interpretação de

Aptidão Agrícola. 3. 1988, Rio de Janeiro. **Anais.** Rio de Janeiro. Embrapa-SNLCS, 1988. p. 153-183. (Embrapa-SNLCS. Documentos, 12).

KER, J. C. **Mineralogia, sorção e dessorção de fosfato, magnetização e elementos traços de latossolos do Brasil.** Viçosa. UFV, 1995. 181p. (Tese de doutorado).

MUNSELL COLOR COMPANY. **Munseel Color Soil Charts.** Baltimore, Mad. USA, 1954.

OLIVEIRA, J. B., RESENDE, M. & CURI, N. Caracterização e classificação de Latossolos variação Una e de solos afins da região de Guaíra, SP. **Rev. Bras. Ci. Solo,** Campinas, 15(2): 207-218, 1991.

SANTANA, D. P. **Soil formation in a topossequence of oxisols from Patos de Minas region, Minas Gerais State, Brazil.** Ph D. diss. Purdue Univ., Lafayette (Diss. Abstr., 45-1974-B).

SCHWERTMANN, U. & TAYLOR, R. M. Iron oxides. In: **Minerales in soils environments.** 2. ed. SSSA Book Series, n. 1, p. 379-438, 1989.

SMITH, G. D. **The Guy Smith Interviews: rationale for concepts in Soil Taxonomy.** SMSS Technical monograph, n. 11, Cornell University, 1986, 257p.

VALADARES, J. M. A. S. Cobre nos solos do Estado de São Paulo. **Bragantia,** Campinas, 34(4): 125-132, 1975.

VALADARES, J. M. A. S. & CAMARGO, O. A. O manganês em solos do Estado de São Paulo. **Rev. Bras. Ci. Solo,** Campinas, 7(2): 123-130, 1983.

VALADARES, J. M. A. S. & CATANI, R. A. Zinco em solos do Estado de São Paulo. **Bragantia,** Campinas, 34(5): 133-139, 1975.

3.13. Grau de decomposição do material orgânico

Definição. **Material orgânico-fíbrico.** Material orgânico constituído de fibras[21], facilmente identificável como de origem vegetal. Tem 40% ou mais de fibras esfregadas[22] por volume e índice do pirofosfato igual ou superior a 5. Se o volume de fibras é igual ou superior a 75%, por volume, o critério do pirofosfato não se aplica. O material fíbrico é

21. Fibra – é definida como material orgânico que mostra evidências de restos de plantas, excluídas as partes vivas, retido em peneira de abertura de 100 mesh (0,149 mm de diâmetro). Excetuam-se os fragmentos lenhosos que não podem ser amassados com os dedos e são maiores que 2 cm na maior dimensão (Embrapa, 1999).

22. Fibra esfregada – refere-se à fibra que permanece na peneira de 100 mesh após se esfregar, cerca de dez vezes, uma amostra de material orgânico entre o polegar e o indicador (Embrapa, 1999).

usualmente classificado, na escala de decomposição de Von Post, nas classes 1 a 4 (Quadro 3.13.1.). Apresenta cores pelo pirofosfato de sódio, as quais, na página 10YR da Escala Munsell de Cores, correspondem aos valores e cromas de 7/1, 7/2, 8/1, 8/2 ou 8/3. **Material orgânico-hêmico.** Material orgânico em estágio de decomposição intermediário entre o fíbrico e o sáprico. O material é parcialmente alterado por ação física e bioquímica. Não satisfaz os requisitos de material fíbrico ou sáprico. O teor de fibras esfregadas varia de 17 a 40% por volume. O material hêmico é usualmente classificado, na escala de decomposição de Von Post, nas classes 5 ou 6. **Material orgânico-sáprico.** Material orgânico em estágio avançado de decomposição. Normalmente tem o menor teor de fibras, a mais alta densidade do solo e a mais baixa capacidade de retenção de água no estado de saturação entre os três estágios de decomposição do material orgânico. Corresponde às classes 7 a 10 da escala de decomposição de Von Post.

Taxonomia. Os três tipos de decomposição do material orgânico mencionados acima são empregados como diagnóstico no terceiro nível (grande grupo) da ordem dos ORGANOSSOLOS, discriminando, por exemplo, os ORGANOSSOLOS HÁPLICOS Fíbricos (perfil: unidade Torres-4; Kämpf & Schneider, 1989), os ORGANOSSOLOS HÁPLICOS Hêmicos (perfil IAC-1343, Sakai & Lepsch, 1987), os ORGANOSSOLOS HÁPLICOS Sápricos (perfil: unidade Caldas-1, Kämpf & Schneider, 1989).

Equivalência com outros sistemas de classificação. O conceito dos três tipos de materiais orgânicos é equivalente aos propostos pelo Soil Taxonomy (Estados Unidos, 1994). A legenda da FAO (FAO, 1994) não relaciona materiais orgânicos com estágios diversos de decomposição entre as propriedades diagnósticas, apesar de discriminar os Fibric e os Terric Histosols pela presença, respectivamente, de materiais orgânicos pouco e muito decompostos.

Considerações gerais. Os três estágios de decomposição do material orgânico constituem atributos diagnósticos novos incluídos no SiBCS. A identificação de tais tipos de materiais orgânicos nunca foi, com raras exceções, utilizada como critério diagnóstico nos levantamentos de solos efetuados no Brasil. O trabalho de Sakai & Lepsch (1987) constitui um

Quadro 3.13.1. Escala de humificação dos horizontes segundo Von Post (Schaaf, 1999).

Grau da escala	Decom-posição	Estrutura do vegetal antes do teste	Presença de material amorfo*	Material obtido após pressão na mão	Natureza do resíduo na palma da mão
h1	nula	Perfeitamente identificável	nula	água límpida	vegetais não decompostos
h2	insignifi-cante	facilmente identificável	nula	água de cor amarela a bruna	vegetais muito pouco decompostos
h3	muito fraca	identificáveis	muito fraca	água de cor bruna a negra	vegetais pouco de-compostos, massa fibrosa pouco úmida
h4	fraca	dificilmente identificáveis	pouca	água turva	resíduo úmido de consistência ligei-ramente granulosa
h5	média	reconhecíveis mas não identificáveis	média	água turva com um pouco de turfa	resíduo pastoso di-luído, estruturas ve-getais ainda visíveis a olho nu
h6	média a forte	não reconhecíveis	elevada	água enlameada: menos de um ter-ço da turfa passa entre os dedos	resíduo granuloso e brando, com algu-mas estruturas visíveis
h7	forte	indistintas	muito elevada	água enlameada: cerca da metade da turfa passa entre os dedos	resíduo diluído com algumas estruturas vegetais visíveis
h8	muito forte	muito indistintas	muito elevada	lama: dois terços da turfa passa entre os dedos	resíduo brando e diluído, às vezes com alguns resíduos lenhosos não decompostos
h9	quase total	praticamente indistinguíveis	muito elevada	quase toda a mistura homo-gênea água-solo passa entre os dedos	a estrutura dos ve-getais incluída no resíduo em peque-na quantidade raramente é reco-nhecível
h10	total	não discernível	muito elevada	toda massa é homogênea e passa entre os dedos	sem resíduo

* Material orgânico sem forma definida.

dos raros exemplos do emprego desses critérios para tal finalidade. Mais recentemente, Kämpf & Schneider (1989) apresentaram a caracterização de solos orgânicos do Rio Grande do Sul, onde o grau de decomposição do material orgânico constitui um dos critérios diagnósticos.

A identificação desses estágios de decomposição da matéria orgânica é importante referencial na interpretação dos mapas pedológicos para fins agrícolas e geotécnicos.

Além das classes de humificação de Von Post, estabelecidas para solos orgânicos, tem sido empregado em alguns países o valor **n** para a identificação empírica no campo do grau de maturidade física de solos jovens de planícies aluviais. A escala não é aplicável a solos de textura areia (Pons & Zonneveld, 1965) (Quadro 3.13.2.).

Quadro 3.13.2. Classificação do material do solo segundo estágio físico de maturação (Pons & Zonneveld, 1965).

Valor n	Grau de maturação	Descrição da consistência
< 0,7	maturado	firme, não adere à mão (ou somente ligeiramente), não passa entre os dedos
0,7-1,0	quase maturado	ligeiramente firme (maleável), tende a aderir à mão e é preciso forçar para passar entre os dedos
1,0-1,4	meio maturado	macio (muito maleável), plástico: adere à mão, escapa facilmente entre os dedos
1,4-2	pouco maturado	sem consistência, muito plástico, passa entre os dedos
> 2	não maturado	fluido, não pode ser retido na mão

O valor **n** é expresso pela fórmula:

$$n = (A - 0{,}2R)/(L + 3H)$$

onde:

A = porcentagem de água nas condições de campo
R = porcentagem de silte + areia
L = porcentagem de argila
H = porcentagem de matéria orgânica (% carbono × 1,72)

O valor **n** permite inferir, por exemplo, se um solo pode ser pastoreado, se pode suportar determinadas cargas (trafegabilidade) ou sobre possíveis taxas de subsidência. O Soil Taxonomy (Estados Unidos, 1994) preconiza o uso de tal característica e utiliza o valor de n > 0,7 para identificar solos imaturos, como os Hydraquents. Esse atributo, contudo, não é empregado no SiBCS.

Importância agronômica e geotécnica. Os comentários feitos no Capítulo 3, item 3.1. Material orgânico. Material mineral, são aplicáveis aqui em sua totalidade. Não dispomos de informações específicas sobre o comportamento de cada um dos três tipos de materiais orgânicos. Contudo, pode-se afirmar que, quanto mais avançado o estágio de decomposição do material orgânico, mais elevada a densidade do solo, menor a taxa de subsidência, menor a limitação à trafegabilidade e menor a taxa de retenção de água.

Bibliografia

EMPRESA BRASILEIRA DE PESQUISA AGROPECUÁRIA. **Sistema Brasileiro de Classificação de Solos.** Rio de Janeiro, 1999. 412p.

ESTADOS UNIDOS. United States Department of Agriculture. Soil Conservation Service. **Keys to Soil Taxonomy.** 6th ed., 1994, 306p.

FAO, FAO/UNESCO. **Soil Map of the World. Revised Legend with corrections.** Rome, FAO, 1988 (World Resources Report, 60). Wageningen, ISRIC (Technical Paper, 20), 1994.

KÄMPF, N. & SCHNEIDER, P. Caracterização de solos orgânicos do Rio Grande do Sul: propriedades morfológicas e físicas como subsídios à classificação. **Revista Brasileira de Ciência do Solo,** Campinas, v. 13, n. 2, p. 227-236, 1989.

PONS, L. & ZONNEVELD, I. S. **Soil ripening and soil classification. Initial soil formation of alluvial deposits with a classification of the resulting soils.** H. Veenman & Zonen N.V., Wageningen, 1965. 127p.

SAKAI, E. & LEPSCH, I. F. **Levantamento pedológico detalhado e distribuição espacial de características dos solos do pôlder Registro-I, SP.** Campinas, Instituto Agronômico, 1987, 56p. (Boletim Científico n. 10).

SCHAAF, S. van der. **Analysis of the hydrology of raised bogs in the Irish Midlands. A case study of Raheenmore Bog and Clara Bog.** Doctor's thesis, Agricultural University, Wageningen. 375p. 1999.

3.14. Minerais facilmente alteráveis

Definição. São aqueles instáveis em climas úmidos, em comparação com outros minerais, tais como quartzo e argilas do grupo das caulinitas, e que, quando se intemperizam, liberam nutrientes para as plantas e ferro ou alumínio. São considerados minerais alteráveis:

- Minerais encontrados na fração menor que 0,002 mm (minerais da fração argila): incluem todas as argilas do tipo 2:1, exceto a clorita aluminosa interestratificada, a sepiolita. O talco e a glauconita também são incluídos nesse grupo de minerais alteráveis, ainda que nem sempre pertencentes à fração argila.
- Minerais encontrados na fração 0,002 a 2 mm (minerais da frações silte e areia): feldspatos, feldspatóides, minerais ferromagnesianos (anfibólios, piroxênios, olivina), vidros vulcânicos, fragmentos de conchas, zeolitos, apatitas e micas, incluindo a muscovita, a qual resiste por algum tempo à intemperização, mas que acaba também desaparecendo.

Taxonomia. Este atributo é empregado no SiBCS para definir o horizonte B latossólico (< 4% minerais alteráveis) e o horizonte B incipiente (≥ 4%) quando este tem semelhança com o primeiro (> 4% minerais alteráveis) e entre os NEOSSOLOS, para discriminar os NEOSSOLOS REGOLÍTICOS (*Regossolos*) dos NEOSSOLOS QUARTZARÊNICOS (*Areias Quartzosas*). Os NEOSSOLOS REGOLÍTICOS apresentam 4% ou mais de minerais alteráveis nas frações areia grossa ou areia fina, e os NEOSSOLOS QUARTZARÊNICOS, menos de 4%.

É interessante ressaltar que, na ordem dos NEOSSOLOS, o teor de minerais primários facilmente alteráveis é determinado na fração areia, porém, referido a 100 g de TFSA. Assim, se um solo de textura arenosa apresentar, por exemplo, 8% de minerais primários na fração areia fina e o conteúdo desta for de 40%, o teor de minerais primários referidos a 100 g de TFSA será de apenas 3,2%. Um NEOSSOLO em tal situação deverá ser identificado, portanto, como NEOSSOLO QUARTZARÊNICO e não como NEOSSOLO REGOLÍTICO.

Equivalência com outros sistemas de classificação. A definição de minerais alteráveis do SiBCS é equivalente às do Soil Taxonomy (Estados Unidos, 1994) e da legenda da FAO (FAO, 1994).

Considerações gerais. As rochas, uma vez expostas às condições atmosféricas, sofrem processo de intemperismo cuja intensidade é largamente influenciada pela agressividade do meio, especialmente no que concerne às condições de calor e umidade. Geralmente essa agressividade é bem mais expressiva nas regiões quentes e úmidas de ambiente exorréico do que nas frias ou secas de ambiente endorréico, pois a maior temperatura ambiente, aliada à presença da água e facilidade de lixiviação, permite que o intemperismo se processe com maior velocidade no primeiro caso do que no segundo (veja 1.1. Material de origem. Intemperismo).

Os minerais constitutivos das rochas (minerais primários), contudo, apresentam estabilidade variada ao intemperismo, sendo em geral tanto mais resistentes quanto mais abundantes forem as ligações Si-Si. Existem várias tabelas que mostram a estabilidade relativa dos minerais. No Quadro 3.14.1. é apresentada a de Goldisch (1938), citado por Brewer (1964). Os minerais no topo da tabela são predominantes nas rochas básicas (basaltos, por exemplo), enquanto os situados na base são comuns nas rochas ácidas (granito, por exemplo). Os primeiros minerais são relativamente pouco estáveis devido às poucas ligações Si-Si, enquanto os últimos são resistentes devido às várias ligações Si-Si existentes em suas estruturas.

A maior ou menor presença de minerais (facilmente) alteráveis nos solos reflete, portanto, grau mais ou menos avançado de seu estágio de intemperismo. Por isso, nos LATOSSOLOS, que por conceituação são solos em avançado estágio de intemperismo, os minerais alteráveis não podem ultrapassar 4%, enquanto nos CAMBISSOLOS, que são solos relativamente mais jovens, mais imaturos, os valores desses minerais geralmente são levados.

Quadro 3.14.1. Estabilidade de minerais (Goldisch, 1938, citado por Brewer, 1964).

Minerais máficos		**Minerais feldspáticos**
Olivina		Plagioclásio cálcico
Augita		Plagioclásios Na/K
Anfibólios		Plagioclásios Na
Biotita ↘		↙
	Feldspato K	
	Muscovita	
	Quartzo	

Os minerais primários são fonte de nutrientes para as plantas, à medida que íons indisponíveis contidos na estrutura das redes cristalinas são paulatinamente liberados através do intemperismo, tornando-se então disponíveis. Segundo Goedert (1973), citado por Lana & Neves (1994), o K estrutural retido na rede cristalina constitui 90 a 98% do K total.

Os principais macronutrientes contidos nas estruturas cristalinas de minerais (facilmente) alteráveis são: feldspatos e feldspatóides ⇒ Ca^{2+}, K^+, Na^+; anfibólios ⇒ Ca^{2+}, Mg^{2+}, Fe^{3+}; piroxênios ⇒ Ca^{2+}, Na^+, Mg^{2+}, Fe^+; olivina ⇒ Fe^{3+}, Mg^{2+}; apatita ⇒ Ca^{2+}, P; biotita ⇒ K^+, Mg^{2+}, Fe^{3+}; muscovita ⇒ K^+; zeólitos ⇒ Na^+, K^+, Ca^{2+}; illita: K^+.

As análises químicas rotineiras de solos não detectam a presença desses elementos retidos na rede cristalina, sendo necessário o emprego de extratores mais agressivos para sua liberação e dosagem: HNO_3 fervente, ataque triácido; H_2SO_4 + HNO_3 + HCl concentrados, ataque sulfúrico, entre outros. Oliveira et al. (1982), por exemplo, assinalam que o horizonte A1 de um CAMBISSOLO (perfil IAC-1185), apesar de conter 42% de feldspatos, apresentou apenas 0,15 $cmol_c$/100 g de K^+ trocável no solo.

O Referencial Internacional para classificação de solos (FAO, 1998) propõe que o requerimento de minerais alteráveis possa ser substituído pelo conteúdo total em bases (bases trocáveis + Ca, Mg, K e Na contidos na estrutura cristalina), acrescentando que uma reserva total de bases de 25 $cmol_c\ kg^{-1}$ correlaciona-se bem com o valor de 10% de minerais primários facilmente intemperizáveis contidos na fração 50-200 μm.

Importância agrícola e geotécnica. Nos últimos anos foram realizados muitos trabalhos no Brasil relacionados às formas de K no solo (Prezotti et al., 1988; Reatto et al., 1998; Silva & Meurer, 1988; Ricci et al., 1989; Nachtigall & Vahl, 1991; Melo et al., 1995; Silva et al., 1995, entre outros). Nesses trabalhos fica evidente a importância de solos originados de granitos na presença de minerais primários contendo K nas frações do solo, especialmente nas areias, e do K estrutural na nutrição das plantas, especialmente de essências florestais.

A presença de excelentes cafezais em ARGISSOLOS VERMELHO-AMARELOS (*Podzólicos Vermelho-Amarelos*) com baixos teores de K^+ trocável, na região de Mogi-Guaçu, SP, pode ser devida à provável presença de K^+ labil, fornecido pela elevada quantidade de feldspatos presentes em tais solos.

Teoricamente, em solo autóctone, o saprólito (horizonte Cr) deve apresentar teores mais elevados de minerais primários alteráveis do que os horizontes suprajacentes mais intemperizados. Reatto et al. (1998) e Melo et al. (1995) observaram um aumento do teor de K para as formas de K total nos horizontes inferiores de solos por eles estudados. Esse fato sugere que, em solos identificados como saprolíticos, como os CHERNOSSOLOS ARGILÚVICOS saprolíticos e os LUVISSOLOS CRÔMICOS Órticos saprolíticos, entre outros, a presença do horizonte Cr, relativamente à pouca profundidade, deve ter significativa importância na nutrição mineral das plantas de sistema radicular mais possante, essências florestais, notadamente. É exemplo dessa condição o perfil BA-180 (Embrapa, 1977-1979). Enquanto o horizonte 2BC (63-73 cm) apresenta na fração areia 91% de quartzo, 1% de clorita e 4% de biotita e muscovita intemperizadas, o saprólito, horizonte 2C (73-100 cm), apresenta 50% de quartzo hialino, 42% de mica biotita e muscovita intemperizadas e 8% de calcário.

Do ponto de vista geotécnico, Harris et al. (1984) salientam que a morfologia laminar das micas leva-as a ter comportamento sob estresse bem diferente daquele apresentado por grãos eqüidimensionais: quartzo, feldspato etc. Enquanto a compressibilidade do grão de quartzo é negligenciável, exceto a pressões muito altas, quando pode esmigalhar-se, as plaquetas de mica, ao contrário, podem deformar-se, sobretudo nas tensões que ocorrem usualmente nos solos, afetando a compressibilidade deles. Além disso, como as partículas de mica tendem a se orientar paralelamente, resulta pequena resistência ao cizalhamento. Baixa resistência ao cizalhamento, alta compressibilidade e baixa compactibilidade são fatores que limitam os solos micáceos para subgrades de estradas, fundações e outros usos de engenharia. Stolt & Baker (1994) ressaltam que o material micáceo, depois de cessado o esforço de compressão, tende a voltar à posição inicial.

Modernamente, nos estudos de cargas críticas de solos, os minerais primários alteráveis têm sido considerados uma das variáveis importantes na estimativa do poder de amortização deles frente aos processos de acidificação (Macias, 1996).

Bibliografia

BREWER, R. **Fabric and mineral analysis of soils.** New York, John Wiley & Sons, 1964. 470p.

EMPRESA BRASILEIRA DE PESQUISA AGROPECUÁRIA. Serviço Nacional de Levantamento e Conservação do Solo. Rio de Janeiro, RJ. **Levantamento exploratório – reconhecimento de solos da margem direita do rio São Francisco, Estado da Bahia.** Recife, Convênios Embrapa/SNLCS-Sudene/DRN, MA/Usaid/ETA, 1977 e 1979. v. 1 e 2. 1.296p. (Boletim Técnico, 52).

ESTADOS UNIDOS. United States Department of Agriculture. Soil Conservation Service. **Keys to Soil Taxonomy.** 6th ed., 1994, 306p.

FAO, FAO/UNESCO. **Soil Map of the World. Revised Legend with corrections.** Rome, FAO, 1988 (World Resources Report, 60). Wageningen, ISRIC (Technical Paper, 20), 1994.

FAO, FAO/ISRIC/ISSS. **World Reference Base for Soil Resources. World Soils Resources Report, 84.** Rome, FAO. 1998. 88p.

HARRIS, W. G., PARKER, J. C. & ZELAZNY, L. W. Effects of mica content on engeneering properties of sands. **Soil Sci. Soc. Am. J.** 48: 501-505, 1984.

LANA, M. C. & NEVES, J. C. L. Capacidade de suprimento de potássio em solos sob reflorestamento com eucalipto do Estado de São Paulo. **Rev. Árv.**, Viçosa, v. 18: 115-122, 1994.

MACIAS, F. **Mecanismos de amortiguación de ácidos: aplicación a la determinación de las cargas críticas de acidez de suelos.** In: XXIII Congresso Latino Americano de Ciência do Solo. Águas de Lindóia, SP. 1996. Comissão 2. 25p. CD-ROM.

MELO, V. F., BARROS, N. F., COSTA, L. M., NOVAIS, R. F. & FONTES, M. P. F. Formas de potássio e de magnésio em solos do Rio Grande do Sul e sua relação com o conteúdo na planta e com a produção em plantio de eucalipto. **R. Bras. Ci. Solo**, Campinas, 19: 165-171, 1995.

NACHTIGALL, G. R. & VAHL, L. C. Capacidade de suprimento de potássio dos solos da Região Sul do Rio Grande do Sul. **Rev. Bras. Ci. Solo**, Campinas, 15: 37-42, 1991.

OLIVEIRA, J. B., MENK, J. R. F., BARBIERI, J. L., ROTTA, C. L. & TREMOCOLDI, W. **Levantamento pedológico semidetalhado do Estado de São Paulo: Quadrículas de Araras.** Campinas, Instituto Agronômico. 1982. 180p. (Boletim Técnico, 71).

PREZOTTI, L. C., DEFELIPO, B. V., VENEGAS, V. H. A. & BARROS, N. F. Nível crítico de potássio no solo para a produção de mudas de eucalipto. **Rev. Bras. Ci. Solo**, 12: 65-70, 1988.

REATTO, A., FONTES, M. P. F., ALVAREZ V. V. H., RESENDE, M., KER, J. C. & COSTA, L. M. Caracterização mineralógica, potencial de reserva e sustentabilidade agrícola de alguns sítios florestais de eucalipto da Região do Vale do Rio Doce (MG). **Rev. Bras. Ci. Solo**, Campinas, 22: 255-266, 1998.

RICCI, M. S. F., DEFELIPO, B. V., COSTA, L. M. & RESENDE, S. B. As frações granulométricas do solo como reserva de potássio para as plantas. **Rev. Bras. Ci. Solo**, Campinas, 13: 181-186, 1989.

SILVA, D. N. & MEURER, E. J. Disponibilidade de potássio para as plantas em solos do Rio Grande do Sul em função da capacidade de troca de cátions. **Rev. Bras. Ci. Solo**, Campinas, 12: 137-142, 1988.

SILVA, D. N., MEURER, E. J., KÄMPF, N. & BORKERT, C. M. Mineralogia e formas de potássio em dois Latossolos do Estado do Paraná e suas relações com a disponibilidade para as plantas. **Rev. Bras. Ci. Solo**, Campinas, 19: 433-439, 1995.

STOLT, H. M. & BAKER, J. C. Strategies for studying saprolite and saprolite genesis. In: **Whole Pedology**, p. 1-19, SSSA Special Publication n. 34. 1994.

3.15. Materiais sulfídricos

Definição. O termo "materiais sulfídricos" refere-se aos materiais que ocorrem em solos de natureza mineral ou orgânica e que apresentam compostos de enxofre oxidáveis e valor de pH em água superior a 3,5. Tais materiais, se incubados na forma de camada com 1 cm de espessura, sob condições aeróbicas úmidas (capacidade de campo), em temperatura ambiente, mostram um decréscimo no pH de 0,5 ou mais unidades para um valor de pH igual a 4 ou menor (1:1 por peso em água, ou com um mínimo de água para permitir a medição) no intervalo de oito semanas.

Taxonomia. O SiBCS usa indistintamente o material sulfídrico e o horizonte sulfúrico (veja 5.19. Horizonte sulfúrico) como diagnósticos em dois níveis categóricos de várias classes de solos. No segundo nível categórico (subordem) discrimina classes como a dos GLEISSOLOS TIOMÓRFICOS (perfil GB-44, Embrapa, 1980) e a dos ORGANOSSOLOS TIOMÓRFICOS (perfil GB-47, Embrapa, 1980). No quarto nível (subgrupo) discrimina classes como as dos GLEISSOLOS SÁLICOS Sódicos tiônicos e GLEISSOLOS HÁPLICOS Ta Eutróficos tiônicos.

Equivalência com outros sistemas de classificação. Há uma importante diferença entre o Soil Taxonomy (Estados Unidos, 1994) e o SiBCS no que diz respeito à classificação de solos que possuem materiais sulfídricos ou horizonte sulfúrico. Enquanto no Brasil tanto os materiais sulfídricos como o horizonte sulfúrico têm o mesmo significado taxonômico, no Soil Taxonomy eles chegam a discriminar ordens diferentes. Por exemplo, os Sulfaquentes (ordem dos Entisols) são solos que apresentam materiais sulfídricos e que, após drenados, podem, num curto período, ser identificados como Sulfaquepts (ordem dos Inceptisols) por apresentarem horizonte sulfúrico. Tal mudança em curto espaço de tempo naturalmente traz problemas de mapeamento de solos. A legenda da FAO (FAO, 1994), à semelhança do SiBCS, inclui entre os Thionic Fluvisols tanto solos que apresentam materais sulfídricos como horizonte sulfúrico.

Considerações gerais. Os materiais sulfídricos são componentes de solos orgânicos ou minerais formados em sedimentos marinhos recentes, em ambiente redutor, geralmente associados a áreas com influência de marés. Os sulfatos existentes na água salobra são reduzidos biologicamente a sulfetos. Mantidas as condições de redução do meio, o pH do solo contendo esses materiais se mantém próximo da neutralidade. Solos contendo esses materiais são tidos como solos "tiomórficos potenciais", pois, ao serem drenados para uso, ou de alguma forma oxidados, os compostos de enxofre sofrem violenta oxidação, formando-se ácido sulfúrico e outros compostos de enxofre (jarosita), com drástico abaixamento do pH do solo, o qual pode chegar, então, a valores inferiores a 3,5. Nessas condições, esses materiais passam a constituir um horizonte sulfúrico (veja 5.19. Horizonte sulfúrico). A transformação de materiais sulfídricos em horizonte sulfúrico pode se dar num espaço de tempo relativamente curto, de anos ou até semanas. A literatura cita a possibilidade de ocorrência de materiais sulfídricos em águas frescas desde que contenham enxofre. Essa situação, contudo, parece não existir no Brasil.

Os materiais sulfídricos contidos em solos encharcados da região litorânea são os predominantes no Brasil, porém, há registro da ocorrência desses materiais em solos construídos (solos antropogênicos) em áreas de mineração de carvão (Kämpf et al., 1997).

Os solos com material sulfídrico das regiões litorâneas apresentam em geral lençol freático elevado ao longo do ano, sendo portanto, em geral, solos com pouca evolução morfológica, apresentando-se como uma massa de consistência pastosa, de cores acinzentadas e com pequeno desenvolvimento de estrutura. Os fenômenos de alteração química e biológica também são reduzidos. Apresentam baixíssima capacidade de suporte.

Esses solos, quando saneados, sofrem uma série de transformações físicas, químicas, biológicas e morfológicas, produzindo um progressivo amadurecimento deles. No estado imaturo, tais solos apresentam valor **n** (Pons & Zonneveld, 1965) elevado (n > 1,4), o qual vai progressivamente baixando à medida que se tornam mais maduros (veja 3.13. Grau de decomposição do material orgânico).

Importância agronômica e geotécnica. Os solos com materiais sulfídricos são por excelência os que se encontram permanentemente saturados com água, apresentando, portanto, sérias limitações quanto à trafegabilidade. Nessas condições, são solos inadequados para a maioria das plantas cultivadas ou mesmo para uso pastoril. O arroz é uma das poucas exceções. Para melhorar seu aproveitamento, esses solos necessitam ser drenados, porém, o rebaixamento do lençol freático possibilita que fenômenos de oxidação se estabeleçam, com produção de ácido sulfúrico às expensas dos compostos de enxofre existentes, determinando, portanto, o aparecimento de outras limitações, tornando, dessa forma, bastante difícil e oneroso o saneamento de tais solos para uso agrícola. Devido à presença de lençol freático elevado e por estarem sujeitos a inundações freqüentes, solos com materiais sulfídricos requerem, em geral, a construção de diques para poderem ser saneados (pôlderes). Solos com materiais sulfídricos situados na região costeira geralmente apresentam também elevada salinidade, sendo comuns valores de condutividade elétrica superiores a 10 dS m^{-1}.

No SiBCS, os GLEISSOLOS TIOMÓRFICOS encabeçam a chave de classificação dos GLEISSOLOS. Comos aqueles solos, por definição, devem conter materiais sulfídricos e/ou horizonte sulfúrico dentro de 100 cm a partir da superfície, todos os GLEISSOLOS tiônicos apresentam, por exclusão, tais atributos abaixo de 100 cm de profundidade, sendo, portanto, nesse particular, menos limitantes do que os GLEISSOLOS

TIOMÓRFICOS. A ocorrência de GLEISSOLOS tiônicos, porém, parece ser rara no Brasil.

No Brasil, os GLEISSOLOS TIOMÓRFICOS são muito pouco cultivados. Contudo, em certos países, como a Tailândia, eles são intensamente usados com cultura de arroz. A maior parte desses solos, no nosso país, está situada em áreas de mangue, e eles constituem santuários ecológicos, devendo por isso ser preservados.

A criação de camarões e peixes em tanques pode ser uma das opções de uso de terras com solos tiomórficos. A construção de tanques para criadouros de peixes ou camarões requer a escavação do solo para construção dos diques, a conseqüente exposição dele à oxidação e a possibilidade de contaminação da água dos tanques com ácido sulfúrico, que é eliminado dos diques nos períodos chuvosos, causando profundos efeitos na população aquática, entre outros, provocando nos peixes a doença conhecida como síndrome ulcerativa epizótica (http:www.dlwc.nsw.gov.au/care/soil/ssu/acidsulf.htm, obtido em 17/09/2001).

Os solos com materiais sulfídricos são inadequados para uso como aterro sanitário, aplicação de efluentes, áreas para recreação etc. Devido à presença de compostos de enxofre e à possibilidade de produzirem intensa acidez quando drenados, oferecem sérias limitações quanto à corrosão para metais (veja 5.19. Horizonte sulfúrico).

Bibliografia

EMPRESA BRASILEIRA DE PESQUISA AGROPECUÁRIA. Serviço Nacional de Levantamento e Conservação do Solo. Rio de Janeiro, RJ. **Levantamento semidetalhado e aptidão agrícola dos solos do Município do Rio de Janeiro**. Rio de Janeiro, 1980. 389p. (Boletim Técnico, 66).

ESTADOS UNIDOS. United States Department of Agriculture. Soil Conservation Service. **Keys to Soil Taxonomy**. 6th ed., 1994, 306p.

FAO, FAO/UNESCO. **Soil Map of the World. Revised Legend with corrections.** Rome, FAO, 1988 (World Resources Report, 60). Wageningen, ISRIC (Technical Paper, 20), 1994.

KÄMPF, N., SCHENEIDER, P. & GIASSON, E. Propriedades, pedogênese e classificação de solos construídos em áreas de mineração na Bacia Carbonífera do Baixo Jacuí (RS). **Rev. Bras. Ci. Solo**, Campinas, 21: 79-88, 1997.

PONS, L. & ZONNEVELD, I. S. **Soil ripening and soil classification. Initial soil formation of alluvial deposits with a classification of the resulting soils.** H. Veenman & Zonen N.V., Wageningen, 1965. 127p.

3.16. Mudança textural abrupta

Definição. Mudança textural abrupta consiste em um considerável aumento no conteúdo de argila dentro de pequena distância na zona de transição entre o horizonte A ou E e o horizonte subjacente B. Quando o horizonte A ou E tiver menos de 20% de argila, o conteúdo de argila do horizonte subjacente B, determinado em uma distância vertical igual ou inferior a 7,5 cm, deve ser pelo menos o dobro do conteúdo do horizonte A ou E (por exemplo, 12% de argila no horizonte A e 24% ou mais no horizonte B). Quando o conteúdo de argila do horizonte A ou E tiver 20% ou mais de argila, o incremento de argila do horizonte subjacente B, determinado em uma distância vertical igual ou inferior a 7,5 cm, deve ser pelo menos 20% a mais em valor absoluto na fração terra fina (por exemplo: um aumento de 30 para 50% no teor de argila) (Figura 3.16.1.)

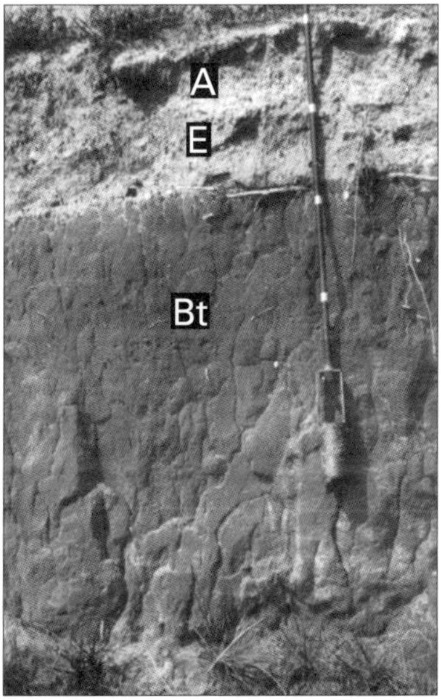

Figura 3.16.1. Mudança textural abrupta. Nesse perfil, o teor de argila passa abruptamente (em menos de 7,5 cm) de cerca de 5% no horizonte E para aproximadamente 35% no horizonte Bt. Carolina do Norte, EUA. Foto: J. B. de Oliveira.

Taxonomia. A mudança textural abrupta é utilizada no SiBCS na definição dos PLANOSSOLOS, os quais requerem, entre outros itens, a presença desse atributo. Além disso, é empregada como critério diagnóstico no quarto nível categórico (subgrupo) de várias ordens, por exemplo, os ARGISSOLOS VERMELHO-AMARELOS Distróficos abrúpticos (perfil BA-93, Embrapa, 1977-1979), os CHERNOSSOLOS ARGILÚVICOS Órticos abrúpticos (perfil SE-36, Embrapa, 1975b), os LUVISSOLOS CRÔMICOS Pálicos abrúpticos (perfil BA-29, Embrapa, 1976), entre outros.

Solos identificados no nível de subgrupo como planossólicos, como os ARGISSOLOS VERMELHO-AMARELOS Distróficos planossólicos (BA-92, Embrapa, 1977-1979), também apresentam mudança textural abrupta. Contudo, a designação "abrúptico" não é empregada nesses casos, uma vez que a denominação "planossólico" indica a presença desse atributo.

A classe dos ESPODOSSOLOS (*Podzóis*) também apresenta solos com mudança textural abrupta, porém, nessa ordem, esse atributo não é utilizado como diagnóstico. O perfil BA-224 (Embrapa, 1977-1979) é um exemplo, entre muitos outros, desses solos. Nesse perfil, a transição entre o horizonte E2 (na ocasião denominado A22) e o horizonte B21h foi assinalada como abrupta e plana, e o teor de argila passa de 1% naquele horizonte para 17% no horizonte espódico.

Equivalência com outros sistemas de classificação. A definição de mudança textural abrupta da legenda da FAO (FAO, 1994) é idêntica à do SiBCS. Com relação ao Soil Taxonomy (Estados Unidos, 1994), esse sistema apresenta dois aspectos distintos que tornam mais restritiva a definição desse atributo: 1) a mudança textural abrupta deve ocorrer entre um epipedom ócrico (semelhante ao horizonte A fraco ou moderado do SiBCS) ou horizonte álbico (e não entre o horizonte A ou horizonte E, como requer o SiBCS) e um horizonte argílico (*argillic horizon*); 2) quando o teor de argila no horizonte A ou horizonte E é superior a 20%, é necessário não apenas que o teor de argila do horizonte argílico seja 20% mais elevado, mas ainda que, em alguma parte desse horizonte, esse teor dobre em relação ao do epipedom ócrico ou do horizonte álbico.

Essa última condição foi considerada inconsistente no SiBCS, pelo menos no que diz respeito ao comportamento do solo, pois, independente de o teor de argila dobrar em profundidade, é a presença do horizonte

B com teor de argila bem superior ao do horizonte suprajacente o fator principal no comportamento hídrico desses solos.

Considerações gerais. A idéia de usar o critério de mudaça textural abrupta como atributo diagnóstico surgiu, segundo Smith (1986), do interesse em manter, no Soil Taxonomy, em algumas ordens, solos anteriormente denominados de Planossolos. Tais solos apresentam expressiva diminuição da condutividade hidráulica no topo do horizonte B, causando hidromorfia temporária (lençol freático suspenso). O SiBCS também adotou o conceito de mudança textural abrupta como atributo diagnóstico, introduzindo, contudo, ligeiras modificações em sua definição e estendendo seu uso para outras classes de solos além da dos PLANOSSOLOS. No Quadro 3.16.1. são relacionadas as ordens que segundo o SiBCS apresentam ou não classes de solos com mudança textural abrupta. É importante ressaltar que, nesse sistema, solos com horizonte glei podem apresentar mudança textural abrupta, exceto os da classe dos GLEISSOLOS, posto que solos com mudança textural abrupta seguida de horizonte glei são classificados como PLANOSSOLOS, os quais antecedem os GLEISSOLOS na chave inicial de classificação. Os NEOSSOLOS FLÚVICOS (*Solos Aluviais*) podem apresentar extratos com marcante diferença textural, porém tal ocorrência não se caracteriza como mudança textural abrupta, por não se dar entre o horizonte A (o

Quadro 3.16.1. Ordens, segundo o SiBCS, que apresentam ou não até o quarto nível categórico classes de solos com mudança textural abrupta.

Ordens que não apresentam classes de solos com mudança textural abrupta	Ordens que podem apresentar classes de solos com mudança textural abrupta	Ordens que sempre apresentam mudança textural abrupta
CAMBISSOLOS	ARGISSOLOS	PLANOSSOLOS
GLEISSOLOS*	CHERNOSSOLOS	
LATOSSOLOS	LUVISSOLOS	
NEOSSOLOS *	PLANOSSOLOS	
NITOSSOLOS	PLINTOSSOLOS	
ORGANOSSOLOS		
VERTISSOLOS		
ESPODOSSOLOS*		

* Veja explicações no texto.

horizonte E inexiste nos NEOSSOLOS) e o horizonte B, posto que este horizonte aparentemente não ocorre nos NEOSSOLOS FLÚVICOS ou, se existe, não apresenta espessura suficiente para ser qualificado como horizonte diagnóstico B textural. Caso semelhante é verificado em alguns NEOSSOLOS LITÓLICOS (*Solos Litólicos*) sobre arenitos ou gnaisse, nos quais se segue ao horizonte A de textura arenosa ou um delgado horizonte Bt de textura significativamente mais fina que aquele, não apresentando entretanto espessura suficiente para ser identificado como horizonte B textural, ou um horizonte C (perfil PA-54, Brasil, 1972). Tais solos, por isso, apesar de apresentarem mudança textural abrupta, são classificados como NEOSSOLOS.

O perfil MT-94 (Brasil, 1971) é exemplo de NEOSSOLO FLÚVICO, com grande diferença de textura entre o horizonte A e o horizonte imediato, no caso, identificado como 2C1. O teor de argila daquele horizonte é de 24% e neste de 52%, sendo que a transição entre ambos os horizontes é abrupta. Esse solo deve ter comportamento hídrico semelhante ao de um PLANOSSOLO, pois o horizonte 2C1 provavelmente apresenta baixa condutividade hidráulica saturada. Aliás, apesar de o lençol freático ter sido assinalado a 250 cm de profundidade, o horizonte 2C1 possui coloração variegada de cinzento e bruno amarelado, denotando condições de hidromorfismo temporário.

Vários são os processos pedogenéticos assinalados como determinantes no desenvolvimento de solos com gradiente textural: a natureza litológica ou sedimentar (rocha-mãe com estratificação), a remoção das partículas finas da camada superficial, a adição de material grosseiro situado a montante, a translocação de argila do horizonte superficial para o horizonte mais profundo (lessivagem), a degradação das argilas dos horizontes A e/ou E pelo processo de ferrólise ou ainda pela formação *in situ* decorrente do intemperismo de minerais primários presentes nos horizontes subsuperficiais (Buol et al., 1997; Brinkman, 1970; Mafra et al., 2001). A lessivagem tem sido citada como um dos processos mais comuns na formação de solos com marcante diferença textural entre o horizonte A e/ou E e o horizonte Bt, como é o caso da mudança textural abrupta (Mafra et al., 2001; Chittleborough et al., 1984, citados por Mafra et al., 2001).

A mudança textural abrupta é um dos atributos diagnósticos dos solos de maior relevância do ponto de vista agronômico e geotécnico, pois indica a presença de horizontes com comportamento físico contrastante, especialmente o relacionado à dinâmica da água.

No Brasil, os solos com esse atributo, na maioria dos casos, apresentam horizonte A (seguido ou não de horizonte E) de textura arenosa ou franco-arenosa e com elevada condutividade hidráulica, decorrente da significativa presença de macroporos. Essa situação se inverte no horizonte B, que lhe segue. Neste, a predominância de microporos sobre os macroporos, em muitos casos associada a uma menor porosidade total, determina uma condutividade hidráulica acentuadamente menor do que a do(s) horizonte(s) suprajacente(s). No Quadro 3.16.2. são apresentados dados de porosidade total, macro e microposidade dos horizontes A e B de um solo com textura uniforme ao longo do perfil (LATOSSOLO VERMELHO Distroférrico) e de outro com mudança textural abrupta (ARGISSOLO VERMELHO-AMARELO abrúptico) (Grohmann, 1960). Observa-se que a porosidade total dos horizontes A e B difere pouco em cada um dos solos, assim como a relação entre a macroporosidade e a microporosidade no LATOSSOLO. No ARGISSOLO, contudo, a porcentagem de microporos do horizonte B dobra em relação à do horizonte A e a de macroporos sofre redução equivalente. Na Figura 3.16.2. é assinalada a relação positiva entre a porcentagem de macroporos e a condutividade hidráulica (Kemper & Derpsch, 1981) e as Figuras 3.16.3. e 3.16.4. apresentam dados de condutividade hidráulica saturada, respectivamente,

Quadro 3.16.2. Porosidade total, macroporosidade e microporosidade de um LATOSSOLO VERMELHO Distroférrico (LV) e de um ARGISSOLO VERMELHO-AMARELO abrúptico (PVA) (Grohmann, 1960).

Solo	Profundidade (cm)	Argila (%)	Porosidade (%)		
			Total	Macroporosidade	Microporosidade
LV	0-25	46	65	25	40
	50-80	49	67	33	34
PVA	0-25	14	51	38	13
	50-80	27	48	17	31

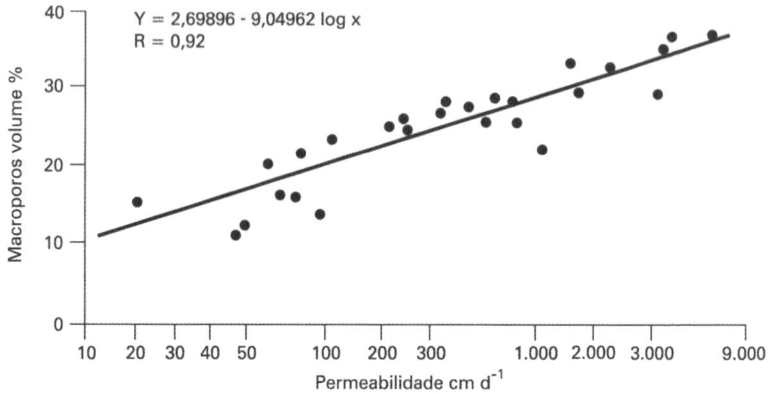

Figura 3.16.2. Relação entre o volume de macroporos e a permeabilidade de diferentes solos do Estado do Paraná (Kemper & Derpsch, 1981).

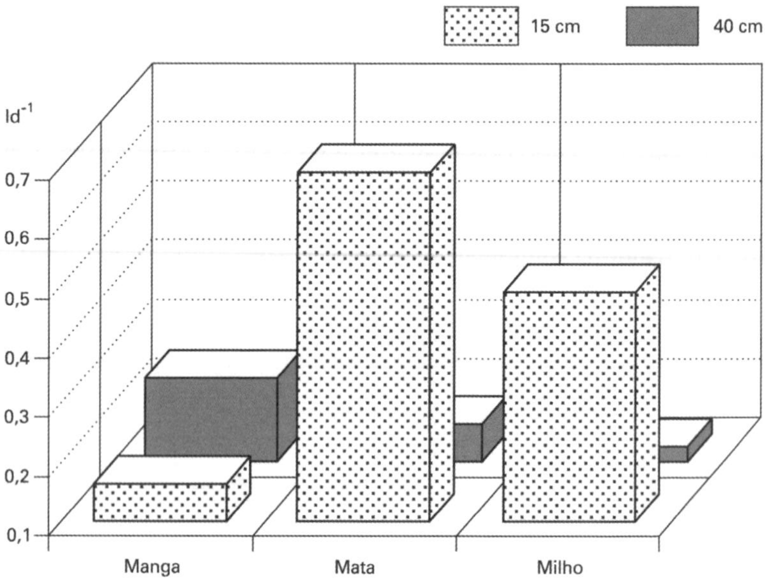

Figura 3.16.3. Condutividade hidráulica saturada em ARGISSOLO VERMELHO-AMARELO planossólico sob várias condições de uso (Adaptado de Vieira, 1993).

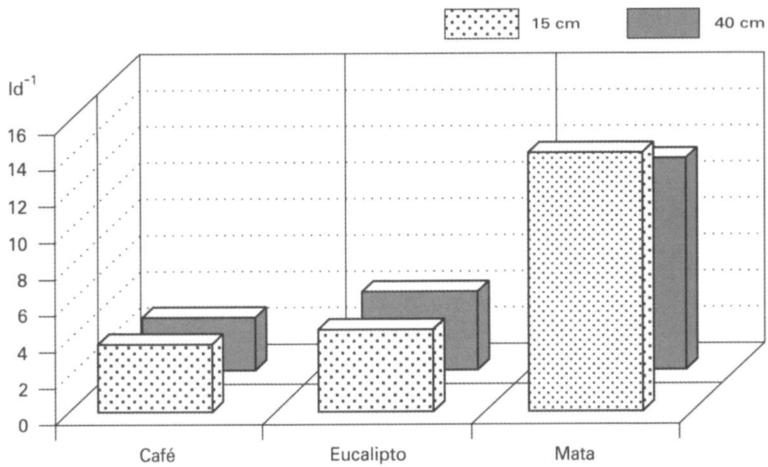

Figura 3.16.4. Condutividade hidráulica saturada em LATOSSOLO VERMELHO Distroférrico sob várias condições de uso (Adaptado de Vieira, 1993).

em ARGISSOLO VERMELHO-AMARELO planossólico e LATOSSOLO VERMELHO sob várias condições de uso (Vieira, 1993). Observa-se no ARGISSOLO, mesmo sob mata, acentuada redução da condutividade hidráulica, passando de aproximadamente 0,52 L/dia em superfície para 0,14 L/dia na camada de 40 cm, a qual corresponde ao topo do horizonte B textural. No LATOSSOLO sob mata, a condutividade hidráulica saturada é praticamente a mesma em superfície e na camada de 40 cm (Bw). As figuras mostram também a intensa redução da condutividade hidráulica saturada na camada superficial e subsuperficial dos dois solos quando cultivados por vários anos.

Zimback & Carvalho (1996), trabalhando com vários solos da região de Marília, São Paulo, mostram as significativas diferenças encontradas na condutividade hidráulica saturada entre Podzólicos Vermelho-Amarelos e Solos Aluviais de textura arenosa (Quadro 3.16.3.).

Importância agrícola e geotécnica. A drástica redução da condutividade hidráulica saturada que ocorre no topo do horizonte B determina, nos solos que apresentam mudança textural abrupta, uma série de processos de grande importância agronômica e geotécnica. A textura — em geral

Quadro 3.16.3. Condutividade hidráulica em Podzólicos Vermelho-Amarelos Eutróficos (PVe) e Solos Aluviais Eutróficos (Ae) em três bacias hidrográficas da Região de Marília, SP (Zimback & Carvalho, 1996).

Solo	Horizonte	Condutividade hidráulica m $s^{-1} \times 10^{-5}$
PVe1-Bacia 1	Ap	3,89
	Bt2	0,56
PVe2-Bacia 1	Ap	3,02
	Bt2	0,90
PVe1-Bacia 2	Ap	3,99
	Bt2	0,39
PVe2-Bacia 2	Ap	3,14
	Bt2	0,67
PVe1-Bacia 3	Ap	3,33
	Bt2	0,34
PVe2-Bacia 3	Ap	2,88
	Bt2	0,62
Ae-Bacia 1	Ap	3,95
	2C2	4,07
Ae-Bacia 2	Ap	4,06
	2C2	3,92
Ae-Bacia 3	Ap	3,95
	2C2	3,90

areia, areia franca ou franco-arenosa — no horizonte A ou E determina uma rápida infiltração e percolação da água da chuva até que o horizonte B seja atingido, quando então a velocidade do fluxo descendente da água é drasticamente reduzida (Figura 3.16.2.). Em solos como esse, durante uma chuva pesada ou após uma seqüência de chuvas, a menor condutividade hidráulica através do horizonte B vai determinar a rápida saturação do(s) horizonte(s) suprajacente(s) arenoso(s) e a redução da infiltração da água na superfície do solo. A redução da infiltração faz com que a água que se acumula sobre a superfície do solo se transforme em enxurrada, com energia suficiente para arrastar partículas do solo ao longo da pendente. Com a saturação do horizonte A ocorrem também dois outros processos: a perda de coesão entre as partículas do solo e o caminhamento lateral do fluxo de água acima do horizonte B, menos permeável, ambos contribuindo para o processo de erosão.

Outro aspecto a ser considerado com relação à redução do fluxo vertical descendente da água é a formação de uma zona saturada entre o topo do horizonte B e a base do horizonte suprajacente. Quando essa zona permanece nessa condição durante período significativo do ano, cria-se um ambiente redutor (pseudoglei, lençol de água suspenso), com aparecimento de cores acinzentadas e/ou mosqueadas. Dependendo da profundidade em que tal ambiente ocorre e da resistência das plantas ao excesso de umidade, isso pode representar importante limitação ao desenvolvimento delas, inclusive criando condições favoráveis ao aparecimento de doenças bacterianas. Em períodos de veranico, porém, solos com mudança textural abrupta podem levar vantagem sobre outros que não a possuem, posto que eles em geral apresentam maior reserva de água na zona de enraizamento.

A profundidade de ocorrência do horizonte B nos solos com mudança textural abrupta é bastante variável, indo desde alguns poucos centímetros, como no PLANOSSOLO, perfil Ba-265 (Embrapa, 1977-79), com apenas 7 cm, até 150 cm ou mais, como no ARGISSOLO espessoarênico, perfil BA-100 (Embrapa, 1977-79). Esse aspecto é muito importante na interpretação dos mapas pedológicos e deve ser sempre apreciado diante das condições climáticas locais. Tomando casos extremos, pode-se esperar comportamento completamente diverso entre Argissolos com mudança textural abrupta e horizontes A e E de textura arenosa, mas tendo um deles, por exemplo, o horizonte B de textura argilosa a 40 cm de profundidade, e o outro, a 170 cm. Em período chuvoso, a camada arenosa do primeiro solo ficará saturada, com uma precipitação relativamente pouco expressiva, e, persistindo a precipitação pluvial, a água em excesso escorrerá pela superfície do solo, provocando enxurrada e erosão. No outro solo é provável que aquela precipitação pluviométrica esteja longe de promover a saturação da camada arenosa, porque o volume desta é bem maior que o do solo anterior. Nesse caso, a enxurrada, se existente, será menor. Considera-se que o segundo solo tem comportamento hídrico mais semelhante ao dos NEOSSOLOS QUARTZARÊNICOS (*Areias Quartzosas*) do que ao dos ARGISSOLOS abrúpticos (*Podzólicos abrúpticos*), a cuja classe pertencem. Situações diversas são previsíveis para outros casos intermediários.

Essa hipótese de comportamento diferenciado entre solos de uma mesma ordem em função da espessura do horizonte A, entretanto, ainda não tem confirmação de dados experimentais e, infelizmente, tais situações não têm sido abordadas em trabalhos de pesquisa que envolvem o comportamento hídrico dos solos.

Na determinação do valor da erodibilidade dos solos, o fator K da equação universal de perda de terra (Wischmeier & Smith, 1965), por exemplo, é comum atribuir-se aos ARGISSOLOS e LUVISSOLOS, indiscriminadamente, classe de permeabilidade moderada ou mais restritiva. Denardin (1990), procurando relacionar o fator K determinado no campo com parâmetros físicos e químicos do solo para estabelecer um modelo matemático para determinar a erodibilidade para solos brasileiros, deu mais ênfase a atributos químicos e à granulometria. A permeabilidade foi codificada a partir da descrição de solos, de acordo com Wischmeier et al. (1971), sem contudo contemplar a grande variação existente em solos de uma mesma ordem ou de um mesmo grande grupo.

Essas considerações a respeito de volumes com comportamentos diferenciados em um mesmo solo são também importantes em engenharia ambiental, posto que a estimativa da capacidade de "carga" de um solo depende do comportamento específico de cada seção dele. De qualquer modo, é o horizonte de menor condutividade hidráulica o que determina a permeabilidade interna do solo.

Lombardi Neto et al. (1991) estabeleceram quatro classes de resistência à erosão (índice K) para os solos do Estado de São Paulo, para utilização na fórmula de espaçamento vertical de terraços. Os valores variam entre 1,25, para os solos mais resistentes, e 0,75, para os mais frágeis. Todos os solos com mudança textural abrupta foram incluídos na classe C: solos com baixa resistência à erosão, sendo seu índice K igual a 0,9. Para esses solos, os mesmos autores preconizam terraços em desnível. Também nesses casos deveriam ser consideradas as variações entre solos, pois aqueles que apresentam mudança textural abrupta, com textura arenosa nos horizontes A e E e com B muito profundo (> 150 cm), possivelmente possuem erodibilidade semelhante à dos NEOSSOLOS

QUARTZARÊNICOS (*Areias Quartzosas*), e talvez o terraço em nível seja o recomendável.

Do ponto de vista da fisiologia da planta, a disponibilidade de água é o fator mais importante. Dessa forma, a textura do material e a magnitude do volume acima do horizonte B também são importantes, especialmente em regiões com presença de veranicos. Observações de campo e testemunho de agricultores assinalam que, em solos com mudança textural abrupta e horizonte B a menos de 150 cm de profundidade, em período de veranico, as culturas, especialmente as permanentes, sofrem menos o estresse hídrico do que em outros solos de textura franco-arenosa ou mais grosseira e que não apresentam essa mudança textural. Por outro lado, nos solos com mudança textural abrupta, sob prolongado período chuvoso, e encontrando-se o horizonte B a menos de 100 cm de profundidade, as condições temporárias de redução podem afetar o desenvolvimento de culturas menos adaptadas a essa condição.

Para solos com mudança textural abrupta e horizontes A e E de textura arenosa, o SiBCS informa no quarto nível categórico (subgrupo) a profundidade onde se inicia o horizonte B: nos abrúpticos, a menos de 50 cm; nos arênicos, entre 50 e 100 cm; e nos espessoarênicos, a mais de 100 cm. Tais discriminações vêm sendo utilizadas há anos nos levantamentos de solos executados pelo Instituto Agronômico de Campinas.

Bibliografia

BRASIL. Ministério da Agricultura. Divisão de Pesquisa Pedológica, DNPEA. **Levantamento de reconhecimento dos solos do sul do Estado do Mato Grosso**. Rio de Janeiro, 1971. 839p. (Boletim Técnico, 18).

BRASIL. Ministério da Agricultura. Divisão de Pesquisa Pedológica, DNPEA. **Levantamento exploratório – reconhecimento de solos do Estado da Paraíba**. Recife, Convênios MA/EPE-Sudene/DRN, MA/Contap/Usaid/Brasil, 1972. 683p. (Boletim Técnico, 15).

BRINKMAN, R. Ferrolysis, a hydromorphic soil forming process. **Geoderma**, Amsterdam, 1969/1970 (3): 199-206.

BUOL, S. W., HOLE, F. D. & McCRAKEN, R. J. **Soil genesis and classification.** Ames, Iowa State University Press, 1997. 527p.

DENARDIN, J. E. **Erodibilidade do solo estimada por meio de parâmetros físicos e químicos.** Piracicaba, Esalq/USP, nov. 1990. 110p. (Tese de doutorado).

EMPRESA BRASILEIRA DE PESQUISA AGROPECUÁRIA. Centro de Pesquisas Pedológicas. **Levantamento exploratório – reconhecimento de solos do Estado de Sergipe.** Recife, 1975b. 506p. (Embrapa-CPP. Boletim Técnico, 36; Sudene, Série Recursos de Solos, 6).

EMPRESA BRASILEIRA DE PESQUISA AGROPECUÁRIA. Serviço Nacional de Levantamento e Conservação do Solo. Rio de Janeiro, RJ. **Levantamento exploratório – reconhecimento de solos da margem esquerda do rio São Francisco, Estado da Bahia.** Recife, 1976. 404p. (Boletim Técnico, 38; Sudene. Divisão de Recursos Renováveis, Série Recursos de Solos, 7).

EMPRESA BRASILEIRA DE PESQUISA AGROPECUÁRIA. Serviço Nacional de Levantamento e Conservação de Solos. Rio de Janeiro. **Levantamento exploratório – reconhecimento de solos da margem direita do rio São Francisco, Estado da Bahia.** Recife, Convênios Embrapa/SNLSC-Sudene/DRN, MA/Usaid/ETA, 1977-1979. v. 1 e 2. 1.296p. (Boletim Técnico, 52).

ESTADOS UNIDOS. United States Department of Agriculture. Soil Conservation Service. **Keys to Soil Taxonomy.** 6th ed., 1994, 306p.

FAO, FAO/UNESCO. **Soil Map of the World. Revised Legend with corrections.** Rome, FAO, 1988 (World Resources Report, 60). Wageningen, ISRIC (Technical Paper, 20), 1994.

GROHMANN, F. Distribuição de tamanho de poros em três tipos de solos do Estado de São Paulo. **Bragantia,** Campinas, 19: 319-328. 1960.

KEMPER, B. & DERPSCH, R. Soil relation and root growth in Parana. In: RUSSEL, R. S., IGUE, K. & MEHTA, Y. R. (ed.). **The soil/root system in relation to Brazilian agriculture.** Proceedings of the Symposium on soil/root system. Londrina, PR. Fundação Instituto Agronômico do Paraná, 1981. p. 81-101.

LOMBARDI NETO, F., BELINAZZI JÚNIOR, R., LEPSCH, I. F., OLIVEIRA, J. B., BERTOLINI, D., GALETI, P. A. & DRUGOWICH, M. I. **Terraceamento agrícola.** Campinas, Coordenadoria Assistência Técnica Integral. 1991, 39p. (Bol. Técnico Cati, 206).

MAFRA, A. J., SILVA, E. F., COOPER, M. & DEMATTÊ, J. L. I. Pedogênese de uma seqüência de solos desenvolvidos de arenito na região de Piracicaba (SP). **Rev. Bras. Ci. Solo,** 2001 (25): 355-369.

SMITH, G. D. **The Guy Smith interview: rationale for concepts in Soil Taxonomy.** SMSS Technical monograph, n. 11, Cornell University, 1986, 257p.

VIEIRA, S. R. Caracterização físico-hídrica para fins de aptidão de solos do Estado de São Paulo. Relatório Fapesp, 1993 (Mimeografado).

ZIMBACK, C. R. & CARVALHO, A. M. Caracterização hídrica dos solos de três bacias hidrográficas na região de Marília (SP). **Rev. Bras. Ci. Solo,** Campinas, 20: 459-466, 1996.

WISCHMEIER, W. H. & SMITH, D. D. **Predicting rainfall erosion losses from cropland east of the Rocky Mountains.** U.S. Dept. Agr. Handbook 282, 1965. 47p.

WISCHMEIER, W. H., JOHNSON, C. B. & CROSS, B. V. A soil erodibility monograph for farmland and construction sites. **J. Soil Conservation** 26: 189-193, 1971.

3.17. Plintita e petroplintita

Definição. **Plintita:** é uma formação constituída de mistura de argila com quartzo e outros minerais, pobre em carbono orgânico e rica em ferro que, sob ciclos alternados de umedecimento e secagem, consolida-se irreversivelmente (Figura 3.17.1.). **Petroplintita:** material consolidado, proveniente da plintita, como resultado de ciclos alternados de umedecimento e secagem.

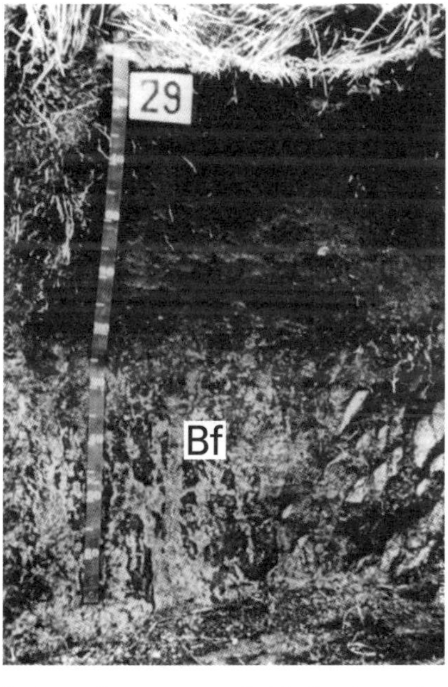

Figura 3.17.1. A plintita é uma formação constituída de mistura de argila com quartzo e outros minerais, pobre em carbono orgânico e rica em ferro. O horizonte plíntico (Bf), por sua vez, é caracterizado pela presença de plintita em quantidade igual ou superior a 15% (volume) e espessura de pelo menos 15 cm. Plintossolo Argilúvico. Goiânia, PE. Foto: J. B. de Oliveira.

A petroplintita, dependendo da sua forma de ocorrência e da espessura da seção de controle considerada, é usada no SiBCS para identificar: 1) caráter concrecionário, 2) horizonte concrecionário, 3) caráter litoplíntico e 4) horizonte litoplíntico. O caráter concrecionário e o horizonte concrecionário são identificados pelo pedólogo com o símbolo **c** colocado após o símbolo do horizonte (Bwc, Ac, etc) e o horizonte litoplíntico, com o símbolo F.

Taxonomia. A plintita e a petroplintita entram respectivamente na definição dos horizontes plíntico e concrecionário, os quais, por sua vez, são diagnósticos da ordem dos PLINTOSSOLOS. A presença de caráter plíntico identifica solos do subgrupo "plíntico", por exemplo, os LATOSSOLOS AMARELOS Ácricos plínticos (perfil DF-17, Embrapa, 1978), os ARGISSOLOS AMARELOS Eutróficos plínticos (perfil 17, Reunião..., 1998), entre outros. Por outro lado, a presença de caráter concrecionário e/ou litoplíntico identifica solos do subgrupo "petroplíntico", como, por exemplo, os LATOSSOLOS VERMELHO-AMARELOS Distróficos petroplínticos.

Equivalência com outros sistemas de classificação. A definição de plintita e petroplintita do SiBCS é equivalente à da legenda da FAO (FAO, 1994) e do Soil Taxonomy (Estados Unidos, 1994). Os critérios utilizados no emprego desses atributos como diagnósticos são, contudo, diversos entre esses sistemas. Na legenda da FAO não há menção aos horizontes plíntico ou concrecionário, sendo a classe dos Plintossolos definida pela presença de horizonte (não especificando qual) contendo 25% ou mais de plintita (contra 15% do SiBCS) e com pelo menos 15 cm de espessura. A presença de plintita em qualquer percentagem abaixo da seção de controle, estipulada dentro de 125 cm a contar da superfície do terreno, identifica os solos "plínticos" naquela legenda. Alguns solos do subgrupo "plíntico" do SiBCS não são, portanto, correlacionáveis com os "plínticos" da legenda da FAO, pois, no SiBCS, a seção de controle é um pouco mais profunda (150 cm a partir da superfície do terreno) e requer a presença de pelo menos 5% de plintita ou petroplintita. O ARGISSOLO VERMELHO-AMARELO plíntico (perfil BA-105, Embrapa, 1977-1979) com presença de plintita a partir de 145 cm é um exemplo dessa situação. Por outro lado, as fases esquelética e petroférrica da legenda da FAO, representadas por plintita endurecida, apresentam semelhança, respectivamente, com os PLINTOSSOLOS PÉTRICOS Concrecionários e os PLINTOSSOLOS PÉTRICOS Litoplínticos do SiBCS.

O Soil Taxonomy (Estados Unidos, 1994) identifica o grande grupo "Plinth" pela presença de plintita formando uma fase contínua, ou o subgrupo "Plinthic" pela presença de 5% ou mais de plintita dentro da seção de controle de 125 cm a partir da superfície. Além disso, identifica o subgrupo "Petroferric" pela presença de contato petroférico (*petroferric contact*), o qual representa o limite entre o solo e uma camada endurecida semelhante ao horizonte litoplíntico do SiBCS, o qual não inclui a presença de petroplintita concrecionária, como faz o SiBCS.

Considerações gerais. O termo "plintita" foi introduzido na literatura pedológica no início de 1960 (Estados Unidos, 1960), em substituição ao termo "laterita", devido à enorme diversidade de conceitos existentes em relação ao conceito original.

Segundo Driessen & Dudal (1989), sua formação envolve dois processos:

- Acumulação de sesquióxidos, que por sua vez pode ser relativa, como conseqüência da remoção da Si e bases, ou absoluta, resultante de enriquecimento de sesquióxidos vindos de fora através de movimentação vertical ou lateral.
- Segregação de ferro, causada por alternância de redução e oxidação. Em ambiente redutor (saturado com água), o Fe^{3+} é reduzido a Fe^{2+}, adquirindo elevada mobilidade, o que permite sua translocação para camadas mais profundas do perfil. Com o abaixamento do lençol freático, o ferro precipita como óxido, o qual não se redissolve ou se dissolve muito pouco na próxima estação chuvosa.

Mediante processos repetidos de umedecimento e secagem, a plintita endurece irreversivelmente, passando a denominar-se petroplintita. A coalescência e cimentação dos nódulos e concreções de petroplintita podem ser de tal ordem que se forma uma camada compacta e contínua de petroplintita, impenetrável às raízes, a qual é identificada no SiBCS como horizonte litoplíntico (fase petroférrica da legenda da FAO — FAO,

1994); constitui o material subjacente ao contato petroférrico do Soil Taxonomy (Estados Unidos, 1994).

Segundo Eswaran et al. (1990), quando há periodicidade no suprimento de ferro resultam concreções (estrutura interna concêntrica) e, quando há suprimento contínuo, resultam nódulos (estrutura interna difusa). Aparentemente, em um perfil, podem coexistir ambas as partículas. O qualificativo "concrecionário" tem sido empregado no Brasil para designar solos com significativa percentagem de petroplintita, quer essas partículas sejam ou não predominantemente constituídas por nódulos ou concreções, como os PLINTOSSOLOS PÉTRICOS Concrecionários (perfil 14; Jacomine et al., 1997).

A plintita e a petroplintita podem estar presentes em um mesmo perfil. O normal é a petroplintita situar-se acima da plintita, pois as seções mais superficiais do solo estão mais sujeitas aos fenômenos de secagem e umedecimento, o que favorece seu endurecimento. A notação f colocada após o símbolo do horizonte informa a presença de plintita nele: Af, Ef, Btf etc. A seção do solo com presença de petroplintita constituindo camada maciça (veja 5.18. Horizonte plíntico e litoplíntico) recebe o símbolo F (veja Figura 5.18.1.) e, quando formada por material concrecionário individualizado ou aglomerado, porém sem constituir bancada contínua, recebe o símbolo **c**: Ac, Ec, Bc ou Cc.

A identificação da plintita nem sempre é fácil no campo. A consistência de materiais do solo ricos em óxido de ferro varia desde friável (úmida) e ligeiramente dura (seca), observada nos mosqueados, até extremamente firme (úmida) e extremamente dura (seca) na petroplintita. A plintita ocupa posição intermediária entre ambos os extremos. A distinção entre a plintita e a petroplintita não é difícil, pois ambas formam corpos discretos, sendo a consistência da plintita firme a muito firme quando úmida (podendo ser cortada com faca) e dura a muito dura quando seca, enquanto a petroplintita apresenta consistência em geral muito a extremamente firme e muito a extremamente dura e não pode ser cortada com faca. A distinção entre a plintita e os mosqueados igualmente ricos em ferro é mais difícil. Daniels et al. (1978) estabeleceram alguns critérios de campo para diferenciar ambos os materiais, entre os quais se destacam os apresentados no Quadro 3.17.1.

Quadro 3.17.1. Critérios de campo usados para separar plintita de material similar, porém não-plíntico. (Adaptado de Daniels et al., 1978).

Critério	**Plintita**	**Mosqueados ou corpos não-endurecidos**
Consistência	Firme a muito firme, dura a muito dura. Considerável resistência à penetração com a ponta da faca.	Friável a firme. Resistência à penetração da ponta da faca semelhante ou maior que matriz adjacente.
Cor	Corpos com contornos bem definidos.	Corpos com contornos mal definidos.
Risco	Deixa somente ligeira mancha quando esfregado entre os dedos, mesmo quando úmido.	Risca e deixa manchas nos dedos quando esfregado.
Resistência ao manuseio	Resiste a moderada pressão entre polegar e indicador.	Desintegra-se sob moderada pressão entre indicador e polegar.
Resistência ao destorroamento em água	Amostras úmidas ou secas não se esboroam em duas horas, mesmo quando periodicamente agitadas levemente.	Amostras se esboroam facilmente na água. Amostras argilosas podem ser exceção.

A plintita e a petroplintita ocorrem geralmente no terço inferior de vertentes e planícies aluviais, em posições que impliquem em escoamento lento, alagamento temporário ou movimento lateral interno da água no solo. Devido a processos geológicos de soerguimento ou mesmo de erosão diferencial, áreas com petroplintitas podem ser encontradas em situações diferentes daquelas em áreas mais elevadas, onde as condições hídricas não são as mencionadas para a formação da plintita e petroplintita. Solos com tais materiais podem não indicar, portanto, presença de lençol freático pouco profundo ou de condições de drenagem restringida.

As principais áreas de solos com plintita ou petroplintita no Brasil ocorrem na região amazônica (Alto Amazonas), Amapá, ilha de Marajó, Baixada Maranhense, Piauí setentrional, sudoeste de Tocantins, norte de Goiás, Pantanal Mato-grossense e ilha do Bananal (Embrapa, 1981).

Importância agronômica e geotécnica. Daniels et al. (1978) assinalam a existência de dois tipos de plintita, a laminar e a nodular (Figura 3.17.2.),

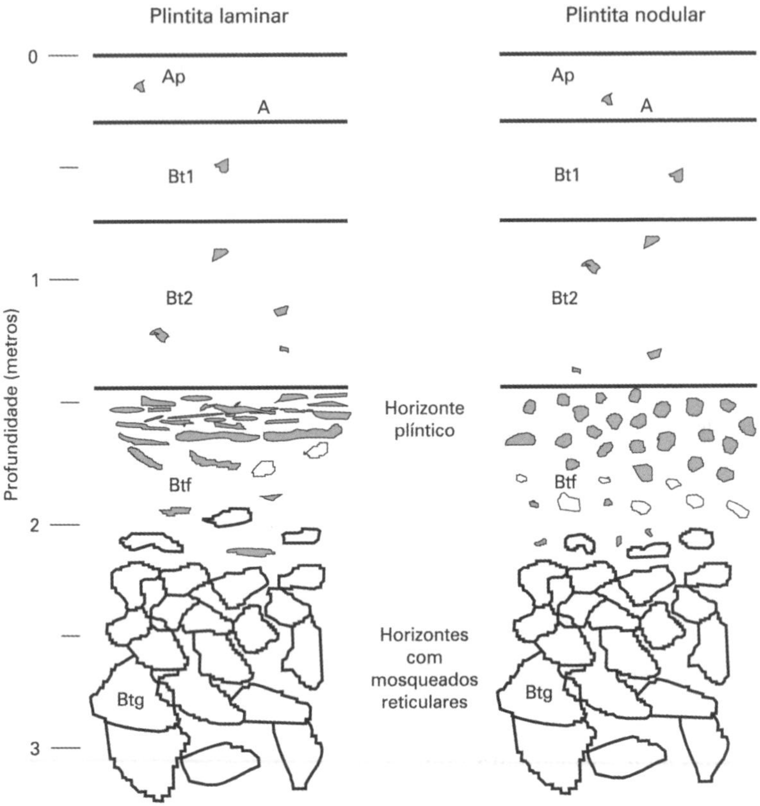

Figura 3.17.2. Morfologia comparativa entre solos contendo plintitas laminares e plintitas nodulares (Adapatado de Daniels et al., 1978).

cada qual tendo um comportamento particular. Acrescentam que cerca de 10% da primeira é suficiente para reduzir significativamente a permeabilidade do solo, para permitir identificação segura da presença de plintita com o trado, além de indicar zona subjacente bem expressa de mosqueados. Valor de 5% de plintita na forma laminar é considerado muito baixo por esses autores para servir como diagnóstico, sendo no entanto satisfatório quando se trata de plintita nodular. Para esses autores, as raízes não penetram tanto na plintita laminar como na nodular, mas a laminar restringe o movimento descendente da água, o que não ocorre com a nodular. A presença desta, porém, relaciona-se com zona subjacente mosqueada, a qual tem importante papel na restrição da percolação da água. Ambos os tipos de plintita podem coexistir no mesmo perfil, sendo a identificação feita pelo tipo predominante. Apesar dessa variação de comportamento, nos levantamentos de solos executados no Brasil não tem sido feita a identificação do tipo de plintita.

A presença de plintita indica alguma restrição à penetração da água e das raízes. Contudo, Blume et al. (1987), usando Br^- como traçador, encontraram significativas quantidades desse elemento em horizontes abaixo da plintita, o que confirma observações anteriores de Daniels et al. (1978) de que a plintita é somente semipermeável. Por outro lado, Perkins & Kaihulla (1981), trabalhando com solos contendo plintita e solos não-plínticos, observaram que, apesar de a plintita ter alta densidade aparente, o material entre a plintita tem densidade comparável à de solos não-plínticos (Quadro 3.17.2.). Apesar disso, a distribuição das raízes de vegetação similar era significativamente menor nos solos contendo plintita nodular do que naqueles sem plintita. Como os solos contendo plintita têm alta quantidade de Al total e trocável, os autores concluíram que o Al foi um importante fator restritivo ao aprofundamento das raízes nos solos contendo plintita.

A possibilidade de endurecer constitui uma limitação potencial dos solos que contêm plintita, especialmente quando ela não está muito profunda. Tais solos requerem prevenção contra a erosão, a fim de evitar

Quadro 3.17.2. Densidade aparente da plintita e de corpos não-plínticos em solos plínticos e não-plínticos (Perkins & Kaihulla, 1981).

Classificação	Solos plínticos		Classificação	Solos não-plínticos
	Plintita	Matriz terrosa		
	—— kg/dm³ ——			— kg/dm³ —
Plinthic Paleudult	1,98	1,42	Typic Paleudult	1,54
Arenic Plinthic Paleudult	2,06	1,58	Arenic Paleudult	1,46
Arenic Plinthic Paleaqult	1,88	1,52	Arenic Paleaqult	1,40
Plinthic Paleudult	1,92	1,38	Typic Paleudult	1,44

que a perda de terra exponha a plintita a condições mais adequadas de endurecimento, devido à maior facilidade de exposição aos raios solares e sua oxidação.

Como tanto a plintita como a petroplintita reduzem a profundidade efetiva do solo, é importante, na interpretação de mapas pedológicos, saber a que profundidade ocorrem e sua quantidade e espessura. As legendas dos mapas pedológicos dão algumas informações. Por exemplo, solos identificados no quarto nível categórico como plínticos, petroplínticos ou litoplínticos apresentam a plintita, a petroplintita ou a bancada laterítica mais profundamente no solo (abaixo da seção de controle dos Plintossolos). Sua presença além de 100 cm de profundidade não é muito importante quanto à profundidade efetiva, não obstante possam ter apreciável significância do ponto de vista hídrico. Quanto a esse aspecto, há que se considerar sua importância relativa: em solos de regiões secas, a presença de plintita ou petroplintita, por dificultar a permeabilidade interna, pode significar menor limitação quanto à disponibilidade de umidade, porém o inverso se dá em regiões úmidas.

A petroplintita, quando representada por nódulos e concreções individualizados ou agregados, de diâmetro superior a 2 mm, tem comportamento similar ao de uma camada com cascalho e calhaus quartzosos. Para esses casos, os graus de limitação apresentados por Sys (1978) para solos pedregosos (veja 4.2. Composição granulométrica) podem ser empregados. Plantio de frutíferas ou reflorestamento, em covas abertas e ultrapassando a camada concrecionária, é o uso agrícola mais indicado para solos com camada superficial espessa e com elevada porcentagem de petroplintita.

Alguns dos PLINTOSSOLOS PÉTRICOS Concrecionários que apresentam a petroplintita desde a superfície causam sérios desgastes aos implementos agrícolas, além de diminuírem sensivelmente o volume disponível de água e nutrientes. O perfil 14 coletado no Município de Cuiabá, MT (Jacomine, 1997), por exemplo, apresenta nos dois horizontes que antecedem o horizonte R/C, respectivamente, 72 e 67% de cascalhos e calhaus constituídos de concreções de petroplintita e quartzo. Por outro lado, é comum os Plintossolos Pétricos conterem grande quantidade de calhaus na superfície do terreno, os quais, quando ocorrem em regiões com período importante de seca, funcionam como camada protetora, diminuindo a taxa de evaporação da água do solo. Como nessas regiões o período chuvoso é torrencial, concentrado em poucos meses de chuva, essa pedregosidade superficial funciona como um "mulch", atenuando o efeito erosivo da enxurrada (veja Figura 4.2.5).

Apesar da ocorrência de solos eutróficos, no geral, solos com plintita e/ou petroplintita são quimicamente pobres, devido ao longo e intenso processo de intemperismo a que foram submetidos, requerendo portanto insumos para poderem produzir satisfatoriamente.

Solos com plintita, concreções e bancada laterítica são em geral pouco adequados para aterros sanitários, quer por apresentarem lençol freático relativamente pouco profundo, quer por apresentarem bancada contínua extremamente dura ou ainda fragmentos grandes de agregados endurecidos.

Bibliografia

BLUME, L. J., PERKINS, H. P. & HUBBARD, R. K. Subsurface water movement in an Upland Coastal Plain Soil as influenced by plinthite. **Soil Sci. Soc. Am. J.**, 51: 774-779, 1987.

DANIELS, R. B., PERKINS, H. F., HAJEK, B. F. & GAMBLE, E. E. Morphology of discontinuous phase plinthite and criteria for its field identification in the southeastern United States. **Soil Sci. Soc. Am. J.** 42: 944-949. 1978.

DRIESSEN, P. M. & DUDAL, R. **Lecture notes on the geography, formation, properties and use of the major soils of the world.** Agricultural University Wageningen/ Katholieke Universiteit Leuven, 1989. 296p.

EMPRESA BRASILEIRA DE PESQUISA AGROPECUÁRIA. Serviço Nacional de Levantamento e Conservação do Solo. Rio de Janeiro, RJ. **Levantamento exploratório – reconhecimento de solos da margem direita do rio São Francisco, Estado da Bahia.** Recife, Convênios Embrapa/SNLCS-Sudene/DRN, MA/Usaid/ETA, 1977 e 1979. v. 1 e 2. 1.296p. (Boletim Técnico, 52).

EMPRESA BRASILEIRA DE PESQUISA AGROPECUÁRIA. Serviço Nacional de Levantamento e Conservação do Solo. Rio de Janeiro, RJ. **Levantamento de reconhecimento dos solos do Distrito Federal.** Rio de Janeiro, 1978. 455p. (Boletim Técnico, 53.

EMPRESA BRASILEIRA DE PESQUISA AGROPECUÁRIA. Serviço Nacional de Levantamento e Conservação de Solos, Rio de Janeiro. **Mapas de solos do Brasil.** Coordenado e planejado por M. N. Camargo. 1981. Escala 1: 5.000.000.

EMPRESA BRASILEIRA DE PESQUISA AGROPECUÁRIA. **Sistema Brasileiro de Classificação de Solos.** Rio de Janeiro, 1999. 412p.

ESTADOS UNIDOS. USDA. **Soil classification. A compreehensive system.** 7th. Aproximação. 1960. 264p.

ESTADOS UNIDOS. United States Department of Agriculture. Soil Conservation Service. **Keys to Soil Taxonomy.** 6th ed., 1994, 306p.

ESWARAN, H., DE CONNINCK, H. & VARGHESE, T. **Role of plinthite and related forms in soil degradation. Advances in Soil Science.** Ed. R. Lal & B. A. Stewart. v. 11. 345p., 1990.

FAO, FAO/UNESCO. **Soil Map of the World. Revised Legend with corrections.** Rome, FAO, 1988 (World Resources Report, 60). Wageningen, ISRIC (Technical Paper, 20), 1994.

JACOMINE, P. T. K. (coord.). **Correlação pedológica de uma área do Pantanal de Mato Grosso e região de influência.** Secretaria de Estado de Planejamento e Coordenação Geral/Prodeagro/Zoneamento e Centro Nacional de Pesquisas do Solo – Embrapa. Rio de Janeiro, 1997. 60p.

PERKINS, H. F. & KAIHULLA, E. Some characteristics of plinthite inhibiting plant growth. **Agron. J.** 73(4): 671-673. 1981.

REUNIÃO DE CLASSIFICAÇÃO, CORRELAÇÃO E APLICAÇÃO DE LEVANTAMENTO DE SOLOS, 5. 1998, Rio de Janeiro. **Anais.** Rio de Janeiro: Embrapa-CNPS, 1998. 140p. Não publicado.

SYS, C. **Evaluation of land limitations in the humid tropics.** Gand, Pédologie, XXVIII, 3: 307-335, 1978.

3.18. Caráter flúvico

<u>*Definição*</u>. O termo caráter flúvico é empregado para identificar materiais formados em sedimentos fluviais (Figura 3.18.1.), marinhos ou lacustres relativamente recentes e reconhecidos por apresentarem os seguintes requisitos:

- distribuição irregular do conteúdo de carbono em profundidade, dentro de 200 cm da superfície do solo;
- camadas estratificadas em 25% ou mais do volume dentro de 200 cm da superfície do solo (Figura 1.1.2.).

<u>*Taxonomia*</u>. Os materiais com caráter flúvico são empregados na ordem dos NEOSSOLOS e CAMBISSOLOS para discriminar os NEOSSOLOS FLÚVICOS (*Solos Aluviais*) e os CAMBISSOLOS FLÚVICOS dos outros solos.

Figura 3.18.1. As propriedades flúvicas são encontradas em solos desenvolvidos em planícies aluviais. Foto: J. B. de Oliveira.

Solos pertencentes à ordens dos GLEISSOLOS e dos VERTISSOLOS podem apresentar também caráter flúvico, porém, todos sucedem os NEOSSSOLOS na chave classificatória. São exemplos desses casos, entre muitos outros: o perfil GB-45 (Embrapa, 1980) para os GLEISSOLOS e o perfil MT-94 (Brasil, 1971) para os VERTISSOLOS.

Equivalência com outros sistemas de classificação. O conceito de caráter flúvico advém da legenda da FAO (FAO, 1994), contudo o da FAO admite, em substituição ao decréscimo irregular do carbono em profundidade, um teor de carbono que se mantém superior a 0,20% a uma profundidade de 125 cm. Além disso, aceita valores inferiores a esse em estrato de areia pouco espesso, desde que abaixo dele aquele requisito seja atendido. O Soil Taxonomy (Estados Unidos, 1994) emprega os mesmos requisitos exigidos pela FAO relativos ao carbono, porém não inclui a exigência de camadas estratificadas.

O critério de carbono superior a 0,20% à profundidade de 125 cm empregado pela FAO e pelo Soil Taxonomy parece estar ligado à concepção de que, por serem solos derivados de sedimentos mais ou menos jovens, a camada hoje situada a cerca de 125 cm de profundidade encontrava-se no passado na superfície[23]. Na prática, contudo, parece que esse valor não tem consistência, pois existem outros solos formados em ambiente não-sedimentar que apresentam teores de carbono elevados àquela profundidade, como no perfil SP-68 (Brasil, 1960), cujo horizonte Bw4, situado à profundidade de 425-510 cm, tem 0,21% de carbono.

Na legenda da FAO, os Fluvissolos com horizonte glei a menos de 50 cm de profundidade são, diferentemente do SiBCS, considerados como tal e não como Gleissolos, posto que naquele sistema os Fluvissolos têm precedência, na chave de classificação, sobre os Gleissolos.

<u>Considerações gerais</u>. Uma das características marcantes dos solos com caráter flúvico é sua variação textural e de carbono em profundidade. A variação textural é pouco pronunciada quando os sedimentos estão representados por estratos espessos ou pouco diferenciados granulometricamente; caso contrário, pode ser bastante acentuada ao longo do perfil. No Quadro 3.18.1. são apresentados dados de carbono e granulométricos de um perfil típico de NEOSSOLO FLÚVICO (*Solo Aluvial*) e se observa a distribuição errática das várias frações granulométricas e do carbono.

O caráter flúvico, como assinalado, é usado como diagnóstico para identificar solos relativamente recentes, denominados de NEOSSOLOS FLÚVICOS, anteriormente denominados Solos Aluviais. Esses solos apresentam discreta alteração pedogenética, o que se reflete na presença de horizontes pouco diferenciados entre si, sendo a seqüência de horizontes, em geral, A-C.

Os solos desenvolvidos em materiais que apresentam caráter flúvico, quer se trate de NEOSSOLOS FLÚVICOS ou não, situam-se nas posições baixas da paisagem, onde em geral os NEOSSOLOS FLÚVICOS se relacionam com o leito menor do rio e com os terraços mais recentes. Terraços mais antigos, apesar de poderem apresentar ainda as propriedades flúvicas, em geral mostram desenvolvimento pedogenético (desenvolvimento de estrutura e/ou de cor ou iluviação de argila) suficientemente avançado para excluir a presença daqueles solos (Figura 3.18.2.).

23. Informação pessoal do professor Maurits van den Berg.

Quadro 3.18.1. Distribuição do carbono e das frações granulométricas ao longo de um NEOSSOLO FLÚVICO, perfil 54 (Embrapa, 1982).

Horizonte	Profundidade (cm)	C (%)	Areia grossa (%)	Areia fina (%)	Silte (%)	Argila (%)
Ap	0-10	1,27	19	52	15	14
C1	10-20	0,98	15	51	14	20
C2	20-38	0,37	23	55	12	10
C3	38-53	0,21	25	59	8	8
C4	53-60	0,11	34	56	6	4
C5	60-76	0,20	17	62	11	10
C6	76-83	0,37	32	23	16	29

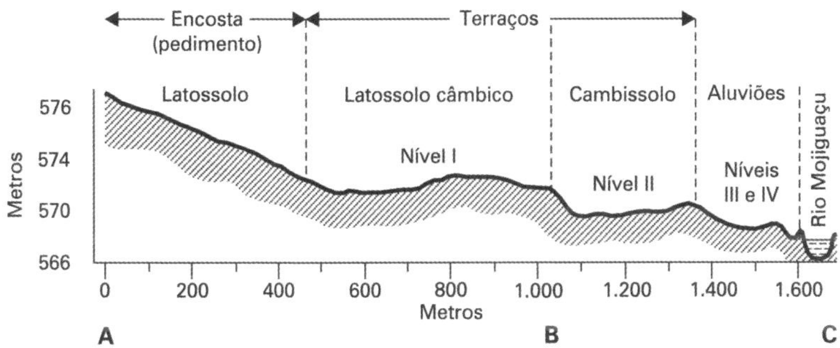

Figura 3.18.2. Perfis topográficos associados aos solos de várzea no Município de Conchal, SP (Adaptado de Perez Filho et al., 1980).

A distinção entre NEOSSOLOS FLÚVICOS e CAMBISSOLOS FLÚVICOS é por vezes difícil, pois estabelecer quando as manifestações dos processos pedogenéticos atuantes sobre os sedimentos podem ser consideradas suficientemente expressivas para desenvolver um horizonte B é de certa forma subjetivo e sutil. O horizonte B (genético) apresenta-se bastante afetado por transformações pedogenéticas, sendo identificado, entre outros requisitos, por apresentar estrutura em blocos, prismática, colunar ou granular (Embrapa, 1988). Assim, a nosso ver, solos com caráter flúvico, mas apresentando tais estruturas bem desenvolvidas, não devem ser considerados NEOSSOLOS FLÚVICOS. É, por exemplo, o caso do perfil BA-44 (Embrapa, 1976), identificado na ocasião como Solo Aluvial, o qual apresenta os horizontes 2C1 e 2C2, respectivamente, com estrutura forte pequena a média, blocos subangulares, e fraca grande prismática, composta de moderada média, blocos subangulares, ou do perfil SE-72 (Embrapa, 1975b), no qual a estrutura do horizonte 2C1 é moderada grande prismática, composta de moderada pequena a média, blocos subangulares, e a do 2C2 é fraca média prismática, composta de moderada pequena a média, blocos subangulares. Esses horizontes apresentam, portanto, além do desenvolvimento de cor, estrutura suficientemente expressa para serem identificados ao mesmo tempo como horizontes Bi genético e diagnóstico (Bi incipiente). Muitos solos formados em sedimentos aluviais foram erroneamente identificados nos levantamentos pedológicos efetuados no Brasil como solos aluviais apenas por possuírem caráter flúvico, sem se levar em conta que tais solos apresentavam horizontes diagnósticos subsuperficiais que os excluíam de tal classe. Exemplo marcante é o do perfil MT-94 (Brasil, 1971), que, apesar de ter se formado em material bastante estratificado, apresenta um expressivo horizonte vértico imediatamente abaixo do horizonte A.

A identificação do caráter flúvico é particularmente difícil quando se trata de extratos com pequena diferenciação granulométrica entre eles. É exemplo dessa situação o perfil AL-64 (Embrapa, 1975), o qual apresenta, até a profundidade examinada (100 cm), textura franco-arenosa com 9% de argila ao longo do perfil. As outras frações apresentam a seguinte variação: silte, 11 a 13%; areia fina, 35 a 37%; e areia grossa, 41 a 45%. Como não há decréscimo irregular de carbono em profundidade, um solo como esse pode ser facilmente confundido com os NEOSSOLOS QUARTZARÊNICOS (*Areias Quartzosas*); de qualquer forma, comportam-se, do ponto de vista agronômico e geotécnico, como tal.

Outra dificuldade encontrada na identificação de solos formados em sedimentos aluviais refere-se à distinção entre PLANOSSOLOS, GLEISSOLOS argissólicos (*Hidromórficos Cinzentos*) e NEOSSOLOS FLÚVICOS. A presença de estrato com significativo aumento de argila em relação ao anterior pode sugerir a presença de um horizonte Bt e, portanto, de um PLANOSSOLO ou de um GLEISSOLO argissólico, dependendo se tal diferença sugere presença de mudança textural abrupta (PLANOSSOLO), como no perfil PE-85 (Brasil, 1972), ou não (GLEISSOLO argissólico). Nesses casos, a abertura de trincheira que permita minuciosa observação do solo ou tradagem mais profunda, atingindo uma sucessão maior de camadas (horizontes), é imprescindível; em certos casos, podem ser necessárias observações em lâminas delgadas. De qualquer forma, todos esses solos, apesar de pertencentes a ordens diferentes, podem apresentar grande similaridade de comportamento agrícola e geotécnico e, nesse caso, se porventura existirem em uma mesma área, se agruparão em uma mesma unidade de manejo.

Os solos com caráter flúvico apresentam geralmente grande variação vertical e horizontal em atributos morfológicos, físicos, químicos e mineralógicos, fato que torna difícil mapeá-los em baixos níveis cartegóricos, em mapas de escala menor que 1:10.000. Geralmente, as unidades de mapeamento são constituídas por complexos de solos. Berg et al. (1987), estudando o padrão de distribuição de solos em planícies aluviais do rio Ribeira de Iguape, em São Paulo, verificaram que a variabilidade espacial a curta distância pode ser considerável e apontam a dificuldade de interpretação dos dados analíticos em amostras coletadas a profundidades fixas. Esses autores observaram que a variabilidade a curta distância muitas vezes é maior na camada subsuperficial (60 a 80 cm) do que na camada superficial, uma vez que, nesta, a variabilidade é devida somente à variação lateral de intensidade do processo de sedimentação e formação do solo, enquanto em profundidade pode ser devida tanto à variação lateral como à vertical.

É freqüente, nos NEOSSOLOS FLÚVICOS, a presença de mosqueados indicativos de processos temporários de redução e oxidação (perfil BA-45, Embrapa, 1976) ou mesmo de horizonte glei (abaixo de 50 cm de profundidade), por exemplo, no NEOSSOLO FLÚVICO Tb Distrófico gleissólico, perfil AL-63 (Embrapa, 1975).

Como os solos com caráter flúvico situam-se em zonas baixas ou deprimidas, é comum, especialmente na região nordestina, no Pantanal Mato-grossense e em regiões litorâneas, a presença de elevada saturação por sódio, como o perfil RN-56 (Brasil, 1971a), cujo horizonte A1 apresenta

14,7% de saturação desse elemento. A presença de carandá (*Copernicia australis*) nas planícies aluviais do Pantanal, ou da carnaúba (*Copernicia cerifera*) no Nordeste são indício da presença de significativos teores de sódio no solo (Figura 3.10.1.).

Importância agronômica e geotécnica. Os solos com caráter flúvico, como assinalado anteriormente, situam-se, em sua maior parte, em áreas baixas, estando portanto sujeitos a inundações, as quais, dependendo da freqüência, podem limitar bastante seu uso. O lençol freático, nesses solos, está em geral a pouca profundidade e, mesmo em solos bem drenados, raramente está abaixo de 2 a 3 m de profundidade. Os GLEISSOLOS apresentam em geral fortes limitações, devido ao excesso de água, pois o lençol freático está grande parte do ano a pouca profundidade. Os solos gleissólicos apresentam menor limitação, pois neles o horizonte glei encontra-se a maior profundidade. De qualquer forma, todos os solos com caráter flúvico são inadequados para aterro sanitário e apresentam sérias limitações, como áreas para recebimento de efluentes, devido ao elevado risco de contaminação do lençol freático, ou para camping, dependendo da freqüência de inundações e da permeabilidade interna, pois, sendo áreas planas, o escorrimento superficial é muito lento.

A variação textural em profundidade tem implicações diretas sobre o fluxo vertical da água e, conseqüentemente, sobre o estabelecimento de sistemas de drenagem, os quais podem apresentar complexidades maiores do que as requeridas em outros solos com menor variação textural. É conhecido o fato de solos com horizonte de textura fina, seguido de horizonte de textura mais grosseira, como areia grossa ou cascalhento, armazenarem mais água na capacidade de campo do que aqueles de textura uniforme (Always & McDole, citados por Clothier et al., 1977). Estes últimos autores, no mesmo trabalho, afirmam que Miller (1969 e 1973), medindo o efeito da retenção de água em solos estratificados, concluiu que a quantidade de água retida em determinada camada aumenta à medida que a camada subjacente se torna mais grosseira, decrescendo, contudo, à medida que se distancia para cima. Por outro lado, Miller & Gardner (1962) mostraram que a presença de camada de textura grosseira nos solos retarda o movimento descendente da água.

Quando o *front* de umedecimento de uma camada com poros pequenos encontra uma de poros grandes, ele pára até que a tensão de umidade na região molhada se torne suficientemente baixa para permitir que os poros grandes se encham com água. Ainda segundo esses autores, se a quantidade de água for insuficiente para baixar a tensão de umidade, a frente de umedecimento poderá parar indefinidamente. Hill & Parlange (1972), porém, assinalam que, quando uma frente de umedecimento passa de uma camada de textura mais fina para outra mais grosseira, essa frente não é uniforme, mas sim em forma de "dedos", que constituem os canais de recarga do lençol freático, naturalmente com menor volume do que se houvesse uma frente estável e unidimensional. Segundo eles, o conhecimento do desenvolvimento desses "dedos" de molhamento permite aos cientistas do solo predizer mais acuradamente a quantidade de chuva ou irrigação necessária para recarregar o lençol freático.

É comum os solos com caráter flúvico apresentarem expressivos teores de minerais primários facilmente intemperizáveis, oferecendo, portanto, significativo potencial nutricional, especialmente com relação ao K^+. É exemplo desse caso o perfil RN-53 (Brasil, 1971a), o qual chega a apresentar 32% de feldspatos (predominantemente potássicos), 21% de biotita intemperizada, 3% de muscovita e 2% de anfibólios. Perez Filho et al. (1980) mostram contudo que, em uma mesma topossequência, os teores de minerais primários facilmente intemperizáveis diminuem à medida que os solos se tornam mais maduros (Quadro 3.18.2.).

Quadro 3.18.2. Mineralogia da fração areia muito fina (50-100 µ) de amostras compostas dos diferentes níveis geomorfológicos de duas várzeas do rio Mojiguaçu (Adaptado de Perez Filho et al., 1980).

	VÁRZEA (1)					VÁRZEA (2)		
	Pd*	NI*	NII*	NIII*	NIV*	NI	NII	NIII
	%							
Quartzo	98,7	93,0	73,5	55,0	62,8	95,0	93,8	64,4
Mica	—	0,7	11,8	35,6	18,8	0,7	—	2,2
Feldspato	—	1,7	6,8	5,6	10,1	2,0	2,5	10,3
Pesados e opacos	1,3	4,6	7,8	3,6	8,2	2,3	3,7	3,4

(1) Pd – pedimento; NI – terraço; NII – terraço; NIII e IV – níveis de aluviões recentes.

A topografia dos solos com caráter flúvico é em geral plana ou suavemente ondulada, apresentando, portanto, limitação nula ou apenas ligeira quanto à erodibilidade. A trafegabilidade poderá ser prejudicada em períodos de inundação e em períodos chuvosos, já que o escorrimento superficial é pequeno. Isso se agrava em solos que apresentam estrato muito argiloso a pouca profundidade, o qual poderá oferecer séria limitação à drenagem interna da água, como no perfil MT-49 (Brasil, 1971).

Muitos solos com caráter flúvico podem apresentar elevada concentração em sódio, ou em sais, ou mesmo em ambos. O perfil SE-71 (Embrapa, 1975b) de NEOSSOLO FLÚVICO Sódico é exemplo do primeiro caso, e os perfis GB-57 (Embrapa, 1980) de GLEISSOLO SÁLICO Sódico e de NEOSSOLO FLÚVICO Sálico solódico são exemplos do último. Tais solos apresentam sérias limitações do ponto de vista agrícola.

Bibliografia

BERG, M. van den, LEPSCH, I. F. & SAKAI, E. Solos de planícies aluviais do vale do rio Ribeira de Iguape, SP. I. Padrões de distribuição. **Rev. Bras. Ci. Solo**, Campinas, 11: 305-313, 1987.

BRASIL, Ministério da Agricultura. Centro Nacional de Ensino e Pesquisas Agronômicas. Comissão de Solos. **Levantamento de reconhecimento de solos do Estado de São Paulo.** Rio de Janeiro, Serviço Nacional de Pesquisas Agronômicas, 1960. 634p. (SNPA, Boletim, 12).

BRASIL. Ministério da Agricultura. Divisão de Pesquisa Pedológica, DNPEA. **Levantamento de reconhecimento dos solos do Sul do Estado do Mato Grosso.** Rio de Janeiro, 1971. 839p. (Boletim Técnico, 18).

BRASIL. Ministério da Agricultura. Divisão de Pesquisa Pedológica, DNPEA. **Levantamento de reconhecimento dos solos do Estado do Rio Grande do Norte.** Recife, Convênio MA/DNPEA-Sudene/DRN, MA/Usaid/Brasil, 1971a. 683p. (Boletim Técnico, 15).

BRASIL. Ministério da Agricultura. Divisão de Pesquisa Pedológica, DNPEA. **Levantamento exploratório – reconhecimento de solos do Estado de Pernambuco.** Recife, Convênios MA/DNPEA-Sudene/DRN, MA/Contap/Usaid/ETA, 1972. v. II, 534p. (Boletim Técnico, 26).

CLOTHIER, B. E., SCOTTER, D. R. & KERR, J. P. Water retention in soil underlain by a coarse-textured layer: theory and a field application. **Soil Sci.** 1977, v. 123 (6): 392-399.

EMPRESA BRASILEIRA DE PESQUISA AGROPECUÁRIA. Centro de Pesquisas Pedológicas. **Levantamento exploratório – reconhecimento de solos do Estado**

de Alagoas. Recife, 1975. 532p. (Embrapa-CPP. Boletim Técnico, 35; Sudene, Série Recursos de Solos, 5).

EMPRESA BRASILEIRA DE PESQUISA AGROPECUÁRIA. Centro de Pesquisas Pedológicas. **Levantamento exploratório – reconhecimento de solos do Estado de Sergipe.** Recife, 1975b. 506p. (Embrapa-CPP. Boletim Técnico, 36; Sudene, Série Recursos de Solos, 6).

EMPRESA BRASILEIRA DE PESQUISA AGROPECUÁRIA. Serviço Nacional de Levantamento e Conservação do Solo. Rio de Janeiro, RJ. **Levantamento exploratório – reconhecimento de solos da margem esquerda do rio São Francisco, Estado da Bahia.** Recife, 1976. 404p. (Boletim Técnico, 38; Sudene. Divisão de Recursos Renováveis, Série Recursos de Solos, 7).

EMPRESA BRASILEIRA DE PESQUISA AGROPECUÁRIA. Serviço Nacional de Levantamento e Conservação do Solo. Rio de Janeiro, RJ. **Levantamento Semidetalhado e Aptidão Agrícola dos Solos do Município do Rio de Janeiro.** Rio de Janeiro, 1980. 389p. (Boletim Técnico, 66).

EMPRESA BRASILEIRA DE PESQUISA AGROPECUÁRIA. Serviço Nacional de Levantamento e Conservação do Solo. **Levantamento de reconhecimento de média intensidade dos solos e avaliação de aptidão agrícola das terras do Triângulo Mineiro,** Rio de Janeiro. Embrapa-SNLCS/Epamig (Boletim de Pesquisa, 1), 1982, 526p.

HILL, D. E. & PARLANGE, J. Y. Wetting front instability in layered soils. **Soil Sci. Soc. Amer. Proc.** v. 36(5): 697-702. 1972.

MILLER, D. E. & GARDNER, W. H. Water infiltration into stratified soil. **Soil Sci. Soc. Am. Proc.** 26: 115-119, 1962.

OLIVEIRA, J. B., MENK, J. R. F., BARBIERI, J. L., ROTTA, C. L. & TREMOCOLDI, W. **Levantamento pedológico semidetalhado do Estado de São Paulo: Quadrículas de Araras.** Campinas, Instituto Agronômico. 1982. 180p. (Boletim Técnico, 71).

PEREZ FILHO, A., DONZELLI, P. L. & LEPSCH, I. F. Relação solos/geomorfologia em várzeas do rio Mojiguaçu (SP). **Rev. Bras. Ci. Solo**, Campinas, 4: 181-187, 1980.

3.19. Saturação por bases (eutrofismo, distrofismo)

Definição. O termo "saturação por bases" refere-se à proporção (taxa percentual) de cátions básicos trocáveis (Ca^{2+}, Mg^{2+}, K^+, Na^+) em relação à capacidade de troca de cátions (CTC) determinada a pH igual a 7. Traduz o estado do solo quanto à saturação por bases do complexo coloidal.

A saturação por bases é comumente representada pelo símbolo V% expresso pela fórmula:

$$V\% = 100 \,.\, S/CTC$$

onde:

S = saturação por bases (= $Ca^{2+} + Mg^{2+} + Na^{+} + K^{+}$)

CTC = $S + Al^{3+} + H^{+}$

Alta saturação por bases especifica distinção de solos com saturação por bases igual ou superior a 50%, e baixa saturação especifica distinção de solos com saturação por bases inferior a 50%. Solos com saturação por bases alta são denominados de eutróficos, e os com saturação por bases baixa, de distróficos. Solos ricos em sódio trocável ou com alto conteúdo de sais (solos com caráter sálico) em geral apresentam elevada saturação por bases, contudo, em tais solos ela não é considerada atributo diagnóstico, posto que a presença do sódio ou dos sais provoca condições físicas e/ou químicas desfavoráveis às plantas. Além disso, nos solos salinos, uma alta saturação por bases pode ser apenas "aparente", já que grande parte dos cátions não está ligada ao complexo sortivo, mas sim a sais solúveis. Assim, o termo "eutrófico" relacionado à alta saturação por bases, e que denota boas condições nutricionais para as plantas, não se aplica a essses solos. Exemplo dessa condição encontra-se no perfil RN-46 (Brasil, 1971). Esse solo apresenta os seguintes valores na primeira (0-2 cm) e segunda (2-30 cm) camada, respectivamente: condutividade elétrica, 260 e 17,9 dS m^{-1}; porcentagem de sódio trocável, 52 e 57%; soma de bases, 11,8 e 7,3 $cmol_c$/kg solo; saturação por bases, 100 e 100%. Ora, solos como esse, apesar dos elevados teores de bases trocáveis e de o complexo coloidal estar por elas saturado, não são considerados eutróficos, pois as limitações impostas pela elevada saturação por sódio e presença de sais solúveis são predominantes.

A saturação por bases também não é utilizada como critério diagnóstico em solos altamente intemperizados (solos com caráter ácrico). Devido à baixíssima CTC que tais solos apresentam, é possível ter-se valores de V% elevados, com teores absolutos de soma de bases baixos, não se ajustando, portanto, ao conceito de solo eutrófico, conotativo de solo rico em nutrientes. São exemplos desse caso as amostras 3004 e 3220 do horizonte Bw de LATOSSOLOS AMARELOS Acriférricos (*Latossolos variação Una ácricos*) coletadas no Município de Guaíra, SP (Arquivo do

Centro de Pesquisa e Desenvolvimento de Solos e Recursos Ambientais — IAC). As amostras apresentaram, respectivamente, os seguintes valores: soma de bases, 0,31 e 0,41cmol$_c$/kg de solo; CTC, 0,51 e 0,61 cmol$_c$/kg de solo; e V%, 61 e 67. Notam-se os inexpressivos valores de soma de bases, apesar de a saturação por bases ser superior a 50%.

O Centro de Pesquisa e Desenvolvimento de Solos e Recursos Ambientais do Instituto Agronômico de Campinas tem utilizado o critério soma de bases ≥ 1,5 cmol$_c$/kg terra conjugado com V% ≥ 50 até 120 cm de profundidade para discriminar solos eutróficos, evitando assim denominar como tais solos com teores de soma de bases muito baixos, apesar de apresentarem saturação por bases alta (V ≥ 50%).

Taxonomia. O SiBCS emprega a saturação por bases como atributo diagnóstico em duas situações: 1) na identificação do tipo de horizonte A e 2) no terceiro nível categórico (grande grupo), para discriminar solos com alta saturação por bases. Os critérios são distintos para esses dois casos. Na distinção do tipo de horizonte A é utilizado o valor V% igual ou superior a 65 para discriminar o horizonte A chernozêmico de outros, e na distinção dos grandes grupos é utilizado o valor de V% igual ou superior a 50 para discriminar os solos com saturação por bases alta (LATOSSOLOS VERMELHOS Eutróficos, ARGISSOLOS ACINZENTADOS Eutróficos etc.) dos solos com baixa saturação por bases (LATOSSOLOS VERMELHOS Distróficos, ARGISSOLOS ACINZENTADOS Distróficos etc.).

Para a distinção dos solos é considerada a saturação por bases no horizonte diagnóstico subsuperficial (B ou C).

Equivalência com outros sistemas de classificação. Tanto o Soil Taxonomy (Estados Unidos, 1994) como a legenda da FAO (FAO, 1994) utilizam a saturação por bases como critério na identificação de horizontes diagnósticos ou na distinção de classes em vários níveis categóricos. Devido a ligeiras diferenças metodológicas, há algumas divergências nos valores de saturação por bases obtidos pela metodologia da Embrapa-Solo e a do Departamento de Agricultura dos Estados Unidos utilizado no Soil Taxonomy (Quadro 3.19.1.). A metodologia empregada na legenda da FAO é equivalente à empregada pelo Soil Taxonomy. Ao ser feita a correlação entre solos classificados pelo SiBCS e pelo Soil Taxonomy ou pela FAO e vice-versa, é necessário levar em conta as divergências de valores existentes, procedimento nem sempre seguido nos trabalhos de correlação.

É interessante assinalar ainda que o Soil Taxonomy utiliza metodologias diversas para a obtenção da CTC e, conseqüentemente, na determinação da saturação por bases (Quadro 3.19.2.). Assim, o valor de saturação por bases empregado na distinção de Alfisols (V% ≥ 35%) dos Ultisols (V% < 35) relaciona-se à CTC determinada a pH igual a 8,2 e não a pH igual a 7. Por outro lado, esse sistema, na ordem dos Inceptisols, usa critérios diferentes na identificação de solos eutróficos: V% ≥

Quadro 3.19.1. Relação entre os valores de saturação por bases determinados na Embrapa-Solos e no Soil Conservation Service (Olmos & Paolinelli, 1981).

Valores de saturação por bases (V%)	
Embrapa-Solos (pH 7)	**USDA-SCS (pH 7)**
65	50
50	37

Quadro 3.19.2. Exemplos de critérios adotados no emprego da saturação por bases (V%) como atributo diagnóstico no Soil Taxonomy (Estados Unidos, 1994), na legenda da FAO (FAO, 1994) e no SiBCS (Embrapa, 1999).

Sistema de classificação	Horizonte/Classe de solo	(V%)/Método
Soil Taxonomy	Epipedom Mólico	≥ 50/pH 7,0*
	Alfisol	≥ 35/pH 8,2**
	Ultisol	< 35/pH 8,2**
	Oxisol (Eutro)	≥ 35/pH 7,0*
	Eutrochrept	≥ 60/pH 7,0*
	Eutropept	≥ 50/pH 7,0*
FAO	Horizonte A mólico	≥ 50/pH 7,0*
	Solos eutróficos	≥ 50/pH 7,0*
	Solos distróficos	< 50/pH 7,0*
SiBCS	Horizonte A chernozêmico	≥ 65/pH 7,0***
	Solos eutróficos	≥ 50/pH 7,0***
	Solos distróficos	< 50/pH 7,0***

* Acetato de amônio. ** Soma de bases. *** Acetato de cálcio.

60 no caso dos Eutrochrept e ≥ 50 no caso dos Eutropets. Além disso, na ordem dos Oxisols, é empregado o valor de saturação por bases ≥ 35% (pH igual a 7) para discriminar os solos eutróficos, enquanto em outras ordens o valor da saturação por bases (pH igual a 7) requerido é ≥ 50%. O trabalho de Olmos & Paolinelli (1981) não estabelece correlação entre a saturação por bases pelo método Embrapa e a obtida pelo método USDA a pH igual a 8,2. Tem-se considerado, para efeitos de correlação, o valor de 35% da saturação por bases (pH igual a 8,2) como semelhante a 65% de saturação por bases pelo método da Embrapa (pH igual a 7). Como a FAO utiliza o critério de saturação por bases resultante da CTC (pH igual a 7) obtida por metodologia equivalente à do USDA, o valor de 50% utilizado nesse sistema corresponde também aos 65% obtidos pelo método da Embrapa-Solos.

A classificação americana de solos influenciou bastante os pedólogos brasileiros no estabelecimento de classes de solos e de critérios diagnósticos e, durante certo tempo, os valores da saturação por bases empregados por aquele sistema também o foram no Brasil, sem terem sido levadas em conta as diferenças metodológicas. Assim, durante certo período, foi utilizado no Brasil o valor de 35% de saturação por bases para diferenciar os solos eutróficos (V% ≥ 35) dos distróficos (V% < 35), posto que era esse o valor preconizado para diferenciar os Alfisols dos Ultisols, porém referidos a CTC determinada a pH igual a 8,2 e não a pH igual a 7. Entre vários levantamentos de solos, os do Estado da Paraíba (Brasil, 1972) e o do sul de Mato Grosso (Brasil,1971a) são exemplos do emprego desse critério. Ora, somente mais tarde passou-se a considerar o valor de 50% para discriminar solos eutróficos dos distróficos. Assim, é necessário levar esses fatos em consideração na interpretação de mapas mais antigos de solos, verificando no boletim correspondente qual o critério utilizado para discriminar solos eutróficos (alta saturação por bases) dos distróficos (baixa saturação por bases), já que muitos dos solos considerados eutróficos (35 > V% < 50%) devem ser classificados como distróficos.

Deve-se ressaltar também que, até a publicação do SiBCS, o valor da saturação por bases requerida pelo horizonte A chernozêmico era o mesmo preconizado para o epipedom mólico (*mollic epipedon*) do Soil

Taxonomy e para o horizonte A mólico da FAO: 50% (Embrapa, 1988). Ora, tal valor, em virtude da diferença de metodologia, corresponde, na verdade, a 65% pelo método Embrapa-Solo. Como era pretensão do SiBCS restringir o conceito de horizonte A chernozêmico a horizonte superficial mais saturado por bases, à semelhança do "epipedom mólico" do Soil Taxonomy, o valor de 50% para a saturação por bases anteriormente usado no Brasil na identificação desse horizonte foi elevado para 65%. Assim, é possível encontrar, em levantamentos de solos até então publicados, solos que foram classificados como tendo horizonte A chernozêmico, porém, atualmente, esse horizonte não é mais identificado como tal. São exemplos desse caso o perfil AL-38 (Embrapa, 1975) e o perfil complementar 8, Triângulo Mineiro (Embrapa, 1982). Este último, por ter sido considerado na ocasião como A chernozêmico, foi classificado como Brunizém Avermelhado (CHERNOSSOLO ARGILÚVICO) pelo SiBCS. Como a saturação por bases do horizonte A é de apenas 57%, ele seria atualmente considerado A moderado e, conseqüentemente, o solo seria classificado como LUVISSOLO.

Considerações gerais. Devido à presença de significativas quantidades de óxidos de ferro e de alumínio e de minerais de argila do tipo 1:1, os solos bastante intemperizados apresentam grande parte de sua CTC resultante de cargas pH-dependentes (veja 3.2. Atividade da fração argila). A CTC é, nesses casos, superestimada e, conseqüentemente, a saturação por bases, subestimada. A determinação da saturação por bases usando nesses casos a CETC (capacidade efetiva de troca de cátions), que reflete a CTC ao pH do solo (sem a participação de cargas pH-dependentes), é, para solos muito intemperizados, uma medida mais real de seu estado de saturação por bases do que a obtida usando a CTC. Isso é particularmente importante no Brasil, onde grande parte dos solos é bastante intemperizada. No Quadro 3.19.3. são apresentados dados de saturação por bases estimada a partir da CETC e da CTC para solo bastante intemperizado, Latossolo (horizonte Bw), e para solo pouco intemperizado, Chernossolo (horizonte Bt). Observa-se a enorme diferença do valor da saturação por bases obtida pelos dois métodos nos solos bastante intemperizados, nos quais a saturação por bases estimada ao pH do solo (CETC) é bem

Quadro 3.19.3. Saturação por bases de horizonte B latossólico (Bw) e B textural (Bt) de alguns solos obtida a partir da capacidade de troca de cátions a pH igual a 7 (CTC) e da capacidade efetiva de troca de cátions (CETC). Dados dos perfis obtidos de Oliveira & Prado (1987).

Perfil/Horizonte	Soma de bases ($cmol_c$/kg solo)	Al^{3+} ($cmol_c$/kg solo)	H^+ ($cmol_c$/kg solo)	V% (CTC)	V% (CETC)
IAC-1350/Bw2	0,20	0,0	1,4	14	100
IAC-1346/Bw2	0,13	0,0	3,0	4	100
IAC-1348/Bw2	0,22	0,0	3,5	6	100
IAC-1349/Bw2	0,70	1,0	2,7	15	41
IAC-1345/Bt	24,10	0,0	2,1	92	100

mais elevada do que a obtida pela CTC, chegando ao valor de 100% nos três primeiros solos.

Talvez seja devido a esse fato que o Soil Taxonomy (Estados Unidos, 1994) utiliza o valor de saturação por bases igual ou superior a apenas 35% para discriminar, na ordem dos Oxisols (solos bastante intemperizados), os eutróficos dos distróficos.

Importância agronômica e geotécnica. A saturação por bases é um dos atributos mais utilizados na caracterização e classificação dos solos, pois informa o quanto do complexo de troca está saturado por bases (Ca^{2+}, Mg^{2+}, K^+, Na^+), permitindo inferir sobre a fertilidade deles. Quanto maior o valor dessa saturação, maior o conteúdo de bases no solo. A indicação de solos com alta saturação por bases (eutróficos) ou baixa saturação por bases (distróficos) nos mapas de solos auxilia o usuário, portanto, na planificação do uso da terra.

Algumas plantas indicadoras têm estreita relação com o caráter eutrófico dos solos, entre outras, o bacuri (*Attalea phalerata* Mart. ex Spreng). Ele é bastante comum na região de Guaíra, SP, onde os proprietários rurais o preservam das derrubadas, deixando-o como indicador de padrão de "terra de primeira" (Figura 3.19.1.).

Valores elevados de saturação por bases, contudo, podem não representar solos ricos quimicamente, pois, apesar de o valor relativo da saturação por bases ser elevado, tais solos podem conter baixíssimas quantidades em bases trocáveis e, portanto, deficiência em algum nutriente. Solos muito intemperizados, como os LATOSSOLOS Ácricos, podem apresentar

Figura 3.19.1. O bacuri (*Attalea phalerata* Mart. ex Spreng). é deixado no desmatamento pelos agricultores como indicador de "terras de primeira". Miguelópolis, SP. Foto: J. B. de Oliveira.

saturação por bases elevada. Contudo, por ser muito baixo o teor em bases trocáveis, esgotam-se rapidamente, apresentando após a primeira ou poucas colheitas decréscimo acentuado de produção, quando não fertilizados. Em contrapartida, solos com elevados valores de saturação por bases e de capacidade de troca de cátions, como os das classes dos LUVISSOLOS, CHERNOSSOLOS, VERTISSOLOS, CAMBISSOLOS Ta Eutróficos e GLEISSOLOS Ta Eutróficos, entre outros, apresentam reserva de nutrientes muito maior do que aqueles e, conseqüentemente, requerem um período de tempo consideravelmente maior para se esgotar. Por isso, na interpretação da potencialidade dos solos é importante considerar a saturação por bases em conjugação com os valores absolutos de soma de bases ou da capacidade de troca de cátions.

No Quadro 3.19.4. são apresentados alguns dados de soma de bases, saturação por bases e CTC de solos eutróficos, porém contendo alta e baixa quantidade de bases. É importante considerar que nesse quadro estão assinalados os dados de apenas um horizonte de cada perfil e que

Quadro 3.19.4. Soma de bases (S), capacidade de troca de cátions (CTC) e saturação por bases (V%) de solos com baixa e alta CTC.

Perfil/Horizonte	S $cmol_c$/kg terra	CTC $cmol_c$/kg terra	V% (pH 7)	Referência
		Solos com baixa CTC		
AL-11/Bw2	2,0	2,5	80	Embrapa, 1975
RN-8/Bw2	1,4	1,9	74	Brasil, 1971
		Solos com alta CTC		
Ba-259/C1	61,0	61,0	100	Embrapa, 1977-79
Ba-240/Bi	40,8	40,8	100	Embrapa, 1977-79

esses solos apresentam, ao longo pelo menos dos 100 cm iniciais, dados equivalentes aos do horizonte assinalado, o que torna ainda mais acentuadas as diferenças de potencial nutricional entre eles.

Solos com baixa saturação por bases (V% < 50) denotam baixo teor em bases trocáveis e, além disso, possibilidade de apresentar toxicidade por alumínio, como no caso dos da classe dos solos com caráter alítico (veja 3.22. Caráter alítico), dos solos alumínicos e dos álicos.

Alguns solos com saturação por bases alta podem apresentar apreciáveis teores de carbonato de cálcio e/ou magnésio, o que eleva o pH (H_2O) a valores superiores a 7, como nos das classes dos CHERNOSSOLOS RÊNDZICOS (perfil SE-73, Embrapa, 1975a), CAMBISSOLOS HÁPLICOS Carbonáticos (perfil BA-234, Embrapa, 1977-1979), VERTISSOLOS HÁPLICOS Carbonáticos (perfil BA-257, Embrapa, 1977-1979). Nesses três perfis, o pH, em água, chegou, respectivamente, aos seguintes valores: 7,6, 8,5 e 8,8. Nessas condições, há possibilidade do aparecimento de deficiências de alguns micronutrientes, como o zinco, o ferro, o cobre, o manganês e, em menor proporção, o boro (veja 3.5. Caráter carbonático e caráter com carbonato).

Do ponto de vista geotécnico, a saturação por bases aparentemente não tem grande significado. Solos com saturação por bases alta, contudo, teoricamente apresentam maior facilidade de vegetação dos taludes de estradas do que aqueles com saturação por bases baixa, em geral pouco providos de nutrientes e/ou com níveis tóxicos de alumínio.

Bibliografia

BRASIL. Ministério da Agricultura. Divisão de Pesquisa Pedológica, DNPEA. **Levantamento de reconhecimento dos solos do Estado do Rio Grande do Norte.** Recife, Convênio MA/DNPEA-Sudene/DRN, MA/Usaid/Brasil, 1971. 683p. (Boletim Técnico, 15).

BRASIL. Ministério da Agricultura. Divisão de Pesquisa Pedológica, DNPEA. **Levantamento de reconhecimento dos solos do Sul do Estado do Mato Grosso.** Rio de Janeiro, 1971a. 839p. (Boletim Técnico, 18).

BRASIL. Ministério da Agricultura. Divisão de Pesquisa Pedológica, DNPEA. **Levantamento exploratório – reconhecimento de solos do Estado da Paraíba.** Recife, Convênios MA/EPE-Sudene/DRN, MA/Contap/Usaid/Brasil, 1972, 683p. (Boletim Técnico, 15).

EMPRESA BRASILEIRA DE PESQUISA AGROPECUÁRIA. Centro de Pesquisas Pedológicas. **Levantamento exploratório – reconhecimento de solos do Estado de Alagoas.** Recife, 1975. 532p. (Embrapa-CPP. Boletim Técnico, 35; Sudene, Série Recursos de Solos, 5).

EMPRESA BRASILEIRA DE PESQUISA AGROPECUÁRIA. Centro de Pesquisas Pedológicas. **Levantamento exploratório – reconhecimento de solos do Estado de Sergipe.** Recife, 1975a. 506p. (Embrapa-CPP. Boletim Técnico, 36; Sudene, Série Recursos de Solos, 6).

EMPRESA BRASILEIRA DE PESQUISA AGROPECUÁRIA. Serviço Nacional de Levantamento e Conservação do Solo. Rio de Janeiro, RJ. **Levantamento exploratório – reconhecimento de solos da margem direita do rio São Francisco, Estado da Bahia.** Recife, Convênios Embrapa/SNLCS-Sudene/DRN, MA/Usaid/ETA, 1977 e 1979. v. 1 e 2. 1.296p. (Boletim Técnico, 52).

EMPRESA BRASILEIRA DE PESQUISA AGROPECUÁRIA. Serviço Nacional de Levantamento e Conservação do Solo. **Levantamento de reconhecimento de média intensidade dos solos e avaliação de aptidão agrícola das terras do Triângulo Mineiro.** Rio de Janeiro. Embrapa-SNLCS/Epamig (Boletim de Pesquisa, 1), 1982, 526p.

EMPRESA BRASILEIRA DE PESQUISA AGROPECUÁRIA. Serviço Nacional de Levantamento e Conservação do Solo. Rio de Janeiro, RJ. **Critérios para distinção de classes de solos e de fases de unidades de mapeamento; normas em uso pelo SNLCS.** Rio de Janeiro, 1988. 67p. (Documento 11).

EMPRESA BRASILEIRA DE PESQUISA AGROPECUÁRIA. SiBCS. **Sistema Brasileiro de Classificação de Solos.** Rio de Janeiro, 1999. 412p.

ESTADOS UNIDOS. United States Department of Agriculture. Soil Conservation Service. **Keys to Soil Taxonomy.** 6th ed., 1994, 306p.

FAO, FAO/UNESCO. **Soil Map of the World. Revised Legend with corrections.** Rome, FAO, 1988 (World Resources Report, 60). Wageningen, ISRIC (Technical Paper, 20), 1994.

OLIVEIRA, J. B. & PRADO, H. **Levantamento pedológico semidetalhado do Estado de São Paulo: Quadrícula de Ribeirão Preto. II – Memorial Descritivo.** Campinas, Instituto Agronômico. 1987. 133p. (Boletim Científico, 7).

OLMOS, I. L. J. & PAOLINELLI, G. P. **Capacidade de troca de cátions, soma de bases e saturação de bases: correlação de resultados procedentes do SCS-USDA e SNLS-Embrapa e implicações conexas.** In: Congresso Brasileiro de Ciência do Solo, 18, Salvador, 1981. Resumos. Salvador, Sociedade Brasileira de Ciência do Solo, 1981. p. 25.

3.20. Saprólito

Definição. O termo "saprólito" refere-se a material resultante do intemperismo mais ou menos intenso da rocha e que ainda mantém a textura (no sentido petrológico) e estrutura original dela, podendo apresentar qualquer dureza compatível com essa condição de rocha semi-alterada e, conseqüentemente, variados graus de limitação ao livre desenvolvimento do sistema radicular (Figura 3.20.1.).

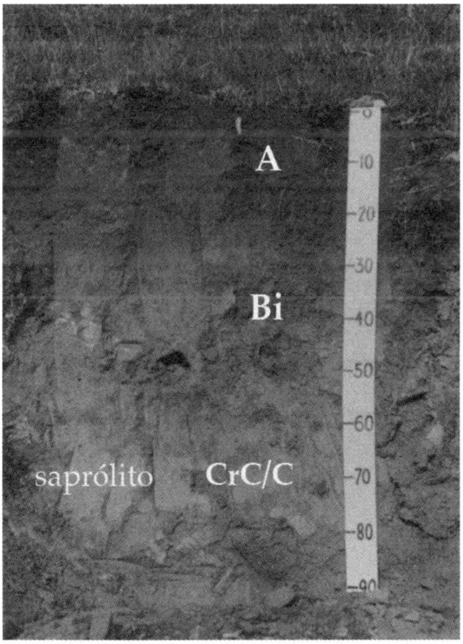

Figura 3.20.1. Solo mostrando saprólito (Cr). CAMBISSOLO HÁPLICO Tb Distrófico saprolítico. Campos do Jordão, SP. Foto: J. B. de Oliveira.

Taxonomia. A presença de saprólito dentro da seção de controle é empregada no SiBCS no terceiro nível (grande grupo) para identificar a classe dos CHERNOSSOLOS RÊNDZICOS Saprolíticos (perfil 8-VRCC, Embrapa, 1998) e também no quarto nível (subgrupo) de várias ordens, como os ARGISSOLOS VERMELHOS Eutróficos abrúpticos saprolíticos (perfil PR-49, Embrapa, 1984), os CHERNOSSOLOS ARGILÚVICOS Órticos abrúpticos saprolíticos (perfil SE-36, Embrapa, 1975), os LUVISSOLOS CRÔMICOS Pálicos saprolíticos (perfil CE-76, Brasil, 1973).

Considerações gerais. Nos levantamentos de solos e trabalhos de pedologia em geral, pouca atenção tem sido dada àquela porção do regolito que se situa abaixo do *solum* e acima da rocha sã, a qual pode chegar a representar a maior parte de seu volume (Figura 3.20.2.). Nas descrições de perfis de solos contidas nos boletins de levantamentos pedológicos, poucas informações são dadas a essa seção. As descrições geralmente se restringem a mencionar que a seção, às vezes impropriamente identificada pelo símbolo R, é representada por rocha semi-alterada. No Capítulo 3, item 3.11. Contato lítico, são apresentados alguns exemplos de descrição

Figura 3.20.2. Latossolo Vermelho sobre saprólito constituído por rocha relativamente alterada, podendo ser escavado com certa facilidade com pá. O saprólito, nesse corte de estrada, representa mais da metade do regolito (*solum* + saprólito). Rodovia Luiz de Queiroz, SP. Foto: J. B. de Oliveira.

de perfis com saprólito, podendo-se observar a pobreza de informações sobre tal material.

A importância da caracterização minuciosa do volume solo em sua integralidade, desde a superfície até a rocha sã, é atualmente inconteste. O solo, anteriormente visto mais como substrato para suporte e nutrição para as plantas, tinha no espaço ocupado pela rizosfera o foco de atenção. Atualmente, a caracterização do solo tem sua demanda ampliada muito além daquela até então requerida pela agronomia, como, por exemplo, na engenharia ambiental, a qual requer uma caracterização do saprólito muito mais completa do que a apresentada até então nos mapas pedológicos.

O termo "saprólito", segundo Stolt et al. (1992), foi inicialmente proposto por Becker em 1895 para designar rocha parcialmente decomposta na qual sua textura e estrutura (ambas no sentido petrológico) foram preservadas. Já o American Geological Institute (1976) considera saprólito o material resultante do intemperismo químico *in situ* apenas de rochas ígneas ou metamórficas. A Sociedade Brasileira de Ciência do Solo (Curi, coord., 1993), porém, considera-o manto de alteração de rochas tanto ígneas e metamórficas como sedimentares. Neste texto consideraremos o termo "saprólito" de conformidade com essa última definição, isto é, material resultante da intemperização parcial de qualquer um daqueles três tipos de rochas.

Uma das grandes dificuldades encontradas pelos pedólogos tem sido a de diferenciar com segurança o que é rocha sã ou muito pouco alterada (R, RCr) da rocha que, tendo sido parcialmente alterada, pode ser identificável como saprólito (CrR, Cr). Diferentemente dos solos, a rocha parcialmente intemperizada não tem sido objeto de estudo particularizado como uma parte distinta do regolito. O estudo do saprólito interessa tanto à geologia como à pedologia, porém não tem sido objeto central de nenhuma das duas ciências, não se encontrando em nenhuma delas terminologia consistente e metodologia de caracterização específica.

Apesar da subjetividade existente na distinção entre rocha sã, saprólito e solo e na variedade de critérios utilizados, a consistência (dureza e resistência à ruptura) tem sido considerada um dos mais importantes. Não há metodologia específica para determinar a resistência (coesão) desses materiais, contudo, são apresentados alguns quadros, os quais poderão ajudar na estimativa de classes de intemperismo de rochas e, naturalmente, na distinção de saprólitos. No Quadro 3.20.1. são apresentadas as classes de intemperismo de Clayton et al. (1979), citados por Buol (1989a), estabelecidas para rochas graníticas; no Quadro 3.20.2., a relação dessas classes com a densidade aparente e com a resistência à compressão não confinada do material; e, no Quadro 3.20.3., critérios de campo para estimar as classes de resistência segundo Speigth & Isbell, citados por Buol (1989), mediante o uso de martelo de geólogo ou de faca.

Ao final de cada quadro é apresentada uma possível correspondência da classe de intemperismo da rocha com a presença de contato lítico e com a notação da camada/horizonte.

Quadro 3.20.1. Estimativa de campo para classes de intemperismo de rochas segundo Clayton et al. (1979), citados por Buol (1990), e relação dos estágios de intemperismo com notação de camada/horizonte.

Classe 1. Rocha sã. Tilinta (som metálico) com pancada de martelo; não pode ser escavada com a ponta do martelo; as diaclases são as únicas feições visíveis e são angulares; a biotita é preta e compacta e não solta pigmento; os feldspatos têm aparência brilhante.

Classe 2. Rocha muito fracamente alterada. Similar à anterior, exceto pela biotita, que solta pigmento e que, vista sob lente de mão, parece estar "expandida", e pelos feldspatos, que apresentam alguma opacidade.

Classe 3. Rocha fracamente alterada. Som surdo com pancadas de martelo; pode ser quebrada em blocos, com moderada dificuldade, com o martelo; os feldspatos são opacos e leitosos; não há penetração de raízes; diaclases distintas e subangulares.

Classe 4. Rocha moderadamente alterada. Som surdo com golpes de martelo; os feldspatos são opacos e leitosos; as biotitas têm usualmente brilho amarelo-ouro; diaclases indistintas e arredondadas para subangulares.

Classe 5. Rocha moderadamente bem alterada. Quebra com as mãos em fragmentos pequenos ou lascas com moderado esforço; a penetração de raízes se restringe às fraturas; as diaclases são fracamente visíveis e arredondadas; os feldspatos são pulverulentos; as biotitas apresentam brilho ouro pálido.

Classe 6. Rocha bem alterada. Pode ser quebrada com a mão em fragmentos pequenos (tamanho de areia); as raízes podem penetrar; a biotita aparece como flocos prateados ou brancos.

Classe 7. Rocha muito alterada. Os feldspatos já se transformaram em minerais de argila; "rocha" plástica quando úmida; não há resistência ao enraizamento.

Classe 1: R (contato lítico). Classe 2: RCr (contato lítico). Classe 3: CrR (saprólito). Classes restantes: Cr1, Cr2, Cr3, Cr4 (saprólito).

Quadro 3.20.2. Classes e estágios de intemperismo de rochas, adaptado de Clayton et al. (1979), citados por Buol (1990), e relação dos estágios de intemperismo com notação de camada/horizonte.

Estágio de intemperismo	Classes de intemperismo	Densidade aparente g cm^{-3}	Resistência à compressão não confinada MPa*
1	1	> 2,6	> 82,7
2	2 e 3	2,3-2,5	27,6-82,7
3	4, 5, 6	2,1-2,3	< 27,6
4	7	1,8-2,1	< 13

Estágio de intemperismo 1: R (contato lítico); estágio de intemperismo 2: RCr (contato lítico); estágios de intemperismo 3 e 4: Cr (saprólito).

* Clayton et al. relacionam a resistência à compressão não confinada como libra × $polegada^{-2}$ × 6894,76 = Pa; Pa × 10^{-6} = MPa.

Quadro 3.20.3. Estimativa de campo da resistência do material rochoso usando faca e martelo (Speight & Isbell, citados por Buol, 1989) e relação dos estágios de intemperismo com notação de camada/horizonte.

Resistência (MPa)	Faca	Ponta do martelo	Cabeça do martelo
1) Muito fraca (1-25)	Corte profundo	Consegue arrancar pedaços	Material fica achatado e desfaz-se em pó
2) Fraca (25-50)	Corte raso; arranha	Incisão profunda	Material desmancha-se em muitos fragmentos pequenos
3) Moderadamente resistente (50-100)	Marca fracamente ou nada	Incisão rasa	Material quebra em poucos fragmentos grandes e alguns pequenos
4) Resistente (100-200)	Nada	Nada	Quebra em um ou dois fragmentos grandes
5) Muito resistente (> 200)	Nada	Nada	Nada

1 a 3 saprólito: Cr1, Cr2 e Cr3; 4: rocha pouco alterada, RCr; 5: rocha sã, R.

Desses quadros ressalta o valor de 25 MPa, o qual determina o limite mínimo de resistência da rocha alterada à compressão, acima do qual o material não pode ser escavado com facilidade com a pá, enquanto o valor de 82,7 MPa determina o limite inferior de resistência da rocha semi-alterada, acima do qual o material já não é mais considerado saprólito.

Buol (1994), contudo, após ampla revisão bibliográfica, estipula tal valor em 100 MPa. Abaixo de 25 MPa a rocha pode ser cortada facilmente com faca, esfarela-se com um simples golpe de martelo e pode ser escavada com um trator de 40 toneladas.

Serra Júnior & Ojima (1988) argumentam que a caracterização tátil-visual do grau de alteração das rochas é válida para comparações entre variedades de um mesmo tipo litológico, sendo mais aplicável às rochas metamórficas e/ou magmáticas. Esses autores assinalam ainda que, em rochas sedimentares, a evolução dos processos de alteração pode não resultar em diminuição de suas características mecânicas, como o arenito limonitizado, que pode ser mais resistente que o arenito original. Além disso, acrescentam que, "em rochas arenosas, há grande dificuldade em se reconhecer o estágio de alteração, uma vez que o fenômeno nem sempre se manifesta por modificações cromáticas da rocha, ou no brilho dos minerais". Nesses casos, sugerem usar o parâmetro coerência, ou seja, a resistência que a rocha oferece ao impacto do martelo e ao risco de uma lâmina de aço. No Quadro 3.20.4. são apresentados graus de coerência aplicados por engenheiros no Brasil e válidos, segundo Guidicini et al. (1972), citados por Serra Junior & Ojima (1988), para comparação entre variedades de um mesmo litotipo.

Quadro 3.20.4. Graus de coerência de rochas (Guidicini et al., 1972, citados por Serra Junior & Ojima, 1988).

Siglas	Denominações	Características da rocha
C1	Rocha coerente	Quebra com dificuldade ao golpe do martelo, produzindo fragmentos de borda cortantes. Superfície dificilmente riscável por lâmina de aço. Somente escavável a fogo (dinamite).
C2	Rocha medianamente coerente	Quebra com dificuldade ao golpe do martelo. Superfície riscável com lâmina de aço. Escavável a fogo.
C3	Rocha pouco coerente	Quebra com facilidade ao golpe de martelo, produzindo fragmentos que podem ser partidos manualmente. Superfície facilmente riscável com lâmina de aço. Escarificável.
C4	Rocha incoerente	Quebra com a pressão dos dedos, desagregando-se. Pode ser cortada com lâmina de aço. Friável e escavável com lâmina.

O grau de facilidade de escavação com pá reta tem sido utilizado pelos pedólogos como um dos critérios de campo para a identificação de rocha sã ou muito pouco alterada (R, RCr) e de saprólito (CrR, Cr), sem que, contudo, tenham sido estabelecidos critérios quantificativos. Recentemente, o Soil Survey Manual estabeleceu com maior rigor classes de escavabilidade, que podem ser empregadas para descrever horizontes, camadas ou perfis (Quadro 3.20.5.). Pode-se relacionar os saprólitos referentes a rochas moderadamente intemperizadas (Cr) com as classes de dificuldade de escavação baixa e moderada, e os saprólitos pouco alterados (CrR), com as classes de dificuldade de escavação alta. Já a rocha pouco alterada (RCr) e a rocha sã (R) podem ser relacionadas com as classes de alta e muito alta dificuldade de escavação.

Depreende-se do exposto que o saprólito apresenta variados graus de coerência. Os trabalhos de levantamento de solos, de maneira geral, e especificamente os efetuados no Brasil, como já assinalado (veja 3.11. Contato lítico), têm dado pouca atenção à descrição e caracterização de saprólitos. Assim, não há descrição apropriada nem simbologia específica para discriminar os vários tipos de saprólitos, encontrando-se na biblio-

Quadro 3.20.5. Teste para identificação das classes de dificuldade de escavação (Estados Unidos, 1993).

Classes	Descrição do teste
Baixa	Escavação pode ser executada com uma pá, usando apenas a energia do braço. Não é necessário aplicação de energia de impacto (golpes) nem aplicação de pressão do pé na pá.
Moderada	Uso da pá apenas com pressão dos braços é insuficiente. Escavação pode ser feita facilmente com a pá, com aplicação de energia de impacto (golpes) ou com pressão do pé sobre a pá.
Alta	Escavação com a pá (golpes ou com pressão do pé) ainda pode ser feita, porém com dificuldade. Escavação é facilmente feita com golpe de picareta, movimentando-a por cima da cabeça.
Muito alta	Escavação com golpe de picareta é moderada para marcadamente difícil. Escavação pode ser executada num período razoável de tempo usando retroescavadeira montada em trator de 50-80 HP.
Extremamente alta	Escavação é quase impossível com uma picareta. Não pode ser executada num período razoável de tempo usando retroescavadeira montada em trator de 50-80 HP.

grafia tanto o emprego equivocado do símbolo R (restrito à rocha sã) ou o uso do símbolo C tanto para material friável sem qualquer resquício da estrutura da rocha como para material saprolítico. Na bibliografia são encontradas várias definições para saprólito, todas, contudo, descritivas e qualitativas. Urge que sejam estabelecidos critérios consistentes e símbolos adequados para a identificação de saprólitos. Buol (1994) propôs uma taxonomia para saprólitos, a qual parece não ter sido ainda amplamente testada nas nossas condições. Ela é direcionada ao Soil Taxonomy e, por isso, considera como saprólito o material do regolito abaixo de 200 cm de profundidade. Esse critério é incompatível com o SiBCS, o qual inclui no conceito do solo que pretende classificar classes cujo *solum* apresenta espessura bem superior a 200 cm.

Importância agronômica e geotécnica. Apesar da escassa bibliografia nacional sobre saprólitos, sabe-se, pela prática, que eles apresentam grande variação em sua morfologia e estágios de alteração, quer resultantes de litologias diferentes como similares, com conseqüente variação em seu comportamento agrícola e geotécnico. A inexistência, contudo, de discriminação dos saprólitos impede que se possa fazer uma apreciação mais particularizada de seu comportamento; as apreciações que se seguem são, portanto, bastante generalizadas.

Um dos atributos mais importantes dos saprólitos diz respeito à sua consistência e, portanto, à sua atuação na rizosfera. Saprólitos com valores de MPa elevados e, conseqüentemente, com densidade alta, podem apresentar severas limitações ao enraizamento do sistema radicular das plantas. A quantidade de fraturas existente é nesses casos importante, posto que facilitam o enraizamento, diminuindo aquela limitação. O conhecimento da profundidade onde ocorre tal camada é portanto de capital importância no planejamento agrícola e especialmente no florestal.

O saprólito é constituído por material relativamente pouco ou moderadamente intemperizado e a princípio deve apresentar teores mais elevados de minerais primários alteráveis do que os horizontes suprajacentes. Esse fato foi relatado, entre outros, por Reato et al. (1998) e Melo et al. (1995), o que demonstra a importância desse material na nutrição mineral das plantas. Especialmente para o K^+, há uma extensa bibliografia mostrando a importância do K contido nas estruturas cristalinas, especialmente nas illitas, para a nutrição das plantas, especialmente as essências florestais (veja 3.14. Minerais facilmente alteráveis). É importante, contudo, levar em conta que, sob as mesmas condições climáticas, as rochas diferem entre si quanto à intensidade de intemperismo. Segundo Hamdan & Burnham (1996), o basalto apresenta maior intensidade de intemperismo do que o granito e este, maior do que o xisto. Pedro (1964), em condições de laboratório, verificou que o basalto se decompôs onze vezes mais rápido do que o granito. As condições climáticas também são muito importantes. Colman & Dethier (1986) e Burnham (1989), citados por Hamdan & Burnham (1996), trabalhando com solos na Malásia, sugerem que a alta temperatura (27-28°C) e a elevada precipitação (> 2.500 mm) determinaram um aumento de quatro vezes na velocidade do intemperismo químico das rochas, quando comparada com a de regiões temperadas. Os dados químicos dos saprólitos estudados por Hamdan & Burnham (1996) naquele país mostram materiais muito empobrecidos em bases, se bem que se tratava de solos muito profundos.

Outro aspecto fundamental e pouco considerado é a produção de porosidade através da matriz da rocha alterada, resultando em um meio que transmite e retém água. Esse fato é de particular significação em solos poucos profundos de ecossistemas submetidos a períodos sazonais de seca, nos quais a água retida na rocha parcialmente intemperizada é de capital importância (Sternberg et al., 1996). Estes autores assinalam que em um Typic Xerorthent (solo semelhante aos nossos NEOSSOLOS LITÓLICOS das regiões secas), durante a estação seca, a vegetação extraiu 39,4 cm de água dos 2,9 m da zona da rocha alterada (saprólito), o que representou cerca de dez vezes o total da água extraída dos 0,35 m do solo. Jones & Graham (1993), por sua vez, trabalhando com granito em vários estágios de intemperismo, demonstraram que saprólitos de granito podem reter apreciável quantidade de água disponível para as plantas. Eles assinalam valores de água disponível (água retida entre –10 e –1.500 J/kg) variando de aproximadamente 0,01 m^3/m^3 até 0,07 m^3/m^3.

O saprólito tem também grande importância para a geotecnia. Ele pode atingir grandes espessuras, chegando com freqüência, nas regiões tropicais quentes e úmidas, a dezenas de metros, acrescendo significativamente a zona de aeração do regolito[24]. Como caso extremo, Thomas (1974), citado por Van Wambeke (1991), assinala a presença de regolito com mais de 100 m de espessura. Assim, na interpretação dos mapas pedológicos para fins de aterro sanitário ou como local para deposição de resíduos industriais ou urbanos, é importante considerar a espessura, constituição e comportamento do saprólito, especialmente no que se refere à sua capacidade adsortiva e à sua condutividade hidráulica, ambas importantes na estimativa do efeito da dispersão e avanço de contaminantes.

A degradação progressiva dos solos, resultante especialmente de atividades antrópicas desordenadas, e os conseqüentes desequilíbrios dos ecossistemas têm recebido cada vez mais a atenção do homem. Entre vários outros enfoques, destacam-se aqueles dados à sensibilidade do solo às agressões do meio ambiente e sua capacidade de resiliência (Blum, 1999; Kuylenstierna et al., 1995; Macias, 1996) e a importância do conteúdo de minerais alteráveis nesses fenômenos. A presença de saprólitos com elevados conteúdos de minerais facilmente alteráveis a pouca profundidade tem, portanto, destacado papel na engenharia ambiental.

Bibliografia

AMERICAN GEOLOGICAL INSTITUTE. **Dictionary of geologic terms**. Anchor Press/Doubledoy. Garden City, NJ. 1976.

BLUM, W. E. H. **Soil resilience – The capacity of soil to react on stress.** 14º Congresso Latino Americano de la Ciencia del Suelo. Chile. 1999. Conferencia Plenária. CD-ROM.

BRASIL. Ministério da Agricultura. Divisão de Pesquisa Pedológica, DNPEA. **Levantamento exploratório – reconhecimento de solos do Estado do Ceará**. Recife, Convênios MA/DNPEA-Sudene/DRN, MA/Contap/ETA, 1973. v. 1 e 2. 502p. (Boletim Técnico, 28).

24. Zona de aeração: camada do regolito que apresenta boa aeração, excluindo, portanto, zona com possível presença de água retida a baixa tensão durante parte significativa do ano.

BUOL, S. **Saprolite Taxonomic Network.** Circular Letter n. 2, 15, August 15th, 1989. (Mimeografado).

BUOL, S. **Saprolite Taxonomic Network.** Circular Letter n. 4, July 15th, 1989a. (Mimeografado).

BUOL, S. **Saprolite Taxonomic Network.** Circular Letter n. 4, July 15th, 1990. (Mimeografado).

BUOL, S. **Saprolite-Regolith Taxonomy. An approximation.** In: Whole regolite Pedology, p. 120-132. SSSA, 667. Special Publication n. 34. 1994.

EMPRESA BRASILEIRA DE PESQUISA AGROPECUÁRIA. Centro de Pesquisas Pedológicas. **Levantamento exploratório – reconhecimento de solos do Estado de Sergipe.** Recife, 1975. 506p. (Embrapa/CPP. Boletim Técnico, 36-Sudene/DRN. Série Recursos de Solos, 6).

EMPRESA BRASILEIRA DE PESQUISA AGROPECUÁRIA. Serviço Nacional de Levantamento e Conservação do Solo. Rio de Janeiro, RJ. **Levantamento de reconhecimento dos solos do Estado do Paraná.** Londrina, Sudesul, Embrapa/Gov. Est. Paraná/Iapar. 1984. Tomo I e II. 791p. (Embrapa/SNLCS. Boletim de Pesquisa, 27-Iapar, Boletim Técnico, 16).

EMPRESA BRASILEIRA DE PESQUISA AGROPECUÁRIA. Centro Nacional de Pesquisa de Solos. V Reunião de Classificação, Correlação e Aplicação de Levantamento de Solos. **Guia de excursão de estudos de solos nos Estados de Pernambuco, Paraíba, Rio Grande do Norte, Ceará e Bahia.** Recife. 1998. 124p.

HAMDAN, J. & BURNHAM, C. P. The contribution of nutrients from parent material in three deeply weathered soils of Peninsular Malaysia. **Geoderma**, 1996 (74): 219-233.

JONES, D. P. & GRAHAM, R. C. Wayer-holding characteristics of weathered granitic rock in chaparral and forest ecosystems. **Soil Sci. Soc. Am. J.** 1993, 57: 256-261.

KUYLENSTIERNA, J. C. I., CAMBRIDGE, H., CINDERBY, S. & CHADWICK, M. J. Terrestrial ecosystem sensitivity to acid deposition in developing countries. **Water, Air and Soil Pollution.** 86: 2319-2324, 1995.

MACIAS, F. **Mecanismos de amortiguación de ácidos: aplicación a la determinación de las cargas críticas de acidez de suelos.** In: XXIII Congresso Latino-Americano de Ciência do Solo. Águas de Lindóia, SP. 1996. Comissão 2. 25p. CD-ROM.

MELO, V. F., COSTA, L. M., BARROS, N. F., FONTES, M. P. F. & NOVAIS, R. F. Reserva mineral e caracterização mineralógica de alguns solos do Rio Grande do Sul. **Rev. Bras. Ci. Solo**, Campinas, 19: 159-164, 1995.

PEDRO, G. Contribuition à l'étude experimentale de l'altération géochimique des roches cristallines. **Ann. Agron.** Paris, v. 15, n. 2, pp. 85-191. 1964.

SERRA JÚNIOR, E. & OJIMA, L. M. Caracterização e classificação de maciços rochosos. In: OLIVEIRA, A. M. S. & BRITO, S. N. A. (ed.). **Geologia de engenharia.** Cap. 13: 211-226. CNPQ/Fapesp. 1988.

SOCIEDADE BRASILEIRA DE CIÊNCIA DO SOLO. CURI, N. (coord.), com colaboração de J. O. I. Larach, N. Kämpf, A. C. Moniz e L. E. F. Fontes. **Vocabulário de ciência do solo.** Campinas, Sociedade Brasileira de Ciência do Solo, 1993. 90p.

STERNBERG, P. D., ANDERSON, M. A., GRAHAM, R. C., BEYERS, J. L. & TICE, K. R. Root distribution and seasonal water status in weathered granitic bedrock under chaparral. **Geoderma,** 72: 89-98. 1996.

STOLT, H. M. & BAKER, J. C. Strategies for studying saprolite and saprolite genesis. In: **Whole pedology,** p. 1-19, SSSA Special Publication n. 34. 1994.

STOLT, H. M., BAKER, J. C. & SIMPSON, T. W. Characterization and genesis of saprolite derived from gneissic rocks of Virginia. **Soil Sci. Soc. Am. J.,** 55: 1067-1075. 1992.

ESTADOS UNIDOS. USDA. **Soil Survey Division Staff. Soil Survey Manual.** Washington DC. 1993. 438p.

WAMBEKE, A. van. **Soils of the tropics: properties and appraisal.** MacGraw-Hill. 1991. 343p.

3.21. Teor em óxidos de ferro

O SiBCS estabeleceu as seguintes classes de teor de Fe_2O_3[25] nos solos brasileiros:

- Solos com baixo teor de óxidos de ferro: < 8% (hipoférricos).
- Solos com médio teor em óxidos de ferro: variando de 8 a < 18% (mesoférricos).
- Solos com alto teor em óxidos de ferro: teores de 18% a < 36% (férricos).
- Solos com teor muito alto de óxidos de ferro: teores > 36% (perférrico).

Taxonomia. O termo "férrico" é empregado no terceiro nível categórico (grande grupo), nas ordens dos ARGISSOLOS, CAMBISSOLOS, CHERNOSSOLOS e LATOSSOLOS, discriminando solos como os ARGISSOLOS VERMELHOS Eutroférricos (perfil complementar PR-71, Embrapa, 1984), os CHERNOSSOLOS ARGILÚVICOS Férricos (perfil

25. Fe_2O_3 extraível pelo ataque com ácido sulfúrico 1:1 (método 2.2.4) (Embrapa, 1997).

PR-68, Embrapa, 1984), os LATOSSOLOS VERMELHOS Aluminoférricos (perfil RS-16, Brasil, 1973), entre outros.

O termo "férrico" é aplicado também à classe dos NITOSSOLOS para solos que apresentam teores de $Fe_2O_3 \geq 15\%$ (perfil SP-31, Brasil, 1960).

O termo "perférrico" é empregado unicamente na ordem dos LATOSSOLOS para discriminar os LATOSSOLOS VERMELHOS Perférricos (perfil IIIRCC-1, Embrapa, 1988). Esses solos eram anteriormente denominados de Latossolos Ferríferos.

Os termos "hipoférrico" e "mesoférrico" não são empregados pelo menos até o quarto nível categórico.

Equivalência com outros sistemas de classificação. Nem o Soil Taxonomy (Estados Unidos, 1994) nem a legenda da FAO (FAO, 1994) utilizam critérios de classificação baseados no teor de óxidos de ferro pelo ataque sulfúrico. O Soil Taxonomy adota, contudo, no nível de família, o teor de óxido de ferro extraído pelo ditionito para identificar solos da família "ferritic" e "oxidic".

Considerações gerais. O Brasil é um dos países da Terra com maior extensão de solos com significativa quantidade de óxidos de ferro. Talvez por isso, desde os primeiros esboços de classificação de solos no país (Bennema & Camargo, 1964), a presença deles tenha sido utilizada como critério diagnóstico em alto nível categórico, como os valores de Fe_2O_3 (determinado pelo ataque sulfúrico) > 18% e variando de 8% a < 18%, para discriminar, respectivamente, os Latossolos com alto e médio teor de ferro.

A identificação de solos derivados de itabirito no Triângulo Mineiro apresentando teores muito elevados (> 36%) de Fe_2O_3 determinou posteriormente o estabelecimento de nova classe de Latossolos, os denominados Latossolos Ferríferos (Camargo, 1982). As Terras Roxas Estruturadas, por sua vez, eram diferenciadas das Terras Roxas Estruturadas Similares, posteriormente denominadas Podzólicos Vermelho-Escuros, pelo teor de $Fe_2O_3 > 15\%$ (Oliveira et al., 1992), e estes dos Podzólicos Vermelho-Amarelos pela coloração vermelha de tonalidade mais escura em associação com teores de Fe_2O_3 mais elevados (Oliveira et al., 1992).

Camargo et al. (1982) estipularam a seguinte relação para discriminar os Podzólicos Vermelho-Escuros dos Podzólicos Vermelho-Amarelos: $Fe_2O_3 > 3{,}75 + (0{,}0625 \times \text{porcentagem de argila})$.

Os óxidos de ferro mais comuns nos solos são a hematita e a goetita. A primeira é a responsável pelas colorações avermelhadas, e a segunda, pelas amareladas. Uma série de fatores ambientais influencia a relação goetita/hematita dos solos (veja 3.12. Cor do solo).

Importância agronômica e geotécnica. Os solos derivados de basaltos e diabásios são em geral bem providos em micronutrientes como Cu, Mn e Zn (Valadares, 1975; Valadares & Catani, 1975; Valadares & Camargo, 1983). Entre esses solos estão os NITOSSOLOS, LATOSSOLOS, CHERNOSSOLOS e CAMBISSOLOS férricos (Fe_2O_3 variando de 15 a 36%). Os teores de micronutrientes encontrados por aqueles autores no horizonte B2 de LATOSSOLOS VERMELHOS férricos (*Latossolos Roxos*) foram da seguinte grandeza: zinco, 140,9-214,9 ppm; cobre, 94,9-210,3 ppm; cobalto, 13,8-63,2 ppm; e molibdênio, 2,01-2,87 ppm. Os solos identificados como perférricos (Fe_2O_3 > 36%), apesar de sua riqueza em óxidos de ferro, são pobres em micronutrientes, pois derivam de itabiritos, rochas pouco providas de tais elementos.

Tanto a hematita como a goetita apresentam forte capacidade de adsorver metais pesados. Schwertmann & Taylor (1989) assinalam a seguinte ordem de adsorção: Cu > Pb > Zn > Cd > Co > Ni > Mn (para a hematita, o Pb precede o Cu quanto à ordem de adsorção). Esses autores assinalam ainda que o pH é o fator mais importante na determinação desse fenômeno. À medida que o pH sobe, a intensidade de adsorção aumenta acentuadamente em curta faixa de acréscimo de pH. Essa capacidade de adsorção de metais pesados é de grande importância para a mobilidade dos metais pesados tóxicos no manto do solo e, portanto, para a poluição dos aqüíferos. Em geral, os solos com altos teores de ferro, além da capacidade de adsorção de metais pesados, apresentam espessa zona de aeração, o que os torna particularmente adequados para receber resíduos com metais pesados.

Outro fenômeno importante relacionado aos óxidos de ferro do solo é sua capacidade de adsorção de fosfatos, a qual, diferentemente da apresentada para os metais pesados, é tanto mais intensa quanto menor o pH. Existe extensa bibliografia nacional abordando o fenômeno de adsorção de fosfatos pelos óxidos de ferro em solos brasileiros. Trabalhando com Latossolos Vermelho-Escuros (mais hematíticos) e Latossolos Vermelho-Amarelos (mais goetíticos) do Planalto Central brasileiro, Weaver (1974) assinala contudo que, "apesar de as diferenças entre as formas de óxidos (de ferro) desses dois solos terem interesse pedológico, o seu significado prático para o manejo não deve ser grande", mantidas as mesmas condições de textura.

Devido ao fato de grande parte dos solos brasileiros apresentar teores elevados de óxidos de ferro e pouca matéria orgânica, a adsorção de fosfatos nesses solos, resultando em compostos insolúveis para as plantas, é de relevante importância. Buol et al. (1975) chegaram a propor, em seu sistema de classificação do solo para manejo da fertilidade, o índice **i** (i = % ferro livre/% argila > 0,15) como indicativo da capacidade de fixação de fósforo nos solos. Oliveira (1978), levando em conta a abundância de gibbsita em solos brasileiros e sua capacidade de adsorção de fósforo, assim como a importância do teor de argila no processo de "fixação" desse elemento, propôs novo índice [i = % ferro livre + 1,5 (% gibbsita) + 2 (% argila)/4,5 ≥ 4,5]. Convém assinalar que esses índices dizem respeito apenas à capacidade potencial dos solos em fixar fósforo, sendo necessário considerar que, nas regiões com nível avançado de manejo, o uso intensivo de fertilizantes é prática comum, resultando em níveis de fósforo suficientemente elevados para não se caracterizar, nessas condições, qualquer limitação a esse elemento. Nesses casos, portanto, não se justifica o emprego de tais índices em trabalhos de interpretação de levantamentos de solos para fins de aptidão agrícola.

Outro aspecto importante a ser considerado é o elevado ponto de carga zero dos óxidos de ferro. Segundo Borgaard (1983), nos óxidos de Fe ele varia de 7 a 9. Isso significa que, ao pH do solo, em geral em torno de 4,5 a 6,5, grande quantidade de cargas positivas é originada pela protonação desses óxidos. O caráter ácrico e até mesmo a ocorrência de carga líquida positiva, tão comum nos nossos LATOSSOLOS VERMELHOS Perférricos e LATOSSOLOS férricos, são decorrentes desse fato (veja 3.3. Caráter ácrico). Tais solos possuem baixíssima capacidade de troca de cátions e os que, além disso, apresentam carga líquida positiva são trocadores preferenciais de ânions, em vez de cátions, requerendo, portanto, manejo completamente diferenciado daqueles solos nos quais a carga líquida é negativa. A manutenção da matéria orgânica nesses solos é de capital importância, pois é ela, com sua elevada capacidade de troca de cátions, que se contrapõe com mais eficiência às cargas positivas desenvolvidas, permitindo que o solo apresente, como resultante, carga líquida negativa. O conceito de conservação de solo é, nesses casos, predominantemente voltado à manutenção da matéria orgânica da camada superficial.

Os óxidos de ferro finamente divididos atuam como agentes cimentantes entre partículas do solo, podendo resultar na cimentação (nódulos, concreções, horizonte litoplíntico) e na agregação das partículas primárias em partículas maiores bastante estáveis. Segundo Chesters et al. (1957), os óxidos de ferro têm efeito marcante na agregação, com tendência a ser mais importantes nos agregados de pequeno tamanho. A estrutura granular muito pequena (pó de café) dos LATOSSOLOS VERMELHOS férricos (*Latossolos Roxos*), altamente estável em água, é um exemplo da influência dos óxidos de ferro na agregação, e os horizontes concrecionário e litoplíntico (veja 5.18. Horizonte plíntico, concrecionário e litoplíntico), da importância desses óxidos como agentes cimentantes. Outro fato decorrente da estrutura estável dos solos ricos em óxidos de ferro é a sensação de pseudo-areia ao se fazer a textura no campo. Em tais solos é necessário "trabalhar" bastante a amostra umedecida para ter uma estimativa mais segura da textura e, no laboratório, é indispensável um razoável tempo de agitação na execução da análise granulométrica. Significantes correlações diretas e positivas entre a porcentagem de agregados estáveis na água, propriedades estruturais e conteúdo de óxidos de ferro foram estabelecidas por Kroth & Page (1947), McIntyre (1956) e Arca & Weed (1966), entre outros.

Solos ricos em óxidos de ferro apresentam, em geral, mesmo quando muito argilosos, boa condutividade hidráulica saturada. Vieira (1993) assinala o valor de 0,14 m/d para a condutividade hidráulica saturada em LATOSSOLO VERMELHO férrico sob mata (Figura 3.16.3.). Roose

& Sarrailh (1989-90) condicionam a baixa erodibilidade dos solos ricos em óxidos de ferro e alumínio à estabilidade estrutural e à grande capacidade de infiltração, determinando índice K < 0,2 para tais solos. Esse valor qualifica-os como medianamente resistentes (K < 0,2) até muito resistentes (K < 0,10) quanto à resistência à erosão.

O ferro, em sua forma reduzida, constitui elemento tóxico para as plantas. Em cultivos de arroz irrigado, é comum o aparecimento de clorose devido a esse fato.

Solos de textura argilosa com baixa capacidade de troca de cátions e com altos conteúdos em óxidos de ferro, como os LATOSSOLOS perférricos e férricos, são excelentes materiais para piso de estradas, pois apresentam baixíssima capacidade de contração e expansão.

Bibliografia

ARCA, M. N. & WEED, S. B. Soil aggregation and porosity in relation to contents of free iron oxide and clay. **Soil Sci.** 101: 164-170. 1966.

BENNEMA, J. & CAMARGO, M. N. **Segundo esboço parcial para a classificação dos solos brasileiros.** Rio de Janeiro, Ministério da Agricultura. Divisão de Pedologia e Fertilidade do Solo. 1964. 17p. (Mimeografado).

BORGAARD, O. K. Effect of surface area and mineralogy of iron oxides on their surface charge and anion-absortion properties. **Clays and Clay Mineralogy**, 31: 230-232, 1983.

BRASIL, Ministério da Agricultura. Centro Nacional de Ensino e Pesquisas Agronômicas. Comissão de Solos. **Levantamento de reconhecimento de solos do Estado de São Paulo.** Rio de Janeiro, Serviço Nacional de Pesquisas Agronômicas, 1960. 634p. (SNPA, Boletim, 12).

BRASIL. Ministério da Agricultura. Divisão de Pesquisa Pedológica, DNPEA. **Levantamento exploratório – reconhecimento de solos do Estado do Rio Grande do Sul.** Recife, 1973. 431p. (Boletim Técnico, 30).

BUOL, S. W., SANCHEZ, P. A., CATE, R. B. Jr. & GRANGER, M. A. Soil fertility capability classification: a technical soil classification system for fertility management. In: BORNEMIZA, E. & ALVARADO, A. (eds.). **Soil Management in Tropical America.** N.C. State Univ., Raleigh, NC, 1975. p. 126-145.

CAMARGO, M. N. Proposição preliminar de conceituação de Latossolos Ferríferos. In: EMPRESA BRASILEIRA DE PESQUISA AGROPECUÁRIA. Serviço Nacional de Levantamento e Conservação de Solos, Rio de Janeiro. **Conceituação sumária de algumas classes de solos recém-reconhecidos nos levantamentos e estudos de correlação do SNLCS,** 1982 p. 29-31. (Circular Técnica, 1).

CASSEL, D. K. & LAL, R. Soil physical properties of the tropics: common beliefs and management restraints. In: **Myths and science of soils of the tropics.** SSSA Special Publication n. 29. p. 61-89. 1992.

CHESTERS, G., ATTOE, O. J. & ALLEN, O. N. Soil aggregation in relation to various soil constituents. **Soil Sci. Soc. Proceedings,** 1957: 272-277.

EMPRESA BRASILEIRA DE PESQUISA AGROPECUÁRIA. Serviço Nacional de Levantamento e Conservação do Solo. Rio de Janeiro, RJ. **Levantamento de reconhecimento dos solos do Estado do Paraná.** Londrina, Sudesul, Embrapa/Gov. Est. Paraná/Iapar. 1984. Tomo I e II. 791p. (Embrapa/SNLCS. Boletim de Pesquisa, 27-Iapar, Boletim Técnico, 16).

EMPRESA BRASILEIRA DE PESQUISA AGROPECUÁRIA. Centro Nacional de Pesquisa de Solos. **Manual de métodos de análise de solos.** 2. ed. rev. atual. Rio de Janeiro, 1997. 212p.

EMPRESA BRASILEIRA DE PESQUISA AGROPECUÁRIA. Serviço Nacional de Levantamento e Conservação de Solos. Anais da III Reunião de Classificação, Correlação e Interpretação de Aptidão Agrícola. Rio de Janeiro, 1988. (Documentos SNLCS n. 12).

ESTADOS UNIDOS. United States Department of Agriculture. Soil Conservation Service. **Keys to Soil Taxonomy.** 6th ed., 1994, 306p.

FAO, FAO/UNESCO. **Soil Map of the World. Revised Legend with corrections.** Rome, FAO, 1988 (World Resources Report, 60). Wageningen, ISRIC (Technical Paper, 20) 1994.

KROTH, E. M. & PAGE, J. B. Aggregate formation in soils with special reference to cementing sustances. **Soil Sci. Soc. Am. Proc.** 11: 27-34, 1947.

McINTYRE, D. S. The effect of free ferric oxide on the structure of some Terra Rossa and rendzina soils. **J. Soil Sci.** 7: 302-306. 1956.

OLIVEIRA, J. B. **Classificação dos solos da quadrícula de Campinas.** Instituto Agronômico. Campinas. 1978, p. 25 (Boletim Técnico, 59).

OLIVEIRA, J. B., JACOMINE, P. K. T. & CAMARGO, M. N. **Classes gerais de solos do Brasil. Guia auxiliar para seu reconhecimento.** Jaboticabal, Funep, 1992. 102p.

ROOSE, E. & SARRAILH, J. M. Erodibilité de quelques sols tropicaux. Vingt années de mesure en parcelles d'érosion sous pluis naturelles. **Cah. Orstom,** Sér. Pédol., v. XXV, n. 1-2, 1989-90: 7-30.

SCHWERTMANN, U. & TAYLOR, R. M. Iron oxides. In: **Minerals in soil environments.** 2nd. ed. SSSA Book Series, n. 1. p. 379-438. 1989.

VALADARES, J. M. A. S. Cobre nos solos do Estado de São Paulo. **Bragantia,** Campinas, 34(4): 125-132, 1975.

VALADARES, J. M. A. S. & CAMARGO, O. A. O manganês em solos do Estado de São Paulo. **Rev. Bras. Ci. Solo,** Campinas, 7(2): 123-130, 1983.

VALADARES, J. M. A. S. & CATANI, R. A. Zinco em solos do Estado de São Paulo. **Bragantia**, Campinas, 34(5): 133-139, 1975.

VIEIRA, S. R. **Caracterização físico-hídrica para fins de aptidão agrícola de solos do Estado de São Paulo.** Relatório enviado à Fapesp. 1993. 73p. (Mimeografado).

WEAVER, R. M. **Soils of the Central Plateau of Brazil: chemical and mineralogical properties.** Cornell University, Agronomy Mimeo. 74-9, 1974. 42p.

3.22. Caráter alítico

Definição. Atributo incorporado ao SiBCS na versão 2006. Refere-se à condição em que o solo encontra-se dessaturado e apresenta teor de alumínio extraível ≥ 4 $cmol_c$/kg solo associado à atividade argila ≥ 20 $cmol_c$/kg argila e saturação por alumínio (100 Al^{3}+/S + Al^{3+}) ≥ 50% e/ou saturação por bases (V% = 100 S/T) < 50%.

A única diferença entre caráter alumínico e caráter alítico é a atividade da fração argila, < 20 $cmol_c$/kg argila no caráter alumínico e ≥ 20 $cmol_c$/kg argila no caráter alítico.

Taxonomia. O caráter alítico é empregado no terceiro nível, nas ordens dos ARGISSOLOS, NITOSSOLOS, CAMBISSOLOS, PLANOSSOLOS, PLINTOSSOLOS e GLEISSOLOS. Exemplos: ARGISSOLOS BRUNO-ACINZENTADOS Alíticos, CAMBISSOLOS HÁPLICOS Alíticos, NITOSSOLOS VERMELHO Alíticos, entre outros.

A ordem dos ALISSOLOS (SiBCS1999) englobava solos que apresentavam o que atualmente é identificado por caráter alítico. Essa ordem, contudo, foi eliminada no SiBCS versão 2006, e os solos a ela pertencentes foram distribuídos pelas ordens dos ARGISSOLOS e NITOSSOLOS.

Equivalência com outros sistemas de classificação. O Soil Taxonomy (Estados Unidos, 1994) utiliza como critério diagnóstico a presença de mais de 2 $cmol_c$/kg solo de Al^{3+} (pelo 1N KCl) para identificar os subgrupos "Alic" entre os Andissolos e os Vertissolos. Nem na ordem dos Oxissolos ou na dos Ultissolos são empregados critérios diagnósticos relacionados com o teor absoluto de Al^{3+} ou de sua saturação. A FAO (FAO, 1994) não utiliza diretamente valores de Al^{3+} trocável como critério diagnóstico. Contudo, a classe dos Alissolos apresenta semelhança com a dos ARGISSOLOS e NITOSSOLOS Alíticos do SiBCS, já que aqueles devem apresentar, além de horizonte B árgico (argic B horizon), que se assemelha ao horizonte B textural do SiBCS, argila de atividade alta e saturação por bases inferior a 50%.

Considerações gerais. As considerações feitas no item 3.4. Caráter alumínico (caráter álico) podem ser extrapoladas para o caráter alítico, considerando que este atributo é muito mais limitante do que o caráter alumínico e o caráter álico.

Importância agronômica e geotécnica. Como vimos no item 3.4, a presença de alumínio em níveis tóxicos na solução do solo tem efeito direto sobre o sistema radicular das plantas, as quais se tornam grossas e curtas e apresentam partes necrosadas, além de impedir a absorção e translocação do cálcio e do fósforo para a parte aérea, podendo então produzir acentuada deficiência desses elementos na planta (Sanchez, 1976). É comum também a ocorrência de deficiência em cálcio em solos com caráter alumínico, pois estes são necessariamente ácidos e, conseqüentemente, apresentam teores em cálcio relativamente baixos. Nessas condições, e especialmente em solos com drenagem deficiente, onde o Mn^{2+}, bem mais solúvel que o Mn^{3+}, prevalece, é comum ainda a ocorrência de toxicidade por esse elemento.

A importância da presença de alumínio tóxico às plantas não se restringe apenas à camada arável. Solos com elevados teores de saturação por alumínio no horizonte B influem negativamente nas produções e nas respostas às adubações (Figura 3.4.2.).

A classe dos ARGISSOLOS e NITOSSOLOS Alíticos é por definição aquela que apresenta os maiores teores de alumínio trocável no *solum*, pois eles aliam os requisitos de apresentar $Al^{3+} \geq 4$ $cmol_c$/kg terra e atividade da fração argila relativamente alta: CTC ≥ 20 $cmol_c$/kg argila. Os teores de Al^{3+} são particularmente elevados nos NITOSSOLOS VERMELHOS Alíticos (Rubrozéns), nos quais são comuns valores superiores a 10 $cmol_c$/kg terra, como no perfil 71-PR (Embrapa, 1984), com valor de até 14,8 $cmol_c$/kg terra.

Enquanto nos solos úmidos altamente intemperizados o teor de calcário necessário para neutralizar os solos ácidos é relativamente modesto

(< 5 Mg ha^{-1}), nos ácidos das regiões subúmidas, menos intemperizados, a reserva de acidez potencial no subsolo pode requerer quantidade tal de calcário que torna antieconômico o cultivo da maioria das culturas (Farina, 1997) (veja Quadro 3.4.2).

Solos com caráter alumínico, como os LATOSSOLOS Alumínicos, mas com horizonte A húmico, devido ao fato de apresentarem apreciáveis teores de matéria orgânica no horizonte superficial, podem chegar a necessitar de quantidades de corretivos tão elevadas para a correção da acidez dessa camada quanto as requeridas pelos ARGISSOLOS e NITOSSOLOS Alíticos. Um exemplo dessa condição é apresentado pelo LATOSSOLO BRUNO Alumínico perfil RS-27 (Brasil, 1973). O horizonte A húmico apresenta nos 40 cm iniciais: $Al^{3+} = 6{,}4$ $cmol_c$/kg solo; CTC = 21,6 $cmol_c$/kg solo; saturação por bases = 3%. A quantidade de calcário requerida para atingir o nível de saturação por bases de 80% dessa camada é semelhante à requerida pelo NITOSSOLO VERMELHO Alítico, ou seja, em torno de 24 t/ha.

A limitação ao enraizamento das plantas devido à presença de alumínio no subsolo tem sido citada como um dos fatores limitantes à produtividade delas. O gesso, devido ao fato de apresentar maior solubilidade que o calcário, tem sido empregado como melhorador do sistema radicular em solos ácidos (Summer, 1992), especialmente naqueles de baixa atividade coloidal. Em solos com elevada CTC, como os solos com caráter alítico, contudo, o uso do gesso ainda não é indicado e depende de mais pesquisas (Demattê, 1992). Nesses solos, devido à dificuldade de controlar a toxicidade do alumínio nas camadas subsuperficiais, o melhoramento genético das plantas é de capital importância. Muitos avanços têm sido obtidos no Brasil nessa área, destacando-se os relacionados à cultura do trigo, em estudo desde 1925 (Silva, 1976).

Algumas plantas, como abacaxi, café, chá, borracha e mandioca, toleram altos valores de alumínio trocável. É importante assinalar, contudo, que variedades de plantas de uma mesma espécie apresentam graus de tolerância ao alumínio completamente diversos.

Com respeito à geotecnia, níveis tóxicos de alumínio no solo aparentemente não têm importância, a não ser que tal situação possa dificultar a vegetação de taludes de cortes de estradas e da cobertura final de aterros sanitários.

Bibliografia

BRASIL. Ministério da Agricultura. Divisão de Pesquisa Pedológica, DNPEA. **Levantamento exploratório – reconhecimento de solos do Estado do Rio Grande do Sul.** Recife, 1973. 431p. (Boletim Técnico, 30).

DEMATTÊ, J. L. I. **Aptidão agrícola dos solos e o uso do gesso.** In: II Seminário sobre o Uso do Gesso na Agricultura. Instituto Brasileiro do Fosfato – Ibrafos. Uberaba, 1992. p. 307-324.

EMPRESA BRASILEIRA DE PESQUISA AGROPECUÁRIA. Serviço Nacional de Levantamento e Conservação do Solo. Rio de Janeiro, RJ. **Levantamento de reconhecimento dos solos do Estado do Paraná.** Londrina, Sudesul, Embrapa/Gov. Est. Paraná/Iapar. 1984. Tomo I e II. 791p. (Embrapa/SNLCS. Boletim de Pesquisa, 27-Iapar, Boletim Técnico, 16).

ESTADOS UNIDOS. United States Department of Agriculture. **Soil Conservation Service.** Keys to Soil Taxonomy. 6th ed., 1994, 306p.

FAO, FAO/UNESCO. **Soil Map of the World. Revised Legend with corrections.** Rome, FAO, 1988 (World Resources Report, 60). Wageningen, ISRIC (Technical Paper, 20), 1994.

FARINA, M. P. W. Management of subsoil acidity in environments outside the humid tropic. In: MONIZ, A. C. et al. (ed.). **Plant-Soil International at Low pH.** p. 179-190, 1997.

SANCHEZ, P. A. **Properties and management of soil in the tropics.** Wiley & Sons, NY, 1976, 618p.

SILVA, A. D. Melhoramento genético para resistência à toxicidade de alumínio e manganês no Brasil: antecedentes, necessidades e possibilidades. **Tópicos para discussão e pesquisa. Ciência e Cultura.** São Paulo, 28(2): 147-149. 1976.

SUMMER, M. E. **Uso atual do gesso no mundo em solos ácidos.** In: II Seminário sobre o Uso do Gesso na Agricultura, p. 7-40. Instituto Brasileiro do Fosfato – Ibrafos. Uberaba, 1992.

3.23. Caráter êutrico

Definição. Atributo usado para distinguir solos que apresentam pH em água ≥ 5,7, conjugado com valor S (soma de bases) ≥ 2,0 $cmol_c$/kg de solo dentro da seção de controle que defina a classe.

Esse caráter era empregado na versão 1999, do SiBCS com significado semelhante (mudava apenas o valor de pH em água, que era ≥ 6,5), contudo não estava listado entre os atributos diagnósticos.

Taxonomia. O SiBCS emprega esse atributo no quarto nível categórico (subgrupo) das ordens dos ESPODOSSOLOS, PLINTOSSOLOS e NEOSSOLOS. Exemplos: NEOSSOLOS QUARTZARÊNICOS Órticos êutricos; ESPODOSSOLOS FERRIHUMILÚVICOS Órticos êutricos; PLINTOSSOLOS PÉTRICOS Concrecionários êutricos.

Equivalência com outros sistemas de classificação. Nem o Soil Taxonomy (Estados Unidos 1994) nem a legenda da FAO (FAO 1994) utilizam esse atributo como critério diagnóstico.

Importância agronômica e geotécnica. Os solos êutricos apresentam em geral melhor fertilidade do que os outros solos do mesmo subgrupo. É interessante assinalar, contudo, que a chave de classificação do SiBCS, como está estabelecida, pode englobar também solos com os mesmos requisitos exigidos para serem êutricos, sem receber tal designação. Por exemplo, a chave dos PLINTOSSOLOS PÉTRICOS Concrecionários inicia com os solos êndicos, ou seja, solos com horizonte concrecionário ocorrendo a profundidade superior a 40 cm a partir da superfície. Logo após vêm os PLINTOSSOLOS PÉTRICOS Concrecionários êutricos. Ora, como está a chave, aqueles solos (os êndicos) podem ou não apresentar os requisitos para êutricos.

Do ponto de vista geotécnico, aparentemente esse atributo não tem nenhuma importância, parecendo restringir-se simplesmente a interesse taxonômico.

3.24. Caráter plíntico

Definição. Termo usado para distinguir solos que apresentam plintita em quantidade ou espessura insuficientes para caracterizar horizonte plíntico (veja 5.18. Horizonte plíntico, concrecionário e litoplíntico) em um ou mais horizontes, em algum ponto da seção de controle que defina a classe. É requerida plintita em quantidade mínima de 5% por volume. Atributo incorporado ao SiBCS na versão 2006.

Taxonomia. O SiBCS utiliza o caráter plíntico para identificar solos no quarto nível categórico (subgrupo), como, por exemplo, os ARGIS-

SOLOS ACINZENTADOS Distrocoesos plínticos, os CAMBISSOLOS HÁPLICOS Alumínicos plínticos e os LATOSSOLOS AMARELOS Distrocoesos plínticos, entre outros.

Equivalência com outros sistemas de classificação. Na legenda da FAO (FAO, 1994), a presença de plintita em qualquer percentagem abaixo da seção de controle, estipulada dentro de 125 cm a contar da superfície do terreno, identifica os solos "plínticos". Alguns solos do subgrupo "plíntico" do SiBCS não são, portanto, correlacionáveis com os "plínticos" da legenda da FAO, pois, no SiBCS, a seção de controle é um pouco mais profunda (150 cm a partir da superfície do terreno) e requer a presença de pelo menos 5% de plintita ou petroplintita. O ARGISSOLO VERMELHO-AMARELO plíntico (perfil BA-105, Embrapa, 1977-1979) com presença de plintita a partir de 145 cm é um exemplo dessa situação.

O Soil Taxonomy (Estados Unidos, 1994) identifica o grande grupo "Plinth" pela presença de plintita formando uma fase contínua, ou o subgrupo "Plinthic" pela presença de 5% ou mais de plintita dentro da seção de controle de 125 cm a partir da superfície.

Considerações gerais e importância agronômica e geotécnica. As considerações feitas no item 3.17. Plintita e petroplintita se aplicam ao caráter plíntico.

Bibliografia

EMPRESA BRASILEIRA DE PESQUISA AGROPECUÁRIA. Serviço Nacional de Levantamento e Conservação do Solo. Rio de Janeiro, RJ. **Levantamento exploratório – reconhecimento de solos da margem direita do rio São Francisco, Estado da Bahia.** Recife, Convênios Embrapa/SNLCS-Sudene/DRN, MA/Usaid/ETA, 1977 e 1979. v. 1 e 2. 1.296p. (Boletim Técnico, 52).

ESTADOS UNIDOS. United States Department of Agriculture. Soil Conservation Service. **Keys to Soil Taxonomy.** 6th ed., 1994, 306p.

FAO, FAO/UNESCO. **Soil Map of the World. Revised Legend with corrections.** Rome, FAO, 1988 (World Resources Report, 60). Wageningen, ISRIC (Technical Paper, 20), 1994.

3.25. Caráter concrecionário

Definição. Termo usado para definir solos que apresentam petroplintita na forma de nódulos ou concreções em um ou mais horizontes dentro da seção de controle, que defina a classe em quantidade e/ou espessura insuficientes para caracterizar horizonte concrecionário (veja 5.18. Horizonte plíntico, concrecionário e litoplíntico). É requerida petroplintita em quantidade mínima de 5% por volume. Atributo incorporado ao SiBCS na versão 2006.

Taxonomia. O caráter concrecionário é utilizado no SiBCS no quarto nível categórico (subgrupo) de várias ordens, inclusive da ordem dos PLINTOSSOLOS. Os solos recebem a denominação de petroplínticos, sendo que o termo inclui, além de solos com caráter concrecionário dentro de 200 cm da superfície do solo, solos com caráter litoplíntico e mesmo solos com horizonte concrecionário e/ou litoplíntico em posição não diagnóstica para PLINTOSSOLO PÉTRICO. Exemplos: PLINTOSSOLOS HÁPLICOS Alíticos petroplínticos, ARGISSOLOS AMARELOS Distrocoesos abrúpticos petroplínticos, CAMBISSOLSO HÁPLICOS Alumínicos petroplínticos, entre outros.

Equivalência com outros sistemas de classificação. Nem o Soil Taxonomy (Estados Unidos, 1994) nem a legenda da FAO (FAO, 1994) utilizam esse atributo como critério diagnóstico. O subgrupo "petroferric" do Soil Taxonomy se relaciona com a presença de contato petroférrico, abaixo do qual ocorre horizonte idêntico ao horizonte litoplíntico, portanto com concepção diferente da do SiBCS.

Considerações gerais e importância agronômica e geotécnica. As considerações feitas no item 5.18 sobre horizonte concrecionário podem ser aplicadas ao caráter concrecionário, levando em conta, contudo, que, apesar de as partículas componentes do caráter concrecionário e horizonte concrecionário serem a petroplintita, a quantidade desta e/ou a espessura do horizonte que a contém são, no caráter concrecionário, inferiores às requeridas para horizonte concrecionário. Conseqüentemente, as limitações impostas pelo caráter concrecionário são mais brandas do que as resultantes da presença de horizonte concrecionário. É claro que o comportamento de um solo com 45% de concreções se aproxima bastante de um solo com horizonte concrecionário contendo pouco mais de 50% de petroplintita.

Bibliografia

ESTADOS UNIDOS. United States Department of Agriculture. Soil Conservation Service. **Keys to Soil Taxonomy.** 6th ed., 1994, 306p.

FAO, FAO/UNESCO. **Soil Map of the World. Revised Legend with corrections.** Rome, FAO, 1988 (World Resources Report, 60). Wageningen, ISRIC (Technical Paper, 20), 1994.

3.26. Caráter litoplíntico

Definição. Termo usado para definir solos que apresentam petroplintita na forma contínua e consolidada em um ou mais horizontes, em algum ponto da seção de controle, que defina a classe, em quantidade mínima de 10% do volume total do(s) horizonte(s), contudo com espessura insuficiente para identificar um horizonte litoplíntico. Atributo incorporado ao SiBCS na versão 2006.

Taxonomia. O caráter litoplíntico é utilizado no SiBCS no quarto nível categórico (subordem) de várias ordens, inclusive da ordem dos PLINTOSSOLOS. Os solos recebem a denominação de petroplínticos, sendo que o termo inclui, além de solos com caráter litoplíntico dentro de 200 cm da superfície, solos com caráter concrecionário e mesmo solos com horizonte concrecionário e/ou litoplíntico em posição não diagnóstica para PLINTOSSOLO PÉTRICO. Exemplos: PLINTOSSOLOS HÁPLICOS Alíticos petroplínticos, ARGISSOLOS AMARELOS Distrocoesos abrúpticos petroplínticos, CAMBISSOLSO HÁPLICOS Alumínicos petroplínticos, entre outros.

Equivalência com outros sistemas de classificação. A legenda da FAO (FAO, 1994) não utiliza critério diagnóstico semelhante ao caráter litoplíntico. No Soil Taxonomy (Estados Unidos, 1994) os solos do subgrupo "petroferric" se relacionam com os solos do SiBCS que apresentam caráter litoplíntico, posto que requerem a presença de contato petroférrico, o que significa que abaixo desse contato deve ocorrer camada contínua endurecida semelhante ao horizonte litoplíntico, sem fazer contudo menção a uma espessura mínima de 10 cm, como a requerida por esse horizonte.

Considerações gerais e importância agronômica e geotécnica. As considerações feitas no item 5.18 sobre horizonte litoplíntico podem ser aplicadas ao caráter litoplíntico.

Bibliografia

ESTADOS UNIDOS. United States Department of Agriculture. Soil Conservation Service. **Keys to Soil Taxonomy.** 6th ed., 1994, 306p.

FAO, FAO/UNESCO. **Soil Map of the World. Revised Legend with corrections.** Rome, FAO, 1988 (World Resources Report, 60). Wageningen, ISRIC (Technical Paper, 20), 1994.

3.27. Caráter argilúvico

Definição. Termo usado para distinguir solos que apresentam: 1) gradiente textural (B/A) ≥ 1,4 e/ou 2) iluviação de argila evidenciada pela presença de cerosidade moderada ou forte e/ou 3) presença de horizonte E suprajacente ao B (exceto B espódico) dentro da seção de controle da classe. Atributo incorporado ao SiBCS na versão 2006.

Taxonomia. O caráter argilúvico é empregado pelo SiBCS no segundo nível categórico (subordem), nas ordens dos CHERNOSSOLOS e PLINTOSSOLOS, para identificar solos que apresentam horizonte com caráter argilúvico. Exemplo: CHERNOSSOLOS ARGILÚVICOS, PLINTOSSOLOS ARGILÚVICOS.

Equivalência com outros sistemas de classificação. Não há no Soil Taxonomy (Estados Unidos, 1994) nem na legenda da FAO (FAO, 1994) qualquer atributo equivalente.

Considerações gerais e importância agronômica e geotécnica. Os solos com caráter argilúvico apresentam, conforme o caso, comportamento semelhante aos solos com horizonte B textural, ou aos solos com horizonte B nítico (veja itens 5.11. Horizonte B nítico e 5.13. Horizonte B textural).

3.28. Caráter plânico

Definição. Termo usado para distinguir solos intermediários com PLANOSSOLOS. Caracteriza-se por apresentar horizonte adensado, com permeabilidade lenta ou muito lenta, cores acinzentadas ou escurecidas, neutras ou próximas delas, ou mosqueados de redução que não satisfaçam os requisitos para horizonte plânico (veja 5.12. Horizonte B plânico. Horizonte plânico com caráter sódico (horizonte nátrico)), exclusive horizonte com caráter plíntico.

Taxonomia. O SiBCS utiliza esse critério para identificar solos no quarto nível categórico (subgrupo). Exemplos: LUVISSOLOS CRÔMICOS Carbonáticos planossólicos, LUVISSOLOS CRÔMICOS Órticos planossólicos, ARGISSOLOS AMARELOS Eutróficos planossólicos.

Equivalência com outros sistemas de classificação. O caráter plânico tem semelhança com a legenda da FAO (FAO, 1994), pois a presença de mudança textural abrupta abaixo do horizonte E e de propriedades estâgnicas (*stagnic properties*) são critérios usados naquele sistema para identificar os Planossolos. No Soil Taxonomy (Estados Unidos, 1994), alguns solos são assemelhados aos nossos PLANOSSOLOS ou solos com caráter plânico (solos do subgrupo "planossólico"), como os Albaqualfs ou os Albaquic Hapludalfs. Os primeiros são identificados pela presença de mudança textural abrupta sobre horizonte argílico associada a baixa condutividade hidráulica nesse horizonte, enquanto os últimos são identificados pela presença de horizonte argílico associada a mudança textural abrupta e a croma < 2 em camadas que estejam saturadas continuamente ou periodicamente com água (*aquic conditions*).

Considerações gerais e importância agronômica e geotécnica. Horizonte com caráter plânico apresenta conceitualmente baixa condutividade e se assemelha ao horizonte plânico. As considerações feitas para aquele horizonte podem ser extrapoladas para solos com caráter plânico, admitindo-se, contudo, maior limitação à condutividade hidráulica para o horizonte plânico (veja 5.12. Horizonte B plânico. Horizonte plânico com caráter sódico (horizonte nátrico)).

Bibliografia

ESTADOS UNIDOS. United States Department of Agriculture. Soil Conservation Service. **Keys to Soil Taxonomy.** 6th ed., 1994, 306p.

FAO, FAO/UNESCO. **Soil Map of the World. Revised Legend with corrections.** Rome, FAO, 1988 (World Resources Report, 60). Wageningen, ISRIC (Technical Paper, 20), 1994.

3.29. Caráter coeso

Definição. Critério utilizado para distinguir solos com horizontes subsuperficiais adensados, muito resistentes à penetração da faca e muito duros a extremamente duros quando secos. Uma amostra úmida comprimida deforma-se lentamente, característica diferencial em relação ao fragipã, que apresenta quebracidade, isto é, desintegra-se em fragmentos menores; porém, uma amostra de horizonte coeso desmancha-se ao ser imersa na água.

O caráter coeso ocorre predominantemente em solos de textura média, argilosa e muito argilosa e em geral coincide com os horizontes B latossólico ou B textural. Constitui atributo comum em LATOSSOLOS e ARGISSOLOS derivados de materiais da Formação Barreiras.

Taxonomia. O SiBCS emprega o caráter coeso no terceiro nível categórico (grande grupo). Exemplos: LATOSSOLOS AMARELOS Distrocoesos, ARGISSOLOS ACINZENTADOS Distrocoesos, ARGISSOLOS AMARELOS Eutrocoesos.

Equivalência com outros sistemas de classificação. Não há no Soil Taxonomy (Estados Unidos, 1994) nem na legenda da FAO (FAO, 1994) qualquer atributo diagnóstico equivalente ao caráter coeso.

Considerações gerais. A origem do caráter coeso ainda não foi completamente esclarecida, porém se sabe que ocorre de forma natural e pode estar associada a vários processos, tais como: perda do plasma argiloso das camadas superficiais do solo para camadas subjacentes; forte instabilidade estrutural; presença de argila dispersa e de outros agentes químicos nos microporos e adensamento por dessecação proveniente da alteração da estrutura do solo pela alternância de umedecimento e secagem (Ribeiro, 1986), além de compactação, presença de sílica, entre outros.

O caráter coeso ocorre em material de textura média, argilosa ou muito argilosa, e em condições naturais os horizontes com esse atributo são geralmente maciços ou com tendência à formação de blocos. Encontram-se em geral a profundidade de 30 a 70 cm da superfície do solo, podendo prolongar-se até o horizonte Bw, ou coincidir com o Bt, no todo ou em parte.

Importância agronômica e geotécnica. A presença do caráter coeso pode limitar o enraizamento das plantas de sistema radicular pouco agressivo, como o feijoeiro. Mesmo plantas de sistema radicular mais robusto, como os citrus, podem sentir a presença desse caráter, como mostra a Figura 3.29.1., p. 573.

Na Figura 3.29.2 são mostrados gráficos de resistência ao penetrômetro de solos Coesos de Tabuleiros Costeiros do Estado da Bahia. Com exceção dos gráficos correspondentes a dois ARGISSOLOS AMARELOS, todos

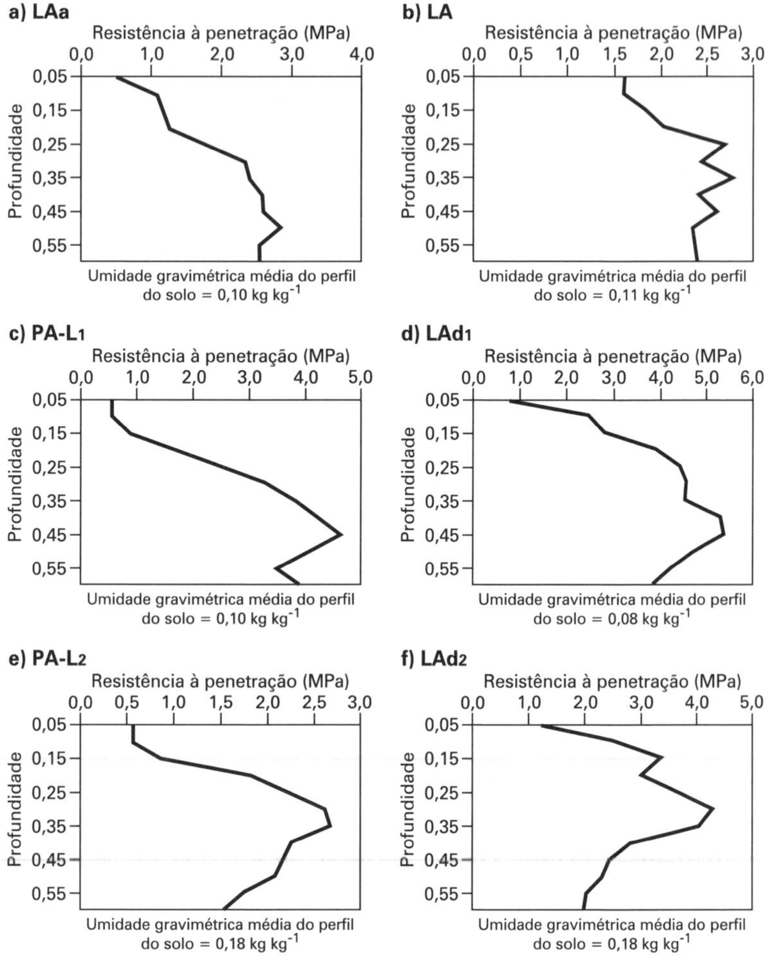

Figura 3.29.2. Gráficos de resistência ao penetrômetro de solos Coesos de Tabuleiros Costeiros do Estado da Bahia (Rezende et al., 2002).

os outros são de LATOSSOLOS AMARELOS. Nota-se o significativo aumento da resistência por volta dos 30 a 40 cm de profundidade.

Do ponto de vista geotécnico, aparentemente, a presença de caráter coeso não tem importância.

Bibliografia

ESTADOS UNIDOS. United States Department of Agriculture. Soil Conservation Service. **Keys to Soil Taxonomy.** 6th ed., 1994, 306p.

FAO, FAO/UNESCO. **Soil Map of the World. Revised Legend with corrections.** Rome, FAO, 1988 (World Resources Report, 60). Wageningen, ISRIC (Technical Paper, 20), 1994.

LIMA, H. V., SILVA, A. P., ROMERO, R. E., JACOMINE, P. T. K. Comportamento físico de um Argissolo Acinzentado Coeso no Estado do Ceará. **R. Bras. Ci. Solo** 29: 33-40, 2005.

REZENDE, J. O., MAGALHÃES, A. F. de J., SHIBATA, R. T., ROCHA, E. S., FERNANDES, J. C., BRANDÃO, F. J. C. & REZENDE, J. R. P. **Citricultura nos solos coesos dos tabuleiros costeiros: análise e sugestões.** Secretaria da Agricultura, Irrigação e Reforma Agrária. Salvador, 2002. 97p.

3.30. Caráter dúrico

Definição. O caráter dúrico é utilizado para caracterizar horizontes com cimentação forte, como o duripã e o ortstein, e outros horizontes que não se enquadrem na definição de horizonte litoplíntico, concrecionário (veja 5.18. Horizonte plíntico, concrecionário e litoplíntico) e horizonte petrocálcico (Veja 5.14. Horizonte cálcico e horizonte petrocálcico).

O caráter dúrico engloba o duripã e o ortstein, os quais, na versão SiBCS 1999 (Embrapa, 1999), eram usados separadamente para identificar, no quarto nível categórico (subgrupo), solos com duripã, como os ESPODOSSOLOS CÁRBICOS Órticos duripânicos, e os com ortstein, como os ESPODOSSOLOS FERROCÁRBICOS Órticos dúricos.

Taxonomia. O caráter dúrico é empregado no SiBCS no quarto nível categórico (subgrupo). Exemplos: ESPODOSSOLOS HUMILÚVICOS Órticos dúricos, ARGISSOLOS ACINZENTADOS Distróficos dúricos.

Equivalência com outros sistemas de classificação. Como o caráter dúrico engloba o duripã e ortstein, equivale ao conceito de duripã e de ortstein do Soil Taxonomy (Estados Unidos, 1994) e da FAO (FAO, 1994). A presença de ortstein é empregada no Soil Taxonomy para identificar a classe dos Durorthods, que equivalem aos nossos ESPODOSSOLOS dúricos. O termo "duro" é ainda usado no Soil Taxonomy para indicar presença de solos com duripã, como os da subordem dos Durids (Aridosols) ou do grande grupo dos Durustoll (Molissols). A FAO emprega o duripã como fase.

Considerações gerais. A criação do caráter dúrico baseou-se na idéia de não se precisar fazer análises caras e trabalhosas para classificar os solos que apresentam determinadas cimentações fortes, causadas por vários agentes cimentantes, e com comportamento semelhante, pois, independente do agente cimentante, o problema físico causado pelas cimentações fortes é o mesmo: impedimento de drenagem, de crescimento de raízes etc.

O caráter dúrico exclui aqueles horizontes endurecidos de fácil reconhecimento no campo, como é o caso do horizonte litoplíntico (veja 5.18. Horizonte plíntico, concrecionário e litoplíntico) e que já possuem termos apropriados para distinguir classes de solos que os contenham, como os horizontes cimentados por ferro, e, portanto, exclui o horizonte plácico (veja 5.17. Horizonte plácico).

Importância agronômica e geotécnica. Tanto o duripã como o ortstein apresentam séria limitação ao sistema radicular, pois impedem seu aprofundamento, assim como ao fluxo vertical da água no interior do perfil (Figura 5.22.1.). É determinante, contudo, a profundidade de suas ocorrências, pois, apesar de serem encontrados em geral nas camadas mais profundas, são tanto mais limitantes quanto menos profundos estão. A restrição ao enraizamento quando esses horizontes ocorrem abaixo de 100 cm, contudo, é desprezível para culturas anuais, podendo ainda apresentar alguma limitação para essências florestais. Do ponto de vista hídrico, porém, ainda têm importante significado no fluxo interno da água, pois agem como camada restritiva a ele.

Solos com caráter dúrico apresentam sérias limitaçõs como área para colocação de efluentes e cemitérios.

Bibliografia

EMBRAPA. **Sistema Brasileiro de Classificação de Solos.** Rio de Janeiro, 1999. 412p.

ESTADOS UNIDOS. United States Department of Agriculture. **Soil Conservation Service.** Keys to Soil Taxonomy. 6th ed., 1994, 306p.

FAO, FAO/UNESCO. **Soil Map of the World. Revised Legend with corrections.** Rome, FAO, 1988 (World Resources Report, 60). Wageningen, ISRIC (Technical Paper, 20), 1994.

3.31. Caráter vértico

Definição. Termo usado para identificar horizonte com presença de "slikensides" (superfície de fricção), fendas ou estruturas cuneiformes e/ou paralepipédicas, em quantidade ou expressão insuficientes para caracterizar horizonte vértico.

Taxonomia. O caráter vértico é utilizado no SiBCS para identificar solos no quarto nível categórico (subgrupo), como os NEOSSOLOS FLÚVICOS Ta Eutróficos vertissólicos, PLANOSSOLOS HÁPLICOS Eutróficos vertissólicos, GLEISSOLOS MELÂNICOS Ta Eutróficos vertissólicos.

Equivalência com outros sistemas de classificação. O Soil Taxonomy (Estados Unidos, 1994) e a FAO (FAO, 1994) utilizam critérios semelhantes ao caráter vértico para identificar solos. O Soil Taxonomy emprega-o em nível de subgrupo, como, por exemplo, nos Vertic Albaqualfs, Vertic Paleudalfs, Vertic Calcixerepts, e a FAO, em unidades de solos, como os Vertic Luvisols.

Considerações gerais e importância agronômica e geotécnica. Os solos com caráter vértico se aproximam bastante daqueles com horizonte vértico quanto ao seu comportamento agrícola e não-agrícola. As considerações feitas em 5.20. Horizonte vértico podem ser extrapoladas para esses solos, com as devidas adaptações.

Bibliografia

ESTADOS UNIDOS. United States Department of Agriculture. Soil Conservation Service. **Keys to Soil Taxonomy.** 6th ed., 1994, 306p.

FAO, FAO/UNESCO. **Soil Map of the World. Revised Legend with corrections.** Rome, FAO, 1988 (World Resources Report, 60). Wageningen, ISRIC (Technical Paper, 20), 1994.

3.32. Caráter rúbrico

Definição. O caráter rúbrico caracteriza solos que apresentam, em alguma seção de controle que defina a classe, cor úmida amassada, com matiz mais vermelho que 5YR, valores em amostra úmida menores que 4 e, em amostra seca, com apenas uma unidade a mais.

Taxonomia. O caráter rúbrico é utilizado no SiBCS unicamente nas subordens LATOSSOLOS BRUNOS e NITOSSOLOS BRUNOS, no quarto nível categórico (subgrupo), identificando solos como os LATOSSOLOS BRUNOS Alumínicos rúbricos, os LATOSSOLOS BRUNOS Distroférricos rúbricos, os NITOSSOLOS BRUNOS Distróficos rúbricos.

Equivalência com outros sistemas de classificação. Não há atributo similar no Soil Taxonomy (Estados Unidos, 1994) ou na legenda da FAO (FAO, 1994).

Importância agronômica e geotécnica. Aparentemente, esse critério tem interesse exclusivamente taxonômico, não apresentando qualquer significado agronômico e/ou geotécnico.

Bibliografia

ESTADOS UNIDOS. United States Department of Agriculture. Soil Conservation Service. **Keys to Soil Taxonomy.** 6th ed., 1994, 306p.

FAO, FAO/UNESCO. **Soil Map of the World. Revised Legend with corrections.** Rome, FAO, 1988 (World Resources Report, 60). Wageningen, ISRIC (Technical Paper, 20), 1994.

3.33. Policromia

O critério de policromia foi estabelecido no SiBCS versão 2006 para auxiliar na distinção de ARGISSOLOS e NITOSSOLOS.

O horizonte B textural (veja 5.13. Horizonte B textural), no caso de solos com textura argilosa, baixa relação textural, estrutura no mínimo moderada e cerosidade também no mínimo comum e moderada, não é mutuamente excludente com o horizonte B nítico. Nesse caso, a distinção entre os NITOSSOLOS e os ARGISSOLOS fica por conta da policromia. O SiBCS engloba nesses casos, entre os NITOSSOLOS, os solos que não apresentam policromia acentuada, diferentemente dos ARGISSOLOS, que a apresentam.

A policromia não está relacionada entre os atributos diagnósticos do SiBCS (Embrapa, 2006). Não obstante, no capítulo que trata dos conceitos e definições das classes de primeiro nível há, na definição dos NITOSSOLOS, uma explícita referência à policromia. Como este atributo é imprescindível na distinção entre ARGISSOLOS e NITOSSOLOS, incluímo-lo entre os atributos diagnósticos, apesar de o SiBCS não fazê-lo.

O SiBCS considera como policromia pouco acentuada os seguintes casos:

- Para solos com todas as cores dos horizontes A e B, exceto BC, dentro de uma mesma página de matiz, são admitidas variações de no máximo 2 unidades para valor e 3 (*) unidades para croma.
- Para solos apresentando cores dos horizontes A e B, exceto BC, em duas páginas de matiz, admite-se variação de ≤ 1 unidade de valor e ≤ 2 (*) unidades de croma.
- Para solos apresentando cores dos horizontes A e B, exceto BC, em mais de duas páginas de matiz, não se admite variação para valor e admite-se variação de ≤ 1 (*) unidade de croma.

A seguir são apresentados dois exemplos de solos semelhantes, com horizonte Bt argiloso, excelente desenvolvimento de cerosidade e estrutura, baixa relação textural (< 1,5), sendo o primeiro classificado como NITOSSOLO, por apresentar baixa policromia, e o segundo como ARGISSOLO VERMELHO, por apresentar policromia acentuada.

Perfil 1. Perfil VIIRCC-4 (Embrapa, 2005) NITOSSOLO: baixa policromia

Horizonte	Espessura (cm)	Cor úmida
Ap1	0-4	5 YR 3/4
Ap2	4-13	5 YR 3/4
AB	13-24	4 YR 4/4
BA	24-35	3,5 YR 4/6
Bt1	35-51	2,5 YR 4/6
Bt2	51-75	2.5 YR 4/6
Bt3	75-122	1,5 YR 4/6
Bt4	122-150	1,5 YR 4/6

(*) É admitida variação de uma unidade a mais que a indicada para solos intermediários (latossólicos, rúbricos etc.) ou quando a diferença ocorrer entre o horizonte A mais superficial e horizontes(s) da parte inferior do perfil, a mais de 100 cm da superfície do solo.

Perfil 2. ARGISSOLO VERMELHO: elevada policromia (Embrapa, 1983)

Horizonte	Profundidade (cm)	Cor úmida
Ap	0-25	5YR 3/3
A3	25-42	2,5YR 3/4
B1t	42-56	2,5YR 3/5
B21t	56-103	10R 3/5
B22t	103-175	10R 3,5/6
B23t	175-235	10R 3,5/6

Equivalência com outros sistemas de classificação. Não há atributo similar no Soil Taxonomy (Estados Unidos, 1994) ou na legenda da FAO (FAO, 1994).

Importância agronômica e geotécnica. Aparentemente, esse critério tem interesse exclusivamente taxonômico, não apresentando qualquer significado agronômico e/ou geotécnico.

Bibliografia

EMPRESA BRASILEIRA DE PESQUISA AGROPECUÁRIA. Serviço Nacional de Levantamento e Conservação de Solos. Anais da II Reunião de Classificação, Correlação e Interpretação de Aptidão Agrícola. Rio de Janeiro, 1983. 138p.

EMPRESA BRASILEIRA DE PESQUISA AGROPECUÁRIA. Centro Nacional de Pesquisa de Solos. VII Reunião de Correlação e Classificação de Solos – MG. Rio de Janeiro, 2005.153p. (Mimeografado).

EMPRESA BRASILEIRA DE PESQUISA AGROPECUÁRIA. SiBCS. Sistema Brasileiro de Classificação de Solos. 2. ed. Rio de Janeiro, 2006. 306p.

ESTADOS UNIDOS. United States Department of Agriculture. Soil Conservation Service. **Keys to Soil Taxonomy**. 6th ed., 1994, 306p.

FAO, FAO/UNESCO. **Soil Map of the World. Revised Legend with corrections.** Rome, FAO, 1988 (World Resources Report, 60). Wageningen, ISRIC (Technical Paper, 20), 1994.

4

OUTROS ATRIBUTOS

Além dos atributos diagnósticos, os solos possuem alguns outros atributos que não são utilizados diretamente como tal, mas que foram incluídos neste livro por apresentarem especial importância do ponto de vista de seu comportamento agronômico e geotécnico.

4.1. Consistência

O termo "consistência" refere-se às manifestações apresentadas pelo material do solo resultantes das forças de coesão e adesão que atuam sobre ele, em conformidade com seu grau de umidade. A facilidade com que uma terra é destorroada ao ser preparada para o plantio ou que adere ao arado ao ser lavrada, ou a resistência à compressão oferecida por um torrão de terra em vários estágios de umidade são decorrentes dessas forças. A intensidade da resistência a determinado esforço apresentada pelo horizonte coeso de certos LATOSSOLOS, fragipã, duripã, horizonte litoplíntico, entre outros, é outro exemplo da presença dessas forças.

Além da umidade, a textura, a quantidade e a natureza dos constituintes sólidos e dos cátions adsorvidos e a presença de sais têm marcante influência na intensidade de manifestação da coesão e da adesão.

A coesão é causada pelas ligações entre componentes do solo. Segundo Vyalov (1986), citado por Selby (1993), com exceção das ligações metálicas, todos os tipos de ligações (iônica, covalente, van der Waals, hidrogênio) participam da coesão. No Quadro 4.1.1. é apresentada a intensidade das forças de ligação existentes em materiais dos solos.

As ligações químicas desenvolvem intensa força de ligação (10-14 kN/m^2), sendo predominantes na rocha sã ou pouco alterada e, no solo, na cimentação de nódulos e depósitos endurecidos (Selby, 1993). Entre estes últimos enquadram-se os materiais constitutivos de horizontes cuja coesão pode ser tão intensa que é necessário o emprego de picareta para rompê-los, por exemplo, os horizontes concrecionário, litoplíntico e petrocálcico. Ainda segundo o autor citado, as forças eletrostáticas e a tensão superficial, bem menos potentes (< 1.000 a 1 kN/m^2), por sua vez, são restritas aos minerais de argila, sendo importantes na agregação de materiais como silte e areia. São também importantes na formação e manutenção da macroestrutura dos solos. Por outro lado, as forças

Quadro 4.1.1. Força das ligações no solo (Vyalov, 1986, citado por Selby, 1993).

Tipo de ligação	**Forças atuantes no sistema solo (kN/m²)**
Químico, iônico intermolecular, covalente e hidrogênio	10^4-10^5
Van der Waals, interação de moléculas polares	< 10
Eletrostático iônico, interações entre cargas de superfície de minerais de argila e cátions	< 1.000
Eletrostática (coulomb), forças de atração e repulsão entre cargas de superfície de minerais de argila	1-10
Forças magnéticas de minerais ferromagnesianos	0,1-1
Coesão aparente (adesão) devido a capilaridade	< 400

magnéticas produzidas no solo pelos óxidos de ferro, como a hematita, a goetita e outros óxidos metálicos, apesar da baixa magnitude de sua força (0,1-1 kN/m²), também são efetivas na agregação de partículas.

Brown (1977), citado por Selby (1993), assinala que as forças eletrostáticas contribuem com 80% da resistência ao cisalhamento de algumas montemorilonitas, 40 a 50% das illitas e apenas menos de 20% da caulinita, e que para um mesmo conteúdo de água (abaixo do ponto de saturação) a ordem de resistência é montemorilonita > illita > caulinita. Esses dados explicam por que solos argilosos e com argila de atividade alta como os VERTISSOLOS são tão duros quando secos e tão difíceis de destorroar quando preparados para o plantio. A consistência no estado seco dos agregados de solos argilosos e com argila de atividade alta, como os CHERNOSSOLOS, LUVISSOLOS, VERTISSOLOS, em geral é descrita pelos pedólogos como muito dura ou extremamente dura, enquanto para a maioria dos LATOSSOLOS, igualmente argilosos, porém com argila de baixa atividade, a consistência seca é descrita como ligeiramente dura ou no máximo dura ou mesmo macia, como em certos LATOSSOLOS ácricos.

A adesão, por sua vez, é resultante da tensão superficial, dependendo portanto da presença de água, e está inversamente relacionada com o diâmetro do capilar, atingindo o máximo de expressão quando o menisco apresenta o máximo de curvatura. A resistência devida à adesão é relativamente baixa, da ordem de < 400 kN/m² (Quadro 4.1.1.). Na

Figura 4.1.1. é apresentada a relação entre a curvatura e a área de contato do menisco e sua relação com a consistência (adesão) do solo. A adesão é mínima ou praticamente inexistente quando o solo está seco, aumentando gradualmente à medida que ele umedece, até que um menisco de maior curvatura se forme. A partir desse ponto, acréscimos de água diminuem progressivamente a tensão superficial, chegando a ser praticamente inexistente em solo encharcado. Isso explica em parte a elevada erodibilidade de solos de textura arenosa (Figura 4.1.2.) e o fato de raramente encontrar-se, em material com essa textura, consistência no estado úmido que não seja a solta, a muito friável ou a friável.

A coesão, sendo essencialmente resultante da atração molecular, apresenta sua máxima expressão quando o solo está seco, pois suas partículas estão muito próximas umas das outras, diminuindo porém gradualmente à medida que a umidade do solo aumenta, tornando-se mínima com o solo molhado. Por outro lado, a adesão, sendo resultante do fenômeno de tensão superficial, requer certo grau de umidade para

	Condição de umidade	Menisco		Adesão
		Curvatura	Área de contato	
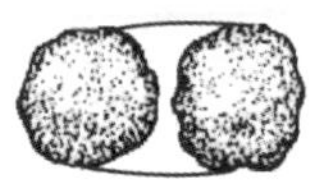	Molhado	Sem curvatura	Grande	Quase nenhuma
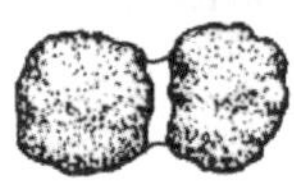	Moderadamente molhado	Curvado	Média	Alta
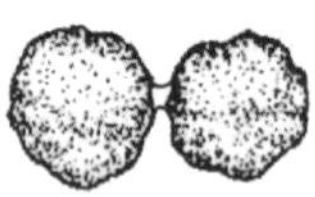	Ligeiramente úmido	Bem curvado	Pequena	Baixa
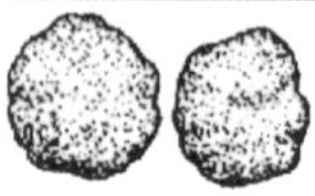	Seco	Nenhuma	Nenhuma	Nenhuma

Figura 4.1.1. Curvatura e área de contato da água do menisco e suas implicações na consistência (adesão) do solo (Kohnke, 1968).

Figura 4.1.2. Os solos muito arenosos apresentam baixa coesão e adesão, sendo por isso muito sujeitos à erosão. Essa voçoroca com vários metros de profundidade e mais de 100 m de comprimento foi formada em poucos anos em NEOSSOLO QUARTZARÊNICO (*Areia Quartzosa*). Município de São Pedro, SP. Foto: J. B. de Oliveira.

Figura 4.1.3. Efeito da umidade na coesão e adesão. Diagrama esquemático (Kohnke, 1968).

se manifestar plenamente, sendo mínima com o solo seco e atingindo seu máximo com o solo molhado. Há portanto duas máximas e duas mínimas para a coesão e a adesão, dependendo do grau de umidade do solo (Figura 4.1.3.).

No Quadro 4.1.2. são apresentados, de maneira geral, os efeitos da umidade na consistência de solos com médio a alto conteúdo de argila e suas implicações no comportamento deles. É claro que, dependendo da natureza dos minerais de argila, do conteúdo de matéria orgânica, da presença de agentes cimentantes etc., as manifestações da consistência poderão ser significativamente distintas das apresentadas no quadro. Por exemplo, em solo argiloso com argila de atividade alta (VERTISSOLOS, CHERNOSSOLOS, LUVISSOLOS), a consistência é comumente a firme no estado úmido, e a muito plástica e muito pegajosa no estado molhado, em vez da consistência firme, plástica e pegajosa assinalada no Quadro 4.1.2. Essas últimas consistências são mais comuns em solos de textura argilosa, mas com argila de baixa atividade, como os LATOSSOLOS. Da mesma forma, a maioria dos VERTISSOLOS encontrados no Brasil

Quadro 4.1.2. Efeito da umidade na consistência do solo e suas implicações no comportamento dele (Adaptado de Kohnke, 1968).

Umidade do solo	Seco	Úmido	Molhado moderado	Molhado muito	Saturado
	Seco na estufa pF 7,0	Coeficiente higroscópico pF 4,5	Limite friabilidade pF 2,8		Tensão zero pF 0
Forma de consistência	duro	friável	plástico pegajoso		viscoso
Grau relativo de consistência	muito alto	baixo	alto		muito baixo
Causa principal da consistência	atração molecular (coesão)	—	tensão superficial (adesão)		—
Capacidade de suporte	alta	moderadamente alta	baixa	muito baixa	praticamente ausente
Facilidade de preparo de terreno para plantio	solo pesado	solo leve	solo pesado; implementos tendem a derrapar e atolar	solo leve, mas tração baixa, atola	geralmente impossível o preparo do terreno
Resultado da aração	solo forma torrões e poeira	grânulos; ótimo efeito na estrutura	empoçamento	—	—
Gráfico do grau relativo da consistência	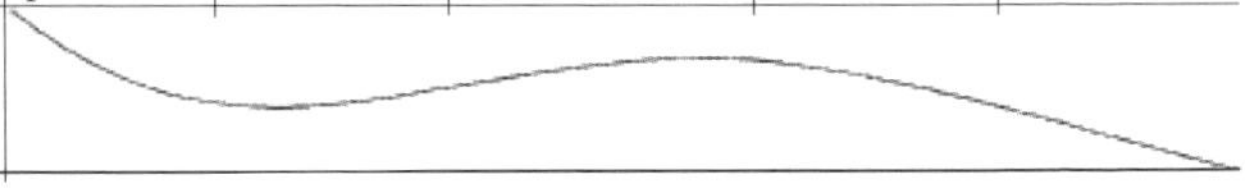				

oferece enorme dificuldade no seu preparo para o plantio, pois, ao serem arados, formam grandes blocos que necessitam ser posteriormente destorroados, enquanto LATOSSOLOS igualmente argilosos e secos apresentarão dificuldades bem menores para serem lavrados.

De qualquer forma, o quadro indica que é no estado úmido que a consistência do solo é a mais adequada para seu preparo, pois a coesão é mínima e a adesão (plasticidade e pegajosidade) não é muito pronunciada.

As Figuras 4.1.4. e 4.1.5. mostram o preparo do solo para plantio em Argissolo Vermelho-Amarelo, e a Figura 4.1.6., em Latossolo. A Figura 4.1.4. mostra a condição do solo após a aração, tendo resultado uma enorme quantidade de grandes torrões. A Figura 4.1.5. mostra a mesma gleba após uma passagem de grade pesada. Observa-se que essa operação ainda não foi suficiente para destorroar a contento os torrões formados pela aração. É interessante notar que, apesar de se tratar de solo com argila de atividade baixa (coesão e adesão menores que os solos com argila de atividade alta), apresentou significativa consistência. No caso

Figura 4.1.4. Preparo do solo para plantio em Argissolo. Terreno após aração. Nota-se a grande quantidade de blocos grandes. Foto: Izabella C. de Maria.

Figura 4.1.5. Preparo do solo para plantio em Argissolo. Terreno da Figura 4.1.4. após a passagem de grade pesada. Nota-se que ainda persistem blocos de tamanho relativamente grande, requerendo mais passagem de grade para destorroá-los. Foto: Izabella C. de Maria.

Figura 4.1.6. Preparo do solo para plantio em Latossolo. Observa-se que apenas uma aração foi suficiente para destorroar bem o solo e prepará-lo adequadamente para o plantio. Foto: Orlando M. de Castro.

do Latossolo (Figura 4.1.6.), por outro lado, apesar de ser igualmente argiloso, uma aração apenas foi suficiente para um preparo adequado do solo para o plantio.

O preparo do leito para o plantio é essencialmente um processo de fragmentação executada pelos implementos agrícolas, que fragmentam os agregados grandes em agregados menores. Os agregados, contudo, apresentam energia interna que lhes dá certa estabilidade. Quanto maior a energia interna apresentada por eles, mais energia deve ser fornecida pelos implementos agrícolas para fragmentá-los (Berntsen & Berre, 2002). Assim, quanto mais seco o solo (coesão elevada), ou quanto mais ativa a fração argila (presença de montemorilonita, por exemplo), mais energia é requerida para fragmentar os agregados. É por isso que a energia requerida para preparar um leito para plantio em solos com argila de atividade baixa (Latossolos em geral) é muito menor que a requerida em solos com argila de atividade alta (Vertissolos, por exemplo), mantidas as condições de umidade e os teores de argila semelhantes.

Nos boletins de levantamento de solos encontra-se, para cada um dos horizontes dos perfis apresentados, a descrição da consistência, em geral, nos três estágios de umidade: seco, úmido e molhado.

No estágio seco, descreve-se a rigidez ou fragilidade exibida pelo material, isto é, a resistência que um agregado apresenta para fragmentar-se sob determinada pressão. Nessa condição de umidade expressa-se a dureza ou maciez do material. As classes de consistência vão desde a "solta" (material não-coerente, estrutura em grãos simples) até a "extremamente dura" (material extremanente resistente à pressão, não se conseguindo romper um torrão comprimindo-o entre as mãos). As classes intermediárias são: macia, ligeiramente dura, dura e muito dura. A classe de consistência solta é comum em solos de textura arenosa, como nos NEOSSOLOS QUARTZARÊNICOS e NEOSSOLOS REGOLÍTICOS Psamíticos, e nos horizontes superficiais de outros solos quando a textura é a arenosa. A classe extremamente dura, por sua vez, é encontrada geralmente em solos de textura argilosa e com argila de atividade alta, por exemplo, nos VERTISSOLOS e LUVISSOLOS. Em LATOSSOLOS e CAMBISSOLOS Tb (atividade baixa), mesmo nos de textura muito argilosa, é incomum a presença de consistência além da classe dura. É importante ressaltar que certos horizontes, como os fragipãs de textura arenosa, podem apresentar tal grau de coesão que sua consistência a seco pode chegar a muito dura (veja 5.21. Fragipã), porém, devido à fragilidade das forças de coesão existentes nesses horizontes, a consistência úmida raramente ultrapassa a classe de friável. Certos latossolos, como os LATOSSOLOS AMARELOS Coesos, apresentam o horizonte BA ou o topo do horizonte Bw com coesão tão expressiva que essa condição foi considerada diagnóstica. Várias causas, genéticas (adensamento) ou antrópicas (compactação), foram atribuídas à formação dessa seção coesa: argila natural e areia fina (Manzatto, 1998), compactação e consolidação (Anjos, 1985), adensamento herdado do material de origem (Fonseca, 1986), entre outras. Flach et al. (1969) assinalam que pequenas quantidades de sílica têm um efeito bastante pronunciado na formação dos duripãs. É possível que esse cimento também possa ser um dos agentes da coesão do horizonte Bw coeso.

A coesão existente nos LATOSSOLOS AMARELOS Coesos pode chegar a limitar o enraizamento de plantas com sistema radicular pouco agressivo, como o do feijoeiro. Esses horizontes determinam também significativa diminuição da condutividade hidráulica, ocasionando portanto, em culturas como a do feijoeiro, em períodos de maior pluviosidade, problemas fisiológicos por causa do excesso de umidade. No Quadro 4.1.3. são apresentados alguns dados referentes ao comportamento físico de um perfil dessa classe de solo.

No estágio úmido, é descrita a friabilidade ou firmeza do material, isto é, a facilidade com que ele se deforma antes de se romper. É expressa pela friabilidade ou pela firmeza do material do solo. As classes vão desde a "solta" (material não-coerente, estrutura em grãos simples) até a "extremamente firme" (torrões se desfazem somente sob pressão muito forte entre os dedos). As classes intermediárias são: muito friável, friável, firme e muito firme. A classe de consistência solta é comum em solos arenosos, como os NEOSSOLOS QUARTZARÊNICOS, os NEOSSOLOS REGOLÍTICOS de textura arenosa, e nos horizontes superficiais de textura arenosa de outras classes de solos. A consistência

Quadro 4.1.3. LATOSSOLO Coeso (Manzatto, 1998).

Atributos	Horizontes				
	A11	A12	AB	Bw2	BC
Profundidade (cm)	0-7	7-30	30-44	44-81	81-116
Densidade do solo (g cm^{-3})	1,5	1,7	1,6	1,6	1,4
Porosidade total (%)	44,8	33,1	38,5	38,4	44,7
Macroporosidade (%)	15,7	5,8	9,1	8,4	15,4
Microporosidade (%)	25,2	27,3	29,4	30,0	29,2
Resistência à penetração (kgf)	0,4	1,2*	1,3*	2,3*	0,2
Condutividade hidráulica saturada (cm h^{-1})	4,4	0,9	1,2	1,5	6,4

* Compacidade muito severa, segundo o fabricante do penetrômetro.

extremamente firme, por sua vez, é comum em solos de textura argilosa e com argila de atividade alta, como os CHERNOSSOLOS, LUVISSOLOS e VERTISSOLOS. Essa consistência pode ocorrer também, se bem que excepcionalmente, em fragipãs arenosos, como no perfil PE-103, de NEOSSOLO QUARTZARÊNICO Órtico fragipânico (Brasil, 1972). Em geral, no estágio úmido, os fragipãs são friáveis.

A consistência no estágio molhado refere-se aos predicados de plasticidade (moldagem, resistência à deformação) e de pegajosidade (aderência) do material. Nesse estágio de umidade, o solo tende a aderir aos implementos agrícolas ou a tornar-se deslizante. Nota-se isso ao trafegar de carro em solo argiloso molhado, pois o carro desliza sobre o terreno, ou ao arar um terreno de textura argilosa, pois o solo torna-se "pesado" e a terra adere ao arado, emplastando-o, dificultando o preparo para o plantio.

As classes de plasticidade descritas pelo pedólogo no campo vão desde a não-plástica (o material praticamente não dá liga) até a muito plástica (consegue-se moldar um cilindro que resiste significativamente a deformações). As classes intermediárias são: ligeiramente plástica e plástica.

As classes de pegajosidade descritas pelos pedólogos vão desde a não-pegajosa (o material praticamente encharca sem dar liga; não há aderência de material aos dedos) até a muito pegajosa (material trabalhado exibe esticamento quando os dedos são separados). As classes intermediárias são: ligeiramente pegajosa e pegajosa.

Solos de textura arenosa, como os NEOSSOLOS QUARTZARÊNICOS e os NEOSSOLOS REGOLÍTICOS de textura arenosa, e os horizontes superficiais de textura arenosa de outros solos são em geral não-plásticos e não-pegajosos. Nos solos de textura argilosa, a mineralogia da fração argila tem grande importância na manifestação da plasticidade e da pegajosidade. Solos argilosos e com argila de atividade alta, como os NITOSSOLOS VERMELHOS Alíticos, os CHERNOSSOLOS e os VERTISSOLOS, são em geral muito a extremamente plásticos e muito a extremamente pegajosos, sendo muito difícil trafegar neles quando o terreno está molhado. Por outro lado, solos de igual textura mas com argila de atividade baixa, como os LATOSSOLOS e os CAMBISSOLOS Tb, apresentam em geral menor desenvolvimento da plasticidade e da pegajosidade. Nos LATOSSOLOS Ácricos em particular, devido à inexpressiva atividade dos constituintes da fração argila, é comum, mesmo naqueles de textura muito argilosa, a consistência ser ligeiramente plástica e ligeiramente pegajosa. É exemplo dessa condição o perfil IAC-1456 (Oliveira, 1995).

A conjugação da manifestação da consistência nos estágios de umidade seco e úmido e o tipo e grau de desenvolvimento da estrutura são características que permitem inferir no campo, em solos de textura média e argilosa, a atividade da argila. Estrutura prismática, subangular ou angular em grau moderado a forte de desenvolvimento (Figura 3.2.2.) conjugada com consistência seca e úmida, respectivamente, muito dura e muito firme ou mais expressa, evidenciam presença de argila de atividade alta. Por outro lado, solos de igual textura mas apresentando estrutura prismática ou subangular com fraco desenvolvimento, associada a consistência ligeiramente dura quando secos e friável quando úmidos, sugerem predominância de material de baixa atividade. Solos de textura grosseira, em conseqüência, entre outros fatores, da baixa coesão e adesão, apresentam, em geral, pouco desenvolvimento de estrutura, dificultando por isso a estimativa no campo da atividade da fração argila.

É importante considerar que as limitações impostas ao preparo do terreno para o plantio em solos argilosos e com argila de atividade alta são maiores para o nível de manejo B (tração animal) do que para o nível de manejo A (tração mecanizada), pois esses solos, sendo "pesados", requerem uma força de tração superior para serem lavrados do que outros com argila de menor atividade ou de textura grosseira. Assim, é significativa a diferença de facilidade de aração entre um VERTISSOLO com 40% de argila e um LATOSSOLO Ácrico, mesmo que este contenha 60% ou mais de argila.

Bibliografia

ANJOS, L. H. C. **Caracterização, gênese, classificação e aptidão agrícola de uma seqüência de solos do Terciário na região de Campos, RJ.** Seropédica, RJ, Universidade Federal Rural do Rio de Janeiro, 1985. 194p. Tese de mestrado. (Mimeografado).

BERNTSEN, R. & BERRE, B. Soil fragmentation and the efficiency of tillage implements. **Soil & Tillage Research** , 2002 (64): 137-147.

BRASIL. Ministério da Agricultura. Divisão de Pesquisa Pedológica, DNPEA. **Levantamento exploratório – reconhecimento de solos do Estado de Pernambuco,** v. II, Recife, Convênios MA/DNPEA-Sudene/DRN, MA/Contap/Usaid/ETA, 1972, 534p. (Boletim Técnico, 26).

FLACH, K. W., NETTLETON, W. D., GILE, L. H. & CADY, J. C. Pedocimentation: induration by silica, carbonates and sesquioxides in Quaternary. **Soil Science** 107: 442-454, 1969.

FONSECA, O. O. M. **Caracterização e classificação de solos latossólicos e podzólicos desenvolvidos nos sedimentos do Terciário no litoral brasileiro.** Universidade Federal Rural do Rio de Janeiro. 1986. 185p. Tese de Mestrado (Mimeografado).

KOHNKE, E. **Soil Physics.** New York, McGraw-Hill. 1968, 224p.

MANZATTO, C. V. **Pedogênese toposseqüencial de solos desenvolvidos de sedimentos do Terciário no Norte Fluminense: um subsídio ao manejo agrícola racional.** Campos, RJ, Universidade Estadual do Norte Fluminense. 1998. Tese de doutorado. (Mimeografado).

OLIVEIRA, J. B. **Solos da Folha e Município de Guaíra.** Campinas, Instituto Agronômico, 1995. 126p. (Boletim Científico, 33).

SELBY, M. J. **Hillslope materials and process.** 2. ed. Oxford University. 1993, 451p.

4.2. Composição granulométrica (textura)

O solo é um corpo tridimensional formado por uma parte sólida e por espaços porosos. A matéria sólida do solo é constituída por partículas minerais e orgânicas de diversos tamanhos, indo desde as diminutas frações ditas coloidais (Figura 4.2.1a.), de tamanho micrométrico e sempre presentes em todos os solos em maiores ou menores proporções, até os cascalhos e calhaus de dimensões centimétricas e os matacões, que podem atingir mais de metro de diâmetro (Figura 4.2.1b.) e ocorrem aleatoriamente, além de fragmentos de animais e de tecidos vegetais. Os espaços porosos, por sua vez, contêm ar e água (solução do solo), cujas proporções variam continuamente, dependendo das condições de umedecimento/secamento do solo.

Avaliando-se as frações mineral e orgânica do solo, verifica-se que suas partículas apresentam considerável efeito sobre as propriedades

a

Micrografia de uma petroplintita mostrando plaquetas de caulinita unidas em forma de sanfona. Foto: Maurício Rizzato Coelho.

b

Terreno com rochas expostas e internas no perfil. Terra Rossa. Valência, Espanha. Foto: J. B. Oliveira.

Figura 4.2.1. O solo é constituído por partículas orgânicas e minerais de diversos tamanhos, indo desde as diminutas frações coloidais, de tamanho micrométrico (a) e sempre presentes no solo, até matacões que ocorrem aleatoriamente e podem atingir dimensões decimétricas (b) ou até métricas.

dele, tais como retenção de umidade, retenção de cátions, erodibilidade, permeabilidade, retenção de fosfatos, lixiviação de nitratos, formação de selo superficial, coesão e adesão, entre outras, as quais variam em função da natureza e quantidade das partículas presentes. Um dos aspectos mais importantes da influência das partículas do solo em seu comportamento está relacionado à superfície específica das partículas, a qual aumenta exponencialmente à medida que diminui o diâmetro delas. Tomando um cubo como referência, é mostrado no Quadro 4.2.1. o aumento da superfície do conjunto de partículas, desde a dimensão de um matacão (1 m de aresta) até a fração argila (0,000001 m = 1 nm).

Quadro 4.2.1. Classe, tamanho, número e superfície de partículas.

Classe	Dimensão da aresta (m)	Número de partículas	Superfície (m^2)
Matacão	1	1	6
Calhaus	0,1	10^3	60
Cascalho	0, 01 (1cm)	10^6	600
Areia grossa	0,001 (1mm)	10^9	6000
Areia grossa – areia fina	0,0001	10^{12}	60000
Silte – argila	0,00001	10^{15}	600000
Argila	0,000001	10^{18}	6000000

É praticamente impossível a ocorrência em um solo, ou mesmo em qualquer um de seus horizontes, de fração granulométrica de apenas um diâmetro. O que se verifica é a coexistência de frações de diversos tamanhos em combinações as mais variadas.

Os solos apresentam um verdadeiro espectro de diâmetros de partículas, sendo praticamente impossível determinar a quantidade de partículas de certo diâmetro nele presentes. Para fins práticos, esse contínuo de frações foi arbitrariamente delimitado em classes de tamanho segundo determinados limites de intervalos. Há inúmeras proposições para esses limites, contudo, os mais difundidos na pedologia são os da escala de Atterberg, correntemente tida como sistema internacional, e os da escala usada pelo Serviço de Conservação de Solos do Departamento de Agricultura dos Estados Unidos (Estados Unidos, 1951), apresentados na Figura 4.2.2. No Brasil é amplamente utilizada a escala de Atterberg, com modificações no limite superior da fração silte, isto é, utiliza-se o diâmetro 0,05 mm em vez de 0,02 mm.

As classes texturais utilizadas pelos engenheiros civis são bastante diferentes das utilizadas em pedologia. No sistema adotado pelos engenheiros (sistema unificado), além de os limites das partículas serem distintos dos usados em pedologia, são empregados também critérios adicionais, como os limites de Atterberg (limite de liquidez e limite de plasticidade). Por isso, não é possível relacionar diretamente esses sistemas.

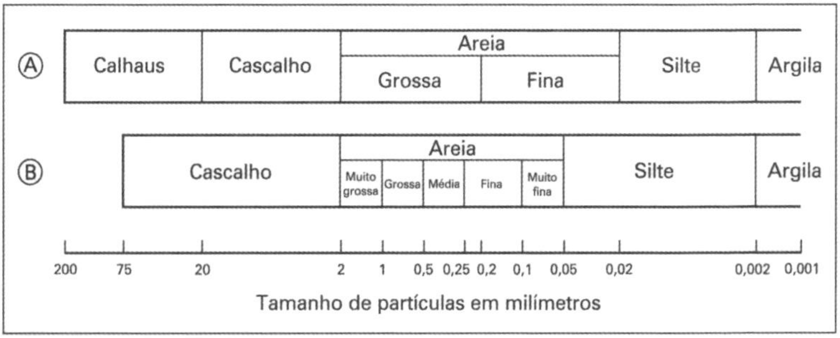

Figura 4.2.2. Escalas de tamanho de partículas. A: Atterberg. B: Departamento de Agricultura dos Estados Unidos (Oliveira et al., 1992).

O termo "composição granulométrica" é empregado com referência ao conjunto de todas as partículas do solo, e o termo "textura", para o conjunto das frações contidas na terra fina seca ao ar (TFSA), ou seja, aquelas de diâmetro inferior a 2 mm. A rigor, a textura refere-se apenas ao material mineral. Devido ao fato de os solos bem drenados conterem teores relativamente baixos de matéria orgânica, na análise granulométrica, em geral, não é feita a eliminação dela. Em solos com 5% ou mais de matéria orgânica, contudo, tal procedimento torna-se necessário.

No Quadro 4.2.2. são assinaladas as várias classes de frações granulométricas segundo Atterberg, o Centro Nacional de Pesquisa de Solos

Quadro 4.2.2. Frações granulométricas do solo segundo Atterberg, o Centro Nacional de Pesquisa de Solos (Embrapa, 1979) e o Departamento de Agricultura dos Estados Unidos (Estados Unidos, 1951).

Atterberg	**Embrapa**	**Estados Unidos**
	Frações grosseiras (cm)	
Matacão > 20		
Calhaus 20-2	Calhaus 20-2	
Cascalho 2-0,2	Cascalho 2-0,2	Cascalho 7-2,5
	Frações finas (terra fina seca ao ar) (mm)	
Areia grossa 2-0,2	Areia grossa 2-0,2	Areia muito grossa 2-1
Areia fina 0,2-0,02	Areia fina 0,2-0,05	Areia grossa 1-0,5
Silte 0,02-0,002	Silte 0,05-0,002	Areia média 0,5-0,25
Argila < 0,002	Argila < 0,002	Areia fina 0,25-0,01
		Areia muito fina 0,01-0,05
		Silte 0,05-0,002
		Argila < 0,002

(Embrapa, 1979) e o Departamento de Agricultura dos Estados Unidos (Estados Unidos, 1951).

As partículas constituintes da fração grosseira (∅ > 2 mm) não participam do conceito de textura, apesar de, quando constituídas por cascalhos (∅: 0,2-2,0 cm), serem quantificadas e denominadas. Assim, além do nome da classe textural, são empregadas, junto com cascalho, as denominações cascalhenta ou muito cascalhenta, conforme contenham, respectivamente, de 8 a 15%, de 15 a 50% ou mais de 50% dessas partículas. As partículas com dimensão superior a 2 mm são em geral denominadas de esqueleto do solo. Miller & Guthrie (1984), citados por Corti et al. (1998), definem esqueleto do solo como fragmentos de rochas ou frações grosseiras do solo que têm 2 mm como menor diâmetro, incluindo aquelas partículas que possuem dimensão horizontal inferior ao tamanho do *pedon.*

Com exceção da classe dos PLINTOSSOLOS PÉTRICOS Concrecionários, os fragmentos grosseiros não são empregados como critério diagnóstico no SiBCS, sendo contudo utilizados nos levantamentos de solos como critério para distinguir fases de unidades de mapeamento quando presentes em concentrações que interferem de maneira significativa no comportamento do solo.

Para fins práticos, as partículas do solo são agrupadas em classes texturais, havendo, na literatura internacional, muitas proposições, sem que, contudo, exista um sistema considerado universal. No Brasil é amplamente empregado o agrupamento de classes proposto pelo Serviço de Conservação de Solos do Departamento de Agricultura dos Estados Unidos (Lemos & Santos, 1984) (Figura 4.2.3a.).

Nesse agrupamento, as classes texturais estão compreendidas em um triângulo, podendo-se entrar nele através de duas das três frações assina-

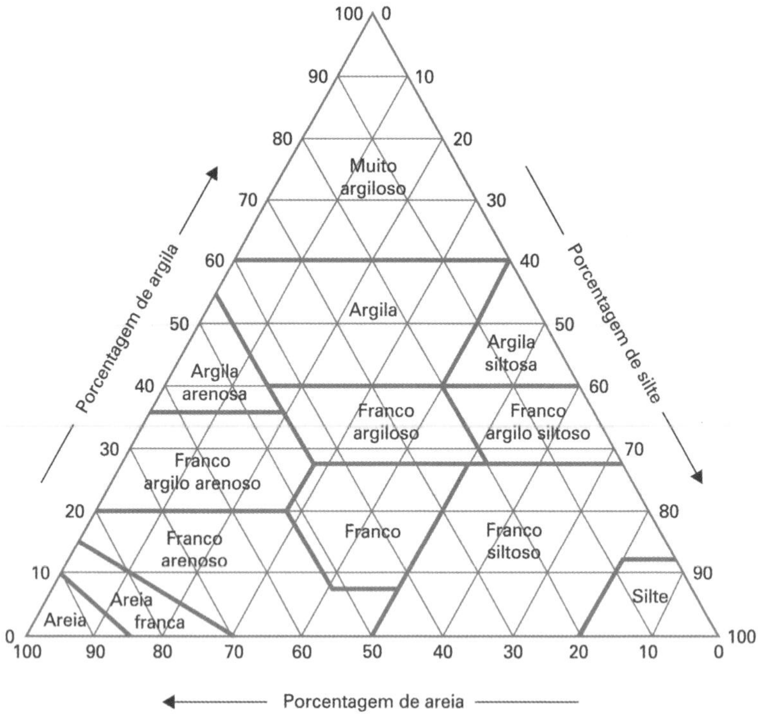

Figura 4.2.3a. Diagrama de repartição de classes texturais para classificação granulométrica do material constitutivo de horizontes de perfis de solos ou classes de solos de baixo nível categórico (Lemos & Santos, 1984).

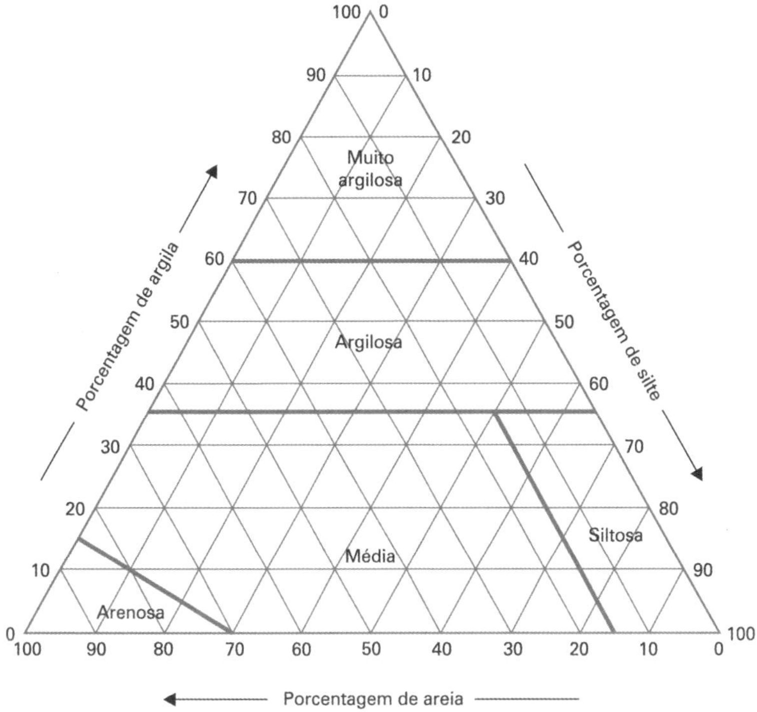

Figura 4.2.3b. Diagrama de repartição de classes generalizadas de textura (Embrapa, 1979).

ladas: argila, silte e areia, sendo esta última representada pela soma de areia fina e areia grossa. A classe textural de um horizonte contendo, por exemplo, 30% de argila e 40% de silte (e, por conseguinte, 30% de areia) será a franco-argilosa; aquela contendo 30% de areia e 60% de silte (e, por conseguinte, 10% de argila) será a franco-siltosa (Figura 4.2.3a.).

As classes texturais contidas nesse triângulo são as utilizadas na descrição morfológica dos horizontes dos perfis de solos. Contudo, nos levantamentos pedológicos executados no Brasil, de escala média ou menor, têm sido empregadas na classificação dos solos classes mais generalizadas (Embrapa, 1979) (Figura 4.2.3b.). Em levantamentos detalhados, devido ao fato de a escala ser grande e as unidades de mapeamento mais homogêneas, torna-se exeqüível o emprego das classes texturais contidas na Figura 4.2.3a.

No SiBCS, as classes texturais são empregadas na definição da subordem dos NEOSSOLOS QUARTZARÊNICOS, os quais apresentam textura areia ou areia franca, e como auxiliares da definição de vários horizontes de diagnóstico. Os horizontes B latossólico e B incipiente, por exemplo, devem apresentar textura franco-arenosa ou mais fina; o horizonte nítico, textura argilosa. Salvo essas situações, a textura não é empregada como critério diagnóstico nos níveis hierárquicos até agora estabelecidos no SiBCS, sendo contudo previsto seu emprego em níveis categóricos mais baixos, ainda não estabelecidos.

Nos levantamentos de solos efetuados até o presente no Brasil, mesmo nos mais generalizados, como os de reconhecimento, por exemplo, nos quais o nível categórico empregado costuma ser elevado, a classe textural (generalizada) tem sido um dos critérios discriminadores de classes de solos: Latossolo Vermelho-Escuro Distrófico A proeminente *textura média*, Regossolo Eutrófico A moderado *textura arenosa*, Podzólico Vermelho-Amarelo Tb Álico A fraco *textura arenosa/média*. A grafia da classe textural, formada por dois termos separados por barra (/), indica que os solos apresentam textura binária, isto é, a classe textural do horizonte A é diferente da do horizonte subseqüente. Quando tal fato não ocorre, a textura do perfil é tida como unitária. No caso de NEOSSOLOS FLÚVICOS (*Solos Aluviais*), é comum, ao longo do perfil, ocorrerem estratos de texturas variadas, caracterizando o que se denomina textura errática (veja 3.18. Caráter flúvico).

Solos com textura unitária apresentam discreto aumento de argila ao longo do perfil e, conseqüentemente, pequena relação textural[26]. A textura desses solos varia pouco e de forma gradativa ao longo do perfil (Figura 4.2.4.: perfil BR-9). O inverso se dá em solos que apresentam textura binária. Nestes, há significativo aumento de argila no horizonte

26. Relação textural: média aritmética do teor de argila total do horizonte B (excluído BC) dividido pela média aritmética do teor de argila do horizonte A. (Recomenda-se ler a definição completa no Sistema Brasileiro de Classificação de Solos, Embrapa, 2006.)

B, em relação ao horizonte A, e às vezes também mostram aumento em relação ao horizonte C. O perfil de argila, nesse último caso, mostra uma nítida "barriga" no horizonte B (Figura 4.2.4.: perfil BR-22). Por outro lado, solos que apresentam mudança textural abrupta (veja 3.16. Mudança textural abrupta) ou textura contrastante, isto é, aumento significativo de argila no horizonte B em relação ao horizonte suprajacente, sem que contudo se caracterize uma mudança textural abrupta, mostram acentuada inflexão da curva de distribuição da argila imediatamente após o horizonte A ou E (Figura 4.2.4.: perfil BR-26).

O fluxo de água ao longo de perfis de textura unitária, binária ou contrastante é bastante diverso. Solos com textura unitária apresentam, em geral, comportamento hídrico semelhante ao longo do perfil (veja Figura 3.16.4.). Em alguns desses solos, contudo, nos horizontes mais

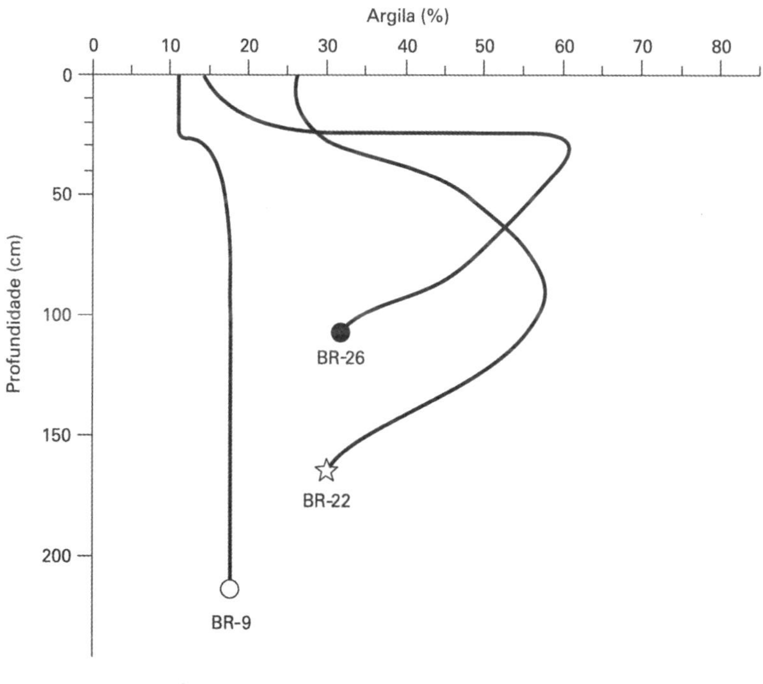

Figura 4.2.4. Perfis de argila. Solo de textura unitária: perfil BR-9; solo de textura binária: perfil BR-22; solo com mudança textural abrupta: perfil BR-26.

inferiores pode ocorrer expressivo decréscimo do teor de argila, com aumento no de silte ou de areia, como no perfil de Vertissolo, Ba-261 (Embrapa, 1977-1979), podendo ocorrer então significativa mudança naquele comportamento. Nesse Vertissolo, os teores de argila e de areia, que se mantinham, respectivamente, em torno de 42 a 44% e de 32 a 34% ao longo do horizonte C, passam a 3% de argila e a 84% de areia no horizonte C4. Nos solos de textura binária, diferentemente daqueles de textura unitária, especialmente nos que apresentam textura contrastante ou mudança textural abrupta, o comportamento hídrico apresenta importantes variações ao longo do perfil, especialmente entre os horizontes A e E e o horizonte B (veja Figura 3.16.3.).

É preciso ter em mente, contudo, que apenas a textura pode ser insuficiente para inferir a respeito da condutividade hidráulica dos solos. Alguns solos de textura unitária, devido à presença de certos atributos, apresentam comportamento semelhante aos de textura binária. É o caso, por exemplo, de LATOSSOLOS coesos, ou de NEOSSOLOS REGOLÍTICOS fragipânicos e NEOSSOLOS QUARTZARÊNICOS fragipânicos, em que o horizonte coeso naqueles e o fragipã nestes geralmente apresentam restrições à percolação da água e ao enraizamento (veja 4.1. Consistência e 5.21. Fragipã). A conjugação dos dados de granulometria com a densidade do solo e a porosidade total, estas últimas em geral também presentes nos boletins dos levantamentos pedológicos, é importante para melhor estimar o comportamento hídrico dos solos.

A textura tem também importante implicação na estruturação do solo. Em geral, solos de textura muito grosseira (classe textural areia e areia franca) apresentam discreta agregação. Nos NEOSSOLOS QUARTZARÊNICOS e horizonte E álbico de ESPODOSSOLOS e ARGISSOLOS, por exemplo, é comum a presença de estrutura em grãos simples. Solos de textura franco-arenosa e com teores de argila menores que 20% excepcionalmente apresentam estrutura mais desenvolvida que a moderada, sendo predominante a estrutura fraca. A estrutura em blocos ou prismática fortemente desenvolvida está, de maneira geral, relacionada a solos de textura média, com percentagem de argila superior a 30% ou ligeiramente menor quando essa fração apresenta atividade elevada.

As classes texturais presentes ao longo do perfil determinam, portanto, importantes implicações no comportamento agrícola e geotécnico dos solos, pois elas se relacionam diretamente com o fluxo interno da água e com os fenômenos de coesão e adesão, de expansão e retração, de adsorção de íons, entre outros. Esses aspectos, por sua vez, se manifestam direta ou indiretamente na facilidade de preparo do solo para o plantio e em outras práticas de cultivo; na dose de fertilizantes, corretivos e herbicidas; na quantidade de água para irrigação e freqüência de turno de rega; na reserva de água para as plantas e, conseqüentemente, na fisiologia delas; no dimensionamento da rede de drenagem; na erodibilidade; na capacidade filtrante do solo, entre outros.

Quando se faz a interpretação do comportamento de um solo de textura binária de determinada área, é importante considerar a espessura do(s) horizonte(s) suprajacente(s) ao horizonte B, e não apenas a legenda do mapa de solos, pois nela não estão contidas informações que em certos casos são de relevante importância agronômica. Isso é especialmente válido quando se utilizam mapas de escala média ou pequena, nos quais os solos de determinada classe contida em uma unidade de mapeamento apresentam, em geral, apreciável variabilidade em alguns de seus atributos. Tome-se, por exemplo, o levantamento de solos da Paraíba (Brasil, 1972) e, neste, a unidade de mapeamento, representada pelos Brunos não-cálcicos vérticos (atualmente, correspondem aos LUVISSOLOS CRÔMICOS Órticos vérticos). Os dados dos três perfis coletados e apresentados no boletim técnico correspondente informam que a espessura do(s) horizonte(s) suprajacente(s) ao Bt varia(m) de 7 a 18 cm (pressume-se que essa espessura possa inclusive ser bem maior). Tomemos agora o perfil PA-32. Ele apresenta um horizonte A com as seguintes características: apenas 7 cm de espessura, textura franco-arenosa (11% de argila), consistência a seco dura, consistência úmida muito friável, seguido por um horizonte Bt com 31% de argila, com o agravante de essa fração ser predominantemente de atividade alta (87 $cmol_c$/100 g argila), apresentando ainda consistência seca extremamente dura e consistência úmida, muito firme. Apesar da textura grosseira do horizonte A, que lhe confere pequena adesão e, conseqüentemente, facilidade de preparo para o plantio, devido à sua pequena espessura, no processo de preparo do solo é envolvido o topo do horizonte B, o qual, a julgar pelos dados anteriores, deverá apresentar comportamento bem diverso daquele. Do ponto de vista hídrico, é de se esperar, nesse solo, uma condutividade hidráulica saturada relativamente elevada no horizonte A e acentuado decréscimo no horizonte B. Como o horizonte A tem pequena espessura, essa camada é rapidamente saturada, com relativa pequena quantidade de água (chuva, irrigação). Permanecendo a condição de adição de água, grande parte dela não se infiltrará, escorrendo na superfície, provocando erosão. O perfil em questão se encontra em terreno suave ondulado, com apenas 6% de declive, porém apresentando erosão laminar e inclusive voçorocas. Ora, os LUVISSOLOS que apresentam a seção suprajacente ao horizonte Bt bem mais espessa devem mostrar comportamento bastante diferente do perfil exemplificado.

Solos que apresentam textura unitária: Latossolos, Vertissolos, Cambissolos, Neossolos Regolíticos, Neossolos Litólicos, Nitossolos. Solos que apresentam textura binária: Chernossolos, especialmente aqueles com Bt, Argissolos, Luvissolos, Planossolos. Os Espodossolos e Plintossolos podem apresentar textura unitária ou binária e os Gleissolos (exemplo: perfil BA-276, Embrapa, 1977-1979), além delas, podem apresentar textura errática, pois são solos desenvolvidos, em sua maior parte, em planícies aluviais, onde a ocorrência de material estratificado é comum.

As classes texturais, na realidade, indicam apenas a distribuição das partículas contidas em uma amostra de solo. Contudo, uma série de inferências sobre o comportamento agrícola e geotécnico do solo podem ser feitas a partir de seu conhecimento, quando complementado com dados da natureza das frações nele contidas, da estrutura, da densidade e da porosidade do solo.

Frações do solo e suas propriedades

Matacões. Constituem as maiores frações do solo. Apresentam diâmetro igual ou superior a 20 cm. A presença de significativa quantidade de matacões no solo, especialmente quando à sua superfície, constitui fator limitante ao seu aproveitamento, pois dificulta ou impede o livre trânsito de máquinas agrícolas, provoca danos aos implementos agrícolas e reduz o espaço útil possível de ser ocupado pelas plantas. A presença no solo de matacões com até 100 cm de diâmetro é registrada pelas classes de pedregosidade, e aqueles com mais de 100 cm, por classes de rochosidade. Nos Quadros 4.2.3. e 4.2.4. são apresentadas adaptações, respectivamente, das classes de rochosidade e pedregosidade preconizadas pelo CNPS (Embrapa, 1979) e suas limitações ao uso agrícola. Considera-se que a classe moderadamente rochosa tem maior limitação para o nível de manejo C, no qual é empregada a tração motorizada, do que para o nível B, no qual a tração é a animal. Nas classes seguintes, a rochosidade é tão elevada que limita o uso igualmente para ambos os níveis de manejo. Em sistema primitivo manual (nível de manejo A), praticamente inexistente nas áreas agricultadas no Brasil, ainda há condições de uso agrícola da terra com a classe rochosa.

Quadro 4.2.3. Classes de rochosidade (adaptado de Embrapa, 1979).

Refere-se à proporção relativa de exposições de rochas do embasamento, quer sejam afloramentos de rochas, ou camadas de solos sobre rochas, ou ocorrência significativa de matacões com mais de 100 cm de diâmetro.

Não-rochosa. Não há ocorrência de afloramentos nem de matacões ou estes ocupam menos de 2% da superfície do terreno. Não interferem na aração.

Ligeiramente rochosa. Os afloramentos e/ou matacões ocupam de 2 a 10% da superfície do terreno (distância 30-100 m). Não interferem na aração, sendo perfeitamente viável cultivar entre as rochas e/ou matacões.

Moderadamente rochosa. Os afloramentos e/ou matacões ocupam de 10 a 25% da superfície do terreno (distância 10-30 m). É impraticável o cultivo entre as rochas e/ou matacões com máquinas motorizadas, contudo ainda é exeqüível o uso de implementos tracionados por animais. O uso mais recomendável é o cultivo de forrageiras ou pastagem natural melhorada.

Rochosa. Os afloramentos e/ou matacões cobrem de 25 a 50% da superfície do terreno (distância 3-10 m). O uso de máquinas agrícolas, mesmo as tracionadas por animais, é inexeqüível. Alta relação custo/benefício. O uso mais recomendado é a preservação da flora e da fauna.

Muito rochosa. Os afloramentos, matacões e/ou manchas de camadas delgadas de solo sobre rochas cobrem 50 a 90% da superfície do terreno (distância < 3 m). A mecanização é completamente inviável. Tais terrenos são aproveitáveis apenas para florestas nativas.

Extremamente rochosa. Os afloramentos de rochas e/ou matacões ocupam mais de 90% da superfície do terreno.

Quadro 4.2.4. Classes de pedregosidade (Adaptado de Embrapa, 1979).

Pedregosidade. Refere-se à proporção relativa de calhaus (∅: 2-20 cm) e matacões (∅: 20-100 cm) existentes sobre a superfície e/ou na massa do solo.

Não-pedregosa. Inexistência ou ocorrência insignificante de calhaus e/ou matacões. Se a ocorrência é significativa, são facilmente removíveis. Não há interferência na aração.

Ligeiramente pedregosa. Calhaus e/ou matacões esparsamente distribuídos, ocupando 0,01 a 0,1% da massa do solo e/ou da superfície do terreno, distanciando-se de 10 a 30 m. Os calhaus já podem interferir na aração e provocar algum desgaste (abrasão) nos implementos agrícolas; os matacões maiores ainda não chegam a obstaculizar muito os tratos culturais.

Moderadamente pedregosa. Calhaus e/ou matacões ocupam 0,1 a 3% da massa do solo e/ou da superfície do terreno, distanciando-se de 1,5 a 10 m. A interferência na aração é significativa, sendo mais séria quando a pedregosidade é representada por matacões, especialmente quando são utilizados implementos mototracionados.

Pedregosa. Calhaus e/ou matacões ocupam de 3 a 15% da massa do solo e/ou da superfície do terreno, distanciando-se de 0,75 a 1,5 m. Impraticável o uso de maquinário quando a pedregosidade é representada predominantemente por matacões, sendo a limitação menor para máquinas leves e implementos agrícolas manuais. Consideram-se, nesses casos, as limitações para nível de manejo C maiores do para as de nível de manejo B, e estas maiores do que para as de nível de manejo A. Terrenos marginais ou inadequados para culturas anuais. Mais adequados para culturas permanentes e reflorestamento, com restrições. Recomendável o uso como área de preservação da flora e da fauna.

Muito pedregosa. Calhaus e/ou matacões ocupam de 15 a 50% da massa do solo e/ou da superfície do terreno, apresentando distância inferior a 0,75 m entre eles. Inviável o uso de qualquer tipo de maquinário ou implemento agrícola. Solos viáveis apenas para florestas nativas.

Extremamente pedregosa. Calhaus e/ou matacões ocupam de 50 a 90% da superfície do terreno. Quando a ocorrência dessas frações é superior a 90%, considera-se como tipo de terreno.

Para destacar a classe pedregosa, quando então a quantidade de matacões e calhaus interfere significativamente no uso de máquinas agrícolas, são empregadas nos levantamentos de solos as fases de pedregosidade, as quais foram subdivididas nas fases I, II e III em função da profundidade de ocorrência no solo até 2 m de profundidade (Embrapa, 1979). Na fase de pedregosidade I, o solo contém calhaus e/ou matacões ao longo do perfil até 200 cm de profundidade ou na parte superficial, porém com espessura superior a 40 cm (Figura 4.2.5a.). Na fase de pedregosidade II, a pedregosidade está restrita aos 40 cm superficiais (Figura 4.2.5b.). Na fase de pedregosidade III, os calhaus e matacões ocorrem a profundidade superior a 40 cm, quer seja ou não contínua ao longo do perfil a partir dos

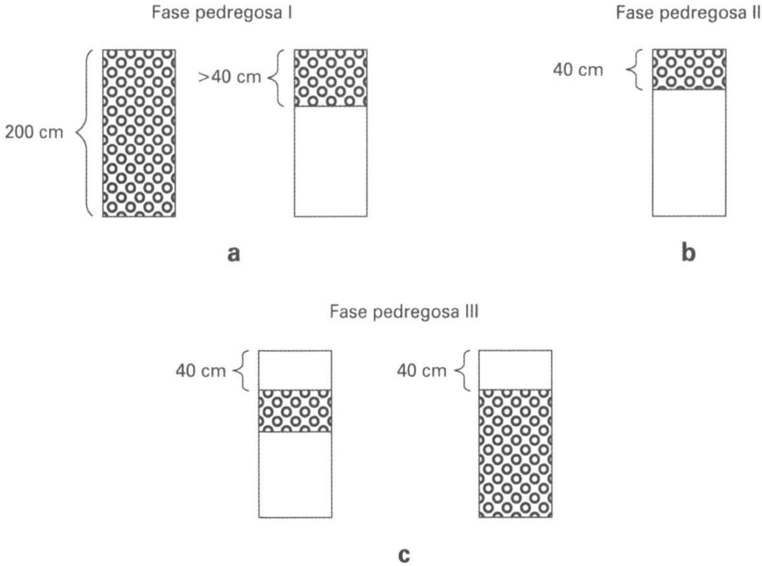

Figura 4.2.5. Fases de pedregosidade.

40 cm de profundidade (Figura 4.2.5c.). A classe III, devido à limitação pelo fato de a pedregosidade estar a maior profundidade, normalmente apresenta menor limitação que as outras classes.

A presença de matacões e calhaus no solo tem destacada importância na hidrologia dele. Poesen & Lavee (1994), em interessante trabalho sobre a influência dos fragmentos de rocha ("partículas > 2 mm de diâmetro e incluindo todos os tamanhos que tenham dimensão horizontal inferior à de um *pedon*") na hidrologia dos solos, apresentam figura bastante ilustrativa, destacando três posições dessas partículas: as situadas à superfície do solo, as parcialmente incorporadas ao solo e as situadas abaixo da superfície (Figura 4.2.6.). Observa-se que esses fragmentos têm implicações na absorção da água, na evaporação, na infiltração, na percolação e na ascensão capilar e ainda na intercepção da chuva e, dependendo da existência de concavidades em sua superfície, na retenção da água. Naturalmente, a conjugação dessas atuações tem implicações no escorrimento superficial (enxurrada).

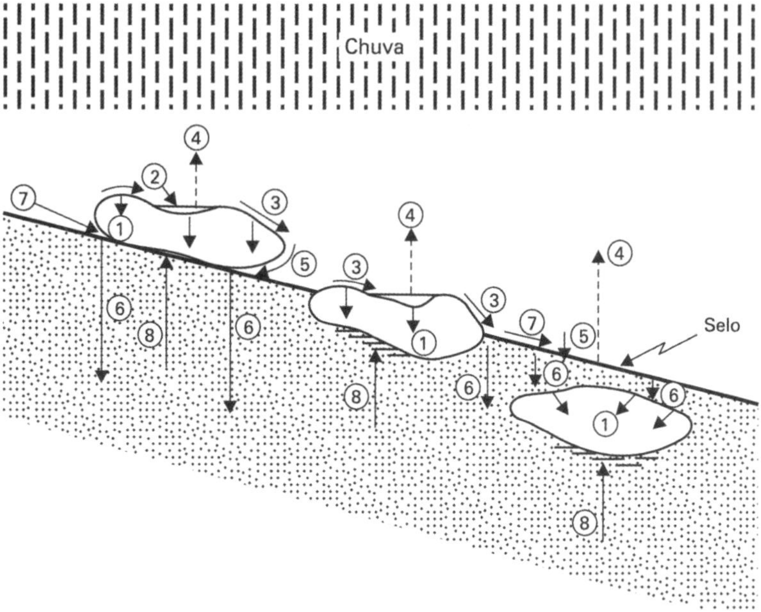

Figura 4.2.6. Posição de pedras no solo e sua influência na hidrologia dele. 1) absorção de água; 2) intercepção e armazenamento; 3) escorrimento na superfície do fragmento; 4) evaporação; 5) infiltração; 6) percolação; 7) escorrimento na superfície do terreno; 8) ascensão capilar (Poesen & Lavee, 1994).

Esses autores assinalam também que os fragmentos de rocha (matacões e calhaus) agem como um *mulch*, o que determina mudanças no balanço da radiação e da água do solo e no regime de temperatura deles, entre outros fatores.

Calhaus. Esta fração corresponde às partículas do solo com diâmetro variando de 2 a 20 cm. São constituídas por fragmentos de rocha, fragmentos de petroplintita, nódulos e concreções (raramente ultrapassando 3 cm de diâmetro), seixos rolados etc.

Essas partículas não apresentam mudança de volume entre os estágios de solo seco e molhado e suas forças de tensão seca (coesão) e molhada (adesão) são muito baixas, da mesma forma que o são a compressibilidade no estado seco e molhado. Por outro lado, a presença de calhaus, em geral, eleva a porosidade do solo e, conseqüentemente, acresce a permeabilidade interna, já que a presença de vazios é grande (Quadro 4.2.5.).

A presença de calhaus tem sido considerada benéfica para as condições físicas do solo. Ravina & Magier (1984) e Van Wesemael et al. (1996), entre outros, assinalam que o aumento da quantidade de fragmentos grosseiros eleva a resistência do solo à compactação, preservando sua baixa densidade e aumentando a macroporosidade e a penetração da água de chuva, resultando em maior disponibilidade de água no solo. Esses efeitos também são atribuídos aos matacões (Poesen & Lavee, 1994). Vários

Quadro 4.2.5. Propriedades físicas das principais frações do solo (Adaptado de Selby, 1993).

Propriedade	Pedra	Areia	Silte	Argila
Mudança volume (seco ⇒ molhado)	nenhuma	nenhuma	ligeira	acentuada
Força de tensão				
molhado	baixa	baixa	intermediária	alta
seco	baixa	menor que quando molhado	maior que quando molhado	muito alta
Compressibilidade				
molhado	muito baixa	muito baixa (a menos que partículas estejam separadas por água, quando então é alta)	intermediária (a menos que partículas estejam separadas por água, quando então é alta)	muito alta
seco	muito baixa	muito baixa	baixa	intermediária (baixa quando muito seco)
Plasticidade				
molhado	nenhuma	ligeira	intermediária	muito alta
seco	nenhuma	nenhuma	nenhuma	nenhuma (cimentação parcial)
Porosidade	muito alta	alta	alta	muito alta muito baixa (Ta)*
Permeabilidade	muito alta	alta	intermediária ⇒ baixa	alta (Tb)*
Tamanho vazios	grande	intermediário	capilar	subcapilar
Forma da partícula	arredondada	arredondada ⇒ angular	angular	tabular
Retenção de água	muito baixa	baixa	alta	muito alta

* Veja explicações no texto.

trabalhos também ressaltam o efeito benéfico da pedregosidade na diminuição da evapotranspiração, ou no aumento da acumulação da água no solo (Benoit & Kirkham, 1963; Fairbourn, 1973; Kemper et al., 1994; Van Wesemael et al., 1996), ou no aumento de sua temperatura, propiciando maiores produções e antecipação da colheita (Fairbourn, 1973). Esse autor chega a assinalar, em estação seca, uma produção de grãos duas a quatro vezes maior em solos com cobertura de calhaus do que naqueles desprovidos deles. Gale et al. (1993) relatam o secular método de cobertura morta feita com areia e pedras usado na China para a conservação da água nas regiões áridas. Na Figura 4.2.7. é mostrada uma cultura de melão em solos com tal cobertura.

Figura 4.2.7. Cobertura morta feita com areia e pedras em região árida da China em cultura de melão (Gale et al., 1993).

Em certas regiões vinícolas da Europa, o uso de cobertura do solo com pedra é comum. Essa técnica, segundo relato de agricultores, visa proteger o solo da erosão e incrementar a quantidade e a qualidade das uvas (Nachtergaele et al., 1998). Na Figura 4.2.8. é mostrada cultura de uva na Suíça com e sem cobertura de pedra.

A ocorrência de calhaus juntamente com a de matacões com diâmetro inferior a 100 cm determina as classes de pedregosidade (Quadro 4.2.4.). Oliveira e Sosa (1995) consideram que, para o nível de manejo C, as limitações à trafegabilidade ocasionadas por uma maior quantidade

Figura 4.2.8. Cultura de videira apresentando cobertura de pedra (esquerda) (Nachtergaele et al., 1998).

de calhaus, até determinado grau, constituem agravante menor do que para o nível de manejo B (ou A), devido ao menor poder de tração dos animais em relação ao dos tratores. A partir de certo grau, contudo, a crescente dificuldade de uso das máquinas mototracionadas faz com que desapareçam as diferenças de limitação entre os dois níveis de manejo. O inverso ocorre com respeito à presença de matacões, pois a maior quantidade destes implica em limitação mais séria ao emprego de implementos mototracionados do que aos tracionados por animais. Nas classes muito pedregosa e extremamente pedregosa, porém, as limitações são consideradas equivalentes para ambos os níveis de manejo.

A presença de calhaus na superfície do solo é considerada fator redutor de sua erodibilidade, pois protege-o do impacto das gotas de chuva, aumenta a rugosidade do terreno e, conseqüentemente, diminui a energia da água de escorrimento superficial, aumentando a taxa de infiltração por unidade de superfície. Wischmeier & Smith (1978) consideram que a pedregosidade atua como uma cobertura protetora (*mulch*), preconizando, por isso, um coeficiente de redução a ser aplicado ao fator

K da equação universal de perda de terra proporcional à porcentagem de pedras que recobrem o solo (Figura 4.2.9.). Nas regiões semi-áridas do Nordeste brasileiro, com período de chuva concentrado em poucos meses (quando chove), a pedregosidade em superfície, além do poder inibidor da erosão, funciona como camada protetora, restringindo a evaporação da água do solo.

Os calhaus, da mesma forma que os outros fragmentos grosseiros do solo, são em sua maior parte considerados praticamente inertes e sua presença diminui proporcionalmente a quantidade de água e nutrientes disponíveis por unidade de volume.

No Quadro 4.2.6. são apresentados dados de água disponível de dois solos de textura argilosa, sendo um sem fragmentos grosseiros e outro com apreciável carga desses fragmentos. Observa-se que, apesar de o teor de argila + silte de ambos ser equivalente, houve uma redução de praticamente 38% na água disponível no solo pedregoso.

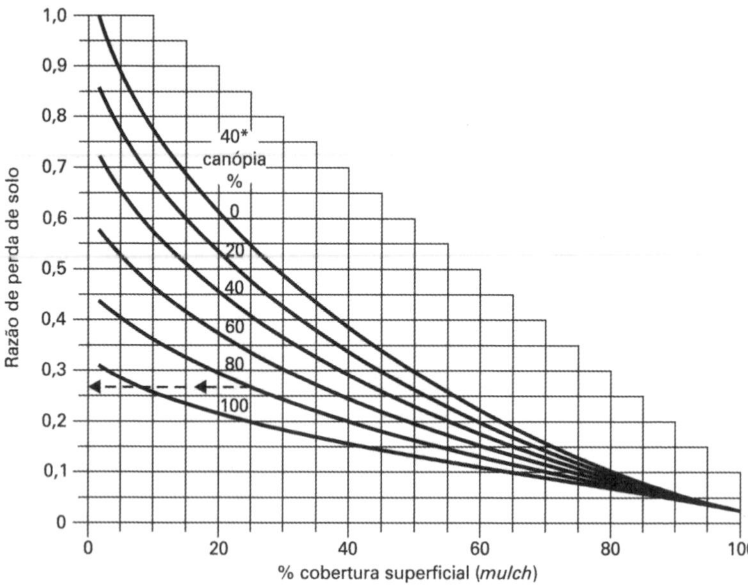

Figura 4.2.9. Efeito combinado da canópia e da cobertura superficial do solo (*mulch*) (Wischmeier & Smith, 1978).

Quadro 4.2.6. Água disponível (mm) até a profundidade de 100 cm em LATOSSOLO VERMELHO textura argilosa, perfil IAC-1231, e em LATOSSOLO VERMELHO concrecionário textura argilosa cascalhenta, perfil IAC-1346, usando a equação de Arruda et al. (1987).

LATOSSOLO VERMELHO perfil IAC-1231						
Horizonte	**Espessura** (cm)	**Argila** — % —	**Silte**	**Densidade global** ($Mg\ m^{-3}$)	**Terra fina** %	**Água disponível** (mm)
Ap	0-20	77	5	1,1	100	24,9
AB	20-36	82	7	1,1	100	17,3
BA	36-75	87	4	0,9	100	31,1
Bw	75-100	84	7	0,9	100	21,6
Total						94,9

LATOSSOLO VERMELHO concrecionário perfil IAC-1346						
Horizonte	**Espessura** (cm)	**Argila** — % —	**Silte**	**Densidade global** ($Mg\ m^{-3}$)	**Terra fina** %	**Água disponível** (mm)
A11	0-10	43	21	1,0*	62	8,6
A12	10-24	47	23	1,0*	49	8,3
Bwcn1	24-90	50	28	1,0*	47	34,7
Bwcn2	90-110	46	37	1,0*	69	7,7
Total	100					59,3

* Densidade estimada.

Algumas rochas, dependendo de seu grau de alteração e tamanho, podem ter algum efeito benéfico na retenção de água. Poesen (1996), baseado em vários autores, apresenta dados de água disponível para vários tipo de rochas (Quadro 4.2.7.). Observa-se que, enquanto o basalto não apresenta nenhuma retenção, o arenito e especialmente o calcário possuem apreciável quantidade de água disponível para as plantas. É importante, contudo, considerar o tipo de calcário; os pouco porosos naturalmente assumirão comportamento bem diverso dos mais porosos.

As limitações impostas pela presença de partículas grosseiras no solo dependem do tamanho, da quantidade e profundidade de sua ocorrência, e também do tipo de cultura (anual ou permanente) e do nível de manejo considerado. Com base nesses fatores, Sys (1978) estabeleceu várias classes de limitações para solos da África (Quadros 4.2.8. e 4.2.9.).

Cascalhos. Esta fração engloba as partículas do solo com diâmetro variando de 0,2 a 2 cm. São constituídas predominantemente por frag-

Quadro 4.2.7. Porcentagem de água disponível (AD %) em fragmentos de algumas rochas (Poesen, 1996).

Tipo de rocha	Grau de intemperismo	AD (%)
Basalto	—	0*
Xisto	fresco	3**
	ligeiro	5**
	moderado	10**
Arenito	fresco	4**
	ligeiro	11*
	moderado	15**
	alto	13**
Calcário	—	25*

* % peso. ** % volume.

Quadro 4.2.8. Limitações devidas à presença de cascalho ferruginoso (Sys, 1978).

Cascalho (% volume)	Profundidade. Início da camada com cascalho (cm)	Limitações	
		Plantas anuais	Plantas perenes
3-15	20-50	nula	fraca
	50-80	nula	nula
	80-100	nula	nula
15-40	20-50	fraca	média
	50-80	nula	fraca
	80-100	nula	nula
40-75	20-50	média	forte a muito forte
	50-80	fraca	média
	80-100	nula	fraca
> 75	limitante em todos os casos		

mentos de rocha, seixos rolados, fragmentos de petroplintita, plintita, concreções, nódulos etc. Constituem também, da mesma forma que os calhaus, material inerte do solo e seu comportamento equivale àquele descrito para os calhaus. As limitações relacionadas com trafegabilidade e desgaste de máquinas agrícolas são consideradas, contudo, menos importantes do que no caso dos calhaus.

Os cascalhos têm comportamento similar ao dos calhaus quanto à mudança de volume entre o solo no estágio seco e molhado, assim como quanto à adesão e coesão, plasticidade, porosidade e permeabilidade (Quadro 4.2.5.).

Quadro 4.2.9. Limitações devidas aos elementos grosseiros da camada arável em zona equatorial úmida (Sys, 1978).

Elementos grosseiros (% volume)	Cascalhos 2-2,5 cm	Calhaus 2,5-7,5 cm	Pedras 7,5-25 cm	Pedras > 25 cm
		Limitações em culturas mecanizadas		
0-3	nula	nula	nula	nula a fraca
3-15	nula	fraca	fraca	moderada
15-40	fraca	moderada	moderada	forte
40-75	moderada	forte	forte	muito forte
> 75	forte	muito forte	muito forte	muito forte
		Limitações em culturas com plantio manual		
0-3	nula	nula	nula	nula
3-15	nula	nula	nula	fraca
15-40	nula	fraca	fraca	moderada
40-75	fraca	moderada	moderada	forte
> 75	moderada	forte	forte	muito forte

Solos (ou horizontes) com significativa quantidade de cascalho recebem, além do nome da classe de textura, uma designação adicional variável segundo a proporção dele: com cascalho, 8-15%; cascalhenta, 15-50%; muito cascalhenta, > 50%. Exemplo: textura média cascalhenta.

Observa-se, pelo conjunto das descrições assinaladas para o esqueleto do solo (matacões, calhaus e cascalhos), que essas partículas não são inertes, pelo contrário, contribuem em vários graus de intensidade em propriedades que afetam o crescimento das plantas. Não obstante a maior parte das citações se relacionarem com propriedades físicas, há também citações de ordem química. Rivard & De Kimpe (1980) enfatizam a contribuição da fração > 2 mm na capacidade de troca de cátions e, conseqüentemente, na fertilidade dos solos estudados. Por outro lado, Weaver et al. (1992), pesquisando a sorção de P em solos tropicais com variadas proporções de concreções lateríticas, assinalam que pode ocorrer uma aplicação excessiva de fósforo em solos contendo frações superiores a 2 mm, constituídas por minerais quimicamente reativos (concreções contendo óxidos de ferro e óxidos de alumínio) se a fração grosseira é ignorada nas análises. Corti et al. (1998), por sua vez, mostram que o esqueleto de certas litologias não é inerte e advertem que o hábito de descartar os fragmentos de rocha quando se analisam amostras de solos pode levar a interpretações errôneas das propriedades químicas deles.

Areias. As areias constituem as partículas com diâmetro variando de 0,05 a 2 mm. São constituídas principalmente por componentes resistentes ao intemperismo, como o quartzo e a ilmenita (TiO_2); concreções e nódulos; agregados de argila não-dispersa; minerais primários intemperizáveis, especialmente na fração areia fina; excepcionalmente, minerais de argila como vermiculitas etc. Na grande maioria dos solos brasileiros, o quartzo constitui o principal componente da fração areia, especialmente da areia grossa.

As areias, especialmente a areia grossa, constituem partículas de reduzida superfície específica (Quadro 4.2.1.); não são coesivas, não adsorvem filmes de água, não têm ligações eletrostáticas entre elas, sendo quimicamente inertes (Selby, 1993). As areias têm, contudo, importante atuação nos processos relacionados aos fluxos de ar e de água, em função de sua participação na distribuição do espaço entre os poros, particularmente nos macro e mesoporos (∅ > 30 μm).

Essas partículas, devido à virtual ausência de atividades eletrostáticas, apresentam reduzidas forças de tensão em solo seco e molhado (coesão e adesão); sua compressibilidade é baixa, assim como sua plasticidade e pegajosidade. Por outro lado, a porosidade e a permeabilidade são elevadas (Quadro 4.2.5.).

As partículas de areia podem apresentar alguma agregação devido a ligações intermoleculares relacionadas a precipitados de sílica, carbonato de cálcio e óxidos de ferro e ainda à presença de pontes de argila (Figura 4.2.10.). Solos de textura areia com partículas não-cimentadas (ou sem pontes) têm sua "arquitetura" devida inteiramente à força mecânica de fricção nos pontos de contato, a qual é proporcional ao número deles por unidade de volume, e, ainda, dependente do arranjamento, tamanho e forma das partículas e da resistência destas ao esmagamento e a seus coeficientes de dilatação (Selby, 1993). Quando o empacotamento das partículas do solo é aberto e elas apresentam diâmetro uniforme, os pontos de contato são relativamente pouco numerosos e a força de fricção é

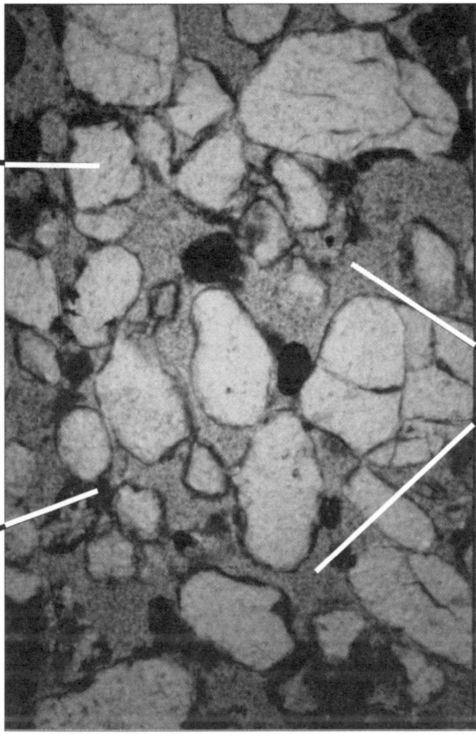

Figura 4.2.10. Solos muito arenosos apresentam em geral pouca agregação. Em alguns, como nesse NEOSSOLO QUARTZARÊNICO (perfil IAC-1385), a agregação é devida às pontes de plasma argiloferruginoso unindo os grãos de quartzo. Material com predominância de grãos de quartzo e poros; muito pouco plasma (luz plana). Lâmina feita e interpretada por Paulo Cardoso Lima.

baixa. Quanto mais fechado o empacotamento e maior a diversidade de tamanho das partículas, maior o contato entre os grãos e maior a força mecânica devida à fricção. A porosidade do solo está diretamente relacionada ao empacotamento das partículas primárias (Panayiotopoulos & Mullins, 1985). Segundo esses autores, quanto maior a diversidade granulométrica dos grãos de areia (material mal selecionado), maior a possibilidade de empacotamento mais cerrado, devido à habilidade dos grãos menores de penetrar nos espaços deixados pelos grãos maiores.

De maneira geral, os solos arenosos, como os NEOSSOLOS QUARTZARÊNICOS (*Areias Quartzosas*) e os NEOSSOLOS REGOLÍTICOS textura arenosa (*Regossolos* textura arenosa), são pobres em matéria orgânica, já que esta é rapidamente mineralizada, além de apresentarem acentuada permeabilidade e baixa capacidade de retenção de água. Secam rapidamente após as chuvas ou a irrigação; assim, nos períodos de veranico espera-se maior possibilidade de estresse das plantas nesses solos do que em outros de textura menos grosseira. É importante, contudo, considerar as diferenças de comportamento hídrico entre as frações areia grossa e areia fina. Manfredini et al. (1984) mostraram que tanto em LATOSSOLOS de textura média como em NEOSSOLOS QUARTZARÊNICOS (*Areias Quartzosas*) há aumento de aproximadamente 50% na capacidade de armazenamento de água e diminuição da condutibilidade hidráulica do solo saturado, com a diminuição do diâmetro médio ponderado das partículas de areia.

Solos que apresentam textura arenosa em superfície, qualquer que seja a natureza dos constituintes de sua fração argila, apresentam baixa coesão e adesão, sendo por isso fáceis de preparar para o plantio, necessitando inclusive de força de tração relativamente baixa, apresentando, portanto, com relação a essa prática agrícola, pouca restrição no nível de manejo B (tração animal).

A presença de textura grosseira na camada superficial tem também particular importância na reserva de água e redução da evapotranspiração do solo, devido a sua elevada condutividade hidráulica saturada e baixa condutividade hidráulica não-saturada. Dessa forma, a água da chuva se infiltra rapidamente através da camada arenosa saturada, porém, quando esta perde essa condição, restringe o movimento ascendente da água. Na China, nas regiões áridas, é comum a prática secular de colocar sobre o solo uma camada (*mulching*) de areia misturada com pedras para alterar as condições microambientais (Gale et al., 1993). Vários autores (Lemon, 1956; Unger, 1971; Modaihsh et al., 1985) pesquisaram essa técnica, verificando que uma cobertura de areia grossa e pedras chega a reduzir a evapotranspiração entre 10 e 20%. Modaihsh et al. (1985) salientam que nem todas as areias são igualmente boas para a prática da cobertura. Segundo eles, quando a areia tem diâmetro inferior 0,1 mm, apresenta ação capilar, sendo por isso menos efetiva que a areia grossa, e acrescentam que, quanto mais espessa e mais grosseira a fração, mais eficiente a supressão da evapotranspiração.

A textura arenosa condiciona também pequena capacidade de retenção de umidade (Figura 4.3.2.), de maneira que solos arenosos ao longo do perfil, como os NEOSSOLOS QUARTZARÊNICOS (*Areias Quartzosas*), são em geral, em igualdade de condições, mais secos do que outros de textura mais fina.

Apesar da grande variação de comportamento físico que as frações de areia podem apresentar, é incomum, nos levantamentos pedológicos efetuados no Brasil, haver referência para os solos ou horizontes de textura grosseira se a fração arenosa é constituída predominantemente por areia grossa ou fina. No Quadro 4.2.10. são apresentados os dados da composição granulométrica de dois perfis de ARGISSOLOS, ambos identificados como tendo textura arenosa/média. O horizonte A do perfil CE-29 apresenta 85% de areia grossa contra 8% de areia fina, enquanto no perfil SP-23 (Brasil, 1960) a relação areia grossa para areia fina é o inverso: 3 a 5% de areia grossa, e 83 a 89% de areia fina. Acredita-se que o comportamento hídrico do horizonte A de ambos os solos deva ser bastante distinto. Seria recomendável que nos levantamentos pedológicos fosse agregado o termo "fina" para designar textura arenosa com predominância de areia fina sobre a outra, e o termo "grossa" para o

Quadro 4.2.10. Composição granulométrica de dois perfis de ARGISSOLOS apresentando acentuado contraste no teor de areia grossa e fina no horizonte A.

Horizonte	Profundidade (cm)	Areia grossa	Areia fina	Silte	Argila
		%			
		Perfil CE-29 (Brasil, 1973)			
A1	0-9	85	8	4	3
E	9-22	85	9	3	3
		Perfil SP-23 (Brasil, 1960)			
A1	0-10	5	83	2	10
E	10-70	3	89	3	5

inverso. Nos exemplos acima, os solos receberiam, respectivamente, os qualificativos de textura areia grossa/média e textura areia fina/média.

A virtual ausência de capacidade de troca de cátions da grande maioria dos constituintes da fração areia (agregados de argila não dispersa são exceção) determina baixo poder tampão ao material arenoso. Assim, é recomendável, em solos arenosos, o emprego parcimonioso e parcelado de insumos e/ou de corretivos, a fim de evitar supersaturação ou desperdício.

Devido ao fato de a fração areia ser em geral constituída predominantemente por quartzo, os solos muito arenosos, como os NEOSSOLOS QUARTZARÊNICOS (*Areias Quartzosas*), por exemplo, são praticamente desprovidos de reservas de nutrientes. Por outro lado, os NEOSSOLOS REGOSSÓLICOS de textura arenosa, por requererem 4% ou mais de minerais primários facilmente intemperizáveis, podem apresentar apreciável reserva em nutrientes, especialmente K, como no perfil AL-74 (Embrapa, 1975). Esse NEOSSOLO REGOLÍTICO Eutrófico léptico fragipânico apresenta de 30 a 50% de feldspato alcalino (microclima) ao longo do perfil. A presença de fragipã a profundidade relativamente pequena (40 cm no perfil acima) em solos arenosos situados em região semi-árida é considerada fator benéfico ao condicionamento hídrico (veja 5.21. Fragipã).

Alguns solos arenosos, devido à presença de matéria orgânica e de minerais de argila com altíssima capacidade de troca de cátions, chegam a apresentar razoável capacidade de retenção de nutrientes, constituindo exceção entre os solos brasileiros de textura arenosa. Oliveira (1999) assinala um Podzol desenvolvido sobre arenito arcosiano apresentando 1,6% de carbono, 88% de areia e apenas 12% de argila, o inusitado valor de 9,1 $cmol_c\ kg^{-1}$ de soma de bases. A ocorrência de tais solos é, porém, bastante localizada e de pequena extensão no Brasil.

Devido a sua inexpressiva capacidade filtrante e à elevada permeabilidade, os solos arenosos oferecem limitações à instalação de aterros e fossas sanitárias ou a depósitos de resíduos industriais, devido à maior facilidade de contaminação dos aqüíferos.

Silte. Esta fração engloba as partículas com diâmetro variando de 0,05 a 0,002 mm. São constituídas por ilmenita (TiO_2), minerais primários facilmente intemperizáveis (feldspatos, micas, anfibólios etc.), quartzo, agregados de argila não-dispersa etc.

A fração silte apresenta apenas ligeira mudança de volume entre o estado seco e o úmido. As forças que atuam na consistência são mais intensas no estado seco do que no molhado e sua compressibilidade, assim como sua plasticidade, é intermediária entre as apresentadas pelas frações areia e argila. Por outro lado, sua permeabilidade é menor do que a apresentada pela fração areia, porém, sua capacidade de retenção de água é bem maior (Quadro 4.2.5.).

A fração silte é determinante na presença de meso e microporos e, conseqüentemente, na retenção de água disponível para as plantas, sendo ainda considerada importante na formação do selo superficial (Bradford & Huang, 1991). Poesen (1987), citado por Parsons (1992), assinala a importância da relação areia/silte na formação de selo superficial. Segundo os dados experimentais desse autor, o índice de selamento é baixo para solos consistindo de 100% ou menos de 50% de areia; por outro lado, verificou que solos contendo entre 80 e 94% de areia e 6 a 20% de silte e argila são muito suscetíveis ao selamento. Moss (1991), por sua vez, trabalhando com frações areia e silte, verificou maior eficiência na formação de crostas no material contendo silte do que no material arenoso. O selamento, por sua vez, tem significativa importância na diminuição da infiltração (Agassi et al., 1981) e, conseqüentemente, no aumento da erodibilidade (Roth, 1997) e na redução da emergência das plantas (Lemos & Lutz, 1957; Hanks & Thorp, 1957).

O teor de silte no solo foi considerado por Van Wambeke (1959) como indicador de seu grau de intemperismo. Solos apresentando relação silte/argila acentuada indicariam estágio de intemperismo menos avançado do que aqueles em que essa relação é mais estreita ou inferior a 1. Esse referencial é utilizado no SiBCS na identificação de horizonte B latossólico, o qual requer relação silte/argila inferior a 0,7 quando de textura média e inferior a 0,6 quando de textura argilosa. Esses índices foram estabelecidos em latossolos desenvolvidos de rochas ácidas e seu emprego está sendo questionado em latossolos derivados de outros materiais de origem.

No Brasil, solos com 50% ou mais de silte não são freqüentes e, quando ocorrem, têm estreita relação com o material de origem, o qual contém originalmente elevados teores de silte, como alguns sedimentos aluviais siltosos, ou argilo-siltosos, ou siltitos. Além desses casos, no Brasil, os solos derivados de filito sericítico, de xistos e de calcário estão entre os que apresentam maior porcentagem de silte. A classe textural de tais solos chega a ser a argilo-siltosa ou franco-argilo-siltosa, porém a classe de textura franco-siltosa (silte > 50%) é pouco freqüente e a classe siltosa (silte > 80%), rara.

Solos com teores significativos de silte (> 25%) apresentam em geral grande propensão à formação de "nuvem" de poeira com o trânsito de veículos, devido ao fato de serem partículas leves. Os solos argilosos também produzem poeira, porém, por apresentarem em geral maior capacidade de agregação, esta é menos intensa do que nos solos com muito silte. Esse fato limita o uso de tais solos, quando situados ao lado de estradas de terra, como local para área de *camping* ou lazer. A compactação por maquinário excessivo é também maior nos solos siltosos do que nos arenosos e argilosos.

Argila. A fração argila compreende as partículas do solo com diâmetro de 2 mm ou menor. Devido à enorme superfície específica que apresenta, mais de 6×10^6 m^2/g (Quadro 4.2.1.), e ao desenvolvimento de cargas em sua superfície, constitui a mais importante fração granulométrica do solo do ponto de vista físico-químico. Apresenta capacidade de reter cátions, ânions e água, expansão e contração. Alguns minerais de argila e óxidos e hidróxidos de ferro e alumínio apresentam caráter anfótero, fenômeno importante no balanço de cargas do solo.

A fração argila é constituída por partículas de várias naturezas, destacando-se nos solos brasileiros os minerais de argila e os óxidos e hidróxidos de ferro e alumínio. Entre os minerais de argila destacam-se os do tipo 1:1, sendo a caulinita seu principal representante, e entre os do tipo 2:1 destacam-se a montemorilonita, as micas, as hidroxivermiculitas e as vermiculitas. Entre os óxidos de ferro destacam-se a hematita e a goetita, e entre os de alumínio, a gibbsita. Os materiais amorfos são constituintes da fração argila, de pouca relevância na maioria dos solos brasileiros.

A matéria orgânica, apesar de não participar do conceito de textura, é um dos componentes sólidos do solo, e grande parte dela apresenta dimensões coloidais, com elevada capacidade de troca de cátions. Tem importância especialmente no horizonte superficial, onde a atividade biológica é mais intensa, decrescendo acentuadamente nos horizontes subsuperficiais.

No Quadro 4.2.11. são mostradas algumas propriedades de constituintes da fração argila. Observa-se a grande diferença de comportamento entre elas. Dependendo da quantidade e da natureza das partículas constituintes da fração argila, o solo apresentará, portanto, comportamentos completamente distintos, quer do ponto de vista físico como do físico-químico, determinando, conseqüentemente, manejos completamente distintos entre eles (veja 3.2. Atividade da fração argila e 3.21. Teor em óxidos de ferro).

Quadro 4.2.11. Sumário de propriedades selecionadas de componentes da fase sólida do solo (Adaptado de Bohn et al., 1979).

Componente	Tipo de mineral	CTC $cmol_c(+)/kg$	Superfície m^2/g	Expansibilidade	Carga pH-dependente	Atividade coloidal
Caulinita	1:1	1-10	10-20	não	expressiva	baixa
Montemorilonita	2:1	80-120	600-800	sim	inexpressiva	muito alta
Vermiculita	2:1	120-150	600-800	sim	inexpressiva	alta
Mica	2:1	20-40	70-120	não	média	média
Matéria orgânica	—	100-300	800-900	—	expressiva	média

A caulinita e os óxidos de ferro e de alumínio são predominantes nos solos bastante intemperizados, como os LATOSSOLOS, e também entre os ARGISSOLOS e NITOSSOLOS, enquanto os minerais do tipo 2:1 são predominantes entre os LUVISSOLOS, CHERNOSSOLOS e alguns NEOSSOLOS.

Nos solos, a fração argila ocorre nas mais distintas proporções, variando, nos solos brasileiros, entre extremos, desde 0%, como em alguns NEOSSOLOS QUARTZARÊNICOS (*Areias Quartzosas*), como no perfil BA-326 (Embrapa, 1977-1979), até valores superiores a 90%, em alguns

CAMBISSOLOS derivados de argilitos, como no perfil IAC-1140 (Oliveira et al., 1976), sendo estes últimos, contudo, pouco comuns.

Trabalhando com solos de cor amarela (10YR-7,5YR), vermelha (5YR) e vermelho-escura (2,5 YR-10R) e texturas variadas, Lopes (1983) mostrou a interdependência entre a fixação de fósforo (independente da cor do solo) e os teores de argila (Quadro 4.2.12.), fato também registrado por Leal & Veloso (1973) e Camargo et al. (1974) para solos brasileiros. Lopes assinala também que esse fato reflete a importância do conhecimento da textura na tomada de decisão de doses ótimas de fósforo a aplicar, tendo em vista os altos custos desse insumo para adequadas produções agrícolas.

Nos solos de textura argilosa, a natureza da fração argila é bastante importante no que concerne à estruturação e, conseqüentemente, à sua condutividade hidráulica. Assim, nos solos com argila de baixa atividade, como nos LATOSSOLOS ou CAMBISSOLOS Tb, por exemplo, a condutividade hidráulica saturada apresenta valores relativamente elevados, diferentemente do que acontece nos de atividade alta, como nos VERTISSOLOS. Unger (1982) encontrou, respectivamente, valores de 96 e 2 mm h^{-1} para infiltração inicial e final em VERTISSOLO, e Donahue et al. (1977), citados por Unger (1982), encontraram valores de 237 e 74 mm h^{-1} em Latossolo (veja 5.20. Horizonte vértico).

Solos argilosos em superfície com fração argila de baixa atividade, como os Latossolos ácricos, por exemplo, oferecem facilidade para serem agricultados. O inverso se dá com solos argilosos cuja fração argila é predominantemente de atividade alta, como nos Vertissolos. Devido a sua elevada coesão e adesão, tais solos são chamados de "pesados" devido ao

Quadro 4.2.12. Fósforo adsorvido a 0,2 ppm de P na solução do solo em amostras superficiais sob vegetação de cerrado (Adaptado de Lopes, 1983).

Textura (% argila)	mg P/g solo
< 18	0,110
18-35	0,219
35-60	0,377
> 60	0,453

grande esforço de tração que exigem para serem cultivados, apresentando, por isso, significativa limitação com respeito a seu preparo para plantio no nível de manejo B (veja 5.20. Horizonte vértico).

Bibliografia

AGASSI, M., SHAINBERG, I. & MORIN, J. Effect of electrolyte concentration and soil sodicity on infiltration rate and crust formation. **Soil Sci. Soc. Am. J.** 1981, (45): 848-851.

ARRUDA, F. B., ZULLO, JR. J. & OLIVEIRA, J. B. Parâmetros de solo para cálculo da água disponível com base na textura do solo. **Rev. Bras. Ci. Solo.** 11:11-15, 1987.

BENOIT, G. R. & KIRKHAM, D. The effect of soil surface conditions on evaporation of soil water. **Soil Sci. Soc. Proc.**, 27: 495-498, 1963.

BOHN, H. L., McNEAL, B. L. & O'CONNOR, G. A. **Soil Chemistry**. New York. John Wiley & Sons. 1979, 329p.

BRADFORD, J. M. & HUANG, C. **Mechanisms of crust formations: physical components.** In: International Symposium on Soil Crusting: Chemical and Physical Processes. 1-17. The University of Georgia. 1991.

BRASIL. Ministério da Agricultura. Centro Nacional de Ensino e Pesquisas Agronômicas. Comissão de Solos. **Levantamento de Reconhecimento de Solos do Estado de São Paulo.** Rio de Janeiro. Serviço Nacional de Pesquisas Agronômicas, 1960. 634p. (SNPA, Boletim 12).

BRASIL. Ministério da Agricultura. Divisão de Pesquisa Pedológica, DNPEA. **Levantamento exploratório – reconhecimento de solos do Estado da Paraíba.** Recife, Convênios MA/EPE-Sudene/DRN, MA/Contap/Usaid/Brasil, 1972, 683p. (Boletim Técnico, 15).

BRASIL. Ministério da Agricultura. Divisão de Pesquisa Pedológica, DNPEA. **Levantamento exploratório – reconhecimento de solos do Estado do Ceará.** Recife, Convênios MA/DNPEA-Sudene/DRN, MA/Contap/ETA, 1973 v. 1 e 2. 502p. (Boletim Técnico, 28).

CAMARGO, O. A., RAIJ, B. van & GROHMANN, F. Fixação de fósforo em solos avaliada pelo índice de Bach e Williams e sua correlação com outras propriedades. **Ciência e Cultura** 7 (26): 681-685, 1974.

CORTI, G., UGOLINI, F. C. & AGNELLI, A. Classing the soil skeleton (greater than two millimeters): proposed approach and procedure. **Soil Sci. Soc. Am. J.** 1998 (62): 1620-1629.

EMPRESA BRASILEIRA DE PESQUISA AGROPECUÁRIA. Centro de Pesquisas Pedológicas. **Levantamento exploratório – reconhecimento de solos do Estado de Alagoas.** Recife, 1975. 532p. (Embrapa/CCP. Boletim Técnico, 36. Sudene/DRN. Série Recursos de Solos, 6).

EMPRESA BRASILEIRA DE PESQUISA AGROPECUÁRIA. Serviço Nacional de Levantamento e Conservação do Solo. Rio de Janeiro, RJ. **Levantamento exploratório – reconhecimento de solos da margem direita do rio São Francisco, Estado da Bahia.** Recife, Convênios Embrapa/SNLCS/-Sudene/DRN, MA/Usaid/ETA, 1977 e 1979. v. 1 e 2. 1.296p. (Boletim Técnico, 52).

EMPRESA BRASILEIRA DE PESQUISA AGROPECUÁRIA. Serviço Nacional de Levantamento e Conservação de Solo. Rio de Janeiro. Súmula da X Reunião Técnica de Levantamento de Solos. Rio de Janeiro, 1979. 83p. (Miscelânea, 1).

ESTADOS UNIDOS. Department of Agriculture. **Soil Survey Manual.** Washington, DC. 1951. 503p.

FAIRBOURN, M. L. Effect of gravel mulch on crop yields. **Agronomy Journal.** 1973, 48: 925-928.

GALE, J. W. , McCOLL, R. W. & FANG, X. Sandy fields traditional farming for water conservation in China. **J. of Soil & Water Conservation.** 1993, 48 (6): 474-477.

HANKS, R. J. & THORP, F. C. Seedling emergence of wheat, grain sorghum and soybeans as affected by soil crust strength and moisture content. **Soil Sci. Soc. Am. Proc.** 21: 357-359, 1957.

KEMPER, W. D., NICKS, A. D. & COREY, A. T. Accumulation of water in soils under gravel and sands mulches. **Soil Sci. Soc. Am. J.** 1994, (58): 56-63.

LEAL, J. R. & VELLOSO, A. C. X. Adsorção de fosfatos em Latossolos sob vegetação de cerrados. **Pesq. Agrop. Bras. Sér. Agr.** 1973, 8: 81-88.

LEMOS, R. C. & SANTOS, R. D. dos. **Manual de descrição e coleta de solos no campo**. 2. ed. Campinas. SiBCS/SNLCS, 1984. 45p.

LEMON, E. R. The potentialities for decreasing soil moisture evaporation loss. **Soil Sci. Soc. Amer. Proc.** 1956, 20: 120-125.

LEMOS, P. & LUTZ, J. F. Soil crusting and some factors affecting it. **Soil Sci. Soc. Am. Proc.**, 1957: 485-491.

LOPES, A. S. **Solos sob "cerrado". Características, propriedades e manejo.** Instituto da Potassa & Fosfato. Piracicaba, 1983. 162p.

MANFREDINI, S., PADOVESI, P. & OLIVEIRA, J. B. Efeito da composição granulométrica da fração areia no comportamento de Latossolos de textura média e Areias Quartzosas. **Rev. Bras. Ci. Solo.** 8: 13-16, 1984.

MODAIHSH, A. S., HORTON, R. & KIRKHAM, D. Soil water evaporation suppresion by sand mulches. **Soil Sci.** 1985 (139): 357-361.

MOSS, A. J. Rain-impact soil crust. IV. Packing of sands and silt fractions by raindrops. **Aust. J. Soil Res.** 1991 (29): 331-337.

NACHTERGAELE, J., POESEN, J. & WESEMAEL, B. van. Gravel mulching in vineyards of southern Switzerland. **Soils & Tillage**, 1998 (46): 51-59.

OLIVEIRA, J. B. **Solos da Folha de Piracicaba.** Campinas, Instituto Agronômico, 1999. 173p. (Boletim Científico, 48).

OLIVEIRA, J. B., VALADARES, J. M. A. S. & ROTTA, C. L. Levantamento pedológico detalhado da estação experimental de Itararé, SP. **Bragantia**, Campinas, v. 35, n. 26 (295-333), 1976.

OLIVEIRA, J. B., JACOMINE, P. K. T. & CAMARGO, M. N. **Classes gerais de solos do Brasil. Guia auxiliar para seu reconhecimento.** Jaboticabal, Funep, 1992. 102p.

OLIVEIRA, J. B. & SOSA, S. M. B. Sistema de classification de la aptitud agroecológica de la tierra (SCAAT) para la Region Oriental del Paraguay. (1ra aproximation). Universidad Nacional de Asunción, Facultad de Ciencias Agrarias/Carrera de Ingeneria Forestal. Asunción, 1995. 77p.

PANAYIOTOPOULOS, K. P. & MULLINS, C. E. Packing of sands. **Journal of Soil Science.** 1985 (36): 129-139.

POESEN, J. Effects of rock fragments on soil degradation process in mediterranean environments. In: RUBIO, J. L. & CALVO, A. (eds.). **Soil degradation and desertification in Mediterranean environments, Valencia.** Centro de Investigaciones sobre Desertificacion. Geoforma Ediciones-Logroño, 1996. p. 185-222.

POESEN, J. W. A. Mechanisms of overland-flow generation and sediment prodution on loamy and sandy soils with and without rocks fragments. In: PARSONS, A. J. & ABRAHAMS, A. D. (eds.). **Overland-flow hydraulics and erosion mechanics.** UCL Press, London. 1992. p. 275-305.

POESEN, J. & LAVEE, H. Rock fragments in top soils: significance and processes. **Catena**, 1994 (23): 1-28.

RAVINA, I. & MAGIER, J. Hydraulic conductivity and water retention of clay soils containing coarse fragments. **Soil Sci. Soc. Am. J.** 1984, 48: 736-740.

RIVARD, R. & DE KIMPE, C. R. Propriétés de quelques sols riches en graviers dans la région de Quebec. **Can. J. Soil Sci.** (60): 262-273. 1980.

ROTH, C. H. Bulk density of surface crusts: depth functions and relationships to texture. **Catena** 1997 (29): 223-237.

SELBY, M. J. **Hillslope materials and process.** 2. ed. Oxford University. 1993, 451p.

SYS, C. **Evaluation of land limitations in the humid tropics.** Gand, Pédologie, XXVIII, 3: 307-335. 1978.

UNGER, P. W. Management of crops on clay in the tropicos. **Trop. Agric.** v. 59, n. 2: 110-122, 1982.

UNGER, P. W. Soil profile gravel layers effect on water storage distribution and evaporation. **Soil Sci. Soc. Amer. Proc.** 1971 (35): 631-634.

VAN WAMBEKE, A. R. **Le rapport limin/argile, mesure approximative du stade d´alteration des materiaux originels des soles tropicaux.** In: Conf. Inter. Sols. Dalaba, 3ème, 1959. p. 161-167.

VAN WESEMAEL, B., POESEN, J. & FIGUEIREDO, T. Effects of rock fragments on physical degradation of cultivated soils by rainfall. **Soil & Tillage** 1995 (33): 229-250.

VAN WESEMAEL, B., POESEN, J., KOSMAS, C. S. & DANALATOS, N. G. Evaporation from cultivated soils containing rock fragments. **Journal of Hydrology** 182. 1996, 65-82.

WEAVER, D. M., RITCHE, G. S. P. & GILKES, R. J. Phosphorus sorption by gravels in lateritic soils. **Aust. J. Soil Res.** 1992, (30): 319-330.

WISCHMEIER, W. H. & SMITH, D. D. **Predicting rainfall erosion losses. A guide to conservation planing.** USDA, Agricultural Handbook n. 537. 1978. 58p.

4.3. Porosidade (permeabilidade)

O solo é constituído por partículas de variados tamanhos, desde micrométricas, como as argilas, até decimétricas, como os calhaus, ou ainda maiores, como os matacões (veja 4.2. Composição granulométrica). As partículas primárias, pelo menos as de pequeno tamanho, se aglutinam pela ação de numerosas substâncias (matéria orgânica, óxidos de ferro, argilas etc.), formando partículas secundárias (agregados) de vários tamanhos e composição e com variados graus de estabilidade. O volume de espaços vazios existentes entre as partículas individuais e agregados constitui a porosidade do solo, e esta determina a capacidade dele de armazenar e transmitir líquidos e gases. O termo "porosidade", neste texto, se refere ao conjunto de vazios existentes no solo: poros, fendas, canais etc. A quantidade e o diâmetro dos poros, suas formas, sua rugosidade e tortuosidade são de extrema importância, pois influem diretamente no fluxo interno dos gases e da água e no armazenamento desta e, por conseguinte, no comportamento agrícola e geotécnico dos solos.

O solo apresenta poros de tamanhos variados, desde macroporos visíveis a olho nu, como canais formados por animais e raízes apodrecidas e fendas, até os extremamente pequenos, representados por espaços entre partículas coloidais. Nas observações de campo, o pedólogo descreve apenas os poros visíveis a olho nu ou com lente de aumento (10×). No Quadro 4.3.1. são apresentadas as classes de macroporos identificadas no campo e o diâmetro deles (Sociedade..., 1993). É comum os pedólogos registrarem também a presença de fendas, sua largura e profundidade.

Em geral, nos boletins dos levantamentos de solos são apresentados dados da densidade do solo e da densidade das partículas de horizontes de perfis de solos a partir dos quais é calculada a porosidade total. Todas essas informações, contudo, são insuficientes para se ter uma idéia do tamanho dos poros. Os dados de granulometria dos horizontes, em conjugação com dados de cor (veja 3.8. Caráter epiáquico), são complementos importantes para inferir, respectivamente, sobre a porosidade do solo e sua permeabilidade.

Há inúmeras classificações de poros. No Quadro 4.3.2. é apresentada a de Brewer (1964) e no Quadro 4.3.3. é mostrada a relação entre tamanho de poros, tensão com que a água é retida neles e suas funções. Abstraindo-se das interferências da angulosidade e constrições dos poros, pode-se dizer que, quanto maior seu calibre, maior o fluxo de gases e líquidos

Quadro 4.3.1. Classes e diâmetros de macroporos identificados no campo (Lemos & Santos, 1996).

Classe de poros	Diâmetro (mm)
Sem poros visíveis	Poros não visíveis mesmo com lupa 10×
Poros muito pequenos	< 1
Poros pequenos	1-2
Poros médios	2-5
Poros grandes	5-10
Poros muito grandes	>10

Quadro 4.3.2. Classificação de poros (Adaptado de Brewer, 1964).

Classe	Subclasse	Limites (μm)	(mm)
Macroporos*		> 75	
	Macroporos grandes	> 5.000	> 5
	Macroporos médios	2.000-5.000	2-5
	Macroporos finos	1.000-2.000	1-2
	Macroporos muito finos	75-1.000	
Poros médios		35-75	
Microporos		5-30	
Ultramicroporos		< 5	
Criptoporos		< 0,1	

* Termo original: macrovoids, mesovoids etc.

Quadro 4.3.3. Diâmetro de poros, tensão matricial e função do poro (Adaptado de Kohnke, 1968, e Wild, 1992).

Diâmetro do poro (mm)	Tensão matricial (pF)	Função do poro
0,00003	5	Água higroscópica. Não é utilizada pelas plantas
0,0002	4,18	Ponto de murcha permanente
0,0003	4	
0,001 0,003	— 3	Armazenamento de água. Água disponível às plantas
0,009	2,54	
0,02	—	Condução capilar
0,03	2,0*	Capacidade de campo
0,1 0,3	— 1	Aeração. Água de drenagem livre. Drenagem moderadamente rápida
1,0	0,47	Água de drenagem livre. Drenagem rápida
3,0	0	Idem

* Veja comentário no texto.

que pode passar através dele. Poros grandes e médios são importantes, respectivamente, na aeração e infiltração da água e na condução desta através do solo; os de tamanho pequeno são importantes no armazenamento da água. Nos poros muito pequenos não há movimento da água por gravidade, sendo esta retida a tensões cada vez maiores à medida que diminui o diâmetro dos poros, chegando a ser, a partir de determinados valores, indisponível para a maioria das plantas mesofíticas. Observam-se no Quadro 4.3.3. duas constantes hídricas muito importantes para as plantas: a relacionada ao ponto de murcha permanente (pF $\cong$ 4,18; $\cong$ –1.500 kPA) e a relacionada à capacidade de campo (pF = 2,0[27]; = –10 kPa). A água a tensões acima do ponto de murcha permanente está contida em poros muito pequenos (< 200 nm) e retida tão fortemente que é considerada praticamente indisponível às plantas mesofíticas; apenas plantas adaptadas às condições de seca (plantas xerófitas) conseguem

27. Alguns autores acham aceitável para a capacidade de campo o valor ≈ –33 kPa para solos de textura média e argilosos com argila de atividade alta, e o valor ≈ –10 kPA para solos arenosos até argilosos com argila de atividade baixa.

extrair a água necessária à sua sobrevivência. Não havendo reposição de água no solo, a planta morre. Por outro lado, a água contida nos poros grandes e médios (> 30 nm) está tão debilmente retida que flui livremente sob a força da gravidade, sendo conseqüentemente de pouco interesse para a nutrição das plantas, além de promover a perda de nutrientes e pesticidas através da drenagem para fora da zona de enraizamento.

A água retida entre a capacidade de campo e o ponto de murcha permanente, também chamada de água disponível para as plantas, é a que realmente interessa às plantas mesofíticas, porém, à medida que o solo vai secando, a água vai ficando retida em poros de diâmetro cada vez menor e, conseqüentemente, a maiores tensões. Assim, é considerado de maneira geral que a água contida entre a capacidade de campo — pF ≅ 2,0; ≅ –10 kPa e pF = 3 (–100 kPa) — é aquela que as plantas absorvem facilmente, sendo considerada por isso água facilmente disponível. A água disponível para as plantas (água retida na capacidade de campo — água retida no ponto de murcha permanente) é um parâmetro usado como critério para estimar a necessidade de irrigação. É recomendável iniciar a irrigação quando a quantidade de água na zona de enraizamento tiver chegado a 50% da água disponível (Gordon et al., 1966; Hermann et al., 1990, citados por Topp et al., 1997).

Como a capacidade do solo de armazenar e transmitir líquido está diretamente relacionada com a geometria do sistema poroso, considera-se que, quanto maior o diâmetro dos poros, maior a permeabilidade interna. Assim, solos arenosos, pelo fato de conterem proporcionalmente grande quantidade de poros médios e grandes, apresentam excelente permeabilidade interna (classe de permeabilidade excessiva ou muito rápida) e pequena capacidade de retenção de água. São, por isso, em geral, solos secos, a menos que estejam situados em regiões muito úmidas ou com lençol freático elevado, como os ESPODOSSOLOS arenosos da região litorânea paulista. Os solos argilosos representados por materiais bastante intemperizados, ricos em óxidos de ferro e de alumínio, apresentam, em geral, apesar da elevada quantidade de argila, considerável porosidade total, sendo comuns valores da ordem de 60 a 65% em LATOSSOLOS VERMELHOS Férricos, e a repartição da macro e da microporosidade é mais ou menos semelhante. Grohmann (1960) determinou para os horizontes A e Bw de um perfil de solos dessa classe os seguintes valores, respectivamente, para a porosidade total e para a macro e microporosidade: 65%, 25% e 40%; 67%, 33% e 34%. Wolf (1975) assinala que, apesar de os Latossolos apresentarem curvas de retenção distintas, eles podem reter tão pouca água quanto os solos arenosos. Por outro lado, solos argilosos com altos conteúdos de argilas 2:1 (esmectitas) e pouca matéria orgânica, como os VERTISSOLOS, quando úmidos apresentam baixíssima permeabilidade, pois, além de sua porosidade total ser relativamente baixa, os microporos são predominantes sobre os macroporos. Na Figura 4.3.1. são apresentados diagramas volumétricos de um solo arenoso (NEOSSOLO REGOLÍTICO de textura arenosa) e de um solo argiloso (VERTISSOLO) no qual a fração argila é predominantemente 2:1.

Observa-se que, apesar de a porosidade total ser semelhante no horizonte C2 de ambos os solos, em torno de 42% no NEOSSOLO e de 45% no VERTISSOLO, a distribuição de poros é completamente distinta: os macroporos são predominantes no NEOSSOLO REGOLÍTICO, correspondendo praticamente a 25% do volume (≈ 60% dos poros); esses, aliás, são predominantes ao longo de todo o perfil. Os microporos, por sua vez, correspondem a 8% do volume (≈ 19% dos poros), e os poros ultrapequenos, a 9% (≈ 21% dos poros). Já nos VERTISSOLOS acontece o inverso: os poros ultrapequenos são os predominantes, correspondendo no horizonte C2 a 35% do volume (77% dos poros), enquanto os macroporos são praticamente inexistentes e os microporos correspondem a 10% do volume (23% dos poros). Esses dados mostram que a reserva de água disponível para as plantas é bem menor no VERTISSOLO (10%) do que no NEOSSOLO REGOLÍTICO (32%). A condutividade hidráulica em meio saturado naquele deve ser, em conseqüência, bem inferior à deste.

É interessante assinalar que os VERTISSOLOS apresentam, quando secos, muitos macroporos, representados por fendas que podem atingir vários centímetros de largura e dezenas de centímetros de profundidade e, por isso, valores iniciais de condutividade hidráulica muito elevados. Unger (1982), trabalhando com Vertissolos, encontrou valores de 96 e 2

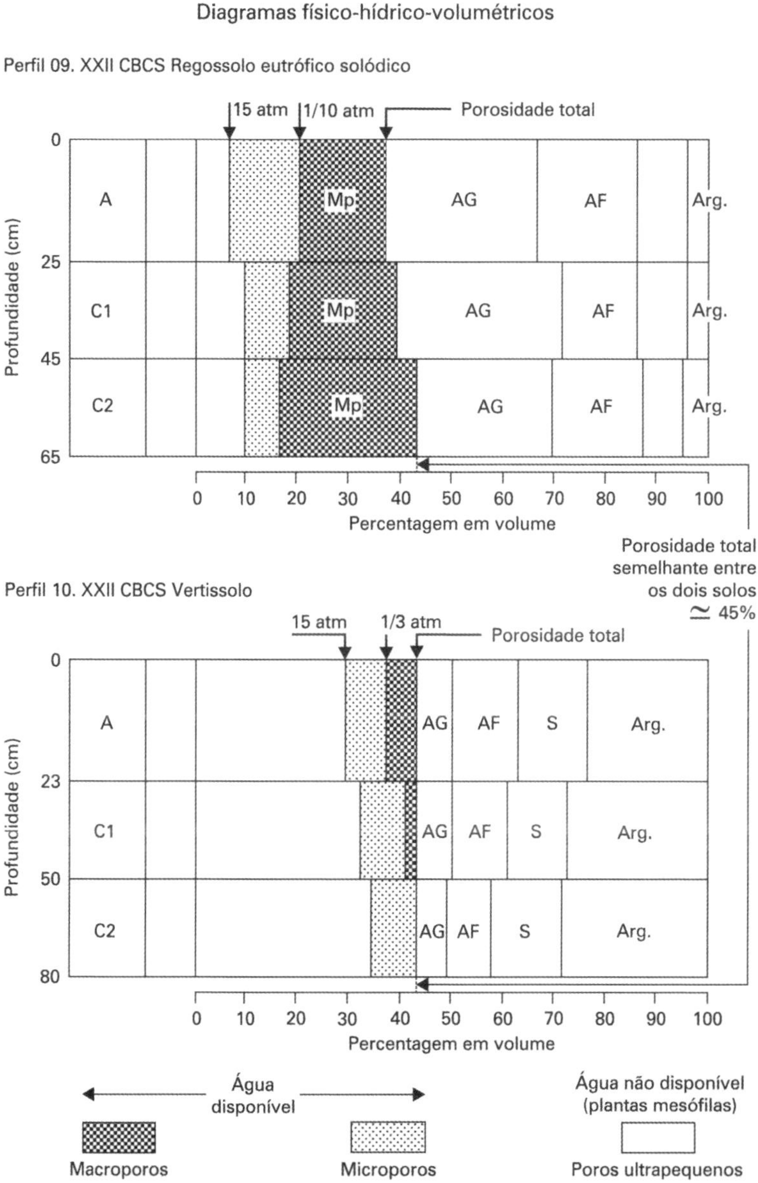

Figura 4.3.1. Diagramas volumétricos de um NEOSSOLO REGOLÍTICO Psamítico e de um VERTISSOLO (Congresso..., 1989).

mm h^{-1}, respectivamente, para a condutividade inicial e em meio saturado, enquanto Donahue et al., citados por Unger (1982), trabalhando com Latossolos, encontraram, também para a condutividade inicial e saturada, valores de 237 e 74 mm h^{-1}.

A distribuição de poros do solo mais adequada para o crescimento das plantas depende da espécie, das condições climáticas, da espessura do solo acima do lençol freático e das possibilidades de irrigação (Kohnke, 1968). Segundo esse autor, quando muita água está disponível pela chuva ou irrigação, os poros de retenção (poros pequenos) não são importantes, porém os poros de aeração (poros grandes) são imprescindíveis. Por outro lado, em regiões secas, poros pequenos que retenham água são vitais, enquanto em regiões úmidas é importante haver uma distribuição mais ou menos igual de poros grandes, médios e pequenos. No Quadro 4.3.4. é apresentada uma distribuição esquemática de requerimento de quantidade de poros por condições climáticas.

As classes de permeabilidade do solo inferidas através das observações de campo (textura, estrutura, porosidade, cor...) são utilizadas como características para a identificação de classes de capacidade de uso (Lepsch et al., 1991) ou de aptidão agrícola (Oliveira & Berg, 1985; Oliveira & Sosa, 1995) ou ainda como referencial nos nomogramas de Wischmeier

Quadro 4.3.4. Distribuição desejável de poros segundo as condições climáticas (Adaptado de Kohnke, 1968).

Classificação do poro	Tamanho do poro (mm)	Função do poro	Clima semi-árido	Terras altas em clima úmido	Lençol freático elevado em clima úmido	Clima perúmido ou irrigação em clima úmido	Irrigação em clima seco
Poros grandes	> 0,06	Aeração e infiltração	Média	Média	Alta	Alta	Alta
Poros médios	0,06-0,01	Condução da água	Média	Média	Alta	Média	Média
Poros pequenos	0,01-0,0002	Retenção de água disponível	Alta	Média	Baixa	Baixa	Média

& Smith (1965), para estabelecimento do índice K, imprescindível para determinação da erodibilidade do solo.

Para uma correta interpretação das classes de permeabilidade e suas implicações no comportamento do solo, é imprescindível que sejam considerados alguns fatores, o que nem sempre é seguido por aqueles que trabalham em interpretações de solos para fins agrícolas e geotécnicos. Por exemplo, entre os ARGISSOLOS pode-se encontrar um amplo espectro de solos, desde aqueles com seção arenosa pouco espessa (20 a 30 cm de horizontes A + E de textura arenosa), apresentando permeabilidade rápida, seguida de horizonte B (textura argilosa) de permeabilidade lenta, até aqueles que apresentam a mesma permeabilidade nessas duas seções, mas cujo horizonte B situa-se a 150 cm ou mais de profundidade. Diante das mesmas condições de precipitação e de relevo, o comportamento hídrico desses dois tipos de ARGISSOLOS será completamente diferente, apesar de ambos terem sido identificados como de permeabilidade rápida na camada superficial, e lenta na subsuperficial (Classe 1/3, segundo Lepsch, 1991). Um ARGISSOLO com espessa seção arenosa (> 150 cm) sobre horizonte B pouco permeável, porém situado em região com pluviosidade baixa ou média, tem seu comportamento hídrico muito mais próximo a um NEOSSOLO QUARTZARÊNICO (*Areia Quartzosa*) do que a um ARGISSOLO (*Podzólico Tb*). Do ponto de vista fisiológico (água para as plantas) e da erodilidade, esses dois solos podem ser enquadrados em uma mesma classe de manejo, considerando a maioria das plantas (talvez, para essências florestais com enraizamento profundo, o horizonte Bt do ARGISSOLO acima ainda possa ter influência no suprimento de água).

Esse simples exemplo, entre muitos e muitos outros, ressalta a necessidade de um acurado conhecimento do comportamento do solo como um todo e deixa claro que não é satisfatório considerar apenas suas seções mais superficiais quando se trata de estabelecer critérios de manejo baseados em seu comportamento hídrico. A legenda dos mapas de levantamentos pedológicos mais detalhados e os respectivos boletins técnicos fornecem importantes informações que permitem inferir sobre a permeabilidade dos solos. No Quadro 4.3.5. são apresentados alguns

Quadro 4.3.5. Exemplos de nomenclaturas de classes de solos segundo o SiBCS (Embrapa, 1999) relacionadas com limitações quanto à permeabilidade interna, localização e intensidade da limitação mais comuns.

Atributo/ Horizonte	**Classe de solo**	**Localização e intensidade do impedimento**
Coeso	LATOSSOLOS AMARELOS... coesos	Topo horizonte Bw. Limitação moderada.
Horizonte litoplíntico	PLINTOSSOLOS PÉTRICOS Litoplínticos	Variadas profundidades. Limitação muito forte.
Abrúptico	ARGISSOLOS ACIN-ZENTADOS... abrúpticos	Topo horizonte Bt. Variadas profundidades. Limitação moderada.
Horizonte plânico	PLANOSSOLOS	Topo horizonte B. Geralmente entre 30-50 cm de profundidade. Limitação moderada a forte.
Horizonte plânico com caráter sódico	PLANOSSOLOS NÁTRICOS	Topo horizonte B. Geralmente entre 20-40 cm de profundidade. Limitação forte a muito forte.
Planossólico	LUVISSOLO CRÔMICO... planossólico	Topo horizonte Bt. Geralmente entre 50-100 cm. Limitação moderada.
Lítico	CHERNOSSOLOS RÊNDZICOS Líticos	Dentro dos 50 cm superficiais. Limitação forte a muito forte.
Léptico	CAMBISSOLOS HÁPLICOS... lépticos	Dentro de 50-100 cm de profundidade. Limitação moderada a muito forte.
Dúrico	ESPODOSSOLOS CÁRBICOS... dúricos	Geralmente entre 50-100 cm de profundidade. Limitação moderada a forte.
Duripânico	ARGISSOLOS ACINZENTADOS... duripânicos	Geralmente entre 50-100 cm de profundidade. Limitação forte a muito forte.
Fragipânico	ARGISSOLOS AMARE-LOS... fragipânicos	Geralmente entre 50-100 cm. Limitação moderada a forte.

exemplos de nomenclaturas usadas no SiBCS e que se relacionam com limitações à permeabilidade interna dos solos. A intensidade de limitação assinalada no quadro diz respeito apenas à limitação que o atributo e/ou horizonte impõem à permeabilidade interna. É necessário, portanto, levar em conta a profundidade de ocorrência da limitação, pois a presença de fragipã a 60 cm de profundidade, por exemplo, oferece maior limitação que a 100 cm. É importante ainda considerar nessas interpretações os fatores climáticos regionais. Na região seca do Nordeste do Brasil, por exemplo, a presença de fragipã a pouca profundidade é reconhecida como fator benéfico para as plantas (veja 5.21. Fragipã).

No Quadro 4.3.6. são apresentadas as classes de permeabilidade estabelecidas pelo Serviço de Conservação de Solos dos Estados Unidos (Estados Unidos, 1983) e a correspondência com algumas classes de solos brasileiros.

É importante assinalar que o fluxo de água interna do solo se inicia pela entrada de água na superfície dele (infiltração), a qual está diretamente relacionada com a porosidade que o solo apresenta em superfície. A presença de selo superficial de alguns poucos milímetros de espessura pode determinar uma baixa taxa de infiltração, com conseqüente for-

Quadro 4.3.6. Classes de permeabilidade segundo o Serviço de Conservação de Solos dos Estados Unidos (Estados Unidos, 1983) e características do solo adaptadas para nossas condições.

Classe *	Fluxo		Características do solo (adaptado para nossas condições)
	pol . h^{-1}	(cm . h^{-1})	
Muito lenta	< 0,06	(< 0,15)	Solos argilosos, pouco porosos (CTC elevada): VERTISSOLOS. Camadas cimentadas (duripã). Horizonte plânico com caráter sódico: PLANOSSOLOS NÁTRICOS etc.
Lenta	0,06-0,2	(0,15-0,50)	Solos argilosos (CTC elevada): VERTISSOLOS, PLANOSSOLOS vérticos. Duripã, fragipã. Horizonte plânico com caráter sódico: PLANOSSOLOS NÁTRICOS etc.
Moderadamente lenta	0,2-0,6	(0,50-1,5)	Solos argilosos (CTC média a elevada): solos "vérticos", ARGISSOLOS Planossólicos etc.
Moderada	0,6-2,0	(1,5-5,0)	Solos argilosos, porosos. CTC baixa: LATOSSOLOS, NITOSSOLOS, ARGISSOLOS etc.
Moderadamente rápida	2,0-6,0	(5,0-15,0)	Solos textura média (> 20% argila): LATOSSOLOS, CAMBISSOLOS, ARGISSOLOS etc.
Rápida	6,0-20,0	(15,0-50,0)	Solos textura média (< 20% argila), arenosos (areia fina): LATOSSOLOS, NEOSSOLOS REGOLÍTICOS, NEOSSOLOS FLÚVICOS etc.
Muito rápida	> 20	(> 50,0)	Solos arenosos (areia grossa), cascalhentos: NEOSSOLOS QUARTZARÊNICOS, NEOSSOLOS REGOLÍTICOS, NEOSSOLOS FLÚVICOS etc.

* Observação: a classe de drenagem de um solo é comandada pela permeabilidade de seu horizonte menos permeável. Solos "anisotrópicos", como os ARGISSOLOS abrúpticos (Figura 2.16.1.) e os PLANOSSOLOS (Figura 4.16.1.), por exemplo, podem apresentar permeabilidade rápida em superfície, porém a permeabilidade do perfil é considerada lenta devido à presença de Bt pouco permeável.

mação de enxurrada, ainda que o solo apresente condições adequadas de transmissão de ar e água ao longo de seu perfil (permeabilidade) (Agassi et al., 1981).

Cada solo apresenta determinada relação entre a água retida e a energia de retenção, também chamada de potencial. Entre os vários componentes desse potencial, o matricial caracteriza a tenacidade com que a matriz do solo segura a água nele contida (Hillel, 1982). Umidade e potencial matricial são funcionalmente relacionados entre si e a representação gráfica dessa relação é denominada curva característica da água do solo (Childs, 1969). Seu conhecimento é importante, pois permite inferir sobre uma série de aspectos determinantes do comportamento dos solos, como a disponibilidade de água a diferentes tensões, a capacidade de armazenamento de água e a condutividade hidráulica. As curvas características da água do solo são determinações trabalhosas, daí não se encontrar nos boletins de levantamento de solos dados sobre elas. A granulometria, contudo, é determinante na geometria dos espaços porosos e, conseqüentemente, no volume de água retido a determinada tensão. Assim, de maneira geral, pode-se visualizar curvas características distintas para cada um dos grandes agrupamentos texturais. Na Figura 4.3.2. são apresentadas tais curvas, respectivamente, para solos de textura arenosa, média e argilosa (Dijkerman, 1981). Os seguintes dados podem ser obtidos dessas três curvas:

- A porosidade total do solo argiloso é de 60%, do solo de textura média é de cerca de 49% e do solo de textura arenosa, de 40%.
- O teor de água na capacidade de campo é de 50% no solo de textura argilosa, de 30% no de textura média e de 10% no de textura arenosa.
- O teor de água no ponto de murcha permanente é de aproximadamente 35% no solo de textura argilosa, de 12% no de textura média e de aproximadamente apenas 2% no de textura arenosa.
- A porcentagem de água disponível (CC-PMP) no solo argiloso é aproximadamente 15%, no de textura média, 18% e no de textura arenosa, apenas 8%.
- 15% da água no solo argiloso representa água retida acima do ponto de murcha permanente. O solo estaria seco e as plantas, se

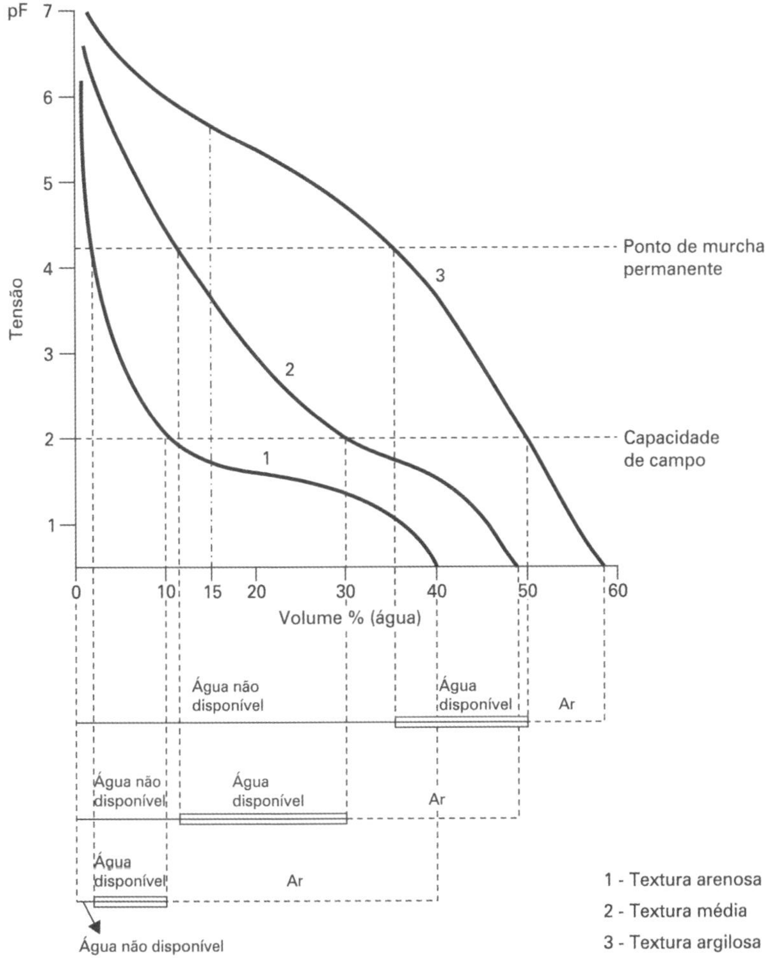

Figura 4.3.2. Curvas matriciais de umidade para solos de textura arenosa, média e argilosa (Adaptado de Dijkerman, 1981).

persistir essa condição, morrerão. Esse mesmo valor no solo de textura média significa água disponível, porém a planta já pode estar tendo dificuldade em absorvê-la, enquanto no solo arenoso representa solo encharcado e, se persistir essa condição, as plantas (exceto as higrófilas) apresentarão sinais de excesso de umidade e poderão morrer.

- A seqüência de disponibilidade de água, no exemplo, é solo textura média > solo textura argilosa > solo textura arenosa.
- A inclinação das curvas dos solos de textura argilosa e média mostra um decréscimo mais gradual do teor de água à medida que aumenta a tensão do que a curva do solo de textura arenosa, o qual mostra uma acentuada inflexão iniciando um pouco abaixo do pF 2. Nos solos de textura arenosa, a maior parte dos poros apresenta diâmetro relativamente grande e, uma vez que tais poros são esvaziados por determinada sucção, somente uma pequena porção de água permanece no solo. Nos solos argilosos e de textura média, a distribuição dos poros é mais uniforme, de forma que causa um decréscimo mais gradual à medida que a sução aumenta (Hillel, 1982).

Jamison & Kroth (1958), Salter & Williams (1965), Peterson et al. (1968), entre outros, e Medina & Grohmann (1966), estes trabalhando com solos brasileiros, estabeleceram a mesma seqüência de disponibilidade de água em relação à textura, isto é: textura média > textura argilosa > textura arenosa.

A determinação de constantes hídricas através de curvas de potencial matricial são demoradas e caras, por isso os cientistas têm buscado parâmetros do solo para cálculos físico-hídricos. Arruda et al. (1987), trabalhando com 218 diferentes solos do Estado de São Paulo, estabeleceram relações da capacidade de campo (–30 kPA) e do ponto de murcha permanente (–1.500 kPA) com teores de argila + silte, encontrando, entre os vários modelos de equações, alguns com elevado coeficiente de correlação (Figuras 4.3.3a. e 4.3.3b.).

Usando a equação: $Y = 3{,}07439 + 0{,}629239 \,.\, X - 0{,}00343813 \,.\, X^2$, ($R = 0{,}9085$), para a capacidade de campo, e a equação $Y = 398{,}889 \,.\, X/(1308{,}09 + X)$, ($R= 0{,}9610$), para o ponto de murcha permanente, foi calculada a água disponível até a profundidade de 100 cm para um solo de textura argilosa (Quadro 4.2.6., perfil IAC-1231) e para um solo de textura argilosa, porém com apreciável quantidade de cascalho

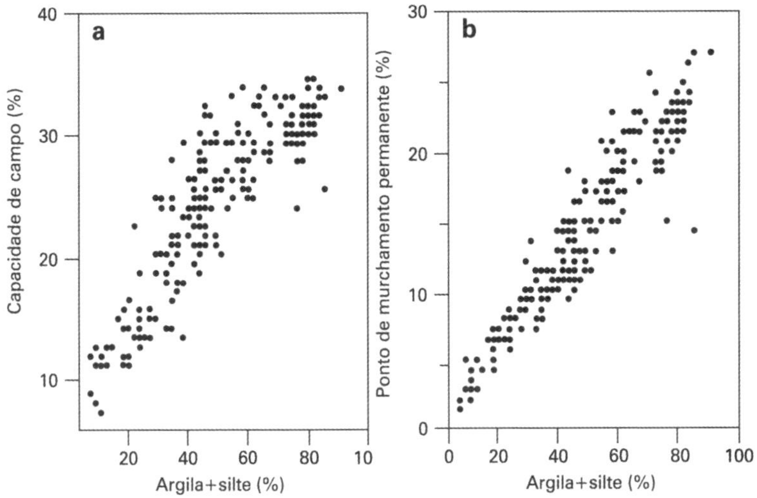

Figuras 4.3.3. Relação entre os teores de silte + argila e a capacidade de campo (a) e o ponto de murcha permanente (b), segundo Arruda et al. (1987).

(Quadro 4.2.6., perfil IAC-1346). No Quadro 4.3.7. foi calculada a água disponível para aquela mesma profundidade para um solo de textura arenosa e para um solo raso, usando-se em todos os casos a seguinte fórmula:

$$AD\ (mm) = \frac{\text{água na CC} - \%\ \text{água no PMP}}{10} \times \text{espessura (cm)} \times TFSA/100 \times d$$

onde:

AD = água disponível
CC = capacidade de campo
PMP = ponto de murcha permanente
TFSA = percentagem de terra fina seca ao ar
d = densidade do solo

Observa-se a influência do esqueleto do solo (calhaus e cascalho) e da textura na quantidade de água disponível. Enquanto o solo argiloso sem material grosseiro (perfil IAC-1231) apresentou 94,8% de água disponível nos 100 cm de profundidade, o solo igualmente argiloso,

Quadro 4.3.7. Horizonte, teor de argila e de silte, densidade do solo e água disponível usando as equações de Arruda et al. (1987) em NEOSSOLO QUARTZARÊNICO e NEOSSOLO LITÓLICO.

NEOSSOLO QUARTZARÊNICO perfil IAC-1239 (Oliveira et al., 1982)						
Horizonte	**Espessura** (cm)	**Argila** —%	**Silte** —	**Densidade global** ($Mg\ m^{-3}$)	**Terra fina** (%)	**Água disponível** (mm)
A11	0-52	6	1	1,4	100	37,8
A12	52-80	10	0	1,4	100	23,5
C1	80-150	1	9	1,4	100	16,8
Total 100 cm						78,1

NEOSSOLO LITÓLICO perfil SP-82 (Brasil, 1960)						
Horizonte	**Espessura** (cm)	**Argila** —%	**Silte** —	**Densidade global** ($Mg\ m^{-3}$)	**Terra fina** (%)	**Água disponível** (mm)
A	0-20	56	32	1,2	100	24,24
Total						24,24

porém com grande quantidade de calhaus e cascalhos (perfil IAC-1346), apresentou apenas 59,3%. O solo de textura arenosa, por outro lado (perfil IAC-1239), apresentou, para a mesma profundidade, 78,1% de água disponível e o solo raso, apenas 24,2%.

A dimensão dos poros tem importância também na ascensão capilar. Esse fato assume maior relevância nos solos de textura média ou argilosa e que apresentem lençol freático relativamente pouco profundo. A altura da ascensão capilar (e velocidade de movimentação da água) é inversamente proporcional ao diâmetro do poro, sendo dada pela seguinte fórmula simplificada (Wild, 1992):

$$h = 3 \times 10^{-5}/d$$

onde: h = altura da ascensão capilar, d = diâmetro médio do poro.

No Quadro 4.3.8., são apresentadas as alturas da ascensão capilar acima do lençol freático para várias texturas (Dijkerman, 1981). A ascensão capilar é rápida nos solos de textura arenosa, porém atinge altura relativamente pequena, enquanto nos solos de textura argilosa é muito lenta, porém atinge alturas bem maiores.

Quadro 4.3.8. Altura da ascensão capilar segundo a textura do solo (Dijkerman, 1981).

Material do solo	Capilaridade	
	Altura (cm)	Velocidade
Areia muito grossa	20	Muito rápida
Moderadamente grossa	40-60	Rápida
Areia fina	70-100	Moderadamente rápida
Silte	100-200	Lenta
Argila	—	Muito lenta

Quando saturados, os solos mais permeáveis são aqueles nos quais a maior parte do volume dos poros está representada por poros largos e contínuos, enquanto os menos condutivos são os solos nos quais o volume de poros está constituído por numerosos microporos. É bem conhecido o fato de que um solo arenoso saturado conduz a água mais rapidamente do que um solo argiloso. Entretanto, o oposto também pode ser verdadeiro quando tal solo não está saturado. Nessa condição, os poros grandes se esvaziam, tornando-se rapidamente não condutores de água à medida que a sucção aumenta, decrescendo então acentuadamente a elevada condutividade hidráulica inicial. Em um solo com poros pequenos, por outro lado, muitos deles retêm e conduzem água mesmo com apreciável sucção, de forma que a condutividade hidráulica não decresce tão acentuadamente e pode realmente ser maior do que aquela de solos com poros grandes submetidos à mesma sucção. Como no campo o solo está, em geral, a maior parte do tempo, em condição não-saturada, freqüentemente acontece que o fluxo descendente de água é mais acentuado e persiste por mais tempo nos solos de textura fina do que nos arenosos (Hillel, 1982).

Por essa razão, a ocorrência de uma camada de areia abaixo de uma camada de textura fina (NEOSSOLO FLÚVICO, por exemplo), longe de aumentar o fluxo, pode realmente impedir o movimento da água não-saturada até que ela se acumule acima da camada de areia, diminuindo a sucção o suficiente para que entre nos largos poros da areia.

A porosidade e, por conseqüência, a dinâmica da água no solo são de capital importância tanto para a agricultura como para a geotecnia, pois têm implicações no dimensionamento dos sistemas de drenagem e irrigação, na estimativa da capacidade do solo de receber resíduos urbanos e industriais e nos riscos de contaminação do lençol freático e dos aqüíferos, na erodibilidade e no dimensionamento de terraços, no saneamento de solos salinos e alcalinos, entre outras.

Bibliografia

AGASSI, M., SHAINBERG, I. & MORIN, J. Effect of electrolyte concentration and soil sodicity on infiltration rate and crust formation. **Soil Sci. Soc. Am. J.** 1981, (45): 848-851.

ARRUDA, F. B., ZULLO, J. Jr. & OLIVEIRA, J. B. Parâmetros de solo para o cálculo da água disponível com base na textura do solo. **Rev. Bras. Ci. Solo**, 1987 (11): 11-15.

BREWER, R. **Fabric and mineral analysis of soils.** John Wiley & Sons, 1964. 470p.

BRASIL. Ministério da Agricultura. Centro Nacional de Ensino e Pesquisas Agronômicas. Comissão de Solos. **Levantamento de reconhecimento de solos do Estado de São Paulo.** Rio de Janeiro, Serviço Nacional de Pesquisas Agronômicas, 1960. 634p. (SNPA, Boletim 12).

CHILDS, E. C. **An introduction to the physical bases of soil water phenomena.** John Wiley Sons, Londres, 493p. 1969.

CONGRESSO BRASILEIRO DE CIÊNCIA DO SOLO, 22. Recife, PE. **Guia de excursão 29/30 julho de 1989.** Recife: Sociedade Brasileira de Ciência do Solo/ Embrapa-SNLCS, 1989. 72p. Mimeografado. Editores: Paulo Klinger, T. Jacomine, Luiz Bezerra de Oliveira, Antônio Cabral Cavalcanti.

DIJKERMAN, J. C. **Agricultural evaluation of soils. MSc-Course in Soil Science and water management.** Agricultural University Wageningen. 1981. 62p. (Mimeografado).

EMPRESA BRASILEIRA DE PESQUISA AGROPECUÁRIA. **Sistema Brasileiro de Classificação de Solos.** Rio de Janeiro, 1999. 412p.

ESTADOS UNIDOS. United States Department of Agriculture. Soil Conservation Service. In: **National Soils Handbook.** Part 603: Application of soil information (p. 603-1/603-222), 1983.

GROHMANN, F. Distribuição de tamanho de poros em três tipos de solos do Estado de São Paulo. **Bragantia,** Campinas, 19: 319-328, 1960.

HILLEL, D. **Introdution to soil physics.** Academic Press. New York, 1982, 364p.

JAMISON, V. C. & KROTH, E. M. Avaiable moisture capacity in relation to texturae composition and organic matter content of several missori. **Soils Soil. Sci. Soc. Amer. Proc.** 22: 189-192, 1958.

KOHNKE, H. **Soil physics.** New York. McGraw-Hill. 1968, 224p.

LEMOS, R. C. & SANTOS, R. D. dos. **Manual de descrição e coleta de solo no campo.** 3. ed. Campinas, SBCS/CNPA, 1996. 83p.

LEPSCH, I. F., BELLINAZZI Jr., BERTOLINI, D. & SPINDOLA, C. R. **Manual para levantamento utilitário do meio físico e classificação de terras no sistema de capacidade de uso.** 2. ed. Campinas, SiBCS, 1991. 175p.

MEDINA, H. P. & GROHMANN, F. Disponibilidade de água em alguns solos sob cerrado. **Bragantia,** Campinas. 25: 65-75, 1966.

OLIVEIRA, J. B. & BERG, M. van der. **Aptidão agrícola das terras do Estado de São Paulo: Quadrícula de Araras. II Memorial descritivo.** Campinas, Instituto Agronômico. 1985. 60p. (Boletim Técnico, 102).

OLIVEIRA, J. B. & SOSA, S. M. B. **Sistema de classification de la aptitud agro-ecologica de la tierra (SCAAT) para la Region Oriental del Paraguay.** (1ra. Aproximación). Universidad Nacional de Asunción, Facultad de Ciencias Agrarias/Carrera de Ingeneria Forestal. Asunción, 1995. 77p.

OLIVEIRA, J. B., MENK, J. R. F., BARBIERI, J. L., ROTTA, C. L. & TREMOCOLDI, W. **Levantamento pedológico semidetalhado do Estado de São Paulo: Quadrícula de Araras.** Campinas, Instituto Agronômico. 1982. 180p. (Boletim Técnico, 72).

PETERSON, G. W., CUNNINGHAN, R. L. & MATELSKI, R. Moisture characteristics of Pennsylvania soils. I. Moisture retention as related to texture. **Soil Sci. Soc. Amer. Proc.,** 32: 271-275, 1968.

SALTER, P. J. & WILLIANS, J. B. The influence of texture on the moisture characteristics of soils. II Available – water capacity and moisture release characteristics. **Y. Soil. Sci.,** 16: 311-317, 1965.

SOCIEDADE BRASILEIRA DE CIÊNCIA DO SOLO. Curi, N. (coord.), com colaboração de J. O. I. Larach, N. Kämpf, A. C. Moniz e L. E. F. Fontes. **Vocabulário de ciência do solo.** Campinas, Sociedade Brasileira de Ciência do Solo, 1993. 90p.

TOPP, G. C., REYNOLDS, W. D., COOK, F. J., KIRBY, J. M. & CARTER, M. R. Physical atributes of soil quality. In: GREGORY, E. G. & CARTER, M. R. (eds.). **Soil quality for crop prodution and ecosystem health,** 21-58. Elsevier, Amsterdam. 1997. 448p.

UNGER, P. W. Management of crops on clay soils in the tropics. **Trop. Agric. Vo.** 59(2): 110-122, 1982.

VIEIRA, S. R. **Caracterização fisico-hídrica para fins de aptidão agrícola de solos do Estado de São Paulo.** Relatório enviado à Fapesp. 1993. 73p. (Mimeografado).

WILD, A. **Condiciones del suelo y desarollo de las plantas segun Russell.** Madri, 1992. 1.045p. (Versão espanhola).

WISCHMEIER, W. H. & SMITH, D. D. **Predicting rainfall erosion losses from cropland east of the Rocky Mountains.** U. S. Dept. Agr. Handbook 282, 1965. 47p.

WOLF, J. M. Relación suelo-agua en oxisoles de Puerto Rico y Brasil. In: BORNEMISZA, E. & ALVARADO, A. (eds.). **Manejo de suelos en la America Tropical.** North Carolina State University. 1975. p. 147-157.

4.4. Profundidade efetiva. Profundidade do solo

A profundidade efetiva refere-se à profundidade máxima na qual as raízes penetram livremente no corpo do solo em número razoável, sem impedimento, proporcionando às plantas suporte físico e condições para a absorção de água e nutrientes (Curi, coord., 1993). Ainda segundo esse autor, a profundidade efetiva nem sempre se limita à profundidade do *solum* (A + B), podendo ultrapassá-lo.

A definição do International Soil Reference and Information Center (Isric) é semelhante, porém acrescenta que "rochas fortemente fraturadas não são consideradas impeditivas ao enraizamento" (Engelen & Wen, 1995).

A profundidade do solo, por sua vez, diz respeito a todo o conjunto de horizontes e camadas existentes acima do substrato rochoso coerente (*solum*), sendo independente da presença ou não de camadas limitantes ao enraizamento das plantas. Solos identificados como rasos quanto a sua profundidade efetiva, devido à presença, por exemplo, de um horizonte litoplíntico a pouca profundidade, podem ser bastantes profundos. Nesses casos, abaixo do horizonte litoplíntico e acima do substrato rochoso há um ou mais horizontes não necessariamente impeditivos ao sistema radicular.

Os fatores que determinam a livre penetração das raízes no solo são de ordem física e química. Entre os impedimentos de ordem física encontrados nos solos brasileiros ressaltam o contato lítico, o horizonte litoplíntico e o duripã, os quais constituem, devido a sua grande coesão, barreiras praticamente intransponíveis às raízes. O horizonte petrocálcico constitui também barreira ao sistema radicular, porém não há registro de sua ocorrência no Brasil, e se porventura existir, deverá ser muito pontual, restrito a áreas extremamente reduzidas (veja 5.14.

Horizonte cálcico e horizonte petrocálcico). O fragipã, a compactação de horizontes subsuperficiais, a presença de horizontes adensados ou de cascalheiras espessas também podem restringir o desenvolvimento das raízes, contudo, em menor intensidade do que os fatores acima, sendo que tanto o fragipã como o horizonte compactado ou adensado têm sua penetrabilidade ao sistema radicular bastante associada a seu estado de umedecimento. No estado úmido a resistência é mínima, aumentando porém significativamente à medida que o solo seca.

Entre as barreiras químicas, a presença de Al^{3+}, Mn^{2+} e deficiências nutricionais, especialmente de fósforo e cálcio, são bastante citadas na bibliografia. Enquanto os impedimentos de ordem física são relativamente fáceis de detectar no campo e de terem sua profundidade e sua espessura estabelecidas, os químicos são praticamente impossíveis. A diminuição brusca da densidade de enraizamento sem que algum impedimento físico esteja presente pode ser um indicador, ainda que bastante subjetivo, da presença de barreira química. Talvez seja devido a essa impossibilidade de identificar concretamente tais barreiras que os pedólogos não a empreguem, quer como critério no estabelecimento de classes de profundidade efetiva dos solos, quer como critério distintivo de classes de capacidade de uso ou de aptidão agrícola.

A Embrapa (1999) assinala, além do contato lítico, a presença de lençol freático permanente entre os critérios definidores de classes de profundidade do solo, a qual, a rigor, não constitui um impedimento físico ou químico, mas sim fisiológico.

Não existe, no Brasil, uma normatização quanto ao emprego de termos como raso, pouco profundo etc. na identificação da profundidade de solos. As classes de profundidade estabelecidas pela Embrapa (1988) (Quadro 4.4.1.) são dúbias, pois é utilizada a presença de contato lítico ou de lençol freático permanente como critério para identificar classes de profundidade, sem precisar se se trata de classes de profundidade do solo ou classes de profundidade efetiva. Ora, se o contato lítico realmente separa o solo da rocha coerente a ele subjacente, permitindo de uma só vez identificar a profundidade dele e a profundidade efetiva do solo, o mesmo não acontece com o lençol freático. Por outro lado, em alguns

Quadro 4.4.1. Classes de profundidade (Embrapa, 1999).

Raso	≤ 50 cm
Pouco profundo	> 50 cm ≤ 100 cm
Profundo	> 100 cm ≤ 200 cm
Muito profundo	> 200 cm

levantamentos pedológicos, solos foram denominados segundo sua profundidade efetiva, porém mediante critérios distintos e por vezes subjetivos. Assim, no Levantamento de reconhecimento de solos do Estado do Paraná (Embrapa, 1984), os Latossolos com *solum* inferior a 180 cm foram considerados pouco profundos e aqueles com espessura considerada "bem menor do que a normal", rasos. Como não há especificação de qual é a profundidade normal de um latossolo, tal critério é subjetivo. Por outro lado, no Levamento de solos do Município do Rio de Janeiro (Embrapa, 1980), Latossolos Vermelho-Amarelos pouco profundos foram identificados pela presença do horizonte C a partir de aproximadamente 1 m. Nesse mesmo trabalho, Podzólicos Vermelho-Amarelos foram considerados rasos quando o horizonte B3 iniciava a menos de 80 cm de profundidade, independente da espessura que o solo ainda apresentava até a rocha. O perfil GB-17 (Embrapa, 1980) é um exemplo desse critério; abaixo do horizonte B3 prossegue um horizonte C de consistência muito friável e com elevada saturação por bases, portanto sem apresentar nenhum impedimento ao desenvolvimento do sistema radicular, pelo menos até os 160 cm de profundidade descritos.

Depreende-se do exposto que a falta de critérios unívocos para identificar profundidade do solo exige uma atenta leitura dos boletins que acompanham os levantamentos pedológicos a fim de que seja possível fazer interpretações consistentes do uso de tais solos.

O SiBCS apresenta definições precisas de solos rasos e pouco profundos. Assim, os mapas pedológicos que vierem a ser elaborados segundo seus critérios permitirão uniformidade de interpretação de tais solos. Os solos rasos e pouco profundos são qualificados pelos termos lítico e léptico. Todos os solos identificados segundo o SiBCS como líticos, como os CHERNOSSOLOS RÊNDZICOS Líticos (perfil SE-73, Embrapa, 1975a), os CAMBISSOLOS HÁPLICOS Ta Eutróficos líticos, os LUVISSOLOS CRÔMICOS Órticos líticos, entre outros, são rasos, apresentando profundidade do solo e também profundidade efetiva de no máximo 50 cm, pois o contato lítico (veja 3.11. Contato lítico) encontra-se dentro dessa profundidade. Por outro lado, todos os solos denominados de lépticos, como os ARGISSOLOS VERMELHO-AMARELOS Eutróficos abrúpticos lépticos, os CAMBISSOLOS HÚMICOS Distróficos lépticos, os NEOSSOLOS REGOLÍTICOS Eutróficos lépticos fragipânicos (perfil AL-75, Embrapa, 1975), entre outros, são considerados pouco profundos, pois apresentam contato lítico entre 50 e 100 cm de profundidade, e profundidade efetiva também de 50 a 100 cm.

Por sua vez, todos os solos da subordem NEOSSOLO LITÓLICO são rasos, pois o contato lítico ocorre no máximo a 50 cm de profundidade.

Os NEOSSOLOS LITÓLICOS e os solos líticos apresentam, portanto, sérias limitações para as plantas, especialmente as permanentes, devido ao pequeno volume do solo explorado por unidade de área (Figura 4.4.1., p. 574). As plantas não conseguem fazer penetrar seu sistema radicular em profundidade, caindo com facilidade, pela falta de ancoragem. Nas regiões secas ou com período de seca importante, as plantas não encontram, em tais solos, reserva de água adequada para seu desenvolvimento. Mesmo em regiões relativamente úmidas, essa limitação pode se manifestar com relativa intensidade (Figura 1.2.7.). Muitos desses solos são eutróficos, mas a reserva de nutrientes por unidade de volume é baixa. Por outro lado, solos rasos são muito sujeitos à erosão hídrica. Os solos lépticos com contato lítico pouco abaixo de 50 cm também apresentam as mesmas limitações, se bem que em menor intensidade, sendo tanto menor quanto maior a profundidade de ocorrência do contato lítico.

O fragipã (Figura 5.21.3.) e o duripã, dependendo da profundidade de ocorrência, também podem oferecer limitações importantes ao desenvolvimento do sistema radicular (veja 5.21. Fragipã e 5.22. Duripã), especialmente o duripã.

Nos solos com horizonte litoplíntico a pouca profundidade, o plantio de culturas permanentes em covas que ultrapassem a camada de impedimento pode ser perfeitamente viável, porque, em geral, abaixo desse horizonte ocorrem horizontes que não oferecem impedimento ao enraizamento. Na indicação de tais solos para uso agrícola, deve ser dada limitação maior para as culturas anuais do que para as permanentes, mantidas outras condições semelhantes.

Tanto os NEOSSOLOS LITÓLICOS como os solos líticos e lépticos são impróprios para uso como aterro sanitário e cemitérios, e apenas os últimos apresentam condições de ser usados como lagoas de decantação.

Bibliografia

CURI, N. (coord.). **Vocabulário de ciência do solo.** Com colaboração de J. O. I. Larach, N. Kämpf, A. C. Moniz e L. E. F. Fontes. Campinas, Sociedade Brasileira de Ciência do Solo. 1993. 90p.

EMPRESA BRASILEIRA DE PESQUISA AGROPECUÁRIA. Centro de Pesquisas Pedológicas. **Levantamento exploratório – reconhecimento de solos do Estado de Alagoas.** Recife, 1975. 532p. (Embrapa-CPP. Boletim Técnico, 35; Sudene, Série Recursos de Solos, 5).

EMPRESA BRASILEIRA DE PESQUISA AGROPECUÁRIA. Centro de Pesquisas Pedológicas. **Levantamento exploratório – reconhecimento de solos do Estado de Sergipe.** Recife, 1975a. 506p. (Embrapa-CPP. Boletim Técnico, 36; Sudene, Série Recursos de Solos, 6).

EMPRESA BRASILEIRA DE PESQUISA AGROPECUÁRIA. Serviço Nacional de Levantamento e Conservação do Solo, Rio de Janeiro, RJ. **Levantamento semidetalhado e aptidão agrícola dos solos do Município do Rio de Janeiro.** Rio de Janeiro, 1980. 389p. (Boletim Técnico, 66).

EMPRESA BRASILEIRA DE PESQUISA AGROPECUÁRIA. Serviço Nacional de Levantamento e Conservação do Solo. Rio de Janeiro, RJ. **Levantamento de reconhecimento dos solos do Estado do Paraná.** Londrina, Sudesul, Embrapa/Gov. Est. Paraná-Iapar. 1984. Tomo I e II. 791p. (Embrapa/SNLCS. Boletim de Pesquisa, 27-Iapar, Boletim Técnico).

EMPRESA BRASILEIRA DE PESQUISA AGROPECUÁRIA. Serviço Nacional de Levantamento e Conservação do Solo. Rio de Janeiro, RJ. **Critérios para distinção de classes de solos e de fases de unidades de mapeamento; normas em uso pelo SNLCS.** Rio de Janeiro, 1988. 67p. (Documento 11).

EMPRESA BRASILEIRA DE PESQUISA AGROPECUÁRIA. **Sistema Brasileiro de Classificação de Solos.** Rio de Janeiro, 1999. 412p.

ENGELEN, V. W. P. van & WEN, T. T. (eds.). **Bases digitales de dados de suelos y terreno a nivel mundial y nacional (Soter): Manual de procedimentos.** [Trad. del ingles: W. L. Peters; Global and national databases (Soter): procedures manual] Ed. rev. Wageningen: Centro International de Referencia e Información en Suelos, 1995.127p.

4.5. Índice ki

O índice ki foi originalmente proposto por Harrassovitz (Kehrig, 1949) para indicar a relação molar SiO_2/Al_2O_3 da fração argila do solo. É calculado da seguinte forma:

$$ki = SiO_2/Al_2O_3 \ \ x \times 1{,}7$$

Devido ao fato de o índice ki da caulinita corresponder a 2, esse valor foi estabelecido como limite entre solos muito intemperizados ($ki \leq 2$) e pouco intemperizados ($ki > 2$), também denominados de maneira global, por alguns pedólogos, respectivamente, de solos alíticos e sialíticos.

O índice ki foi utilizado em vários sistemas de classificação para identificar horizonte diagnóstico e/ou discriminar solos das regiões tropicais bastante intemperizados (Aubert, 1965; Botelho da Costa, 1961; Tavernier & Sys, 1965). No Brasil, ele sempre foi um dos referenciais empregados na definição de horizonte B latossólico ($ki \leq 2{,}2$) e, até a publicação do SiBCS, na discriminação de Latossolos (Embrapa, 1988).

Alguns fatos determinaram que o índice ki fosse abandonado como critério de classificação pela maioria dos sistemas de classificação: métodos de determinação do SiO_2 e Al_2O_3 trabalhosos e lentos e/ou inadequados do ponto de vista pedológico; metodologias variadas impossibilitando a comparação de dados; presença de minerais silicatados na TFSA; possibilidade, ainda que rara, da presença de minerais silicatados com $ki > 2$ na fração argila. Convém ressaltar que métodos muito agressivos, como a fusão alcalina, por exemplo, são inadequados para estudos de mobilidade da sílica no solo, por extrair a sílica total, incluindo aí o quartzo, e outros, como o do HCl concentrado, são considerados fracos por não atacarem suficientemente a fração coloidal.

No Brasil, ainda se emprega o índice ki, mas o resultante do ataque sulfúrico é considerado inócuo ao quartzo e minerais não-intemperizados (Kehrig, 1949), pois pressupõe-se que o extrato sulfúrico dissolva apenas os minerais secundários (argilo-minerais) e que os percentuais de Fe, Al, Si e Ti sejam próximos aos da fração coloidal do solo (Embrapa, 1997). Apesar de a maioria dos dados de ki encontrados nos boletins de levantamento de solos efetuados no Brasil aparentemente confirmar essa pressuposição, dados de alguns perfis apontam o contrário. É o caso, entre outros exemplos, do perfil RN-46 (Brasil, 1971) de GLEISSOLO SÁLICO (na época denominado de Solonchak Solonétzico), cujo horizonte 3C2 apresenta os seguintes dados: ki = 8,47; argila = 13%; CTC = 26,1 $cmol_c$/kg argila; mineralogia da fração areia = 100% quartzo e traços de feldspatos. Observa-se que há incompatibilidade entre o valor da CTC da fração argila e o do ki, sendo aquele muito inferior ao que seria esperado para valor de ki tão elevado. Tais dados apontam para possíveis inconsistências do método quando se trata de material com pouca argila. Nesses casos, o confronto entre os dados da CTC da fração argila e o de ki pode ajudar na verificação da confiabilidade dos dados.

O índice ki tem sido empregado juntamente com outras relações molares como índice de intemperismo. Quanto mais intemperizado o solo, menor o índice. Solos muito intemperizados, com argila de atividade muito baixa, como os ácricos, por exemplo, apresentam os mais baixos valores de ki encontrados em solos brasileiros. Oliveira & Prado (1987) assinalam o valor de apenas 0,21 no horizonte Bw de um LATOSSOLO VERMELHO-AMARELO Ácrico. Tais solos são essencialmente gibbsíticos. Valores de ki próximos a 1 em solos ácricos são bem menos freqüentes. Solos com ki entre 1 e 2 são predominantemente de baixa atividade coloidal, enquanto ki da ordem de 2,5-3,0 indica presença significativa de minerais de argila 2:1 (esmectitas). São também menos freqüentes no Brasil valores de ki superiores a 4,5. Solos com tais valores apresentam a fração argila com predominância absoluta de minerais de argila de atividade muito alta (esmectitas), resultando em CTC próxima ou acima de 100 $cmol_c$/kg argila, como no horizonte C do LUVISSOLO CRÔMICO Órtico, perfil BA-181 (Embrapa, 1977-1979). Esse horizonte apresenta ki de 5,67 e CTC da fração argila de 120 $cmol_c$/kg.

Os solos em geral não apresentam grandes variações verticais nos valores de ki. Contudo, nos ESPODOSSOLOS, em virtude do fenômeno de podzolização (com destruição dos minerais de argila em superfície e neoformação em profundidade), sua distribuição é errática, como no perfil Al-54 (Embrapa, 1975), cujo valor de ki por horizonte é o seguinte: O1 – 4,76; A11 – 2,37; A12 – 1,51; E – 1,70; Bh – 2,04; Bs – 0,85. O perfil de distribuição do índice ki pode auxiliar na identificação de tais solos.

Solos argilosos com ki baixo (< 2) são em geral bastante adequados para pisos de estradas, e naqueles com ki muito baixo (< 0,5) a adsorção de ânions pode ser alta. O inverso se dá com solos com ki > 2,5, nos quais há predominância de argilas de atividade alta. Nesses materiais, os fenômenos de retração e expansão das argilas começam a se manifestar, apresentando-se, em geral, tanto mais intensos quanto maior o índice.

Bibliografia

AUBERT, G. La classification pédologique utilisé en France. **Pédologie**, Ghent 3 (n. Spec.): 25-51, 1965.

BOTELHO DA COSTA, J. V. **Ferrallitic, Tropical Fersilallitic and Tropical semiarid soils.** Garcia de Orta, Lisboa. 9(2): 315-316, 1961.

BRASIL. Ministério da Agricultura. Divisão de Pesquisa Pedológica, DNPEA. **Levantamento de reconhecimento dos solos do Estado do Rio Grande do Norte**. Recife, Convênio MA/DNPEA-Sudene/DRN, MA/Usaid/Brasil, 1971. 683p. (Boletim Técnico, 15).

EMPRESA BRASILEIRA DE PESQUISA AGROPECUÁRIA. Serviço Nacional de Levantamento e Conservação do Solo. Rio de Janeiro, RJ. **Levantamento exploratório – reconhecimento de solos da margem direita do Rio São Francisco, Estado da Bahia.** Recife, Convênios Embrapa/SNLCS-Sudene/DRN, MA/Usaid/ETA, 1977 e 1979. v. 1 e 2. 1.296p. (Boletim Técnico, 52).

EMPRESA BRASILEIRA DE PESQUISA AGROPECUÁRIA. Centro de Pesquisas Pedológicas. **Levantamento exploratório – reconhecimento de solos do Estado de Alagoas.** Recife, 1975. 532p. (Embrapa-CPP. Boletim Técnico, 35; Sudene, Série Recursos de Solos, 5).

EMPRESA BRASILEIRA DE PESQUISA AGROPECUÁRIA. Serviço Nacional de Levantamento e Conservação do Solo. Rio de Janeiro, RJ. **Critérios para distinção de classes de solos e de fases de unidades de mapeamento; normas em uso pelo SNLCS.** Rio de Janeiro, 1988. 67p. (Documento 11).

EMPRESA BRASILEIRA DE PESQUISA AGROPECUÁRIA. Centro Nacional de Pesquisa de Solos. **Manual de métodos de análise de solos.** 2. ed. rev. atual. Rio de Janeiro, 1997. 212p.

KEHRIG, A. G. **As relações ki e kr no solo.** Ministério de Agricultura. Centro Nacional de Ensino e Pesquisas Agronômicas. Boletim do Instituto de Química Agrícola n. 13. 1949. 67p.

OLIVEIRA, J. B. & PRADO, H. **Levantamento pedológico semidetalhado do Estado de São Paulo: Quadrícula de Ribeirão Preto. II Memorial Descritivo.** Campinas, Instituto Agronômico. 1987. 133p. (Boletim Científico, 7).

TAVERNIER, R. & SYS, C. **Classification of the soils of the Republic of Congo (Kinshasa).** Pedologie, Intern. Symp 3, Soil Classif. Ghent, p. 91-136, 1965.

4.6. Cerosidade

A cerosidade, em conjunto com a estrutura observada a campo, é, segundo o SiBCS (Embrapa, 1999), critério determinante na identificação dos horizontes de diagnóstico B latossólico, B nítico e B textural (veja 5.10. Horizonte B latossólico, 5.11. Horizonte B nítico, 5.13. Horizonte B textural), os quais, por sua vez, constituem critérios diferenciadores de classes de solo no primeiro nível categórico: ordem.

A identificação, no campo, da cerosidade e de seu grau de expressão e abundância é bastante subjetiva, fato que tem provocado muitas divergências entre pedólogos do mundo todo e motivado incertezas na classificação de solos, especialmente quando o referencial usado empresta grande importância diagnóstica à sua presença, como é o caso do SiBCS.

De maneira geral, o termo "cerosidade" tem sido usado para exprimir feição pedológica, expressa a olho nu ou sob lupa (10×), por aspecto lustroso e brilho graxo nas faces das unidades estruturais. Esta é uma feição estritamente morfológica, observada no campo. Com o advento da micromorfologia, foi constatado aqui (e em outras partes do mundo) que nem sempre aquela feição cerosa ou brilhante corresponde a películas de argila, ou seja, à argila de iluviação. O inverso também ficou evidenciado, isto é, identificação de películas de argila iluviada em lâminas feitas em torrões, sendo que, no campo, não foi constatada a presença de cerosidade (Isbell, 1977).

O referencial nacional utilizado pelos pedólogos brasileiros para a definição de cerosidade era o Documento SNLCS, nº 11 (Embrapa, 1988) e atualmente é o Sistema Brasileiro de Classificação de Solos (Embrapa,

1999). Em ambos os documentos, a cerosidade é assim definida: "são películas muito finas de material inorgânico, orientadas ou não, constituindo revestimentos ou superfícies brilhantes nas faces dos elementos estruturais, poros, ou canais, resultantes de movimentação, segregação ou rearranjamento de material coloidal inorgânico". Esta definição é bastante abrangente, pois considera a cerosidade 1) como películas de argila que constituem revestimentos orientados ou não, o que implica em entidades tridimensionais; 2) como superfícies brilhantes, as quais têm sua gênese em rearranjamento localizado do plasma, sendo, contrariamente àquelas, feições bidimensionais.

As películas (tridimensionais) têm sido comumente denominadas na literatura internacional de *clay skins* e mais recentemente de *illuviation cutans* (cutans de iluviação; Brewer, 1964). As superfícies brilhantes, por sua vez, correspondem às superfícies de compressão, inclusive às superfícies de estriamento, conhecidas também como *slikensides*. Brewer (1964) engloba esses dois aspectos no que denomina de feições pedológicas (*pedological features*). As películas entram, segundo ele, na categoria das feições decorrentes de concentração de plasma (*plasma concentration*) e as superfícies, bidimensionais, na categoria das feições decorrentes de separação de plasma (*plasma separation*) (Brewer, 1964).

Diante das divergências de conceitos existentes com respeito às feições pedológicas representadas morfologicamente no campo pelo aspecto ceroso ou brilhante, Brewer (1964) cunhou o termo *cutans*, definindo-o como "modificação da textura, estrutura ou fábrica (*fabric*) dos materiais do solo nas superfícies naturais devido à concentração de constituintes particulares do solo ou modificação *in situ* do plasma". Acrescenta ainda que os *cutans* podem ser constituídos por qualquer um dos componentes do material do solo. Essa definição, segundo Brewer (1964), foi feita amplamente para que os *cutans* pudessem ser reconhecidos e classificados no campo.

Observa-se que há similaridade entre as definições de cerosidade (Embrapa, 1988, 1999) e de *cutans* (Brewer, 1964, 1976) e que ambas são suficientemente amplas para permitir a identificação da cerosidade (*cutans*) no campo, posto que esse termo compreende, como assinalado, tanto as feições chamadas de filmes de argila (*clay skins, illuviation cutans*) como as superfícies brilhantes resultantes de separação do plasma e representadas pelas superfícies de compressão e de fricção (*slikensides*). É importante ter-se em mente essa abrangência do termo "cerosidade" para evitar, no campo, discussões estéreis.

A cerosidade e os filmes de argila têm sido largamente empregados em trabalhos relacionados com a gênese dos solos e em sistemas de classificação (SiBCS, Soil Taxonomy, FAO etc.), em conjunção com outros atributos, na definição de horizontes de diagnóstico. Trabalhos relacionando a presença de filmes de argila com aspectos agronômicos são relativamente escassos e desconhecemos aqueles relacionados à geotecnia, assim como trabalhos relacionando específica e diretamente as superfícies de compressão e as de fricção com aspectos agronômicos e geotécnicos.

Do ponto de vista químico, Khalifa e Buol (1969), comparando o crescimento de trigo em material formado por agregados com e sem películas de argila, mostraram que as plantas que cresceram no material sem películas apresentaram maior peso seco e valores mais elevados de N, P e K totais do que as que cresceram no material constituído por agregados com películas. Eles estabeleceram a hipótese de que as películas de argila reduzem o crescimento das plantas e a absorção de nutrientes, especialmente P e K, agindo como uma barreira física ao crescimento das raízes e/ou diminuindo a difusão de íons do interior dos agregados para a solução interagregados.

Soileau et al. (1964), por sua vez, assinalam que, em condições de laboratório, o crescimento do trigo e a absorção do K foram restringidos na presença de películas de caulinita-ferro, acrescentando ainda que a presença dessas películas resultou em apreciável acumulação de Ca e Mg nas plantas. Esses autores sugerem que essas películas agem como um filme protetor, isolando certas porções do material do solo. Esse efeito foi considerado mais pronunciado em solos contendo relativamente mais películas (*cutans*) do que em solos mais jovens, nos quais tal processo foi menos ativo. Acrescentam ainda que esses efeitos de *cutans* caulinita-ferro na absorção de nutrientes pelas plantas podem ser de particular importância em solos bastante intemperizados, ricos em ferro, das regiões tropicais e subtropicais.

Buol & Hole (1959), estudando solos de Wisconsin, assinalam também diferenças na mineralogia das argilas e no conteúdo de vários elementos contidos nas películas de argila e no interior dos agregados.

Bibliografia

BREWER, R. **Fabric and mineral analysis of soils.** John Wiley & Sons. Londres, 1964, 470p.

BREWER, R. **Fabric and mineral analysis of soils.** Robert E. Krieger Publish. Co. Hugston. New York. 1976. 482p.

BUOL, S. W. & HOLE, F. D. Some characteristics of clay skins on peds in the B horizon of a Gray-Brown Podzolic Soil. **Soil Sci. Soc. Amer. Proc.** 23: 239-241, 1959.

EMPRESA BRASILEIRA DE PESQUISA AGROPECUÁRIA. Serviço Nacional de Levantamento e Conservação de Solos. **Critérios para distinção de classes de solos e de fases de unidades de mapeamento. Normas em uso pelo SNLCS.** Rio de Janeiro. 1988. Documentos SNLCS n. 11. 67p.

EMPRESA BRASILEIRA DE PESQUISA AGROPECUÁRIA. Centro Nacional de Pesquisa de Solos. **Sistema Brasileiro de Classificação de Solos.** Brasília, 1999, 410p.

ISBELL, R. F. **The argillic horizon concept and its applications to the classification of tropical soils.** Proc. Clamatrops. 1977. p. 150-157.

KHALIFA, E. M. & BUOL, S. W. Studies of clay skins in a Cecil (Typic Hapludult) soil: II. Effect on plant growth and nutrient uptake. **Soil Sci. Soc. Amer. Proc.** 1969, 33: 102-105.

SOILEAU, J. M., JACKSON, W. A. & McCRACKEN, R. J. Cutans (clay films) and potassium availability to plants. **Journal of Soil Science**, v. 15 (1): 117-123, 1964.

4.7. Estrutura

A parte sólida do solo é formada por partículas unitárias de vários tamanhos, desde as partículas minerais, como os grãos de areia individualizados, ou fragmentos orgânicos, até agregados de partículas unitárias ligadas entre si por forças de diferentes naturezas e intensidade, resultando em unidades estruturais de variada complexidade.

A intensidade das ligações que mantêm as partículas unitárias agregadas em unidades estruturais depende de uma série de variáveis, resultando em estruturas que apresentam tipo, tamanho e grau de desenvolvimento os mais diversos. São assinaladas, entre outras, a quantidade e a natureza da fração argila; a natureza dos cátions nela adsorvidos; a presença e solubilidade do excesso de sais; fatores biológicos incluindo produtos da decomposição orgânica, assim como seres vivos, além de agentes inorgânicos de cimentação (Arca & Weed, 1965). O grau de secamento e umedecimento do material do solo também deve ser considerado, tendo em vista sua importância na intensidade das manifestações dos fenômenos de coesão e adesão, decisivos no processo de agregação das partículas (veja 4.1. Consistência).

É importante considerar, além das forças de atração que mantêm as partículas do solo agrupadas, formando agregados ou unidades estruturais, as forças que a elas se contrapõem. Tais forças mantêm as unidades estruturais afastadas umas das outras devido a forças internas (retração devido ao secamento) ou externas (penetração de raízes) ou ainda devido à remoção de material existente entre elas (Black, 1968). Segundo este autor, uma vez ocorrida a separação das unidades estruturais, a zona de fraqueza original tende a se perpetuar, apesar da subseqüente consolidação. Nikiforoff (1941) assinala que o grau de desenvolvimento da estrutura é determinado pela durabilidade (estabilidade) dos agregados e pela facilidade com que eles se separam uns dos outros. Segundo esse autor, a durabilidade dos agregados depende das forças de adesão das partículas primárias dentro deles, enquanto a facilidade de separação dos agregados uns dos outros depende da força de adesão entre agregados adjacentes. O grau mais elevado de estrutura é caracterizado pela máxima força de adesão dentro dos agregados e pela mínina (se alguma) adesão entre eles.

Qualquer volume de solo é, portanto, formado pelo conjunto de partículas unitárias e/ou agregados e pelos espaços vazios existentes entre eles. Tais espaços vão desde os ultramicroscópicos existentes entre as partículas de argila até as largas fendas existentes entre as unidades estruturais de solos como os Vertissolos, onde podem chegar a mais de 10 cm.

Baver (1940) definiu estrutura como a maneira como as partículas simples de areia, silte e argila e as partículas secundárias (agregados) se agrupam, formando um padrão estrutural. Brewer (1964), por sua vez, definiu estrutura como a constituição física de um material do solo expressa pelo seu tamanho, forma e arranjamento das partículas e vazios, incluindo tanto as partículas primárias como as compostas (agregados).

A unidade estrutural (*ped*[28]) é usada para a descrição da estrutura no campo e refere-se a um agregado natural individual do solo constituído por um agrupamento de partículas primárias, separada das unidades estruturais vizinhas por superfícies de fraqueza que são reconhecidas como vazios naturais ou pela ocorrência de *cutans* (Brewer, 1964). Ainda segundo esse autor, o material do solo que apresenta, após a aplicação de uma força, uma população de unidades estruturais de tamanho e forma semelhantes é tido como material estruturado (*pedal material*[29]). Portanto, nas descrições morfológicas de perfis de solos, quando é mencionado que o solo não tem estrutura, refere-se à ausência de uma população de unidades estruturais de forma e tamanhos semelhantes resultantes da aplicação de uma força, e não, na realidade, à ausência de estrutura, pois esta, em tese, sempre existe. Esses materiais ditos não-estruturados, ao se fragmentarem, devido à aplicação de uma força, produzem fragmentos (e não unidades estruturais) de variados tamanhos e grãos simples. Nikiforoff (1941) aborda também esse aspecto, assinalando que a estrutura caracteriza a condição do solo intermediária entre a condição de grãos simples (ausência de coesão/adesão) e a maciça, representada pela coesão uniforme do material. Como nessas duas condições não há formação de agregados, esse autor considera sem estrutura tal material.

O solo apresenta agregados de vários tamanhos, desde microscópicos até de alguns centímetros, de 10 a 20 cm ou até mais. Ahmad (1985) mostra um prisma com 60 cm de comprimento em um Vertissolo de Trinidad e Tobago. Aliás, parece ser esta a classe de solos que apresenta as maiores estruturas, contudo, jamais vimos em solos brasileiros unidades estruturais tão grandes como a citada.

A descrição da estrutura feita pelo pedólogo no campo refere-se à macroestrutura, isto é, aquela que pode ser observada sem o auxílio de

28. Termo original em inglês (Brewer, 1964).

29. Solos apresentando horizonte hístico em estratos entremeados de material mineral, porém, somando cumulativamente 40 cm dentro de 80 cm da superfície do solo, são também considerados ORGANOSSOLOS.

microscópio. Em geral, são descritas as unidades estruturais de diâmetro superior a 1 mm. Ele descreve a estrutura quanto ao tipo: granular, em bloco, prismática, colunar e laminar; quanto ao tamanho: muito pequena, pequena, média, grande e muito grande; e quanto ao grau de expressão: fraca, moderada, forte.

A classificação de estrutura mais empregada pelos pedólogos é a de Nikiforoff (1941), apresentada no **Manuais de métodos de trabalho de campo** empregados no Brasil (Lemos & Santos, 1982, 1996).

A estrutura granular (Figura 4.7.1., p. 574) é caracterizada pela sua forma mais ou menos arredondada. Nikiforoff, contudo, assinala que esse arredondamento é arbitrário e que talvez agregados inteiramente arredondados não sejam encontrados, pois uma observação cuidadosa mostra que a maior parte deles é muito irregular e alguns mostram certa angulosidade.

A estrutura em blocos é caracterizada por agregados apresentando os eixos vertical e horizontal mais ou menos equivalentes (Figura 4.7.2., p. 575). Dependendo da maior ou menor angulosidade das unidades estruturais (vértices dos agregados com ângulos vivos), os pedólogos identificam as estruturas em blocos como angulares e subangulares.

A estrutura prismática é caracterizada por agregados apresentando o eixo vertical significativamente maior do que o eixo horizontal (Figura 4.7.3., p. 575). É comum, nos solos com estrutura prismática, que esta se rompa em unidades estruturais menores constituídas por blocos. Nesse caso, o pedólogo identifica a estrutura como prismática, que se rompe em estrutura angular ou subangular. A estrutura prismática, quando apresenta o agregado com o topo arredondado, é identificada como estrutura colunar (Figura 4.7.4., p. 576).

A estrutura laminar é caracterizada por agregados apresentando o eixo horizontal maior do que o eixo vertical.

A estrutura granular (Figura 4.7.1.) é típica do horizonte A, especialmente de solos mantidos em condições naturais (não-agricultados), sendo ainda comum no horizonte B de LATOSSOLOS VERMELHOS Férricos (*Latossolos roxos*). Neste último caso, é descrita como estrutura muito pequena (microestrutura) granular (∅ < 1 mm). A estrutura em blocos é comum no horizonte A de solos agricultados e predominante no horizonte B dos solos em geral (Figura 4.7.2.), enquanto a estrutura em blocos prismática é comum nos horizontes B textural de textura argilosa e B nítico (Figura 4.7.3.), especialmente quando a argila apresenta média a alta atividade (veja 3.2. Atividade da fração argila). Nos horizontes subsuperficiais dos vertissolos são freqüentes a estrutura prismática e a estrutura em blocos, grande a muito grande, chamada também de paralelepipédica. A estrutura colunar (Figura 4.7.4.) é típica do horizonte plânico com caráter sódico (horizonte nátrico). A estrutura laminar parece se restringir ao horizonte A, sendo pouco freqüente nos solos brasileiros. Não conhecemos nenhuma descrição de perfil de solos brasileiros onde tal estrutura tenha sido assinalada.

O tipo de estrutura, conjugado com seu grau de expressão, é utilizado no SiBCS na definição do horizonte A chernozêmico e na dos horizontes B latossólico, B textural, B nítico e B planossólico com caráter nátrico. A condição de presença de estrutura maciça conjugada com consistência do solo seco, duro ou mais coeso, que excluiria tal horizonte superficial da condição de A chernozêmico, parece não ocorrer no Brasil (veja 5.2. Horizonte A chernozêmico). Por outro lado, a presença de estrutura do tipo prismática, resultante da retração do solo exposto ao sol, observável, por isso, apenas em barrancos ressecados, é um dos requisitos na definição de LATOSSOLOS BRUNOS.

A identificação do grau de expressão da estrutura apresenta significativo teor de subjetividade, fato comprovado nas várias viagens de correlação de que participamos, o que determina certa fragilidade ao SiBCS, pois a distinção entre um horizonte diagnóstico B textural, B nítico e B latossólico pode se restringir, em certos casos, à simples distinção se a estrutura é fraca ou moderada, podendo implicar na identificação de ordens distintas de solos. Nesse particular, convém chamar a atenção para a importância taxonômica do quarto nível categórico (subgrupo), pois é aí que as pequenas diferenças morfológicas entre solos de subgrupos de ordens distintas ficam evidenciadas. Assim, pode-se estimar que LATOSSOLOS VERMELHO-AMARELOS Distróficos *argissólicos* e ARGISSOLOS VERMELHO-AMARELOS Distróficos *latossólicos* sejam mais similares entre si do que o são os LATOSSOLOS VERMELHO-AMARELOS Distróficos típicos e os ARGISSOLOS VERMELHO-AMARELOS Distróficos típicos.

A literatura aponta a importância da estrutura para o enraizamento das plantas, para o fluxo da água e dos gases no solo, para a erodibilidade, entre outras implicações, e, no caso da estrutura da camada superficial, na formação de crosta superficial e preparo do solo para plantio, aspectos diretamente relacionados com a germinação das sementes. Nasr & Selles (1995) assinalam que, apesar de o ambiente propício à germinação das sementes envolver componentes químicos, biológicos e físicos, as propriedades físicas são as determinantes para a emergência e o início de desenvolvimento das sementes, fase na qual a presença da água é indispensável. O contato semente-solo nessa fase é, portanto, de primordial importância, e a facilidade com que a água se move do solo para a semente é determinada significativamente pela estrutura. Para Russell (1973), citado por Nasr & Selles (1995), um ótimo leito para germinação é composto por agregados com diâmetro de 1 a 5 mm.

Diferentemente da cor, da textura, do grau de salinidade ou de alcalinidade, entre outros atributos que aparecem explicitamente na nomenclatura das classes de solos (exemplo: Latossolo *Vermelho*, Argissolo Vermelho-Amarelo abrúptico *textura arenosa/argilosa*, Gleissolo Sálico *sódico* etc.), permitindo assim fazer inferências sobre seus comportamentos, o mesmo não acontece com a estrutura. A legenda dos mapas de solos não informa diretamente qual o tipo, tamanho e grau de desenvolvimento de sua estrutura. Pode-se, contudo, a partir dos dados da classe de solo indicada na legenda do mapa, conjugada com as informações contidas no boletim que o acompanha, fazer inferências sobre o comportamento da estrutura do horizonte diagnóstico de subsuperfície, posto que, como assinalado anteriormente, são esses horizontes os utilizados na classificação dos solos. Com exclusão da classe dos CHERNOSSOLOS e dos solos pertencentes ao subgrupo dos chernossólicos, nos quais o horizonte A é utilizado como diagnóstico, dados sobre a estrutura da camada superficial podem ser obtidos somente através do boletim técnico. O horizonte A chernozêmico, sempre presente na classe dos CHERNOSSOLOS e nos solos chernossólicos, a não ser que tenha sofrido acentuado processo de degradação, apresenta, em geral, estrutura granular com tamanho e grau de desenvolvimento bastante adequados do ponto de vista agrícola.

A estrutura é muito importante do ponto de vista hídrico, pois no seu conceito estão compreendidos os vazios (Brewer, 1964) por onde ocorre o fluxo da água. A interpretação e correlação das descrições qualitativas da estrutura (tipo, grau de desenvolvimento e tamanho) feitas pelo pedólogo com propriedades físicas dos solos são contudo difíceis, tendo em vista a natureza geral desses dados (Anderson & Bouma, 1973). Apesar dessas restrições, pode-se tirar algumas conclusões gerais a partir dos dados contidos nos levantamentos de solos.

A seguir, alguns exemplos de inferências sobre a estrutura feitas a partir dos dados contidos nos mapas pedológicos.

- Os Latossolos apresentam estrutura microgranular (mais comum nos LATOSSOLOS VERMELHOS Férricos) ou em blocos. Neste caso, em geral é fraca ou no máximo moderadamente desenvolvida. O relativo baixo desenvolvimento da macroestrutura dos Latossolos (poucas superfícies de fraqueza) tem pequena influência na condutividade hidráulica, pois tais solos são, em geral, relativamente bem porosos (veja Figura 2.16.4.), com exceção dos LATOSSOLOS coesos, cujo topo do horizonte B latossólico pode apresentar permeabilidade restringida. Dados de porosidade total contidos nos boletins podem ajudar na inferência desses casos, pois as seções coesas apresentam menor porosidade total que os outros horizontes (veja Quadro 4.1.3.). Barrancos de estrada de LATOSSOLOS BRUNOS apresentam, quando secos, extraordinária estrutura prismática e presença de fendas decorrentes da retração sofrida pelo material do solo (Figura 4.7.5., p. 576), sugerindo apreciável condutividade hidráulica não-saturada nesses solos. É importante considerar, contudo, que essa morfologia é particular de tais solos e decorrente de condições especiais de pedogênese, restritas, no Brasil, à região meridional temperada altimontana, ocorrendo apenas em barrancos que estiveram expostos ao sol por alguns dias. Assim, não é de esperar que tal desenvolvimento de vazios (fendas) e de estrutura persista à medida que se afaste da face exposta do barranco para dentro da gleba. Portanto, apesar de a morfologia dos barrancos expostos desses solos sugerir condições que permitem uma elevada condutividade hidráulica não-saturada, tal comportamento não deve persistir na gleba como um todo, devendo-se usar essa condição na interpretação do comportamento hídrico deles.

- Os Vertissolos apresentam, em geral, estrutura grande, sendo aquela em blocos e a paralelepipédica as mais comuns. Normalmente, as unidades estruturais desses solos possuem baixa porosidade, fato que dificulta a penetração das raízes nos agregados. É comum encontrar-se concentração de raízes aderidas às faces das unidades estruturais balizadas pelas superfícies de fraqueza, indicando ser este um caminho mais fácil para sua penetração e desenvolvimento do que o interior delas. Esses solos, contudo, apresentam elevada condutividade hidráulica não-saturada, resultante das fendas sempre presentes em solos secos (tanto nos barrancos expostos como na gleba como um todo), sendo comuns fendas com várias dezenas de centímetros de profundidade e com vários centímetros de largura. Ahmad (1985) chega a assinalar fendas com cerca de 200 cm de profundidade, fato aparentemente incomum em nosso país. Nos solos molhados, a condutividade hidráulica se torna extremamente baixa devido à expansão das unidades estruturais, com conseqüente diminuição dos espaços vazios (veja 5.20. Horizonte vértico e 4.3. Porosidade). Como as superfícies de fraqueza correspondem a planos preferenciais para a penetração e o desenvolvimento das raízes, é de se esperar (não se conhecem dados de pesquisa) melhores condições para tal nos solos em que predomine estrutura pequena ou média do que naqueles em que predomine estrutura grande ou muito grande, pois nos primeiros a superfície representada pela superfície de fraqueza é bem superior à dos últimos.
- Os Nitossolos sempre apresentam estrutura prismática composta de blocos ou estrutura em blocos, em ambos os casos, moderadamente

ou mais desenvolvida. Essas estruturas, quando o solo está seco, comportam expressivas quantidades de vazios interagregados. Sua condutividade hidráulica saturada, contudo, deve ser bem maior que a dos Vertissolos, em decorrência da maior porosidade intra-agregados e da menor expansibilidade das unidades estruturais na condição de solo molhado, pois suas argilas são de baixa atividade, permitindo, portanto, que persistam, nessa condição de umidade, condições mais favoráveis ao fluxo descendente da água.

- Nos solos que apresentam expressivo desenvolvimento de estrutura e fendilhamento, em geral associados à presença de caráter vértico ou apenas decorrentes da presença de argila de atividade alta, como nos Nitossolos alíticos (Figura 3.2.2.) e solos afins, é de se esperar uma condutividade hidráulica não-saturada superior à de outros solos. Presume-se, contudo, uma maior condutividade hidráulica não-saturada nos Vertissolos e solos vérticos do que nos Nitossolos alíticos e solos afins, devido à presença significativamente superior de espaços vazios (fendas) naqueles, decorrentes da maior atividade da sua fração argila. Com respeito à condutividade hidráulica saturada, contudo, é de se esperar, nos solos vérticos, Nitossolos alíticos e solos afins, valores inferiores aos dos outros solos, porém superiores aos dos Vertissolos.
- Os Planossolos em geral apresentam estrutura prismática composta ou em blocos, sendo que os Planossolos Nátricos e mesmo alguns Planossolos solódicos (exemplo: perfil Al-51, Embrapa, 1975) apresentam estrutura colunar. Esta estrutura está em geral representada por grandes blocos, podendo chegar a mais de 20 cm de altura e 10 cm de largura, muito pouco porosos (elevada densidade) e muito pouco subdivididos em unidades estruturais menores, implicando, portanto, na presença de poucas superfícies de fraqueza intra-agregadas e, conseqüentemente, em poucas zonas de mais fácil penetração de raízes ou de percolação de água. Essa estrutura está, portanto, quase sempre associada à baixa condutividade hidráulica do horizonte B e à dificuldade de enraizamento. Os vazios intercolunares geralmente preenchidos

por material arenoso pouco coesivo (Figura 5.12.1.) são, nesses solos, os caminhos preferenciais para o fluxo de água e penetração das raízes em subsuperfície.

- A estrutura laminar, como ocorre preferencialmente no horizonte A (Nikiforoff, 1941), deve interferir com a permeabilidade, dificultando a penetração da água no solo. Essa estrutura, contudo, é rara no Brasil.

Bibliografia

AHMAD, N. **Acid vertisols of Trinidad.** Proc. Fifth International Soil Classification Workshop. p. 141-151. Sudan 2-11, nov. 1982. Soil Survey Administration, Khartoum, 1985.

ANDERSON, J. L. & BOUMA, J. Relationship between saturated hydraulic conductivity and morphometric data of an argillic horizon. **Soil Sci. Soc. Amer. Proc.** 1973, 37: 408-413.

ARCA, M. N. & WEED, S. B. Soil aggregation and porosity in relation to contents of free iron oxide and clay. **Soil Science.** 101(3): 164-170, 1965.

BAVER, L. D. **Soil Physics.** Chapman-Hall. London, 1940. p. 370.

BLACK, C. A. **Soil plant-relationships.** New York, 2th ed. John Wiley, 1968. 792p.

BRADY, N. C. **The natures and properties of soils.** 8th ed. New York, MacMillan Publ. 639p.

BREWER, R. **Fabric and mineral analyses of soils.** New York, John Wiley & Sons. 1964. 470p.

BUTLER, B. E. A system for description of soil structure and consistence in the field. **The Journal of Australian Institute of Agricultural Science**, 1955: 239-249.

EMPRESA BRASILEIRA DE PESQUISA AGROPECUÁRIA. Centro de Pesquisas Pedológicas. **Levantamento exploratório – reconhecimento dos solos do Estado de Alagoas.** Recife. 1975. 531p. (Embrapa/CPP. Boletim Técnico, 35-Sudene/DRN. Série Recursos de Solos, 5).

ESTADOS UNIDOS. USDA. SSS. **Soil Survey Manual.** Washington, 1951. 503p. (Handbook n. 18).

FOTH, H. D. **Fundamentals of soil science.** 6th ed. New York, John Wiley & Sons, 1978. 436p.

LEMOS, R. C. & SANTOS, R. D. **Manual de descrição e coleta de solo no campo.** Sociedade Brasileira de Ciência do Solo. Centro Nacional de Pesquisa de Solos. 2. ed. Campinas, 1982. 45p.

LEMOS, R. C. & SANTOS, R. D. **Manual de descrição e coleta de solo no campo**. Sociedade Brasileira de Ciência do Solo. Centro Nacional de Pesquisa de Solos. 3. ed. Campinas, 1996. 83p.

NASR, H. M. & SELLES, F. Seedling emergence as influenced by aggregate size, bulk density, and penetration resistence of seedbed. **Soil & Tillage Research** 1995, 34: 61-76.

NIKIFOROFF, C. C. Morphological classification of soil structure. **Soil Sci.** 1941, 52: 193-212.

OLIVEIRA, J. B., JACOMINE, P. K. T. & CAMARGO, M. N. **Classes gerais de solos do Brasil. Guia auxiliar para seu reconhecimento.** Jaboticabal, Funep, 1992. 102p.

5

HORIZONTES DIAGNÓSTICOS*

HORIZONTES DIAGNÓSTICOS DE SUPERFÍCIE

* As definições apresentadas foram extraídas, na sua totalidade ou em parte, do texto Sistema Brasileiro de Classificação de Solos (Embrapa, 2006), apresentando-se o essencial para seu entendimento, devendo o leitor se reportar a esse texto caso deseje obter a definição completa.

5.1. Horizonte A antrópico

Definição. É um horizonte formado ou modificado pelo uso contínuo do solo pelo homem, como local de residência ou cultivo, por períodos prolongados, com adição de material orgânico em mistura ou não com material mineral, ocorrendo, às vezes, fragmentos de cerâmica e restos de ossos e conchas.

Assemelha-se aos horizontes A chernozêmico (quando com saturação por bases ≥ 65%) ou A húmico (quando com saturação por bases < 65%) e geralmente difere deles por apresentar teor de P_2O_5 solúvel em ácido cítrico mais elevado (em geral superior a 250 mg kg^{-1} de solo) do que na parte inferior do *solum*.

Taxonomia. O horizonte A antrópico é empregado em poucas classes do SiBCS. Os LATOSSOLOS AMARELOS Distrocoesos antrópicos são exemplo da utilização dele.

Equivalência com outros sistemas de classificação. A definição de horizonte A antrópico é equivalente à de horizonte A fímico (*fimic A horizon*) da legenda da FAO (FAO, 1994). Ele engloba, da mesma forma que este último, os conceitos de horizonte A antrópico e de *epipedon plaggen* (Figura 1.4.9.) do Soil Taxonomy (Estados Unidos, 1994).

Considerações gerais. O conceito de horizonte A antrópico advém do de *epipedon plaggen* da classificação americana (Estados Unidos, 1960), o qual identifica horizontes resultantes de antigas ocupações humanas, comuns na Holanda (Figura 1.4.9), Bélgica e em menor escala na Alemanha. No Brasil, os relatos de formação de tal horizonte são poucos (Sombroek, 1966; Ranzani et al., 1970; Kern & Kämpf, 1989) e geralmente ligados à atividade indígena. Kern & Kämpf denominaram os solos estudados de "Terra Preta Arqueológica", e Sombroek, de "Terra Preta de Índio".

Importância agronômica e geotécnica. O horizonte A antrópico ocorre em áreas de pequena expressão espacial, 2-3 ha (Kern & Kämpf, 1989), geralmente não assinaláveis em mapas pedológicos com escala menor que 1:10.000 (1 cm^2 = 1 ha), tendo, portanto, interesse muito localizado. Representam uma seção do solo contendo material que pode ser bastante fértil especialmente em fósforo. No Quadro 5.1.1. são apresentados dados do horizonte A de um solo antropogênico e de um Latossolo Amarelo

Quadro 5.1.1. Características morfológicas e químicas do horizonte A de um solo antropogênico (TPA) e de um Latossolo Amarelo (LA) contíguo a ele (Kern & Kämpf, 1989).

	TPA	LA
Cor	7,5YR 2/0	10YR 3/2
S ($cmol_c$/kg)	23,0	1,3
P_2O_5 ppm*	332	66
C%	7,7	3,3

* Ácido cítrico.

contíguo a ele (Kern & Kämpf, 1989). Observam-se os valores bem mais elevados de soma de bases, fósforo e carbono no solo antropogênico.

A camada escura dos sambaquis catarinenses representa A antrópico. Essas reservas arqueológicas, infelizmente, por representarem bom material para piso de estradas de terra, foram no passado intensamente dilapidadas.

Solos contendo horizonte A antrópico, pelo seu significado arqueológico, devem ser preservados de qualquer uso além da manutenção da flora e da fauna.

Bibliografia

ESTADOS UNIDOS. Department of Agriculture. **Soil classification: a comprehensive system.** 7th approximation. Washington, D.C., 1960. 264p.

KERN, D. C. & KÄMPF, N. Antigos assentamentos indígenas na formação de solos com Terra Preta Arqueológica na região de Oriximiná, PA. **Rev. Bras. Ci. Solo,** 13: 219-225, 1989.

FAO, FAO/UNESCO. **Soil Map of the World. Revised legend with corrections.** Rome, FAO, 1988 (World Resources Report, 60). Wageningen, ISRIC (Technical Paper, 20), 1994.

RANZANI, G., KINJO, T. & FREIRE, O. Ocorrência de "plaggen epipedon" no Brasil. **Notícias Geomorfológicas.** Campinas, 10: 55-62, 1970.

SOMBROEK, W. G. **Amazons Soils.** Wageningen, Centre of Agricultural Publications and Documentation (Pudoc), 1966. 292p. (Agricultural Research Report, 672).

5.2. Horizonte A chernozêmico

Definição. Horizonte superficial com estrutura moderada a forte, de forma que não seja simultaneamente maciço e de consistência dura ou mais coeso quando seco, de cor escura (croma e valor igual ou inferior a 3 na amostra úmida), teor de carbono orgânico superior a 0,6%, alta saturação por bases (V% ≥ 65) e espessura igual ou superior a 10 cm se o horizonte A é seguido de rocha, ou igual ou superior a 18 cm se o solo tiver menos de 75 cm de espessura, ou espessura igual ou superior a 25 cm se for mais espesso.

Taxonomia. O horizonte A chernozêmico é o único horizonte superficial usado como diagnóstico no primeiro nível categórico (ordem), identificando a classe dos CHERNOSSOLOS. No segundo nível categórico (subordem), o horizonte A chernozêmico, juntamente com os horizontes hístico, A húmico e A proeminente, é diagnóstico dos GLEISSOLOS MELÂNICOS e, no quarto nível (subgrupo), identifica solos pertencentes a outras ordens, porém considerados intermediários com os CHERNOSSOLOS, como os ARGISSOLOS VERMELHOS Eutroférricos chernossólicos, os NEOSSOLOS LITÓLICOS Eutróficos chernossólicos, os NITOSSOLOS VERMELHOS Eutroférricos chernossólicos, entre outros.

Os levantamentos de solos efetuados até o presente no Brasil empregavam o tipo de horizonte A para discriminar solos em baixos níveis categóricos: Latossolos Vermelho-Amarelos Distróficos A moderado, Cambissolos Álicos A proeminente, Areia Quartzosa Distrófica A fraco etc. O SiBCS, com exceção dos CHERNOSSOLOS, no nível de ordem, e dos GLEISSOLOS MELÂNICOS, no nível de subordem, não discrimina até o quarto nível (subgrupo) os solos pelo tipo de horizonte A. Estes aparecerão certamente como diagnósticos no nível de família ou série, ainda não estruturados nesse sistema.

Equivalência com outros sistemas de classificação. O horizonte A chernozêmico é equivalente às definições de epipedom mólico do Soil Taxonomy (Estados Unidos, 1994) e horizonte A mólico da legenda da FAO (FAO, 1994). O valor de saturação por bases de 65% empregado no SiBCS, em vez de 50%, é devido às diferenças de metodologia empregadas.

O conceito de A chernozêmico é baseado no de epipedom mólico (Estados Unidos, 1960, 1994), o qual se lastreia no conhecimento de solos das regiões temperadas (Chernozéns e Solos de Pradarias), implicando, portanto, em alguns inconvenientes ao se aplicar tal conceito para solos das regiões tropicais quentes. Um dos critérios assinalados na definição de A chernozêmico é o da cor, a qual deve apresentar, entre outras condições, uma unidade mais escura em valor ou duas unidades a menos em croma, em relação à cor do horizonte 1C. Devido ao fato de nossos solos serem predominantemente profundos, torna-se difícil, especialmente quando não há barrancos de estrada suficientemente espessos, fazer tal verificação. Por isso, usualmente, no Brasil, não é levado em conta esse critério. São exemplos de tal situação, entre outros, os perfis 65 de Mato Grosso do Sul (Brasil, 1971) e PR-40 (Embrapa, 1984).

Apesar de constar da definição que o A chernozêmico não pode ser simultaneamente maciço e muito duro ou mais coeso, não é de nosso conhecimento a existência de tal condição em horizonte A de solos brasileiros.

Considerações gerais. O conceito de horizonte A chernozêmico anterior ao estabelecido no SiBCS requeria o valor de saturação por bases igual ou superior a 50%. Olmos & Paolinelli (1981), contudo, mostraram que, devido a diferenças metodológicas, aquele valor de saturação por bases corresponde a 65% (veja 3.19. Saturação por bases). Assim, parte dos horizontes anteriormente denominados de A chernozêmicos são atualmente identificados, segundo o SiBCS, como A proeminentes. Essa mudança de critério se traduz também em vários casos, na mudança da classe de solos. Assim, solos que anteriormente foram classificados como Brunizéns Avermelhados, por apresentarem horizonte A com saturação por bases superior a 50%, porém inferior a 65%, são atualmente excluídos da classe dos CHERNOSSOLOS, pela ausência de A chernozêmico. São exemplos dessa situação os perfis SE-36 e SE-37 (Embrapa, 1975). Também devido a essa situação, alguns solos anteriormente identificados como Podzólicos Vermelho-Amarelos Eutróficos Tb com A chernozêmico não se enquadram no SiBCS entre a classe dos solos identificados no quarto nível (subgrupo) como chernossólicos. É exemplo desse caso o perfil SE-23 (Embrapa, 1975).

Em regiões com elevada aplicação de insumos e corretivos, o horizonte A proeminente pode se transformar em A chernozêmico. Camargo et al. (1987) assinalam processo de eutrofização de várias camadas de um Latossolo Vermelho-Escuro Distrófico (atualmente denominado LATOSSOLO VERMELHO Distrófico) pela aplicação de doses elevadas de vinhaça.

Importância agronômica e geotécnica. O horizonte A chernozêmico é por conceituação um horizonte com excelentes propriedades físicas e químicas, típico de solos bastante férteis.

Sua estruturação, do tipo granular moderada a fortemente desenvolvida, e sua consistência seca, no máximo dura, são fatores que facilitam o preparo do solo para o plantio.

Com exceção dos solos com eutrofização do horizonte A devido à ação antrópica, os solos com horizonte A chernozêmico apresentam em geral horizontes subsuperficiais igualmente ricos em nutrientes.

Quando a textura é argilosa ou muito argilosa, apresentam em geral elevada plasticidade e pegajosidade. Em nível de manejo B essa propriedade pode representar alguma limitação ao preparo do solo para o plantio quando tal prática é executada com teor de umidade acima do limite ideal.

Solos com horizonte A chernozêmico, por serem em geral muito férteis, deveriam ter seu uso reservado preferencialmente à agricultura, em vez de serem utilizados como áreas para aterro sanitário, cemitérios e outros fins não-agrícolas.

Bibliografia

CAMARGO, O. A., VALADARES, J. M. A. S., BERTON, R. S., TEÓFILO SOBRINHO, J. & MENK, J. R. F. **Alteração de características químicas de um Latossolo Vermelho-Escuro Distrófico pela aplicação de vinhaça.** Campinas, Instituto Agronômico, 1987. 23p. (Boletim Científico, 9).

BRASIL. Ministério da Agricultura. Divisão de Pesquisa Pedológica, DNPEA. **Levantamento de reconhecimento dos solos do Sul do Estado do Mato Grosso.** Rio de Janeiro, 1971. 839p. (Boletim Técnico, 18).

EMPRESA BRASILEIRA DE PESQUISA AGROPECUÁRIA. Centro de Pesquisas Pedológicas. **Levantamento exploratório – reconhecimento de solos do Estado de Sergipe.** Recife, 1975. 506p. (Embrapa-CPP. Boletim Técnico, 36; Sudene, Série Recursos de Solos, 6).

EMPRESA BRASILEIRA DE PESQUISA AGROPECUÁRIA. Serviço Nacional de Levantamento e Conservação do Solo, Rio de Janeiro, RJ. **Levantamento de reconhecimento dos solos do Estado do Paraná.** Londrina, Sudesul, Embrapa/Gov. Est. Paraná Iapar. 1984. Tomo I e II. 791p. (Embrapa/SNLCS. Boletim de Pesquisa, 27-Iapar, Boletim Técnico, 16).

ESTADOS UNIDOS. Department of Agriculture. **Soil classification: a comprehensive system.** 7th approximation. Washington, D.C., 1960. 264p.

ESTADOS UNIDOS. United States Department of Agriculture. **Soil Conservation Service. Keys to Soil Taxonomy.** 6th ed., 1994, 306p.

FAO, FAO/UNESCO. **Soil Map of the World. Revised legend with corrections.** Rome, FAO, 1988 (World Resources Report, 60). Wageningen, ISRIC (Technical Paper, 20), 1994.

OLMOS, I. L. J. & PAOLINELLI, G. P. Capacidade de troca de cátions, soma de bases e saturação de bases: correlação de resultados procedentes do SCS-USDA e SNLS-Embrapa e implicações conexas. In: Congresso Brasileiro de Ciência do Solo, 18, Salvador, 1981. **Resumos.** Salvador, Sociedade Brasileira de Ciência do Solo, 1981. p. 25.

5.3. Horizonte A fraco

Definição. Horizonte mineral, de coloração esbranquiçada (Figura 1.4.4), fracamente desenvolvido, seja pelo reduzido teor de colóides minerais ou orgânicos ou por condições externas de clima e vegetação, como as que ocorrem na zona semi-árida, com vegetação de caatinga hiperxerófita. É identificado pelas seguintes características:

- cor do material do solo com valor igual ou superior a 4, quando úmido, e igual ou superior a 6, quando seco;
- estrutura em grãos simples, maciça ou com grau fraco de desenvolvimento;
- teor de carbono orgânico inferior a 0,6%;
- espessura menor que 5 cm, quando não satisfizer ao estabelecido nos itens anteriores.

Taxonomia. O horizonte A fraco não é empregado como diagnóstico até o quarto nível categórico (subgrupo) no SiBCS. Deverá ser incluído como tal em nível categórico mais baixo, ainda não estruturado nesse sistema. Tradicionalmente, nos levantamentos efetuados até então no Brasil, tem sido usado como diagnóstico para discriminar solos como as

Areias Quartzosas Distróficas A fraco, os Podzólicos Vermelho-Amarelos Ta Eutróficos textura arenosa/média A fraco, entre outros.

Equivalência com outros sistemas de classificação. O horizonte A fraco não tem equivalente no Soil Taxonomy (Estados Unidos, 1994) ou na legenda da FAO (FAO, 1994). Corresponde, contudo, respectivamente, ao setor menos desenvolvido do epipedom ócrico (*ochric epipedon*) e do horizonte A ócrico (*ochric A horizon*) daqueles sistemas de classificação.

Considerações gerais. Nas regiões semi-áridas, devido à baixa densidade de vegetação, há reduzida adição de matéria orgânica à superfície do solo, e a elevada temperatura, por sua vez, promove uma perda rápida dela, resultando, portanto, em solos com horizonte superficial claro e com baixos teores de carbono.

Solos bem a moderadamente drenados, com horizonte superficial de textura areia, apresentam também condições favoráveis à formação do horizonte A fraco. Assim, em regiões menos secas do que o semi-árido nordestino, pode-se encontrar, se bem que com menor freqüência, esse horizonte em NEOSSOLOS QUARTZARÊNICOS e mesmo em outros solos que apresentem textura arenosa na camada superficial. O perfil IAC-1383 (Oliveira, 1999) de NEOSSOLO QUARTZARÊNICO, situado no Município de São Pedro, SP, é exemplo da primeira condição e o perfil MA-54 (Embrapa, 1986), de ARGISSOLO VERMELHO-AMARELO textura arenosa/média, situado no Município de Codó, Estado do Maranhão, é exemplo da segunda.

Por definição, o horizonte A fraco pode apresentar coloração escurecida, ou estrutura bem desenvolvida, ou teor de carbono superior a 0,6 desde que sua espessura seja inferior a 5 cm. Tal situação não é muito comum, sendo exemplo o horizonte A do perfil SE-16 (Embrapa, 1975), identificado como horizonte A moderado. Esse horizonte apresenta espessura de apenas 4 cm, devendo por isso, não obstante sua cor (10YR 4/2,5), teor de carbono (1,11%) e estrutura fraca média granular e grãos simples, ser considerado A fraco.

Importância agronômica e geotécnica. O horizonte A fraco é por excelência horizonte pobre em matéria orgânica e, sendo em geral de textura arenosa, apresenta baixa capacidade de retenção de cátions. A textura argilosa é bem menos comum, sendo exemplo deste caso o perfil Ba-175 (Embrapa, 1977-1979), com 49% de argila. Pode apresentar saturação por bases alta (V% ≥ 50) ou baixa (V% < 50%). Os de textura arenosa, que são os predominantes, apresentam pequena coesão e adesão, sendo fáceis de preparar para o plantio, e exigem pouca força de tração para acionar os implementos agrícolas, porém apresentam acentuada erodibilidade. São também bastante permeáveis, mas horizontes subjacentes de textura mais fina podem apresentar condutividade hidráulica saturada baixa, a qual, dependendo da profundidade de ocorrência desses horizontes, pode refletir no condicionamento hídrico do horizonte superficial arenoso.

O horizonte A fraco em geral está relacionado a solos de textura grosseira ao longo do perfil: areia, areia franca, como os Neossolos Quartzarênicos (*Areias Quartzosas*), Neossolos Regolíticos psamíticos (*Regossolos*), ou franco-arenosa, como Latossolos textura média. Nesses casos, apresentam permeabilidade interna bastante acentuada e baixa capacidade de retenção de cátions. Tais solos apresentam, portanto, limitações para uso como aterros sanitários ou depósitos de efluentes devido à facilidade de contaminação dos aqüíferos. São bastante adequados para cemitérios e áreas para camping.

Bibliografia

EMPRESA BRASILEIRA DE PESQUISA AGROPECUÁRIA. Centro de Pesquisas Pedológicas. **Levantamento exploratório – reconhecimento de solos do Estado de Sergipe.** Recife, 1975. 506p. (Embrapa-CPP. Boletim Técnico, 36; Sudene, Série Recursos de Solos, 6).

EMPRESA BRASILEIRA DE PESQUISA AGROPECUÁRIA. Serviço Nacional de Levantamento e Conservação do Solo. Rio de Janeiro, RJ. **Levantamento exploratório – reconhecimento de solos da margem direita do rio São Francisco, Estado da Bahia.** Recife, Convênios Embrapa/SNLCS-Sudene/DRN, MA/Usaid/ETA, 1977 e 1979. v. 1 e 2. 1.296p. (Boletim Técnico, 52).

EMPRESA BRASILEIRA DE PESQUISA AGROPECUÁRIA. Serviço Nacional de Levantamento e Conservação do Solo. **Levantamento exploratório – reconhecimento de solos do Estado do Maranhão.** Rio de Janeiro, Embrapa-SNLCS/Sudene-DRN, 1986. 964p. (Embrapa-SNLCS. Boletim de Pesquisa, 35-Brasil. Sudene/DRN. Série Recursos de Solos, 17).

ESTADOS UNIDOS. United States Department of Agriculture. Soil Conservation Service. **Keys to Soil Taxonomy.** 6th ed., 1994, 306p.

FAO, FAO/UNESCO. **Soil Map of the World. Revised legend with corrections.** Rome, FAO, 1988 (World Resources Report, 60). Wageningen, ISRIC (Technical Paper, 20) 1994.

OLIVEIRA, J. B. **Solos da Folha de Piracicaba.** Campinas, Instituto Agronômico, 1999. 173p. (Boletim Científico, 48).

5.4. Horizonte A húmico

Definição. Horizonte superficial de cor escura (valor de croma igual a 4 ou menor) (Figuras 1.2.3; 1.4.3) e saturação por bases inferior a 65%. Esse horizonte é semelhante ao horizonte A proeminente. Contudo, admite valor de croma ligeiramente superior ao daquele, além de maior espessura e/ou maior teor de carbono orgânico. Quando sua espessura for superior a 20 cm, o teor de carbono deverá ser inferior ao requerido pelo horizonte hístico (veja 5.7. Horizonte hístico). Sua espessura é igual à requerida para o horizonte A chernozêmico (veja 5.2. A chernozêmico). O teor de carbono é igual ou maior que o valor obtido pela seguinte equação:

$$\sum \text{(C-org. em g/kg de sub-horizontes A} \times \text{espessura do sub-horizonte em dm)} \geq 60 + \text{(0,1} \times \text{média ponderada de argila, em g/kg, do horizonte superficial, incluindo AB ou AC)}$$

1) Multiplicar o teor de carbono orgânico (g/kg) de cada horizonte pela sua espessura em dm.

2) O somatório dos produtos é o teor de C total do horizonte A.

3) Calcular a média ponderada de argila do A, multiplicando o teor de argila (g/kg) do sub-horizonte pela espessura do mesmo sub-horizonte (dm) e dividindo o resultado pela espessura total do horizonte A, em dm.

O valor de C total requerido para ser húmico deve ser igual ou maior que o resultado obtido pela seguinte equação:

$$C \geq 60 + (0{,}1 \times \text{média ponderada de argila do horizonte A})$$

Segue-se um exemplo de cálculo:

Sub-horizonte	Prof (cm)	C	Argila	Cálculo da média ponderada de argila	Cálculo do C total
A1	0-31	20,6	200	200 × 3,1 dm/6,8 dm = 91,18	20,6 × 3,1 dm = 63,86
A2	–53	10,6	230	230 × 2,2 dm/6,8 dm = 74,41	10,6 × 2,2 dm = 23,32
AB	–68	8,4	250	250 × 1,5 dm/6,8 dm = 55,15	8,4 x 1,5 dm = 12,60
				Total = 220,74	Total = 99,78

Substituindo a média ponderada de argila na equação:

$$C \geq 60 + (0{,}1 \text{ x média ponderada de argila})$$

tem-se:

$$C \geq 60 + (0{,}1 \times 220{,}74) = 82{,}07$$

Valor total de carbono no A = 99,78, portanto maior que 82,07; logo o horizonte é húmico.

Taxonomia. O SiBCS emprega o horizonte A húmico como diagnóstico em vários níveis categóricos. No segundo nível (subordem) identifica os CAMBISSOLOS HÚMICOS (perfil complementar PR-113, Embrapa, 1984) e parte dos GLEISSOLOS MELÂNICOS (perfil MT-37, Brasil, 1971); no terceiro nível (grande grupo) identifica os NEOSSOLOS REGOLÍTICOS Húmicos, os GLEISSOLOS TIOMÓRFICOS Húmicos (perfil GB-42, Embrapa, 1980), os NEOSSOLOS LITÓLICOS Húmicos; e no quarto nível (subgrupo) identifica os NEOSSOLOS QUARTZARÊNICOS Órticos húmicos (perfil 45, Departamento..., 1983), os NITOSSOLOS HÁPLICOS Distróficos húmicos, entre outros.

Equivalência com outros sistemas de classificação. O conceito de horizonte A húmico assemelha-se ao de epipedom úmbrico (*umbric epipedon*) do Soil Taxonomy (Estados Unidos, 1994) e ao de horizonte A úmbrico da legenda da FAO (FAO, 1994), porém, o conceito destes é mais abrangente, pois engloba o de horizonte A proeminente e o de A húmico do SiBCS. O horizonte A húmico do SiBCS, portanto, corresponde ao segmento mais rico em carbono e mais espesso do epipedom úmbrico do Soil Taxonomy e do horizonte A úmbrico da legenda da FAO. Este último sistema emprega, para caracterizar solos com horizonte A ricos em carbono, o atributo diagnóstico "fortemente húmico" (> 1,4 g de carbono orgânico por 100 g de solo). O horizonte A da legenda da FAO, apresentando esse atributo, tem, portanto, bastante semelhança com o horizonte A húmico do SiBCS.

Considerações gerais. Há registros, no Brasil, de LATOSSOLOS com horizonte A húmico bastante espesso, como, entre outros, o dos perfis SP-68 (Brasil, 1960), com 185 cm, e IAC-1081 (Rotta et al., 1971), com 200 cm. É interessante assinalar que tais solos, por apresentarem o horizonte B abaixo da seção de controle estabelecida no Soil Taxonomy e na legenda da FAO, são excluídos, respectivamente, da classe dos Oxisols (Estados Unidos, 1994) e da classe dos Ferralsols (FAO, 1994), sendo identificados naqueles sistemas, respectivamente, como Inceptissolos e Regossolos.

A gênese desse horizonte tão particular ainda não é completamente conhecida, mas ele parece constituir uma relíquia de condições climáticas pretéritas favoráveis à formação dessas espessas camadas, as quais se mantêm, devido à estabilidade das superfícies e às condições favoráveis de adsorção argila-húmus (Lepsch & Buol, 1988).

Importância agronômica. O horizonte A húmico, quando de espessura relativamente pequena, apresenta comportamento bastante semelhante ao do horizonte A proeminente. Em igualdade de condições de textura e espessura, contudo, é de se esperar que o horizonte A húmico, em conseqüência de sua maior capacidade de troca de cátions, resultante de teor mais elevado de matéria orgânica, requeira maior quantidade de corretivos para neutralizar a acidez. É importante lembrar que o limite superior de carbono admitido para esse horizonte, quando com mais de 20 cm de espessura, é o limite inferior requerido para o horizonte hístico, porém, quando com espessura inferior, pode ser tão rico em matéria orgânica quanto aquele horizonte. O horizonte A húmico pode, portanto, apresentar significativos teores de matéria orgânica. Esse fato é mais comum em solos situados em regiões serranas, acima de 1.500 m, nos Estados de São Paulo e Minas Gerais, e em altitudes superiores a 1.000 m nos Estados sulinos. É exemplo dessa condição o CAMBISSOLO HÚMICO Distrófico (identificado como Solo de Campos de Jordão), perfil 69-SP (Brasil, 1960), situado a 1.780 m de altitude. O horizonte A húmico, representado pelos sub-horizontes A1 (0-17 cm, cor preta) e A2 (17-80 cm, cor bruno-escura), apresenta, respectivamente, 12,6 e 5,2% de carbono.

O horizonte húmico, especialmente o dos latossolos, ou de solos de argila de atividade alta, porém de textura franco-arenosa, apresenta em geral estrutura pequena e média granular, consistência macia a ligeiramente dura quando seco e friável quando úmido, além de boa permeabilidade, proporcionando fácil preparo do terreno para o plantio. Esses atributos, aliados à espessura e à cor escura, tornam esse horizonte muito procurado como material para jardins (vendido como "terra preta"), apesar de a maioria ser de baixa fertilidade e possuir apreciáveis teores de alumínio trocável.

O horizonte A e especialmente aqueles com significativo teor de matéria orgânica são desprezados pelos engenheiros civis nas construções de casas por apresentarem recalque. Em solos com espesso horizonte A húmico, o uso de brocas ou de laje distribuidora de tensões é mais indicado do que o de simples alicerces convencionais.

Bibliografia

BRASIL, Ministério da Agricultura. Centro Nacional de Ensino e Pesquisas Agronômicas. Comissão de Solos. **Levantamento de reconhecimento de solos do Estado de São Paulo.** Rio de Janeiro, Serviço Nacional de Pesquisas Agronômicas, 1960. 634p. (SNPA, Boletim 12).

BRASIL. Ministério da Agricultura. Divisão de Pesquisa Pedológica, DNPEA. **Levantamento de reconhecimento dos solos do sul do Estado do Mato Grosso**. Rio de Janeiro, 1971. 839p. (Boletim Técnico, 18).

DEPARTAMENTO NACIONAL DA PRODUÇÃO MINERAL. Projeto RadamBrasil. Folhas SF. 23/24. **Rio de Janeiro/Vitória: geologia, geomorfologia, pedologia, vegetação, uso potencial da terra.** Rio de Janeiro, 1983. 780p. (Levantamento de Recursos Naturais, v. 32).

EMPRESA BRASILEIRA DE PESQUISA AGROPECUÁRIA. Serviço Nacional de Levantamento e Conservação do Solo. Rio de Janeiro, RJ. Levantamento Semidetalhado e Aptidão Agrícola dos Solos do Município do Rio de Janeiro. Rio de Janeiro, 1980. 389p. (Boletim Técnico, 66).

EMPRESA BRASILEIRA DE PESQUISA AGROPECUÁRIA. Serviço Nacional de Levantamento e Conservação do Solo, Rio de Janeiro, RJ. **Levantamento de reconhecimento dos solos do Estado do Paraná.** Londrina, Sudesul, Embrapa/Gov. Est. Paraná Iapar. 1984. Tomo I e II. 791p. (Embrapa/SNLCS. Boletim de Pesquisa, 27-Iapar, Boletim Técnico, 16).

ESTADOS UNIDOS. United States Department of Agriculture. Soil Conservation Service. **Keys to Soil Taxonomy**. 6th ed., 1994, 306p.

FAO, FAO/UNESCO. **Soil Map of the World. Revised Legend with corrections.** Rome, FAO, 1988 (World Resources Report, 60). Wageningen, ISRIC (Technical Paper, 20), 1994.

LEPSCH, I. F. & BUOL, S. **Oxisol-Landscape relationships in Brazil.** In: Proceedings of the Eigth International Soil Classification Workshop. Classification, Characterization and Utilization of Oxisols. Part 1: Papers. p. 174-189. Embrapa/SMSS/AID/UPR. 1988.

ROTTA, C. L., JORGE, J. A., OLIVEIRA, J. B. & KÜPPER, A. Levantamento pedológico detalhado da Estação Experimental de Monte Alegre do Sul, SP. **Bragantia**, v. 30 (20): 215-276, 1971.

5.5. Horizonte A moderado

Definição. São incluídos nesta categoria horizontes superficiais que não se enquadram no conjunto das definições dos demais horizontes A (Figura 5.8.1, p. 577).

Taxonomia. O horizonte A moderado não é empregado como diagnóstico até o quarto nível categórico (subgrupo) no SiBCS. Deverá ser incluído como tal em nível categórico mais baixo, ainda não estruturado nesse sistema. Tradicionalmente, nos levantamentos efetuados no Brasil, tem sido usado como diagnóstico para discriminar solos como os Latossolos Vermelho-Amarelos Distróficos A moderado, Podzólicos Vermelho-Amarelos Ta Eutróficos textura arenosa/média, A moderados, entre outros.

Equivalência com outros sistemas de classificação. O conceito de horizonte A moderado equivale ao de epipedom ócrico do Soil Taxonomy (Estados Unidos, 1994) e ao de horizonte A ócrico da legenda da FAO (FAO, 1994). Esses conceitos são, contudo, mais abrangentes que os dos horizonte A moderado e A fraco do SiBCS.

Considerações gerais. O horizonte A moderado é o horizonte superficial mais comum entre os solos brasileiros, ocorrendo desde solos situados em planícies aluviais, mal drenados, até solos excessivamente drenados, arenosos, das partes altas. Em geral tem espessura em torno de 20 a 35 cm, porém, pode ser menos espesso, como no VERTISSOLO, perfil BA-253 (Embrapa, 1977-1979), com apenas 3 cm, apesar de esse solo se encontrar sob vegetação natural e em relevo plano e a erosão ter sido registrada apenas como laminar ligeira. Os de espessura superior a 40 cm são freqüentes entre os ARGISSOLOS espessarênicos, como no perfil BA-100 (Embrapa, 1977-1979), com 150 cm.

É importante lembrar que o horizonte A moderado pode apresentar cor e teor de carbono suficiente para A chernozêmico, A proeminente, A húmico e até para horizonte hístico, desde que a espessura seja insuficiente para tanto. O perfil RN-50 (Brasil, 1971), por exemplo, tem mais de 80 cm de espessura e seu horizonte Ap tem cor preta (10YR 2/1) e 2,4% de carbono, porém sua espessura é de apenas 20 cm.

O horizonte A moderado pode ainda ter cor, espessura e saturação por bases requeridas pelo horizonte A chernozêmico, porém neste caso deve apresentar presença simultânea de estrutura maciça e consistência dura (ou mais coesa). Desconhecemos, contudo, a existência de tal situação no Brasil.

Importância agronômica e geotécnica. O horizonte A moderado apresenta variação em propriedades químicas e físicas bem grande, o que lhe imprime comportamento bastante variável. Seu teor em carbono é em geral modesto, contudo, quando o horizonte é pouco espesso (< 20 cm), pode apresentar teores tão elevados quanto os requeridos pelo horizonte hístico. Nesses casos, aliás pouco freqüentes em nosso país, sua pequena espessura minimiza os efeitos decorrentes dos fenômenos de subsidência a que estão sujeitos os materiais orgânicos (veja 3.1. Material orgânico. Material mineral e 5.7. Horizonte hístico), porém deve ser levado em consideração seu elevado poder tampão, fazendo com que, quando álico (saturação por alumínio > 50%), requeira maior quantidade de corretivos para neutralizar ou reduzir a toxicidade pelo alumínio. Pode apresentar saturação por bases extremamente baixa, como no perfil BA-18 (Embrapa, 1977-1979), com apenas 3%, até valores muito altos, como no perfil BA-178 (Embrapa, 1977-1979), com 100%. Sua textura varia desde a arenosa até a muito argilosa. Quando argiloso, ou muito argiloso e com argila de atividade alta, apresenta comportamento similar ao horizonte A chernozêmico, sendo bastante plástico e pegajoso, com implicações na trafegabilidade e preparo do terreno para o plantio.

Bibliografia

BRASIL. Ministério da Agricultura. Divisão de Pesquisa Pedológica, DNPEA. **Levantamento de reconhecimento dos solos do Estado do Rio Grande do Norte.** Recife, Convênio MA/DNPEA-Sudene/DRN, MA/Usaid/Brasil, 1971. 683p. (Boletim Técnico, 15).

EMPRESA BRASILEIRA DE PESQUISA AGROPECUÁRIA. Serviço Nacional de Levantamento e Conservação do Solo. Rio de Janeiro, RJ. **Levantamento exploratório – reconhecimento de solos da margem direita do rio São Francisco, Estado da Bahia.** Recife, Convênios Embrapa/SNLCS-Sudene/DRN, MA/Usaid/ETA, 1977 e 1979. v. 1 e 2. 1.296p. (Boletim Técnico, 52).

ESTADOS UNIDOS. United States Department of Agriculture. Soil Conservation Service. **Keys to Soil Taxonomy.** 6th ed., 1994, 306p.

FAO, FAO/UNESCO. **Soil Map of the World. Revised Legend with corrections.** Rome, FAO, 1988 (World Resources Report, 60). Wageningen, ISRIC (Technical Paper, 20), 1994.

5.6. Horizonte A proeminente

Definição. O horizonte A proeminente apresenta todos os requisitos do A chernozêmico, exceto a saturação por bases (V%), que é inferior a 65%. Difere do horizonte A húmico por não satisfazer a conjugação de espessura e teor de carbono requerida por esse horizonte.

Taxonomia. O horizonte A proeminente é diagnóstico na ordem dos GLEISSOLOS, discriminando os GLEISSOLOS MELÂNICOS (perfil GB-41, Embrapa, 1980) dos outros GLEISSOLOS. É importante assinalar que os GLEISSOLOS MELÂNICOS podem apresentar, em vez do horizonte A proeminente, o A chernozêmico (exemplo: perfil RS-163, Brasil, 1973) ou o A húmico (exemplo: perfil BA-40, Embrapa, 1977-1979).

Equivalência com outros sistemas de classificação. O conceito de horizonte A proeminente assemelha-se ao de epipedom úmbrico (*umbric epipedon*) do Soil Taxonomy (Estados Unidos, 1994) e ao de horizonte A úmbrico da legenda da FAO (FAO, 1994). O conceito destes, porém, é mais abrangente, pois engloba o de horizonte A proeminente e o de A húmico do SiBCS.

Considerações gerais. O horizonte A proeminente, como o nome indica, devido a sua cor escura, se destaca do horizonte que lhe segue, sendo facilmente identificado no campo. No Brasil, ocorrem solos que apresentam horizonte A escuro (> 1 m) espesso ou horizonte A menos espesso, porém com teores relativamente elevados de matéria orgânica e, em ambos os casos, com baixa saturação por bases (< 65%). Os pedólogos brasileiros têm considerado tais horizontes A como distintos de outros que sejam igualmente escuros, mas que ou são menos espessos do que aqueles, ou apresentam menor teor de matéria orgânica. O segmento mais pobre em matéria orgânica ou menos espesso desse horizonte superficial foi denominado A proeminente, e o segmento mais espesso ou mais rico em matéria orgânica, horizonte A húmico.

Convém lembrar que, anteriormente ao SiBCS, o horizonte A chernozêmico era diferenciado do A proeminente por apresentar valor de saturação por bases superior a 50%, em vez do atual valor: 65%. Assim, aqueles horizontes anteriormente identificados como A chernozêmicos e apresentando saturação por bases superior a 50%, mas inferior a 65%, são atualmente denominados A proeminentes. Naturalmente, os perfis contendo tais horizontes serão classificados no SiBCS em classe distinta da empregada anteriormente. O perfil SE-36 (Embrapa, 1975), classificado na ocasião como Brunizém Avermelhado, é exemplo dessa situação. Seu horizonte A apresenta 35 cm de espessura, cor úmida 10YR 2/2, 1,24% de carbono e 57% de saturação por bases. Tal solo atualmente é identificado como LUVISSOLO ÓRTICO (CTC > 27 $cmol_c$/kg argila) e não como CHERNOSSOLO.

Importância agronômica e geotécnica. O horizonte A proeminente é semelhante, do ponto de vista físico, ao A chernozêmico, porém quimicamente é bastante diferente, pois sua saturação por bases é inferior a 65%. Nesta ampla faixa de saturação por bases (0-65%) predominam os valores baixos, sendo pouco comuns aqueles superiores a 50%, os quais apresentam comportamento físico e químico que se assemelha ao do horizonte A chernozêmico.

Em geral, a presença de horizonte A proeminente com valores inferiores a 50% relaciona-se a solos que são pouco providos em bases trocáveis (distróficos) e/ou que apresentam teores tóxicos de alumínio nos horizontes subjacentes (solos alíticos, alumínicos ou álicos).

Por serem horizontes com espessura relativamente modesta, comumente com menos de 60 cm, não apresentam limitações do ponto de vista da engenharia civil, pois em geral a camada escura superficial do solo é eliminada. Esta relativa pequena espessura não constitui também limitação para a construção de lagoas de decantação nas quais taxas elevadas de matéria orgânica são desaconselhadas, por favorecerem a decomposição anaeróbica.

Bibliografia

BRASIL. Ministério da Agricultura. Divisão de Pesquisa Pedológica, DNPEA. **Levantamento exploratório – reconhecimento de solos do Estado do Rio Grande do Sul.** Recife, 1973. 431p. (Boletim Técnico, 30).

EMPRESA BRASILEIRA DE PESQUISA AGROPECUÁRIA. Centro de Pesquisas Pedológicas. **Levantamento exploratório – reconhecimento de solos do Estado de Sergipe.** Recife, 1975. 506p. (Embrapa-CPP. Boletim Técnico, 36; Sudene, Série Recursos de Solos, 6).

EMPRESA BRASILEIRA DE PESQUISA AGROPECUÁRIA. Serviço Nacional de Levantamento e Conservação do Solo. Rio de Janeiro, RJ. **Levantamento exploratório – reconhecimento de solos da margem direita do Rio São Francisco, Estado da Bahia.** Recife, Convênios Embrapa/SNLCS-Sudene/DRN, MA/Usaid/ETA, 1977 e 1979. v. 1 e 2. 1.296p. (Boletim Técnico, 52).

EMPRESA BRASILEIRA DE PESQUISA AGROPECUÁRIA. Serviço Nacional de Levantamento e Conservação do Solo. Rio de Janeiro, RJ. **Levantamento semidetalhado e aptidão agrícola dos solos do Município do Rio de Janeiro.** Rio de Janeiro, 1980. 389p. (Boletim Técnico, 66).

ESTADOS UNIDOS. United States Department of Agriculture. Soil Conservation Service. **Keys to Soil Taxonomy.** 6th ed., 1994, 306p.

FAO, FAO/UNESCO. **Soil Map of the World. Revised Legend with corrections.** Rome, FAO, 1988 (World Resources Report, 60). Wageningen, ISRIC (Technical Paper, 20) 1994.

5.7. Horizonte hístico

Definição. Horizonte de constituição orgânica (veja 3.1. Material orgânico. Material mineral) contendo 80 g/kg ou mais de carbono orgânico, com 20 cm ou mais de espessura ou superior a 40 cm quando representado por 75% ou mais de esfagno, ou ainda superior a 10 cm quando assente sobre contato lítico.

Taxonomia. O SiBCS emprega o horizonte hístico como diagnóstico em vários níveis categóricos. No primeiro nível (ordem) entra na definição dos ORGANOSSOLOS. No segundo nível (subordem) discrimina os CAMBISSOLOS HÚMICOS (exemplo: perfil RS-48, Brasil, 1973); no terceiro nível (grande grupo) e no quarto nível (subgrupo) identifica solos de várias ordens, como os GLEISSOLOS TIOMÓRFICOS Húmicos (perfil GB-42, Embrapa, 1980), NEOSSOLOS LITÓLICOS Hísticos (perfil 4, Ghani & Rocha, 1997), no terceiro nível, e os GLEISSOLOS MELÂNICOS Alumínicos organossólicos (perfil Macaé-16, Brasil, 1968) no quarto nível. É interessante assinalar que os CAMBISSOLOS HÚMICOS tanto podem apresentar horizonte A húmico como horizonte hístico.

Horizonte hístico apresentando espessura superior a 40 cm é considerado diagnóstico para identificar um ORGANOSSOLO.

Equivalência com outros sistemas de classificação. O conceito de horizonte hístico do SiBCS é semelhante ao de epipedom hístico (*histic epipedon*) do Soil Taxonomy (Estados Unidos, 1994) e do horizonte H hístico da legenda da FAO (FAO, 1994). O horizonte hístico do SiBCS, porém, admite como tal horizonte que tenha mais de 40 cm de espessura. Entende-se que esse horizonte deva ser considerado um horizonte hístico mais espesso e que automaticamente identifica um solo como ORGANOSSOLO.

Como assinalado anteriormente (veja 3.1. Material orgânico. Material mineral), devido às diferenças de métodos, os valores de carbono requeridos pelo horizonte hístico, segundo o SiBCS, são distintos daqueles requeridos pelo horizonte hístico da FAO e do Soil Taxonomy.

Descrição geral. O horizonte hístico, anteriormente denominado de horizonte turfoso, é resultante da deposição e decomposição de vegetais em ambiente palustre ou em regiões serranas, especialmente do Brasil meridional, onde as condições climáticas, mais amenas, permitem o acúmulo e a persistência da matéria orgânica nos solos. É um horizonte superficial, porém os situados em planícies aluviais podem estar, no presente, recobertos por outros horizontes de composição essencialmente mineral ou por camadas orgânicas mais recentes. Quando formado em ambiente com excesso de água, o horizonte hístico é identificado pelo símbolo H, ainda que atualmente essa condição não mais persista devido ao fato de o terreno ter sido drenado. O símbolo O é empregado para designar a presença de horizonte hístico formado em ambiente úmido, porém menos redutor que o anterior.

O horizonte H hístico é, no Brasil, largamente predominante sobre o horizonte O hístico. Ele é freqüente nas planícies aluviais com lençol freático elevado durante grande parte do ano ou em terrenos drenados. Quanto ao horizonte O, é encontrado em áreas de superfície pouco expressiva de regiões montanhosas dos Estados sulinos, onde a temperatura mais branda (temperatura média anual em torno de 14-16°C) e o regime hídrico (perúdico) determinam um balanço hídrico com excesso de umidade no solo ao longo do ano, o qual, aliado às temperaturas mais baixas, diminui a velocidade de decomposição da matéria orgânica, permitindo a acumulação dela. Ghani (1996) apresenta exemplos de horizonte hístico O em solos situados na Serra do Mar, Estado do Paraná, em clima Cfb de Köppen, respectivamente, a 1.210 e 1.150 m de altitude. A espessura do horizonte hístico (> 40 cm) é suficiente para enquadrar tais solos entre os ORGANOSSOLOS, segundo os critérios do SiBCS. Outro exemplo de tal situação é dado pelo perfil RS-48 (Brasil, 1973) de CAMBISSOLO HÚMICO, situado no Município de Bom Jesus, Rio Grande do Sul, a 1.060 m de altitude.

Exemplo de perfil de solo situado em região serrana do Brasil meridional, com material de constituição orgânica, porém sem espessura para ser considerado hístico, é o perfil SP-69 (Brasil, 1960), situado a 1.780 m de altitude, identificado na ocasião como Solo de Campos de Jordão (atualmente, LATOSSOLO AMARELO Distrófico húmico). O horizonte A1 desse perfil, com 17 cm de espessura, apresenta 12,6% de carbono, valor que cai para apenas 5,2% no horizonte seguinte, devendo ser, portanto, identificado como horizonte A húmico.

Importância agronômica e geotécnica. O horizonte hístico, sendo de constituição orgânica, apresenta o mesmo comportamento assinalado para material orgânico (veja 3.1. Material orgânico. Material mineral). Apesar de esse material apresentar comportamento bastante diferente do material mineral, é importante considerar a espessura do horizonte hístico. Um horizonte hístico pouco espesso será necessariamente misturado ao material mineral subjacente no momento da aração, ação que modifica significativamente suas propriedades originais, diferentemente de horizontes hísticos espessos. Horizonte hístico constituindo uma seção contínua de 40 cm ou mais de profundidade é um dos critérios identificadores de ORGANOSSOLOS. Assim, esses solos apresentam, em geral, horizonte hístico espesso[30].

Bibliografia

BRASIL. Ministério da Agricultura. Centro Nacional de Ensino e Pesquisas Agronômicas. Comissão de Solos. **Levantamento de reconhecimento de solos do Estado de São Paulo**. Rio de Janeiro, Serviço Nacional de Pesquisas Agronômicas, 1960. 634p. (SNPA, Boletim 12).

BRASIL. Ministério da Agricultura. Escritório de Pesquisa e Experimentação. Equipe de pedologia e fertilidade do solo. **Levantamento de reconhecimento detalhado dos solos que ocupam a parte baixa do núcleo colonial de Macaé**. Rio de Janeiro, 1968. 99p. (Boletim Técnico, 5).

BRASIL. Ministério da Agricultura. Divisão de Pesquisa Pedológica, DNPEA. **Levantamento exploratório – reconhecimento de solos do Estado do Rio Grande do Sul**. Recife, 1973. 431p. (Boletim Técnico, 30).

EMPRESA BRASILEIRA DE PESQUISA AGROPECUÁRIA. Serviço Nacional de Levantamento e Conservação do Solo. Rio de Janeiro, RJ. **Levantamento semidetalhado e aptidão agrícola dos solos do Município do Rio de Janeiro**. Rio de Janeiro, 1980. 389p. (Boletim Técnico, 66).

EMPRESA BRASILEIRA DE PESQUISA AGROPECUÁRIA. Sistema Brasileiro de Classificação de Solos. Rio de Janeiro, 1999. 412p.

ESTADOS UNIDOS. United States Department of Agriculture. **Soil Conservation Service. Keys to Soil Taxonomy.** 6th ed., 1994, 306p.

FAO, FAO/UNESCO. **Soil Map of the World. Revised Legend with corrections.** Rome, FAO, 1988 (World Resources Report, 60). Wageningen, ISRIC (Technical Paper, 20), 1994.

GHANI, N. L. B. **Caracterização morfológica, física, química, mineralógica, gênese e classificação de solos altimontanos derivados de riolito e migmatito da Serra do Mar, PR.** Curitiba, Universidade Estadual do Paraná, 1996. 174p. (Tese de Mestrado).

GHANI, N. L. B. & ROCHA, H. O. **Propostas para material orgânico, horizonte orgânico e solo orgânico de drenagem livre.** In: Congresso Brasileiro de Ciência do Solo, 26. 1997, Rio de Janeiro. Resumos, Rio de Janeiro, Sociedade Brasileira de Ciência do Solo, 1997. p. 330.

---

30. Para mais detalhes, consultar Sistema Brasileiro de Classificação de Solos (Embrapa, 1999).

HORIZONTES DIAGNÓSTICOS SUBSUPERFICIAIS

Esses horizontes, como o nome indica, estão situados abaixo do horizonte A. Algumas vezes, contudo, podem coexistir com esse horizonte, ou situar-se na superfície, devido à remoção por erosão das camadas superficiais. Exemplo do primeiro caso é o do perfil 15, identificado, na ocasião, como Plintossolo Pétrico (Jacomine, 1997). Seu horizonte Ac, com 20 cm de espessura, tem 68% de concreções de petroplintita, o que o identifica como horizonte concrecionário, normalmente considerado horizonte subsuperficial, mas que neste caso é coincidente com o horizonte A.

5.8. Horizonte B espódico. "Ortstein"

Definição. Horizonte subsuperficial que apresenta acumulação iluvial de matéria orgânica associada a complexos de sílica-alumínio ou húmus-alumínio, podendo ou não conter ferro. Possui espessura mínima de 2,5 cm e uma ou mais das seguintes características:

- acentuada diferença de cor com relação ao horizonte suprajacente A ou E[31];
- cimentação por matéria orgânica e alumínio, com ou sem ferro, em 50% ou mais do horizonte e consistência firme ou muito firme nas partes cimentadas;
- textura arenosa ou média e com grãos de areia cobertos por películas de ferro ou de matéria orgânica que apresentem fissuras, ou presença de grânulos pretos do tamanho de silte, ou ambos;
- percentagem de alumínio mais metade da percentagem de ferro (determinadas pelo oxalato de amônio) com valor de 0,50 ou maior, sendo esse valor pelo menos o dobro do encontrado no horizonte sobrejacente, seja o A ou o E.

Em função dos compostos iluviais dominantes e do grau de cimentação, são identificados três tipos de horizonte B espódico:

- Bs – usualmente apresenta cores vivas de croma alto, indicando que os compostos de ferro são dominantes ou codominantes e

31. Para mais detalhes, consultar Sistema Brasileiro de Classificação de Solos (Embrapa, 2006).

que há pouca evidência de matéria orgânica iluvial. Cores em geral com matiz 5YR, 7,5YR ou 10YR , valor 4 ou 5 (no máximo 6) e croma 4 a 8.

- Bhs – identificado pela iluviação expressiva de ferro e matéria orgânica. O matiz é em geral 2,5YR a 10YR, e o valor/croma de 3/4, 3/6, 4/3 ou 4/4.
- Bh – iluviação dominante de complexos matéria orgânica-alumínio com pouca ou nenhuma evidência de ferro iluvial. Dominam as cores escuras com valor < 4 e croma < 3.

Quando o horizonte B espódico apresenta-se consolidado, cimentado com ferro e matéria orgânica, recebe o nome de "ortstein" e notação Bsm, Bhsm ou Bhm.

Outro horizonte que pode ocorrer associado ou como variação do horizonte B espódico é o horizonte plácico (veja 5.17. Horizonte plácico).

Taxonomia. O horizonte B espódico é horizonte diagnóstico exclusivo da ordem dos ESPODOSSOLOS. Solos dessa ordem, quando apresentam "ortstein" dentro de 100 cm da superfície, recebem o qualificativo de "dúricos", como o ESPODOSSOLO HUMILÚVICO Órtico dúrico, perfil AL-55 (Embrapa, 1975).

Quadro 5.8.1. Critérios divergentes entre os empregados na identificação do horizonte B espódico (Embrapa, 1999), do horizonte espódico (Estados Unidos, 1994) e do horizonte B espódico (FAO, 1994).

Atributo	SiBCS	Soil Taxonomy	FAO
Espessura (cm)	≥ 2,5	≥ 2,5	> 2,5 e apenas para camada cimentada
Cor	variada, dependendo da presença ou não do horizonte E	—	variada, dependendo da presença do horizonte E álbico
Índice de acumulação de material amorfo	—		≥ 65
pH em água	—	≤ 5,9	—
C orgânico (%)	—	≥ 0,6	—
Extratores usados na determinação de Al e Fe	Al e Fe determinados por oxalato de amônio	Al e Fe determinados por oxalato de amônio	Al e Fe determinados pelo pirofosfato e pelo ditionito-citrato

A presença de carbono orgânico iluvial e alumínio com ou sem ferro, porém, sem satisfazer as condições para horizonte B espódico, identifica solos intermediários com ESPODOSSOLOS, como os ARGISSOLOS AMARELOS Distróficos abrúpticos espódicos e os NEOSSOLOS QUARTZARÊNICOS Hidromórficos espódicos.

Equivalência com outros sistemas de classificação. Os ESPODOSSOLOS (*Podzóis*) sempre foram reconhecidos nos levantamentos de solos efetuados no Brasil pelos seus atributos morfológicos, aliados às determinações de carbono e Fe (estabelecido pelo ataque sulfúrico). Dados relativos a teores de Al e Fe extraídos por outros extratores (oxalato de amônio; pirofosfato, ditionito, pirofosfato) não são encontrados nesses levantamentos, mas apenas em trabalhos específicos de pesquisa ou teses. O SiBCS recentemente publicado, contudo, incluiu entre os atributos diagnósticos do horizonte espódico valores de Al e Fe obtidos pelo oxalato de amônio; até então, os levantamentos de solos publicados não utilizavam tal critério. O Soil Taxonomy e a FAO empregam, além da morfologia, critérios químicos mais amplos do que os utilizados no SiBCS. No Quadro 5.8.1. são apresentados os critérios divergentes empregados pelo SiBCS, pelo Soil Taxonomy (Estados Unidos, 1994) e pela legenda da FAO (FAO, 1994).

Considerações gerais. O horizonte B espódico é por excelência um horizonte iluvial resultante de processos pedogenéticos, entre os quais é predominante o de podzolização. Resulta uma morfologia bastante particular, a qual, na maioria das vezes, imprime ao solo feições bem fáceis de perceber no campo. Assim, é muito comum a presença de horizonte E álbico de cor esbranquiçada contrastando acentuadamente com as cores avermelhadas ou bruno-escuras do horizonte espódico que lhe sucede (Figura 5.8.1., p. 577).

Os ácidos fúlvicos, compostos muito ativos na gênese desse horizonte, são particularmente abundantes em três condições distintas, nas quais a decomposição microbiana da matéria orgânica é dificultada: 1) baixa temperatura, 2) oligotrofismo pronunciado e 3) ambiente saturado por água (Driessen & Dudal, 1989).

No Brasil, a primeira condição ocorre em áreas pouco expressivas, restritas a regiões serranas de clima mais brando, por exemplo, o perfil

Furnas-34, situado a 1.240 m no Município de Capitólio, MG (Brasil, 1962). Às vezes, o solo mostra apenas processo incipiente de podzolização, como o perfil de *Podzol* descrito na região de Bom Jesus, RS, situado a 1.100 m de altitude (Brasil, 1967). As outras duas situações são freqüentes e muitas vezes coexistentes.

A maioria absoluta dos ESPODOSSOLOS brasileiros é de solos desenvolvidos sobre material bastante arenoso e muito pobre quimicamente. Tal situação é também predominante em outros países. Entre os solos discrepantes dessa condição estão os pertencentes aos subgrupos de ESPODOSSOLOS FERRIHUMILÚVICOS Órticos: êutricos, carbonáticos e solódicos. Os dois últimos estão relacionados a sedimentos aluviais marinhos. Os carbonáticos são formados em materiais abundantes em conchas e os solódicos, em materiais com forte influência marinha. Os teores elevados em cálcio nos primeiros e em sódio nos últimos são indicadores de situações atípicas ao processo de podzolização, o qual se desencadeia normalmente em ambientes ácidos.

Os ácidos fúlvicos, quando pouco saturados com Al^{3+} e Fe^{3+}, são bastante solúveis em água, podendo migrar até grandes profundidades no solo, especialmente nos de textura grosseira, daí a presença de ESPODOSSOLOS FERRIHUMILÚVICOS Hiperespessos (*Podzóis Gigantes*), como o perfil GB-50 (Embrapa, 1980), cujo horizonte B espódico inicia a 400 cm de profundidade. É interessante assinalar que solos como esses são denominados de Arenossolos na legenda da FAO (FAO, 1994) e de Quartzipsamments pelo Soil Taxonomy (Estados Unidos, 1994) por apresentarem horizonte diagnóstico abaixo da seção de controle, balizada respectivamente a profundidades de 125 e 200 cm.

A textura do horizonte B espódico é predominantemente grosseira, sendo a arenosa muito mais freqüente que a média. Entre os raros exemplos de textura argilosa está o perfil AL-56 (Embrapa, 1975), cujo horizonte B apresenta entre 36 e 57% de argila.

Solos com horizonte B espódico ocorrem predominantemente na região litorânea, ao longo da costa leste do país, notadamente Bahia, Sergipe, Alagoas e Rio Grande do Sul. Contudo, as áreas mais expressivas localizam-se no extremo noroeste do Estado do Amazonas e no Centro-Sul de Roraima (Embrapa, 1981).

Importância agronômica e geotécnica. O horizonte B espódico e os solos que o contêm são muito pobres quimicamentes, ácidos e com baixíssimos teores de bases trocáveis, sendo imprescindível a aplicação de insumos para que produzam satisfatoriamente. Valores de soma de bases superiores a 1 $cmol_c$/kg são incomuns nesses solos. Apesar disso, por ocorrerem em regiões litorâneas com intensa atividade turística, a horticultura ou outro uso agrícola de grande rentabilidade pode ser compensadora. Oliveira (1999), contudo, assinala a presença de ESPODOSSOLOS com inusitado teor de bases trocáveis: 7 e 11,6 $cmol_c$ /kg solo no horizonte B e respectiva saturação por bases de 68 a 88%. Esse solo, desenvolvido de arenito arcosiano, apresenta a fração argila com elevada atividade (> 120 $cmol_c$/kg) e teores de carbono orgânico variando entre 1,4 e 0,6%. O autor confere a esses componentes a capacidade desse horizonte, com apenas 12% de argila, de reter tal quantidade de nutrientes. A ocorrência desses solos é, contudo, limitada a poucos hectares.

Por se desenvolver predominantemente em material grosseiro, a maioria dos horizontes espódicos e os horizontes suprajacentes apresentam elevada condutividade hidráulica e baixa capacidade de retenção de umidade, assemelhando-se, nesses aspectos, aos NEOSSOLOS QUARTZARÊNICOS (*Areias Quartzosas*). Os ESPODOSSOLOS, contudo, por se situarem em regiões bastante úmidas (zona litorânea) ou com lençol freático bastante elevado (ESPODOSSOLOS FERRIHUMILÚVICOS ou FERRILÚVICOS Hidromórficos), apresentam, nessas situações, comportamento diferente do daqueles NEOSSOLOS que, nos períodos secos, revelam acentuado estresse hídrico. Além disso, o ambiente mais úmido desses ESPODOSSOLOS hidromórficos favorece o aparecimento de horizontes superficiais mais ricos em matéria orgânica, como o horizonte hístico dos ESPODOSSOLOS HUMILÚVICOS Hidromórficos organossólicos, o qual favorece a retenção de água.

Há, contudo, casos de horizonte espódico coincidente com mudança textural abrupta, como o perfil IVRCC-21 BA (Embrapa, 1995), no qual a porcentagem de argila passa abruptamente de 1% do horizonte A22 para 17% no horizonte Bhir que lhe segue. A presença dessa condição não tem influência na erodibilidade desses solos devido ao fato de eles ocorrerem em relevo praticamente plano. Contudo, deve se refletir no regime de umidade dos horizontes suprajacentes, posto que a elevada condutividade hidráulica deles deve diminuir drasticamente no horizonte espódico. A profundidade de ocorrência desses horizontes espódicos é determinante na avaliação dos solos quanto à disponibilidade de água e à sua dreanagem.

A presença de "ortstein" constitui fator de impedimento ao aprofundamento do sistema radicular e à percolação da água. Resistências à penetração das raízes superiores a 50 kg/cm^2, bem acima dos 30 kg/cm^2 ainda suplantados pelo sistema radicular das culturas mais comuns, são apontadas por Righi (1995) em "ortsteins". Geralmente, o "orstein" ocorre a profundidades superiores a 150 cm nos solos brasileiros e, portanto, raramente restringe a profundidade efetiva deles. Sua presença a menor profundidade em regiões com algum período seco pode ser, da mesma forma que a presença de mudança textural abrupta, fator favorável à manutenção de maior teor de umidade na rizosfera. O mesmo deve ocorrer com os ESPODOSSOLOS fragipânicos e duripânicos.

A textura arenosa ou média favorece os trabalhos de preparo do solo para o plantio, sendo a camada arável facilmente agricultada, mesmo com máquinas de pouca potência.

A conjugação de elevada permeabilidade, de lençol freático a pouca profundidade (nos ESPODOSSOLOS Hidromórficos) e baixíssima capacidade de adsorção exclui o uso de aterro sanitário e depósito de efluentes em solos com horizonte B espódico.

Bibliografia

BRASIL. Ministério da Agricultura. Centro Nacional de Ensino e Pesquisas Agronômicas. Comissão de Solos. **Levantamento de reconhecimento de solos da região sob influência do reservatório de Furnas.** Rio de Janeiro. Serviço Nacional de Pesquisas Agronômicas. 1962. 462p. (SNPA. Boletim 13).

BRASIL. Ministério da Agricultura. Divisão de Pedologia e Fertilidade do Solo. Levantamento de reconhecimento dos solos do Estado do Rio Grande do Sul. Primeira etapa, Planalto Rio-Grandense. **Pesquisa Agropecuária Brasileira**, v. 2: 71-209, 1967. (Boletim Técnico n. 2).

DRIESSEN, P. M. & DUDAL, R. (eds.). **Lectures notes on the geography, formation, properties and use of the major soils of the world.** Agricultural University Wageningen/Katholieke Universiteit Leuven, 1989. 296p.

EMPRESA BRASILEIRA DE PESQUISA AGROPECUÁRIA. Centro de Pesquisas Pedológicas. **Levantamento exploratório – reconhecimento dos solos do Estado de Alagoas.** Recife, 1975. 531p. (Embrapa/CPP. Boletim Técnico, 36-Sudene/DRN. Série Recursos de Solos, 6).

EMPRESA BRASILEIRA DE PESQUISA AGROPECUÁRIA. Serviço Nacional de Levantamento e Conservação de Solos, Rio de Janeiro. **Levantamento semidetalhado e aptidão agrícola dos solos do Município do Rio de Janeiro.** 1980. 389p. (Boletim Técnico, 66).

EMPRESA BRASILEIRA DE PESQUISA AGROPECUÁRIA. Serviço Nacional de Levantamento e Conservação de Solos, Rio de Janeiro. **Mapa de solos do Brasil,** coordenado e planejado por M. N. Camargo. 1981. Escala 1:5.000.000.

EMPRESA BRASILEIRA DE PESQUISA AGROPECUÁRIA. Centro Nacional de Pesquisa de Solos. **Anais da IV Reunião de Classificação, Correlação e Aplicação de Levantamento de Solos.** Rio de Janeiro, 1995. 157p.

EMPRESA BRASILEIRA DE PESQUISA AGROPECUÁRIA. Sistema Brasileiro de Classificação de Solos. Rio de Janeiro, 1999. 412p.

ESTADOS UNIDOS. United States Department of Agriculture. Soil Conservation Service. **Keys to Soil Taxonomy.** 6th ed., 1994, 306p.

FAO, FAO/UNESCO. **Soil Map of the World. Revised Legend with corrections.** Rome, FAO, 1988 (World Resources Report, 60). Wageningen, ISRIC (Technical Paper, 20) 1994.

JACOMINE, P. T. K. (coord.). **Correlação pedológica de uma área do Pantanal de Mato Grosso e região de influência. Secretaria de Estado de Planejamento e Coordenação Geral**/Prodeagro/Zoneamento e Centro Nacional de Pesquisas do Solo-Embrapa. Rio de Janeiro, 1997. 60p.

OLIVEIRA, J. B., JACOMINE, P. K. T. & CAMARGO, M. N. **Classes gerais de solos do Brasil. Guia auxiliar para seu reconhecimento.** Jaboticabal, Funep, 1992. 102p.

OLIVEIRA, J. B. **Solos da Folha de Piracicaba.** Campinas, Instituto Agronômico, 1999. 173p. (Boletim Científico, 48).

RIGHI, D. Podzosols. In: **Referentiel Pédologique.** INRA, Paris, 1995. p. 229-235.

5.9. Horizonte B incipiente

Conceito. Horizonte subsuperficial subjacente aos horizontes A, Ap ou AB que sofreu alteração física e química em grau não muito avançado, porém suficiente para o desenvolvimento de cor ou de estrutura, e no qual mais da metade do volume de todos os seus sub-horizontes não deve consistir de material com estrutura da rocha original preservada.

Para ser diagnóstico, deve ter no mínimo 10 cm de espessura e apresentar as seguintes características:

- não satisfazer os requisitos estabelecidos para caracterizar um horizonte plíntico, B textural, B nítico, B espódico, B plânico e B latossólico, além de não apresentar cimentação ou endurecimento característicos de duripã ou a consistência quebradiça, quando úmido, do fragipã;
- não apresentar a evidência de redução distintiva do horizonte glei;
- textura franco-arenosa ou mais fina;
- desenvolvimento de estrutura do solo ou ausência da estrutura da rocha original em 50% ou mais de seu volume;
- evidências de alteração através de uma ou mais das seguintes formas:
  - teor de argila mais elevado ou cromas mais fortes ou matiz mais vermelho do que o horizonte subjacente; percentagem de argila menor, igual ou pouco maior que a do horizonte A, desde que não satisfaça os requisitos para B textural;
  - evidência de remoção de carbonatos;
  - decréscimo regular no conteúdo de carbono orgânico com a profundidade.

O horizonte B incipiente pode possuir características morfológicas semelhantes às do horizonte B latossólico, diferindo deste por apresentar um ou mais dos seguintes requisitos:

- CTC (sem correção para carbono) igual ou maior que 17 $cmol_c(+)/$ kg de argila;
- 4% ou mais de minerais primários alteráveis, ou 6% ou mais de muscovita, determinados na fração areia;
- relação molecular SiO_2/Al_2O_3 (ki) determinada na ou correspondente à fração argila maior que 2,2;
- relação silte/argila igual ou maior que 0,7 quando a textura for média, sendo igual ou superior a 0,6 quando for argilosa.

Taxonomia. O horizonte B incipiente é horizonte diagnóstico obrigatório no primeiro nível categórico (ordem) da classe dos CAM-

BISSOLOS, enquanto na classe dos CHERNOSSOLOS pode ou não estar presente. Pode também estar presente na classe dos GLEISSOLOS e PLINTOSSOLOS, porém, neste caso, é coincidente com os horizontes glei ou plíntico, os quais têm prevalência taxonômica sobre o horizonte B incipiente.

Quando um mesmo horizonte satisfizer os requisitos para B incipiente e vértico, o horizonte vértico terá prevalência para fins taxonômicos.

Abaixo do horizonte B textural, B espódico, B latossólico, plíntico ou glei pode haver um horizonte de transição para o C com alteração comparável à do horizonte B incipiente, porém ele não é considerado B incipiente em razão de sua posição abaixo de horizonte de maior expressão de desenvolvimento pedogenético.

Equivalência com outros sistemas de classificação. O conceito de horizonte B incipiente do SiBCS é semelhante ao de horizonte câmbico (*cambic horizon*) do Soil Taxonomy e da FAO, porém há alguns critérios que são divergentes, os quais estão assinalados no Quadro 5.9.1. É interessante resaltar que o SiBCS não menciona profundidade de ocorrência da base do horizonte B incipiente. Por isso, e por requerer espessura mínima de 10 cm para esse horizonte (e não 15 cm, como exigido pela FAO e pelo Soil Taxonomy), os CAMBISSOLOS HÁPLICOS Tb Distróficos lépticos do SiBCS que apresentem, por exemplo, A + Bi com menos de 25 cm de espessura ou Bi com menos de 15 cm, não se relacionam com os Cambissolos da FAO nem com os Inceptissolos do Soil Taxonomy. Exemplo: perfil DF-10 (Embrapa, 1978), que apresenta a seqüência: A: 0-16 cm; Bi: 16-27 cm, C: 27-40 cm$^+$.

Considerações gerais. O conceito de horizonte B incipiente é de horizonte cujos atributos refletem estágio de intemperismo relativamente pouco acentuado. Um típico horizonte B incipiente apresenta, portanto, CTC e índice ki relativamente elevados, teores apreciáveis de minerais primários facilmente intemperizáveis, elevada relação silte/argila, e ocorre em solos pouco profundos, com saprólito a menos de 100 cm de profundidade (Figura 3.20.1.). Alguns desses atributos, contudo, podem se afastar significativamente de seu conceito central. Assim, o horizonte B incipiente pode apresentar fração argila com baixa capacidade de troca

Quadro 5.9.1. Critérios divergentes empregados na definição de horizonte B incipiente (Embrapa, 1999), horizonte câmbico segundo o Soil Taxonomy (Estados Unidos, 1994) e horizonte B câmbico (FAO, 1994).

Atributo	**SiBCS**	**Soil Taxonomy**	**FAO**
Textura	franco-arenosa ou mais fina	fino-arenosa, fino-franco-arenosa ou mais fina	franco-arenosa ou mais fina e ≥ 8% de argila
Espessura (cm)	≥ 10	—	≥ 15
Base do horizonte	—	25 cm abaixo da superfície do solo	25 cm abaixo da solo superfície do solo
Estrutura	desenvolvimento estrutura	—	pelo menos moderada
CTC	> 17cmol$_c$(+)/kg argila; ou ≥ 4% minerais primários (≥ muscovita); ou ki > 2,2; ou silte/argila ≥ 0,7 ou 0,6; ou espessura ≥ 50 cm; ou ≥ 5% volume com estrutura da rocha	—	> 16 cmol$_c$(+)/kg argila; ou ≥ 10% minerais primários; ou > 10% argila dispersa em água; ou silte/argila > 0,2

de cátions desde que tenha, por exemplo, significativos teores de minerais primários facilmente alteráveis ou elevada relação silte/argila, por exemplo, o perfil PE-68 (Brasil, 1972). O horizonte Bi2 apresenta CTC de 17,4 cmol$_c$ /argila, mas 30% de feldspatos e ainda relação silte/argila de 0,8.

Como a morfologia desse horizonte pode ser bastante semelhante à do horizonte B latossólico, em muitos casos, apenas com a ajuda de dados morfológicos torna-se impossível identificar se se trata de um ou de outro horizonte.

Em solos pouco desenvolvidos situados em planícies aluviais, às vezes torna-se também difícil identificar se o horizonte imediatamente abaixo do A corresponde a um horizonte B incipiente ou a um dos sub-horizontes do horizonte C. A cuidadosa observação do desenvolvimento da estrutura é imprescindível nesses casos, pois ela constitui critério de identificação de horizonte B (genético) e pode representar o único sinal consistente de alteração, identificador, nesse caso, da presença de horizonte B incipiente (diagnóstico). Os critérios de identificação desse horizonte baseados no teor de argila mais elevado e/ou em cromas mais fortes e/ou em matiz mais vermelho que o horizonte subjacente podem não se aplicar em casos de presença de estratos muito diferenciados, comuns nas planícies aluviais.

O termo "câmbico" é empregado no quarto nível (subgrupo) para discriminar algumas classes de solos considerados intermediários, como, por exemplo, os LATOSSOLOS AMARELOS Coesos câmbicos.

Importância agrícola e geotécnica. O horizonte B incipiente apresenta uma variação muito grande de atributos, o que torna impossível estabelecer um padrão geral de comportamento. Por conceituação, ele não possui textura areia nem areia franca e de maneira geral predominam as texturas média e argilosa, sendo a muito argilosa pouco comum.

O horizonte B incipiente ocorre imediatamente abaixo do horizonte A, desenvolvendo-se nele a maior parte do sistema radicular das plantas. Assim, aqueles com conjugação de elevados teores de bases trocáveis e de saturação por bases são quimicamente muito férteis. No outro extremo situam-se aqueles com elevado conteúdo de Al^{3+} extraível (> 4 $cmol_c$/kg solos), os quais apresentam acentuada toxicidade por alumínio. Como essa concentração de alumínio ocorre também em subsuperfície, torna-se difícil a correção (exemplo: perfil RS-48, Brasil, 1973).

O horizonte B incipiente também pode apresentar elevada concentração de carbonatos, como no perfil SE-51 (Embrapa, 1975), ou de sais, como no perfil CE-90 (Brasil, 1972), o qual apresenta também concentração de carbonatos ou ainda de sódio. No primeiro caso, podem apresentar limitações por deficiência de micronutrientes para as plantas e, nos outros, distúrbios nutricionais e corrosividade para estruturas enterradas metálicas ou de concreto.

Esse horizonte, por conceituação, não apresenta acréscimo significativo de argila em relação ao horizonte A que lhe antecede. Assim, os solos com horizonte B incipiente apresentam, em igualdade de condições de relevo, clima e cobertura vegetal, menor erodibilidade que os solos com B textural. Nesse particular, seu comportamento é semelhante ao daqueles com B latossólico.

A concepção de horizonte pouco evoluído para o horizonte B incipiente é pertinente com a de horizonte pouco espesso, porém, é rara a presença de espessura inferior a 30 cm. Em geral, quando essa condição está presente, segue-lhe um horizonte C e/ou Cr de significativa espessura, o qual, por não apresentar nenhum impedimento físico, acresce bastante a profundidade efetiva do solo.

É comum os solos com horizonte B incipiente possuírem elevado conteúdo de silte também em superfície. Em tais solos, a formação de selo superficial, o qual aumenta a erodibilidade do solo, ocorre com facilidade. A localização de áreas de camping próximas a estradas de terra nesses solos é desaconselhada, devido à formação de poeira, com a passagem de veículos.

A significativa reserva em minerais primários alteráveis que esse horizonte pode apresentar pode ser importante fonte de nutrientes, especialmente K^+ (veja 3.14. Minerais facilmente alteráveis), particularmente para culturas permanentes e essências florestais.

Bibliografia

BRASIL. Ministério da Agricultura. Divisão de Pesquisa Pedológica, DNPEA. **Levantamento exploratório – reconhecimento de solos do Estado do Ceará.** Recife, Convênios MA/DNPEA-Sudene/DRN, MA/Contap/ETA, 1973. v. 1 e 2. 502p. (Boletim Técnico, 28).

BRASIL. Ministério da Agricultura. Divisão de Pesquisa Pedológica, DNPEA. **Levantamento exploratório – reconhecimento de solos do Estado de Pernambuco.** Recife, Convênios MA/DNPEA-Sudene/DRN, MA/Contap/Usaid/ETA, 1972. v. II, 534p. (Boletim Técnico, 26).

BRASIL. Ministério da Agricultura. Divisão de Pesquisa Pedológica, DNPEA. **Levantamento exploratório – reconhecimento de solos do Estado do Rio Grande do Sul.** Recife, 1973. 431p. (Boletim Técnico, 30).

EMPRESA BRASILEIRA DE PESQUISA AGROPECUÁRIA. Centro de Pesquisas Pedológicas. **Levantamento exploratório – reconhecimento de solos do Estado de Sergipe.** Recife, 1975. 506p. (Embrapa-CPP. Boletim Técnico, 36; Sudene, Série Recursos de Solos, 6).

EMPRESA BRASILEIRA DE PESQUISA AGROPECUÁRIA. Serviço Nacional de Levantamenro e Conservação do Solo. **Levantamento de reconhecimento dos solos do Distrito Federal.** Rio de Janeiro, 1978. 455p. (Boletim Técnico, 53).

EMPRESA BRASILEIRA DE PESQUISA AGROPECUÁRIA. Centro Nacional de Pesquisa de Solos. **Sistema Brasileiro de Classificação de Solos**. Rio de Janeiro, 1999. 412p.

ESTADOS UNIDOS. United States Department of Agriculture. Soil Conservation Service. **Keys to Soil Taxonomy**. 6th ed., 1994, 306p.

FAO, FAO/UNESCO. **Soil Map of the World. Revised Legend with corrections.** Rome, FAO, 1988 (World Resources Report, 60). Wageningen, ISRIC (Technical Paper, 20) 1994.

5.10. Horizonte B latossólico

Definição. Horizonte subsuperficial situado imediatamente abaixo de qualquer horizonte A, que não apresenta características diagnósticas de horizonte glei, B textural, B nítico e plíntico e, além disso, possui todas as seguintes características:

- pouca diferenciação entre horizontes;
- estrutura forte muito pequena a pequena granular (microestrutura) ou blocos subangulares fracos ou moderados;
- espessura mínima de 50 cm;
- menos de 5% do volume que mostre estrutura da rocha original, como estratificações finas, ou saprólito, ou fragmentos de rocha semi ou não-intemperizada;
- grande estabilidade dos agregados, sendo o grau de floculação da argila igual ou muito próximo de 100% e o teor de argila dispersa em água menor que 200 g/kg desde que o horizonte tenha 4 g/kg ou menos de carbono orgânico e não apresente Δ pH positivo ou nulo, tendo comportamento atípico horizontes mais afetados por carbono orgânico (geralmente, horizonte BA), horizontes com carga tendendo para ou com saldo eletropositivo ou horizontes de textura média, sobretudo intermediária para arenosa;
- textura franco-arenosa ou mais fina, teores baixos de silte, sendo a relação silte/argila, até a profundidade de 200 cm (ou 300 cm se o horizonte A exceder 150 cm de espessura), na maioria dos sub-horizontes B, inferior a 0,7 nos solos de textura média e a 0,6 nos solos de textura argilosa;

- relação molecular SiO_2/Al_2O_3 (ki) determinada na ou correspondendo à fração argila, igual ou inferior a 2,23, sendo normalmente menor que 2;
- menos de 4% de minerais primários alteráveis (menos resistentes ao intemperismo) ou 6% de muscovita na fração areia, referidos a 100 g de TFSA, podendo conter na fração menor de 0,05 mm (silte + argila) mais que traços de argilominerais do grupo das esmectitas e somente pequenas quantidades de illitas, ou de argilominerais interestratificados, sendo que a vermiculita com hidroxi-Al nas entrecamadas vem sendo constatada com certa freqüência;
- capacidade de troca de cátions menor que 17 $cmol_c$ (+)/kg de argila, sem correção para carbono;
- cerosidade, quando presente, no máximo pouca e fraca.

Taxonomia. O horizonte B latossólico é horizonte diagnóstico exclusivo da classe dos LATOSSOLOS. É comum, contudo, sobretudo em certos ARGISSOLOS VERMELHO-AMARELOS (*Podzólicos Vermelho-Amarelos*), ARGISSOLOS VERMELHOS (*Podzólicos Vermelho-Escuros*) e NITOSSOLOS VERMELHOS (*Terras Roxas Estruturadas*), ocorrer abaixo do horizonte B textural um horizonte com as mesmas características do horizonte B latossólico, sendo por isso identificado como horizonte Bw (não-diagnóstico). Exemplos dessa situação são o perfil ISCW-BR 31 (Embrapa, 1978) para os ARGISSOLOS e o perfil IIRCC-10 (Embrapa, 1983) para os NITOSSOLOS.

Equivalência com outros sistemas de classificação. O horizonte B latossólico é equivalente ao horizonte óxico (*oxic horizon*) do Soil Taxonomy (Estados Unidos, 1994) e ao horizonte B ferrálico (*ferralic B horizon*) da FAO (FAO, 1994).

No Quadro 5.10.1. são apresentados os critérios divergentes empregados para esses três horizontes. Observa-se que para os atributos espessura, minerais primários alteráveis, argila dispersa em água e relação silte/argila há significativas diferenças entre os valores utilizados no SiBCS e os do Soil Taxonomy e da FAO. Com referência ao valor para a relação silte/argila, é importante ressaltar que, usando o valor de 0,2 preconizado pela FAO, muitos de nossos LATOSSOLOS intensamente

Quadro 5.10.1. Critérios divergentes empregados na identificação do horizonte B latossólico, horizonte óxico e horizonte B ferrálico.

Atributo	**SiBCS**	**Soil Taxonomy**	**FAO**
Espessura (cm)	≥ 50	≥ 30	≥ 30
Minerais primários alteráveis (%)*	< 4 < 6 muscovita	< 10	<10
Silte/argila	< 0,7 textura média < 0,6 textura argilosa	—	≤ 0,2
CTC ($cmol_c$/kg argila)**; CETC*** ($cmol_c$/kg argila)	< 17	< 16 e CETC < 12	< 16 ou CETC < 12
ki	< 2,2	—	—
Argila dispersa em água	< 20	—	10
Estrutura	se em blocos: no máximo moderada	—	—
Cerosidade (se presente)	no máximo pouca e fraca	—	—

* No SiBCS, determinados na fração areia; no Soil Taxonomy e na FAO, determinados na fração areia fina.

** A metodologia usada no SiBCS é ligeiramente distinta da empregada no Soil Taxonomy e na FAO.

*** CETC = capacidade efetiva de troca de cátions.

intemperizados não seriam classificados como Ferralsols naquele sistema, por apresentarem B latossólico com relação superior àquele valor, como o LATOSSOLO VERMELHO-AMARELO Acriférrico, perfil IAC-1350 (Oliveira & Prado, 1987). O horizonte Bw2 desse solo apresenta ki = 0,21, Δ pH = +1 e relação silte/argila = 0,3. Outro ponto a considerar, e já assinalado no item 3.3. Caráter ácrico, é referente ao atributo argila dispersa em água. No SiBCS é feita ressalva ao valor de 20% para a argila dispersa em água em horizonte B latossólico com Δ pH positivo, textura média ou significativos valores de carbono. Nesse particular, solos com reversão de carga no horizonte B, como os ácricos, podem apresentar valores de argila dispersa em água bem superiores aos 10% preconizados pela FAO.

Considerações gerais. O horizonte B latossólico tem particular importância no Brasil, pois mais da metade de seu território está coberta por Latossolos, classe definida pela presença desse horizonte (Figura 7.6.1.).

Seu conceito central é o de horizonte constituído por material caracterizado por avançado estágio de intemperismo, o qual se manifesta de maneira bastante particular em seus atributos morfológicos, físicos, químicos e mineralógicos. A mineralogia da fração argila e a textura são os dois fatores preponderantes nas manifestações morfológicas e nos determinantes de seu comportamento.

Morfologicamente, o horizonte B latossólico se caracteriza por apresentar: 1) virtual ausência ou pouca expressão da macroestrutura, 2) consistência ligeiramente dura (amostra seca), friável a muito friável (amostra úmida) e ligeiramente plástica a plástica e ligeiramente pegajosa a pegajosa (amostra molhada), mesmo quando a textura é argilosa, 3) discreta diferenciação de cor entre os vários sub-horizontes. É em geral bastante espesso, sendo comum espessura de 2 a 3 m. Há inúmeros registros de espessura superior a 5 m (Figura 5.10.1.). Conceitualmente, foi arbitrada espessura mínima de 50 cm para esse horizonte.

A constituição mineralógica da fração argila desse horizonte é representada essencialmente por óxidos e hidróxidos de ferro (hematita,

Figura 5.10.1. É comum os LATOSSOLOS apresentarem espesso horizonte B e, conseqüentemente, espessa zona de aeração. Esse LATOSSOLO VERMELHO apresenta profundidade efetiva superior a 5 m. Ribeirão Preto, SP. Foto: J. B. de Oliveira.

goetita) e de alumínio (gibbsita), enquanto as frações mais grosseiras são virtualmente destituídas de minerais primários facilmente intemperizáveis (veja 3.14. Minerais facilmente alteráveis). Por conceituação, a quantidade desses minerais deve ser inferior a 4%. A fração areia é, portanto, constituída predominantemente por quartzo e, nos solos derivados de rochas básicas, por ilmenita e concreções variadas, nas quais o ferro constitui componente de destaque. Devido à grande resistência à dispersão, na fração areia desse horizonte é comum ocorrer significativa quantidade de agregados de argila e silte, sendo portanto imprescindível o uso de dispersantes apropriados na análise granulométrica.

O horizonte B latossólico, mesmo quando bastante argiloso, apresenta excepcional porosidade total, sendo comuns valores de 50 a 60%. Exemplo dessa condição é o perfil IAC-1456, com 66% de porosidade total, apesar de conter 65% de argila (Oliveira, 1995). A distribuição entre macro e microporos é equivalente, de forma que a condutividade hidráulica é, em geral, boa. O topo do horizonte B de LATOSSOLOS AMARELOS Coesos, desenvolvidos da Formação Barreiras, contudo, apresenta em geral porosidade total sensivelmente mais baixa que a do(s) horizonte(s) superior(es), fato que se reflete também em sua condutividade hidráulica saturada e até na resistência à penetração. No Quadro 4.1.3. foram apresentados alguns dados físicos de um perfil de tal solo, em que se observam os baixos valores da porosidade total, da macroporosidade, da resistência à penetração e da condutividade hidráulica e os aumentos dos valores da microporosidade e da densidade nos horizontes A12, AB e Bw1, em que se manifesta o caráter coeso.

A mineralogia oxídica e caulinítica estabelece que mesmo nos solos muito argilosos as manifestações das forças que determinam a consistência sejam relativamente pouco acentuadas. Assim, as manifestações mais comuns da consistência nesse horizonte são: consistência seca (coesão) dura ou mais baixa; consistência úmida (adesão) friável ou mais baixa; e molhada (adesão) plástica e pegajosa.

A densidade do horizonte B latossólico é bastante variável e intimamente relacionada com a textura. Os de textura mais grosseira em geral apresentam maior densidade do que os de textura mais fina. Nos materiais intensamente intemperizados, como os ácricos, é comum a densidade apresentar valores inferiores a 1. Oliveira (1995) registrou valor de 0,75. Nesses solos, o material se apresenta pouco coeso quando seco e muito friável quando úmido, esboroando-se com grande facilidade.

Quimicamente, esse horizonte se caracteriza por possuir baixa capacidade de troca de cátions, tendo sido arbitrado o valor de 17 $cmol_c$/kg argila (anteriormente ao SiBCS, o valor usado era o de 13 $cmol_c$/kg de argila ou menos, após desconto das cargas resultantes da matéria orgânica). Em solos bastante intemperizados, argilosos e ricos em óxidos de ferro e/ou de alumínio, é comum o horizonte B latossólico apresentar carga líquida positiva (veja 3.3. Caráter ácrico). Tal fato, em geral, se traduz em valores de Δ pH positivos. O índice ki (veja 4.5. Índice ki) é inferior a 2,2 e valores bastante baixos (< 0,7) são indicativos de mineralogia essencialmente oxídica e geralmente se relacionam com a presença de carga líquida positiva.

A Figura 5.10.2. mostra difrações de raios X e valores de ki de amostra do horizonte B latossólico de três LATOSSOLOS ácricos do Estado de São Paulo (Oliveira & Menk, 1984). A altura e a área das reflexões da caulinita e da gibbsita indicam aumento progressivo do teor da caulinita e correspondente diminuição da gibbsita à medida que os valores do índice ki aumentam. Os solos tornam-se, portanto, mais cauliníticos e menos gibbsíticos à medida que aumentam os valores de ki.

Importância agrícola e geotécnica. O horizonte B latossólico apresenta, em vista de seu avançado estágio de intemperismo, mineralogia da fração argila representada essencialmente por óxidos de ferro (hematita, goetita), óxidos de alumínio (gibbsita) e por caulinita, e por virtual ausência de minerais facilmente intemperizáveis nas frações mais grosseiras. Esses fatores, aliados à textura, são determinantes no comportamento físico dos LATOSSOLOS.

A porosidade total e a adequada quantidade de macroporos determinam boas condições de permeabilidade no horizonte B latossólico. Esses fatores, juntamente com coesão relativamente baixa, permitem, mesmo em solos de textura argilosa, fácil penetração do sistema radicular. O horizonte B latossólico, em geral espesso, de vários metros, permite

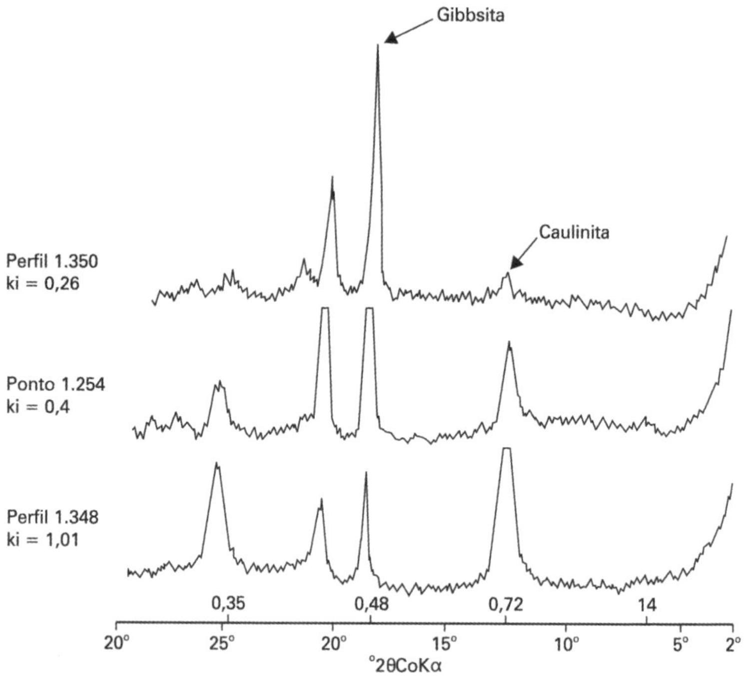

Figura 5.10.2. Difratograma de raios X e valores de ki do horizonte Bw de LATOSSOLOS ácricos (Oliveira & Menk, 1984).

profundo enraizamento das plantas. São exceção alguns LATOSSOLOS ácricos, os quais apresentam, subjacente ao horizonte B latossólico, um horizonte concrecionário (veja Figura 5.18.1.), e também os LATOSSOLOS AMARELOS coesos, os quais, especialmente quando secos, podem oferecer algum impedimento ao sistema radicular das plantas.

A textura, variando desde franco-arenosa (16% de argila) até muito argilosa (> 80% de argila), se reflete também na variada capacidade de retenção de água. Normalmente, os solos de textura mais grosseira e os argilosos retêm menos água que os de textura média (Medina & Grohmann, 1966).

Do ponto de vista da fertilidade, o horizonte B latossólico apresenta também grande variação. São encontrados horizontes com elevada saturação por alumínio (álicos), com baixa saturação por alumínio porém distróficos, com baixa saturação por alumínio e ácricos, e aqueles com elevada saturação por bases (eutróficos). Nestes últimos, a baixa CTC e a virtual ausência de minerais facilmente alteráveis limitam o potencial nutricional, de forma que mesmo os eutróficos, se não manejados corretamente, rápido se esgotam. A baixa capacidade de retenção de nutrientes, especialmente nos ácricos, demanda parcimoniosa aplicação de insumos, a fim de não haver desperdício deles.

A baixa atividade da fração argila qualifica o material do horizonte B latossólico, especialmente quando de textura argilosa, como excelente para piso de estrada. Apesar de sua relativa baixa capacidade de adsorção, o horizonte B latossólico apresenta espessa zona de aeração, o que qualifica os solos onde ele ocorre como adequados para aterro sanitário, depósito de efluentes, lagoas de decantação, cemitérios. Há que se considerar, contudo, que alguns LATOSSOLOS de textura franco-arenosa, mas com baixo teor de argila (< 15%), podem apresentar excessiva permeabilidade, sendo por isso considerados com menor aptidão para esses usos do que outros LATOSSOLOS de textura mais fina.

A boa condutividade hidráulica do horizonte B latossólico e a ausência de camadas sobrejacentes menos permeáveis permitem boas condições de trafegabilidade relativamente rápidas após período chuvoso. Essa condição é também favorável para locais para *camping*.

Bibliografia

EMPRESA BRASILEIRA DE PESQUISA AGROPECUÁRIA. **Proceedings of First International Soil Classification Workshop**. Rio de Janeiro. 1978. 376p.

EMPRESA BRASILEIRA DE PESQUISA AGROPECUÁRIA. **Anais da II Reunião de Classificação, Correlação de Solos e Interpretação de Aptidão Agrícola**. Rio de Janeiro, 1983. 138p. (Documentos SNLCS n. 5).

EMPRESA BRASILEIRA DE PESQUISA AGROPECUÁRIA. **Sistema Brasileiro de Classificação de Solos**. Rio de Janeiro, 1999. 412p.

ESTADOS UNIDOS. United States Department of Agriculture. Soil Conservation Service. **Keys to Soil Taxonomy**. 6th ed., 1994, 306p.

FAO, FAO/UNESCO. **Soil Map of the World. Revised Legend with corrections**. Rome, FAO, 1988 (World Resources Report, 60). Wageningen, ISRIC (Technical Paper, 20) 1994.

MANZATTO, C. V. **Pedogênese topossequencial de solos desenvolvidos de sedimentos do Terciário do Norte Fluminense: um subsídio ao manejo agrícola regional.** Campos dos Goytacazes: Universidade Estadual do Norte Fluminense, 1998.198p. (Tese de Doutorado).

MEDINA, H. P. & GROHMANN, F. Disponibilidade de água em alguns solos sob cerrado. Instituto Agronômico. **Bragantia**, Campinas, 25: 65-75, 1966.

OLIVEIRA, J. B. **Solos da Folha e Município de Guaíra.** Campinas, Instituto Agronômico, 1995. 126p. (Boletim Científico, 33).

OLIVEIRA, J. B. & MENK, J. R. F. **Latossolos Roxos do Estado de São Paulo.** Campinas, Instituto Agronômico, 1984. 132p. (Boletim Técnico, 82).

OLIVEIRA, J. B. & PRADO, H. **Levantamento pedológico semidetalhado do Estado de São Paulo: Quadrícula de Ribeirão Preto. II. Memorial Descritivo.** Campinas, Instituto Agronômico, 1987. 133p. (Boletim Científico, 7).

5.11. Horizonte B nítico

Definição. Horizonte mineral subsuperficial, não-hidromórfico, textura argilosa ou muito argilosa, sem incremento de argila do horizonte A para o B ou com pequeno incremento, porém não suficiente para caracterizar a relação textural B/A do horizonte B textural, argila de atividade baixa ou caráter alítico, estrutura em blocos subangulares, angulares ou prismática moderada ou forte, com superfícies reluzentes dos agregados, característica esta descrita no campo como cerosidade moderada ou forte, transição gradual ou difusa entre os sub-horizontes do horizonte B. Sua espessura é de 30 cm ou mais, a não ser que o solo apresente contato lítico nos primeiros 50 cm de profundidade, quando então deve possuir 15 cm ou mais de espessura.

Taxonomia. O horizonte B nítico é horizonte diagnóstico obrigatório da ordem dos NITOSSOLOS.

A partir do SiBCS versão 2006, o horizonte B nítico e o horizonte B textural foram considerados mutuamente não excludentes.

Equivalência com outros sistemas de classificação. O Soil Taxonomy (Estados Unidos, 1994) não emprega horizonte diagnóstico equivalente ao horizonte B nítico. O horizonte óxico (*oxic horizon*) desse sistema, contudo, pode ter as mesmas características exigidas pelo horizonte B nítico (estruturação bem desenvolvida e superfícies brilhantes). Por isso, alguns NITOSSOLOS VERMELHOS (*Terra Roxa Estruturada*) são classificados como Oxisols naquele sistema. O perfil SP-30 (Brasil, 1960) é um exemplo desse caso. A legenda da FAO (FAO, 1994), por sua vez, utiliza o critério de propriedades níticas (*nitic properties*) para identificar materiais do solo que se assemelham ao horizonte nítico do SiBCS, com a diferença de que este requer textura argilosa ou muito argilosa, enquanto as propriedades níticas da FAO admitem teor de argila de 30% ou mais, englobando, portanto, parte da textura média (% de argila entre 30 e 35) do SiBCS. Um horizonte B árgico (*argic horizon*) da legenda da FAO, com propriedades níticas e textura argilosa ou muito argilosa, equivale ao horizonte B nítico do SiBCS.

Considerações gerais. O horizonte B nítico constitui novo horizonte no SiBCS, tendo sido desmembrado do horizonte B textural anterior, e sua concepção baseia-se em grande parte na de horizonte B árgico (*argic B horizon*), com propriedades níticas da FAO. É o horizonte típico das anteriormente denominadas Terras Roxas Estruturadas (parte dos atualmente denominados NITOSSOLOS VERMELHOS), caracterizado por três aspectos principais: 1) baixa relação textural, 2) estrutura em blocos ou prismática e cerosidade bem desenvolvidas, 3) textura argilosa ou muito argilosa ($\geq$ 35% argila) (Figura 4.7.3.).

O horizonte B nítico ocorre tanto em solos com argila de atividade baixa, como os NITOSSOLOS em geral, como em solos com argila de atividade alta, como nos NITOSSOLOS Alíticos e ARGISSOLOS BRUNO ACINZENTADOS Alíticos.

Importância agronômica e geotécnica. Os requisitos de baixa relação textural e textura no mínimo argilosa, exigidos pelo horizonte nítico, determinam solos que não possuem textura grosseira em superfície e que, devido à ausência de relação textural importante, apresentam, em geral, menor erodibilidade que os solos com horizonte B textural. Mantidas as mesmas condições de declive, regime pluvial, cobertura vegetal e manejo, os solos com B nítico apresentam, em geral, menor erodibilidade do que aqueles com B textural.

A excelente estruturação dos solos com B nítico confere-lhes boas condições de permeabilidade interna.

Apesar de o horizonte nítico poder ocorrer entre solos tão pobres em nutrientes como os NITOSSOLOS VERMELHOS Alíticos, sua presença em geral está relacionada a solos eutróficos. Os NITOSSOLOS VERMELHOS Eutroférricos (anteriormente denominados Terras Roxas Estruturadas Eutróficas), tão comuns nos Estados de São Paulo e Paraná, são exemplos de solos com essa condição. Valores de soma de bases de 10-12 cmol$_c$/kg terra para uma capacidade de troca da ordem de 14-17 cmol$_c$/kg terra são comuns nesses solos (exemplo: perfil PR-40, Embrapa, 1984).

Solos com horizonte B nítico apresentam em geral zona de aeração relativamente espessa, boas condições de retenção de cátions, permeabilidade boa porém não excessiva, o que lhes confere boas condições para uso como aterros sanitários e como locais para aplicação de resíduos industriais e urbanos. Nos solos eutróficos, contudo, devido ao grande potencial agrícola, devem ser evitados tais usos.

Bibliografia

BRASIL. Ministério da Agricultura. Centro Nacional de Ensino e Pesquisas Agronômicas. Comissão de Solos. **Levantamento de reconhecimento de solos do Estado de São Paulo.** Rio de Janeiro, Serviço Nacional de Pesquisas Agronômicas, 1960. 634p. (SNPA, Boletim 12).

EMPRESA BRASILEIRA DE PESQUISA AGROPECUÁRIA. Serviço Nacional de Levantamento e Conservação do Solo, Rio de Janeiro, RJ. **Levantamento de reconhecimento dos solos do Estado do Paraná.** Londrina, Sudesul, Embrapa/Gov. Est. Paraná Iapar. 1984. Tomo I e II. 791p. (Embrapa/SNLCS. Boletim de Pesquisa, 27-Iapar, Boletim Técnico, 16).

ESTADOS UNIDOS. United States Department of Agriculture. Soil Conservation Service. **Keys to Soil Taxonomy.** 6th ed., 1994, 306p.

FAO, FAO/UNESCO. **Soil Map of the World. Revised Legend with corrections.** Rome, FAO, 1988 (World Resources Report, 60). Wageningen, ISRIC (Technical Paper, 20) 1994.

5.12. Horizonte B plânico. Horizonte plânico com caráter sódico (horizonte nátrico)

<u>*Definição*</u>. O horizonte plânico é um tipo especial de horizonte B textural, com ou sem caráter sódico, subjacente a horizonte A ou E e

normalmente precedido por mudança textural abrupta (veja 3.16. Mudança textural abrupta). Apresenta estrutura prismática, ou colunar, ou em blocos angulares e subangulares grandes ou médios, permeabilidade lenta ou muito lenta e cores acinzentadas ou escurecidas, podendo ou não possuir cores neutras de redução, com ou sem mosqueados (Figura 5.12.1., p. 577). É comum apresentarem superfície de fraturamento, entre o horizonte A ou E e o horizonte Bt (Figura 5.12.2., p. 578).

As cores do horizonte plânico refletem sua baixa permeabilidade e devem atender a pelo menos um dos seguintes requisitos:

1) cor da matriz (com ou sem mosqueado):
   - matiz 10YR ou mais amarelo, cromas ≤ 3 ou excepcionalmente 4;
   - matiz 7,5YR ou 5YR, cromas ≤ 2;
2) coloração variegada, com pelo menos uma cor apresentando matiz e croma conforme especificado no item **1**; ou
3) solos com matiz 10YR ou mais amarelo, cromas ≥ 4, combinado com um ou mais mosqueados, tendo cromas conforme especificado no item **1**.

Para fins taxonômicos, o horizonte B plânico tem precedência diagnóstica sobre o horizonte glei e perde em precedência para o horizonte plíntico.

O horizonte plânico engloba o anteriormente denominado horizonte nátrico, sob a denominação de horizonte plânico com caráter sódico. Este caracteriza-se por apresentar, além dos requisitos de horizonte plânico, saturação por sódio igual ou superior a 15% (veja 3.10. Caráter sódico e caráter solódico).

Taxonomia. O horizonte plânico é diagnóstico da ordem dos PLANOSSOLOS, e o horizonte plânico com caráter sódico é diagnóstico da subordem dos PLANOSSOLOS NÁTRICOS, anteriormente denominados de *Solonetz-Solodizados.*

Equivalência com outros sistemas de classificação. Nem o Soil Taxonomy (Estados Unidos, 1994) nem a legenda da FAO (FAO, 1994) empregam horizonte equivalente ao horizonte plânico como diagnóstico, exceto o horizonte nátrico, o qual é equivalente ao horizonte plânico com caráter sódico do SiBCS. Na legenda da FAO, a presença de mudança textural abrupta abaixo do horizonte E e de propriedades estagnicas (*stagnic properties*) são critérios usados para identificar os Planossolos, porém, quando ocorre horizonte nátrico, o solo é identificado como Solonetz. No Soil Taxonomy, alguns solos são assemelhados aos nossos PLANOSSOLOS, como os Albaqualfs ou os Albaquic Hapludalfs. Os primeiros são identificados pela presença de mudança textural abrupta sobre horizonte argílico associada a baixa condutividade hidráulica nesse horizonte, enquanto os últimos são identificados pela presença de horizonte argílico associada a mudança textural abrupta e a croma < 2 em camadas que estejam saturadas continuamente ou periodicamente com água (*aquic conditions*). Por outro lado, a presença de horizonte nátrico identifica, nesse sistema, solos em nível de subordem, como os Natrudalfs, Natrargids etc.

O conceito de horizonte plânico com caráter sódico do SiBCS é semelhante ao de horizonte nátrico do Soil Taxonomy e da FAO, diferindo nos seguintes aspectos: 1) o critério Mg + Na trocáveis > Ca trocável + acidez de troca é referido, no SiBCS, a pH igual a 7, em vez de 8,2, e 2) o critério PSS ≥ 15%, no Soil Taxonomy, pode ser substituído por uma relação de saturação por sódio de 13 ou mais.

<u>Considerações gerais</u>. O horizonte B plânico, por apresentar conceitualmente baixa condutividade, determina a formação de um lençol freático suspenso temporário nos períodos mais chuvosos do ano e o estabelecimento de ambiente redutor em seu topo e na base do horizonte suprajacente, A ou E. Quando o horizonte B está pouco profundo, nos períodos chuvosos os horizontes suprajacentes podem ficar completamente saturados e, nos terrenos planos nos quais o escorrimento lateral é mínimo, pode formar-se até uma lâmina d'água em superfície, apesar de os horizontes mais profundos poderem apresentar-se pouco umedecidos, posto que a baixa condutividade dificulta a percolação profunda da água. Nos solos com horizonte plânico situados em planícies aluviais, é comum ter-se a participação, além da água de infiltração pela superfície, da proveniente do lençol freático (PLANOSSOLOS gleissólicos). Nesses casos, os horizontes mais profundos também estarão saturados com água.

Quando o lençol freático permanece elevado durante significativa parte do ano, o horizonte plânico pode ser coincidente com o horizonte glei (exemplo: perfil RS-15, Brasil, 1973), o que não impede que tais solos sejam também relacionados com os PLANOSSOLOS, pois o horizonte plânico tem precedência taxonômica sobre o horizonte glei (veja 5.15. Horizonte glei). É interessante ressaltar, contudo, que solos assemelhados, com textura contrastante entre o horizonte A ou E e o horizonte glei, porém sem que se caracterize a presença de mudança textural abrupta (anteriormente denominados *Hidromórficos Cinzentos*), são atualmente enquadrados entre os GLEISSOLOS.

A zona de contato entre o horizonte suprajacente, geralmente de textura arenosa, e o B plânico constitui zona de circulação interna lateral da água, especialmente quando o terreno apresenta alguma inclinação. As áreas de surgência são comuns nesses solos.

A maior parte dos solos com horizonte plânico com caráter sódico (PLANOSSOLOS NÁTRICOS) identificados no Brasil apresenta processo de solodização decorrente de fenômenos de lixiviação e degradação. Neles, significativa quantidade de sódio trocável é substituída por íons de H^+, havendo uma intensa mobilização de argilas do horizonte A para o horizonte B (argilização), sendo comum a presença de horizonte eluvial E (horizonte álbico) e de línguas deste penetrando no horizonte B, o qual tem em geral estrutura colunar (Figura 5.12.3.). Tais solos apresentam os horizonte A e E com pH inferior ao do horizonte plânico com caráter sódico, sendo comuns valores da ordem de 5-6. No perfil SE-58 (Embrapa, 1975), por exemplo, os valores de pH em água dos horizontes A, 2Btna1 e 2Btna2 são, respectivamente: 6, 6,9 e 7.

O ambiente rico em sódio do horizonte plânico com caráter sódico favorece a dispersão dos colóides e, conseqüentemente, o preenchimento dos poros, apresentando-se em geral, quando seco, duro a extremamente duro e compacto, o que o faz ter limitações físicas ainda maiores do que as do horizonte plânico (não-sódico).

É comum os solos com horizonte plânico com caráter sódico apresentarem, especialmente nos horizontes mais profundos, presença de pequena quantidade de sais, conferindo condutividade elétrica, em geral, inferior

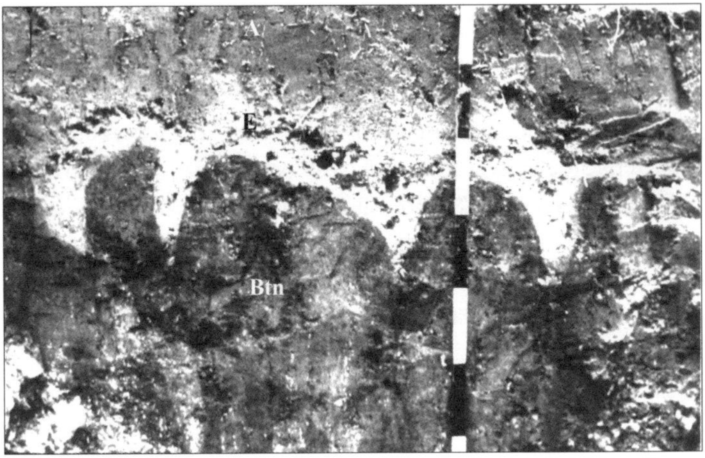

Figura 5.12.3. Perfil de PLANOSSOLO NÁTRICO. Observam-se as "línguas" do horizonte E álbico penetrando entre as estruturas colunares do horizonte plânico com caráter sódico (Btn), anteriormente denominado de horizonte nátrico (Coleção diapositivos ISRIC, Wageningen, Holanda).

a 4 dS m^{-1}. Os PLANOSSOLOS NÁTRICOS Órticos salinos (dS m^{-1} > 4 e < 7) são, porém, pouco freqüentes, e menos ainda os PLANOSSOLOS NÁTRICOS Sálicos (dS m^{-1} > 7). Os perfis AL-58 (Embrapa, 1975a) e RJ-17 (Embrapa, 1978) são exemplos destes últimos, e o perfil BA-265 (Embrapa, 1977-1979), dos primeiros.

É importante ainda mencionar que, além da presença de sais, os PLANOSSOLOS NÁTRICOS podem apresentar outros atributos diagnósticos, tais como o caráter carbonático (perfil BA-273, Embrapa, 1977-1979) e a presença de duripã (perfil RJ-17, Embrapa, 1978), este ocorrendo geralmente abaixo do horizonte plânico com caráter sódico. As limitações de ordem física (baixa condutividade hidráulica, elevada densidade) e químicas (distúrbios nutricionais) do horizonte plânico com caráter sódico, porém, são tão marcantes que o SiBCS, diferentemente do Soil Taxonomy (Estados Unidos, 1994), dá prevalência taxonômica a este do que ao duripã na discriminação dos PLANOSSOLOS.

Quando ocorre o caráter carbonático, o pH pode atingir valores bastante elevados (> 8,5), porém tais ocorrências não são muito comuns em solos brasileiros, nos quais valores de pH superiores a 8 não são freqüentes. O perfil BA-34 (Embrapa, 1976), com valor de 9,9, é um dos poucos exemplos dessa situação.

Importância agronômica e geotécnica. Os solos com horizonte plânico apresentam em geral baixa permeabilidade à agua e aqueles com caráter sódico, além disso, distúrbios nutricionais. As condições de hidromorfismo temporário podem ser de tal ordem nos PLANOSSOLOS que chegam a interferir nas funções fisiológicas das plantas menos adaptadas. As plantas citrícolas e o cafeeiro, por exemplo, não se adaptam muito bem a solos com horizonte plânico situados em clima úmido. A Codevasp está descartando, para irrigação com culturas diversificadas, solos com horizonte plânico a profundidade de 100 cm ou menos[32].

É muito importante, nos trabalhos de interpretação de mapas de solos, levar em consideração a profundidade de ocorrência do horizonte plânico, pois ele pode estar pouco profundo, como no perfil BA-310 (Embrapa, 1977-1979), no qual se encontra a apenas 7 cm de profundidade ou, o que é mais comum, a várias dezenas de centímetros. O horizonte plânico, quando pouco profundo, especialmente quando de textura argilosa e com atividade elevada da fração argila, interfere no preparo do solo para o plantio, quer exigindo maior força de tração das máquinas, quer exigindo passagem de grades para destorroar os grandes blocos formados pela aração, além de afetar o crescimento de plantas com sistema radicular pouco agressivo.

O horizonte plânico com caráter sódico apresenta-se em geral pouco estruturado, muito a extremamente duro quando seco e firme a muito firme quando úmido. No campo, quando seco, é comum ser preciso usar picareta para escavá-lo. As plantas têm grande dificuldade de aprofundar seu sistema radicular, dada a elevada densidade desse horizonte. Além disso, o sódio interfere no crescimento das plantas, por inibir a absorção do cálcio e do magnésio. Hayward & Wadleigh (1949) assinalam que, para a maioria das culturas, o cálcio começa a se tornar indisponível quando a saturação por sódio se aproxima de 50%.

32. Informação pessoal do professor Mateus Rosas Ribeiro.

Elevados teores de sódio dificultam também a absorção de nitrogênio, sendo necessário então, mesmo em solos bem supridos com nitrogênio, a adição de maior quantidade desse elemento (Toogood & Cairns, 1973). O tomate, a alface e o capim-bermuda são considerados plantas tolerantes ao sódio.

A nomenclatura dos solos constantes das legendas dos mapas pedológicos dá idéia da gravidade de sua limitação. Assim, as limitações decorrentes da presença do Na^+ são, de maneira geral, maiores nos PLANOSSOLOS NÁTRICOS do que nos PLANOSSOLOS HÁPLICOS Eutróficos solódicos, pois nos primeiros o comum é o horizonte com concentração de Na^+ ocorrer a menos de 50 cm de profundidade, enquanto nos últimos as concentrações de Na^+ são menores (apenas caráter solódico). Não conhecemos (pode existir) a ocorrência de PLANOSSOLOS HÁPLICOS que apresentem horizonte B com porcentagem de saturação com sódio superior a 15% sem que seja qualificado como horizonte B plânico com caráter sódico, fato que os excluiria da classe dos PLANOSSOLOS NÁTRICOS.

Da mesma forma acontece entre PLANOSSOLOS NÁTRICOS Órticos: típicos, arênicos e espessoarênicos, os primeiros apresentam o horizonte planossólico com caráter sódico mais superficial (< 50 cm) do que os arênicos (50-100 cm) e estes mais do os espessoarênicos (> 100 cm). O comportamento agrícola de tais solos evidentemente deve ser diferenciado. Os PLANOSSOLOS NÁTRICOS espessoarênicos são, contudo, raros no Brasil; o mais comum é a presença do B plânico com caráter sódico iniciando a menos de 40 cm de profundidade. O perfil PI-90 (Embrapa, 1986), no qual esse horizonte inicia a 130 cm de profundidade, é um dos raros exemplos dessa situação.

Geralmente, os solos com horizonte plânico estão situados em relevo pouco declivoso. Apesar disso, devido a sua grande suscetibilidade à erosão, especialmente aqueles com horizonte B plânico pouco profundo, podem apresentar sinais marcantes dos processos erosivos. A área do perfil MT-72 (Brasil, 1971) é exemplo dessa condição; apesar de o relevo ser plano, a erosão é laminar ligeira a moderada, ocorrendo em sulco e voçorocas. Na região do semi-árido nordestino, as chuvas concentradas e com grande efeito erosivo e a pouca cobertura vegetal intensificam o processo erosivo.

Bibliografia

BRASIL. Ministério da Agricultura. Divisão de Pesquisa Pedológica, DNPEA. **Levantamento de reconhecimento dos solos do sul do Estado de Mato Grosso.** Rio de Janeiro, 1971. 839p. (Boletim Técnico, 18).

BRASIL. Ministério da Agricultura. Divisão de Pesquisa Pedológica, DNPEA. **Levantamento exploratório – reconhecimento de solos do Estado do Rio Grande do Sul.** Recife, 1973. 431p. (Boletim Técnico, 30).

EMPRESA BRASILEIRA DE PESQUISA AGROPECUÁRIA. Centro de Pesquisas Pedológicas. **Levantamento exploratório – reconhecimento de solos do Estado de Alagoas.** Recife, 1975. 532p. (Embrapa-CPP. Boletim Técnico, 35; Sudene, Série Recursos de Solos, 5).

EMPRESA BRASILEIRA DE PESQUISA AGROPECUÁRIA. Centro de Pesquisas Pedológicas. **Levantamento exploratório – reconhecimento de solos do Estado de Sergipe.** Recife, 1975a. 506. (Embrapa-CPP. Boletim Técnico, 36; Sudene, Série Recursos de Solos, 6).

EMPRESA BRASILEIRA DE PESQUISA AGROPECUÁRIA. Serviço Nacional de Levantamento e Conservação do Solo, Rio de Janeiro, RJ. **Levantamento exploratório – reconhecimento de solos da margem esquerda do rio São Francisco, Estado da Bahia.** Recife, 1976. 404p. (Boletim Técnico, 38; Sudene. Divisão de Recursos Renováveis, Série Recursos de Solos, 7).

EMPRESA BRASILEIRA DE PESQUISA AGROPECUÁRIA. Serviço Nacional de Levantamento e Conservação do Solo, Rio de Janeiro, RJ. **Levantamento exploratório – reconhecimento de solos da margem direita do rio São Francisco, Estado da Bahia.** Recife, Convênios Embrapa/SNLCS-Sudene/DRN, MA/Usaid/ETA, 1977 e 1979. v. 1 e 2. 1.296p. (Boletim Técnico, 52).

EMPRESA BRASILEIRA DE PESQUISA AGROPECUÁRIA. Serviço Nacional de Levantamento e Conservação do Solo, Rio de Janeiro, RJ. 1ª Reunião de Classificação, Correlação e Interpretação de Aptidão Agrícola de Solos. **Guia de excursão de estudos de solos no Estado do Rio de Janeiro.** Rio de Janeiro, 1978, 122p. (Mimeografado).

EMPRESA BRASILEIRA DE PESQUISA AGROPECUÁRIA. Serviço Nacional de Levantamento e Conservação do Solo, Rio de Janeiro, RJ. **Levantamento semidetalhado e aptidão agrícola dos solos do Município do Rio de Janeiro.** Rio de Janeiro, 1980. 389p. (Boletim Técnico, 66).

EMPRESA BRASILEIRA DE PESQUISA AGROPECUÁRIA. Serviço Nacional de Levantamento e Conservação do Solo, Rio de Janeiro, RJ. **Levantamento explora-**

tório – reconhecimento de solos do Estado do Piauí. Rio de Janeiro, 1986. 782p. (Embrapa. SNLCS. Boletim de Pesquisa, 36).

EMPRESA BRASILEIRA DE PESQUISA AGROPECUÁRIA. Centro Nacional de Pesquisa de Solos. **Sistema Brasileiro de Classificação de Solos.** Rio de Janeiro, 1999. 412p.

ESTADOS UNIDOS. United States Department of Agriculture. Soil Conservation Service. **Keys to Soil Taxonomy.** 6th ed., 1994, 306p.

FAO, FAO/UNESCO. **Soil Map of the World. Revised Legend with corrections.** Rome, FAO, 1988 (World Resources Report, 60). Wageningen, ISRIC (Technical Paper, 20), 1994.

HAYWARD, H. E. & WADLEIGH, C. H. **Plant growth on saline and alkali soils.** Advances in Agronomy, v. 1-35. 1949.

TOOGOOD, J. A. & CAIRNS, R. R. Solonetzic Soils Technology and Management. University of Alberta & Agriculture Canada Research Branch. Bulleti B-73-1, 93p. 1973.

WILD, A. **Condiciones del suelo y desarrollo de las plantas segun Russell.** Madri, 1992. 1045p. (Versão espanhola).

5.13. Horizonte B textural

Definição.[33] É um horizonte mineral subsuperficial com textura franco-arenosa ou mais fina onde houve incremento de argila (fração < 0,002 mm), orientada ou não, desde que não exclusivamente por descontinuidade, resultante de acumulação ou concentração absoluta ou relativa decorrente de processos de iluviação, e/ou formação *in situ* e/ou herdada do material de origem, e/ou infiltração de argila ou argila mais silte, com ou sem matéria orgânica, e/ou destruição de argila no horizonte A, e/ ou perda de argila no horizonte A por erosão diferencial. O conteúdo de argila do horizonte B textural é maior do que o do horizonte A e pode ou não ser maior que o do horizonte C (Figura 1.4.4.).

Taxonomia. O horizonte B textural é diagnóstico das ordens: ARGISSOLO, CHERNOSSOLO e LUVISSOLO. Os CHERNOSSOLOS podem apresentar também horizonte B com caráter argilúvico (veja 3.27: Caráter argilúvico). Por outro lado, o horizonte B textural também

33. Recomenda-se ler a definição completa deste horizonte no Sistema Brasileiro de Classificação de Solos (Embrapa, 2006) devido à sua complexidade.

pode ocorrer nas ordens GLEISSOLO (desde que não conjugado com mudança textural abrupta) e PLINTOSSOLO, porém, nesses casos, por ser, respectivamente, coincidente com os horizontes glei e plíntico, estes horizontes têm prevalência taxonômica sobre o horizonte B textural.

A partir do SiBCS versão 2006, o horizonte B textural e o horizonte nítico foram considerados mutuamente não excludentes.

Equivalência com outros sistemas de classificação. O conceito de horizonte B textural é derivado do horizonte argílico (*argillic horizon*) do Soil Taxonomy (Estados Unidos, 1994) e do horizonte B árgico (*argic B horizon*) da FAO (FAO, 1994), contudo, há várias discordâncias entre eles: 1) o acréscimo de argila do horizonte B textural, da mesma forma que o do B árgico da FAO, não necessita ser necessariamente devido à argila iluviada; 2) o horizonte B textural tem sua definição baseada no desenvolvimento da estrutura e da cerosidade, enquanto no horizonte argílico e no B árgico não é feita menção à estrutura, e a cerosidade é menos seletiva; 4) a textura do horizonte B textural é, como no B árgico, franco-arenosa ou mais fina, enquanto no horizonte argílico não é feita menção à classe textural; 5) a presença de horizonte E no *sequum*, desde que o B não satisfaça os requisitos para B espódico (veja 5.8. Horizonte B espódico. "Ortstein"), identifica presença de B textural, e este requisito não é assinalado naqueles sistemas; 6) os incrementos de argila do SiBCS referem-se à relação textural (argila total do horizonte B, exclusive BC/argila total do horizonte A), enquanto na FAO e no Soil Taxonomy os incrementos de argila referem-se ao horizonte B e ao horizonte que está imediatamente acima dele, o qual pode ser inclusive o horizonte E. Além da diferença conceitual, nesse caso, os valores do incremento de argila também são distintos. Essas divergências estão sumarizadas no Quadro 5.13.1.

Considerações gerais. A definição de horizonte diagnóstico subsuperficial de solos bastante intemperizados e com pequena diferença textural entre os horizontes A e B sempre foi motivo de muita celeuma e falta de critérios consistentes entre pedólogos do mundo inteiro e também no Brasil. Assim, o conceito de horizonte B textural e os critérios que o identificam têm sofrido mudanças ao longo do tempo, e a recente

Quadro 5.13.1. Sumário das principais diferenças entre os critérios identificadores de horizonte B textural (Embrapa, 1999), de horizonte argílico do Soil Taxonomy (Estados Unidos, 1994) e de horizonte B árgico da FAO (FAO, 1994).

Atributo	SiBCS	Soil Taxonomy	FAO
Argila B	Não necessariamente iluvial	Argila iluvial	Não necessariamente iluvial
Incremento de argila-1	Usa relação textural (argila total B/ argila total A)	Acréscimo de argila em relação ao horizonte suprajacente ao B (pode ser E)	Acréscimo de argila em relação ao horizonte suprajacente ao B (pode ser E)
Incremento de argila-2	Deve se dar na faixa de 30 cm	Deve se dar na faixa de 30 cm	30 cm ou 15 cm, dependendo da presença de cerosidade
Presença de horizonte E no *sequum*	Identifica B textural (exceto B espódico)	Não assinalado	Não assinalado
Textura horizonte B	Franco-arenosa ou mais fina	Não é feita menção	Franco-arenosa ou mais fina e ≥ 8% argila
Desenvolvimento da estrutura	Requerida quando relação textural é insatisfatória	Não é feita menção a esse caso	Não é feita menção a esse caso
Cerosidade-1 Desenvolvimento da cerosidade	Não é necessário se houver mudança textural abrupta ou horizonte E no *sequum*	Não assinalado	Não assinalado
Cerosidade-2 Desenvolvimento da cerosidade Quando ocorre acréscimo de argila do A para o B é insatisfatório	Requerimentos diversos segundo a textura e o desenvolvimento da estrutura do horizonte B	Não assinalado	Não necessário, porém, se o acréscimo de argila for insatisfatório, o aumento da argila deverá ocorrer a ≤ 15 cm

definição emitida pelo SiBCS (Embrapa, 2006) é ainda uma tentativa e provavelmente sofrerá mudanças. Os ajustes feitos têm sido mais no sentido de diferenciar o horizonte B textural de solos que apresentem pequena diferenciação textural, do horizonte B latossólico, e a admissão de que o horizonte B textural e o horizonte nítico não são mutuamente excludentes facilitou a classificação de solos que apresentam horizonte

B nítico e horizonte B textural de textura argilosa em solos com pequena relação textural.

O desenvolvimento da estrutura e da cerosidade (observada no campo) são os critérios determinantes na identificação do horizonte B textural. Como a avaliação do grau de desenvolvimento de tais atributos é bastante subjetiva, assim o será a identificação desse horizonte nos casos limites. É esperado, portanto, que não haja univocidade na descrição e identificação do horizonte B nesses casos limites, sendo por alguns identificado como horizonte B latossólico e por outros como horizonte B textural, e o solo, conseqüentemente, será classificado de forma distinta, por exemplo: ARGISSOLO VERMELHO-AMARELO Distrófico latossólico, para os que identificaram um B textural, e LATOSSOLO VERMELHO-AMARELO Distrófico argissólico, para os que identificaram um B latossólico. Do ponto de vista de manejo, contudo, ambas as classes são constituídas por solos que, se forem de textura e profundidade efetiva semelhantes, apresentarão semelhança de comportamento, sendo, portanto, passíveis de serem agrupadas em uma mesma classe de manejo. Esse fato minimiza a falta de univocidade para os casos limites, já que as classes identificadas apresentam solos de comportamento similar. Esse fato é muito importante na interpretação de levantamento de solos. Grande parte dos solos intermediários interclasses apresenta comportamento semelhante, como os LATOSSOLOS VERMELHO-AMARELOS Distróficos cambissólicos versus CAMBISSOLOS HÁPLICOS Tb Distróficos latossólicos, NITOSSOLOS VERMELHOS Distroférricos latossólicos versus LATOSSOLOS VERMELHOS Distroférricos nitossólicos.

O horizonte plânico pode ser considerado um tipo especial de horizonte B textural, por isso foi tratado em capítulo específico (veja 5.12. Horizonte B plânico. Horizonte plânico com caráter sódico).

O horizonte B textural pode ser coincidente com o horizonte plíntico e com o horizonte glei. Como esses dois horizontes têm prevalência taxonômica sobre o horizonte B textural, serão também abordados em capítulos específicos.

Importância agronômica e geotécnica. A principal característica do horizonte B textural relacionada com o comportamento dos solos é sua

Quadro 5.13.2. Teor de argila e dados morfológicos do perfil MT-26 (Brasil, 1971).

Horizonte	Profundidade	Argila %	Estrutura/transição
A1	0-10	5	Fraca pequena granular/clara
A2	10-75	3	Fraca muito pequena granular/abrupta
B1t	75-125	10	Moderada/forte blocos angulares e subangulares
B21t	125-210	14	Idem

diferença textural com o horizonte suprajacente, A ou E. Essa diferença pode ser muito acentuada, como em certos ARGISSOLOS ou LUVISSOLOS abruptos, arênicos, espessoarênicos ou planossólicos nos quais a relação textural pode ser da ordem de 10, como no perfil PR-63 (Embrapa, 1984), ou mais elevada. Por outro lado, certos ARGISSOLOS latossólicos podem apresentar relação textural baixa e, em alguns casos, podem ser agrupados dentro de uma mesma unidade de manejo com solos de outras ordens, como certos LATOSSOLOS e CAMBISSOLOS.

Geralmente, solos com horizonte B associado a mudança textural abrupta apresentam limitações moderadas a muito fortes quanto à erodibilidade. Lombardi et al. (1991) situam tais solos nas classes C e D quanto à erodibilidade, isto é, solos com baixa a muito baixa resistência à erosão. Nesses solos é também comum o aparecimento do caráter epiáquico, sendo tanto maior a chance dessa ocorrência quanto maior a relação textural (veja 3.8. Caráter epiáquico).

A formação temporária de "lençol freático suspenso" em solos com horizonte B textural com baixa condutividade hidráulica e situados em relevo acidentado de regiões com elevada pluviosidade facilita os processos de deslizamento das camadas superficiais do solo, pois o excesso de água no plano de cisalhamento entre os horizontes A ou E e o Bt funciona como lubrificante, facilitando a movimentação do material suprajacente a esse plano.

Solos com horizonte B textural de textura argilosa e especialmente aqueles que apresentam argila de atividade elevada e relacionados com mudança textural abrupta apresentam em geral significativa limitação ao enraizamento das plantas com sistema radicular pouco agressivo.

Bibliografia

BRASIL. Ministério da Agricultura. Divisão de Pesquisa Pedológica, DNPEA. **Levantamento de reconhecimento dos solos do sul do Estado do Mato Grosso.** Rio de Janeiro, 1971. 839p. (Boletim Técnico, 18).

EMPRESA BRASILEIRA DE PESQUISA AGROPECUÁRIA. Serviço Nacional de Levantamento e Conservação do Solo, Rio de Janeiro, RJ. **Levantamento de reconhecimento dos solos do Estado do Paraná.** Londrina, Sudesul, Embrapa/Gov. Est. Paraná Iapar. 1984. Tomo I e II. 791p. (Embrapa/SNLCS. Boletim de Pesquisa, 27-Iapar, Boletim Técnico, 16).

EMPRESA BRASILEIRA DE PESQUISA AGROPECUÁRIA. **Sistema Brasileiro de Classificação de Solos.** Rio de Janeiro, 1999. 412p.

ESTADOS UNIDOS. United States Department of Agriculture. Soil Conservation Service. **Keys to Soil Taxonomy.** 6th ed., 1994, 306p.

FAO, FAO/UNESCO. **Soil Map of the World. Revised Legend with corrections.** Rome, FAO, 1988 (World Resources Report, 60). Wageningen, ISRIC (Technical Paper, 20) 1994.

LOMBARDI NETO, F., BELINAZZI JÚNIOR, R., LEPSCH, I. F., OLIVEIRA, J. B., BERTOLINI, D., GALETI, P. A. & DRUGOWICH, M. I. **Terraceamento agrícola.** Campinas, Coordenadoria Assistência Técnica Integral. 1991, 39p. (Boletim Técnico Cati n. 206).

5.14. Horizonte cálcico e horizonte petrocálcico

Horizonte cálcico. O horizonte cálcico é um horizonte de acumulação de carbonato de cálcio secundário apresentando 15 cm ou mais de espessura e contendo 150 g/kg ou mais de carbonato de cálcio equivalente e tendo no mínimo 50 g/kg a mais de carbonato que o horizonte C ou que o material de origem. Se o horizonte cálcico está sobre mármore, marga ou outros materiais altamente calcíticos (400 g/kg ou mais de carbonato de cálcio equivalente), a percentagem de carbonatos não necessita decrescer em profundidade.

Horizonte petrocálcico. Horizonte contínuo (pelo menos em toda a largura de uma das faces do perfil) resultante da consolidação de um horizonte cálcico por carbonato de cálcio e/ou carbonato de magnésio. A consolidação é tão intensa que a consistência da amostra seca é muito dura ou extremamente dura e muito firme a extremamente firme quando úmida e não permite a penetração da pá ou do trado, além do que fragmentos secos imersos em água não fraturam nem desprendem pedaços. Esse horizonte não permite a penetração de raízes, a não ser ao longo de fraturas verticais. A espessura é em geral superior a 10 cm.

Taxonomia. Como até o presente não se conhece descrição de solo brasileiro com presença inconteste de horizonte petrocálcico, não há nenhuma classe no SiBCS com tal horizonte diagnóstico. O horizonte cálcico, por sua vez, é usado nesse sistema em vários níveis categóricos. No nível de ordem, entra na definição dos CHERNOSSOLOS, apesar de não ser obrigatória sua presença, e ainda, nessa mesma ordem, na definição dos CHERNOSSOLOS RÊNDZICOS (perfil SE-73, Embrapa, 1975), onde ele ou o caráter carbonático são obrigatórios. Aparece também no terceiro nível (grande grupo) e quarto nível (subgrupo) de várias ordens. Exemplos da presença de horizonte cálcico no terceiro nível: CAMBISSOLOS HÁPLICOS Carbonáticos saprolíticos (BA-234, Embrapa, 1977-1979), NEOSSOLOS LITÓLICOS Carbonáticos, LUVISSOLOS CRÔMICOS Carbonáticos (perfil BA-178, Embrapa, 1977-1979), VERTISSOLOS EBÂNICOS Carbonáticos; e no quarto nível: NEOSSOLOS FLÚVICOS Ta Eutróficos carbonáticos.

Observação: o termo carbonático identifica indistintamente solos com caráter carbonático (veja 3.5. Caráter carbonático e caráter com carbonato) ou com horizonte cálcico na seção de controle.

Equivalência com outros sistemas de classificação. A definição do horizonte cálcico do SiBCS é equivalente à da legenda da FAO (1994) e similar à do Soil Taxonomy (Estados Unidos, 1994), sendo que nesse sistema, em solos de textura grosseira (< 18% argila), é permitido um mínimo de 5% de carbonato de cálcio. A definição de horizonte petrocálcico do SiBCS é equivalente à do Soil Taxonomy e à da legenda da FAO.

Considerações gerais. A presença de rochas calcárias como material de origem do solo, o comportamento hídrico dessas rochas, os movimentos laterais da solução do solo e mesmo a ascensão capilar são fatores importantes na formação do horizonte cálcico. O principal processo na formação do horizonte cálcico é a translocação do carbonato de cálcio da superfície e sua acumulação a alguma profundidade. Como ponto de partida, é necessário, portanto, a existência de material de origem rico em carbonato de cálcio. A pressão de CO_2 do ar do solo, especialmente no horizonte A, é muito elevada, devido à atividade das raízes, e a respiração microbiana chega a ser cem vezes maior que a do ar atmosférico, promovendo a dissolução da calcita, sendo os íons Ca^{2+} e HCO_3^- translocados com as águas de percolação para camadas mais profundas, particularmente durante os períodos chuvosos. A evaporação da água e a diminuição da pressão parcial do CO_2 das camadas mais profundas do solo devido à menor quantidade de raízes e de matéria orgânica e menor atividade microbiana, e conseqüente aumento do pH, promovem a saturação da solução do solo e a precipitação da calcita. Os canais deixados pelas raízes das plantas, interconectados com a atmosfera, apresentam normalmente menor pressão de CO_2 condicionando a precipitação da calcita em suas paredes (Driessen & Dudal, 1989).

A acumulação de carbonato secundário normalmente ocorre no horizonte C ou nas camadas mais profundas do horizonte B, porém, pode ocorrer no horizonte A, como o CAMBISSOLO HÁPLICO Carbonático, perfil 51-SE (Embrapa, 1975), cujo horizonte A1 apresenta 56% de carbonato de cálcio equivalente. Esse perfil foi classificado como Cambissolo Eutrófico Ta carbonático. Há uma estreita relação entre a profundidade de acúmulo de carbonato e o regime hídrico, estando em geral tanto mais próximo da superfície do terreno quanto mais seco é o clima. A Figura 5.14.1. mostra a relação entre a precipitação e a profundidade de acumulação do carbonato de cálcio (Jenny, 1941).

O carbonato de cálcio secundário presente no horizonte cálcico se encontra em forma difusa e/ou como concentrações descontínuas. Na forma difusa, impregnado na matriz do solo, representado por partículas de carbonato de cálcio na forma de partículas finas (≤ 1 mm), é difícil ser detectado a olho nu. O teste com o HCl a 10% é imprescindível nesses casos. Na forma de concentração descontínua, pode estar representado por pseudomicélios, *cutans*, calcário brando pulverulento e nódulos tanto macios como endurecidos. Nesses casos, geralmente assume feições mais evidentes, especialmente os pseudomicélios e nódulos, destacando-se, pela sua coloração branca (Figura 5.14.2., p. 578), de outras zonas onde o carbonato está ausente ou presente em menor quantidade. As concen-

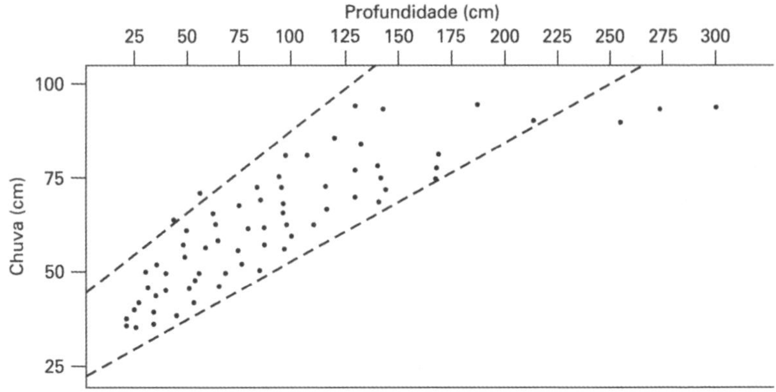

Figura 5.14.1. Relação entre a precipitação pluviométrica e a profundidade de acumulação de carbonato de cálcio em solos (Jenny, 1941).

trações contínuas, maciças de carbonatos (calcrete) são incomuns e de pequena extensão no Brasil.

A definição de horizonte cálcico do SiBCS determina que seu teor de carbonato de cálcio equivalente seja pelo menos 5% mais elevado do que o do horizonte ou camada subjacente, exceto para solos sobre material calcítico (400 g/kg de carbonato de cálcio equivalente), nos quais a porcentagem do carbonato não precisa decrescer em profundidade. Acreditamos que esse requisito seja para assinalar a presença de carbonato de cálcio secundário, o qual é determinante na atual definição de horizonte cálcico. Achamos, porém, que no ambiente rico em carbonato no qual se forma o horizonte cálcico dificilmente não haverá (mesmo que o teor de carbonato equivalente não seja superior a 50 g/kg em relação ao horizonte ou camada subjacente) formação de carbonato secundário no solo, além do que, do ponto de vista de seu manejo, não há qualquer implicação agronômica desse requisito.

Assim, empregando rigidamente a definição de horizonte cálcico, poucos são os perfis assinalados nos levantamentos de solos até o presente efetuados no Brasil que apresentam os requisitos necessários para identificar tal horizonte. O perfil SE-51 (Embrapa, 1975) é um dos poucos exemplos dessa situação. O Sistema Internacional de Classificação de

Solos (WRB), em sua recente atualização (FAO, 1998), eliminou aquele requisito da definição de horizonte cálcico.

As informações de que dispomos sobre a ocorrência de horizonte petrocálcico no Brasil se restringem a um perfil de CHERNOSSOLO RÊNDZICO Saprolítico (anteriormente denominado de *Rendzina*), perfil PRJ-10 (Embrapa, 1978), cuja descrição morfológica acusa a presença de horizonte petrocálcico descontínuo a cerca de 100-130 cm de profundidade ao lado dele. A rigor, tal horizonte, por ser descontínuo, não preenche todos os requisitos para horizonte petrocálcico. Há também menção[34] à possível ocorrência desse horizonte em solos do Mato Grosso do Sul, porém, sem que tenha sido descrito nenhum perfil.

O horizonte cálcico ocorre em solos situados em regiões com importante déficit de umidade, como no Nordeste semi-árido e na região sudoeste do Rio Grande do Sul. Há registro de CHERNOSSOLOS RÊNDZICOS situados em regiões úmidas, como no vale do Ribeira do Iguape, em São Paulo (Lepsch et al., 1999). Contudo, são áreas bastante localizadas, com forte influência do material de origem e em relevo em geral acidentado, o qual, por facilitar o escorrimento superficial da água da chuva, faz diminuir a quantidade dela que percola através do solo.

Importância agronômica e geotécnica. O horizonte cálcico por si não tem muita importância agrícola, pois não oferece resistência ao aprofundamento do sistema radicular. As principais limitações são químicas, induzidas pelo elevado pH (8 ou maior) e alto teor em cálcio. Alguns micronutrientes, como o ferro, o cobre, o manganês, o zinco e, em menor proporção, o boro, apresentam solubilidade inversamente proporcional ao pH do solo. Como o pH dos solos com horizonte cálcico é em geral alto, a disponibilidade daqueles micronutrientes costuma ser baixa (Figura 5.14.3.). Outro fator a considerar é a possível deficiência em magnésio induzido pelo excesso de cálcio, especialmente em plantas perenes. Para cultura da banana, Godefroy et al. (1978) assinalam sinais de deficiência de magnésio quando a razão Ca/Mg ultrapassa 5/1, tornando-se generalizada quando ultrapassa 10/1. As plantas anuais são em seu conjunto

34. Paulo Tito Jacomine Klinger, comunicação pessoal.

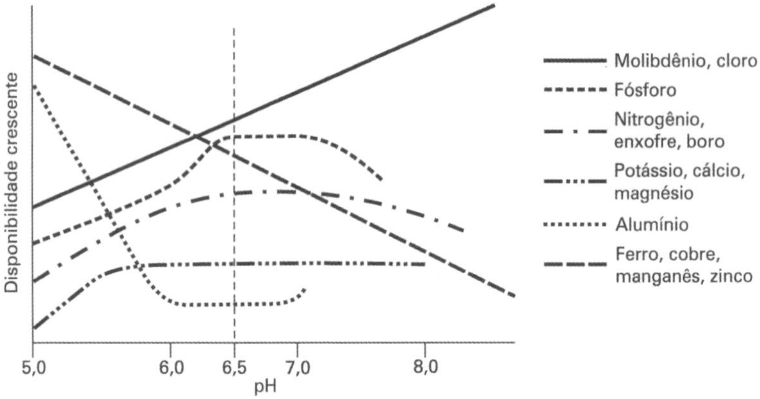

Figura 5.14.3. Efeito do pH na disponibilidade dos nutrientes e na solubilidade do alumínio no solo (Malavolta & Kliemann, 1985).

mais tolerantes a uma relação Ca/Mg elevada do que as culturas perenes (Boyer, 1982). Dijkerman (1981) assinala também a fixação de fósforo, especialmente quando o carbonato está presente na fração < 20 nm.

A solubilidade de vários metais pesados é também relacionada ao pH do solo. Martinez & Motto (2000) citam o patamar de pH de 5,2 para o chumbo, de 6,2 para o zinco e de 5,5 para o cobre, abaixo do qual esses metais apresentam maior mobilidade e, portanto, maior perigo de toxicidade no solo. El- Falaky et al. (1999), por sua vez, verificaram que a atividade para o cádmio livre decresce em duas vezes para cada unidade de aumento do pH do solo.

Os solos com horizonte cálcico ocorrem predominantemente em regiões secas. Sua presença indica, portanto, provável necessidade de irrigação.

O horizonte petrocálcico, por sua vez, por não permitir o enraizamento das plantas e ser praticamente impermeável, dependendo de sua profundidade no solo, poderá limitar seriamente o uso dele, quer do ponto de vista agrícola, quer geotécnico. A camada de calcário consolidada pode contudo ser perfurada e, dependendo de sua espessura e da presença de material terroso subjacente, tais solos podem ser aproveitados com culturas permanentes adaptadas às condições climáticas.

Como assinalado anteriormente, não são encontrados solos com horizonte petrocálcico no Brasil e, se existem, sua ocorrência deve ser bastante pontual.

Bibliografia

BOYER, J. **Les sols ferralitiques.** Tome X. Facteurs de fertilité et utilisation des sols. Orstom, Paris. 1982. 384p. (Initiations-Documentations Techniques n. 52).

DIJKERMAN, J. C. **Agricultural evaluation of soils.** MSc-Course in Soil Science and water management. Agricultural University Wageningen. 1981. 62p. (Mimeografado).

DRIESSEN, P. M. & DUDAL, R. **Lectures notes on geography, formation, properties and use of the the major soils of the world.** Agricultural University Wageningen/ Katholieke Universiteit Leuven. 1989. 206p.

EL-FALAKY, A. A., ABOULROOS, S. A. & LINDSAY, W. L. Measurement of cadmium activities in slightly acidic to alkaline soil. **Soil Sci. Soc. Am. J.** 55, 974-979, 1999.

EMPRESA BRASILEIRA DE PESQUISA AGROPECUÁRIA. Centro de Pesquisas Pedológicas. **Levantamento exploratório – reconhecimento de solos do Estado de Sergipe.** Recife, 1975. 506p. (Embrapa-CPP. Boletim Técnico, 36; Sudene, Série Recursos de Solos, 6).

EMPRESA BRASILEIRA DE PESQUISA AGROPECUÁRIA. Serviço Nacional de Levantamento e Conservação de Solos. 1ª Reunião de Classificação, Correlação e Interpretação de Aptidão Agrícola de Solos. Rio de Janeiro, 1978.122p.

EMPRESA BRASILEIRA DE PESQUISA AGROPECUÁRIA. Serviço Nacional de Levantamento e Conservação do Solo. Rio de Janeiro, RJ. **Levantamento exploratório – reconhecimento de solos da margem direita do rio São Francisco, Estado da Bahia.** Recife, Convênios Embrapa/SNLCS-Sudene/DRN, MA/Usaid/ETA, 1977 e 1979. v. 1 e 2. 1.296p. (Boletim Técnico, 52).

ESTADOS UNIDOS. United States Department of Agriculture. Soil Conservation Service. **Keys to Soil Taxonomy.** 6th ed., 1994, 306p.

FAO. **Soil Map of the World. Revised Legend.** World Resources Report 60, FAO, Rome. 1994.

FAO. **World reference base for soil resources.** FAO. Rome, 1998. 88p. World Soil Resources Report, 84.

GODEFROY, J., LASSIDIERE, A., LOSSOIS, P. & PENEL, J. P. Action du chaulage sur les caractéristiques physico-chimiques et la productivité d'un sol tourbeux en culture bananière. **Fruits,** 33 (2): 77-90, 1978.

JENNY, H. **Factors of soil formation.** New York. MacGraw-Hill, 1941. 281p.

LEPSCH, I. F., PRADO, H., MENK, J. R. F., SAKAI, E. & RIZZO, L. T. B. **Levantamento de reconhecimento com detalhes dos solos da região do rio Ribeira de Iguape no Estado de São Paulo.** Instituto Agronômico. 1999. Mapa escala 1:250.000.

MALAVOLTA, E. & KLIEMANN, H. J. **Desordens nutricionais no cerrado.** Piracicaba, Associação Brasileira para Pesquisa da Potassa e do Fosfato, 1985, 136p.

MARTINEZ, C. E. & MOTTO, H. L. Solubility of lead, zinc and copper added to mineral soil. **Environmental Pollution** 107(2000): 153-158.

5.15. Horizonte glei

Definição. Horizonte mineral subsuperficial ou eventualmente superficial, com espessura de 15 cm ou mais, com qualquer classe textural, menos de 15% de plintita e apresentando ainda um destes dois requisitos:

1) dominância de uma das seguintes cores:
   - matiz neutro (N) ou mais azul que 10Y;
   - para matizes mais vermelhos que 5YR e valores maiores ou iguais a 4, os cromas devem ser iguais ou menores que 1; ou
   - para matizes 5YR ou mais amarelos e valores maiores ou iguais a 4, os cromas devem ser menores ou iguais a 2, admitindo-se, para solos de matiz dominante 10YR ou mais amarelo, croma 3, que deverá diminuir no horizonte subjacente; ou
   - para todos os matizes e quaisquer valores, os cromas podem ser menores ou iguais a 2, desde que ocorram mosqueados de redução.
2) desenvolvimento da cor azul-escura com o indicador ferrocianeto de potássio a 1% ou cor vermelha intensa com α, α-dipiridil.

No Brasil não há uma simbologia específica para designar horizonte glei. O símbolo *g* é empregado em conjunção com os horizontes A, B ou C para indicar condição de redução caracterizada por cores cinzentas, azuladas, esverdeadas ou mosqueamento bem expresso dessas cores (Embrapa, 1988). Assim, as notações Big e Btg, por exemplo, podem estar indicando presença de horizonte diagnóstico B incipiente no primeiro caso ou de B textural ou horizonte plânico no segundo, em ambos com significativos sinais de hidromorfia, porém sem necessariamente constituírem horizonte glei.

Taxonomia. O horizonte glei é obrigatório da ordem dos GLEISSOLOS e, ainda, de certos subgrupos gleissólicos da ordem dos PLANOSSOLOS nos quais ele é coincidente com o horizonte B plânico, e dos VERTISSOLOS HIDROMÓRFICOS. O horizonte glei é também empregado na discriminação de solos no quarto nível categórico (subgrupo) de várias ordens, como os NEOSSOLOS FLÚVICOS Tb Eutróficos gleissólicos (perfil AL-65, Embrapa, 1975), CAMBISSOLOS HÁPLICOS Tb Distróficos gleissólicos (perfil IAC-1280, Sakai & Lepsch, 1984), entre outros.

O SiBCS (Embrapa, 1999) considera que, quando um horizonte satisfizer, coincidentemente, os requisitos para ser identificado como horizonte diagnóstico glei e também como qualquer dos horizontes diagnósticos, sulfúrico, B incipiente, B textural (exceto o B plânico) e B latossólico, será identificado como horizonte glei, atribuindo-se à condição de gleização importância mais decisiva para a identificação do horizonte diagnóstico que aos demais atributos simultaneamente possuídos pelo horizonte em causa. Os horizontes plânico e plíntico, contudo (veja 5.12. Horizonte plânico. Horizonte plânico com caráter sódico e 5.18. Horizonte plíntico, concrecionário e litoplíntico), têm prevalência taxonômica sobre o horizonte glei.

Equivalência com outros sistemas de classificação. Tanto o Soil Taxonomy (Estados Unidos, 1994) como a FAO (FAO, 1994), em vez de empregarem horizonte diagnóstico para identificar solos com processos de hidromorfismo, utilizam uma série de critérios identificados como "condições áqüicas" (*aquic conditions*) no Soil Taxonomy e como propriedades gleicas (*gleic properties*) na legenda da FAO. Esses critérios não são equivalentes, porém utilizam, como o SiBCS, as cores desenvolvidas pelo α, α-dipiridil ou pelo ferrocianeto de potássio como indicadores daqueles processos de redução. O Soil Taxonomy e a FAO indicam também medidas de potencial redox, mas difíceis de serem obtidas. Além disso, a FAO verifica a existência de propriedade gleica pela presença de lençol de água estagnado através da colocação de corante na água contida em perfuração não revestida ou pelas cores neutras (N) ou azuladas e esverdeadas (GY, BG, G ou B). O Soil Taxonomy, por sua vez, utiliza uma série de feições morfológicas para identificar feições redoximórficas usadas como critérios diagnósticos de processos de hidromorfismo.

Considerações gerais. O horizonte glei é formado em ambiente palustre. Nessa condição, o solo se mantém em condições de umidade excessiva por período suficientemente prolongado e sem renovação da água, de modo que a atividade microbiana possa reduzir significativamente a taxa de oxigênio livre nela dissolvido (Figura 5.15.1., p. 579). Os nitratos e depois os compostos de manganês são os primeiros a serem reduzidos, porém, como eles geralmente não são abundantes, rapidamente esgotam seu papel de receptores de elétrons. O ferro, portanto, muito mais abundante, constitui a maior reserva de receptores de elétrons nas reações de oxirredução. Nessas condições, o Fe^{3+} passa a Fe^{2+}, adquirindo grande mobilidade, sendo removido e causando, conseqüentemente, despigmentação do solo, o qual adquire cores acinzentadas, oliváceas ou azuladas. A permanência de corante colocado na água contida em buraco não revestido evidencia essa situação de água estagnada.

A condição de redução não é necessariamente produzida apenas nas camadas saturadas pela presença do lençol freático. Deve-se considerar a franja capilar, a qual é tanto mais elevada acima do nível do lençol quanto mais argiloso é o solo (veja Quadro 4.3.7.).

A flutuação do lençol freático e, conseqüentemente, da franja capilar permite que nos períodos mais secos os compostos de ferro situados próximos a fissuras, fendas, canais produzidos pelas raízes possam ser reoxidados. Esse processo de reoxidação é bem mais rápido do que o de redução, produzindo os mosqueados distribuídos em matriz acinzentada (ou de outras cores de redução).

A maior parte das propriedades morfométricas que são relacionadas com ambiente redutor (mosqueado, croma baixo) pode mudar com o tempo devido à atividade biológica (homogeneização) e ao intemperismo. Entretanto, essas mudanças são lentas (Moormann & Wetering, 1985). Esses autores assinalam que solos argilosos de regiões temperadas retêm a cor acinzentada por vários séculos. Acrescentam porém que, em solos de textura grosseira, aquelas características morfométricas podem desaparecer em poucas décadas após drenagem, estabelecendo então uma melhor relação com as atuais condições de drenagem.

Cores acinzentadas, típicas de solos hidromórficos, podem também ocorrer em solos sem problemas de hidromorfia provenientes de materiais de origem isentos ou apenas com traços de Fe ou Mn, como os folhelhos acinzentados (Moormann & Wetering, 1985). Segundo esses autores, um teste simples com α, α-dipiridil poderá revelar a ausência de Fe^{2+} nas partes acinzentadas do solo.

Por outro lado, é interessante assinalar que as cores acinzentadas, típicas de ambiente redutor, em certas condições, ainda que o solo esteja saturado por longos períodos do ano, não se manifestam. Esse fato é relacionado a certas condições da paisagem em que há constante flutuação do lençol de água, permitindo um contínuo fornecimento de O_2 e, conseqüentemente, impedindo os fenômenos de oxirredução (Moormann & Wetering, 1985; Daniels et al., 1973, citados por Evans & Franzmeier, 1986).

Esses fatos demonstram que apesar de a morfologia dos solos poder, em geral, ser usada para inferir sobre as condições de pedogênese (ambiente redutor versus ambiente oxidante) ou classes de drenagem, uma correlação consistente entre as feições morfológicas e o grau e a duração do umedecimento do solo não pode ser generalizada. Moorman & Wetering (1985) assinalam que tais inferências são válidas quando feitas localmente, usando dados suplementares como observações sobre o estágio de umidade do solo e suas flutuações sazonais aliadas à avaliação da quantidade, intensidade e distribuição da precipitação atmosférica, escorrimento superficial e determinações de evapotranspiração.

O horizonte glei pode apresentar plintita, porém esta não pode ultrapassar 15% de seu volume, caso contrário o horizonte passa a ser considerado plíntico. O horizonte glei pode também ser coincidente com o horizonte plânico. Como o horizonte glei é decorrente essencialmente da presença de lençol freático, e o horizonte plânico, da água de superfície (chuva), a conjugação desses dois horizontes só se dá quando, além da presença de mudança textural abrupta, o lençol freático se mantém elevado durante longo período do ano. Não havendo a participação do lençol freático, a saturação temporária da base do horizonte A ou E e do horizonte B plânico que ocorre no período chuvoso devido à má condutividade hidráulica dele não chega a ser suficientemente agressiva para imprimir as feições de redução exigidas pelo horizonte glei ou, se estas existem, o aumento do croma em profundidade indica ambiente subjacente mais oxidado. Nesse caso, apesar de o topo do horizonte B atender aos requisitos para horizonte glei, ele não é considerado como tal, pois o horizonte glei, segundo o SiBCS (Embrapa, 1999), é condicionado preponderantemente pelo lençol freático.

A Figura 5.15.2. mostra a morfologia típica de solo com horizonte glei (a) e de solo com hidromorfismo temporário, porém sem horizonte glei (b), segundo Driessen & Dudal (1989).

O horizonte glei ocorre em todas as latitudes e, em posições topográficas variadas, em situações onde haja excesso de água por período longo. Contudo, é nas planícies aluviais onde ocorre em maiores extensões, associado aos GLEISSOLOS e outros solos gleissólicos.

Importância agronômica e geotécnica. O principal problema apresentado pelo horizonte glei não é o excesso de água, mas a aeração inadequada que aumenta a resistência da difusão dos gases do solo para a atmosfera e vice-versa; o oxigênio necessário na respiração metabólica é rapidamente consumido pelos microorganismos e plantas, inibindo o crescimento

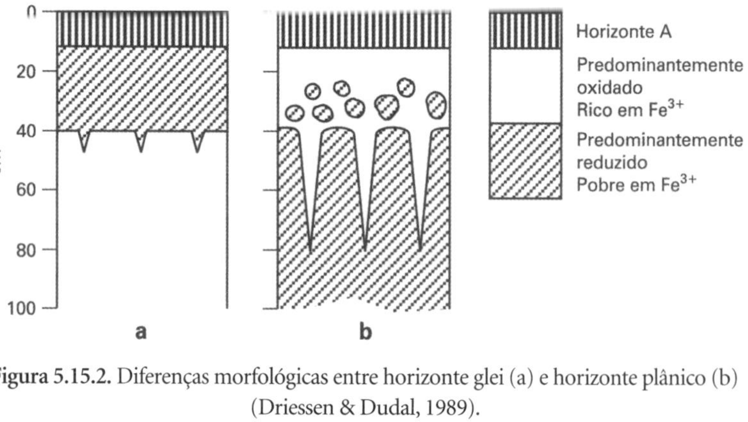

Figura 5.15.2. Diferenças morfológicas entre horizonte glei (a) e horizonte plânico (b) (Driessen & Dudal, 1989).

do sistema radicular. Esse fato se reflete em diminuição da absorção de água, podendo em casos extremos ocorrer até o murchamento de plantas (Willey, 1970), em vista do aumento da resistência das raízes para extrair água do solo (Kramer, 1969) e do aumento da resistência dos estômatos para transpirar água (Sojka & Stolzy, 1980), o que, por sua vez, acarreta diminuição da fotossíntese. Quando a falta de oxigênio é bastante acentuada, podem acumular-se compostos como o etanol, etileno e metano, os quais são tóxicos quando presentes em teores elevados. O ferro e o manganês, uma vez reduzidos para as formas bivalentes, apresentam também toxicidade para as plantas. Esse somatório de fenômenos limita bastante o uso de solos com horizonte glei, sendo tanto mais limitante quanto mais superficial estiverem.

A maioria dos GLEISSOLOS apresentam forte limitação por excesso de água, posto que o horizonte glei encontra-se em geral a 50 cm ou menos de profundidade. A condição de horizonte glei iniciando-se dentro dos primeiros 150 cm da superfície, imediatamente abaixo de horizonte A ou E, é pouco comum. Por outro lado, nos solos gleissólicos ele encontra-se abaixo dessa profundidade. Esses solos apresentam, portanto, limitações variadas com respeito ao excesso de água, sendo tanto menos limitantes quanto mais profundo estiver o horizonte glei. É importante considerar a influência da ascensão capilar acima do lençol freático. Como a ascensão é tanto mais elevada quanto menores são os poros, em solos arenosos ela se eleva menos do que em solos de textura fina. Dessa forma, em solo arenoso, o lençol freático pode se encontrar a menor profundidade do que em solo argiloso, sem causar danos às plantas por excesso de umidade resultante da franja capilar. A Figura 5.15.3. mostra curvas de produtividade hipotética de uma cultura em dois solos de textura diferente em função da altura do lençol freático (Leme, 1993). Observa-se a progressiva diminuição da produtividade no solo de textura franco-arenosa quando o lençol freático fica abaixo de 60 cm, enquanto a produtividade se mantém praticamente a mesma no solo de textura argilosa. Por outro lado, a produtividade máxima é alcançada no solo franco-argiloso quando o lençol freático está a cerca de 60 cm de profundidade e no de textura argilosa quando ele se encontra mais profundo. Pode-se imputar à maior ascensão capilar no solo de textura argilosa ambas as interpretações.

No Quadro 5.15.1. são apresentados dados de profundidade de enraizamento e altura de árvores de citrus em relação à proximidade dos

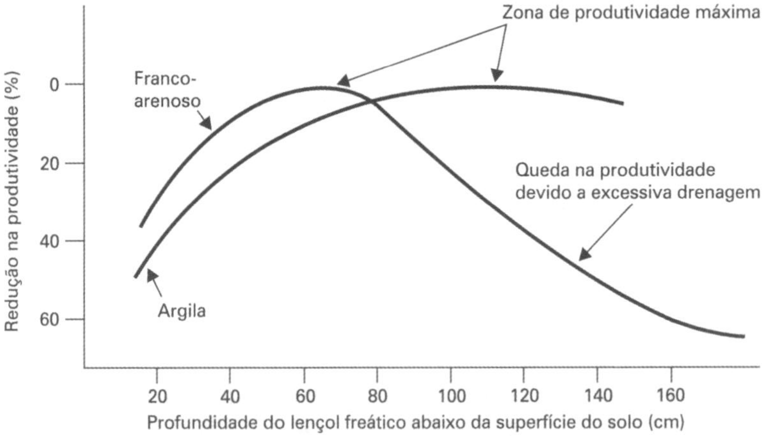

Figura 5.15.3. Curvas de produtividade hipotética de uma cultura em dois solos de textura diferente em função da altura do lençol freático (Leme, 1993).

Quadro 5.15.1. Distribuição de raízes de citrus em terreno com drenos colocados a 41/2 pés (± 120 cm) de profundidade (Ford, 1954).

Profundidade (polegadas)	Distância além dos drenos 15 pés (± 5 m)	120 pés (± 40 m)	200 pés (14± 65 m)
0-10	5,7*	5,0	8,0
10-20	11,9	2,5	3,0
20-30	12,7	6,5	1,8
30-40	2,5	1,0	0,5
40-50	0,2	—	—
Total	33,0	15,0	13,3
Máxima profundidade de enraizamento	47 pol.	40 pol.	38 pol.
Lençol freático	52 pol.	45 pol.	38 pol.
Altura árvores	16,5 pés (± 6 m)	15,2 pés	12,5 pés (± 4m)

* Média de seis árvores, expressa em g de matéria seca.

drenos. Observa-se que há redução de cerca de 20% na profundidade de enraizamento e de 32% na altura das árvores entre aquelas situadas próximas à linha de drenagem, onde o lençol freático está mais profundo, e aquelas mais afastadas, onde ele está bem mais elevado.

Os solos com horizonte glei apresentam sérias limitações ao uso como local para receber resíduos industriais ou urbanos e são inadequados para aterros sanitários, pois o lençol freático, situado a pouca profundidade, está muito sujeito a contaminação. Além disso, solos com horizonte glei, por estarem geralmente situados em planícies aluviais, estão sujeitos a inundações e apresentam forte limitação ao tráfego durante os períodos chuvosos.

No Quadro 5.15.2. são apresentadas as classes de drenagem dos solos (Embrapa, 1999), indicando-se para cada uma delas os solos mais representativos. Observa-se que os solos gleissólicos, isto é, aqueles com horizonte glei abaixo de 50 cm de profundidade, foram considerados moderada a imperfeitamente drenados, enquanto os GLEISSOLOS (horizonte glei a 50 cm ou menos de profundidade) foram incluídos nas classes mal a muito mal drenados.

Nas interpretações de levantamentos pedológicos para fins de aptidão agrícola, os solos que apresentam horizonte glei a pouca profundidade (GLEISSOLOS e parte dos solos gleissólicos) devem ser mais penalizados no nível de manejo B do que no C, pois neste último o proprietário apresenta maior potencial financeiro e tecnológico para executar as obras de saneamento necessárias. Oliveira & Sosa (1995) utilizaram esse critério no estabelecimento de classes de aptidão agroecológica das terras do Setor Oriental do Paraguai.

Quadro 5.15.2. CLASSES DE DRENAGEM (Embrapa, 1999).

As classes de drenagem referem-se à quantidade e rapidez com que a água recebida pelo solo escoa por infiltração e escorrimento, afetando as condições hídricas dele – duração do período em que permanece úmido ou encharcado.

Excessivamente drenado: a água é removida do solo muito rapidamente. Solos de textura arenosa. NEOSSOLOS QUARTZARÊNICOS (*Areias Quartzosas*), NEOSSOLOS REGOLÍTICOS textura arenosa (*Regossolos arenosos*) etc.

Continua...

Continuação...

Quadro 5.15.2. CLASSES DE DRENAGEM (Embrapa, 1999).

Fortemente drenado: a água é removida rapidamente do solo. Solos muito porosos, de textura média a arenosa e bem permeáveis. NEOSSOLOS QUARTZARÊNICOS, NEOSSOLOS REGOLÍTICOS de textura arenosa, LATOSSOLOS de textura média (< 20% argila) etc.

Acentuadamente drenado: a água é removida rapidamente do solo. Solos de textura média ou argilosa, porém com predominância de argila de atividade baixa (Tb) e sempre muito porosos e bem permeáveis. LATOSSOLOS de textura média (> 20% argila). CAMBISSOLOS e NEOSSOLOS REGOLÍTICOS de textura média etc.

Bem drenado: a água é removida com facilidade do solo, porém não rapidamente. Os solos geralmente apresentam textura argilosa ou média, sem mosqueados ou, se presentes, localizam-se a mais de 150 cm de profundidade e também a mais de 30 cm do topo do horizonte B ou do horizonte C, se não existir B. LATOSSOLOS e CAMBISSOLOS (Tb) de textura argilosa, NITOSSOLOS (*Terras Roxas Estruturadas*), ARGISSOLOS (*Podzólicos Vermelho-Amarelos*) sem mudança textural abrupta etc.

Moderadamente drenado: a água é removida um tanto lentamente do solo, de modo que o perfil permanece molhado por uma pequena porém significativa parte do tempo. Solos geralmente apresentam camada de permeabilidade lenta no *solum* ou imediatamente abaixo dele. O lençol freático acha-se imediatamente abaixo do *solum* ou afetando a parte inferior do horizonte B por adição de água através de translocação lateral interna ou alguma combinação dessas condições. Algum mosqueado de redução na parte inferior do horizonte B ou no topo dele associado à diferença textural acentuada entre o horizonte A ou E e o horizonte B. CAMBISSOLOS (planícies aluviais), ARGISSOLOS (textura contrastante) etc.

Imperfeitamente drenado: a água é removida lentamente do solo, de modo que este permanece molhado por período significativo, mas não durante a maior parte do ano. Solos apresentam geralmente camada de permeabilidade lenta no *solum*, lençol freático alto, adição de água através de translocação lateral interna ou alguma combinação dessas condições e algum mosqueado de redução no perfil, notando-se na parte baixa indícios de gleização. VERTISSOLOS, PLANOSSOLOS, PLINTOSSOLOS, ARGISSOLOS Arênicos etc.

Mal drenado: a água é removida do solo tão lentamente que este permanece molhado durante grande parte do ano. O lençol freático geralmente está na superfície ou próximo dela durante considerável período do ano. Condições de má drenagem devidas a lençol freático elevado, camada lentamente permeável no perfil, adição de água através de translocação lateral interna ou alguma combinação destas. Freqüente ocorrência de mosqueado e características de gleização. VERTISSOLOS, PLANOSSOLOS, PLINTOSSOLOS, GLEISSOLOS etc.

Muito mal drenado: a água é removida do solo tão lentamente que o lençol freático permanece na superfície ou próximo dela durante a maior parte do ano. Solos ocupam áreas planas ou depressões onde há, freqüentemente, estagnação de água. Solos com gleização e comumente com horizonte hístico. GLEISSOLOS, ORGANOSSOLOS (*Solos Orgânicos*).

Bibliografia

DRIESSEN, P. M. & DUDAL. R. **Lectures notes on the geography, formation, properties and use of the major soils of the world.** Agricultural University Wageningen. Katholieke Universiteit Leuven. 1989. 196p.

EMPRESA BRASILEIRA DE PESQUISA AGROPECUÁRIA. Centro de Pesquisas Pedológicas. **Levantamento exploratório – reconhecimento de solos do Estado de Alagoas.** Recife, 1975. 532p. (Embrapa-CPP. Boletim Técnico, 35; Sudene, Série Recursos de Solos, 5).

EMPRESA BRASILEIRA DE PESQUISA AGROPECUÁRIA. Serviço Nacional de Levantamento e Conservação do Solo. **Definição e notação de horizontes e camadas.** Rio de Janeiro, RJ. 1988. Documentos SNLCS n. 3. 54p.

EMPRESA BRASILEIRA DE PESQUISA AGROPECUÁRIA. Centro Nacional de Pesquisa de Solos. **Sistema Brasileiro de Classificação de Solos.** Rio de Janeiro, 1999. 412p.

ESTADOS UNIDOS. United States Department of Agriculture. Soil Conservation Service. **Keys to Soil Taxonomy.** 6th ed., 1994, 306p.

EVANS, C. V. & FRANZMEIER, D. P. Saturation, aeration, and color pattern in a toposequence of soils in North-central Indiana. **Soil Sci. Soc. Am. J.** 1986, 50: 975-980.

FAO, FAO/UNESCO. **Soil Map of the World. Revised Legend with corrections.** Rome, FAO, 1988 (World Resources Report, 60). Wageningen, ISRIC (Technical Paper, 20) 1994.

FORD, H. W. Root distribution in relation to the water table. **Flor. Agric. Exp. Sta. Journal.** n. 313, 1954.

KRAMER, P. J. **Plant and soil water relationship: a modern synthesis.** New York. MacGraw-Hill. 1969, 482p.

LEME, E. J. A. Drenagem de terras agrícolas. In: CORTEZ, L. A. B. & MAGALHÃES, P. S. G. (coord.). **Introdução à engenharia agrícola.** 2. ed. Campinas, Unicamp, 1993. p. 75-98.

MOORMANN, F. R. & VAN DE WETERING, H. T. J. Problems in characterizing and classifying wetland soils. In: **Wetland soils: characterization, classification and utilization.** International Rice Research Institute, Los Baños, Laguna, Philippines, 1985, p. 53-68.

OLIVEIRA, J. B. & SOSA, S. M. B. **Sistema de classificación de la aptitud agroecológica de la tierra (SCAAT) para la Región Oriental del Paraguay.** (1ª Aproximación). Asunción, Paraguay. Universidad Nacional de Asunción. Facultad de Ciencias Agrarias. Carrera de Ingeneria Forestal. 1995. 77p.

SAKAI, E. & LEPSCH, I. F. **Levantamento pedológico detalhado da Estação Experimental de Pariquera-Açu.** Campinas, Instituto Agronômico, 1984. 56p. (Boletim Científico, 10).

SOJKA, R. E. & STOLZY, L. H. Soil-oxygen effects on stomatal response. **Soil Sci.**, Baltimore, Maryland, 130: 350-358. 1980.

WILLEY, C. R. Effects of short periods of anaerobic and near aerobic conditions on uptake by tobbaco roots. **Agr. J.**, 62, 224-229, 1970.

5.16. Horizonte E álbico

Definição. Horizonte mineral comumente subperficial, de coloração esbranquiçada (veja Figura 5.8.1.), no qual a remoção ou segregação de material coloidal e orgânico progrediu a tal ponto que a cor do horizonte é determinada mais pela cor das partículas primárias de areia e silte do que por revestimento nessas partículas.

Apresenta no mínimo 1 cm de espessura e uma das seguintes cores:

- se croma 2 ou menor, valor quando úmido 3 ou maior e valor quando seco 6 ou maior; ou valor quando úmido 4 ou maior e valor quando seco 5 ou maior;
- se croma 3 ou menor, valor quando úmido 6 ou maior ou valor quando seco 7 ou maior.

São excluídas do horizonte álbico cores claras devido à presença de calcário finamente dividido, que age como pigmento branco.

Taxonomia. Apesar de o SiBCS (Embrapa, 1999) listar o horizonte álbico entre os horizontes de diagnóstico, não há, até o quarto nível taxonômico (subgrupo), nenhuma classe discriminada pela sua presença. Ele deverá ser empregado em níveis categóricos mais baixos (família, série), porém ainda não estabelecidos nesse sistema. O horizonte álbico, contudo, é comum em várias classes de solos, como entre os ESPODOSSOLOS, os PLANOSSOLOS (Figuras 5.8.1., 5.12.2.) e os ARGISSOLOS arênicos, espessoarênicos ou abrúpticos.

Equivalência com outros sistemas de classificação. A definição do horizonte álbico do SiBCS é equivalente à de horizonte álbico do Soil Taxonomy (Estados Unidos, 1994) e da legenda da FAO (FAO, 1994). A legenda emprega o horizonte álbico como diagnóstico de algumas classes, por exemplo, para discriminar os Albic Arenosols (equivalentes aos nossos NEOSSOLOS QUARTZARÊNICOS) dos outros Arenossolos. Acredita-se que em solos arenosos como esses, em geral extremamente pobres em nutrientes, a presença de horizonte álbico não imprime comportamento agronômico ou geotécnico particularizado, sendo portanto inconsistente, para essa finalidade, tal discriminação.

Considerações gerais. O horizonte E álbico é um típico horizonte eluvial. Assim, em geral, precede o horizonte B espódico, horizonte B textural, horizonte B plânico (com caráter sódico ou não), horizonte glei ou plíntico coincidentes com o horizonte B. É ainda encontrado suprajacente a fragipã.

Em solos truncados, o horizonte álbico pode estar à superfície, sendo, nesses casos, difícil distingui-lo de um horizonte A fraco. Observações próximas, em solos sob vegetação natural, onde o horizonte A tem mais chance de estar preservado, são importantes nesses casos.

A textura arenosa é a mais comum nesse horizonte. Contudo, textura mais fina, como a franco-argilosa, também tem sido encontrada.

Não há distribuição regionalizada do horizonte álbico. Pode ocorrer em várias classes de solos presentes em todas as regiões brasileiras e nos mais variados compartimentos geomorfológicos.

Importância agronômica e geotécnica. O horizonte álbico por si mesmo não tem grande significado agronômico ou geotécnico, pois possui grande variabilidade do ponto de vista químico, podendo apresentar caráter eutrófico, distrófico ou álico, texturas desde areia até franco-argilosa, presença de minerais primários intemperizáveis, argila de atividade baixa ou alta. Contudo, por estarem, em geral, associados à presença de mudança textural abrupta, como nos ARGISSOLOS Arênicos (perfil IAC-1377, Oliveira, 1999) ou ARGISSOLOS Espessoarênicos (perfil BA-100, Embrapa, 1977-1979), ou antecedendo horizonte menos permeável, como nos PLANOSSOLOS (perfil BA-193, Embrapa, 1977-1979), nos ARGISSOLOS... planossólicos (perfil IAC-1371, Oliveira, 1999) ou nos ARGISSOLOS ACINZENTADOS... fragipânicos (perfil AL-28, Embrapa, 1975), entre outros, sua presença sugere solo com drenagem interna restringida e/ou solo com erodibilidade acentuada (veja 3.16. Mudança textural abrupta).

Como o horizonte E álbico é comumente de textura areia ou areia franca, possui baixa capacidade de troca de cátions e de retenção de umidade. Tais solos, mesmo quando identificados como "eutróficos", podem apresentar restrita disponibilidade de nutrientes.

Quando o horizonte E álbico está relacionado a solos com mudança textural abrupta, fica facilitada a instalação e o desenvolvimento de processos erosivos.

Bibliografia

EMPRESA BRASILEIRA DE PESQUISA AGROPECUÁRIA. Centro de Pesquisas Pedológicas. **Levantamento exploratório – reconhecimento de solos do Estado de Alagoas.** Recife, 1975. 532p. (Embrapa-CPP. Boletim Técnico, 35; Sudene, Série Recursos de Solos, 5).

EMPRESA BRASILEIRA DE PESQUISA AGROPECUÁRIA. Serviço Nacional de Levantamento e Conservação do Solo, Rio de Janeiro, RJ. **Levantamento exploratório – reconhecimento de solos da margem direita do rio São Francisco, Estado da Bahia.** Recife, Convênios Embrapa/SNLCS-Sudene/DRN, MA/Usaid/ETA, 1977 e 1979. v. 1 e 2. 1.296p. (Boletim Técnico, 52).

EMPRESA BRASILEIRA DE PESQUISA AGROPECUÁRIA. **Sistema Brasileiro de Classificação de Solos.** Rio de Janeiro, 1999. 412p.

ESTADOS UNIDOS. United States Department of Agriculture. Soil Conservation Service. **Keys to Soil Taxonomy.** 6th ed., 1994, 306p.

FAO, FAO/UNESCO. **Soil Map of the World. Revised Legend with corrections.** Rome, FAO, 1988 (World Resources Report, 60). Wageningen, ISRIC (Technical Paper, 20) 1994.

OLIVEIRA, J. B. **Solos da Folha de Piracicaba.** Campinas, Instituto Agronômico, 1999. 173p. (Boletim Científico, 48).

5.17. Horizonte plácico

<u>*Definição*</u>. O horizonte plácico (do grego *plax*, pedra chata) é um horizonte fino (espessura mínima de 0,5 cm), cimentado por ferro ou ferro e manganês, com ou sem matéria orgânica, acompanhado ou não de outros agentes cimentantes.

<u>*Taxonomia*</u>. Apesar de constar entre os horizontes diagnósticos do SiBCS, não há, nesse sistema, nenhuma classe discriminada por tal atributo.

<u>*Equivalência com outros sistemas de classificação*</u>. A definição de horizonte plácico é equivalente à apresentada no Soil Taxonomy (Estados Unidos, 1994). A legenda da FAO (FAO, 1994) não inclui o horizonte

plácico entre os atributos diagnósticos das classes, porém emprega definição equivalente para caracterizar a fase plácica (*placic phase*) quando a presença desse horizonte ocorre dentro de 100 cm de profundidade.

Considerações gerais. Não obstante no Soil Taxonomy (Estados Unidos, 1994) o horizonte plácico ser empregado como diagnóstico em outras ordens (Placaquands) além da dos Espodossolos, no Brasil parece que esse horizonte se restringe apenas a essa ordem. Sua ocorrência em nosso país é bastante restrita, sendo pouquíssimos os perfis descritos que acusam sua presença. Nos poucos perfis que vimos em solos brasileiros e em outros países, o horizonte plácico mostrava-se ondulado, descontínuo e raramente ultrapassando 10 m de comprimento, podendo voltar a aparecer metros adiante. No Brasil, a superfície ocupada por solos apresentando esse horizonte é pouco expressiva, sendo mapeável apenas em escala muito grande (1:10.000 ou maior). Contudo, em certos Podzóis de países situados em regiões temperadas da Europa setentrional e em Andossolos, ocorre em áreas mais expressivas.

O horizonte plácico constitui em geral horizonte muito fino, com apenas alguns poucos milímetros (Figura 5.17.1., p. 579); segundo a legenda da FAO (1994), espessura de 40 mm é rara.

Pelo conhecimento que se tem desse horizonte no Brasil, ele parece restringir-se a poucos perfis descritos em área de ESPODOSSOLOS desenvolvidos em sedimentos marinhos costeiros.

Importância agronômica e geotécnica. Por constituir material cimentado, representa barreira para o enraizamento das plantas e a penetração da água. O conhecimento que se tem da presença desse horizonte em solos brasileiros e sua ocorrência é pouco expressivo. Por ser horizonte de diminuta espessura e se encontrar em geral a pequena profundidade, em torno de 50 cm, segundo o Soil Taxonomy (Estados Unidos, 1994), presume-se que seja fácil seu rompimento mediante emprego de subsoladores.

No Brasil, esse horizonte parece ocorrer exclusivamente com os ESPODOSSOLOS, os quais são em geral solos muito pobres. Assim, mesmo que a barreira física seja rompida mediante subsolagem, tais solos apresentam sérias limitações do ponto de vista nutricional para as plantas.

Bibliografia

ESTADOS UNIDOS. United States Department of Agriculture. Soil Conservation Service. **Keys to Soil Taxonomy.** 6th ed., 1994, 306p.

FAO, FAO/UNESCO. **Soil Map of the World. Revised legend with corrections.** Rome, FAO, 1988 (World Resources Report, 60). Wageningen, ISRIC (Technical Paper, 20), 1994.

5.18. Horizonte plíntico, concrecionário e litoplíntico

Horizonte plíntico. Horizonte caracterizado pela presença de plintita (veja 3.17. Plintita e petroplintita e Figura 3.17.1.) em quantidade igual ou superior a 15% (volume) e espessura de pelo menos 15 cm.

Quando um mesmo horizonte satisfizer ao mesmo tempo aos requisitos para ser identificado como horizonte plíntico e também como qualquer um dos seguintes horizontes — B textural, B latossólico, B incipiente, B plânico (excetuando-se o B nátrico com caráter sódico) ou horizonte glei —, será identificado como horizonte plíntico, sendo a ele conferida precedência taxonômica sobre os demais horizontes citados.

O horizonte plíntico é identificado pela notação **f**, colocada após o símbolo do horizonte principal: Btf, Bwf, Cf etc. Exemplo: perfil BA-151 (Embrapa, 1977-1979). A notação utilizada para presença de plintita era o símbolo **pl**, em vez do atual símbolo **f**.

Horizonte concrecionário. Horizonte com pelo menos 30 cm de espessura, constituído de 50% ou mais (por volume) de material grosseiro com predomínio de petroplintita (Figura 5.18.1.).

Quando um mesmo horizonte satisfizer ao mesmo tempo aos requisitos para ser identificado como horizonte concrecionário e também como qualquer um dos seguintes horizontes — B textural, B latossólico, B incipiente, B plânico (excetuando-se o B nátrico com caráter sódico) ou horizonte glei —, será identificado como horizonte concrecionário, sendo a ele conferida precedência taxonômica sobre os demais horizontes citados.

Esse horizonte é identificado pela notação **c** colocada após o símbolo do horizonte principal: Bwc, Btc etc. Exemplo: perfil DF-12 (Embrapa, 1983).

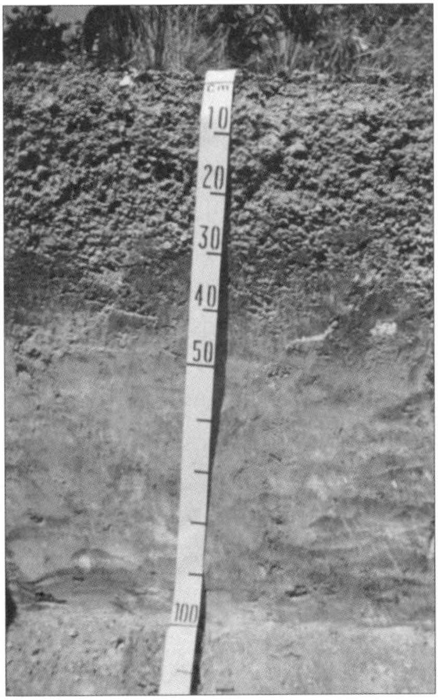

Figura 5.18.1. Horizonte petroplíntico. Certos PLINTOSSOLOS PÉTRICOS podem apresentar elevada quantidade de concreções ferruginosas (petroplintita) nos horizontes superficiais, dificultando o preparo do solo para o plantio, desgastando os implementos agrícolas e diminuindo o volume de água e de nutrientes para as plantas. O horizonte A desse solo apresenta > 50% de concreções > 2 mm de petroplintita. Cuiabá, MT. Foto: J. B. de Oliveira.

<u>Horizonte litoplíntico</u>. O horizonte litoplíntico é uma seção consolidada, constituída por petroplintita contínua ou praticamente contínua. Esse horizonte pode englobar camada muito fraturada, mas com predomínio de blocos desses materiais com tamanho no mínimo de 20 cm ou maior; as fendas que aparecem são poucas e separadas de 10 cm ou mais umas das outras. É identificado pelo símbolo F. Exemplo: perfil IAC-1447 (Oliveira, 1995) (Figura 5.18.2., p. 580).

<u>Taxonomia</u>. O horizonte plíntico é diagnóstico da ordem dos PLINTOSSOLOS e, no quarto nível (subgrupo), dos solos "plínticos", como

os PLANOSSOLOS NÁTRICOS Órticos plínticos, os ARGISSOLOS AMARELOS Eutróficos plínticos (perfil 17, Reunião..., 1998), entre outros. Os horizontes concrecionário e litoplíntico são diagnósticos da subordem dos PLINTOSSOLOS PÉTRICOS, sendo os PLINTOSSOLOS PÉTRICOS Concrecionários caracterizados por apresentarem horizonte concrecionário, e os PLINTOSSOLOS PÉTRICOS Litoplínticos, por apresentarem horizonte litoplíntico. A presença de horizonte concrecionário ou litoplíntico abaixo da seção de controle dos PLINTOSSOLOS identifica os solos "concrecionários" e "litoplínticos", por exemplo, os LATOSSOLOS AMARELOS Ácricos petroplínticos (perfil DF-25, Embrapa, 1978) ou os LATOSSOLOS VERMELHOS Acriférricos litoplínticos (Figura 5.18.2.), estes últimos ainda não estabelecidos no SiBCS (Embrapa, 1999), como o perfil IAC-1447 (Oliveira, 1995). Muitos solos anteriormente denominados de concrecionários são atualmente classificados como PLINTOSSOLOS ou, no quarto nível categórico (subgrupo), como plínticos. É exemplo do primeiro caso o perfil PI-6 (Embrapa, 1984). Esse solo, classificado na ocasião como Podzólico Vermelho-Amarelo Concrecionário, por apresentar horizonte concrecionário a menos de 40 cm de profundidade, atualmente é classificado como PLINTOSSOLO PÉTRICO Concrecionário. Exemplo do segundo caso é o perfil MA-71 (Embrapa, 1986), anteriormente denominado de Podzólico Vermelho-Amarelo Concrecionário e agora classificado como ARGISSOLO VERMELHO-AMARELO Distrófico plíntico. Neste último caso, a quantidade de concreções de petroplintita não foi suficiente para qualificar um horizonte concrecionário.

Equivalência com outros sistemas de classificação. Na legenda da FAO (FAO, 1994) não há menção aos horizontes plíntico ou concrecionário. A classe dos Plintossolos é definida pela presença de horizonte contendo 25% ou mais de plintita (contra 15% do SiBCS) e com pelo menos 15 cm de espessura. Devido a esse fato, alguns solos identificados como PLINTOSSOLOS no SiBCS, mas com menos de 25% de plintita, não são correlacionáveis com os Plintossolos da FAO.

O Soil Taxonomy (Estados Unidos, 1994) também não emprega horizonte plíntico como diagnóstico, porém identifica o grande grupo

"Plinth" pela presença de plintita formando uma fase contínua, ou o subgrupo "Plinthic" pela presença de 5% ou mais de plintita dentro da seção de controle de 125 cm a partir da superfície. Além disso, identifica o subgrupo "petroferric" pela presença de contato petroférico (*petroferric contact*), seguido de horizonte idêntico ao horizonte litoplíntico (horizonte F) do SiBCS.

Considerações gerais. Os horizontes concrecionário e litoplíntico são originários do endurecimento irreversível da plintita após variados ciclos de umedecimento e secamento. As considerações gerais do Capítulo 3, item 3.17. Plintita e petroplintita, também são aplicáveis aqui.

Importância agronômica e geotécnica. No item 3.17. Plintita e petroplintita já foram feitas considerações sobre a importância agronômica e geotécnica desses atributos. Como os horizontes plíntico e concrecionário são relacionados à plintita e à petroplintita, as considerações daquele capítulo são válidas neste.

O horizonte litoplíntico, também conhecido como bancada laterítica, por sua vez, constitui uma camada de impedimento ainda mais restritiva do que os horizontes plíntico e concrecionário ao sistema radicular das plantas e ao fluxo vertical da água, oferecendo limitação forte ou muito forte ao uso agrícola. É comum a ocorrência de árvores caídas devido à falta de ancoramento do sistema radicular (Figura 5.18.3.). Quando situado a pouca profundidade ou à superfície do terreno, pode tornar impraticável o uso agrícola (Figura 5.18.4.). Na região de Guaíra, SP, por exemplo, é comum observar-se no terço inferior de vertentes, em áreas intensamente agricultadas, faixas de mais ou menos 5 a 10 m cobertas por capoeira baixa e rala, denotando a presença de manchas de terreno com horizonte litoplíntico.

Quando o horizonte litoplíntico encontra-se à superfície, o terreno fica marcado por reboleiras sem vegetação, aparecendo nos mapas de escala grande como tipo de terreno. Em algumas áreas na região de Guaíra, ocorrem horizontes litoplínticos exumados, com mais de 1,5 m de altura acima da superfície do terreno (Figura 5.18.5.).

A presença de horizonte litoplíntico limita também seriamente o terreno à aplicação de efluentes e como área para cemitérios e, quando muito espesso, limita o uso do terreno para aterro sanitário.

Figura 5.18.3. A presença de horizonte petroplíntico a pouca profundidade limita seriamente o aprofundamento do sistema radicular, facilitando a queda de árvores devido à falta de "ancoramento" suficiente. Guaíra, SP. Foto: J. B. de Oliveira.

Figura 5.18.4. A presença de horizonte litoplíntico (bancada laterítica) em superfície impede o uso agrícola, sendo também séria limitação ao uso não-agrícola de tais terrenos.

Figura 5.18.5. As bancadas lateríticas (horizonte litoplíntico) geralmente ocorrem nas partes baixas das vertentes. Às vezes encontram-se expostas devido ao processo de exumação. Miguelópolis, SP. Foto: J. B. de Oliveira.

A presença de grandes quantidades de cascalho e calhaus em horizonte concrecionário reduz proporcionalmente o volume de terra disponível para as plantas e, conseqüentemente, a quantidade de nutrientes e água para elas. O perfil 14 (Jacomine, 1997) de PLINTOSSOLO PÉTRICO, por exemplo, localizado no Município de Cuiabá, Mato Grosso, apresenta 77% de cascalhos e calhaus de petroplintita e quartzo no horizonte Ac (0-20 cm) e 67% de cascalho de petroplintita e quartzo no horizonte Bicf (20-40 cm) (Figura 5.18.1.) São evidentes os sérios desgastes por abrasão que os implementos agrícolas devem sofrer em terrenos com tal nível de pedregosidade. O plantio de fruteiras e o reflorestamento em covas que ultrapassem a camada concrecionária são duas das poucas opções de uso agrícola de tais solos.

Como tanto o horizonte plíntico como o concrecionário e o litoplíntico reduzem a profundidade efetiva do solo, é importante, na interpretação de mapas pedológicos, saber a que profundidade ocorrem e a quantidade e espessura deles. Sua presença além de 100 cm de profundidade não é muito importante com relação à profundidade efetiva, não obstante poderem ter apreciável relevância do ponto de vista hídrico. Quanto a este aspecto, há que se considerar sua importância relativa: em solos das regiões secas, a presença desses horizontes, por dificultar a permeabilidade interna, pode significar fator positivo quanto à disponibilidade de umidade, porém o inverso acontece em regiões com elevada pluviosidade.

Os PLINTOSSOLOS (horizonte plíntico) e os PLINTOSSOLOS PÉTRICOS (horizonte concrecionário ou litoplíntico) são em geral solos quimicamente pobres, devido ao longo e intenso processo de intemperismo a que foram submetidos, requerendo, portanto, insumos para poderem produzir satisfatoriamente.

Solos com horizontes plíntico, concrecionário ou litoplíntico são em geral pouco adequados para aterros sanitários, quer por apresentarem lençol freático relativamente pouco profundo, ou pela presença de bancada contínua extremamente dura ou de fragmentos grandes de agregados endurecidos.

Bibliografia

EMPRESA BRASILEIRA DE PESQUISA AGROPECUÁRIA. Serviço Nacional de Levantamento e Conservação do Solo. Rio de Janeiro, RJ. **Levantamento de reconhecimento dos solos do Distrito Federal.** Rio de Janeiro, 1978. 455p. (Boletim Técnico, 53).

EMPRESA BRASILEIRA DE PESQUISA AGROPECUÁRIA. Serviço Nacional de Levantamento e Conservação do Solo. Rio de Janeiro, RJ. **Levantamento exploratório – reconhecimento de solos da margem direita do rio São Francisco, Estado da Bahia.** Recife, Convênios Embrapa/SNLCS-Sudene/DRN, MA/Usaid/ETA, 1977 e 1979. v. 1 e 2. 1.296p. (Boletim Técnico, 52).

EMPRESA BRASILEIRA DE PESQUISA AGROPECUÁRIA. Serviço Nacional de Levantamento e Conservação do Solo. Rio de Janeiro, RJ. **Levantamento de reconhecimento de baixa intensidade dos solos e aptidão agrícola das terras de parte da região geoeconômica de Brasília.** Rio de Janeiro. (Boletim de Pesquisa, 24). 1983, 515p.

EMPRESA BRASILEIRA DE PESQUISA AGROPECUÁRIA. Serviço Nacional de Levantamento e Conservação do Solo, Rio de Janeiro, RJ. **Zoneamento edafoclimático do babaçu nos Estados do Maranhão e Piauí.** Convênio Embrapa-SNLCS/Sudene-DRN. 1984, 557p. (Brasil. Sudene. DRN. Série Recursos de Solos, 16).

EMPRESA BRASILEIRA DE PESQUISA AGROPECUÁRIA. Serviço Nacional de Levantamento e Conservação do Solo. **Levantamento exploratório – reconhecimento**

de solos do Estado do Maranhão. Rio de Janeiro, Embrapa-SNLCS/Sudene-DRN, 1986. v. I-II. 964p. (Embrapa-SNLCS. Boletim de Pesquisa, 35-Brasil. Sudene/DRN. Série Recursos de Solos, 17).

EMBRAPA. **Sistema Brasileiro de Classificação de Solos.** 1999. 412p.

ESTADOS UNIDOS. United States Department of Agriculture. Soil Conservation Service. **Keys to Soil Taxonomy.** 6th ed., 1994, 306p.

FAO, FAO/UNESCO. **Soil Map of the World. Revised Legend with corrections.** Rome, FAO, 1988 (World Resources Report, 60). Wageningen, ISRIC (Technical Paper, 20) 1994.

JACOMINE, P. T. K. (coord.). **Correlação pedológica de uma área do Pantanal de Mato Grosso e região de influência.** Secretaria de Estado de Planejamento e Coordenação Geral/Prodeagro/Zoneamento e Centro Nacional de Pesquisas do Solo-Embrapa. Rio de Janeiro, 1997. 60p.

OLIVEIRA, J. B. **Solos da Folha e Município de Guaíra.** Campinas, Instituto Agronômico, 1995. 126p. (Boletim Científico, 33).

REUNIÃO DE CLASSIFICAÇÃO, CORRELAÇÃO E APLICAÇÃO DE LEVANTAMENTO DE SOLOS, 5. **Guia de excursão de estudos de solos nos Estados de Pernambuco, Paraíba, Rio Grande do Norte, Ceará e Bahia.** Recife, 1998, 124p.

5.19. Horizonte sulfúrico

Definição. Horizonte subsuperficial constituído por material mineral ou orgânico, com 15 cm ou mais de espessura, apresentando pH (água) de 3,5 ou menor e mostrando evidência, por uma ou mais das condições a seguir relacionadas, de que o baixo valor de pH é causado pelo ácido sulfúrico:

- concentração de jarosita; ou
- materiais sulfídricos (veja 3.15. Materiais sulfídricos) imediatamente subjacentes; ou
- 0,05% ou mais de sulfato solúvel em água.

Taxonomia. O SiBCS usa indistintamente o material sulfídrico e o horizonte sulfúrico como diagnósticos no segundo e quarto nível categórico de várias classes de solos. No segundo nível (subordem), discrimina classes como a dos GLEISSOLOS TIOMÓRFICOS (perfil GB-44, Embrapa, 1980) e a dos ORGANOSSOLOS TIOMÓRFICOS (perfil GB-56, Embrapa, 1980). No quarto nível (subgrupo), discrimina classes como a dos GLEISSOLOS SÁLICOS Sódicos tiônicos e a dos GLEISSOLOS HÁPLICOS Tb Eutróficos tiônicos.

A presença de materiais sulfídricos e de horizonte sulfúrico em solos naturais ocorre no Brasil exclusivamente em planícies aluviais originalmente muito mal drenadas, daí serem tais solos enquadrados na ordem dos GLEISSOLOS ou ORGANOSSOLOS. Não há ainda uma classe de solos no SiBCS para abrigar os solos com horizonte sulfúrico ou com materiais sulfídricos resultantes de rejeitos de mineração, os quais não são formados em ambiente redutor mal drenado como aqueles, não podendo, portanto, ser classificados como GLEISSOLOS. Para tais solos, e outros de natureza antropogênica, deveria ser criada uma classe (ordem) especial.

Equivalência com outros sistemas de classificação. As definições de horizonte sulfúrico do Soil Taxonomy (Estados Unidos, 1994) e da legenda da FAO (FAO, 1994) são equivalentes à do SiBCS, porém há expressiva diferença entre esse sistema e o Soil Taxonomy no que diz respeito à classificação de solos que apresentam horizonte sulfúrico e materiais sulfídricos. Enquanto no Brasil tanto os materiais sulfídricos como o horizonte sulfúrico têm o mesmo significado taxonômico, no Soil Taxonomy eles chegam a discriminar ordens diferentes (veja 3.15. Materiais sulfídricos).

Considerações gerais. O horizonte sulfúrico forma-se como resultado da drenagem dos solos ricos em sulfetos situados nas regiões costeiras, com forte influência das marés, como aqueles localizados em áreas de mangues. Os sulfetos presentes no solo são facilmente oxidados, dando origem ao ácido sulfúrico. O pH do solo, que na condição original era neutro ou próximo, sofre então drástico abaixamento, descendo a valores inferiores a 3,5 (Quadro 5.19.1.). Tal fenômeno pode se processar em tempo relativamente curto, em semanas. Outros compostos de enxofre também podem ser produzidos, como a jarosita: sulfato básico de potássio e ferro, [$KFe(SO_4)_2(OH)_6$]. Esse mineral é em geral facilmente perceptível no campo pela presença de "manchas" verticais amareladas e sua identificação é importante, pois, além de ser um indicador da presença do horizonte sulfúrico, baliza até que profundidade deve ser feita a drenagem do solo.

O horizonte sulfúrico também pode formar-se em locais onde compostos de enxofre tenham sido expostos como resultado da mineração

Quadro 5.19.1. Dados analíticos de perfis de solos tiomórficos (Adaptado de Souza Júnior et al., 2001).

Horizonte	Profundidade (cm)	Sulfato solúvel * (mg kg^{-1})	pH água (1:1)
	Perfil 1 – GLEISSOLO TIOMÓRFICO Hístico típico álico		
Hp	0-30	600	4,0
ACg	30-55	400	3,7
2Cgj	55-95	600	3,2
	Perfil 2 – GLEISSOLO TIOMÓRFICO Húmico típico distrófico		
Ap	0-20	100	4,5
ACg	20-45	100	4,6
2Cg	45-90	300	3,9
3Cgj	90-120	14.600	2,7
	Perfil 3 – ORGANOSSOLO TIOMÓRFICO Sáprico térrico distrófico		
Hdp	0-14	1.400	3,9
Hdo	14-43	1.300	4,0
4Cgj	75-130	14.700	2,6
	Perfil 4 – ORGANOSSOLO TIOMÓRFICO Sáprico térrico distrófico		
Hdp	0-16	1.400	3,9
Hdoj	16-33	3.200	3,2
Hdj	33-50	18.000	2,5
	Perfil 6 – ORGANOSSOLO TIOMÓRFICO Hêmico térrico distrófico		
Hop	0-15	2.100	4,0
2Hdoj	15-75	3.400	3,0
3Cgj	75-142	12.900	3,0

* Método colorimétrico, reação com cromato de bário, segundo Dewis & Freitas (1970), citado pelos autores.

de superfície, construção de estradas, dragagem ou outras operações de movimento de terra. Kämpf et al. (1997) descrevem a pedogênese de solos construídos em áreas de mineração carbonífera e a ocorrência neles de materiais sulfídricos e de horizonte sulfúrico.

Apesar de a presença de sulfato solúvel em água constituir um dos critérios de identificação da presença de horizonte sulfúrico, nos boletins de levantamentos de solos publicados até o presente no Brasil, a presença de "tiomorfismo" (horizonte sulfúrico e/ou materiais sulfídricos) tem sido determinada pelo teor de enxofre (S) extraído pelo HCl a quente e precipitado pelo cloreto de bário (método SNLCS 2.45). Essa extração violenta dissolve os sulfetos (pirita) e sulfatos (jarosita), podendo o enxofre ser considerado S total, o qual não tem nenhuma correlação com o sulfato solúvel[35]. Bissani et al. (1995), por sua vez, utilizaram o sulfato solúvel em $CaCl_2$ na determinação de sulfato em solos tiomórficos de áreas de mineração de carvão e estabeleceram a regressão SO_4 (água) = 0,845 $SO_4(CaCl_2)$ + 5,8 para converter os valores de sulfato ($CaCl_2$) em sulfato solúvel em água preconizados pelo SiBCS.

Para uma identificação rápida, no campo, da presença de materiais sulfídricos e, portanto, da potencialidade do solo em formar um horizonte sulfúrico, pode-se oxidar uma amostra com água oxigenada concentrada e medir a queda do pH. Queda acentuado dos valores de pH antes e depois da oxidação denota presença de materiais sulfídricos. Devido à presença de sulfetos, é comum o cheiro de ovo podre quando é feita a coleta de material de tais solos.

Outro dado importante a ser considerado é o valor da porcentagem de carbono. Na realidade, o que se determina na análise do carbono não é o teor deste, mas a quantidade de bicromato consumido. Assim, compostos facilmente oxidáveis como o sulfeto de ferro necessitarão de maior quantidade de oxidante, resultando então em valor superestimado de carbono. Valores baixos de carbono em profundidade são, portanto, indício de baixas quantidades de sulfetos. O inverso, porém, não é verdadeiro, pois como os solos "tiomórficos" estão em sua maior parte em planícies aluvionais, é freqüente a presença de estratos com possível aumento do teor de matéria orgânica em profundidade.

Devido ao abaixamento relativamente rápido do pH nos materiais sulfídricos oxidados e à presença de sais, é comum os dados de perfis de GLEISSOLOS TIOMÓRFICOS e outros solos tiônicos de planícies aluvionais costeiras apresentarem valores de pH, Al^{3+} e saturação por bases aparentemente discordantes. No Quadro 5.19.2., são apresentados dados dessa situação. Pode-se interpretar destas maneiras esses dados: 1) os baixos valores de pH (2,5) e mosqueados amarelados ou brunados indicam presença de horizonte sulfúrico; 2) o pH de 7,8 no horizonte

35. Professor Nestor Kämpf, comunicação pessoal.

Quadro 5.19.2. Dados analíticos e morfológicos selecionados de horizontes de GLEISSOLO TIOMÓRFICO, perfil RJ-16 (Embrapa, 1978).

Horizonte	Profundidade (cm)	pH	Al^{3+} $cmol_c$ / kg	Soma bases $cmol_c$/kg	CE dS m^{-1}	Morfologia (mosqueados)
C1g	45-80	2,5	1,9	32,1	11,3	10YR 5/8
C2g	80-115	2,5	0	33,3	10,6	7,5YR 4/4
C3g	$115\text{-}140^+$	7,8	0	36,6	9,7	—

C3g indica que a drenagem do terreno não atingiu essa profundidade; 3) os teores nulos de Al^{3+} no horizonte C2g, apesar do baixíssimo pH (2,5), indicam que a acidez é relativamente recente, não tendo havido tempo hábil para que o intemperismo dissolvesse os aluminossilicatos presentes, com liberação de Al^{3+}; 4) os elevados valores da saturação por bases indicam uma saturação "aparente", pois os elevados valores da condutividade elétrica sugerem que grande parte dos cátions não deve estar ligada ao complexo sortivo, mas sim a sais solúveis[36].

Importância agrícola e geotécnica. Solos com horizonte sulfúrico apresentam uma série de restrições do ponto de vista agronômico e geotécnico. Com exceção de solos construídos em áreas de mineração, todos os solos com horizonte sulfúrico descritos no Brasil oferecem sérias limitações ao uso devido à presença de lençol freático elevado. Por outro lado, o pH (água) extremanente baixo (< 3,5) constitui ambiente impróprio à maioria das plantas cultivadas. Nessas condições, é comum a presença de Al^{3+} e de Mn^{2+} em doses tóxicas na solução do solo, constituindo ambiente impróprio ao desenvolvimento do sistema radicular das plantas e aos animais. Por outro lado, pode haver deficiência em fósforo, devido à formação de compostos fosfato-Al insolúveis. Nessas condições de pH, é também comum a ocorrência de deficiência em ferro. Além dessas implicações, Golez & Kyuma (1997) assinalam que a elevada acidez do meio acelera a lixiviação, com conseqüente decréscimo de Na, Ca e Mg, e aumenta a solubilidade de elementos traços, como o Cu e o Zn.

A Figura 5.19.1. mostra o decréscimo acentuado da produção de dendê após a drenagem de um solo, o conseqüente desenvolvimento de

36. Professor Nestor Kämpf, comunicação pessoal.

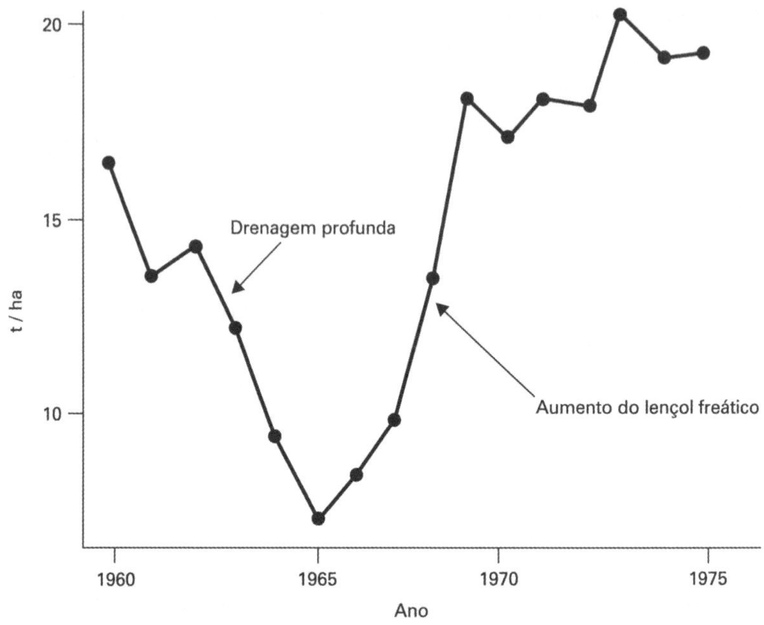

Figura 5.19.1. Influência da drenagem em GLEISSOLO TIOMÓRFICO na produção de dendê (Chin, 1982).

horizonte sulfúrico e o posterior acréscimo, após elevação do nível do lençol freático (Chin, 1982). É recomendável, portanto, manter o lençol freático o mais alto possível, acima da ocorrência da pirita. Uma cultura bastante adaptada a esses solos é a de arroz.

Culturas de peixes e camarões são comuns em solos tiomórficos. Contudo, a pirita contida nos diques construídos com a escavação dos tanques sofre rápida oxidação, produzindo ácido sulfúrico, o qual, com as chuvas, é lavado e carreado para os tanques, reduzindo drasticamente o pH da água, causando sérios problemas a essas culturas (Golez & Kyuma, 1997).

No processo de recuperação de solos tiomórficos há que ser considerado também que a eliminação dos ácidos implica em provocar problemas ecológicos nas áreas que receberão tais águas. Outro aspecto a ser considerado é o da necessidade de preservação das áreas de mangue, onde predominam os solos tiomórficos, por serem áreas de enorme importância ecológica.

A recuperação de solos tiomórficos é bastante problemática, pois implica em onerosos trabalhos de drenagem, de neutralização da acidez e, em muitos casos, de eliminação de sais e, em outros, de construção de diques (pôlderes). No Quadro 5.19.3. são apresentados dados sobre a quantidade de calcário necessária para neutralizar a camada superficial do solo (Dent & Raiswell, 1982, citados por Driessen & Dudal, 1989). Observa-se que, dependendo do teor de enxofre presente e da densidade do solo, são necessárias enormes quantidades de corretivo, tornando inviável a recuperação de tais solos.

Quadro 5.19.3. Calcário necessário para neutralizar 10 cm superficiais de solo ($t \cdot ha^{-1}$) (Dent & Raiswell, citados por Driessen & Dudal, 1989).

Densidade	% de enxofre oxidável					
do solo	0,5	1	1,5	3	3	4
0,6	9	19	28	7	56	74
1,2	19	37	56	74	?	?

Outra limitação comum nos solos tiomórficos devido ao fato de se situarem em planícies aluvionais costeiras é a presença do caráter sálico ou salino (veja 3.9. Caráter salino e caráter sálico). O perfil RJ-16 (Embrapa, 1978) é um exemplo de solo com presença de caráter sálico associado ao tiomorfismo. Uma cuidadosa apreciação da relação custo/benefício torna-se imprescindível no planejamento de uso dos solos tiomórficos.

Os solos identificados no segundo nível categórico (subordem) como TIOMÓRFICOS (GLEISSOLOS e ORGANOSSOLOS TIOMÓRFICOS), por apresentarem materiais sulfídricos ou horizonte sulfúrico a menos de 100 cm de profundidade, são mais limitantes com relação aos problemas de tiomorfismo que os solos identificados no quarto nível (subgrupo) como tiônicos, nos quais eles se apresentam abaixo daquela profundidade.

A presença de lençol freático pouco profundo, a conseqüente pequena zona de aeração e a possibilidade de inundações qualificam os solos com horizonte sulfúrico como impróprios para aterros sanitários, para área de recepção de efluentes, camping etc. Além disso, a elevada acidez e a salinidade de tais solos podem causar sérios problemas de corrosão para estruturas metálicas e de concreto, aumentando substancialmente o custo de manutenção dessas obras.

Bibliografia

BISSANI, C. A., KÄMPF, N. & LUZ, P. C. R. **Determinação de sulfato solúvel em solos tiomórficos de áreas de mineração de carvão.** In: Congresso Brasileiro de Ciência de Solo, 25. Viçosa, 1995. Resumos. Sociedade Brasileira de Ciência do Solo, 1995. p. 1535-1537.

CHIN, P. Y. **Management of sulfaquents and sulfaquepts.** Soil Taxonomy News, New York, Cornell University, 4: 12-13. 1982.

DRIESSEN, P. M. & DUDAL, R. **Lectures notes on geography, formation, properties and use of the the major soils of the world.** Agricultural University Wageningen/ Katholieke Universiteit Leuven. 1989. 206p.

EMPRESA BRASILEIRA DE PESQUISA AGROPECUÁRIA. Serviço Nacional de Levantamento e Conservação do Solo, Rio de Janeiro, RJ. 1ª Reunião de Classificação, Correlação e Interpretação de Aptidão Agrícola de Solos. **Guia de excursão de estudos de solos no Estado do Rio de Janeiro.** Rio de Janeiro, 1978, 122p. (Mimeografado).

EMPRESA BRASILEIRA DE PESQUISA AGROPECUÁRIA. Serviço Nacional de Levantamento e Conservação do Solo, Rio de Janeiro, RJ. **Levantamento semidetalhado e aptidão agrícola dos solos do Município do Rio de Janeiro.** Rio de Janeiro, 1980. 389p. (Boletim Técnico, 66).

ESTADOS UNIDOS. United States Department of Agriculture. Soil Conservation Service. **Keys to Soil Taxonomy.** 6th ed., 1994, 306p.

FAO, FAO/UNESCO. **Soil Map of the World. Revised Legend with corrections.** Rome, FAO, 1988 (World Resources Report, 60). Wageningen, ISRIC (Technical Paper, 20), 1994.

GOLEZ, N. V. & KYUMA, K. Influence of pyrite oxidation and soil acidification on some essential nutrient elements. **Aquacultura engineering** 16(1997): 107-124.

KÄMPF, N., SCHENEIDER, P. & GIASSON, E. Propriedades, pedogênese e classificação de solos construídos em áreas de mineração na Bacia Carbonífera do baixo Jacuí, RS. **Rev. Bras. Ci. Solo**, Campinas, 21: 79-88, 1997.

SOUZA JÚNIOR, V. S., RIBEIRO, M. R. & OLIVEIRA, L. B. Caracterização e classificação de solos tiomórficos da várzea do rio Coruripe, no Estado de Alagoas. **Rev. Bras. Ci. Solo**, 25: 977-986, 2001.

5.20. Horizonte vértico

Definição. É um horizonte subsuperficial que, devido à expansão e contração das argilas, apresenta feições pedológicas típicas, que são as superfícies de fricção (*slickensides*) em quantidade no mínimo comum e/ou a presença de unidades estruturais cuneiformes e/ou paralelepipédicas, cujo eixo longitudinal está inclinado de 10 a 60° em relação à horizontal, e fendas em algum período mais seco do ano com pelo menos 1 cm de largura. (Figura 5.20.1.). Sua textura mais freqüente varia de argilosa a muito argilosa, admitindo-se na faixa de textura média um mínimo de

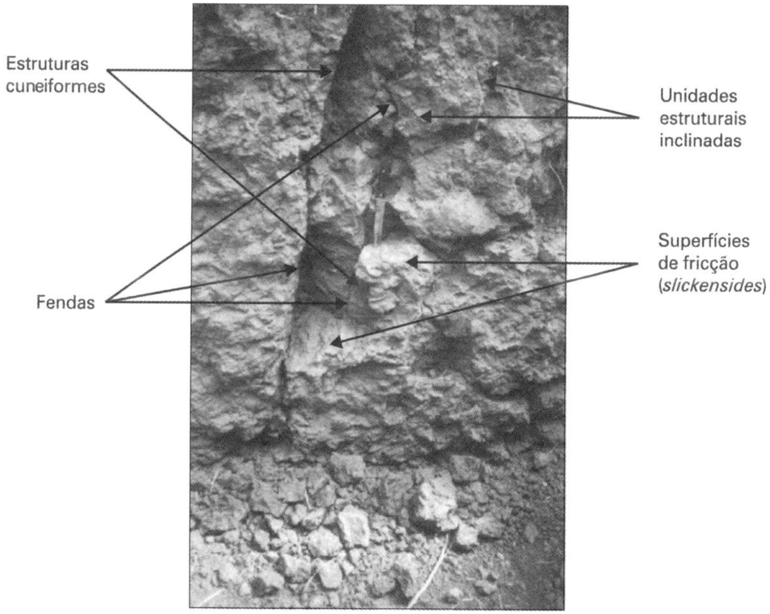

Figura 5.20.1. Perfil de VERTISSOLO. Fendas, superfícies de fricção (*slickensides*), estrutura cuneiforme e inclinação de unidades estruturais são feições típicas de horizonte vértico. Sousa, PB. Foto: J. B. de Oliveira.

30% de argila. O horizonte vértico pode coincidir com o horizonte AC, B (Bi ou Bt) ou C e apresentar cores escuras, acinzentadas, amareladas ou avermelhadas. Para ser diagnóstico, esse horizonte deve apresentar uma espessura mínima de 20 cm. Em áreas irrigadas ou mal drenadas (sem fendas aparentes), o coeficiente de expansão linear (Cole) deve ser de 0,06 ou maior, ou a expansibilidade linear de 6 cm ou mais.

O símbolo **v** é empregado para identificar a presença desse horizonte ou de propriedades vérticas insuficientemente expressas para essa identificação.

<u>Taxonomia</u>. O horizonte vértico é diagnóstico da classe dos VERTISSOLOS, devendo ocorrer imediatamente abaixo do horizonte A ou entre 25 e 100 cm dentro da profundidade de 100 cm. No quarto nível categórico (subgrupo), a presença nos 100 cm superficiais de alguns dos parâmetros definidores do horizonte vértico, ou a presença de horizonte vértico abaixo de 100 cm de profundidade, identifica solos intermediários com os VERTISSOLOS, como os CAMBISSOLOS HÁPLICOS Carbonáticos vertissólicos (perfil 7, Embrapa, 1998), os CHERNOSSOLOS EBÂNICOS Órticos vertissólicos (perfil RS-158, Brasil,1973), os LUVISSOLOS CRÔMICOS Órticos vertissólicos(perfil AL-45, Embrapa, 1975), entre outros. Este último perfil, além de vertissólico, é também salino, pois a 40 cm de profundidade apresenta condutividade elétrica de 5,8 dS m^{-1}.

O horizonte vértico tem precedência diagnóstica sobre os horizontes B incipiente, B nítico e glei.

<u>Equivalência com outros sistemas de classificação</u>. O Soil Taxonomy (Estados Unidos, 1994) e a legenda da FAO (FAO, 1994) não têm horizonte vértico entre os horizontes diagnósticos. Os Vertissolos, nesses dois sistemas, são discriminados na chave inicial pela presença, dentro de determinada seção de controle, dos atributos: superfícies de compressão, inclinação das unidades estruturais, 30% ou mais de argilas e fendas. A presença de apenas parte desses atributos ou do conjunto deles, porém, situados abaixo da seção de controle ou com pouca expressão (no caso da legenda da FAO), identifica, em nível categórico mais baixo, os solos "vertissólicos". Além disso, há algumas pequenas divergências entre os critérios empregados pelo SiBCS na identificação do horizonte vértico

e os do Soil Taxonomy e a legenda da FAO, os quais são apresentados no Quadro 5.20.1.

Considerações gerais. As propriedades vérticas estão diretamente relacionadas com a presença de minerais de argilas expansivas (esmectitas) e de teores significativos da fração argila, em geral superiores a 30%. Abaixo desse valor as argilas estão contidas em uma matriz arenosa, enquanto acima se dá o inverso, havendo então condições satisfatórias para que os fenômemos de expansão e contração das esmectitas se manifestem (Warkentin,1982). As propriedades vérticas são tanto mais pronunciadas quanto maior é o teor de argila e a quantidade de esmectitas presentes.

Apesar de as esmectitas serem os principais componentes da fração argila, encontram-se VERTISSOLOS com significativa presença de caulinitas. Tal fato é mais comum entre os VERTISSOLOS CRÔMICOS do que entre os VERTISSOLOS EBÂNICOS[37].

Aparentemente parece não haver diferenças significativas nos atributos morfológicos entre VERTISSOLOS "esmectíticos" e VERTISSOLOS com maior participação de caulinita, além da cor mais escura predominante, mas não exclusiva, naqueles. Apesar da maior quantidade de caulinita

Quadro 5.20.1. Divergências entre os critérios distintivos de horizonte vértico (SiBCS) e os empregados na identificação dos Vertissolos no Soil Taxonomy (Estados Unidos, 1994) e legenda da FAO (FAO, 1994).

Atributo	SiBCS	Soil Taxonomy	FAO
Fendas	sim; > 1 cm	sim	sim; > 1 cm
Superfícies de compressão (*slickensides*)	sim; quantidade no mínimo comum	sim; interseccionando	sim; interseccionando
Inclinação unidades estruturais	10° a 60°	10° a 60°	—
Espessura (cm)	≥ 20	≥ 25	
Cole	≥ 0,06 em áreas irrigadas ou mal drenadas	—	—

37. Professor Nestor Kämpf, comunicação pessoal.

presente nesses últimos, a predominância das esmectitas na fração argila é determinante no desenvolvimento das feições morfológicas típicas dos Vertissolos. Davidson & Page (1956), contudo, estudando os mecanismos de expansão e contração em solos, assinalam os menores valores de contração naqueles que apresentavam os maiores teores em caulinita e illita (solo Miller, Figura 5.20.2.). É provável portanto que os danos causados às construções sejam menores nos VERTISSOLOS mais cauliníticos do que nos mais esmectíticos. Não conhecemos, contudo, trabalhos de pesquisa que comprovem tais dados.

A coloração escura, comum no horizonte vértico, não traduz necessariamente maior teor de matéria orgânica, pois ela é resultante em parte da íntima associação da matéria orgânica com a fração argila

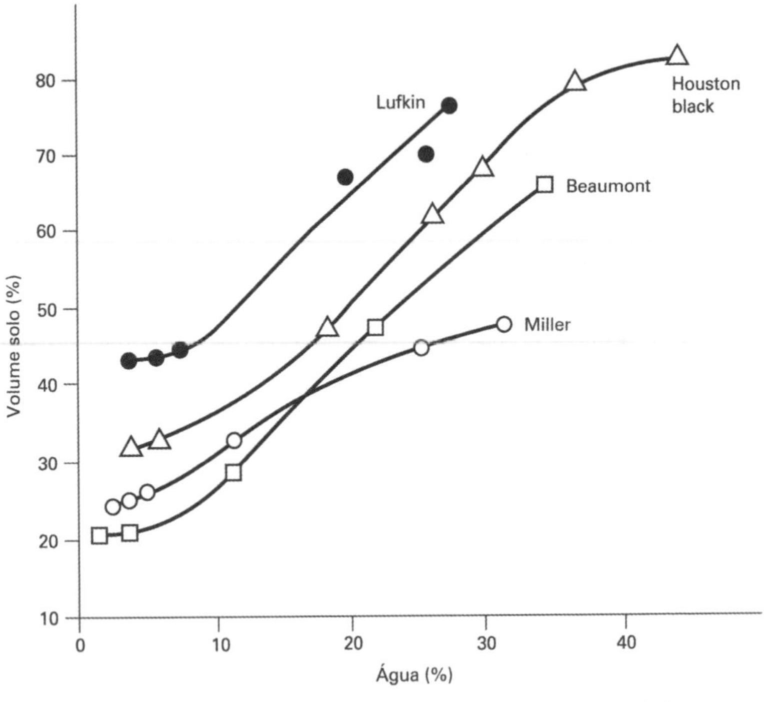

Figura 5.20.2. Curvas de contração em solos em função da umidade (Davidson & Page, 1956).

muito fina (Ahmad, 1985, citando Dudas & Pawluk, 1969; Inra, 1995). Inúmeros são os exemplos de horizonte vértico apresentando baixa relação valor/croma e modestos teores de matéria orgânica. Os dados do Quadro 5.20.2., referentes ao perfil 261 (Embrapa, 1977-1979), são exemplo dessa condição.

Quadro 5.20.2. Cor e teor de carbono dos horizontes de Vertissolo (perfil 261, Embrapa, 1977-1979).

Horizonte	Profundidade (cm)	Cor (úmida)	Carbono (%)
A1	0-10	5Y 3/2	0,70
C1	10-30	5Y 3/1	0,58
C2	30-53	5Y 3/1	0,47
C2	53-77	5Y 2/1	0,47

Os Vertissolos, quando secos ou ligeiramente molhados, apresentam grande quantidade de fendas, as quais, por definição dessa ordem, devem possuir no mínimo 1 cm de largura e se prolongar por no mínimo 50 cm a partir da superfície. Segundo Blokhuis et al. (1964), citados por Ahmad (1985), elas podem exceder 15 cm em superfície, afinando em profundidade, e se prolongar por cerca de 200 cm de profundidade. Este último valor, pelo que conhecemos, é incomum em solos brasileiros. Segundo Ahmad, em geral há uma correlação inversa entre a intensidade e a largura das fendas.

As fendas determinam uma elevada condutividade hidráulica inicial, porém, à medida que o solo se torna mais e mais úmido, as esmectitas se expandem, fazendo com que a condutividade hidráulica saturada atinja valores muito baixos. Greacen & Gardner (1982) definem três estágios de infiltração em Vertissolos: 1) um estágio inicial e rápido preenchendo as fendas e que pode durar até 30 minutos, dependendo da taxa de água que penetra e da largura das fendas; 2) absorção da água das fendas pelas unidades estruturais, durante a qual a infiltração decresce linearmente com a raiz quadrada do tempo; 3) um estágio teoricamente constante quando a taxa de infiltração é igual à da condutividade hidráulica saturada. Bouma & Wösten (1984) assinalam que, após a superfície de um solo argiloso e fendilhado seco ter sido coberta com água, demorou apenas dois minutos para que o processo de expansão se iniciasse. Por outro lado, Allen & Braud (1966), citados por Comerma (1985), estudando a infiltração em um solo com características vérticas (Vertic Haplaquept), verificaram que foram necessários apenas 60 minutos no campo para as fendas aparecerem fechadas. Ahmad (1985), por sua vez, assinala que, para a penetração da água, as fendas largas e profundas são mais importantes do que uma alta quantidade de fendas finas, pois, à medida que o umedecimento progride e a massa do solo se expande, as fendas diminuem progressivamente e as largas permanecem abertas por mais tempo.

No Quadro 5.20.3. estão registradas as taxas de infiltração obtidas em três tempos em Vertissolo e Alfissolo (Krantz et al., 1978). Observa-se que a infiltração inicial, em solo seco, é igualmente alta nos dois solos, contudo há enorme diminuição da taxa de infiltração no Vertissolo entre o início da medição — 76 mm h^{-1} — e a medição final obtida após 144 horas — 0,21 mm h^{-1}. Unger (1982) encontrou valores de 96 e 2 mm h^{-1}, respectivamente, para a infiltração inicial e final em Vertissolos, enquanto em Latossolos, segundo Donahue et al. (1977), citados por Unger (1982), tais infiltrações foram, respectivamente, de 237 e 74 mm h^{-1}. Esses dados indicam que a irrigação nos Vertissolos deve ser elevada e por curto período para aproveitar a elevada condutividade hidráulica existente no início da irrigação.

Em cultura de arroz irrigado (inundação), a presença de fendas que se formam em Vertissolos e outros solos argilosos com argilas expansivas (solos vertissólicos) durante o período em que o terreno está seco condiciona grande perda de água no processo de preparo dele para o

Quadro 5.20.3. Taxa de infiltração em Vertissolo e Alfissolo (Krantz et al., 1978).

Tempo (horas)	Infiltração (mm h^{-1})	
	Vertissolo (Typic Chromustert)	Alfissolo (Udic Rhodustult)
0,5	76	73
0,5-1,0	34	18
1-2	4	15
144	0,21 ± 0,1	7,7 ± 3,7

plantio. Segundo Tuong et al. (1996), a perda de água por percolação profunda pode chegar a 41-57% do total da água aplicada para saturar o solo do talhão. Cabangon & Tuong (2000) recomendam, nesses casos, revolvimento da camada superficial do solo. A formação de pequenos agregados promove uma descontinuidade no fluxo de água, reduzindo a necessidade desta para aquela prática agrícola.

A porosidade intra-agregados no horizonte vértico é predominantemente representada por microporos, o que também determina baixa condutividade hidráulica nos Vertissolos (Figura 4.3.1.).

Naghshineh-Pour et al. (1970), trabalhando com Vertissolos, observaram que a presença de Na^+ e de sais afeta suas condições estruturais e, conseqüentemente, sua condutividade hidráulica. Segundo esses autores, uma taxa de saturação por sódio acima de 10% e chegando próxima a 20% afeta significativamente a condutividade hidráulica, porém, quando altos teores de sais também estavam presentes, tais efeitos não eram evidentes. É possível que tais fatos possam ocorrer nos nossos Vertissolos Sódicos e Vertissolos Sódicos salinos.

Outro fato assinalado na literatura é a influência do tipo de estrutura e inclinação das unidades estruturais na condutividade hidráulica saturada e não-saturada (Bouma & Dekker, 1978), assim como na penetração do sistema radicular (Whiteley & Dexter, 1983). Não conhecemos trabalhos similares feitos em Vertissolos brasileiros, porém é de se esperar comportamento semelhante. Tal fato sugere que seja feita uma melhor descrição morfológica dos Vertissolos e solos vertissólicos no campo, com a finalidade de fornecer informações sobre a inclinação das unidades estruturais, oferecendo assim elementos para uma melhor inferência sobre o comportamento hídrico de tais solos.

O manejo da água nos Vertissolos é, em decorrência da enorme variabilidade que os solos apresentam na composição dos espaços vazios entre os estados seco e úmido, relativamente complicado. Luthin (1982) assinala que as leis convencionais de fluxo de água, como as de Darcy, não são aplicáveis nesses solos e apresenta uma série de trabalhos relacionados com o desenvolvimento de modelos para predizer a infiltração de água em solos de argilas expansivas.

Os Vertissolos e os solos com caráter vértico, no Brasil, distribuem-se especialmente pelo Nordeste, Pantanal Mato-grossense, Campanha Rio-grandense e Recôncavo Baiano (Embrapa, 1981).

Uma feição bastante típica dos Vertissolos é a presença de microrrelevo gilgai. Esta é uma palavra aborígine australiana que significa "pequeno buraco com água", em referência à acumulação de água nas partes mais baixas dessas feições. Possuem feições variadas, mas as de forma arredondada são as mais comuns. Geralmente apresentam um padrão que se repete ao longo da paisagem, resultando em microrrelevo formado por uma microdepressão e uma microelevação. A amplitude entre as "cristas" das elevações é da ordem de algumas dezenas de centímetros a alguns metros, e a altura da microdepressão, da ordem de alguns centímetros a algumas dezenas de centímetros. Essa feição é bastante comum e aparente em Vertissolos da Austrália, Estados Unidos da América, Índia e outros países, mas pouco comum no Brasil e, quando ocorre, é de pequena expressão visual e aparentemente sem importância agronômica.

Importância agronômica e geotécnica. Devido à textura fina, à estrutura fraca, especialmente em profundidade, às propriedades de expansão e contração e à má drenagem interna, os Vertissolos apresentam sérias restrições ao uso com plantas arbóreas (Ahmad, 1985). As raízes dessas plantas são grossas em comparação com outras culturas e requerem poros relativamente grandes para penetrar. Resulta então enraizamento pouco profundo, com baixo ancoramento das plantas e pouco eficiente na absorção de água e nutrientes. Esse autor, contudo, informa que as palmeiras, aí incluídos os coqueiros, devido ao vigor e grande proliferação de raízes, são adaptadas a tais condições. Por outro lado, o algodoeiro, a cana-de-açúcar e outras gramíneas são considerados boas opções de uso agrícola em Vertissolos e solos vertissólicos.

A textura argilosa, aliada à mineralogia esmectítica, determina expressiva coesão nos agregados dos Vertissolos, de forma que o preparo para plantio desses solos requer, de um lado, considerável força de tração e, de outro, necessidade de fragmentar os grandes torrões que se formam com a aração. Quando molhados, são muito plásticos e muito pegajosos, sendo por esses motivos popularmente denominados de solos pesados.

Alguns Vertissolos, contudo, apresentam expressiva autogranulação da camada superficial, representada por forte estrutura granular. Tal fato favorece enormemente aquela prática agrícola. Alguns sistemas de classificação, como o da FAO (FAO, 1994), por exemplo, consideram tal atributo tão importante que o utilizam para diferenciar os Vertissolos que o possuem (Grumi-Vertisols) dos outros (Mazi-Vertisols). O SiBCS não faz tal diferenciação.

A dificuldade de preparo do terreno para plantio nos Vertissolos é relativamente muito mais limitante no nível de manejo B (pouco capital) do que no nível de manejo C. Enquanto no primeiro o preparo de solo é feito com tração animal, no segundo são usados implementos mototracionados e com potência satisfatória.

A acentuada plasticidade e pegajosidade dos Vertissolos e de grande parte dos solos vertissólicos é também fator limitante no que concerne à trafegabilidade, e os fenômenos de contração e expansão são importantes na manutenção do leito das estradas.

Outro ponto a considerar no manejo dos Vertissolos é a estreita faixa existente entre os extremos de umidade ótima para preparar o solo para o plantio. No Quadro 5.20.4. são apresentados dados de retenção de água em vários Vertissolos (Johnson et al., 1982). Calculando-se a diferença entre a porcentagem de água retida a 1/3 e 15 atm obtêm-se os seguintes dados de porcentagem de água disponível para aqueles solos: 17,9, 10,6, 10,6 e 8,7. Os três últimos solos apresentam pequena quantidade de água disponível. Considerando que o solo com água retida na tensão de 3 atm já está significativamente seco, a faixa de umidade ótima para preparo do terreno fica ainda mais reduzida quando ele atinge tal estágio de umidade.

Quadro 5.20.4. Retenção de água (%) sob várias tensões (atm) e água disponível (%) em vários Vertissolos (Adaptado de Johnson et al., 1982).

Tipo de solo	Umidade do solo (%) na tensão indicada (atm)				Água disponível (%)
	1/3	1	3	15	(1/3-15 atm)
Hurricane	44,9	38,5	32,4	27,0	17,9
Houston	33,1	30,0	28,0	22,5	10,6
Sharkey	32,6	29,0	26,5	22,0	10,6
Vaiden	24,2	22,2	19,9	15,5	8,7

Essa limitação, inexpressiva para os agricultores que dispõem de motomecanização (nível C), pode se tornar um fator limitante para aqueles que dispõem apenas de tração animal (nível B) e têm área relativamente grande para trabalhar. É importante considerar também que, enquanto a camada superficial do solo pode estar em condições adequadas para o preparo para o plantio, as camadas subjacentes, devido à baixa permeabilidade interna, podem apresentar teor de umidade bem superior, induzindo assim à formação de camada compactada (pé de arado).

A reduzida condutividade hidráulica saturada dos Vertissolos dificulta enormemente a eliminação dos sais dos Vertissolos salinos e sálicos.

Os Vertissolos, e grande parte dos solos com caráter vértico, apresentam zona de aeração relativamente pouco espessa; a rocha em geral encontra-se a pouco mais de 100-150 cm de profundidade, o que limita acentuadamente ou desqualifica tais solos para aterro sanitário. Também são solos com sérias limitações para cemitérios, áreas de camping, campos de golfe, deposição de efluentes e lagoas de decantação, neste último caso especialmente devido à possibilidade de rachaduras nos diques.

Apesar de os Vertissolos apresentarem elevada capacidade de suporte, devido a sua densidade, o intenso fendilhamento e o acentuado movimento de expansão e contração comprometem a estabilidade das construções. Dudal & Bramão (1965), citando Johnston & Hill, assinalam que mudanças no volume desses solos podem atingir 50%, sendo no mínimo de 25%. Por exemplo, o movimento relativo observado no período de um ano em testemunhas enterradas a 1,5 m e 1 m foi, respectivamente, de 25 mm e 38 mm. Testemunhas enterradas até 2,5 m, 3 m e 4,5 m moveram menos de 5 mm. Como conseqüência dos fenômenos de contração e expansão, especialmente no 1,5 m superior do solo, estruturas de tijolo ou concreto freqüentemente fendilham, podendo, em casos mais graves, quebrar. Na Figura 5.20.3. são mostradas as conseqüências de casa construída em solo com argila expansível sem a correta construção de alicerce.

A bibliografia assinala a importância que árvores com grande capacidade de transpiração têm sobre pequenas estruturas. Devido a esse fato, é interessante construir as edificações a uma distância segura das

Figura 5.20.3. Casa construída em solos de argila expansível sem os devidos cuidados com a construção do alicerce (Estados Unidos, 1993).

árvores. Essa distância é variável segundo a árvore, mas é recomendada, como regra geral, uma distância igual ou superior à metade de sua altura. Quando a distância da edificação à árvore for maior que a altura desta, nenhuma precaução será necessária, porém, quando ela for igual a 0,5 ou uma vez a altura da árvore, então uma fundação com pelo menos 1 m de profundidade será recomendada, e quando for inferior a 0,5 vez a altura da árvore, será recomendável uma maior profundidade da fundação.

No Brasil, os VERTISSOLOS Eutróficos são absolutamente dominantes, sendo pontual a presença dos Distróficos. Mesmo em termos mundiais, os Vertissolos Eutróficos são largamente predominantes.

A baixa condutividade hidráulica saturada dos Vertissolos, aliada a regime climático de chuvas concentradas, como é comum na maior parte das áreas de ocorrência desses solos, torna-os muito suscetíveis à erosão. Assim, apesar de ocorrerem geralmente em relevo com baixa declividade, requerem maiores cuidados conservacionistas do que outros solos de textura semelhante e situados nas mesmas condições climáticas. A ocorrência de deslizamentos é também comum nesses solos, o que demanda cuidados especiais com os alicerces das casas.

Bibliografia

AHMAD, N. **Acid vertisols of Trinidad.** Proc. Fifth International Soil Classification Workshop. p. 141-151. Sudan 2-11, nov. 1982. Soil Survey Administration, Khartoum, 1985.

BOUMA, J. & DEKKER, L. W. A case study on infiltration into a dry crack clay soil. I. Morphological observations. **Geoderma**, 1978 (20): 27-40, 40-51.

BOUMA, J. & WÖSTEN, H. M. Characterizing ponded infiltration in a dry, cracked clay soil. **J. Hydrol.** 1984, 69: 297-304.

BRASIL. Ministério da Agricultura. Divisão de Pesquisa Pedológica, DNPEA. **Levantamento exploratório – reconhecimento de solos do Estado do Rio Grande do Sul.** Recife, 1973. 431p. (Boletim Técnico, 30).

CABANGON, R. J. & TUONG, T. P. Management of cracked soils for water saving during land preparation for rice cultivation. **Soil & Tilage** 2000 (56): 105-116.

COMERMA, J. A. Hydromorphic Vertisols. In: **Wetland soils: characterization, classification, and utilization.** International Rice Research Institut. (Workshop) Los Baños. 1985. p. 407-420.

DAVIDSON, S. E. & PAGE, J. B. Factors influencing swelling and shrinking in soils. **Soil Sci. Soc. Proceedings** 20: 320-324, 1956.

DUDAL, R. & BRAMÃO, D. L. **Dark Clay Soils of tropical and Subtropical Regions.** FAO Agricultural Development Paper n. 83. 1965, 161p.

EMPRESA BRASILEIRA DE PESQUISA AGROPECUÁRIA. Centro de Pesquisas Pedológicas. **Levantamento exploratório – reconhecimento de solos do Estado de Alagoas.** Recife, 1975. 532p. (Embrapa-CPP. Boletim Técnico, 35; Sudene, Série Recursos de Solos, 5).

EMPRESA BRASILEIRA DE PESQUISA AGROPECUÁRIA. Serviço Nacional de Levantamento e Conservação do Solo, Rio de Janeiro, RJ. **Levantamento exploratório – reconhecimento de solos da margem direita do rio São Francisco, Estado da Bahia.** Recife, Convênios Embrapa/SNLCS-Sudene/DRN, MA/Usaid/ETA, 1977 e 1979. v. 1 e 2. 1.296p. (Boletim Técnico, 52).

EMPRESA BRASILEIRA DE PESQUISA AGROPECUÁRIA. Serviço Nacional de Levantamento e Conservação de Solos, Rio de Janeiro. **Mapas de solos do Brasil,** coordenado e planejado por M. N. Camargo. 1981. Escala 1: 5.000.000.

EMPRESA BRASILEIRA DE PESQUISA AGROPECUÁRIA. Centro Nacional de Pesquisa de Solos. V Reunião de Classificação, Correlação e Aplicação de Levantamento de Solos. **Guia de excursão de estudos de solos nos Estados de Pernambuco, Paraíba, Rio Grande do Norte, Ceará e Bahia.** Recife, 1998, 124p.

ESTADOS UNIDOS. USDA. Soil Survey Division Staff. **Soil Survey Manual.** Washington, 1993. 437p. (Revision Handbook n. 18).

ESTADOS UNIDOS. United States Department of Agriculture. Soil Conservation Service. **Keys to Soil Taxonomy**. 6th ed. 1994, 306p.

FAO, FAO/UNESCO. **Soil Map of the World. Revised Legend with corrections**. Rome, FAO, 1988 (World Resources Report, 60). Wageningen, ISRIC (Technical Paper, 20), 1994.

GREACEN, E. L. & GARDNER, E. A. Crop behaviour on clay soils. **Trop. Agri.** (Trinidad), v. 59, n. 2, 123-132, 1982.

INSTITUT NATIONAL DE LA RECHERCHE AGRONOMIQUE. **Référentiel pédologique**. AFES. 1995. 332p.

JOHNSON, C. E., SCHAFER, R. L. & ELKINS, C. B. Prescribing tillage for clays soils. 1982. **Trop. Agric.** v. 59, n. 2, 92-96.

KRANTZ, B. A., KAMPEN, J. & RUSSELL, M. B. Soil management differences of Alfisols and Vertisols in the semiarid tropics. In: DROSDOFF et al. (eds.). **Diversity of soils in the tropics.** S.ª Spec. Publ. n. 34, American Society of Agronomy, Madison, Wis. USA. p. 77-95.

LUTHIN, J. N. Water management on clay soils. **Trop. Agric.** (Trinidad), 1982, v. 59, n. 2: 103-109.

NAGHSHINEH-POUR, B., KUNZE, G. W. & CARSON, D. The effect of electrolyte composition on hydraulic conductivity of certain Texas soils. **Soil Science**. 1970, 110: 124-127.

TUONG, T. P., GABANGON, R. J. & WOPEREIS, M. C. S. Quantifying flow process during land soaking of cracked rice soils. **Soil Sci. Soc. Am. J.** 1996, (60): 872-879.

UNGER, P. W. Management of crops on clay soils in the tropics. **Trop. Agric.** (Trinidad), 1982, v. 59, n. 2: 110-122.

WARKENTIN, B. P. Clay soil structure related to soil management. **Trop. Agric.** (Trinidad), 1982, v. 59, n. 2: 82-91.

WHITELEY, G. M. & DEXTER, A. R. Behaviour of roots in cracks between soil peds. **Plant & Soil**, 1983 (74): 153-162.

5.21. Fragipã

Definição. É um horizonte mineral subsuperficial, usualmente de textura média ou arenosa, raramente de textura argilosa, baixo conteúdo de matéria orgânica e alta densidade aparente em relação aos horizontes sobrejacentes e aparentemente cimentado quando seco, tendo então consistência dura, muito dura ou extremamente dura. Geralmente está abaixo de um horizonte B espódico, B textural ou horizonte álbico.

Quando úmido, o fragipã sob pressão tem tendência a romper-se subitamente, em vez de sofrer deformação lenta. Quando imerso em água torna-se quebradiço, menos resistente, podendo desenvolver fraturas com ou sem desprendimento de pedaços, e se esboroa em curto espaço de tempo (mais ou menos duas horas). O fragipã, para ser diagnóstico, deve ocupar 50% ou mais do volume do horizonte.

Taxonomia. A presença de fragipã dentro da seção de controle de 100-120 cm é usada no SiBCS como atributo diagnóstico no quarto nível categórico (subgrupo) de várias classes de solos, como nos ESPODOSSOLOS HUMILÚVICOS Órticos fragipânicos, NEOSSOLOS REGOLÍTICOS Eutróficos lépticos fragipânicos (perfil AL-72, Embrapa, 1975), NEOSSOLOS QUARTZARÊNICOS Órticos fragipânicos (perfil BA-330, Embrapa, 1977-1979), ARGISSOLOS ACINZENTADOS Distróficos fragipânicos (perfil MA-85, Embrapa, 1986), entre outros.

Equivalência com outros sistemas de classificação. O conceito de fragipã empregado no SiBCS é similar ao do Soil Taxonomy (Estados Unidos, 1994) e ao da FAO (FAO, 1994). Na legenda da FAO, o fragipã é empregado como fase nos dois primeiros níveis categóricos, e como atributo diagnóstico para discriminar solos no terceiro nível, por exemplo, os Fragi-Ferric Luvisols. Tanto o Soil Taxonomy como a FAO não estipulam, como faz o SiBCS, que o fragipã, para ser diagnóstico, deva ocupar 50% ou mais do volume do horizonte.

Considerações gerais. O fragipã apresenta em geral densidade aparente elevada e baixa condutividade hidráulica, sendo resultante dessa condição a presença de mosqueado, como no perfil BA-330 (Embrapa, 1977-1979), o qual apresenta no horizonte C2x muito mosqueado proeminente.

Os fragipãs em geral possuem densidade aparente superior à dos horizontes suprajacentes. Contudo, Norton (1981), citado por Norfleet & Karathanasis (1996), assinala a presença de densidades iguais ou até mesmo inferiores. Tal fato, porém, não é comum. Segundo Grossman & Carlisle (1969), a maior parte dos fragipãs tem densidade aparente superior a 1,6 Mg m^{-3}. Dados semelhantes são apresentados por Jacomine (1974) para fragipãs encontrados em solos desenvolvidos em "tabuleiros costeiros".

Os fragipãs ocorrem em solos de texturas variadas, sendo, contudo, mais comuns nos de textura média, não tendo sido encontrados, segundo Grossman & Carlisle (1969), em solos com mais de 60% de argila. Jacomine (1974) assinala os materiais de textura arenosa ou média como os mais favoráveis ao desenvolvimento de fragipãs, acrescentando que estes também se formam em materiais argilosos, desde que, sobrejacentes a eles, existam materiais de textura leve.

A consistência dura a extremamente dura, quando secos, e a densidade elevada conferem aos fragipãs aspecto cimentado, porém, o esboroamento de fragmentos imersos em água em curto espaço de tempo e a tendência a romper-se subitamente, quando úmidos, em vez de deformar-se lentamente (quebradicidade), são os aspectos morfológicos normalmente usados no campo para identificar a presença de fragipãs. A distinção entre fragipã e duripã nem sempre é fácil, pois o primeiro, quando seco, apresenta consistência semelhante à do duripã. Nesse sentido, é freqüente a discordância no campo, entre pedólogos, na identificação de um e de outro; o teste de imersão em água é, nesses casos, decisivo.

Vários estudos já foram feitos para determinar os agentes causadores da coesão dos fragipãs. Entre outros, é citada a presença de minerais de argila como agentes "cimentantes" ou como "pontes" entre grãos de areia e silte e o empacotamento cerrado de areia e silte (Nikiforoff et al., 1948); a presença de certos compostos amorfos (Karathanasis, 1987) e sílica (Norton et al., 1984; Steinhardt et al., 1982) tem sido citada como agentes na manifestação da coesão dos fragipãs. Knox (1954), citado por Grossman & Carlisle (1969), em trabalho de revisão sobre fragipãs, concluiu que as forças de natureza química são mais importantes que as mecânicas na coesão dos fragipãs.

Grossman e Cline (1957) assinalam o valor médio de 17 kg/cm^2 e extremos de 4 a 25 kg/cm^2 para a resistência à ruptura, quando secos, de fragipãs de solos do Estado de Nova York. Por sua vez, Norfleet & Karathanasis (1996) encontraram valores de resistência superiores a 60 Mg m^{-2} para horizontes identificados como verdadeiros fragipãs, valores entre 40 e 60 Mg m^{-2} para horizontes frágicos e valores inferiores a 40 Mg m^{-2} para horizontes não-frágicos.

A condutividade hidráulica saturada é baixa. Os valores variam de 0,01 a 1 polegada/hora (Grossman & Carlisle, 1969). Dado semelhante, 0,09 cm/h, é assinalado por Jacomine (1974) para um ARGISSOLO fragipânico desenvolvido em tabuleiro costeiro do Nordeste brasileiro. Nesse mesmo solo, a condutividade hidráulica no horizonte A é de 12,7 cm/h (Figura 5.21.1.). Em conseqüência da baixa condutividade hidráulica, a água a baixas tensões acumula-se no topo do fragipã e move-se lateralmente. O coeficiente de aeração (CE = microporosidade %/macroporosidade %) é bastante elevado (0,72) em relação ao dos horizontes suprajacentes: 0,28 no horizonte superficial A1. Por outro lado, no ESPODOSSOLO o coeficiente de aeração passa de 0,33 no horizonte A para 0,93 no B22sx (Figura 5.21.2.). No Quadro 5.21.1. são apresentadas as classes de condição de aeração (Oliveira & Melo, 1970). Segundo os critérios desses autores, ambos os solos apresentam boa condição de aeração em superfície, porém essa condição é fraca no fragipã do ARGISSOLO e ruim no fragipã do ESPODOSSOLO.

Os fragipãs, no Brasil, são comuns em solos dos tabuleiros costeiros e nas regiões semi-áridas. Nos tabuleiros são bastante comuns em solos desenvolvidos em materiais da Formação Barreiras, especialmente nas áreas deprimidas (Silva e Coelho, citados por Boulet et al., 1998).

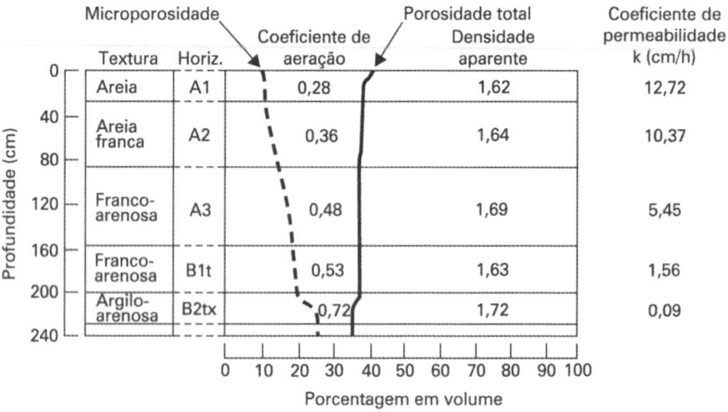

Figura 5.21.1. Diagrama volumétrico de ARGISSOLO (Adaptado de Jacomine, 1974).

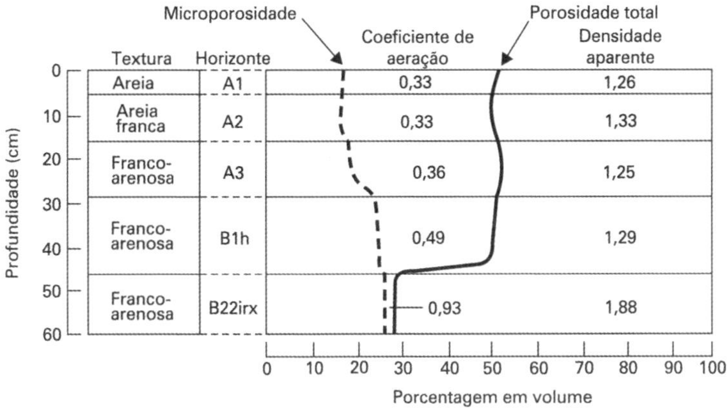

Figura 5.21.2. Diagrama volumétrico de ESPODOSSOLO (Adaptado de Jacomine, 1974).

Quadro 5.21.1. Classes de condição de aeração (Oliveira & Melo, 1970).

Condição de aeração	Coeficiente de aeração
Ruim	> 0,90
Fraca	0,90-0,70
Média	0,69-0,40
Boa	< 0,40

Importância agronômica e geotécnica. Devido à consistência dura ou muito dura, quando seco, e à elevada densidade do solo, o fragipã constitui limitação ao livre desenvolvimento das plantas.

A profundidade de ocorrência do fragipã determina sua importância para o crescimento das plantas. Para a maior parte delas, sua influência diminui quando ocorre abaixo de 50 cm. A profundidade do fragipã determina também o tipo de sistema de drenagem indicado. Se está pouco profundo, o sistema deve ser projetado para remover a água de superfície e, se está profundo, a drenagem através de valas ou outros sistemas deve ser indicada.

A Figura 5.21.3. assinala a marcante influência do fragipã no sistema radicular. Observa-se que a maior parte das raízes não pôde penetrar nesse horizonte, distribuindo-se horizontalmente acima dele.

Figura 5.21.3. Fragipãs são horizontes subsuperficiais, densos, pouco permeáveis, e sua presença pode constituir importante barreira ao aprofundamento do sistema radicular das plantas e ao movimento vertical de água (Olson, 1971).

Jacomine (1974) observou que as plantas com sistema radicular superficial, como a cana-de-açúcar, intensamente cultivada em solos dos tabuleiros costeiros com fragipã, não sofrem restrições em seu desenvolvimento, pois esse horizonte ocorre a profundidade superior a 53 cm. Em áreas mais deprimidas, contudo, onde há maior acúmulo de água, constatou zonas com excesso de água acima do fragipã durante o período mais intenso de chuvas. Nessas áreas, o autor alerta que as plantas podem ser prejudicadas por falta de oxigênio na zona de maior saturação de água. Quanto ao cultivo de plantas arbóreas cujas raízes de sustentação são profundas, Jacomine assinala apenas pequena restrição quando os fragipãs estão situados a uma profundidade em torno de 100 cm. À medida que eles ocorrem a menor profundidade, maiores são as restrições à penetração das raízes de sustentação. Estas, quando encontram o fragipã, em geral se desenvolvem horizontalmente. Raras são as que conseguem penetrar nesses horizontes através de pequenas fendas ou superfícies de fraqueza.

Jacomine (1997) acrescenta ainda que "como este horizonte ocorre em geral a profundidade de 80 cm ou mais não chega a constituir limitação muito séria às culturas. Na realidade, os solos dos tabuleiros funcionam como um reservatório de umidade, visto que têm permeabilidade mais lenta que os horizontes sobrejacentes, daí o sucesso da fruticultura nestes solos, difundida principalmente no Estado de Sergipe".

Além da profundidade de ocorrência do fragipã, deve ser considerada também sua espessura. Em solos com fragipã de pequena espessura e pouco profundos, a drenagem poderá ser factível. Esse trabalho deverá ser feito de preferência no fim da época chuvosa, quando a consistência do fragipã permite a penetração de ferramentas para a abertura de trincheira e valas. Na época seca, os fragipãs tornam-se extremamente duros, sendo muito difícil rompê-los. No Nordeste brasileiro, em áreas onde a estação seca dura quatro a cinco meses, a presença de fragipã nos solos é condição favorável às culturas de fumo, cará, mandioca aí cultivadas, tendo em vista que as plantas podem dispor por mais tempo da umidade do solo em face da maior acumulação de água acima do fragipã (Jacomine, 1974).

Fragipãs abaixo de estradas pode causar acumulação de água no subleito, provocando abaulamento sob repetida ação de esforços e relaxamento. Solos com fragipã oferecem sérias limitações à disposição de efluentes (Olson, 1971).

Bibliografia

BOULET, R., FRITSCH, E., FILIZOLA, H. F., ARAUJO FILHO, J. C., LEPRUN, J. C., BARRETO, F., BALAN, E. & TESSIER, D. Iron bands, fragipans and duripans in the northeastern plateaus of Brazil-properties and genesis. **Canadian Journal of Soil Science.** 78 (3): 519-530. 1998.

EMPRESA BRASILEIRA DE PESQUISA AGROPECUÁRIA. Centro de Pesquisas Pedológicas. **Levantamento exploratório – reconhecimento de solos do Estado de Alagoas.** Recife, 1975. 532p. (Embrapa-CPP. Boletim Técnico, 35; Sudene, Série Recursos de Solos, 5).

EMPRESA BRASILEIRA DE PESQUISA AGROPECUÁRIA. Serviço Nacional de Levantamento e Conservação do Solo, Rio de Janeiro, RJ. **Levantamento exploratório – reconhecimento de solos da margem direita do rio São Francisco, Estado da Bahia.** Recife, Convênios Embrapa/SNLCS-Sudene/DRN, MA/Usaid/ETA, 1977 e 1979. v. 1 e 2. 1.296p. (Boletim Técnico, 52).

EMPRESA BRASILEIRA DE PESQUISA AGROPECUÁRIA. Serviço Nacional de Levantamento e Conservação de Solos. **Levantamento exploratório – reconhecimento**

de solos do Estado do Maranhão. Rio de Janeiro. Embrapa/SNLCS/Sudene-DRN. 1986. 964p. (Embrapa-SNLCS. Boletim de Pesquisa 35. Brasil. Sudene/DRN. Série Recursos de Solos, 17).

ESTADOS UNIDOS. United States Department of Agriculture. Soil Conservation Service. **Keys to Soil Taxonomy.** 6th ed., 1994, 306p.

FAO, FAO/UNESCO. **Soil Map of the World. Revised Legend with corrections.** Rome, FAO, 1988 (World Resources Report, 60). Wageningen, ISRIC (Technical Paper, 20) 1994.

GROSSMAN, R. B. & CARLISLE, F. J. Fragipans soils of the Eastern United States. **Adv. Agron.** 21: 237-279, 1969.

GROSSMAN, R. B. & CLINE, M. G. Fragipan horizons in New York soils: II. Relationships between rigidity and particle size distribution. **Soil Sci. Soc. Am. Proc.** 21: 322-325, 1957.

JACOMINE, P. T. K. **Fragipãs em solos de tabuleiros. Características, gênese e implicações no uso agrícola.** Recife. Universidade Federal de Pernambuco, 1974. 112p. (Tese Livre Docência).

KARATHANASIS, A. D. Thermodinamic evaluation of amorphous aluminosilicate binding agents in fragipans of western Kentucky. **Soil Sci. Soc. Amer. J.** 1987, (51): 819-824.

NIKIFOROFF, C. C., HUMBERT, R. P. & CADY, J. G. The hardpan in certain soils of the Coastal Plain. **Soil Sci.**, 65: 135-153, 1948.

NORFLEET, M. L. & KARATHANASIS, A. D. Some physical and chemical factors contributing to fragipan strength in Kentucy soils. **Geoderma.** 1996, (71): 289-301.

NORTON, L. D., HALL, G. F., SMECK, N. E. & BIGHAM, J. M. Fragipan bonding in a late Wisconsin loess-derived soil in east central Ohio. **Soil Sci. Soc. Am. J.** 1984, 48: 1360-1366.

OLIVEIRA, J. B. & MELO, V. **Potencialidade agrícola dos solos da Unidade Utinga – Latossolo Vermelho-Amarelo Distrófico.** Recife, Sudene – Div. Documentação, 1970. 72p. Série: Bras. – Sudene. Edafologia, 2.

OLSON, G. W. **Using soil as ecological resources.** Cornell University. Biological Sciences. Agronomy Number 1. Information Bulletin 6. 1971, 14p.

STEINHARDT, G. C., FRANZMEIER, D. P. & NORTON, L. D. Silica associated with fragipan and non-fragipan horizons. **Soil Sci. Soc. Am. J.** 1982, 46: 656-657.

5.22. Duripã

<u>*Definição*</u>. O termo duripã [do latim *durus* (= duro) + *pan*] designa um horizonte mineral subsuperficial, com 10 cm ou mais de espessura,

que apresenta grau variável de cimentação por sílica, podendo ainda conter óxido de ferro e carbonato de cálcio. Como resultado, os duripãs variam de aparência, porém todos apresentam consistência, quando úmidos, muito firme ou extremamente firme, não se esboroando mesmo durante prolongado umedecimento, apesar de serem quebradiços. Os revestimentos de sílica, presentes em alguns poros e em algumas faces de unidades estruturais, são insolúveis em solução de HCl 1N, mesmo durante prolongado tempo de saturação, mas são solúveis em solução concentrada e aquecida de KOH ou em alternância ácido e álcali. O duripã, para ser diagnóstico, deve ocupar 50% ou mais do volume do horizonte.

Taxonomia. O duripã é empregado no SiBCS como diagnóstico no quarto nível categórico (subgrupo), como nos ESPODOSSOLOS HUMILÚVICOS Hidromórficos dúricos, PLANOSSOLOS NÁTRICOS Sálicos dúricos (perfil RJ-17, Embrapa, 1978), ARGISSOLOS ACINZENTADOS Distróficos dúricos.

Equivalência com outros sistemas de classificação. As definições de duripã do SiBCS são equivalentes às do Soil Taxonomy (Estados Unidos, 1994) e à legenda da FAO (FAO, 1994).

Considerações gerais. Os duripãs são formações do solo que apresentam grande resistência ao cisalhamento, devido à sua elevada consistência. Embora no estado seco possam ser confundidos com os fragipãs por poderem ter o mesmo grau de coesão, no estado úmido não se esboroam como eles, permanecendo ainda compactos e inquebráveis. Funcionam, portanto, como verdadeira barreira à penetração das raízes e ao fluxo descendente da água no solo, sendo nestes aspectos mais restritivos que os fragipãs.

A consistência dos duripãs é comumente devida à presença de sílica amorfa que recobre e liga os grãos de quartzo entre si (Chartres & Fitzgerald, 1990; Balbir-Singh & Gilkes, 1993, citados por Boulet et al., 1998).

Os duripãs, no Brasil, são bem menos comuns que os fragipãs.

Importância agronômica e geotécnica. Os duripãs apresentam séria limitação ao sistema radicular, pois impedem seu aprofundamento, assim como o fluxo vertical da água no interior do perfil (Figura 5.22.1.). É

Figura 5.22.1. A presença de duripã a pouca profundidade é sério fator limitante ao sistema radicular das plantas e ao fluxo vertical da água no interior do perfil (Estados Unidos, 1999).

determinante, contudo, a profundidade de sua ocorrência, pois, apesar de serem encontrados em geral nas camadas mais profundas, são tanto mais limitantes quanto menos profundos estão. A restrição ao enraizamento para duripã abaixo de 100 cm, contudo, é desprezível para culturas anuais, podendo ainda apresentar alguma limitação para essências florestais. Do ponto de vista hídrico, porém, duripãs situados a 100 cm ainda têm importante significado no fluxo interno da água, pois agem como camada restritiva a ele.

Em certos solos, como nos PLANOSSOLOS NÁTRICOS, nos quais o duripã ocorre abaixo do horizonte plânico com caráter sódico, ele não tem grande significado, pois o horizonte plânico com caráter sódico que geralmente o antecede é normalmente tão coeso e restritivo ao enraizamento das plantas que por si já constitui um fator limitante. É o caso do perfil RJ-17 (Embrapa, 1978).

Solos com duripã apresentam sérias limitações como área para colocação de efluentes e cemitérios.

Bibliografia

BOULET, R., FRITSCH, E., FILIZOLA, H. F., ARAUJO FILHO, J. C., LEPRUN, J. C., BARRETO, F., BALAN, E. & TESSIER, D. Iron bands, fragipans and duripans in the northeast plateaus of Brazil – properties and genesis. **Canadian Journal of Soil Science**, 78 (3): 519-530. 1998.

EMPRESA BRASILEIRA DE PESQUISA AGROPECUÁRIA. Serviço Nacional de Levantamento e Conservação do Solo, Rio de Janeiro, RJ. 1ª Reunião de Classificação, Correlação e Interpretação de Aptidão Agrícola de Solos. **Guia de excursão de estudos de solos no Estado do Rio de Janeiro**. Rio de Janeiro, 1978, 122p. (Mimeografado).

ESTADOS UNIDOS. United States Department of Agriculture. Soil Conservation Service. **Keys to Soil Taxonomy**. 6th ed., 1994, 306p.

ESTADOS UNIDOS. United States Department of Agriculture. Natural Resources Conservation Service. **Soil Taxonomy. A basic system of soil classification for making and interpreting soil surveys.** 2th ed.Washington, 1999. Agriculture Handbook Number 436. 869p.

FAO, FAO/UNESCO. **Soil Map of the World. Revised Legend with corrections.** Rome, FAO, 1988 (World Resources Report, 60). Wageningen, ISRIC (Technical Paper, 20) 1994.

6

INTERPRETAÇÃO DE MAPAS PEDOLÓGICOS PARA FINS NÃO-AGRÍCOLAS

6.1. Introdução

Inúmeros profissionais, além dos que trabalham em atividades agrossilvopastoris — engenharia civil, engenharia sanitária, engenharia ambiental, urbanismo, planejamentos regionais, entre outros —, necessitam de informações sobre o comportamento dos solos para os mais variados fins. Algumas propriedades ou comportamentos dos solos podem ser inferidos das informações contidas nos levantamentos pedológicos, como a permeabilidade, a espessura até a rocha coerente, a consistência dos materiais encontrados, a presença de materiais expansíveis ou de materiais corrosíveis para estruturas metálicas enterradas não protegidas, locais de ocorrência de materiais para construção, materiais para aterros (áreas de empréstimo), entre outros.

Os mapas de solos são documentos importantes para tais profissionais, especialmente no planejamento inicial de obras a serem executadas e na seleção preliminar de sítios onde estudos mais detalhados deverão ser realizados. Eles podem auxiliar os engenheiros a ter uma visão preliminar de possíveis problemas de engenharia que possam vir a encontrar na área onde o projeto será ou está sendo desenvolvido e mesmo a dimensionar seus projetos. A seleção de traçados de estradas e de oleodutos é um bom exemplo de como os mapas pedológicos podem ser úteis, pois, além de oferecerem informações sobre espessura do solo e tipo de substrato, informam também sobre atributos dos solos que poderão determinar deterioração mais precoce ou tardia dessas obras, como problemas de corrosão de estruturas metálicas (Figura 6.1.1.), aumento no custo de manutenção devido a abaulamento (Figura 6.1.2.) ou subsidência do subleito de estradas, ou ainda dificuldades de escavação devido à presença de substrato rochoso a pouca profundidade ou de matacões (Figura 4.2.1.b.) e pedras, onerando, conseqüentemente, o custo de instalação.

As informações contidas nos levantamentos de solos podem ser consideradas a primeira aproximação para a solução dos problemas relacionados ao uso da terra. Em projetos complexos, contudo, elas devem ser complementadas com investigações geológicas e de engenharia *in loco*, como medidas de flutuação do lençol freático, monitoramento da poluição e outros estudos geológicos e de engenharia para apreciar

Figura 6.1.1. Corrosão em duto enterrado (Estados Unidos, 1993).

Figura 6.1.2. Abaulamento em calçada devido à presença de solos com argilas expansíveis (Estados Unidos, 1993).

com maior exatidão e precisão todos os fatores do meio relacionados ao projeto em questão.

Os mapas pedológicos são também documentos muito úteis no planejamento inicial de cidades, ou em planos diretores, indicando locais mais apropriados para escavações, na seleção de áreas para estabelecimento de cinturão verde, cemitérios, aterros sanitários, entre outros usos, ou auxiliando na formulação de políticas de uso do solo.

Nos trabalhos de interpretação de mapas pedológicos, os solos que apresentam comportamento semelhante para determinado fim são agrupados em um mesmo delineamento denominado de agrupamento técnico ou unidade de manejo. Por exemplo, os Latossolos Vermelho-Amarelos textura média eutróficos e os Latossolos Vermelho-Escuros textura média distróficos, por terem comportamento muito semelhante, podem constituir uma única unidade de manejo, para cemitério, área de camping, aterro sanitário e outros usos.

Os trabalhos de interpretação de mapas pedológicos para fins não-agrícolas estabelecem, em geral, graus de limitação para vários de seus atributos, permitindo, assim, agrupar solos que apresentem qualidades e limitações semelhantes, diferenciando, dessa forma, desde os melhores solos (nenhuma limitação ou limitações ligeiras) até os piores (limitações severas). Essas avaliações são estabelecidas para indicar a magnitude das limitações envolvidas e enfatizar o(s) problema(s) a ser(em) superado(s). Indicam também custo relativo e exeqüibilidade do uso da terra para determinado fim. Os mapas, contudo, não resolvem todos os problemas relacionados com o uso dos solos e sua exatidão não é cem por cento em todas as áreas, por isso, devem ser sempre testados no campo. Quanto maior a escala, mais detalhado é o mapa e maior a possibilidade de seus delineamentos apresentarem maior exatidão e precisão. No Quadro 6.1.1. é mostrada a correspondência entre escala e área correspondente no terreno.

Neste Capítulo são apresentados quadros direcionados àqueles que fazem interpretação de mapas de solos para determinados usos não-agrícolas. Eles são úteis também para aqueles que desejam conhecer os critérios usados nessa avaliação de solos. A intenção desses quadros

Quadro 6.1.1. Correspondência entre escala do mapa e superfície.

Escala	Superfície correspondente a 1cm² no mapa	
	km²	ha
1:1.000.000	100	10.000
1: 500.000	25	2.500
1: 100.000	1	100
1: 50.000	0,25	25
1: 10.000	0,10	1
1: 5.000	0,025	0,25
1: 1.000	0,001	0,01

avaliatórios das qualidades e limitações dos solos é ajudar engenheiros, planificadores e outros profissionais a entender como as propriedades do solo poderão influenciar a planificação de obras de engenharia e a discriminar sítios segundo o grau de intensidade de suas limitações ou qualidades. Eles representam avaliações generalizadas que devem ser confirmadas por aqueles que têm familiaridade com os solos de uma região e pela experiência dos usuários. A avaliação é feita em termos de atributos restritivos, sendo assinalados apenas os mais restritivos, e corresponde ao solo em sua condição natural. Dada a falta de bibliografia nacional a respeito, os quadros inseridos neste capítulo foram em grande parte elaborados com base em referenciais norte-americanos (Estados Unidos, 1983; Olson, 1973, 1974, 1977), fazendo-se algumas adaptações para nossas condições.

Deve-se ter em mente que a maioria das limitações assinaladas pode ser modificada através de obras de engenharia ou de correções do solo (terraços nos declives acentuados, lavagem de sais nos solos salinos, eliminação das pedras em solos pedregosos, por exemplo), ajustando-se, portanto, à planificação do ambiente, lembrando-se, contudo, que tais práticas podem representar custos elevados. A decisão final quanto à seleção de um sítio para determinado uso é pessoal ou decorrente de avaliação multidisciplinar e em geral demanda a ponderação dos custos referentes à preparação do sítio para a instalação da obra e de sua manutenção.

Os quadros apresentam três graus de limitação:

- **Limitações ligeiras:** os solos apresentam propriedades favoráveis ao uso. O grau de limitação é pequeno e pode ser facilmente superado a custo muito baixo.
- **Limitações moderadas:** os solos apresentam propriedades moderadamente favoráveis ao uso. Suas limitações podem ser superadas ou modificadas mediante planejamento, novos projetos ou manutenção especial. Durante um período do ano, o desempenho do solo ao uso planejado pode ser menos eficiente que os de limitação ligeira. Alguns necessitam de drenagem artificial, controle da enxurrada para reduzir a erosão, escavação suplementar ou outras modificações do comportamento do solo.
- **Limitação severa:** os solos apresentam uma ou mais propriedades desfavoráveis ao uso, tais como declive excessivo, rocha a pouca profundidade, inundações freqüentes, elevado potencial de contração e expansão, lençol freático elevado durante grande parte do ano. Esse grau de limitação geralmente requer custo elevado para recuperação, projeto especial ou intensa manutenção.

6.2. Avaliação de locais para aterro sanitário

Aterro sanitário é um método de disposição de resíduos urbanos sólidos no solo em camadas sucessivas, em uma trincheira escavada (Figuras 6.2.1a. e 6.2.1b.). Os resíduos são espalhados, compactados e cobertos diariamente com uma fina camada (± 20 cm de terra). Quando o aterro está cheio, uma cobertura final de no mínimo 60 cm de espessura é colocada sobre ele. A terra utilizada diariamente e na cobertura final do aterro é em geral aquela proveniente de sua escavação. Para isso, é conveniente deixar estocado o material retirado da camada mais superficial (horizonte A) da área, por ser, em geral, o mais adequado para as plantas. Como as trincheiras para aterro sanitário são em geral profundas (> 5 m), além do mapa pedológico, devem ser levadas em consideração as qualidades do substrato rochoso, devendo ser investigada a natureza das estratificações, fraturamentos, porosidade da rocha e outros fatores que possam favorecer a contaminação dos aqüíferos pelo chorume.

Figura 6.2.1a. Aterro sanitário (Estados Unidos, s.d.).

Figura 6.2.1b. Aterro sanitário (Estados Unidos, s.d.).

Pontos críticos a serem considerados:

- A presença de rocha sã a pouca profundidade é sério fator limitante à escavação, especialmente quando se trata de rocha muito coerente (Figura 6.2.2.). Por outro lado, a presença de rocha muito fraturada (Figura 6.2.3.) aumenta a possibilidade de contaminação do aqüífero.

Figura 6.2.2. A presença de rocha sã a pouca profundidade é sério fator limitante à escavação e à penetração do sistema radicular (Estados Unidos, 1999).

Figura 6.2.3. A presença de rocha muito fraturada aumenta a possibilidade de contaminação do aqüífero (Olson, 1974).

- A pedregosidade/rochosidade acima de determinados limites dificulta a abertura da trincheira e, além disso, o material pode não ser adequado para a cobertura final, pois dificulta seu espalhamento (Figura 6.2.4.).

Figura 6.2.4. A rochosidade acima de determinados limites dificulta a abertura da trincheira para aterro sanitário. Valência, Espanha. Foto: J. B. de Oliveira.

- A facilidade com que a trincheira pode ser aberta e a qualidade do material de cobertura diária e final consideram, além da pedregosidade/rochosidade, a textura e a consistência do solo, pois essas características determinam o grau de facilidade com que ele pode ser trabalhado quando seco e molhado. Solos plásticos e pegajosos quando molhados (geralmente os de textura argilosa e com argila de atividade alta) oferecem dificuldade à escavação e a seu espalhamento.

- A trafegabilidade deve ser adequada o ano inteiro. Dessa forma, terrenos argilosos e com argila de atividade alta podem ser limitantes devido à baixa permeabilidade e elevada plasticidade.
- A declividade afeta o trabalho envolvido na construção e manutenção das estradas e no controle da enxurrada ao redor do aterro. Além disso, pode também dificultar a construção da trincheira, especialmente porque o assoalho dela deve ser plano e seguir as curvas de nível.
- A altura máxima do lençol freático deve estar suficientemente profunda para evitar contaminações.
- A cobertura final deve ser de material favorável ao crescimento de plantas cultivadas, não devendo, por isso, conter excesso de sais (solos com caráter salino ou sálico) ou de sódio (solos com caráter solódico ou sódico ou com horizonte plânico com caráter sódico) ou demasiadamente ácido (como o material proveniente de horizonte sulfúrico ou com material sulfídrico). Cobertura feita com material argiloso e com argila expansiva tende a formar fendas por onde escapa mau cheiro e facilita a entrada de roedores e insetos. O mesmo ocorre com material muito pedregoso.

No Quadro 6.2.1. são apresentadas as principais limitações para aterro sanitário (trincheira) e os solos mais comuns na limitação severa.

6.3. Avaliação de locais para recreação: acampamento e parquinho de diversões (playground)

Na avaliação das limitações para uso do solo para acampamento, piquenique, parquinho de diversões (playground), não é considerada a acessibilidade à área e o tamanho desta, sua localização e acesso à água. Solos sujeitos a inundações são limitados em variados graus para recreação, dependendo da duração e periodicidade delas.

Pontos críticos a serem considerados:

- Áreas usadas intensivamente com colocação de barracas, trailers e tráfego humano. Áreas para a colocação de barracas precisam ser niveladas. Há necessidade de instalações sanitárias (fossa séptica).

Quadro 6.2.1. Limitações para aterro sanitário e solos mais comuns na limitação severa.

Propriedade	**Limitação**			**Observações gerais. Solos mais comuns na limitação severa**
	Ligeira	**Moderada**	**Severa**	
Inundação	inexistente	raramente	comum	Solos situados em planícies aluviais sujeitas a inundações.
Profundidade até rocha			< 200 cm	Pequena espessura: ampla relação custo/benefício. Neossolos Litólicos, Neossolos Regolíticos lépticos, Chernossolos Rêndzicos, grandes grupos de solos lépticos.
Permeabilidade no assoalho da trincheira			> 5 cm $hora^{-1}$	Contaminação do lençol freático. Neossolos Quartzarênicos, Neossolos Regolíticos psamíticos.
Profundidade até lençol freático			< 300 cm	Contaminação do lençol freático, pequeno volume da trincheira.
Declividade (%)	< 8	8-15	> 15	Dificuldade de escavação e manutenção de estradas.
Rochosidade (% superfície coberta)	< 20 classes ligeira a moderadamente rochosas	20-40 classes moderadamente rochosas a rochosas	> 40 classes muito a extremamente rochosas	Dificulta escavação e tráfego de máquinas.
Presença Na^+. Cobertura final do aterro		caráter solódico	caráter sódico	Limita crescimento das plantas. Planossolos Nátricos, grandes grupos de solos sódicos e subgrupo de solos solódicos.
Salinidade. Cobertura final do aterro		caráter salino	caráter sálico	Limita o crescimento das plantas. Gleissolos sálicos. Grandes grupos de solos sálicos e subgrupos de solos sálicos e salinos. Nesses casos, em geral, material do horizonte A não apresenta limitação.
pH. Cobertura final do aterro			< 3,5	Limita o crescimento das plantas. Gleissolos tiomórficos, grande grupo de solos tiônicos.
Textura para cobertura final			argilosa, associada a argila de atividade alta	Coesão elevada. Dificuldade de espalhamento. Fraturamento: odores, insetos, roedores. Vertissolos, solos Ta de textura argilosa.
			arenosa	Erosão eólica. Neossolos Quartzarênicos, Neossolos regossólicos psamíticos.

Por isso, são importantes as propriedades do solo relacionadas com tráfego de veículos e permeabilidade.

- Para boa trafegabilidade, a área necessita ter boa drenagem interna. Solos de textura arenosa, apesar da boa drenagem interna, nos períodos secos podem apresentar problemas para tráfego de automóveis. Os de textura média são os ideais. Solos de textura argilosa, com argila de atividade alta, são em geral muito plásticos e pegajosos quando molhados, dificultando caminhar, além de apresentarem limitações com relação à permeabilidade interna. A presença de rocha, fragipã, duripã e horizonte litoplíntico a pouca profundidade dificulta a permeabilidade do terreno.
- Solos de textura limo apresentam sérias limitações, por produzirem poeira muito fina e de demorada deposição com a passagem de veículos em estradas internas ao camping ou próximas a ele.
- A rochosidade pode dar certa beleza ao visual da área, contudo, não deve ser elevada a ponto de limitar significativamente a área disponível para armar as barracas e para estacionamento de carros e trailers. A pedregosidade, quando representada por calhaus de até 5 cm de diâmetro, pode melhorar as condições de trafegabilidade, porém é limitante nas áreas com barracas. Tanto a rochosidade como a pedregosidade e a declividade limitam as práticas de jogos (Figuras 6.3.1a. e 6.31b.).
- Solos rasos e com presença de duripã, horizonte concrecionário ou horizonte litoplíntico a pouca profundidade dificultam o enraizamento das plantas, sobretudo de árvores, necessárias para embelezamento e sombreamento da área, e também limitam a profundidade de fossas sépticas. Deve ser considerada a espessura do duripã, do horizonte concrecionário e do horizonte litoplíntico.
- Solos sujeitos a inundações apresentam, obviamente, sérias limitações.
- Solos com significativa presença de sais, elevada acidez e porcentagem de saturação com sódio apresentam restrições para o desenvolvimento de árvores e grama.

a b

Figura 6.3.1. A rochosidade (6.3.1a) e a pedregosidade (6.3.1b) limitam a prática de jogos em áreas destinadas a recreação. Galícia, Espanha. Foto: J. B. de Oliveira (6.3.1a). Piracicaba, SP. Foto: J. B. de Oliveira (6.3.1b.).

No Quadro 6.3.1. são apresentadas as principais limitações para recreação: acampamento e parquinho de diversões (playground), e os solos mais comuns na limitação severa.

6.4. Avaliação de áreas para lagoa de decantação

Lagoas de decantação são tanques rasos construídos para armazenar esgoto enquanto se processa a decomposição aeróbica do líquido e de sólidos. Elas têm um fundo plano e são cercadas por diques (Figura 6.4.1.). A profundidade do líquido deve ser de no mínimo 60 cm e não deve ultrapassar 160 cm, a fim de permitir condições de boa aerobiose. O fundo da lagoa de decantação e os diques devem ser relativamente impermeáveis para minimizar, respectivamente, a contaminação do lençol freático e vazamentos. Material adequado e em quantidade suficiente deve

Quadro 6.3.1. Limitações para recreação e solos mais comuns na limitação severa.

Propriedade	**Limitação**			**Observações gerais. Solos mais comuns na limitação severa**
	Ligeira	**Moderada**	**Severa**	
Inundação	inexistente a ocasional	freqüente	muito freqüente	Limita tempo de área própria para uso. Solos situados em planícies aluviais.
Profundidade até contato lítico, duripã, horizonte petroplíntico ou horizonte litoplíntico (cm)	> 100	50-100	< 50	Interfere na drenagem do solo. Para fossa séptica, espessura mínima de 300 cm. Pequena espessura: amplia relação custo/benefício. Neossolos Litólicos, Neossolos Regolíticos (parte), Chernossolos Rêndzicos, grandes grupos de solos lépticos.
Declividade (%)	< 8	8-15	> 15	Limita áreas para jogos. Locais das barracas: < 2%.
Permeabilidade 100 cm superficiais (cm h^{-1})	> 1,5	1,5-0,15	< 0,15	Contaminação do lençol freático. Neossolos Quartzarênicos, Neossolos Regolíticos psamíticos.
Profundidade até lençol freático (cm)	> 100 solos textura arenosa > 150 solos textura argilosa	50-100	< 50 < 70	Contaminação do lençol freático, pequeno volume de trincheira. Para fossa séptica: mínimo de 5 m. Gleissolos, Planossolos Hidromórficos, Vertissolos Hidromórficos, subgrupo de solos gleicos.
Rochosidade (% superfície coberta)	< 25	25-50 classe rochosa	> 50 classe muito a extremamente rochosa	
Pedregosidade (% superfície coberta)	< 15	15-50 classe pedregosa	> 50 classe muito a extremamente pedregosa	Comuns áreas de Luvissolos Crômicos.
Presença de Na^+		caráter solódico	caráter sódico	Limita crescimento das plantas: gramados, sombreamento. Planossolos Nátricos, grandes grupos de solos sódicos e subgrupo de solos solódicos.
Salinidade		caráter salino	caráter sálico	Limita crescimento das plantas: gramados, sombreamento. Gleissolos sálicos, grandes grupos de solos sálicos e subgrupos de solos sálicos e salinos.
Textura		média (silte > 50%) argilosa (silte > 35%)	siltosa (silte > 65%) argilosa Ta	Poeira na passagem de veículos. Muito plástico e pegajoso, limita tráfego no período chuvoso. Dificulta drenagem do solo. Vertissolos. Chernossolos.

Figura 6.4.1. Lagoa de decantação (Olson, 1974).

estar disponível para a construção dos diques de contenção, de forma que, uma vez a lagoa em uso, não ocorra vazamento lateral.

Pontos críticos a serem considerados:

- A permeabilidade é uma propriedade crítica na avaliação de locais para lagoas de decantação. Solos porosos com o passar do tempo podem formar uma película impermeável no fundo da lagoa, porém, até que isso aconteça, há possibilidade de contaminação do lençol freático ou de poços. Dessa forma, solos muito arenosos, como os NEOSSOLOS QUARTZARÊNICOS e os NEOSSOLOS REGOLÍTICOS de textura areia ou areia franca, apresentam severas limitações, a menos que o lençol freático se encontre relativamente profundo (> 3 m). Quando a água para o suprimento doméstico e de animais vem de poços situados a pouca profundidade, a camada impermeável abaixo do assoalho da bacia deve ter pelo menos 120 cm de espessura.
- Como o líquido da lagoa deve ter espessura entre 60 e 160 cm e o assoalho deve ser plano, declividades superiores a 7% começam a ser críticas especialmente se a lagoa é muito extensa, devido ao

custo de retirada do material, o qual fica cada vez mais onerado quanto maior é o declive e mais extensa a lagoa.

- A espessura do solo até a rocha deve ser suficiente para permitir construir a lagoa sem necessidade de escavar a rocha.
- A presença de matacões e calhaus dificulta o aplainamento e a compactação do fundo do tanque, e a de rochas fraturadas a pouca profundidade pode ser uma importante limitação, por favorecer a contaminação do lençol freático (Figura 6.3.1.).
- Áreas sujeitas a inundação periódicas e avantajadas são inadequadas, pois as águas podem ultrapassar os diques e carregar poluentes antes que suficiente decomposição tenha ocorrido. Se a inundação não ultrapassa os diques, a limitação inexiste.
- A única água a entrar na lagoa deve ser a da precipitação atmosférica, de forma que o lençol freático nunca deve estar tão elevado que possa vir a contribuir para a água da lagoa.
- Solos com muita matéria orgânica (ORGANOSSOLOS) são inadequados, pois ela favorece ambiente redutor e o crescimento de plantas aquáticas, as quais são prejudiciais ao funcionamento adequado da lagoa.
- Tradagem até a rocha é interessante para determinar a profundidade de sua ocorrência e estimar o risco de possíveis contaminações.

No Quadro 6.4.1. são apresentadas as principais limitações para lagoa de decantação e os solos mais comuns na limitação severa.

6.5. Corrosividade do solo

A corrosão de dutos, cabos e outras estruturas de aço não revestidos nos solos é resultado de complexos processos físico-bioquímicos (Figura 6.1.1.). Para sua efetivação é necessário, contudo, que haja suficiente umidade e sais na solução do solo. A quantidade de água no solo, o teor de sais, a atividade do íon hidrogênio, a concentração de oxigênio (aeração) e a atividade de organismos capazes de causar reações de oxirredução são fatores considerados na avaliação do potencial corrosivo de um solo. Então, a estimativa da corrosividade para aquelas estruturas é geralmente

Quadro 6.4.1. Limitações para lagoa de decantação e solos mais comuns na limitação severa.

Propriedade	**Limitação**			**Observações gerais**
	Ligeira	**Moderada**	**Severa**	
Inundação	inexistente a ocasional	freqüente	comum	Pode ultrapassar diques das lagoas, causando espalhamento do material retido. Planícies aluviais.
Profundidade até rocha ou lençol freático (cm)	> 150	150-100	< 100	Diminuição do volume do material contido. Contaminação do lençol freático. Neossolos Litólicos, Neossolos Regolíticos lépticos. Chernossolos Rêndzicos, grandes grupos de solos lépticos. Gleissolos.
Declividade (%)	< 2	2-7	> 7	Aumenta custo de escavação.
Permeabilidade (cm h^{-1}) do assoalho da lagoa	< 1,5	1,5-5,0	> 5,0	Contaminação do lençol freático. Neossolos Quartzarênicos, Neossolos Regolíticos psamíticos.
Pedregosidade (> 25 cm) (% por volume)	< 20	20-50	> 50	Dificuldade de escavação e aplainamento do assoalho.

baseada nos seguintes fatores: 1) resistividade, 2) acidez total, 3) drenagem interna, 4) textura (Olson, 1973).

Serra (1982), comentando trabalho apresentado por Romanoff (1957) sobre a corrosividade relativa das propriedades físico-químicas de solos, assinala que os solos com baixa aeração são em geral os mais agressivos. Acrescenta ainda que nos solos aerados, embora a taxa de corrosão por "pites" seja inicialmente elevada, ela cai rapidamente com o tempo, devido à abundância de oxigênio, o que permite a formação e a precipitação de produtos de corrosão junto ao metal. Nos solos não-aerados, os produtos de corrosão permanecem no estado não-oxidado, tendendo a difundir através do solo, sem formar películas protetoras, não se observando, nesse caso, diminuição da taxa de corrosão por "pite". A Figura 6.5.1. apresenta a variação da taxa de corrosão do aço em solos com diferentes taxas de aeração.

No Quadro 6.5.1. são apresentadas as classes de corrosividade do solo para estruturas metálicas não revestidas e enterradas segundo o

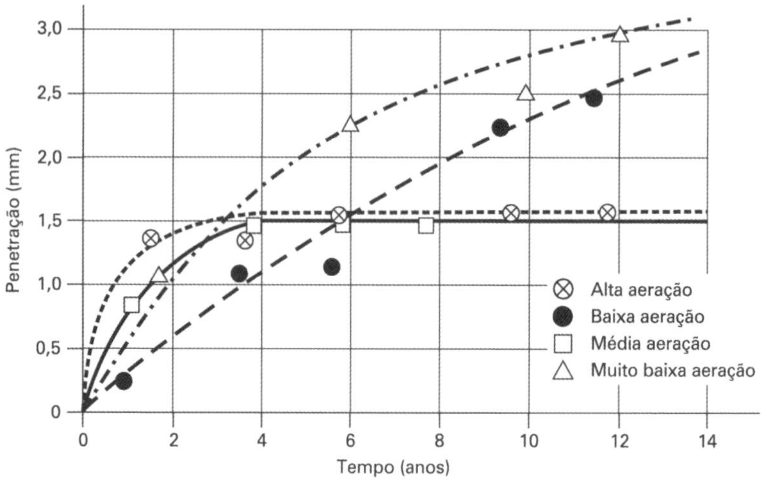

Figura 6.5.1. Efeito do grau de aeração do solo na profundidade de "pite" no aço (Serra, 1982).

Quadro 6.5.1. Classes de corrosividade do solo para estruturas de aço não revestido segundo o Serviço de Conservação de Solos (SCS) americano (citado por Olson, 1973, e Kendrew, 1978).

Resistividade (ohm cm^{-1})		Condutividade elétrica do extrato de saturação (dS m^{-1})		Classificação da corrosividade
SCS	Kendrew	SCS	Kendrew	
< 1.000	0-500	> 1	> 2	Muito alta
1.000-2.000	500-1.000	0,4- 1,0	1,0-2,0	Alta
2.000-5.000	1.000-5.000	0,2-0,4	0,2-1,0	Moderada
5.000-10.000		0,1-0,2		Baixa
> 10.000		< 0,1		Muito baixa

Serviço de Conservação de Solos americano (Olson, 1973, e Kendrew, 1978), com base na condutividade (resistividade) dos solos. Observa-se, por esses valores, que os solos com caráter salino (dS m^{-1} entre 4 e 7) já se enquadram na classe de corrosividade elevada. Os valores de condutividade elétrica em solos com caráter sálico encontrados no Brasil podem se elevar a mais de 200 dS m^{-1}.

Levando em conta a classe de drenagem, a acidez total e a condutividade elétrica, o Serviço de Conservação de Solos americano (Estados Unidos, 1983) estabeleceu três classes de risco estimativo do potencial de corrosão para estruturas de aço não protegidas, descritas a seguir:

- **Baixo risco de corrosividade**: solos arenosos excessivamente drenados ou até imperfeitamente drenados, porém com textura grosseira na seção de controle. Acidez total < 8 $cmol_c$ kg^{-1}, condutividade do extrato de saturação < 0,3 dS m^{-1}.
- **Moderado risco de corrosividade**: solos bem drenados, moderadamente drenados, de textura média ou argilosa; solos imperfeitamente drenados, de textura grosseira na seção de controle; solos muito mal drenados, com lençol freático estável. Acidez total: 8 a 12 $cmol_c$ kg^{-1}; condutividade do extrato de saturação: 0,3 a 0,8 dS m^{-1}.
- **Elevado risco de corrosividade**: solos bem drenados, textura argilosa ou estratificados, até solos mal drenados, com lençol freático flutuante. Acidez total > 12 $cmol_c$ kg^{-1}; condutividade do extrato de saturação > 0,8 dS m^{-1}.

No Quadro 6.5.2. é apresentada a relação entre a acidez total e a porcentagem de reparos em tubulações em solos com variados graus de acidez total. Observa-se a significativa diferença entre a porcentagem de reparos no solo com menor acidez total — 6,3 $cmol_c$ kg^{-1} — e com maior acidez — 30,8 $cmol_c$ kg^{-1}. No Brasil, acidez total elevada é comum no horizonte superficial de solos que apresentam horizonte hístico, horizonte A húmico, e em menor proporção naqueles com horizonte A proeminente, os quais são encontrados entre os Organossolos, Gleissolos Melânicos, Cambissolos Húmicos, entre outros.

Quadro 6.5.2. Relação entre a acidez total dos solos e índice de reparos nas tubulações (Denilson & Ewing, 1935, citados por Serra, 1982).

Solo	Acidez total $cmol_c$ kg^{-1}	Reparos nas tubulações %
Wansean	7,5	6,3
Caneadia	12,7	13,3
Miami	16,8	22,8
Crosby	22,0	30,8

Estruturas metálicas enterradas também podem estar sujeitas à corrosão, pela formação de "pilha de longo alcance". A formação dessa pilha se dá em estruturas de grande extensão enterradas em solos. Elas se formam pelo contato da estrutura com solos de diferentes concentrações de oxigênio, ou de diferentes concentrações de sais, ou de condições superficiais diferentes na estrutura metálica (Serra, 1982). Solos como os Planossolos Nátricos Sálicos e os Gleissolos Sálicos, por exemplo, podem apresentar significativas diferenças em teor de salinidade entre horizontes.

Bibliografia

ESTADOS UNIDOS. **Municipal refuse disposal.** Institute for Solid Wastes of American Public Works Association. Bureau of Solid Waste Management. U.S. Department of Health, Education and Welfare. Public Administration Service. Illinois. 128p. s.d.

ESTADOS UNIDOS. United States Department of Agriculture. Soil Conservation Service. National Soils Handbook. 1983. Part 603: **Application of soil information**. p. 603: 37-603: 131. (Mimeografado).

ESTADOS UNIDOS. United States Department of Agriculture. Soil Survey Division Staff. Soil Survey Manual. Washington, 1993. 437p.

ESTADOS UNIDOS. United States Department of Agriculture. Natural Resources Conservation Service. Soil Taxonomy. A basic system of soil classification for making and interpreting soil surveys. 2nd ed. Washington, 1999. **Agriculture Handbook Number** 436. 869p.

KENDREW, T. J. **Design system to reduce corrosion.** Electrical World. 1978. p. 57-58.

OLSON, G. W. **Soil survey interpretation for engineering purposes.** FAO. 1973. (FAO, Soils Bulletin, 19). 23p.

OLSON, G. W. Using soils of Kansas for waste disposal. **A first approximation for solution to the problems and guide to further interdisciplinary efforts.** University of Kansas Publication. 1974. Bulletin 208. 51p.

OLSON, G. W. Significance of soil characteristics to wastes on land. In: LOEHR, R. C. (ed.). **Land as a waste management alternative.** Ann Arbor Science, Michigan, 1977. p. 79-105.

SERRA, E. T. **Corrosão pelo solo: agentes, avaliação e soluções.** Eletricidade Moderna, 1982: 28-36.

7

CLASSES DE SOLOS DO BRASIL E SUAS PRINCIPAIS IMPLICAÇÕES AGRÍCOLAS E NÃO-AGRÍCOLAS

Neste capítulo são abordadas as ordens do Sistema Brasileiro de Classificação de Solos, sendo feita a correspondência entre os atributos e horizontes de diagnóstico vistos em capítulos anteriores e as classes em vários níveis categóricos. Os conceitos apresentados para cada classe são os do Sistema Brasileiro de Classificação de Solos (Embrapa, 2006).

A grafia dos termos referentes às classes de solos segue as recomendações do SiBCS: letras maiúsculas representam, respectivamente, o primeiro e o segundo níveis categóricos, isto é, ordem e subordem; a primeira letra maiúscula representa o grande grupo e a primeira letra minúscula, o subgrupo.

Por exemplo: ARGISSOLO (ordem) AMARELO (subordem) Distrófico (grande grupo) arênico (subgrupo).

7.1. Argissolos

A classe dos ARGISSOLOS compreende solos que têm como característica principal a presença de horizonte B textural (veja 5.13.) imediatamente abaixo do horizonte A ou E. Além disso, esse horizonte apresenta argila de atividade baixa ou com atividade igual ou superior a 20 $cmol_c$/kg de argila conjugada (nesse caso, com valores de alumínio extraível iguais ou superiores a 4 $cmol_c$/kg de solo) e ainda saturação por alumínio igual ou superior a 50% e/ou saturação por bases inferior a 50% na maior parte do horizonte B. Apresentam ainda os seguintes requisitos: horizonte plíntico, se presente no *sequum*, não está acima nem é coincidente com a parte superior do B textural, ou se o horizonte glei está presente no *sequum*, não está acima nem é coincidente com a parte superior do horizonte B textural.

Os Argissolos compreendem, depois dos Latossolos, a ordem mais extensa de solos brasileiros, sendo, por isso, de especial importância em nosso país. Eles abrangem uma gama enorme de solos, desde eutróficos, distróficos e álicos até alumínicos, rasos a muito profundos, abruptos ou não, com cascalho, cascalhentos ou não, com fragipã e até com caráter solódico, o que torna difícil uma apreciação generalizada para os solos dessa ordem como um todo.

Como atributo comum, ressalta a presença do horizonte B textural, o qual tem por característica apresentar significativo aumento de argila em relação aos horizontes suprajacentes E ou A, caso não haja horizonte E. Essa relação, à medida que atinge valores mais elevados, indica solos cada vez mais erosionáveis, mantidas as mesmas condições de cobertura vegetal e declividade. São particularmente suscetíveis à erosão os argissolos com presença de mudança textural abrupta (veja 3.16.), os quais, no nível de subordem, são identificados pelo termo "abrúptico", como os ARGISSOLOS VERMELHOS Distróficos abrúpticos e os ARGISSOLOS VERMELHO-AMARELOS Distróficos abrúpticos, entre outros.

Os ARGISSOLOS identificados no nível de subgrupo como planossólicos, por exemplo, os ARGISSOLOS AMARELOS planossólicos, os ARGISSOLOS VERMELHO-AMARELOS planossólicos, entre outros, apresentam também mudança textural abrupta, e os identificados como arênicos ou espessoarênicos em geral também apresentam esse atributo ou textura contrastante entre o horizonte A e/ou E e o horizonte Bt. Todos esses solos têm comportamento semelhante ao dos ARGISSOLOS abrúpticos quanto à erodibilidade. É importante, contudo, ressaltar que o horizonte Bt pode se encontrar a variadas profundidades, o que implica que entre solos de uma mesma subordem e em mesmas condições de relevo e uso pode haver comportamentos variados, dependendo da espessura do(s) horizonte(s) suprajacente(s) ao horizonte Bt. Os termos "arênico" e "espessoarênico", também empregados no nível de subgrupo, indicam que o horizonte Bt está imediatamente subjacente a horizonte(s) de textura arenosa e iniciando entre 50 e 100 cm, no caso dos arênicos, e abaixo de 100 cm de profundidade a partir da superfície do terreno, no caso dos espessoarênicos. São exemplos de tais solos os ARGISSOLOS VERMELHOS arênicos e os ARGISSOLOS VERMELHO-AMARELOS espessarênicos, entre outros. Há casos de ARGISSOLOS VERMELHO-AMARELOS espessarênicos com horizontes A + E apresentando em conjunto mais de 200 cm de espessura. Ora, tais solos, especialmente para culturas anuais ou de sistema radicular menos profundo, se comportam, do ponto de vista físico, como se fossem NEOSSOLOS QUARTZARÊNICOS (*Areias Quartzosas*). Em geral, a presença do caráter arênico e espessoarênico é mais comum entre os ARGISSOLOS VERMELHO-AMARELOS do que nas outras subordens dos ARGISSOLOS, sendo o caráter arênico, nos solos de todas as subordens, mais comum que o espessarênico.

A presença do caráter planossólico, da mudança textural abrupta ou de textura contrastante, além dos problemas relacionados com a erosão, tem também implicações com a reserva de água e a fisiologia das plantas. Devido ao fato de a condutividade hidráulica saturada ser normalmente menor no horizonte B textural do que nos horizontes superiores, de textura mais grosseira, nos períodos chuvosos é comum um encharcamento temporário do topo do horizonte B e base do horizonte suprajacente, o qual, se persiste por período relativamente prolongado, pode imprimir condições temporárias de redução, o que, dependendo da planta, pode ser prejudicial, inclusive pela maior facilidade de propagação de doenças transmissíveis em tais ambientes, como a gomose. Em geral, os ARGISSOLOS dos subgrupos epiáquico e planossólico apresentam essa condição mais acentuada do que os do subgrupo abrúptico e, em todos os casos, ela será mais limitante à medida que o horizonte B textural se encontrar a profundidade menor que 80-100 cm. Em zonas de veranico, porém, tal condição pode ser vantajosa.

É muito comum os Argissolos apresentarem horizonte A de textura areia ou média, o que facilita o preparo do solo para o plantio. Contudo, nos de textura argilosa em superfície e especialmente nos de argila de atividade alta, que constituem parte dos ARGISSOLOS BRUNO-ACINZENTADOS, a maior consistência (maior adesão, coesão, plasticidade e pegajosidade) se reflete em maior dificuldade no preparo do terreno para o plantio, especialmente para os agricultures que só dispõem de tração animal, pois tais solos requerem normalmente maior força de tração, além do que, por aderirem facilmente ao arado, demandam o interrompimento periódico da aração para retirada do material nele aderido, onerando essa prática.

O problema da toxicidade com alumínio é comum nos ARGISSOLOS Distróficos, porém, é nos alumínicos, e em especial nos ARGISSOLOS BRUNO-ACINZENTADOS Alíticos, devido a seu maior poder tampão e teores absolutos mais elevados de alumínio, que tal restrição é mais acentuada. O custo da aplicação de corretivos em tais solos é em geral maior que em outros Argissolos. É importante ainda considerar que esses solos, por serem muito pobres em nutrientes, requerem aplicação de doses relativamente elevadas de fertilizantes. O cultivo de fruteiras de clima subtropical, já que tais solos ocorrem principalmente nas regiões serranas do Sul do Brasil, e o reflorestamento são recomendáveis.

A presença de Na^+ em níveis considerados indesejáveis para a maioria das plantas não é condição das mais comuns entre os Argissolos. A presença de Na^+ é assinalada, no nível de subgrupo, pelo termo "solódico" (veja 3.10.), por exemplo, os ARGISSOLOS AMARELOS Eutróficos solódicos, entre outros. A presença do Na^+ é tanto mais limitante quanto mais elevado é seu teor e mais próximo da zona de enraizamento se encontra. Não há, contudo, entre os Argissolos, registro de caráter sódico (saturação por sódio > 15%).

Em regiões montanhosas é comum a presença de Argissolos com cascalho ou cascalhentos, chegando tais fragmentos, em alguns casos, a corresponder a mais de 50% do volume dos horizontes onde ocorrem, interferindo, portanto, no volume de nutrientes e de água presentes por unidade de volume e também no preparo do terreno para o plantio quando em superfície ou próximo a ela. É ainda comum entre esses solos a presença de matacões. Quando a quantidade de matacões é tal que se configura a classe de rochosidade moderadamente rochosa (veja Quadro 4.2.3. e Figura 6.3.1a.), o uso de máquinas motorizadas já se torna proibitivo, não obstante ainda possam ser usados implementos à tração animal. A presença de Argissolos com grande quantidade de matacões é mais comum em zonas serranas com relevo forte ondulado ou montanhoso. Esses fatores tornam esses terrenos inadequados ao uso agrícola, e mesmo para uso silvipastoril as limitações são fortes. Essas condições limitam também esses terrenos para áreas de recreação, além de torná-los inadequados para aterros sanitários, lagoas de decantação e cemitérios.

É também nas regiões de relevo acidentado onde ocorrem com mais freqüência os ARGISSOLOS lépticos e os ARGISSOLOS saprolíticos. O relevo acidentado, acrescido de pequena profundidade efetiva nos lépticos, constitui um fator limitante muito sério. Os saprolíticos apresentam o saprólito (veja 3.20.) a pouca profundidade, porém, esse material, em geral, está bastante alterado, a ponto de não impedir o aprofundamento do sistema radicular das plantas. Essas condições dificultam ou tornam inadequados tais solos para uso agrícola e para aterros sanitários, lagoas de decantação e cemitérios.

A presença do fragipã (veja 5.21.) é fator limitante ao enraizamento das culturas, mas ele ocorre geralmente abaixo da zona de enraizamento mais intenso da maioria das plantas cultivadas, o que reduz a limitação imposta por esse horizonte. Solos como os ARGISSOLOS AMARELOS Distrocoesos fragipânicos, entre outros, apresentam essa limitação.

Apesar de não ser uma constante, é comum os ARGISSOLOS VERMELHOS, especialmente os de textura argilosa, por serem originários de rochas básicas ou ricas em minerais ferromagnesianos, apresentarem teores em micronutrientes superiores aos Argissolos de outras colorações.

7.2. Cambissolos

Esta classe compreende solos constituídos por material mineral, com horizonte B incipiente (veja 5.9.) subjacente a qualquer tipo de horizonte superficial, desde que não satisfaçam os requisitos estabelecidos para serem enquadrados nas classes dos CHERNOSSOLOS, PLINTOSSOLOS ou GLEISSOLOS. O conceito central é o de solos em estágio intermediário de intemperismo, isto é, que não sofreram alterações físicas e químicas muito avançadas. É também uma característica desses solos a pequena diferença no teor de argila ao longo do perfil, exceção feita aos Cambissolos desenvolvidos de sedimentos aluviais (CAMBISSOLOS FLÚVICOS), os quais podem apresentar distribuição de argila bastante irregular ao longo do perfil (veja 3.18.).

A concepção central é, portanto, a de solos que em geral não são muito profundos, que apresentam teores relativamente elevados de minerais primários facilmente intemperizáveis (veja 3.14.), atividade da fração argila de média a alta (veja 3.2.) e *solum* com discreta variação de textura. Há, contudo, inúmeros casos de Cambissolos que fogem a esse padrão. Os CAMBISSOLOS latossólicos, por exemplo, são solos morfologicamente bastante assemelhados aos Latossolos, podendo apresentar ainda baixa capacidade de troca de cátions, ou virtual ausência de minerais primários facilmente intemperizáveis, ou pequena relação silte/argila.

Os Cambissolos, diferentemente da maioria dos Argissolos, não apresentam acréscimo importante de argila no horizonte B, fato que os torna, em igualdade de condições de relevo e uso, menos suscetíveis à erosão. O caráter abrúptico, planossólico e epiáquico, tão comum entre os Argissolos, é incompatível com o conceito de Cambissolo.

Os Cambissolos ocorrem indiscriminadamente em todas as classes de relevo, desde os planos até os montanhosos. Nos Cambissolos situados em planícies aluviais, é comum a presença de horizonte glei (veja 5.15.), como nos CAMBISSOLOS HÁPLICOS Alíticos gleissólicos, porém, sempre a profundidades superiores a 50 cm, ou de mosqueamento indicando a presença de condições redutoras durante certo período do ano. As limitações desses CAMBISSOLOS gleissólicos serão tanto mais pronunciadas quanto mais elevadas no perfil se manifestarem tais condições.

Nas planícies aluviais são encontrados também CAMBISSOLOS Sálicos ou CAMBISSOLOS salinos e CAMBISSOLOS Sódicos ou CAMBISSOLOS solódicos, e até CAMBISSOLOS que são ao mesmo tempo sódicos e salinos e até vertissólicos. Os CAMBISSOLOS Sódicos apresentam problemas devidos à presença de teores significativamente elevados de sódio no complexo de troca, e os CAMBISSOLOS salinos, à de teores de sais em níveis prejudiciais às culturas não adaptadas. Tanto uns como outros são assim identificados por apresentarem tais condições dentro de 120 cm a partir da superfície do solo. Depreende-se, portanto, que os solos dessas classes apresentarão limitações tanto mais sérias quanto mais próximos da rizosfera estiverem tais atributos. É importante considerar que, em igualdade de profundidade no solo, o caráter sálico é mais limitante que o salino (veja 3.9.), e o caráter sódico, mais que o solódico (veja 3.10.). A drenagem é uma prática imprescindível nesses solos para a eliminação do sódio e dos sais, daí ser importante a presença de condições favoráveis a tal prática. É de se esperar maior dificuldade de drenagem nos CAMBISSOLOS Sódicos vertissólicos do que nos outros CAMBISSOLOS Sódicos, porém sem horizonte vértico, pois este geralmente apresenta, quando saturado, baixíssima condutividade hidráulica (veja 5.20.).

Os Cambissolos situados em planícies aluviais estão sujeitos a inundações. Inundações freqüentes e de média a longa duração constituem fator limitante ao pleno uso agrícola desses solos e séria limitação a sua utilização como aterro sanitário, lagoa de decantação, cemitério, área para camping e recreação.

Nas regiões mais secas é muito comum a presença de CAMBISSOLOS Carbonáticos, muitos deles situados em relevo quase plano, por exemplo, os da região de Irecê, na Bahia. Tais solos possuem elevado potencial nutricional, apresentando como problema maior a falta de água, acrescida, nos lépticos, de pequena profundidade efetiva. Os valores elevados de pH que alguns desses solos apresentam podem se refletir em indisponibilidade de alguns micronutrientes, notadamente zinco, ferro, cobre e manganês (veja 5.14. e Figura 5.14.3.).

Nos CAMBISSOLOS saprolíticos, o saprólito ocorre a profundidade inferior a 100 cm (veja Figura 3.20.1.). Por se tratar de rocha parcialmente alterada, é comum a ocorrência de significativos teores de minerais facilmente intemperizáveis, os quais disponibilizam nutrientes para as plantas, notadamente K^+ (veja 3.14.). O saprólito, apesar de ocorrer relativamente a pouca profundidade, em geral não chega a constituir impedimento ao enraizamento das plantas, dada a sua consistência relativamente branda.

Os CAMBISSOLOS classificados nos subgrupos líticos e lépticos apresentam contato lítico (veja 3.11.), respectivamente, dentro de 50 e entre 50 e 100 cm de profundidade. O contato lítico indica presença de material subjacente, com consistência de tal ordem que impede o aprofundamento do sistema radicular. Dessa forma, solos como os CAMBISSOLOS HÁPLICOS Eutróficos líticos e os CAMBISSOLOS HÁPLICOS Distróficos lépticos apresentam profundidade efetiva (veja 4.4.) limitada, respectivamente, a 50 cm ou menos nos líticos, e entre 50 e 100 cm nos lépticos, o que lhes confere significativas limitações, especialmente para culturas de sistema radicular pivotante e profundo e para uso como aterro sanitário, lagoa de decantação e cemitério.

O subgrupo identificado como petroplíntico, como os CAMBISSOLOS HÁPLICOS Tb Distróficos petroplínticos, pode apresentar importante limitação ao aprofundamento do sistema radicular e também com relação ao volume de água e nutrientes retidos, especialmente quando o horizonte concrecionário (veja 5.18.) se encontra a menos de 70 cm de profundidade, ou seja, na zona em geral mais explorada pela rizosfera.

Nas regiões serranas do Brasil meridional, é comum a presença de CAMBISSOLOS com caráter alumínico (veja 3.4.). São solos muito pobres, além de apresentarem elevados teores de alumínio extraível, o que lhes confere séria limitação ao aproveitamento agrícola. O poder tampão, em geral elevado, determina a necessidade de altas doses de corretivos. Essa limitação é agravada pelo fato de os teores de alumínio serem altos e até mais elevados nos horizontes subsuperficiais. Os teores geralmente elevados de matéria orgânica em superfície nesses Cambissolos conferem ao horizonte superficial boas condições físicas, mesmo quando de textura argilosa e com argila de atividade alta, sendo fácil o preparo para o plantio. As condições climáticas — baixa temperatura média anual, aliada a limitações químicas — diminuem bastante as opções de uso de tais solos. A fruticultura de clima temperado, as pastagens e o reflorestamento com *pinus* são seus principais usos.

Na Figura 7.2.1. é mostrado mapa esquemático das principais ocorrências de Cambissolos no Brasil.

7.3. Chernossolos

São solos constituídos por material mineral que tem como características determinantes: alta saturação por bases, argila de atividade alta e horizonte A chernozêmico sobrejacente a um horizonte B textural (veja 5.13.), B incipiente (veja 5.9.) ou horizonte C cálcico ou carbonático (veja 3.5. e 5.14.).

Os Chernossolos são por definição solos com elevado potencial agrícola, pois são muito ricos quimicamente, e a presença do horizonte A chernozêmico (veja 5.2.), rico em matéria orgânica, lhes confere horizonte superficial bem aerado e estruturado. As principais limitações desses solos

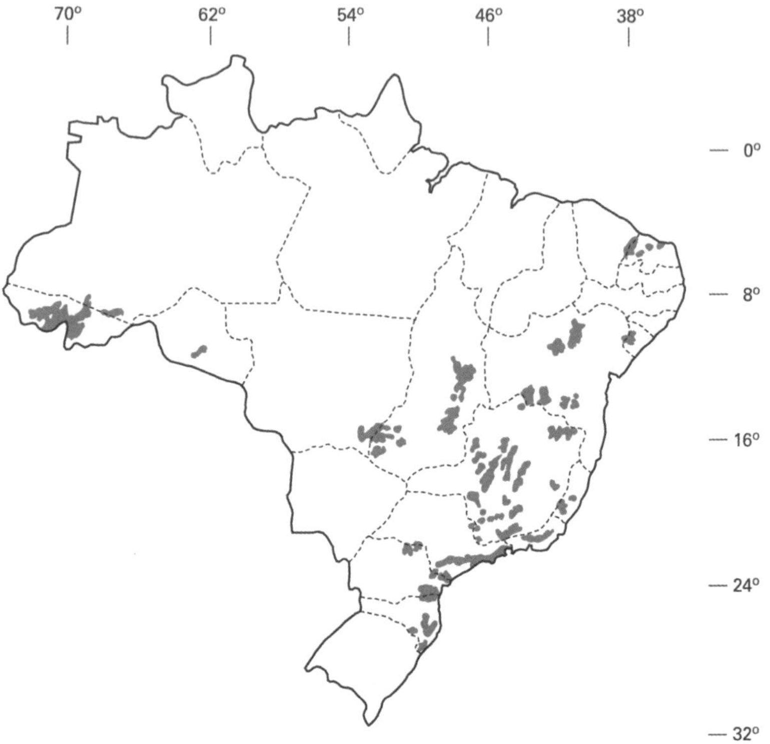

Figura 7.2.1. Mapa esquemático mostrando a distribuição dos CAMBISSOLOS no Brasil (Embrapa, 1981, citado por Resende et al., 1988).

são de ordem física e, naqueles situados em clima mais seco, a falta de água. É comum a presença de teores significativos de minerais primários facilmente intemperizáveis (veja 3.14.), o que lhes confere importante reserva em macronutrientes, especialmente K^+. É muito comum a presença de elevados teores de Ca^{2+}, podendo ocorrer desbalanceamento Ca^{2+}/Mg^{2+}. Chernossolos com caráter solódico (veja 3.10.), como os CHERNOSSOLOS ARGILÚVICOS Órticos solódicos, dependendo da profundidade e do nível de concentração de Na^+, apresentam limitações às plantas menos adaptadas a essa condição.

A elevada plasticidade e pegajosidade do horizonte superficial, quando de textura argilosa, determina elevada plasticidade e pegajosidade quando molhado, dificultando a trafegabilidade e o preparo do terreno para o plantio. Isso é particularmente importante quando é usada a tração animal.

A presença de mudança textural abrupta (veja 3.16.) em Chernossolos, por exemplo, nos CHERNOSSOLOS ARGILÚVICOS Órticos abrúpticos, lhes confere elevada erodibilidade, especialmente naqueles situados em terrenos declivosos. Contudo, esse atributo não é muito comum nos Chernossolos.

Alguns Chernossolos, como os CHERNOSSOLOS RÊNDZICOS Líticos, apresentam reduzida profundidade efetiva, visto que o contato lítico (veja 3.11.) ocorre a menos de 50 cm de profundidade. Os solos dos subgrupos identificados como lépticos, como os CHERNOSSOLOS ARGILÚVICOS Órticos lépticos, entre outros, também apresentam limitação ao aprofundamento do sistema radicular, se bem que em menor grau que os anteriores, visto que, nesses solos, o contato lítico se encontra a maior profundidade: entre 50 e 100 cm. Os Chernossolos identificados no grande grupo dos saprolíticos, como os CHERNOSSOLOS ARGILÚVICOS Órticos saprolíticos, apresentam *solum* relativamente pouco espesso. Contudo, o saprólito é em geral de consistência relativamente branda, não oferecendo resistência mecânica ao aprofundamento do sistema radicular. Esse conjunto de solos apresenta limitações sérias, sendo alguns deles impróprios para uso não-agrícola, como aterros sanitários, lagoas de decantação e cemitérios.

É comum, nas regiões mais secas, a presença de Chernossolos com teores relativamente elevados de carbonato de cálcio (veja 3.5. e 5.14.) e com caráter vértico (veja 5.20.) e até de solos que apresentam ambos os atributos. Nos primeiros, o pH pode ser de tal ordem elevado que pode provocar indisponibilidade de micronutrientes, especialmente de ferro, zinco, manganês e cobalto (Figura 5.14.3.). Os Chernossolos com caráter vértico em geral apresentam baixa condutividade hidráulica saturada no horizonte vértico (veja 5.20.) ou nos horizontes com caráter vértico. Alguns podem apresentar ambos os atributos, como os CHERNOSSOLOS ARGILÚVICOS Carbonáticos vertissólicos. Quando situados em região seca, condição predominante para esse conjunto de Chernossolos, requerem irrigação para a produção de plantas não adaptadas a essa condição, sendo que alguns apresentam, em adição, baixas temperaturas médias no inverno, como os situados na Campanha Rio-grandense.

Na Figura 7.3.1. é mostrado mapa esquemático da distribuição dos Chernossolos no Brasil. Observa-se que as maiores ocorrências estão nos Estados do Rio Grande do Sul e da Bahia, e em menor importância no Ceará, no Espírito Santo e ainda no Pantanal. Os Chernossolos ocorrem, contudo, em muitas outras regiões do Brasil, em áreas menos expressivas e em geral relacionados com a presença de rochas básicas ou calcários.

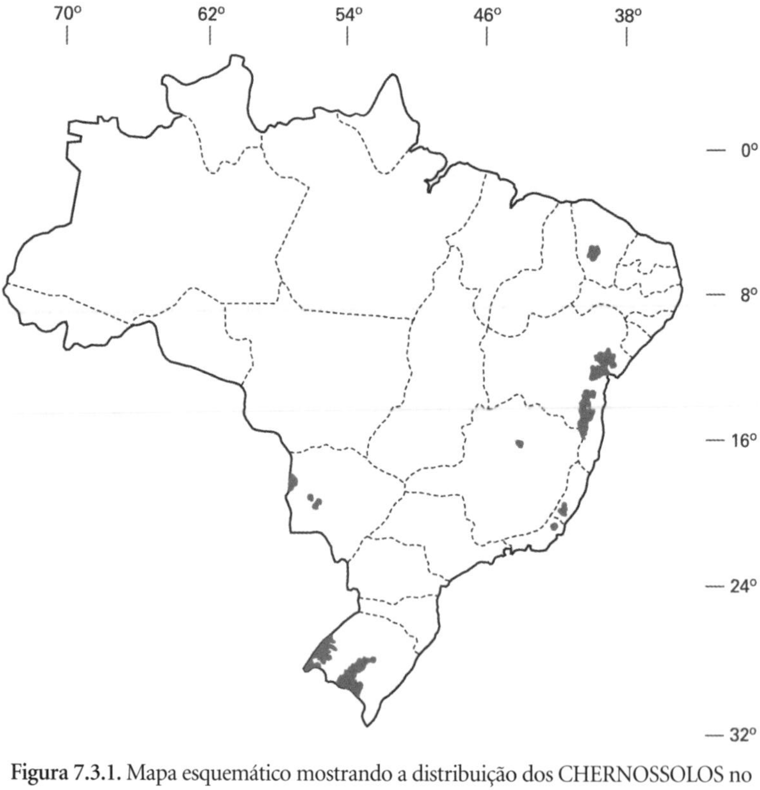

Figura 7.3.1. Mapa esquemático mostrando a distribuição dos CHERNOSSOLOS no Brasil (Embrapa, 1981, citado por Resende et al., 1988).

7.4. Espodossolos

Compreendem solos constituídos por material mineral com horizonte B espódico (veja 5.8.) subjacente a horizonte E álbico (veja 5.16.) ou a horizonte A, que pode ser de qualquer tipo, ou ainda subjacente a horizonte hístico (veja 5.7.) com menos de 40 cm de espessura, dentro de 200 cm da superfície do solo, ou de 400 cm, se a soma dos horizontes A + E ou dos horizontes hístico + E ultrapassar 200 cm de espessura.

No Brasil, os Espodossolos, em sua grande maioria, possuem textura arenosa ao longo do perfil, sendo pouco freqüentes os que apresentam horizonte B de textura média e raros os de textura argilosa. A condição de textura arenosa determina elevada permeabilidade, ressecamento rápido, elevada taxa de decomposição da matéria orgânica e virtual ausência de reservas em nutrientes, posto que a fração grosseira é constituída, com raras exceções, por quartzo.

Alguns Espodossolos apresentam mudança textural abrupta. Este atributo pode influir significativamente na disponibilidade hídrica de tais solos, visto que a presença de horizonte de textura bem mais fina (maior percentagem de argila), além de reter maior quantidade de água, determina, em geral, menor permeabilidade interna, diminuindo, portanto, a quantidade de água que percola em profundidade. Esse fato é ainda mais significativo ao se considerar a pequena capacidade de retenção de água do(s) horizonte(s) de textura arenosa suprajacente(s) ao horizonte B espódico.

Nos Espodosossolos identificados no grande grupo dos Hiperespessos, como os ESPODOSSOLOS FERRIHUMILÚVICOS Hiperespessos, o horizonte B pode se encontrar a vários metros de profundidade. Tais solos se assemelham, do ponto de vista do comportamento físico, aos NEOSSOLOS QUARTZARÊNICOS (*Areias Quartzosas*), pois os horizontes A e E acumulam vários metros de profundidade e são, como esses, de textura arenosa.

Espodossolos identificados como dúricos, como os ESPODOSSOLOS HUMILÚVICOS Órticos dúricos, apresentam sérias restrições ao aprofundamento do sistema radicular quando a camada endurecida, "ortstein" (veja 5.8.), se encontra na zona de maior enraizamento. Essa condição, contudo, não é muito freqüente no Brasil, posto que o "ortstein" se encontra, na maioria das vezes, a profundidades superiores a 100 cm.

Os Espodossolos, com raríssimas exceções, são solos ácidos e muito pobres em nutrientes para as plantas. A pobreza em micronutrientes é também acentuada. Nos de textura arenosa, e que são a grande maioria, a capacidade de retenção de cátions está restrita praticamente à matéria orgânica, um pouco mais elevada na camada superficial. Os ESPODOSSOLOS HUMILÚVICOS Hidromórficos organossólicos, devido ao fato de seu horizonte superficial ser mais provido em matéria orgânica (veja 5.7.), apresentam capacidade de retenção de cátions mais elevada. Esses Espodossolos arenosos, além da baixa fertilidade, possuem baixa capacidade de fixação de fósforo e de nutrientes, acentuada lixiviação dos nitratos e virtual ausência de minerais primários facilmente alteráveis (veja 3.14.). Os Espodossolos situados em regiões altimontanas apresentam condições pedoambientais favoráveis ao acúmulo de matéria orgânica (Dias et al., 2003), determinando elevado poder tampão no horizonte superficial.

Apesar de suas limitações químicas, algumas áreas de Espodossolos nos tabuleiros costeiros nordestinos são utilizadas com cana-de-açúcar mediante intenso uso de insumos e alcançando apenas níveis médios a baixos de produtividade. Nas baixadas litorâneas da região nordestina, é importante a exploração extrativista do cajueiro e coco-da-baía, nativos dessas áreas.

As maiores áreas de ocorrência dos Espodossolos estão no extremo norte do Brasil (noroeste da Amazônia e centro-sul de Roraima). Ao longo das baixadas litorâneas, especialmente a partir de Pernambuco, indo em direção ao sul, encontram-se muitas ocorrências de Espodossolos, especialmente em Alagoas, Sergipe, Bahia, Espírito Santo e Rio Grande do Sul (Figura 7.4.1.).

7.5. Gleissolos

A ordem dos GLEISSOLOS compreende solos hidromórficos constituídos por material mineral e que apresentam horizonte glei (veja 5.15.) iniciando-se dentro dos primeiros 150 cm da superfície,

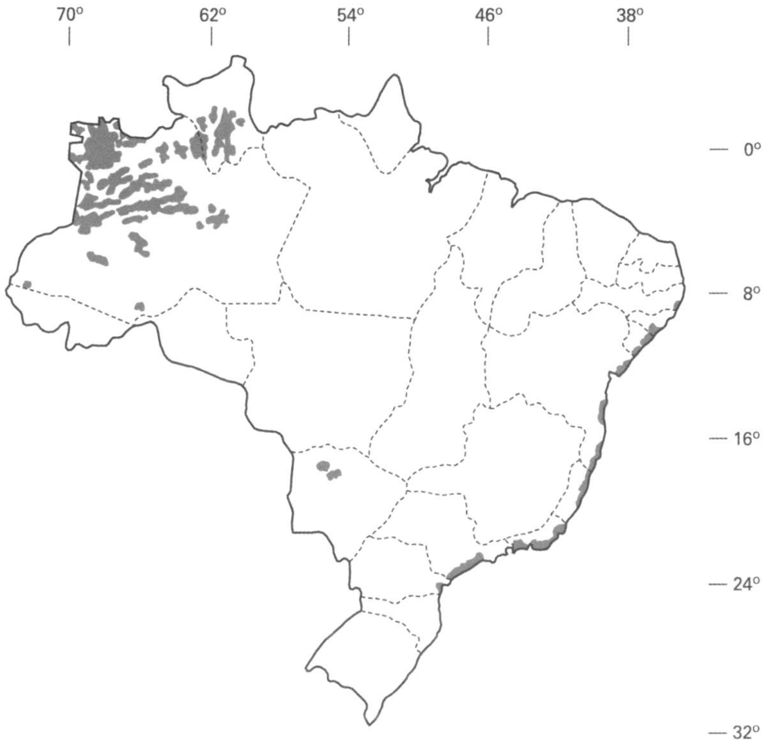

Figura 7.4.1. Mapa esquemático mostrando a distribuição dos ESPODOSSOLOS no Brasil (Embrapa, 1981, citado por Resende et al., 1988).

imediatamente abaixo de horizonte A ou E, ou de horizonte hístico com espessura insuficiente para definir a classe dos ORGANOSSOLOS, não apresentando horizonte vértico ou horizonte B textural com mudança textural abrupta acima ou coincidente com horizonte glei, tampouco qualquer outro tipo de horizonte B diagnóstico acima do horizonte glei, ou textura exclusivamente areia ou areia franca em todos os horizontes até a profundidade de 150 cm a partir da superfície do solo ou até um contato lítico. Horizonte plíntico, se presente, deve estar a profundidade superior a 200 cm da superfície do solo. A grande maioria desses solos encontra-se em planícies aluviais que apresentam excesso de água durante grande parte do ano. A condição de drenagem interna má a muito má é, portanto, geral para todos os solos dessa classe. A grande maioria dos Gleissolos apresenta lençol freático elevado (< 50 cm da superfície do terreno) durante grande parte do ano, produzindo forte limitação de uso (Figura 5.15.1.). A classe dos GLEISSOLOS admite a presença de horizonte glei um pouco mais profundo, quando os horizontes A ou E são espessos. O *front* de ascensão capilar, mais eficiente em solos de textura argilosa, é particularmente importante nesses casos.

As variações de atributos químicos, físicos e mineralógicos são muito acentuadas nesses solos. A capacidade de troca de cátions e a saturação por bases variam desde muito baixas até muito elevadas, podendo ocorrer ainda o caráter alumínico (veja 3.4.) eutrófico ou distrófico (veja 3.19.), fato que lhes confere grande heterogeneidade do ponto de vista químico.

Os teores totais e relativos de alumínio são bastante elevados nos GLEISSOLOS HÁPLICOS Alíticos e nos GLEISSOLOS MELÂNICOS Alíticos, requerendo elevadas doses de corretivos para neutralizar os problemas de toxicidade pelo alumínio. Como são também solos muito pobres em nutrientes, requerem substancial adição de fertilizantes para produzirem adequadamente

Os GLEISSOLOS TIOMÓRFICOS apresentam, em condições naturais, lençol freático sempre elevado, o que constitui séria limitação ao uso agrícola e não-agrícola. Tais solos, quando drenados, formam, em período de tempo bastante curto, horizonte sulfúrico (veja 5.19.), o qual limita também seriamente seu aproveitamento, além de apresentar corrosividade elevada para estruturas metálicas não protegidas neles enterradas. Esses solos em geral apresentam ainda, como agravante, elevados teores de sais e de sódio, como os GLEISSOLOS TIOMÓRFICOS Húmicos sálicos solódicos. Materiais sulfídricos (veja 3.15.) ou horizonte sulfúrico estão presentes também nos subgrupos identificados com o termo "tiônico", por exemplo, os GLEISSOLOS HÁPLICOS Ta Eutróficos tiônicos. Nesses solos, as limitações pela presença desses condicionantes são menos acentuadas do que as impostas nos GLEISSOLOS TIOMÓRFICOS, posto que o material sulfídrico ou o horizonte sulfúrico ocorrem, nesses casos, a maiores profundidades.

A presença de teores elevados de sais é característica diagnóstica dos GLEISSOLOS SÁLICOS, fato que lhes imprime sérias limitações de uso agrícola (veja 3.9.). Nos GLEISSOLOS SÁLICOS Órticos vertissólicos, a presença de argilas expansivas deve dificultar a necessária lavagem e eliminação por drenagem profunda dos sais em excesso, posto que a condutividade hidráulica saturada do horizonte vértico (veja 5.20.) ou do horizonte com características vérticas é baixa. Tanto a presença de sais como a má drenagem são fatores que facilitam a corrosão de estruturas metálicas enterradas e não protegidas.

Gleissolos identificados no nível de subgrupo como argissólicos ou luvissólicos, como os GLEISSOLOS HÁPLICOS Tb Eutróficos argissólicos e os GLEISSOLOS HÁPLICOS Ta Eutróficos luvissólicos, quando com textura contrastante (veja 4.2.), apresentam significativa redução da permeabilidade no horizonte Bt, comportando-se, com relação a esse aspecto, de maneira semelhante aos Planossolos.

O subgrupo de solos lépticos, isto é, aqueles que apresentam contato lítico (veja 3.11.) entre 50 e 100 cm de profundidade, por exemplo, os GLEISSOLOS MELÂNICOS Eutróficos vertissólicos lépticos, apresenta impedimento físico ao aprofundamento do sistema radicular, o qual é tanto mais limitante quanto mais superficial está. Tais solos, contudo, não são comuns entre os Gleissolos.

Os GLEISSOLOS Carbonáticos são solos com elevado potencial agrícola, podendo apresentar, contudo, além da restrição geral dos gleissolos relacionada à drenagem má ou muito má, problemas ligados à disponibilidade de certos micronutrientes, notadamente zinco, cobre, ferro e manganês, devido ao elevado pH (veja 5.14. e Figura 5.14.3.).

Os Gleissolos, de maneira geral, pela presença do lençol freático próximo ou muito próximo à superfície do terreno, pela situação em planícies aluviais sujeitas a inundações, não são adequados para uso como cemitérios, aterros sanitários, lagoas de decantação, áreas para acampamento e recreação.

7.6. Latossolos

Esta classe compreende solos constituídos por material mineral, com horizonte B latossólico (veja 5.10.) imediatamente abaixo de qualquer um dos tipos de horizonte diagnóstico superficial. Os solos dessa ordem ocupam mais de 50% do território brasileiro, constituindo, portanto, nesse aspecto, a ordem mais importante do país (Figura 7.6.1.).

São solos que apresentam avançado estágio de intemperismo e, conseqüentemente, material coloidal com baixa capacidade de troca de cátions e baixos teores ou virtual ausência de minerais primários facilmente alteráveis (veja 3.14.). Sua reserva em nutrientes é, portanto, muito reduzida, fato que não impede que sejam solos bastante produtivos quando bem manejados.

Figura 7.6.1. Mapa esquemático mostrando a distribuição dos LATOSSOLOS no Brasil (Embrapa, 1981, citado por Resende et al., 1988).

Do ponto de vista da fertilidade, os Latossolos variam desde os eutróficos (veja 3.19.) até os alumínicos (veja 3.4.), estes últimos relativamente pouco comuns, sendo os LATOSSOLOS BRUNOS Alumínicos os mais freqüentes entre eles. Como esses solos em geral apresentam horizonte superficial rico em matéria orgânica, portanto, com poder tampão relativamente elevado, requerem quantidades expressivas de corretivos para neutralizar sua acidez. Os Latossolos eutróficos são mais comuns nas regiões de clima mais seco ou em solos derivados de rochas básicas, como os basaltos e diabásios. Os LATOSSOLOS VERMELHOS Eutroférricos (*Latossolos Roxos Eutróficos*) estão entre os solos brasileiros com maior produtividade e ocupação agrícola.

Os Latossolos com caráter ácrico (veja 3.3.), como os LATOSSOLOS VERMELHOS Acriférricos, os LATOSSOLOS AMARELOS ácricos, entre outros, têm teores de bases trocáveis muito baixos, mas são virtualmente desprovidos de alumínio e podem apresentar capacidade de troca de ânions superior à de cátions. Tais solos são improdutivos em níveis de manejo baixo, porém, em nível de manejo alto, mostram elevada produtividade (Figura 3.3.3.), sendo intensamente utilizados com culturas anuais (Figura 3.3.4.).

Os Latossolos com elevados teores de ferro, como os LATOSSOLOS VERMELHOS Perférricos e os LATOSSOLOS VERMELHOS Distroférricos, e em especial os de textura argilosa ou muito argilosa, apresentam significativa capacidade de adsorção de fósforo.

A grande maioria dos Latossolos situa-se em relevo aplainado a suave ondulado. As ocorrências em relevo montanhoso são bem menos freqüentes. São solos de fácil preparo para o plantio, mesmo os argilosos, em decorrência de sua adequada consistência. As condições de relevo e a baixa erodibilidade dificultam os processos erosivos, especialmente nos solos que apresentam horizonte superficial de textura franco-argilosa ou mais fina. São, por isso, solos bastante utilizados para culturas extensivas.

A permeabilidade dos Latossolos é em geral muito boa (Figura 3.16.4.), com exceção dos LATOSSOLOS AMARELOS Coesos, os quais apresentam significativa redução da condutividade hidráulica saturada no topo do horizonte Bw (Quadro 4.1.3.). A capacidade de retenção de água dos Latossolos, contudo, varia bastante em decorrência da textura, que pode ser a franco-arenosa até a muito argilosa. Latossolos com textura franco-arenosa ou franca, mas com teor de argila inferior a 20%, são bastante erosionáveis, apresentando, em igualdade de condições de declive e de uso, menor resistência à erosão do que os Latossolos de texturas mais finas (Figura 7.6.2.). Os LATOSSOLOS psamíticos (% argila < 15%) são muito frágeis quanto à erodibilidade e têm comportamento hídrico semelhante ao dos NEOSSOLOS QUARTZARÊNICOS (*Areias Quartzosas*) de textura areia franca, isto é, pequena capacidade de retenção de água, além de serem muito permeáveis.

Os Latossolos com grande quantidade de petroplintita, como os LATOSSOLOS AMARELOS Ácricos petroplínticos, podem oferecer sérias restrições ao volume de água e de nutrientes disponíveis para as plantas. Alguns desses solos chegam a ter horizontes com mais de 60% de seu volume ocupado por esse material virtualmente inerte. Essas limitações são tanto mais importantes quanto maior a quantidade de partículas grosseiras e mais superficiais se encontram (veja Quadros 4.2.8.

Figura 7.6.2. Latossolos com textura franco-argilosa, mas com teor de argila inferior a 20%, são bastante erosionáveis, apresentando, em igualdade de condições de declive e de uso, menor resistência à erosão do que os de texturas mais finas. LATOSSOLO VERMELHO-AMARELO textura média. MT. Foto: J. B. de Oliveira.

e 4.2.9.). A presença de horizonte litoplíntico, por sua vez, determina séria limitação ao aprofundamento do sistema radicular, pois constitui horizonte intransponível ao sistema radicular das plantas. Tal horizonte, contudo, em geral se encontra a mais de 100 cm de profundidade (Figura 5.18.2.).

A baixa atividade da fração argila qualifica os Latossolos, especialmente os de textura argilosa, como excelentes para piso de estrada. Apesar de sua relativa baixa capacidade adsortiva, por serem em geral profundos, possuem espessa zona de aeração, o que os qualifica como adequados para aterro sanitário, depósito de efluentes, lagoa de decantação, cemitério. Há que se considerar, contudo, que alguns LATOSSOLOS de textura franco-arenosa em superfície, mas com baixo teor de argila (< 15%), podem apresentar excessiva permeabilidade, sendo por isso considerados com menor aptidão para esses usos do que outros LATOSSOLOS de textura mais fina.

A boa condutividade hidráulica do horizonte B latossólico e a ausência de camadas sobrejacentes menos permeáveis (com exceção dos Latossolos coesos) permitem boas condições de trafegabilidade em espaço de tempo relativamente curto após período chuvoso, fato desejável em áreas para camping.

7.7. Luvissolos

Esta classe compreende solos com B textural (veja 5.13.), exclusivamente eutróficos, com alta saturação por bases (veja. 3.19.) e argila de atividade alta (veja 3.2.).

São solos muito ricos quimicamente, apresentando elevado potencial nutricional.

Os Luvissolos apresentam significativos teores em minerais primários facilmente intemperizáveis e, conseqüentemente, elevada reserva em nutrientes, especialmente K^+. Em geral, os LUVISSOLOS CRÔMICOS, talvez devido ao clima mais seco, possuem teores desses minerais bem mais elevados do que os verificados nos LUVISSOLOS HÁPLICOS.

Os LUVISSOLOS CRÔMICOS Órticos solódicos apresentam significativos teores de Na^+ (veja 3.10.) trocável dentro de 100 cm de profundidade, e os LUVISSOLOS CRÔMICOS Órticos salinos, significativos teores de sais (veja 3.9.), o que pode determinar importante limitação às plantas, especialmente quando ocorrem a pouca profundidade. Alguns Luvissolos, identificados como LUVISSOLOS CRÔMICOS Órticos solódicos salinos, podem apresentar as duas condições, o que lhes confere ainda maior limitação. A "lavagem" e conseqüente drenagem desses solos é indispensável para eliminar os sais e o Na^+, sendo imprescindível, portanto, que permitam adequada drenagem profunda. A presença do horizonte vértico nos LUVISSOLOS CRÔMICOS Órticos vertissólicos solódicos deve funcionar como fator restritivo a essa prática, devido a sua baixa permeabilidade (veja 5.20.).

Os LUVISSOLOS CRÔMICOS Carbonáticos apresentam horizonte cálcico (veja 5.14.) ou caráter carbonático (veja 3.5.) dentro de 100 cm de profundidade e, conseqüentemente, elevado pH em água, podendo ocorrer indisponibilidade de certos micronutrientes, especialmente zinco, ferro, cobre e manganês (Figura 5.14.3.).

A classe dos LUVISSOLOS compreende solos situados em condições climáticas completamente distintas, o que lhes confere significativa diferença quanto à aptidão agrícola. A grande maioria dos LUVISSOLOS CRÔMICOS Órticos (anteriormente denominados de Solos Brunos Não-Cálcicos) ocorre na região semi-árida nordestina (Figura 7.7.1.), enquanto a maioria dos LUVISSOLOS HÁPLICOS Pálicos, que compreendem os anteriormente denominados Podzólicos Bruno-Acinzentados Eutróficos, se restringe às regiões altimontanas do Brasil meridional, de clima subtropical, sem ou apenas com discreta deficiência hídrica anual, ou ainda com significativa deficiência hídrica, como na região de Bagé, RS, porém, nesse caso, menos acentuada que a verificada no semi-árido nordestino, onde a irrigação é imprescindível para ampliar o leque de opções de uso do solo e para permitir boas produções.

Os Luvissolos com horizonte B textural de textura argilosa, seguindo horizonte(s) suprajacente(s) de textura mais grosseira, apresentam elevada fragilidade, por serem muito suscetíveis à erosão. Tal fato se agrava nos solos situados em declives mais acentuados e com horizonte B textural a apenas poucos centímetros de profundidade, em especial naqueles

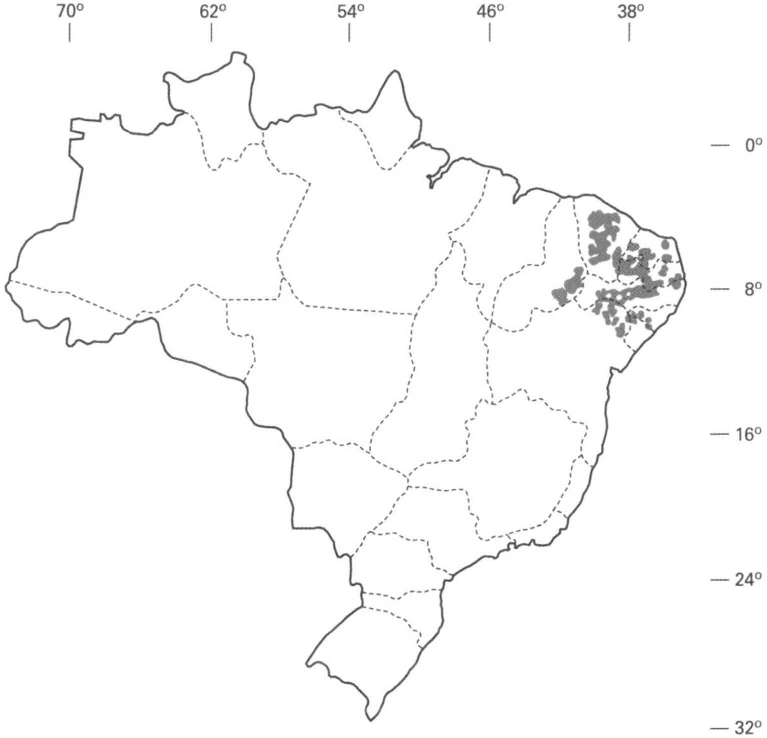

Figura 7.7.1. Mapa esquemático mostrando a distribuição dos LUVISSOLOS ÓRTICOS (antigos Brunos Não-Cálcicos) no Brasil (Embrapa, 1981, citado por Resende et al., 1988).

com mudança textural abrupta (veja 3.16.), como os LUVISSOLOS CRÔMICOS Pálicos planossólicos. A suscetibilidade dos LUVISSOLOS CRÔMICOS à erosão é ampliada pelo fato de as chuvas no semi-árido nordestino serem concentradas, o que lhes confere alto poder erosivo. É comum, nesses solos, a presença de calhaus e matacões na superfície do terreno, o que dificulta o preparo dele para o plantio e promove significativo desgaste dos implementos agrícolas, mas, por outro lado, protege-o contra a erosão (Figuras 4.2.8. e 7.7.2.).

Os Luvissolos, em sua grande maioria, apresentam textura arenosa ou média em superfície, fato que determina consistência em geral macia,

Figura 7.7.2. É comum, nos LUVISSOLOS CRÔMICOS, a presença de calhaus e matacões na superfície do terreno, o que, se por um lado dificulta o preparo do terreno para o plantio e promove significativo desgaste dos implementos agrícolas, por outro, protege esses solos contra a erosão. Foto: J. B. de Oliveira.

friável, ligeiramente plástica e ligeiramente pegajosa, apesar de a fração argila ser de elevada atividade. Essa condição permite fácil preparo do terreno para o plantio. É comum os Luvissolos apresentarem horizonte A pouco espesso (< 10 cm). Nesses casos, quando ele é seguido de horizonte B textural (veja 5.13.) de textura argilosa, o preparo do terreno para o plantio é dificultado, especialmente quando a tração é animal, pois esse horizonte apresenta elevada coesão e adesão, devido ao fato de a fração argilosa ser de elevada atividade.

Os Luvissolos em geral apresentam profundidade inferior a 2 m, sendo os LUVISSOLOS Pálicos mais espessos que os LUVISSOLOS Órticos. Os subgrupos identificados como líticos, como os LUVISSOLOS CRÔMICOS Órticos líticos, apresentam sérias restrições devido à reduzida profundidade efetiva, pois esses solos apresentam contato lítico (veja 3.11.) dentro de 50 cm da superfície. Os subgrupos identificados como saprolíticos, por exemplo, os LUVISSOLOS CRÔMICOS Pálicos saprolíticos, apresentam a rocha alterada a menos de 100 cm de profundidade, porém, como ela é de consistência relativamente branda, não causa maiores problemas ao aprofundamento do sistema radicular das plantas.

Os Luvissolos e em especial os LUVISSOLOS ÓRTICOS apresentam regolito (*solum* + horizonte C + saprólito) de espessura relativamente reduzida, fato que limita seu uso como aterro sanitário (Figura 4.7.2.).

7.8. Neossolos

Compreendem solos constituídos por material mineral ou orgânico pouco espesso, com pequena expressão dos processos pedogenéticos em conseqüência: 1) da baixa intensidade de atuação desses processos, que não permitiu ainda modificações expressivas do material originário; 2) de características do próprio material, pela sua resistência ao intemperismo ou composição química; 3) do relevo, que, isoladamente ou em conjunto, impediu ou limitou a evolução desses solos.

Essa ordem agrega quatro subordens: NEOSSOLOS LITÓLICOS, NEOSSOLOS FLÚVICOS, NEOSSOLOS REGOLÍTICOS e NEOSSOLOS QUARTZARÊNICOS, solos que foram anteriormente denominados, respectivamente, de Solos Litólicos, Solos Aluviais, Regossolos e Areias Quartzosas.

Os NEOSSOLOS LITÓLICOS apresentam severa restrição ao aprofundamento do sistema radicular das plantas, posto que o contato lítico (veja 3.11.) ocorre a pouca profundidade (Figura 4.4.1.). Esse fato determina um reduzido volume de água e de nutrientes disponíveis para as plantas e pequeno volume para o sistema radicular ancorá-las, especialmente árvores que apresentem sistema radicular mais profundo. Agrava essa limitação o fato de grande parte desses solos ocorrer em relevo forte ondulado a montanhoso e, em muitos casos, com rochas expostas. Há várias classes de Neossolos, desde solos muito pobres, como os NEOSSOLOS LITÓLICOS Hísticos, até os bastante ricos quimicamente, como os NEOSSOLOS LITÓLICOS Eutróficos e os NEOSSOLOS LITÓLICOS Carbonáticos. Os NEOSSOLOS LITÓLICOS, de maneira geral, devido a sua grande fragilidade, deveriam ser mantidos como reserva natural. É comum, contudo, encontrar-se neles reflorestamento e pastagens e até culturas como a de cana-de-açúcar, por exemplo.

Os NEOSSOLOS LITÓLICOS se distribuem por todas as regiões do Brasil (Figura 7.8.1.), predominando em áreas declivosas; em algumas poucas áreas, contudo, como na região de Uruguaiana, RS, o relevo chega a ser quase plano.

Alguns NEOSSOLOS REGOLÍTICOS, como os identificados no nível de subgrupo como lépticos (NEOSSOLOS REGOLÍTICOS Eutróficos lépticos), são bastante semelhantes aos NEOSSOLOS LITÓLICOS, especialmente aqueles que apresentam contato lítico logo após 50 cm de profundidade. Em tais solos, o volume de água e de nutrientes disponíveis para as plantas é igualmente baixo, além de oferecerem, como aqueles, pequena ancoragem a elas.

Figura 7.8.1. Mapa esquemático mostrando a distribuição dos NEOSSOLOS LITÓLICOS no Brasil (Embrapa, 1981, citado por Resende et al., 1988).

É comum os NEOSSOLOS REGOLÍTICOS apresentarem saprólito a pouca profundidade. Esse material é, em geral, relativamente brando, não oferecendo, portanto, maiores restrições ao aprofundamento do sistema radicular.

São solos com variada textura, predominando porém a arenosa, sendo nesses casos identificados como NEOSSOLOS REGOLÍTICOS de textura arenosa. Por definição, todos eles apresentam teor de minerais primários alteráveis superior a 4%, sendo comum a presença de elevados teores desses minerais, dando a esses solos excepcional reserva em nutrientes, especialmente K^+. Esses solos arenosos assemelham-se bastante, do ponto de vista hídrico, aos NEOSSOLOS QUARTZARÊNICOS, isto é, apresentam elevada condutividade hidráulica saturada e pequena capacidade de retenção de água. Na região semi-árida nordestina, essa condição textural de certa forma é benéfica, no sentido de que a textura arenosa em superfície funciona como camada protetora (*mulch*), dificultando a perda de água por evaporação. É igualmente benéfica, nessa região, a presença de fragipã (veja 5.21.). Assim, nos NEOSSOLOS REGOLÍTICOS fragipânicos, ele impede que a água que se infiltra nos períodos chuvosos se perca totalmente por percolação profunda. A presença do fragipã é mais benéfica nessa região quando ele se encontra entre 60 e 100 cm de profundidade.

Alguns NEOSSOLOS REGOLÍTICOS, por exemplo, os Eutróficos solódicos, apresentam restrições devido à presença de teores relativamente elevados de sódio (veja 3.10.) na zona de enraizamento.

Os NEOSSOLOS REGOLÍTICOS ocorrem em maiores extensões contínuas na região nordestina (Figura 7.8.2.), em relevo plano a suave ondulado, portanto bastante adequado à agricultura, sendo esses solos intensamente utilizados com cultura de algodão-mocó, abacaxi, sisal e várias culturas de subsistência. No restante do Brasil, são mais comuns em relevo acidentado, sendo então mais adequados para culturas permanentes e reflorestamento.

Os NEOSSOLOS QUARTZARÊNICOS, por serem muito arenosos, apresentam sérias limitações com respeito ao armazenamento de água disponível para as plantas. São exceção os NEOSSOLOS QUARTZARÊ-

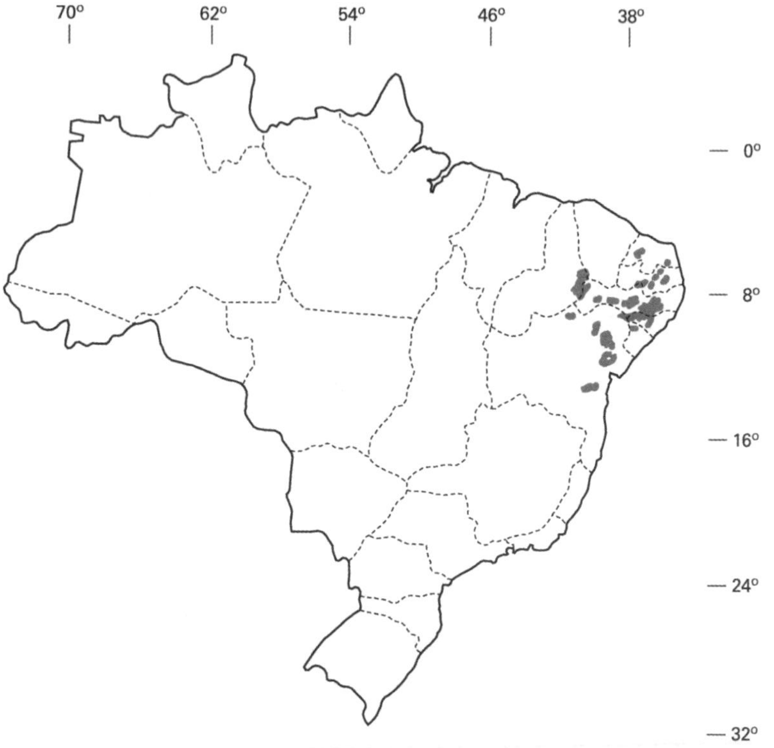

Figura 7.8.2. Mapa esquemático mostrando a distribuição dos NEOSSOLOS REGOLÍTICOS no Brasil (Embrapa, 1981, citado por Resende et al., 1988).

NICOS Hidromórficos, nos quais o lençol freático encontra-se elevado grande parte do ano. Nos NEOSSOLOS QUARTZARÊNICOS Órticos gleissólicos cujo horizonte glei se encontra a menos de 100 cm de profundidade, a disponibilidade de água para as plantas é também menos crítica. A granulometria da fração areia é bastante importante na capacidade de retenção de água por esses solos. Em geral, quando predomina a areia fina sobre a grossa, há maior disponibilidade de água. A presença de contato lítico logo abaixo de 50 cm de profundidade, como em alguns NEOSSOLOS QUARTZARÊNICOS Órticos lépticos, agrava ainda mais sua baixa disponibilidade de água para as plantas. Assemelham-se, nesse particular, aos NEOSSOLOS LITÓLICOS de textura arenosa.

Como sua areia é constituída praticamente por quartzo, os NEOSSOLOS QUARTZARÊNICOS são solos desprovidos por completo de minerais primários alteráveis e, portanto, virtualmente sem nenhuma reserva potencial de nutrientes para as plantas. Apesar disso, são bastante utilizados com reflorestamento e até com cultura canavieira (Figura 7.8.3.), neste caso, com produções sempre aquém das obtidas em outros solos. No Nordeste brasileiro, extensas áreas desses solos são cobertas com coco-da-baía e cajueiros. Alguns, como os NEOSSOLOS QUARTZARÊNICOS Órticos êutricos, contudo, apresentam atipicamente pH em água igual ou superior a 6,5 associado a valores de soma de bases iguais ou superiores a 2 $cmol_c$/kg de solo, fato que lhes confere condições nutricionais um pouco superiores às dos outros solos dessa subordem.

A diminuta capacidade de adsorção desses solos implica em facilidade de perda dos insumos aplicados, além de elevada taxa de mineralização da matéria orgânica.

Da mesma forma que assinalado para os NEOSSOLOS REGOLÍTICOS, a presença de fragipã, como nos NEOSSOLOS QUARTZARÊNICOS Órticos fragipânicos, impede ou diminui a perda de água por

Figura 7.8.3. A cana-de-açúcar tem sido largamente cultivada em algumas áreas de NEOSSOLOS QUARTZARÊNICOS em São Paulo, porém em geral com produtividade inferior à verificada em outros solos. Município de Ribeirão Preto. Foto: J. B. de Oliveira.

infiltração profunda, dando-lhes condições hídricas mais favoráveis para as plantas.

Há registro de solos com presença de caráter solódico, como nos NEOSSOLOS QUARTZARÊNICOS Órticos solódicos. Tais solos apresentam limitações adicionais, devido ao teor relativamente elevado de sódio no complexo de troca. A elevada permeabilidade, contudo, facilita a eliminação do sódio após tratamento desses solos, desde que a drenagem profunda seja possível.

Na Figura 7.8.4. é mostrada a distribuição dos NEOSSOLOS QUARTZARÊNICOS no Brasil.

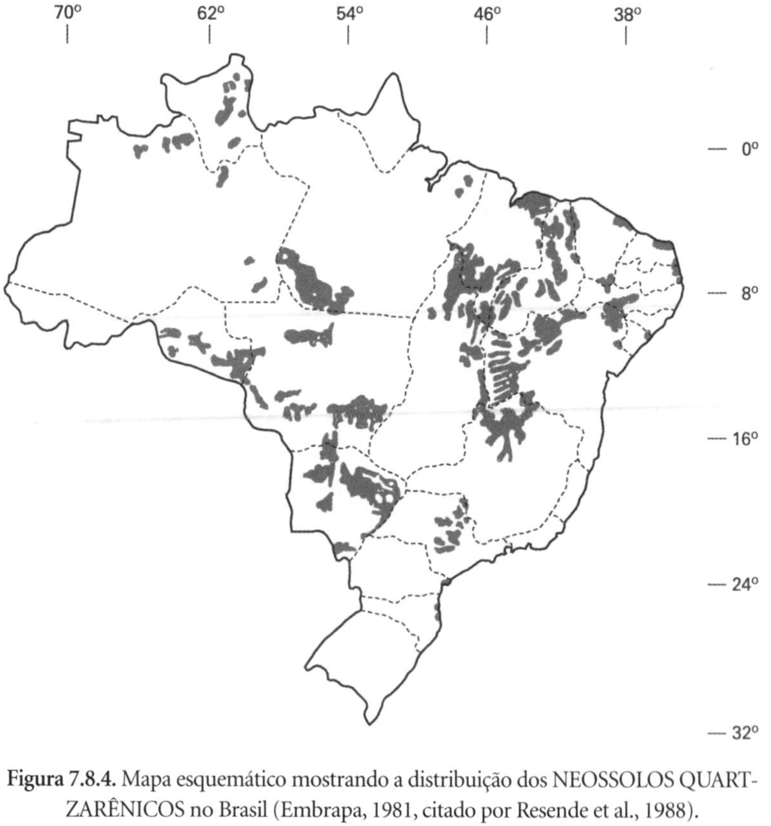

Figura 7.8.4. Mapa esquemático mostrando a distribuição dos NEOSSOLOS QUARTZARÊNICOS no Brasil (Embrapa, 1981, citado por Resende et al., 1988).

Os NEOSSOLOS FLÚVICOS são solos formados em sedimentos aluviais. Todos eles estão situados em relevo aplainado ou deprimido, portanto, sem problemas relacionados à erosão. Sua situação, porém, pode ser limitante quer para uso agrícola ou não-agrícola, quando há ocorrência freqüente e prolongada de inundações. A situação em parte baixa do relevo também pode apresentar limitação climática em regiões frias, devido à maior incidência de geadas.

A classe dos NEOSSOLOS FLÚVICOS apresenta uma diversidade bem maior de solos que as outras classes de NEOSSOLOS. Do ponto de vista químico há desde solos muito ricos até muito pobres. São exemplos dos primeiros os NEOSSOLOS FLÚVICOS Ta Eutróficos. Esses solos, por apresentarem argila de atividade alta e por ela estar altamente saturada por bases, possuem um potencial nutricional bastante elevado. Entre os quimicamente pobres estão os NEOSSOLOS FLÚVICOS Tb Distróficos, os quais, apesar dessa limitação, são solos bons quando adequadamente manejados.

Alguns solos apresentam teores relativamente elevados de sais (veja 3.9.), como os NEOSSOLOS FLÚVICOS Sálicos, ou de sódio (veja 3.10.), como os NEOSSOLOS FLÚVICOS Sódicos ou NEOSSOLOS FLÚVICOS Ta Eutróficos solódicos, entre outros. Alguns podem apresentar ambos os atributos, como os NEOSSOLOS FLÚVICOS Sálicos solódicos e os NEOSSOLOS FLÚVICOS Sódicos salinos. Esse conjunto de solos oferece limitações tanto mais sérias quanto mais elevados são os teores de sais e/ou de sódio e quanto mais próximos se encontram da zona de enraizamento. Apresentam também limitações, pela corrosão, às tubulações metálicas enterradas e não protegidas (veja 6.7.). A maior ou menor facilidade de recuperação desses solos dependerá da permeabilidade interna que permita eliminar os sais e o sódio. Nesse particular, os NEOSSOLOS FLÚVICOS Sódicos vertissólicos apresentam maior limitação devido à baixa condutividade hidráulica saturada do horizonte vértico (veja 5.20.), que dificulta a drenagem interna dos sais e do sódio.

Os NEOSSOLOS oferecem variadas limitações aos usos não-agrícolas. Os de textura arenosa, como os NEOSSOLOS REGOLÍTICOS de textura arenosa e os NEOSSOLOS QUARTZARÊNICOS, são muito permeáveis e, apesar de poderem apresentar espessa zona de aeração, sua baixa capacidade adsortiva facilita a lixiviação profunda de produtos tóxicos e metais pesados e, conseqüentemente, a contaminação do lençol freático. São, pela facilidade de escavação, adequados para cemitérios. Os NEOSSOLOS LITÓLICOS e os subgrupos lépticos de outras subordens de Neossolos são inadequados para uso como cemitérios e aterros sanitários, devido a sua reduzida espessura. Os NEOSSOLOS FLÚVICOS e em especial os gleissólicos têm o lençol freático a pouca profundidade, o que limita também bastante tais solos para usos não-agrícolas.

7.9. Nitossolos

Compreendem solos constituídos por material mineral, com horizonte B nítico (veja 5.11.), com argila de atividade baixa (veja 3.2.) ou com caráter alítico na maior parte do horizonte B dentro de 150 cm da superfície do solo.

São solos de textura argilosa ou muito argilosa, estrutura em blocos subangular ou prismática muito bem desenvolvida (moderada ou forte), com superfícies dos agregados reluzentes, relacionadas à cerosidade, e/ou superfícies de compressão.

São, por definição, solos com pequena diferença textural, o que lhes confere, em igualdade de condições de relevo e uso, menor erodibilidade que outros solos que apresentam diferenças mais acentuadas de textura.

São solos em geral profundos e, apesar de argilosos, possuem boa permeabilidade interna. A maior parte dos Nitossolos corresponde às anteriormente denominadas Terras Roxas Estruturadas, constituindo solos de grande importância agrícola. Os NITOSSOLOS VERMELHOS Eutroférricos chernossólicos estão entre os solos mais produtivos do Brasil. O declive excessivo, que ocorre em algumas áreas, talvez seja o único fator limitante a seu uso agrícola. Os NITOSSOLOS Distróficos, apesar de apresentarem fertilidade inferior aos Eutróficos, respondem muito bem ao manejo, sendo também solos bastante utilizados na agricultura. Os NITOSSOLOS Alíticos são os que oferecem maiores limitações do ponto de vista químico, pois são solos de argila de atividade média a alta (CTC > 20 $cmol_c$/100 g argila), portanto, com significativo poder tampão. Esse fato é ainda mais acentuado nos NITOSSOLOS

Alíticos húmicos, os quais, por apresentarem teor de matéria orgânica no horizonte superficial relativamente elevado (horizonte A húmico), requerem doses ainda mais altas de corretivos para reduzir ou neutralizar sua acidez. É importante realçar que, nos solos com caráter alítico e alumínico, é comum os teores de Al^{3+} aumentarem em profundidade, tornando muito difícil a neutralização da acidez em profundidade. Tais solos situam-se nas regiões serranas do Brasil Meridional, apresentando também limitações do ponto de vista climático. A fruticultura de clima temperado é uma das opções de uso de tais solos.

Todos os NITOSSOLOS identificados no nível de subgrupo como Distroférricos ou Eutroférricos apresentam significativa capacidade de adsorção de fósforo, devido a sua textura argilosa e teores de óxidos de ferro relativamente elevados.

Os NITOSSOLOS latossólicos são bastante assemelhados aos LATOSSOLOS, apresentando qualidades e limitações e, conseqüentemente, comportamento agrícola e não-agrícola semelhante ao deles.

Alguns NITOSSOLOS têm reduzida profundidade efetiva, como os NITOSSOLOS VERMELHOS Eutróficos lépticos, pois a rocha sã ou muito pouco alterada se encontra pouco profunda (> 50 cm e < 120 cm). Esses solos oferecem sérias restrições ao uso agrícola e florestal, tanto mais acentuadas quanto menos profundo se encontra o contato lítico (veja 3.11.). São inadequados para aterro sanitário, lagoa de decantação e cemitério.

Os NITOSSOLOS, especialmente os VERMELHOS, são abundantes no Brasil meridional, relacionando-se com o extenso derrame basáltico que se prolonga de São Paulo até o Rio Grande do Sul e Mato Grosso. Outras regiões menos extensas, porém ainda importantes do ponto de vista espacial, encontram-se em Ceres, GO, no extremo norte do Estado de Tocantins, e em Tocantinópolis, MA. Pequenas áreas são, contudo, encontradas em inúmeras outras regiões no Brasil.

Na Figura 7.9.1. é mostrada a distribuição dos NITOSSOLOS VERMELHOS Eutroférricos e Distroférricos, anteriormente identificados como Terras Roxas Estruturadas e que representam a maior parte dos NITOSSOLOS.

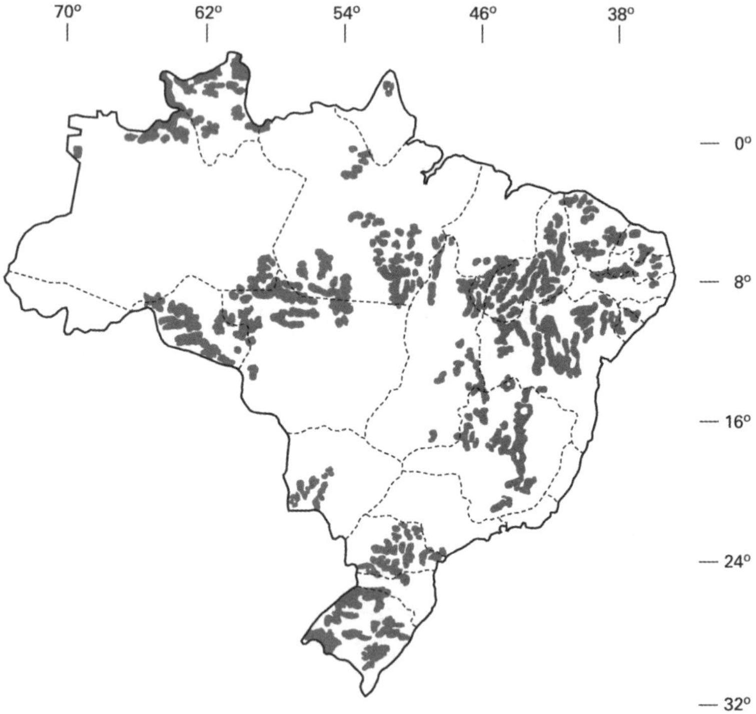

Figura 7.9.1. Mapa esquemático mostrando a distribuição dos NITOSSOLOS VERMELHOS Eutroférricos e Distroférricos (antigas Terras Roxas Estruturadas) no Brasil (Embrapa, 1981, citado por Resende et al., 1988).

7.10. Organossolos

Compreendem solos pouco evoluídos, constituídos por material orgânico proveniente de acumulações de restos vegetais em grau variável de decomposição, acumulados em ambientes mal a muito mal drenados, ou em ambientes úmidos de altitude elevada e que estão saturados com água por poucos dias no período chuvoso. Em todos os casos, possuem coloração preta, cinzenta muito escura ou marrom e elevados teores de carbono orgânico.

No Brasil, a maioria desses solos ocorre em ambientes mal drenados de planícies aluviais, sendo raros os ORGANOSSOLOS desenvolvidos em outros ambientes. Estes últimos correspondem aos ORGANOSSOLOS FÓLICOS e estão restritos a algumas áreas montanhosas, de pequena expressão espacial, dos Estados sulinos. São solos muito frágeis, rasos (ORGANOSSOLOS FÓLICOS Fíbricos líticos), situados em declives acentuados, devendo, a todo custo, ser preservados de qualquer uso que não seja o de reserva natural.

Grande parte dos ORGANOSSOLOS situados na planície costeira é influenciada pelas marés e apresenta elevados teores de compostos de enxofre, dando origem aos materiais sulfídricos (veja 3.15.) e, quando drenados, ao horizonte sulfúrico (veja 5.19.). Esses solos, identificados como ORGANOSSOLOS TIOMÓRFICOS, oferecem sérias limitações ao uso agrícola, posto que na condição natural são muito mal drenados, carecendo de drenagem para poderem ser utilizados e, quando drenados, forma-se ácido sulfúrico, com acentuado abaixamento do pH do solo. As limitações são tanto mais intensas quanto menos profundo se forma o horizonte sulfúrico (veja Figura 5.19.1.). Grande parte desses solos apresenta ainda elevados teores de sódio no complexo de troca ou concentração salina. Entre os primeiros estão, entre outros, os ORGANOSSOLOS TIOMÓRFICOS Fíbricos solódicos e, entre os segundos, os ORGANOSSOLOS TIOMÓRFICOS Fíbricos salinos. Tais solos são ainda mais problemáticos para uso agrícola, pois a eliminação do sódio e dos sais é muito difícil e onerosa, requerendo para seu sucesso a construção de diques (pôlderes). A aqüicultura e em especial o cultivo de camarão têm sido opções de uso desses solos. Em vários países orientais são utilizados com cultura de arroz.

É muito importante nos ORGANOSSOLOS o estágio de decomposição do material orgânico. No nível de subgrupo, os solos são discriminados em Fíbricos, Hêmicos e Sápricos, dependendo de seu estágio de decomposição (veja 3.13.). São exemplos desses casos os ORGANOSSOLOS TIOMÓRFICOS Fíbricos, os ORGANOSSOLOS TIOMÓRFICOS Hêmicos e os ORGANOSSOLOS TIOMÓRFICOS Sápricos. O estágio de alteração da matéria orgânica aumenta dos primeiros para os últimos, com conseqüente aumento da densidade do solo, diminuição do tamanho dos poros e respectivo aumento da força com que a água é retida, diminuição da condutividade hidráulica e aumento da capacidade de suporte. As limitações físicas do solo com respeito ao uso agrícola são, portanto, maiores nos Fíbricos e menores nos Sápricos.

Outro significativo comportamento dos ORGANOSSOLOS é sua capacidade de subsidência, a qual é tanto mais intensa quanto menos decomposta a matéria orgânica. Os ORGANOSSOLOS Fíbricos apresentam, portanto, maior taxa de subsidência do que os sápricos (veja 3.1. e 3.13.).

Os ORGANOSSOLOS em geral são pobres quimicamente, ácidos, e devido a seu elevado poder tampão requerem substanciais quantidades de corretivos para serem corrigidos, o que onera bastante seu uso. Raros são em nosso país os ORGANOSSOLOS Eutróficos. São solos geralmente utilizados para cultivos hortícolas. No litoral de São Paulo, são usados na cultura da banana.

7.11. Planossolos

Compreendem solos minerais imperfeitamente ou mal drenados, com horizonte subsuperficial eluvial, de textura mais leve, que contrasta abruptamente com o horizonte B imediatamente subjacente, adensado, em geral de acentuada concentração de argila, permeabilidade lenta ou muito lenta, constituindo, por vezes, um horizonte pã, responsável pela detenção de lençol de água (suspenso) de existência periódica e presença variável durante o ano.

São solos com sérias limitações físicas. A baixa condutividade hidráulica do horizonte plânico (veja 5.12.) determina a formação de um lençol freático suspenso temporário nos períodos chuvosos do ano e o estabelecimento de ambiente redutor em seu topo e na base do horizonte suprajacente, causando sérios distúrbios nas plantas menos adaptadas a essa condição de hidromorfismo temporário, como o cafeeiro e plantas citrícolas. A transmissão de doenças de plantas que se propagam com maior facilidade em ambiente relativamente mal drenado é também um fator limitante desses solos. Além do lençol freático temporário no topo do horizonte plânico, é comum a presença de horizonte glei (veja 5.15.), como nos PLANOSSOLOS identificados como gleissólicos.

O horizonte plânico apresenta estrutura grosseira, colunar, prismática, ou blocos angulares grandes. Quando se encontra a pouca profundidade, pode influenciar a prática de preparo do solo para o plantio, especialmente quando feita por tração animal, devido a sua elevada consistência, que dificulta a execução da aração e gradagem. A presença de horizonte plânico com caráter sódico (anteriormente denominado de horizonte nátrico) dificulta ainda mais tal prática, porque a consistência desse horizonte apresenta-se ainda mais dura e/ou firme quando seco ou úmido.

Nos PLANOSSOLOS NÁTRICOS, é bastante importante a profundidade de ocorrência do horizonte B devido à presença de teores elevados de sódio em seu complexo de troca. Nesse particular, os PLANOSSOLOS NÁTRICOS arênicos e espessoarênicos são considerados os melhores para a agricultura, pois neles o horizonte B nátrico está entre 50 e 100 cm nos primeiros, e a mais de 100 cm de profundidade nos últimos. Os PLANOSSOLOS NÁTRICOS necessitam de substituição e lavagem do sódio, sendo essencial, para tanto, uma boa permeabilidade interna. Essa condição é bastante limitada nos PLANOSSOLOS NÁTRICOS vertissólicos, pois este horizonte possui baixíssima condutividade hidráulica saturada. Igual dificuldade apresentam os PLANOSSOLOS HÁPLICOS Sálicos vertissólicos para a eliminação dos sais em excesso.

Nos PLANOSSOLOS com caráter carbonático (veja 3.5.) ou horizonte cálcico (veja 5.14.), como os PLANOSSOLOS HÁPLICOS Carbonáticos e os PLANOSSOLOS NÁTRICOS Carbonáticos, é possível a ocorrência de deficiência em certos micronutrientes, especialmente zinco, ferro, cobre e manganês (veja Figura 5.14.3.), devido a seu elevado pH.

Nas Figuras 7.11.1. e 7.11.2. é mostrada a distribuição, respectivamente, dos PLANOSSOLOS NÁTRICOS e dos PLANOSSOLOS HÁPLICOS. Observa-se que as maiores concentrações de ambos ocorrem no Nordeste e no Pantanal Mato-grossense, e ainda no Rio Grande do Sul e norte de Roraima, no caso dos PLANOSSOLOS HÁPLICOS.

7.12. Plintossolos

Compreendem solos minerais formados sob condições de restrição à percolação da água, sujeitos ao efeito temporário do excesso de umidade,

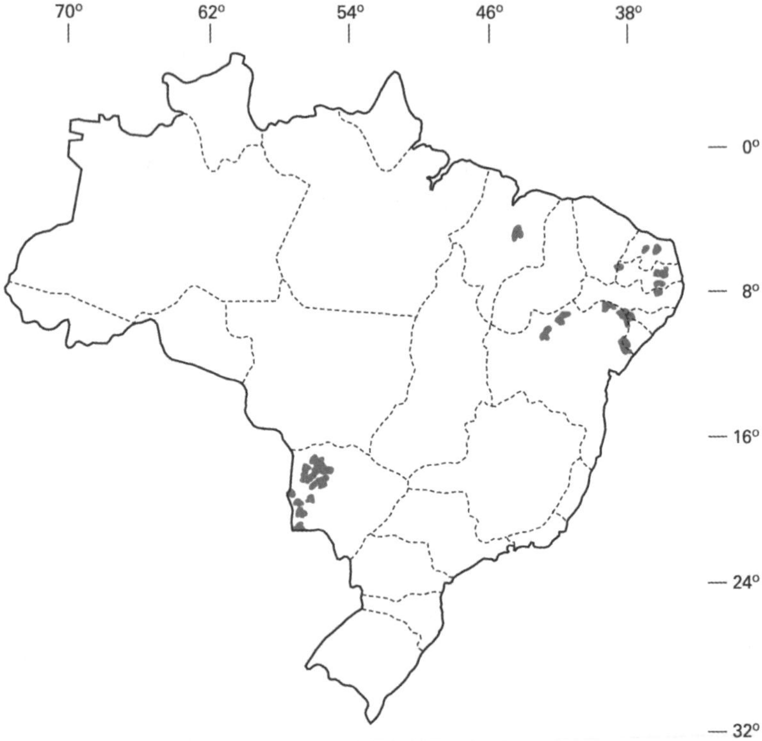

Figura 7.11.1. Mapa esquemático mostrando a distribuição dos PLANOSSOLOS NÁTRICOS (antigos Solonetz-Solodizados) no Brasil (Embrapa, 1981, citado por Resende et al., 1988).

de maneira geral imperfeitamente ou mal drenados, que se caracterizam fundamentalmente por apresentarem expressiva plintitização com ou sem petroplintita ou horizonte litoplíntico.

São solos que apresentam horizonte B com caráter argilúvico sobre ou coincidente com horizonte plíntico, ocorrendo também solos com horizonte B incipiente, B latossólico, horizonte glei e solos sem horizonte B. O horizonte plíntico, dependendo de outros requisitos, pode ocorrer a várias profundidades, assim como o horizonte litoplíntico (veja 5.18.). São predominantemente solos ácidos a fortemente ácidos, com satura-

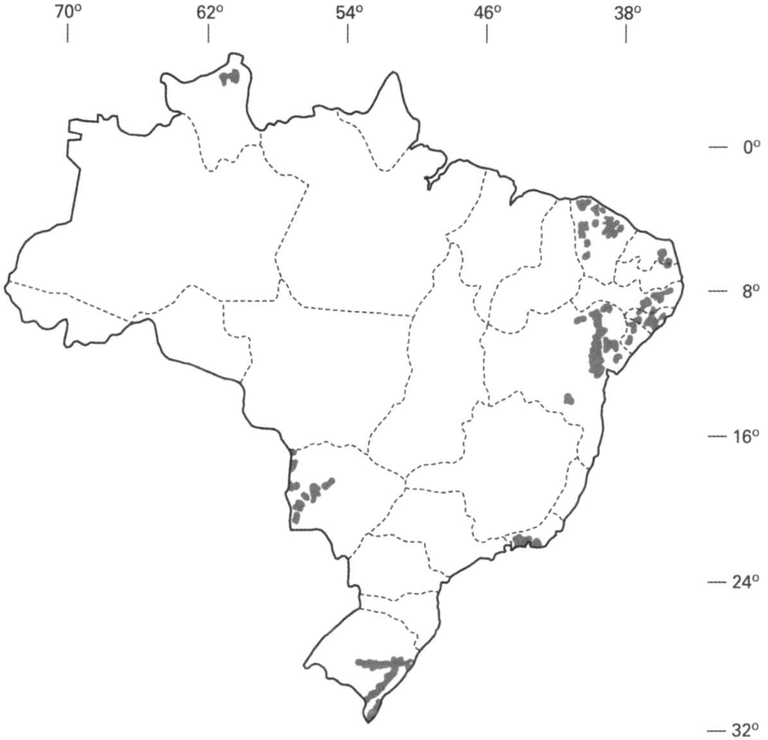

Figura 7.11.2. Mapa esquemático mostrando a distribuição dos PLANOSSOLOS HÁPLICOS no Brasil (Embrapa 1981, citado por Resende et al., 1988).

ção por bases baixa e também com argilas de atividade baixa (veja 3.2.). Todavia, ocorrem também solos com saturação por bases média a alta, como também com caráter solódico ou sódico (veja 3.10.), sendo pouco comuns, contudo, aqueles com argilas de atividade alta (veja 3.2.). Essas condições determinam que a classe dos PLINTOSSOLOS é formada por solos com enorme diversidade morfológica e analítica.

Na apreciação agrícola e não-agrícola dos PLINTOSSOLOS é importante levar em consideração a profundidade em que está ocorrendo a presença do horizonte plíntico, litoplíntico ou concrecionário e a quantidade de plintita e/ou de concreções presentes.

Os PLINTOSSOLOS PÉTRICOS litoplínticos oferecem sérias restrições ao aprofundamento do sistema radicular das plantas, por apresentarem o horizonte litoplíntico dentro de 40 cm da superfície ou abaixo do horizonte E. Essa condição limita também tais solos para cemitério, lagoa de decantação e aterro sanitário. Essa limitação é tanto mais significativa quanto mais espesso é o horizonte litoplíntico. No caso dos PLINTOSSOLOS PÉTRICOS Litoplínticos arênicos, a limitação é ligeiramente menor, pois aquele horizonte ocorre entre 50 e 100 cm de profundidade. Os PLINTOSSOLOS PÉTRICOS Concrecionários, por sua vez, apresentam grande quantidade (> 50%) de concreções dentro de 40 cm da superfície ou até 200 cm de profundidade. Quando em superfície ou a pouca profundidade, elas dificultam muito o preparo do terreno para plantio, desgastam os implementos agrícolas e diminuem significativamente o volume de água e nutrientes para a planta (Figura 5.18.4.). O plantio de fruteiras e o reflorestamento em covas que ultrapassem a camada concrecionária são raras opções de uso agrícola de tais solos. Os PLINTOSSOLOS PÉTRICOS Concrecionários líticos e os PLINTOSSOLOS PÉTRICOS Concrecionários lépticos apresentam, em adição, a presença de contato lítico (veja 3.11.) a menos de 50 cm da superfície, nos primeiros, e entre 50 e 100 cm, nos segundos, limitando ainda mais tais solos ao uso agrícola e não-agrícola. Limitação também acentuada é oferecida por outros PLINTOSSOLOS que, apesar da ausência do aspecto concrecionário, apresentam o contato lítico a pouca profundidade, como os PLINTOSSOLOS HÁPLICOS Distróficos líticos, entre outros.

Os PLINTOSSOLOS identificados como Alíticos e alumínicos (veja 3.4.) apresentam problemas relacionados à toxicidade pelo alumínio, requerendo doses relativamente elevadas de corretivos e fertilizantes para produzir de maneira adequada, especialmente os Alíticos.

Apesar de o relevo dos PLINTOSSOLOS apresentar em geral baixas declividades, a presença de mudança textural abrupta (veja 3.16.) dos PLINTOSSOLOS ARGILÚVICOS abrúpticos é fator que facilita a erodibilidade deles.

Alguns PLINTOSSOLOS apresentam caráter solódico (veja 3.10.), como os PLINTOSSOLOS HÁPLICOS solódicos, os PLINTOSSOLOS

ARGILÚVICOS solódicos, entre outros. A presença de teores relativamente altos de sódio no complexo de troca limita o uso de tais solos para uso agrícola. Essa limitação será tanto mais importante quanto mais próxima da rizosfera estiver.

Os PLINTOSSOLOS estão usualmente relacionados a terrenos de várzea, áreas com relevo plano ou suavemente ondulado, e também em terço inferior de vertentes (Figura 1.3.1.). São mais freqüentemente utilizados com cultura de arroz e pastagens.

Na Figura 7.12.1. estão assinaladas as ocorrências mais extensivas desses solos em nosso país. Observa-se que as áreas mais expressivas

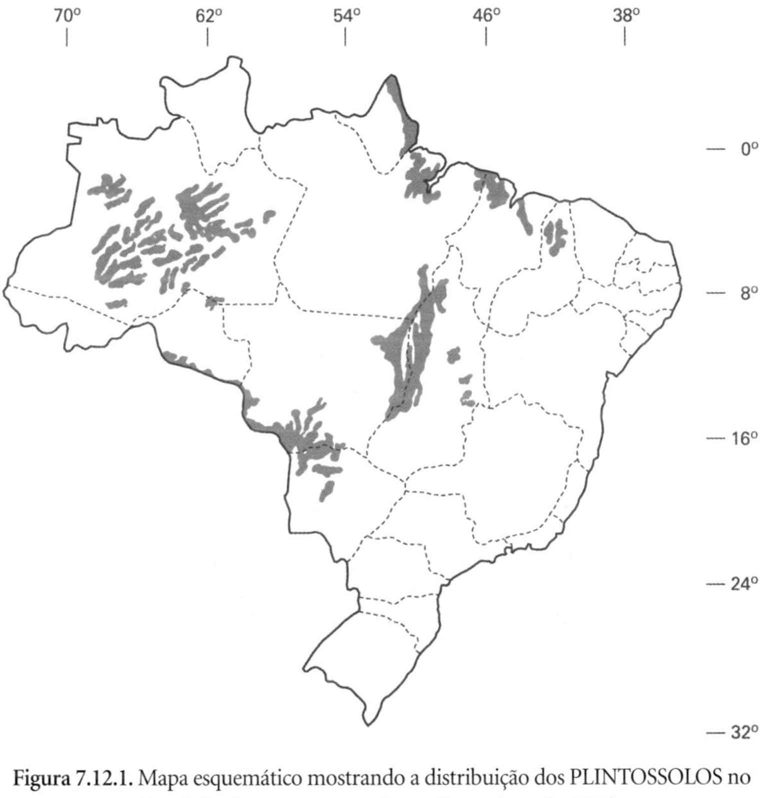

Figura 7.12.1. Mapa esquemático mostrando a distribuição dos PLINTOSSOLOS no Brasil (Embrapa, 1981, citado por Resende et al., 1988).

estão situadas no Estado do Amazonas, na ilha de Marajó e na Baixada Maranhense, no Pantanal, nos Estados do Tocantins e do Piauí.

7.13. Vertissolos

Compreendem solos constituídos por material mineral, apresentando horizonte vértico (veja 5.20.) e pequena variação textural ao longo do perfil, nunca porém suficiente para caracterizar um B textural. Como são solos com no mínimo 30% de argila, e sendo esta de atividade alta, apresentam elevada capacidade de contração quando secos e expansão quando úmidos, resultando fendas profundas na época seca, estruturas inclinadas com relação à superfície do terreno e superfícies de fricção (Figura 5.20.1.).

A quase totalidade dos Vertissolos descritos no Brasil apresenta elevados valores de soma de bases e de saturação por bases, sendo portanto eutróficos. Como são solos de argila de atividade alta, esses valores se traduzem em elevada reserva em nutrientes. Além disso, com freqüência possuem significativos teores de minerais primários facilmente intemperizáveis.

São solos com discreta diferenciação de horizontes. As principais restrições dos Vertisssolos se relacionam com propriedades físicas, sobretudo a condutividade hidráulica e a consistência. Devido a sua capacidade de contração, formam grande quantidade de fendas quando secos e, por isso, apresentam elevada condutividade hidráulica não-saturada. A presença de fendas condiciona, nas culturas de arroz irrigado, grande perda inicial da água aplicada nos talhões. A condutividade hidráulica saturada, porém, é muito baixa. Esse fato dificulta a "lavagem" dos Vertissolos com caráter salino ou sálico (veja 3.9.) ou com caráter solódico ou sódico (veja 3.10.), necessária para a eliminação, respectivamente, de sais e Na^+ que se encontram em excesso nesses solos. São exemplo dos primeiros os VERTISSOLOS HÁPLICOS SÁLICOS, os VERTISSOLOS HÁPLICOS Órticos salinos, entre outros, e dos segundos os VERTISSOLOS HÁPLICOS Sódicos e os VERTISSOLOS HÁPLICOS Carbonáticos solódicos.

Os altos teores de argila de elevada atividade coloidal determinam consistência extremamente dura a muito dura em solo seco, firme a muito firme em solo úmido, e plástica a muito plástica e pegajosa a muito pegajosa quando molhado. Essas condições de consistência se manifestam no preparo dos solos para o plantio, muito trabalhoso e difícil, exigindo força de tração muito maior do que em solos de igual textura, mas com argilas de baixa atividade, requerendo várias passagens de grade para destorroar os grandes torrões e formar um leito adequado para o plantio, a germinação das sementes e o desenvolvimento das plântulas. Vertissolos com autogranulação na camada superficial são contudo mais fáceis de serem preparados para o plantio; aqueles com horizonte A chernozêmico, como os VERTISSOLOS EBÂNICOS Carbonáticos chernossólicos, também apresentam boas condições para o preparo do terreno para o plantio.

Outro fator limitante desses solos se deve à estreita faixa compreendida entre os teores de umidade considerados ótimos e ruins para o preparo para o plantio, sendo difícil a um agricultor, especialmente àqueles que não dispõem de maquinário adequado, lavrar todas as suas terras durante o período no qual as condições de umidade são as mais adequadas. Os Vertissolos apresentam, portanto, limitações muito mais pronunciados para o nível de manejo B (tração animal) do que para o nível de manejo C (tração motorizada).

É comum a ocorrência de Vertissolos com caráter carbonático e com carbonato, como os VERTISSOLOS CROMADOS Carbonáticos e os VERTISSOLOS EBÂNICOS Carbonáticos, os quais apresentam valores de pH próximos a 8, chegando mais raramente a 9. Nesses valores de pH, certos micronutrientes, como zinco, cobre, manganês e ferro, se tornam indisponíveis (Figura 5.14.3.).

Apesar de a grande maioria dos Vertissolos no Brasil se distribuir em terrenos de declividade modesta (< 5%), em relevo aplainado a suave ondulado, há ocasionais registros de Vertissolos em relevo forte ondulado, com declive de 28% (perfil SE-54, Embrapa, 1975). São solos muito suscetíveis à erosão, sendo comum a presença de erosão laminar severa em conjugação com sulcos freqüentes e até mesmo com voçorocas em terrenos com declives de apenas 3 a 4%. Devido à capacidade de contração, quando secos os terraços podem apresentar rachaduras, comprometendo sua função.

Os Vertissolos são em geral solos pouco profundos (> 50 cm e ≤ 100 cm) ou profundos (> 100 cm e ≤ 200 cm), com horizonte Cr aparecendo em geral a menos de 130 cm de profundidade. Alguns chegam a apresentar contato lítico (veja 3.11.) dentro de 50 cm da superfície do solo, como os VERTISSOLOS HÁPLICOS Sódicos líticos. A espessura relativamente pequena limita bastante o uso desses solos para aterros sanitários e, devido à elevada contração que apresentam quando secos, como materiais para cobertura final de aterros sanitários. Os líticos são bastante limitados para uso agrícola, especialmente de culturas permanentes que apresentem sistema radicular mais profundo.

A Figura 7.13.1. mostra as áreas de maior ocorrência de Vertissolos no Brasil.

Bibliografia

DIAS, H. C. T., SCHAEFER, C. E. G. R., FERNANDES FILHO, E. I., OLIVEIRA, P., MICHEL, R. F. M. & LEMOS JR., J. B. Caracterização de solos altimontanos em dois transectos no Parque Estadual do Ibitiboca, MG. **Rev. Bras. Ci. Solo**, 2003 (27): 469-481.

EMPRESA BRASILEIRA DE PESQUISA AGROPECUÁRIA. Centro de Pesquisas Pedológicas. **Levantamento exploratório – reconhecimento de solos do Estado de Sergipe.** Recife, 1975. 506p. (Embrapa-CPP. Boletim Técnico, 36; Sudene, Série Recursos de Solos, 6).

EMPRESA BRASILEIRA DE PESQUISA AGROPECUÁRIA. **Sistema Brasileiro de Classificação de Solos.** Rio de Janeiro, 1999. 412p.

RESENDE, M., CURI, N. & SANTANA, D. P. **Pedologia e fertilidade do solo: interações e aplicações.** MEC/Esal/Potafos.1988. 83p. Série Agronomia.

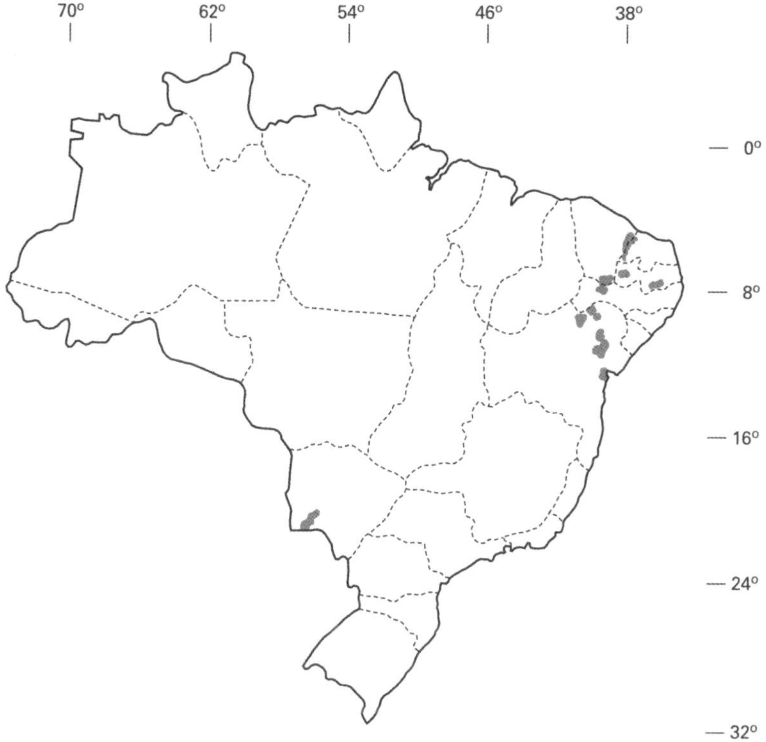

Figura 7.13.1. Mapa esquemático mostrando a distribuição dos VERTISSOLOS no Brasil (Embrapa, 1981, citado por Resende et al., 1988).

8

SISTEMA BRASILEIRO DE CLASSIFICAÇÃO DE SOLOS

A listagem a seguir mostra a relação entre as classes de solos do Sistema Brasileiro de Classificação de Solos (Embrapa, 2006) no nível de ordem e as classes anteriormente utilizadas pela Embrapa em seus levantamentos pedológicos. Não estão, portanto, assinaladas as correlações com classes de solos denominadas em levantamentos pedológicos efetuados pelos órgãos que antecederam a Embrapa, como o Serviço Nacional de Levantamento e Conservação de Solos (SNLCS), Comissão de Solos e outros. Assim, não estão relacionados solos que em levantamentos mais antigos receberam denominações como Mediterrânicos Vermelho-Amarelos, Solos Podzolizados variação Lins, Solos Podzolizados variação Marília, Podzólicos Vermelho-Pardos, Solos Podzolizados de Araçuaí, Solos Podzolizados de Alpinópolis, Regolatosol Amarelo, Solos Bruno-Ácidos, entre outros.

ARGISSOLOS. Termo novo cunhado para compreender 1) os anteriormente denominados Podzólicos Vermelho-Amarelos (PV) e Podzólicos Vermelho-Escuros (PE), ambos Tb, pois os Ta foram incluídos na classe dos Luvissolos, e ainda os Podzólicos Amarelos (PA), todos PV, PE e PA, Eutróficos, Distróficos ou Álicos; 2) uma pequena parte das Terras Roxas Estruturadas, das Terras Roxas Estruturadas Similares, das Terras Brunas Estruturadas e das Terras Brunas Estruturadas Similares que apresentam gradiente textural suficiente para horizonte B textural, tendo sido por isso excluídas da classe dos Nitossolos, na qual foram incluídas as restantes das Terras Roxas Estruturadas, das Terras Roxas Estruturadas Similares, das Terras Brunas Estruturadas e das Terras Brunas Estruturadas Similares. Os ARGISSOLOS compreendem também parte dos extintos ALISSOLOS do SiBCS versão 1999, os quais compreendem os ARGISSOLOS agora classificados no nível de grande grupo como Alíticos.

CAMBISSOLOS. Não houve mudança no conceito e na denominação da classe. Compreendem, portanto, todos os anteriormente denominados Cambissolos Eutróficos, Distróficos e Álicos, quer sejam Tb ou Ta, com exceção dos Cambissolos Ta e com A chernozêmico, os quais foram incluídos na classe dos Chernossolos.

CHERNOSSOLOS. Termo novo. Engloba os anteriormente denominados Brunizéns, Rendzinas, Brunizéns Avermelhados e Brunizéns Hidromórficos. Como o A chernozêmico (atributo obrigatório na classe dos Chernossolos), no SiBCS, requer saturação por bases (V%) igual ou superior a 65% (antes era 50%), alguns Brunizéns Avermelhados, apresentando horizonte A com V% superior a 50%, porém inferior a 65%, foram excluídos por não satisfazerem as condições requeridas para Chernossolo.

ESPODOSSOLOS. Termo novo. Compreende os anteriormente denominados Podzóis, inclusive os Podzóis Hidromórficos. É importante assinalar que, atualmente, os critérios identificadores do horizonte diagnóstico B espódico são mais precisos e quantitativos do que os definidos anteriormente, contudo o conceito da classe é o mesmo.

GLEISSOLOS. Compreendem os solos anteriormente denominados de Gleis Pouco Húmicos e Gleis Húmicos; os Hidromórficos Cinzentos, porém sem mudança textural abrupta, pois estes foram incluídos na classe dos Planossolos; os Gleis Tiomórficos e os Solonchacks com horizonte glei a menos de 50 cm de profundidade, os quais constituem a maioria dos solos brasileiros com caráter sálico manifestando-se a pouca profundidade.

LATOSSOLOS. Não houve mudanças no conceito e na definição da classe. Incluem todos os solos anteriormente denominados de Latossolos, com exceção de alguns Latossolos Plínticos que foram agora incluídos na classe dos Plintossolos.

LUVISSOLOS. Termo novo. Compreendem um agrupamento de solos com argila de atividade alta e eutróficos, formado pelos anteriormente denominados Brunos Não-Cálcicos, Podzólicos Vermelho-Amarelos Ta Eutróficos e Podzólicos Vermelho-Escuros Ta Eutróficos e os Podzólicos Bruno-Acinzentados Eutróficos. Estão incluídos também nessa classe os anteriormente denominados Brunizéns Avermelhados, com horizonte, na época, chamado de A chernozêmico, mas com saturação por bases inferior a 65%.

NEOSSOLOS. Termo novo. Esta ordem compreende as classes dos anteriormente denominados Solos Litólicos, Solos Aluviais, Regossolos e Areais Quartzosas (inclusive as Marinhas e Hidromórficas), cada qual constituindo agora uma subordem.

NITOSSOLOS. Termo novo. Esta ordem compreende o conjunto das anteriormente denominadas Terras Roxas Estruturadas, Terras Roxas Estruturadas Similares, Terras Brunas Estruturadas, Terras Brunas Estruturadas Similares e ainda alguns Podzólicos Vermelho-Amarelos e Podzólicos Vermelho-Escuros, ambos Tb. Os NITOSSOLOS compreendem também parte dos extintos ALISSOLOS do SiBCS versão 1999, os quais compreendem os NITOSSOLOS classificados no nível de grande grupo como Alíticos.

ORGANOSSOLOS. Compreendem os anteriormente denominados Solos Orgânicos, Solos Semi-orgânicos, Solos Tiomórficos Turfosos e Solos Litólicos Turfosos com horizonte hístico (anteriormente denominado de horizonte turfoso) com mais de 30 cm de espessura.

PLANOSSOLOS. Compreendem os anteriormente denominados Planossolos, Solonetz-Solodizados e Hidromórficos Cinzentos com mudança textural abrupta.

PLINTOSSOLOS. Compreendem as anteriormente denominadas Lateritas Hidromórficas, parte dos Podzólicos Plínticos, parte dos Gleis Húmicos Plínticos e dos Gleis pouco Húmicos Plínticos a alguns possíveis Latossolos Plínticos.

VERTISSOLOS. Compreendem os anteriormente denominados Vertissolos, inclusive os Vertissolos Hidromórficos.

ANEXO
FOTOS EM CORES

Figura 1.2.3. As temperaturas mais baixas das regiões altimontanas de Estados do Sudeste e do Sul do Brasil têm marcante influência no teor de matéria orgânica e na espessura do horizonte A dos solos. Cambissolo Húmico. Município de Itamonte, MG. 2.130 m de altitude. Foto: J. B. de Oliveira.

Figura 1.4.3. A vegetação natural graminóide é um importante fator na formação de solos com horizonte A escuro e espesso. Cambissolo Húmico. Município de Bom Jesus, RS. Foto: J. B. de Oliveira.

Figura 3.1.4. Subsidência em solo no Rio Grande do Sul. Foto Egon Klamt.

Figura 3.11.1. O contato lítico fragmentário identifica um tipo de contato lítico em que o material endurecido subjacente ao solo encontra-se bastante fragmentado, possibilitando a penetração do sistema radicular nas fendas aí existentes. Formosa, SC. Foto J. Laus Neto.

Figura 3.29.1. Influência da presença do caráter coeso em solo de tabuleiro no enraizamento de citrus (Rezende et al., 2002).

Figura 4.4.1. Os solos com contato lítico a pouca profundidade apresentam sérias limitações para as plantas, especialmente as permanentes. O pequeno volume de terra explorado pelo sistema radicular limita a disponibilidade de água e nutrientes, além de oferecer pequeno suporte para a fixação das plantas. Perfil de NEOSSOLO LITÓLICO, Município de Pinhal, SP. Foto: J. B. de Oliveira.

Figura 4.7.1. Estrutura granular. Horizonte A de Espodossolo. Foto: Valmiqui Costa Lima.

Figura 4.7.2. Luvissolo Crômico Órtico (*Solo Bruno Não-Cálcico*) mostrando horizonte B textural (Bt) com estrutura em blocos bem desenvolvida, seguido de saprólito (Cr). Foto: J. B. de Oliveira.

Figura 4.7.3. Estrutura prismática fortemente desenvolvida. Nitossolo Vermelho Eutroférrico (*Terra Roxa Estruturada Eutrófica*). Piracicaba, SP. Foto: J. B. de Oliveira.

Figura 4.7.4. Planossolo Nátrico. Observa-se a estrutura colunar do horizonte B plânico com caráter sódico (*horizonte nátrico*). Cabo Frio, RJ. Foto: M. N. Camargo (Oliveira et al., 1992).

Figura 4.7.5. Os Latossolos Brunos, quando secos, apresentam extraordinária retração do material, resultando em fendas e estrutura prismática. Vacaria, RS. Foto: J. B. de Oliveira.

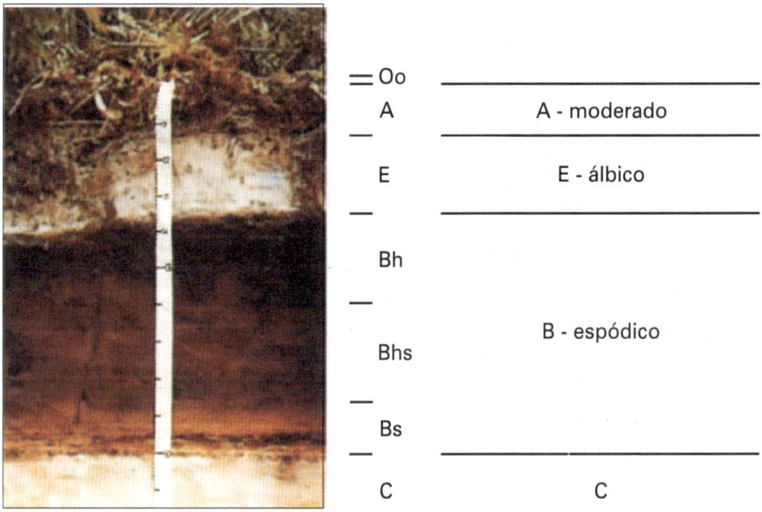

Figura 5.8.1. Horizonte B espódico. Espodossolo. Cananéia, SP.
Foto: M. N. Camargo (Oliveira et al., 1992).

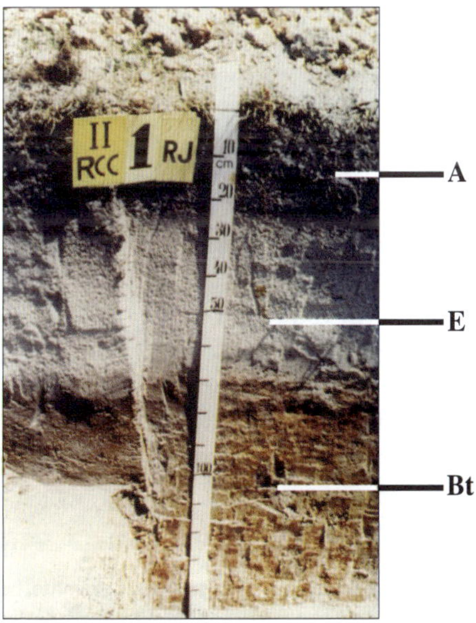

Figura 5.12.1. Horizonte plânico. PLANOSSOLO HÁPLICO Distrófico. Itaguaí, RJ.
Foto: J. B. de Oliveira.

Figura 5.12.2. A superfície de fraturamento é feição comum nos Planossolos. PLANOSSOLO HÁPLICO. Região Oriental. Paraguai. Foto J. B. Oliveira.

Figura 5.14.2. Horizonte cálcico. Além desse horizonte, bem destacado pela sua coloração esbranquiçada, nota-se a presença de "manchas" de acumulação de carbonato de cálcio em outras partes do perfil. Rodovia Madri-Toledo, Espanha. Foto: J. B. de Oliveira.

Figura 5.15.1. O horizonte glei é formado em ambiente palustre, em condições de umidade excessiva, por período prolongado, de modo que a atividade microbiana reduz significativamente a taxa de oxigênio livre contido na água. Gleissolo Melânico. Ribeirão Preto, SP. Foto: J. B. de Oliveira.

Figura 5.17.1. Horizonte plácico com cerca de 10 mm de espessura. Podzol Câmbico fase plácica (segundo legenda da FAO). Serra de Xistral. Província de Lugo. Galícia. Espanha. Foto: J. B. de Oliveira.

Figura 5.18.2. Perfil de LATOSSOLO VERMELHO Acriférrico litoplíntico. Observa-se a presença de horizonte litoplíntico (F) a cerca de 120 cm de profundidade. Esse horizonte, quando situado a pouca profundidade, constitui sério impedimento ao aprofundamento do sistema radicular, diminuindo o volume de água e de nutrientes disponíveis para as plantas. Guaíra, SP. Foto: J. B. de Oliveira.

ÍNDICE REMISSIVO

I

J

L

M

ÍNDICE DE AUTORES

(CONSIDERADO APENAS O PRIMEIRO AUTOR DE CADA CITAÇÃO)